HISTOIRE

DES PLANTES

—

TOME XI

8757.   Imprimeries réunies, rue Mignon, 2, Paris.

HISTOIRE
DES PLANTES

PAR

H. BAILLON

PROFESSEUR D'HISTOIRE NATURELLE MÉDICALE A LA FACULTÉ DE MÉDECINE DE PARIS
DIRECTEUR DU JARDIN BOTANIQUE DE LA FACULTÉ
PRÉSIDENT DE LA SOCIÉTÉ LINNÉENNE DE PARIS

TOME ONZIÈME

LABIÉES, VERBÉNACÉES, ÉRICACÉES, ILICACÉES
ÉBÉNACÉES, OLÉACÉES
SAPOTACÉES, PRIMULACÉES, UTRICULARIACÉES, PLOMBAGINACÉES
POLYGONACÉES, JUGLANDACÉES
LORANTHACÉES

Illustrée de 574 figures dans les textes

DESSINS DE FAGUET

PARIS

LIBRAIRIE HACHETTE & Cie
BOULEVARD SAINT-GERMAIN, 79
LONDRES, 18, KING WILLIAM STREET, STRAND

—

1892

XCVII
LABIÉES

I. SÉRIE DES LAMIERS.

On a très souvent pris comme type de ce groupe les *Lamium*[1]

Lamium album.

Fig. 2. Fleur.

Fig. 4. Fleur,
coupe longitudinale.

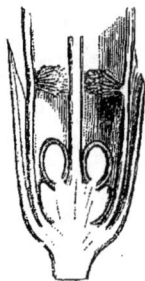

Fig. 5. Base de
la fleur,
coupe longitudinale.

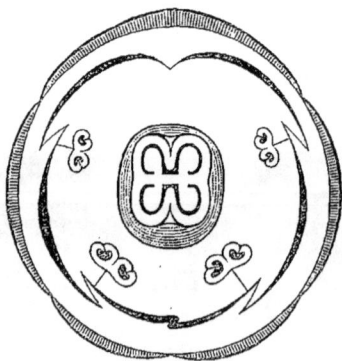

Fig. 1. Branche florifère.

Fig. 3. Diagramme floral.

(fig. 1-10), qui ont les fleurs hermaphrodites et irrégulières. Leur

1. T., *Inst.*, 183, t. 85. — L., *Gen.*, n. 716. —
J., *Gen.*, 113. — Endl., *Gen.*, n. 3645. —
Benth., *Labiat. gen. et spec.* (1832-36), 507;
in DC. *Prodr.*, XII, 504; *Gen.*, II, 1210, n. 106.

réceptacle est convexe, plus ou moins déprimé supérieurement, et porte un calice gamosépale, à cinq divisions plus ou moins profondes, égales ou inégales, d'abord disposées dans le bouton en préfloraison valvaire ou légèrement imbriquée, puis cessant de bonne heure de se toucher par leurs bords. La corolle est gamopétale, irrégulière, à tube plus ou moins dilaté supérieurement, pourvu assez souvent d'un anneau intérieur de poils, et à limbe partagé en deux lèvres inégales, l'une postérieure et l'autre antérieure. La première est formée de

Lamium album.

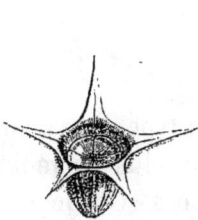

Fig. 6. Calice au fond duquel se voit l'ovaire.   Fig. 7. Étamine; le filet incurvé   Fig. 8. Fruit, complet, 4-locellé   Fig. 9. Achaine isolé.   Fig. 10. Achaine, coupe longitudinale.

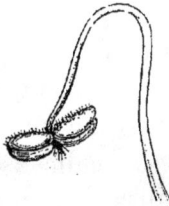

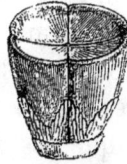

deux lobes, qui sont plus ou moins ou même totalement unis, et enveloppent dans le bouton la lèvre inférieure tout entière. Celle-ci répond aux trois lobes antérieurs, dont deux latéraux, irréguliers, recouvrent généralement dans la préfloraison le médian, qui est entier ou émarginé. L'androcée est représenté par quatre étamines, super-posées aux divisions antérieures et latérales du calice; la postérieure faisant défaut. Elles sont insérées sur la corolle et sont didynames; les antérieures étant les plus grandes. Chacune d'elles a un filet subulé et une anthère biloculaire, subbasifixe, introrse. Ses deux loges s'ouvrent par des fentes longitudinales qui se confondent au sommet[1]. Le gynécée est libre, supère, formé de deux feuilles carpellaires, antérieure et postérieure. L'ovaire est formé de quatre demi-loges dressées sur leur réceptacle. Au centre, se dégage entre elles un style gynobasique dont le sommet stigmatifère est partagé en deux branches subulées, égales ou un peu inégales. Dans chaque demi-loge se trouve un ovule ascendant, plus ou moins complètement anatrope, dont le

— PAYER, *Leç. Fam. nat.*, 190. — *Orvala* L., *Gen.*, n. 715. — *Galeobdolon* MŒNCH, *Meth.*, 394. — *Pollichia* W., *Fl. berol.*, 198. — *Erian-thera* BENTH., in *Hook. Bot. Misc.*, III, 380.

1. H. MOHL (in *Ann. sc. nat.*, sér. 2, III, 319) distingue le pollen ellipsoïde des *Lamium* et autres Labiées en 4 séries, suivant qu'il porte trois sillons longitudinaux, avec bandes granuleuses ou non, ou qu'il présente quatre (*Sideritis*) ou six plis longitudinaux.

micropyle regarde en bas, en dehors et plus ou moins latéralement[1]. Un disque irrégulier et inégalement lobé entoure la base de l'ovaire, moins développé en arrière qu'en avant ou même tout à fait absent en arrière. Le fruit, qu'entoure le calice persistant, est formé de quatre achaines (ou, par avortement, d'un nombre moindre). Chacun d'eux contient une graine ascendante, subdressée, dont l'embryon charnu, à radicule infère, est d'abord entouré d'une mince couche d'albumen, plus ou moins tôt résorbée.

Le *L. erythrotrichum* BOISS.[2] et deux espèces voisines ont été distingués sous le nom générique de *Wiedemannia*[3], parce que des cinq dents de leur calice, la postérieure, plus large, s'écarte des quatre autres qui sont plus étroites et forment une sorte de lèvre antérieure. Ce sont des herbes annuelles d'Orient.

La Cardiaque ou Agripaume est aussi devenue le type d'un genre *Leonurus*[4], parce que les dents de son calice sont plus ou moins subulées ou rigides et que ses feuilles sont incisées. Ce ne sera également pour nous qu'une section du genre *Lamium*.

Ainsi constitué, ce genre comprend une quarantaine d'espèces[5], annuelles ou vivaces, de l'Europe, de l'Afrique du Nord et de l'Asie tempérée. Leurs feuilles sont opposées, dentées ou incisées, et leurs fleurs[6] sont disposées en glomérules axillaires, formant ce qu'on a appelé des verticillastres; accompagnées de bractées et de bractéoles lancéolées, subulées ou sétacées.

On comprend sous le nom de *Eulamiées* une quinzaine de genres voisins des *Lamium*, sous-série dans laquelle le calice est tubuleux, infundibuliforme ou campanulé, droit ou oblique, à 5-10 côtes et à

1. Son tégument est des plus incomplets, parfois presque nul dans divers genres.

2. *Diagn. or.*, ser. 1, 5, 26.

3. FISCH. et MEY., *Ind. sem. H. petrop.*, IV, 51 ; *Sert. petrop.*, t. 9. — BENTH., in *DC. Prodr.*, XII, 503; *Gen.*, II, 1210, n. 105. — JAUB. et SP., *Ill. pl. or.*, t. 271, 272.

4. L., *Gen.*, n. 722. — ENDL., *Gen.*, n. 3647. — BENTH., in *DC. Prodr.*, XII, 499 ; *Gen.*, II, 1210, n. 104. — *Cardiaca* T., *Inst.*, 186, t. 87. — MOENCH, *Meth.*, 401. — *Panzeria* MOENCH, *Meth.*, 402 (part.). — *Chaiturus* MOENCH, *Meth.*, 401. — NEES, *Gen. Fl. germ.*

5. SIBTH., *Fl. græc.*, t. 555-557. — SM., *Exot. Bot.*, t. 48. — REICHB., *Ic. Fl. germ.*, t. 215-217, 223, 224; 337, 338 (*Leonurus*), 706-708, 722, 1203-1208; 1233 (*Chaiturus*); *Ic. bot.*, t. 337, 338, 736. — TEN., *Fl. nap.*, t. 52, 152, 153. — DESF., in *Ann. Mus.*, X, t. 26 (*Dracocephalum*). — LEDEB., *Ic. Fl. ross.*, t. 179 (*Leonurus*). — TCHIH., *As. min.*, t. 25. — MAXIM., *Prim. Fl. amur.*, 475 (*Leonurus*); in *Bull. Ac. Pétersb.*, XX; *Mél. biol.*, IX, 445 (*Leonurus*). — DCNE, in *Jacquem. Voy.*, *Bot.*, t. 135. — GRISEB., *Fl. brit. W.-Ind.*, 491 (*Leonurus*). — HOOK. F., *Fl. brit. Ind.*, IV, 677 (*Leonurus*), 678. — BENTH., *Fl. hongk.*, 278 (*Leonurus*). — FORB. et HEMSL., in *Journ. Linn. Soc.*, XXVI, 302 (*Leonurus*). — HOOK. F., *Handb. N.-Zeal. Fl.*, 385. — BOISS., *Fl. or.*, IV, 753 (*Leonurus*), 755; 767 (*Wiedemannia*). — J.-A. SCHM., in *Mart. Fl. bras.*, fasc. 22, 195 (*Leonurus*). — A. GRAY, *Syn. Fl. N.-Amer.*, II, 385. — WILLK. et LGE, *Prodr. Fl. hisp.*, II, 435; 437 (*Leonurus*). — BRANDZ., *Prodr. Fl. rom.*, 393. — GREN. et GODR., *Fl. de Fr.*, II, 678; 682 (*Leonurus*). — WALP., *Ann.*, III, 267; V, 695.

6. Blanches, roses, pourprées ou jaunes.

5-10 dents. La corolle y a un tube inclus ou rarement exsert, et la lèvre postérieure de son limbe a d'ordinaire la forme d'un casque. Les étamines y sont généralement exsertes.

Il faut d'abord comparer avec les Lamiers les Bétoines[1] (fig. 11, 12), qui ont aussi donné leur nom à cette série, et ont un calice tubuleux, parcouru par cinq ou dix nervures, et dont l'orifice est découpé en cinq dents à peu près égales ou inégales. Dans ce dernier cas, les postérieures sont les plus grandes, et elles sont parfois unies en une sorte de lèvre[2]. La corolle a un tube cylindrique, quelquefois arqué, et un limbe bilabié dans lequel la lèvre postérieure (répondant

Betonica officinalis.

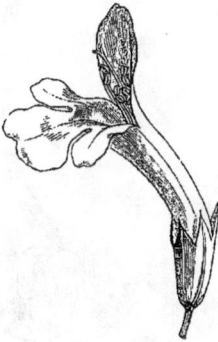

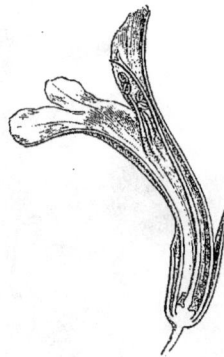

Fig. 11. Fleur (¼).   Fig. 12. Fleur, coupe longitudinale.

cependant à deux divisions) est souvent entière, plus rarement émarginée ou bifide, tandis que l'antérieure, étalée ou descendante, en forme de labelle, est trilobée; son lobe médian très grand, entier ou bifide. Les étamines sont didynames et montent dans la concavité de la lèvre postérieure de la corolle, souvent exsertes, formées toutes d'un filet comprimé[3] et d'une anthère à deux loges divergentes, plus rarement parallèles. Le gynécée est entouré d'un disque régulier ou plus élevé d'un côté, et le style a deux branches subulées, à peu près égales. Les fruits sont formés d'achaines obtus au sommet, inappendiculés.

---

1. *Betonica* T., *Inst.*, 202, t. 96. — L., *Gen.*, n. 718. — Benth., in *DC. Prodr.*, XII, 459. — *Stachys* L., *Gen.*, n. 719. — Endl., *Gen.*, n. 3650. — Benth., *Gen.*, II, 1208, n. 102. — *Galeopsis* Moench, *Meth.*, 397 (non L.). — *Trixago* Moench, *loc. cit.*, 398 (non Stev.). — *Zietenia* Gled., *Syst.*, 184; in *Hist. Ac. Berl.* (1766), 3, t. A, B. — *Tetrahilum* Hoffmg et Link, *Fl. port.*, 103. — *Eriostomum* Hoffmg et Link, *loc. cit.*, 105, t. 7.

2. Avec parfois des lobules accessoires.

3. Souvent déjeté de côté.

Il y a environ 160 *Betonica*[1], qui habitent toutes les régions tempérées des deux mondes. Six sont des herbes annuelles, vivaces ou suffrutescentes à la base, à feuilles entières ou dentées, à fleurs rapprochées en verticillastres axillaires ou groupés en épis terminaux,
multiflores ou réduits à deux, trois fleurs.

A côté des Bétoines se rangent ensuite les treize genres très voisins

Ballota nigra.

Fig. 13. Branche florifère (⅓).

Fig. 14. Gynécée.

Galeopsis, Ballota (fig. 13, 14), *Roylea, Otostegia, Moluccella, Lagochilus, Eremostachys, Phlomis, Eriophyton, Notochœte, Leucas, Lasiocorys* et *Leonotis* (fig. 15).

1. JACQ., *H. schœnbr.*, t. 284 ; *H. vindob.*,
t. 70 ; *Ic. rar.*, t. 107 (*Stachys*). — W., *H.
berol.*, t. 60. — LHÉR., *Stirp.*, t. 26 (*Stachys*).
— W. et KIT., *Pl. rar. hung.*, t. 134 (*Stachys*).
— MIQ., in *Ann. Mus. lugd.-bat.*, II, 111
(*Stachys*). — VIS., *Fl. dalm.*, t. 16 ; *Pl. Serb.*,
t. 30 (*Stachys*). — SIBTH., *Fl. grœc.*, t. 558-
560. — DESF., in *Ann. Mus.*, X, t. 25 ; *Fl. all.*,
t. 126. — BOR. et CHAUB., *Fl. pelop.*, t. 18-20.
— TEN., *Fl. nap.*, t. 53, 54, 233. — BROT.,
Phyt. lusit., t. 100. — COSS. et DUR., *Expl.
Alg.*, t. 63-65. — BGE, *Lab. pers.*, 68. —
SWEET, *Brit. fl. Gard.*, t. 100, 180. — ANDR.,
Bot. Rep., t. 310. — GRISEB., *Fl. brit. W.-
Ind.*, 491. — HOOK. F., *Fl. brit. Ind.*, IV, 675;
Handb. N.-Zeal. Fl., 385 (*Stachys*). — J.-A.
SCHM., in *Mart. Fl. bras.*, fasc. 22, 197. —
C. GAY, *Fl. chil.*, IV, 498. — HEMSL., *Bot.
centr.-amer.*, II, 571. — A. GRAY, *Syn. Fl.
N.-Amer.*, II, 385 (omn. sub *Stachyde*). —
BOISS., *Fl. or.*, IV, 714 (*Stachys*), 749. —
WILLK. et LGE, *Prodr. Fl. hisp.*, II, 440
(*Stachys*), 444. — GREN. et GODR., *Fl. de Fr.*,
II, 686 (*Stachys*), 693. — *Bot. Mag.*, t. 666,
1959 (*Stachys*), 700, 2125. — WALP., *Ann.*,
III, 263, 264 ; V, 689 (*Stachys*).

Dans une sous-série des *Anisomélées*, la corolle a une lèvre posté-

Leonotis Leonurus

Fig. 15. Branche florifère.

rieure généralement courte et aplatie, tantôt glabre et tantôt pubescente. Nous y rangeons les genres *Anisomeles*, *Achyrospermum*,

Colquhounia, Craniotome et *Chamæsphacos*, qui sont tous originaires de l'ancien monde, principalement de l'Asie.

Marrubium vulgare.

Fig. 16. Fleur ($\frac{4}{1}$).

Fig. 17. Fleur, coupe longitudinale.

Les Marrubes (fig. 16, 17) donnent leur nom à une autre sous-série (*Marrubiées*), dans laquelle le calice, à nervures saillantes, a

Scutellaria galericulata.

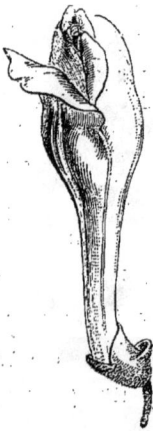

Fig. 18. Fleur ($\frac{4}{1}$).

Fig. 20. Gynécée et disque.

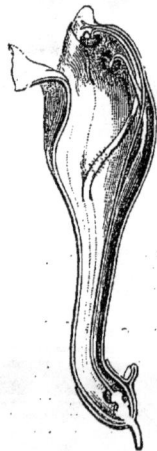

Fig. 19. Fleur, coupe longitudinale.

5-10 dents. La corolle a un tube inclus ou légèrement exsert ; et l'androcée et le gynécée sont inclus dans le tube de la corolle. Outre les *Marrubium* qui croissent en Europe, en Asie, en Afrique, et qui ont été transportés dans le nouveau monde, cette sous-série comprend les *Acrotome* qui sont de l'Afrique australe, et les *Sideritis* qui abondent en Orient, dans la région Méditerranéenne et dans les îles du nord-ouest de l'Afrique.

Dans la sous-série des *Scutellariées*, le calice est bilabié, et ses lèvres se rapprochent après l'anthèse. Les fleurs sont géminées dans l'aisselle des feuilles ou disposées en grappes terminales. Ce groupe comprend les *Scutellaria* (fig. 18-20), ? *Microtœna*, *Perilomia* et *Salizaria;* les deux derniers américains, et le précédent de l'Inde orientale.

Les Brunelles ont servi de type à une sous-série (*Brunellées*) dans laquelle le calice est bilabié; les deux lèvres dentées. L'androcée y est formé de quatre étamines à anthères biloculaires; et le style se divise supérieurement en 2-4 branches. Ce petit groupe comprend encore les deux genres *Cleonia* et *Brazoria*, l'un d'Europe et d'Afrique; l'autre originaire de l'Amérique du Nord.

Les *Melittis* (fig. 21-23), genre formé d'une seule espèce indigène, la plus belle de nos Labiées, donnent leur nom à une autre sous-série

Melittis Melissophyllum.

Fig. 22. Achaine.

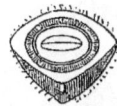

Fig. 21. Fleur.

Fig. 23. Achaine, coupe transversale.

(*Mélittées*) dans laquelle le calice devient large, membraneux ou herbacé, avec des nervures peu saillantes, des bords découpés de 3, 4 grands lobes ou de 5 dents. La corolle a un long tube exsert qui se dilate dès sa base ou s'évase beaucoup dans sa portion supérieure. La lèvre postérieure de son limbe est légèrement concave. Le fruit est finalement un achaine; mais pendant long-temps son péricarpe présente en dehors d'une sorte de noyau bien distinct, une couche charnue et grisâtre, peu épaisse. On rapporte en outre à cette sous-série assez naturelle, les quatre genres *Chelonopsis*, *Macbridea*, *Synandra* et *Physostegia*.

II. SÉRIE DES NEPETA.

Le plus connu des *Nepeta*[1], la Cataire (fig. 24-27), a des fleurs irrégulières, dont le calice tubuleux porte quinze nervures et est partagé

1. L., *Gen.*, n. 76. — J., *Gen.*, 113. — BENTH., *Labiat.*, 464; in *DC. Prodr.*, XII, 370; *Gen.*, II, 1199, n. 76. — NEES, *Gen. Fl. germ.* — ENDL., *Gen.*, n. 3636. — *Cataria* T., *Inst.*,

supérieurement en cinq dents un peu inégales; les postérieures plus
haut placées. La corolle, à tube intérieurement nu, se dilate vers sa
gorge et se continue en un limbe bilabié. Sa lèvre antérieure est
formée de trois lobes, dont un médian, intérieur, bien plus grand,
labelliforme, découpé sur ses bords de dents triangulaires. La postérieure est concave, dressée et peu profondément échancrée sur la

Nepeta Cataria.

Fig. 25. Fleur.

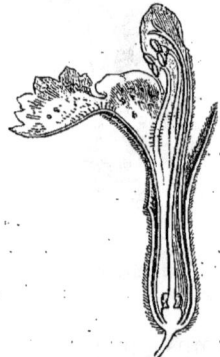

Fig. 24. Branche florifère ($\frac{1}{7}$).   Fig. 27. Gynécée.   Fig. 26. Fleur, coupe
longitudinale.

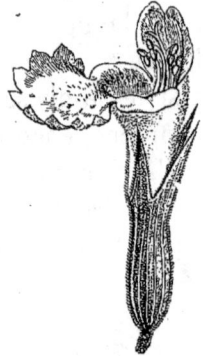

ligne médiane. Les étamines sont didynames[1] et montent semi-exsertes
dans la concavité de la lèvre postérieure de la corolle. Elles ont des
anthères à deux loges finalement divariquées. Un disque charnu,
peu épais et peu irrégulier, accompagne la base de l'ovaire, qui est
découpé en quatre lobes uniovulés, avec un style gynobasique dont
le sommet se partage en deux lobes stigmatifères subulés et presque

202, t. 95. — MœNCH, *Meth.*, 387. — *Saussuria*   1. Les postérieures dépassent les antérieures
MœNCH, *Meth.*, 388. — *Oxynepeta* BENTH. —   par le sommet, mais elles sont plus haut insé-
BGE, *Labiat. pers.*, 53.   rées sur la corolle.

égaux[1]. Le fruit est formé de quatre achaines ovoïdes, obtus, lisses. C'est une herbe vivace, très odorante, à branches carrées, à fleurs disposées en cymes axillaires pédonculées, dont l'ensemble constitue une inflorescence terminale mixte.

Nepeta (Glechoma) hederacea.

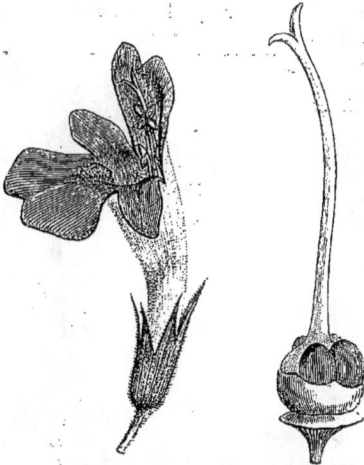

Fig. 28. Fleur.   Fig. 29. Gynécée.

Le Lierre-terrestre (fig. 28, 29) est le type d'une section *Glechoma*[2], longtemps élevée au rang de genre, et dans laquelle les branches aériennes sont rampantes ou diffuses; les cymes florales toutes axillaires et pauciflores.

Les *Dracocephalum*[3], herbes parfois suffrutescentes à la base, ont été aussi génériquement distingués, parce que leur calice est plus profondément bilabié ou que sa division postérieure est bien plus large que les autres[4]. Ce ne sera encore pour nous qu'une section du grand genre *Nepeta*.

Ainsi compris[5], le genre *Nepeta* renferme environ 150 espèces[6], originaires de l'Europe, l'Asie tempérée et la région Méditerranéenne.

A côté des Cataires, se rangent les genres peu différents *Lallemantia, Lophanthus, Hymenocrater, Cedronella* et *Hypogomphia*.

---

1. Son insertion est en réalité centrale; mais il se prolonge au-dessus d'elle en avant en une sorte d'éperon plein et épais qui vient toucher au disque.

2. L., *Gen.*, n. 714. — GÆRTN., *Fruct.*, t. 66. — NEES, *Gen. Fl. germ.* — *Chamæclema* MOENCH, *Meth.*, 393. — *Marmorites* BENTH., in *Hook. Bot. Misc.*, III, 377.

3. L., *Gen.*, n. 729. — BENTH., in *DC. Prodr.*, XII, 396; *Gen.*, II, 1199, n. 77. — *Moldavica* MOENCH, *Meth.*, 410. — SPENN., in *Nees Gen. Fl. germ.* — *Ruyschiana* MILL., *Dict.*

4. Sur la « catalepsie » des *Dracocephalum*, voy. CH. MORR., in *Bull. Ac. roy. Brux.*, III, 300; IV, n. 9.

5. Sect. 4 : 1. *Cataria*; 2. *Oxynepeta*; 3. *Glechoma*; 4. *Dracocephalum*.

6. JACQ., *H. vindob.*, t. 112; *Fl. austr.*, t. 24, 129; *Ic. rar.*, t. 112 (*Dracocephalum*). — VENT., *Jard. Cels*, t. 44, 66. — BGE., *Lab. pers.*, 53. — CAV., *Ic.*, t. 49. — LEDEB., *Ic. Fl. ross.*, t. 120; 124 (*Ziziphora*), 128, 193; 412 (*Dracocephalum*), 445. — DESF., in *Mém. Mus.*, X, t. 23; *Fl. atl.*, t. 123, 124. — MOR., *Fl. sard.*, t. 107. — REICHB., *Ic. Fl. germ.*, t. 1240 (*Dracocephalum*), 1241 (*Glechoma*), 1242, 1243; *Ic. eur.*, t. 261, 279, 305, 439, 483, 550, 585-587. — BROT., *Phyt. lusit.*, t. 111. — HEFMG et LINK, *Fl. port.*, t. 5. — WEBB, *Phyt. canar.*, t. 165. — DCNE, in *Jacquem. Voy., Bot.*, t. 136, 137. — SIBTH., *Fl. græc.*, t. 547, 548. — BOR. et CHAUB., *Fl. pelop.*, t. 17. — MIQ., in *Ann. Mus. lugd.-bat.*, II, 109. — SWEET, *Brit. fl. Gard.*, t. 47; ser. 2, t. 57 (*Dracocephalum*). — HOOK. F., *Fl. brit. Ind.*, IV, 656; 664 (*Dracocephalum*). — A. GRAY, *Syn. Fl. N.-Amer.*, II, 377. — BOISS., *Fl. or.*, IV, 637; 670 (*Glechoma*), 671 (*Dracocephalum*). — HEMSL., in *Journ. Linn. Soc.*, XXVI, 228. — WILLK. et LGE. *Prodr. Fl. hisp.*, II, 429. — BRANDZ., *Prodr. Fl. rom.*, 390; 391 (*Glechoma*). — GREN. et GODR., *Fl. de Fr.*, II, 674; 676 (*Dracocephalum*), 677 (*Glechoma*). — *Bot. Reg.*, t. 841 (*Dracocephalum*). — *Bot. Mag.*, t. 923; 1084, 2185, 6281 (*Dracocephalum*), 6405. — WALP., *Ann.* III, 260; V, 682; 684 (*Dracocephalum*).

III. SÉRIE DES MENTHES.

Les Menthes[1] (fig. 30-33) ont des fleurs peu irrégulières, dont le

Mentha piperita.

Fig. 31. Fleur

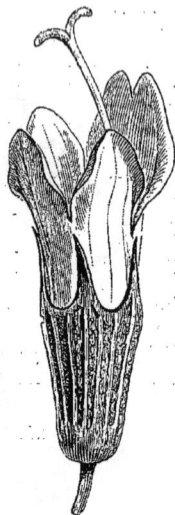

Fig. 30. Port.

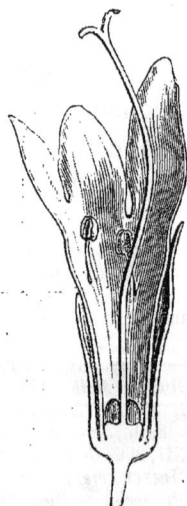

Fig. 32. Fleur, coupe
longitudinale.

calice, tubuleux ou campanulé, a 10-13 nervures et est partagé en cinq dents égales ou inégales. Sa gorge est nue ou fermée par des

---

1. *Mentha* T., *Inst.*, 188, t. 89. — L., *Gen.*, n. 713. — J., *Gen.*, 113. — Sole, *Menth. brit.* (1798), in-fol. — Nees, *Gen. Fl. germ.* — Endl., *Gen*, n. 3594. — Benth., *Labiat.*, 168; in *DC. Prodr.*, XII, 165; *Gen.*, II, 1182, n. 33. — *Pulegium* Mill., *Dict.* — *Audibertia* Benth., in *Bot. Reg.*, sub n. 1282 (non 1469). — Endl., *Gen.*, n. 3594 (sub *Mentha*).

poils. La corolle a le tube inclus et la gorge campanulée. Son limbe
est à quatre divisions; mais la postérieure, qui recouvre les latérales,
elles-mêmes extérieures à l'antérieure, est plus large que les autres,
entière, émarginée ou courtement bilobée. Elle porte quatre étamines
alternes, égales ou à peu près, distantes, dressées, à filet nu, à anthère biloculaire; les loges
égales et parallèles. Le gynécée est entouré d'un disque
régulier. Son ovaire se partage
en quatre demi-loges, qui
renferment chacune un ovule
ascendant, et il est pourvu
d'un style gynobasique dont
les deux branches stigma-

Thymus vulgaris.

Mentha arvensis.

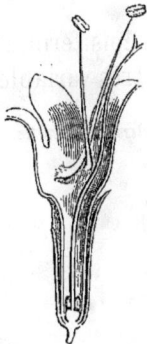

Fig. 33. Fleur, coupe longitudinale.   Fig. 34. Branche florifère.   Fig. 35. Gynécée.

tifères sont subulées et à peu près égales. Le fruit est formé de
quatre achaines ovoïdes et lisses, avec une graine subdressée et un
embryon dont la radicule est infère.

Le *M. cervina*, de la région Méditerranéenne, a été distingué génériquement sous le nom de *Preslia*[1], parce que son calice est souvent
tétramère; mais il y a souvent un petit lobe calicinal en arrière.

Ainsi conçu, ce genre renferme probablement une vingtaine d'espèces[2], plantes très odorantes, des régions tempérées des deux
mondes, plus rares entre les tropiques dans l'ancien continent. Her-

1. OPIZ, in *Flora* (1824), 332. — ENDL., *Gen.*, n. 3593. — BENTH., in *DC. Prodr.*, XII, 164; *Gen.*, II, 1183, n. 34.

2. JACQ., *H. vindob.*, III, t. 87. — SM., *Ic. ined.*, t. 38. — MOR., *Fl. sard.*, t. 106. — TEN., *Fl. nap.*, t. 55, 56, 156-158, 242. — GUSS., *Ic.*

bacées et souvent très ramifiées, elles ont des branches carrées, des feuilles opposées et des fleurs disposées en verticillastres 2- ∞-flores,

Hyssopus officinalis.

Salureia hortensis.

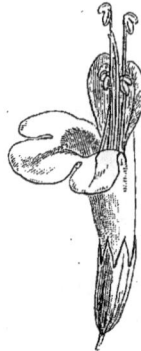

Fig. 36. Fleur (²⁄₇).   Fig. 37. Fleur, coupe longitudinale.   Fig. 38. Fleur.   Fig. 39. Fleur, coupe longitudinale.

occupant les aisselles des feuilles ou groupés en épis terminaux, allongés ou globuleux, avec des bractées et bractéoles très variables de taille.

Dans la sous-série des *Eumenthées*, le calice a de cinq à quinze nervures. L'androcée y est formé de deux ou quatre étamines dressées ou divariquées, et l'anthère a deux loges distinctes ou finalement confluentes. On y range les genres *Lycopus, Cunila, Bystropogon, Cuminia,* ? *Oreosphacus, Thymus* (fig. 34, 35), *Origanum, Monardella, Koellia, Hyssopus* (fig. 36, 37), *Satureia* (fig. 38, 39), *Zataria, Collinsonia, Perilla, Perillula, Mosla, Elsholtzia, Comanthosphace* et *Keiskea*.

Melissa officinalis.

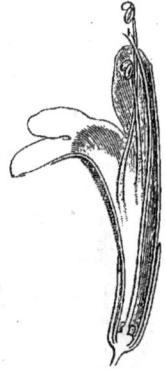

Fig. 40. Fleur.   Fig. 41. Fleur, coupe longitudinale.

pl. rar., t. 66. — REICHB., *Ic. eur.*, t. 968-984; *Ic. Fl. germ.*, t. 1282-1289; 1290 (*Preslia*). — HOOK. F., *Fl. brit. Ind.*, IV, 647 ; *Handb. N.-Zeal. Fl.*, 225. — BENTH., *Fl. hongk.*, 276; *Fl. austral.*, IV, 82. — J.-A. SCHM., in *Mart. Fl. bras.*, fasc. 22; 163. — C. GAY, *Fl. chil.*, IV, 485. — A. GRAY, *Syn. Fl. N.-Amer.*, II, 351. — HEMSL., *Bot. centr.-amer.*, II, 546. — BOISS., *Fl. or.*, IV, 542. — WILLK. et LGE, *Prodr. Fl. hisp.*, II, 393. — BRANDZ., *Prodr. Fl. rom.*, 380. — MALINV., *Menth. herb. Lej.* — LAMK., *Fl. fr.*, II, 420. — DC., *Fl. fr.*, III, 534. — GREN. et GODR., *Fl. de Fr.*, II, 648. — H. BN, *Icon. Fl. fr.*, n. 50, 219. — WALP., *Ann.*, III, 247.

Les Mélisses (fig. 40, 41) donnent leur nom à une sous-série (*Mélis-sées*), dans laquelle le calice a ordinairement treize nervures saillantes. La corolle est bilabiée, avec un tube d'ordinaire exsert. Les étamines, au nombre de deux ou quatre, sont ascendantes à leur base, plus haut divergentes ou rarement parallèles sous la lèvre postérieure de la corolle. Cette sous-série comprend les genres voisins *Clinopodium* (fig. 42-44),

Clinopodium Calamintha.

Fig. 43. Fleur.

Fig. 42. Branche florifère

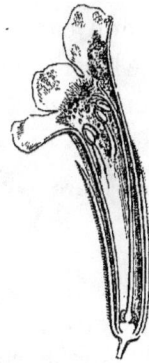

Fig. 44. Fleur, coupe longitudinale.

Thymbra, Ceranthera, Conradina, Glechon, Acanthomintha, Hedeoma, Micromeria, Soliera, Gardoquia, Poliomintha, Keithia, Pogogyne.

Dans une petite sous-série des *Pogostémonées* se rangent, outre le genre *Pogostemon* (fig. 45, 46), les *Dysophylla, Colebrookia* et *Tetradenia*. Ce sont des plantes de l'ancien monde, dont la corolle a un tube rarement aussi long que le calice et un limbe à lobes égaux, ou bien l'antérieur un peu plus long. Les étamines didynames sont écartées, droites, souvent exsertes, parfois un peu déclinées, à anthères libres; les loges globuleuses, confluentes, puis étalées.

La sous-série des *Horminées* est formée des genres *Horminum* (fig. 47, 48), *Sphacele* et *Lepechinia*. Le calice y est largement

Pogostemon Patchouly.   Horminum pyrenaicum.

Fig. 45. Fleur.   Fig. 46. Fleur, coupe longitudinale.   Fig. 47. Fleur (²⁄₇).   Fig. 48. Fleur, coupe longitudinale.

tubuleux ou campanulé. La corolle a le tube en général large, avec un limbe légèrement ou bien nettement bilabié; les lobes le plus ordinairement larges et plats. L'androcée y est didyname.

IV. SÉRIE DES MONARDES.

Les Monardes[1] (fig. 49), dont le nom a été donné à cette série, ont les fleurs hermaphrodites, très irrégulières. Leur calice gamosépale, tubuleux, 12-15-nerve, est supérieurement découpé de cinq dents peu inégales. La corolle[2] bilabiée a une lèvre postérieure allongée, formée de deux lobes et, par suite, assez souvent émarginée, mais parfois aussi presque entière. Elle recouvre dans le bouton la lèvre antérieure, qui répond à trois lobes; le médian plus ou moins

1. *Monarda* L., *Gen.*, n. 37. — GÆRTN., *Fruct.*, t. 66. — LAMK, *Dict.*, IV, 254; *Ill. gen.*, n. 274. — BENTH., *Labiat.*, 315; in *DC. Prodr.*, XII, 361; *Gen.*, II, 1197, n. 72. — ENDL., *Gen.*,

n. 3600. — *Cheilyctis* RAFIN., in *Journ. phys.*, LXXXIX, 99. — *Coryanthus* NUTT., in *Trans. Amer. Phil. Soc.*, V, 186.

2. Blanche, jaune ou rouge.

bilobé et recouvert par les deux latéraux. Des quatre étamines qui
constituent l'androcée, les deux antérieures seules sont bien développées, exsertes, se logeant en partie dans la concavité de la lèvre supérieure de la corolle, pourvues
d'une anthère à deux loges
divariquées, placées bout à
bout et finalement déhis-
centes par des fentes qui
deviennent entièrement confluentes, de façon à simuler

Salvia officinalis.

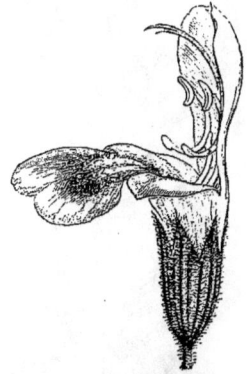

Monarda didyma.

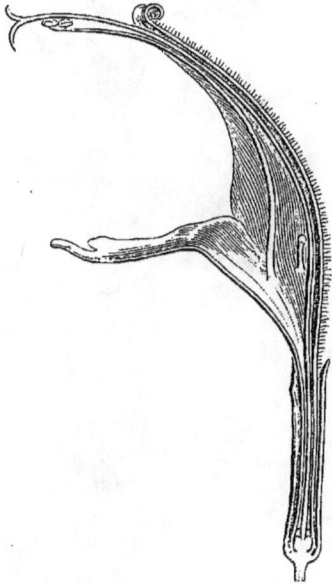

Fig. 51. Fleur ($\frac{4}{1}$).

Fig. 49. Fleur, coupe longitudinale
antéro-postérieure.

Fig. 50. Branche
florifère.

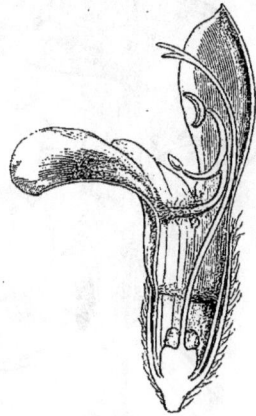

Fig. 52. Fleur, coupe
longitudinale.

une seule loge. Les étamines latérales sont réduites à des staminodes souvent peu visibles. Le gynécée est entouré à sa base d'un
disque régulier ; il est semblable à celui des Labiées en général, et le
style est terminé par deux branches égales ou inégales. Le fruit est
formé d'achaines ovoïdes, lisses. Ce sont des herbes vivaces, à feuilles
opposées et souvent dentées. Celles dont les fleurs occupent l'aisselle

sont presque égales ou souvent plus petites et teintées de couleurs vives. Les verticillastres sont solitaires au sommet des rameaux ou occupent l'aisselle de plusieurs paires superposées de folioles. Les bractéoles sont ordinairement nombreuses. Les six ou sept espèces connues[1], assez souvent cultivées, sont de l'Amérique du Nord.

Rosmarinus officinalis.

Fig. 54. Fleur.

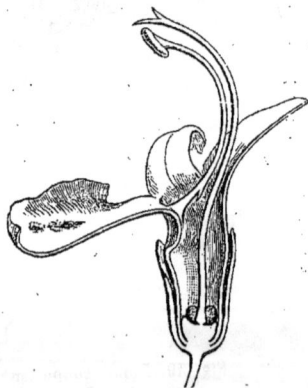

Fig. 53. Branche florifère.   Fig. 56. Gynécée.   Fig. 55. Fleur, coupe longitudinale.

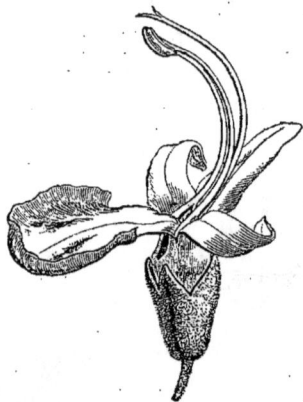

Avec les *Blephilia* et les *Ziziphora*, les Monardes forment une petite sous-série (*Eumonardées*).

Les Sauges (fig. 50-52) donnent leur nom à une autre sous-

1. MICHX, *Fl. bor.-amer.*, I, 16; t. 34 (*Pycnanthemum*). — PURSH, *Fl. Amer. sept.*, t. 1. — HOOK., *Ex. Fl.*, t. 130. — REICHB., *Ic. exot.*, t. 170-172, 181, 182. — ANDR., *Bot. Rep.*, t. 546. — NUTT., *Trav. Arkans.*, 141. — SWEET, *Brit. fl. Gard.*, t. 98, 166. — W., *Enum. H. berol.*, 32. — A. GRAY, *Syn. Fl. N.-Amer.*, II, 373. — HEMSL., *Bot. centr.-amer.*, II, 567. — *Bot. Reg.*, t. 87. — *Bot. Mag.*, t. 145, 546, 2513, 2958, 3310, 3526.

série (*Salviées*), dans laquelle les fleurs ont un calice bilabié et un androcée diandre, avec un long connectif grêle, ascendant en arrière et portant de ce côté une demi-loge d'anthère fertile, tandis que son autre extrémité est dépourvue de demi-loge ou n'en porte qu'un rudiment. Le Romarin officinal (fig. 53-56), arbuste très fréquemment cultivé, est extrêmement voisin des Sauges.

Dans une troisième sous-série (*Mériandrées*), les étamines sont dressées, et les loges de leur anthère sont parallèles et disjointes. Le calice est bilabié, et la corolle est peu irrégulière. Avec les *Meriandra*, ce groupe comprend les deux genres *Perowskia* et *Dorystœchas*, qui sont l'un et l'autre originaires de l'ancien monde.

V. SÉRIE DES LAVANDES.

Dans la fleur irrégulière des Lavandes[1] (fig. 57-59), autrefois rapportées à la même série que les Basilics, le calice est plus ou moins longuement tubuleux, à 13-15 sillons répondant à autant de nervures longitudinales, et son orifice est découpé de cinq dents, parfois à peine saillantes, sauf la postérieure, fréquemment dilatée en une lame qui recouvre le sommet du calice. La corolle bilabiée a un tube exsert, dont la gorge se dilate un peu, et un limbe étalé, dont la lèvre postérieure, bilobée, enveloppe l'antérieure qui est trilobée, et dont le lobe moyen est recouvert par les latéraux. Les étamines sont didynames, incluses dans le tube de la corolle, déclinées. Les antérieures sont les plus grandes et les plus haut insérées. Elles ont des anthères[2] à deux loges divergentes, qui s'ouvrent par des fentes bientôt confluentes. Un disque régulier accompagne la base du gynécée, plus ou moins profondément quadrilobé, et persiste longtemps sur le réceptacle[3]. L'ovaire est à quatre logettes, avec un style gynobasique, à deux lobes stigmatifères comprimés, souvent adhérents l'un à l'autre dans une grande étendue. Chaque logette

1. *Lavandula* T., *Inst.*, 198, t. 93. — L., *Gen.*, n. 711. — L. F., *Diss. Lavand.* (1780). — J., *Gen.*, 113. — GÆRTN., *Fruct.*, t. 66. — GING., *Hist. nat. Lavand.* (1826), c. t. 11. — NEES, *Gen. Fl. germ.* — ENDL., *Gen.*, n. 3585. — BENTH., *Labiat. gen. et spec.*, 146; in *DC. Prodr.*, XII, 144; *Gen.*, II, 1179, n. 22. — *Fabricia* ADANS., *Fam. des pl.*, II, 188.

2. Souvent brunes. Dans la plupart des espèces, le pollen est ellipsoïde, avec six plis longitudinaux, et dans l'eau, il devient sphérique ou ovoïde.

3. Souvent, c'est le réceptacle cylindrique ou obconique, qui est enduit à sa surface d'une couche glanduleuse. Les dents alternes aux logettes peuvent être peu prononcées.

renferme un ovule ascendant, presque basilaire, à micropyle inférieur et extérieur, et devient un achaîne glabre, lisse, fixé au réceptacle par une aréole obliquement inférieure.

Ce sont des plantes frutescentes, ou suffrutescentes, ou herbacées, très odorantes, à feuilles opposées et souvent rapprochées en grand nombre vers la base de la plante, entières, pinnatifides ou disséquées. Leurs fleurs[1] sont groupées, au sommet d'un axe longuement dénudé, en un épi de glomérules opposés et 2-10-flores. On connaît une vingtaine d'espèces[2] de ce genre, qui habite la région Méditerranéenne, s'étendant à l'ouest jusqu'aux îles Canaries, à l'est jusqu'à la péninsule indienne.

Dans certaines Lavandes dont les feuilles sont multifides, les bractées sont uniflores; on en a fait un genre *Chœtostachys*[3]. Dans d'autres, séparées sous le nom de *Stœchas*[4], les bractées de l'inflorescence sont 3-5-flores; et les supérieures, stériles et souvent colorées, forment une sorte de panache au sommet du groupe floral.

Lavandula vera.

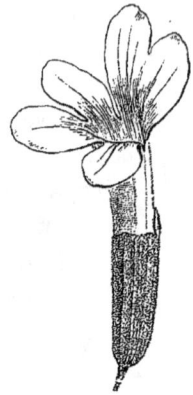

Fig. 58. Fleur.

Fig. 57. Rameau florifère (½).

Fig. 59. Fleur, coupe longitudinale.

1. Bleues ou violacées, petites.

2. LHÉR., *Sert. angl.*, t. 21. — JACQ., *Ic. rar.*, t. 106. — DEL., *Fl. Eg.*, t. 32. — SIBTH., *Fl. grœc.*, t. 549. — BURM., *Fl. ind.*, t. 38. — BROT., *Phyt. lusit.*, t. 114. — HFFMG et LINK, *Fl. port.*, t. 4. — JAUB. et SP., *Ill. pl. or.*, t. 373-375. — REICHB., *Ic. Fl. germ.*, t. 1227. — BOISS., *Voy. Esp.*, t. 135; *Fl. or.*, IV, 540. — SAUND., *Ref. bot.*, t. 159, 301. — WAWR., in *Pr. Max. Reis. Bot.*, t. 69. — T. ANDERS. *Fl. Aden*, 29 (in *Journ. Linn. Soc.*, V). — BOISS., *Fl. or.*, IV, 540. — HOOK. F., *Fl. brit. Ind.*, IV, 630. — WILLK. et LGE, *Prodr. Fl. hisp.*, II, 390. — GREN. et GODR., *Fl. de Fr.*, II, 646. — BRANDZ., *Prodr. Fl. rom.*, 406. — *Bot. Mag.*, t. 400, 401. — WALP., *Ann.*, III, 245; V, 670.

3. BENTH., in *Wall. Pl. as. rar.*, II, 19.

4. T., *Inst.*, 201, t. 95.

VI. SÉRIE DES OCIMUM.

Les *Ocimum*[1] (fig. 60, 61) ont des fleurs irrégulières et hermaphrodites, à réceptacle légèrement convexe. Le calice est gamosépale,
à cinq divisions inégales : la postérieure, qui recouvre les latérales,
formant une sorte de bouclier, et les deux antérieures plus ou moins,
quelquefois totalement unies. La corolle irrégulière a la gorge oblique
et un limbe à cinq divisions dont les deux postérieures recouvrent les
latérales ; ces dernières enveloppant l'antérieure. Les quatre postérieures forment une large lèvre ; et l'antérieure, déclinée, plane ou
concave, en constitue à elle seule une autre. L'androcée, porté sur la
corolle, est didyname. Les anthères ont deux loges confluentes et

Ocimum. Basilicum.

Fig. 60. Fleur.

Fig. 61. Fleur, coupe longitudinale.

formant une masse réniforme, à fente hippocrépiforme, finalement
continue. Les filets des postérieures, plus petites, peuvent se pro-
longer inférieurement en une saillie chargée de poils. Le gynécée
supère est entouré d'un disque glanduleux, à 1-4 lobes saillants ; son
ovaire biloculaire est partagé en demi-loges uniovulées, et du centre
des quatre logettes se dégage un style gynobasique dont l'extrémité
stigmatifère est partagée en deux branches aiguës, tandis que sa base
s'atténue subitement au niveau des saillies ovariennes. Les ovules
sont ascendants, anatropes, à micropyle tourné en bas et en dehors.

1. T., *Inst*, 203, t. 96. — L., *Gen.*, n. 732.
— BENTH., *Labiat.*, 1 (*Ocymum*) ; in *DC. Prodr.*,
XII, 32 ; *Gen.*, II, 1171, n. 1. — NEES, *Gen.*
Fl. germ. — ENDL., *Gen.*, n. 3569. — *Hieroci-
mum* BENTH., *Labiat.*, 11. — *Becium* LINDL.,
Bot. Reg. (1842), *Misc.*, 43.

Le fruit, accompagné du calice persistant, est formé de 1-4 achaines lisses ou rugueux-ponctués, contenant chacun une graine ascendante, à embryon plus ou moins épais et charnu, avec la radicule infère. Les *Ocimum* sont des plantes herbacées, suffrutescentes ou frutescentes, très odorantes, à feuilles opposées, à fleurs[1] disposées en grappes terminales de cymes contractées, bipares et 6-pluriflores. On en décrit une quarantaine d'espèces[2], qui habitent toutes les régions chaudes des deux mondes.

Dans les Ocimées proprement dites (*Évocimées*), la corolle a un lobe antérieur qui ne dépasse guère les autres en longueur et qui est souvent plus étroit, décliné. C'est ce qui arrive dans les genres très voisins *Mesona*, *Geniosporum*, *Platystoma*, *Moschosma*, *Orthosiphon*, *Catopheria*, *Syncolostemon*, *Acrocephalus*.

Dans les *Plectranthées*, ce lobe extérieur de la corolle est plus long, en forme de cuilleron ou de nacelle. Tels sont les *Plectranthus*, *Coleus*, *Solenostemon*, *Hoslundia*, *Æolanthus*, *Pycnostachys*, *Alvesia*, *Anisochilus*.

Dans les *Hyptidées*, ce lobe est brusquement réfléchi, étranglé à sa base, dilaté en sac. C'est ce qu'on voit dans les *Hyptis*, *Eriope*, *Peltodon* et *Marsypianthes*, presque tous habitants du nouveau monde.

VII. SÉRIE DES PRASIUM.

Les *Prasium*[3] (fig. 62) ont la fleur de la plupart des Labiées, notamment des Lamiées, avec un grand calice quinquéfide, membraneux et 10-nerve, plus ou moins nettement bilabié. Sa corolle bilabiée a un tube inclus, garni intérieurement d'un anneau de poils écailleux, et elle porte des étamines didynames, à deux loges d'anthère divariquées. Un disque circulaire entoure l'ovaire, qui devient un fruit formé de 1-4 drupes obovoïdes, attachées par une petite

1. Blanches, rosées ou lilas.

2. Burm., *Thes. zeyl.*, t. 80, fig. 2. —Lhér., *St.*, t. 43. — Jacq., *Ic. rar.*, t. 495; *Fl. vindob.*, III, t. 72, 86. — Pal.-Beauv., *Fl. ow. et ben.*, t. 94. — Hook., *Icon.*, t. 455. — J.-A. Schm., in *Mart. Fl. bras.*, VIII, 70, t. 14. — Thw., *Enum. pl. Zeyl.*, 236. — Hook. f., *Fl. brit. Ind.*, IV, 607. — C. Gay, *Fl. chil.*, IV, 484. — Griseb., *Fl. brit. W.-Ind.*, 487.

— A. Gray, *Syn. Fl. N.-Amer.*, II, 350. — Hemsl., *Bot. centr.-amer.*, II, 541. — Boiss., *Fl. or.*, IV, 539. — *Bot. Reg.*, t. 753. — *Bot. Mag.*, t. 2452, 2996. — Walp., *Ann.*, III, 242 (part.).

3. L., *Gen.*, n. 737. — Gærtn., *Fruct.*, t. 66. — Nees, *Gen. Fl. gérm.* — Endl., *Gen.*, n. 3676. — Benth., *Labiat.*, 655; in DC. *Prodr.*, XII, 556; *Gen.*, II, 1217, n. 123.

aréole à peine oblique autour de la base d'un style gynobasique.
L'exocarpe charnu est mince, et le noyau crustacé. Le seul *Prasium* connu[1] est un sous-arbrisseau de la région Méditerranéenne, de l'Orient et des îles occidentales du nord de l'Afrique. Ses feuilles opposées sont dentées, et ses fleurs sont géminées dans l'aisselle des feuilles florales.

Prasium majus.

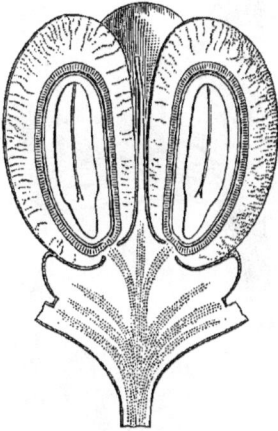

Près de ce genre se placent les types très voisins des *Phyllostegia, Stenogyne, Gomphostemma* et *Bostrychanthera*, tous de l'Asie et de l'Océanie tropicales.

On indique comme voisin des genres précédents l'*Hancea*[2], de la Chine, qui a un calice obscurément 10-nerve, une corolle bilabiée, à tube arqué; quatre anthères à loges divariquées, finalement confluentes, et un disque très dilaté en avant, où il dépasse l'ovaire.

Fig. 62. Fruit, coupe longitudinale.

VIII. SÉRIE DES PROSTANTHERA.

Les fleurs des *Prostanthera*[3] (fig. 63, 64) ont un calice campanulé, 13-15-nerve et largement bilabié. Leur corolle[4] a un tube plus ou moins long et arqué, avec un large limbe bilabié, dont la lèvre postérieure bilobée enveloppe l'antérieure, trilobée et à lobe médian intérieur, souvent bifide. Les étamines sont didynames : les antérieures plus grandes; toutes à deux loges divergentes ou presque parallèles, terminées le plus souvent en bas par un mucron, en même temps que leur dos porte souvent un prolongement plus ou moins accentué du connectif, terminé par une pointe ou par un groupe de papilles aculéiformes. Le disque est bilobé ou entoure régulièrement l'ovaire, dont

---

1. *P. majus* L., *Spec.*, 838. — SIBTH., *Fl. græc.*, t. 584.— REICHB., *Ic. Fl. germ.*, t. 1203. — BOISS., *Fl. or.*, IV, 798. — WILLK. et LGE, *Prodr. Fl. hisp.*, II, 465. — GREN. et GODR., *Fl. de Fr.*, II, 705. — *P. minus* L. — *P. medium* LOW.

2. *H. sinensis* HEMSL., in *Journ. Linn. Soc.*, XXVI, 309, t. 6.

3. LABILL., *Pl. Nov.-Holl.*, II, 18, t. 157. — ENDL., *Gen.*, n. 3630. — BENTH., *Labiat. gen. et spec.*, 448; in *DC. Prodr.*, XII, 559, 700; *Gen.*, II, 1217, n. 124. — *Chilodia* R. BR., *Prodr.*, 507. — *Cryphia* R. BR., *Prodr.*, 508. — ENDL., *Gen.*, n. 3629. — *Klanderia* F. MUELL., in *Linnæa*, XXV, 426.

4. Blanche ou rougeâtre, lilacée.

les quatre logettes uniovulées encadrent la base d'un style gynobasique, à sommet partagé également ou à peu près en deux lobes subulés. Les achaines sont rugueux ou réticulés, insérés par une large ou courte aréole oblique à la base du réceptacle conique. Les graines renferment un embryon charnu qu'entoure un mince albumen. On connaît près de quarante *Prostanthera*[1]. Ce sont des plantes australiennes, frutescentes ou suffrutescentes, odorantes, à glandes résineuses, à feuilles entières ou dentées, souvent réduites au volume de bractées là où s'insèrent les verticillastres floraux, axillaires, biflores, et souvent, par conséquent, disposés en grappe terminale.

Prostanthera lasianthos.

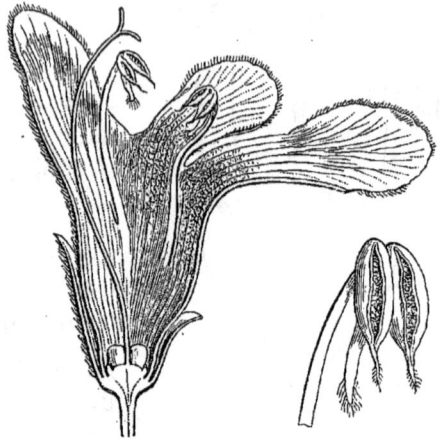

Fig. 63. Fleur, coupe longitudinale.

Fig. 64. Étamine.

Tous les autres genres de cette série, au nombre de quatre, sont

Westringia rosmarinifolia.

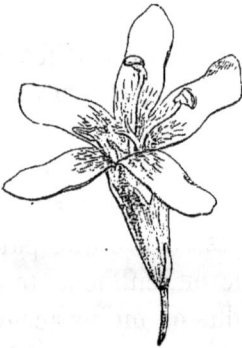

Fig. 65. Fleur.

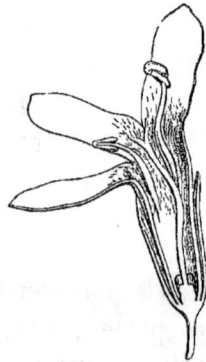

Fig. 66. Fleur, coupe longitudinale.

également australiens. Ce sont les *Hemiandra, Microcorys, Westringia* (fig. 65, 66) et *Hemigenia*, tous très voisins des *Prostanthera*.

1. ANDR., *Bot. Repos.*, t. 641. — HOOK. F., *Fl. tasm.*, t. 89, 90. — F. MUELL., *Pl. Vict.*, II, *Lith.*, t. 56. — BENTH., *Fl. austral.*, V, 91. — *Bot. Reg.*, t. 143, 1072. — *Bot. Mag.*, t. 2434, 5658. — WALP., *Ann.*, V, 667 (*Klanderia*).

IX. SÉRIE DES BUGLES.

Les Bugles[1] (fig. 67-69) ont des fleurs irrégulières et hermaphrodites. Leur réceptacle convexe porte le plus souvent un calice

Ajuga reptans.

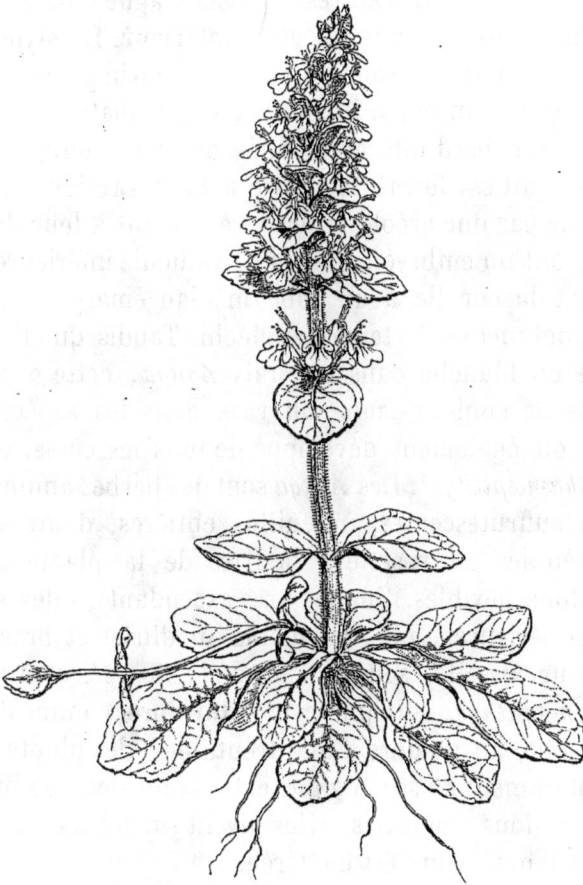

Fig. 68. Fleur.

Fig. 67. Axe florifère.

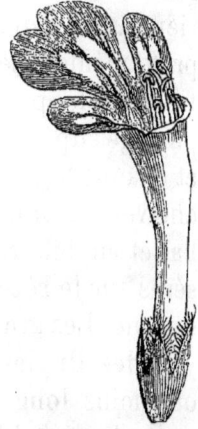

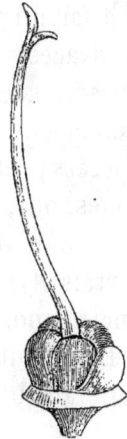

Fig. 69. Gynécée.

gamosépale, à cinq divisions peu inégales, et une corolle irrégulière

1. *Ajuga* L., *Gen.*, n. 705. — BENTH., *Labiat.*,
690; in *DC. Prodr.*, XII, 595; *Gen.*, II, 1222,
n. 135. — ENDL., *Gen.*, n. 3680. — NEES, *Gen.*
Fl. germ. — *Bugula* T., *Inst.*, 208, t. 98. —
J., *Gen.*, 112. — *Rosenbachia* RGL, in *Act. H.
petrop.* (1886), 213, t. 10, fig. 21 a-f.

dont le tube est plus ou moins gibbeux à sa base, au côté antérieur. Ce tube porte supérieurement et en avant une lèvre formée de trois lobes réfléchis ; le médian plus développé que les deux latéraux par lesquels il est recouvert dans le bouton. Quant à la postérieure, elle est réduite à deux très petits lobes ou même à peu près nulle. L'androcée est formé de quatre étamines didynames, à anthère introrse, dont les deux loges sont plus ou moins complètement confluentes en une masse réniforme, s'ouvrant par une fente hippocrépiforme à concavité inférieure. Le gynécée se compose d'un ovaire à quatre logettes peu profondément séparées les unes des autres, et accompagné d'un disque très développé en une grosse glande au côté antérieur. Le style est partagé supérieurement en deux branches subulées, à peu près égales, et chaque logette renferme un ovule incomplètement anatrope, attaché vers le milieu de son bord interne et dirigeant son micropyle en bas et en dehors. Le fruit est formé de quatre achaines réticulés, insérés sur le réceptacle par une aréole latérale répondant à leur bord interne. Les graines ont un embryon charnu, à radicule inférieure. Il y a des Bugles dont la corolle a un lobe médian émarginé, plus ou moins long et quelquefois fortement infléchi. Tandis qu'elle est normalement bleue ou blanche dans les vrais *Ajuga*, cette corolle est en même temps de couleur jaune ou rose dans les espèces à disque presque nul ou également développé de tous les côtés, dont on a fait un genre *Chamæpithys*[1]. Les *Ajuga* sont des herbes annuelles ou vivaces, parfois suffrutescentes, à feuilles entières, dentées ou incisées, souvent réunies en rosette à la base de la plante d'où s'échappent des stolons flexibles. Sur les axes ascendants, elles sont opposées ; et les supérieures, plus ou moins modifiées et bractéiformes, ont, dans leur aisselle, soit une ou deux fleurs[2], comme il arrive dans les *Chamæpithys*, soit une cyme pluriflore, comme dans les vrais *Ajuga*. Ce sont, au nombre d'une trentaine[3], des plantes de l'ancien monde, notamment de ses régions extratropicales ; ou bien, si elles habitent les régions tropicales, elles vivent sur les montagnes à une altitude où la température est modérée.

1. Link, *Handb.*, 453. — *Phleboanthe* Tausch, n *Flora* (1828), 322.

2. Bleues, blanches, roses ou jaunes.

3. Sibth., *Fl. græc.*, t. 524-526. — Ten., *Fl. nap.*, t. 239, 240. — W. et Kit., *Pl. rar. hung.*, t. 69 (*Teucrium*). — Cav., *Ic.*, t. 120. — Miq., in *Ann. Mus. lugd.-bat.*, II, 114. — Reichb., *Ic. Fl. germ.*, t. 1234 ; 1236 (*Phle-

boanthe*). — Hook. f., *Fl. brit. Ind.*, IV, 702. — Maxim., in *Bull. Ac. Pétersb.*; *Mél. biol.*, XI, 808.— Bak., in *Journ. Linn. Soc.*, XXII, 514. — Boiss., *Fl. or.*, IV, 798. — Brandz., *Prodr. Fl. rom.*, 403. — Willk. et Lge, *Prodr. Fl. hisp.*, II, 466. — Gren. et Godr., *Fl. de Fr.*, II, 705. — H. Bn, *Iconogr. Fl. fr.*, n. 239. — Walp., *Ann.*, V, 702.

Dans ce groupe des *Ajugées* se placent plusieurs genres intermédiaires aux Labiées et aux Verbénacées, et qui ne se trouvent ici ran-

Teucrium Scorodonia.

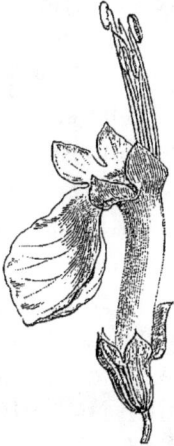

Fig. 70. Fleur.

Fig. 71. Fleur, coupe longitudinale.

gés qu'en vertu d'une sorte de convention. Ce sont les *Teucrium* (fig. 70, 71), *Tinnea, Trichostema, Tetraclea, Amethystea* et *Cymaria*.

Cette famille est à la fois une des plus naturelles et une de celles dont les caractères ont été le plus anciennement remarqués[1]. B. DE JUSSIEU lui a donné en 1759 le nom de *Labiatæ*[2]. Elle renferme actuellement 129 genres et environ 2660 espèces, réparties en neuf séries, de la façon suivante :

I. LAMIÉES[3]. — Calice ordinairement 5-10-nerve. Corolle bilabiée; la lèvre postérieure ordinairement concave ou en casque. Étamines didynames, montant parallèlement sous le casque de la corolle; les antérieures plus grandes; plus rarement incluses. Anthères à loges courtes ou oblongues. Logettes de l'ovaire 4, libres. Achaines

1. Ce sont les *Verticillatæ* du *Philosophia botanica* de LINNÉ et les *Labiacea* de NECKER (1770), les *Labiati* de LINNÉ (1747).

2. In *A.-L. J. Gen.*, lxvii. — A.-L. J., *Gen.*, 110, Ord. 6. — ENDL., *Gen.*, 607, Ord. 136. — BENTH., *Labiat. gen. et spec.* (1832-36); in *DC. Prodr.*, XII, 27, Ord. 150; *Gen.*, II, 1160, Ord.

126. — *Lamiaceæ* LINDL., *Nat. Syst.*, ed. 2, 275; *Veg. Kindg.*, 659.

3. ENDL., *Gen.*, 624, Subtrib. 2; *Enchirid.*, 338. — MEISSN., *Gen.*, 287. — *Stachydeæ* BENTH., *Labiat.*, 503. — ENDL., *Gen.*, 623, Trib. 9. — *Melitteæ* BENTH. — *Marrubieæ* BENTH. — *Balloteæ* BENTH. — *Scutellarieæ* BENTH.

insérés par une aréolé petite et basilaire ou légèrement oblique. — 35 genres.

II. NÉPÉTÉES[1]. — Calice ordinairement 15-nerve. Étamines 2, ou plus souvent didynames; les postérieures plus longues. — 6 genres.

III. MENTHÉES[2]. — Calice 5-10-nerve ou 13- et plus rarement 15-nerve. Corolle à lobes généralement plans. Étamines 2, ou didynames, droites, divergentes ou ascendantes; les anthères à 2 loges souvent confluentes, courtes ou oblongues. — 40 genres.

IV. MONARDÉES[3]. — Étamines fertiles 2, ascendantes. Anthères à loges linéaires, disjointes, solitaires ou confluentes. — 8 genres.

V. LAVANDULÉES[4]. — Corolle à lobes égaux, ou les latéraux unis en lèvre à l'intérieur. Étamines didynames, incluses. Loges confluentes. Achaines à aréole oblique en dehors. — 1 genre.

VI. OCIMÉES[5]. — Corolle à lobes inégaux; l'antérieur ordinairement dissemblable. Étamines ordinairement exsertes, 2, ou didynames. Loges confluentes. Achaine à aréole basilaire. — 21 genres.

VII. PRASIÉES[6]. — Ovaire profondément 4-lobé. Fruits charnus ou drupacés, insérés par une aréole basilaire petite ou oblongue et oblique-introrse. — 5 genres.

VIII. PROSTANTHÉRÉES[7]. — Corolle à gorge et à lobes larges. Ovaire plus ou moins profondément 4-lobé. Fruits durs, rugueux-réticulés, à aréole généralement large, latérale ou oblique-introrse. Graines albuminées[8]. — 5 genres.

IX. AJUGÉES[9]. — Corolle variable. Ovaire plus ou moins profondément 4-lobé. Fruits durs, rugueux-réticulés, à aréole latérale ou oblique-introrse. Graines non albuminées. — 8 genres.

Ces plantes sont inégalement dispersées sur le globe entier, depuis les régions arctiques jusqu'à l'équinoxe, plus rares toutefois au Nord et sur les montagnes. Elles abondent surtout dans les zones tempérées et sur les hauteurs intertropicales et foisonnent principalement

1. BENTH., *Labiat.*, 462. — ENDL., *Gen.*, 622, Trib. 8.

2. *Mentheæ* ENDL., *Gen.*, 612, Subtrib. 3. — *Menthoideæ* BENTH., *Labiat.*, 152. — *Elsholtzieæ* BENTH. — *Meriandreæ* BENTH. — *Lepechinieæ* BENTH. — *Pogostemoneæ* BENTH. — *Melisseæ* BENTH. — *Satureineæ* BENTH., *Gen.*, II, 1162, Trib. 2.

3. BENTH., *Labiat.*, 190. — ENDL., *Gen.*, 613, Trib. 3. — *Salvieæ* BENTH. — *Rosmarineæ* ENDL., *Gen.*, 615, Subtrib. 2.

4. *Lavanduleæ* BENTH. — ENDL., *Gen.*, 611, Subtrib. 4. — BOISS., *Fl. or.*, IV, 537, Trib. 2.

5. *Ocimoideæ* BENTH. — ENDL., *Gen.*, 608, Trib. 1. — *Moschosmeæ* BENTH. — *Plectrantheæ* BENTH. — *Hyptideæ* BENTH.

6. BENTH., *Labiat.*, 646. — ENDL., *Gen.*, 630, Trib. 10.

7. BENTH., *Labiat.*, 447. — ENDL., *Gen.*, 621, Trib. 7.

8. Là où elles sont connues.

9. *Ajugoideæ* BENTH., *Labiat.*, 657. — ENDL., *Gen.*, 631, Trib. 11.

dans la région Méditerranéenne et en Orient. Elles n'ont d'affinité étroite qu'avec les Verbénacées dont on ne peut, nous le verrons, les séparer que d'une façon tout à fait artificielle. Elles ont été depuis longtemps remarquées par les particularités de leurs tissus, la forme carrée de leurs branches, l'abondance de réservoirs à essence que portent leurs divers organes végétatifs, l'opposition de leurs feuilles et le groupement en faux verticilles de leurs cymes florales généralement axillaires et contractées[1].

USAGES[2]. — Les Labiées sont aromatiques, toniques, stimulantes. Elles servent beaucoup en parfumerie ou comme condiments, grâce à l'essence camphrée que leurs glandes sécrètent. Quelques-unes sont simplement astringentes. Plusieurs sont comestibles, principalement, nous le verrons, par leurs portions souterraines.

Les Lavandes sont très riches en essence volatile et en principe amer. Leurs sommités fleuries fournissent surtout le parfum et s'emploient en médecine comme toniques, stimulantes, carminatives. Tels sont le *Lavandula vera*[3] (fig. 57-59) et les *L. Stœchas*[4] et *Spica*[5]. Ce dernier donne l'huile d'Aspic, employée par les peintres sur porcelaine, comme dans la préparation de certains vernis. Les Menthes sont plus usitées encore. Longtemps on a préféré pour les usages domestiques et médicaux l'essence de Menthe poivrée[6] (fig. 30-32). Mais on lui substitue souvent de nos jours une Menthe du Japon[7] qui ne paraît autre qu'une variété à odeur suave du *Mentha arvensis*[8] (fig. 33). On

1. Voy. KIRCH., *De Labiat. organ. veget. Comm. analom.-morphol.* (1861). — BORN, *Anat. Lab. et Scrof., ex Just Bot. Jahresb.* (1887), 849. — A. GUILLARD, in *Adansonia* (1868), 192, t. 9, 10. — SOLER., *Syst. Wert Holsstr.*, 206. Sur les Labiées gyno-dioïques, *Torr. Bot. Club* (1889), 49. Les glandes à essence sont capitées et plus ou moins composées. Voy. MIRBEL, *Mém. sur l'anat. et la physiol. des Labiées*, in *Ann. Mus.*, XV, 213.

2. ENDL., *Enrichid.*, 309. — LINDL., *Veg. Kingd.*, 660. — ROSENTH., *Syn. plant. diaphor.*, 303. — GUIB., *Drog. simpl.*, éd. 7, II, 460. — H. BN, *Tr. Bot. méd. phanér.*, 1233. « *Verticillatæ*, dit LINNÉ, *sunt fragrantes, nervinæ, resolventes et pollentes. Folia virtute pollent.* »

3. DC., *Fl. fr.*, Suppl., V, 398. — BENTH., in *DC. Prodr.*, XII, 145, n. 5. — *L. angustifo-*

lia MOENCH. — *L. Spica* α L., *Spec.*, 800. — *L. officinalis* CHAIX. — *L. vulgaris* α LAMK. (*L. vraie* ou *femelle*).

4. L., *Spec.*, 800. — SIBTH. et SM., *Fl. græc.*, t. 549. — H. BN, *loc. cit.*, 1236. — *Stœchas purpurea* T., *Inst.*, 201, t. 95 (*Stœchas arabique*).

5. DC., *Fl. fr.*, V, 397. Pour LINNÉ, cette plante ne formait avec le *L. vera* qu'une seule espèce. C'est le *L. latifolia* VILL. ou Lavande femelle.

6. *Mentha piperita* SM., nec L. — BERG et SCHM., *Darst. off. Gew.*, t. 23 c. — H. BN, *Tr. Bot. méd. phanér.*, 1239, fig. 3167-3169. — *M. officinalis* HULL. — *M. hircina* HULL. (*Menthe anglaise*).

7. *l'o-ho-yo.*

8. Var. *piperascens* MALINV. (Voy. CHRIST., *New comm. pl.*, n. 7, p. 26.)

emploie encore en médecine les *M. viridis* L., *sylvestris* L., *sativa* L., *rotundifolia* L., *crispa* L., *citrata* EHRH., *gentilis* L., *hirsuta* L.[1] et le Pouliot[2], qui a joui d'une grande réputation comme aromatique-amer, tonique, digestif, expectorant, emménagogue et antispasmodique[3]. Le Patchouly[4] (fig. 45, 46) est aussi une des plus odorantes Labiées. Son essence laisse déposer des cristaux d'un camphre qu'on a pensé être homologue du Bornéol. Les Thyms sont également très odorants, entre autres le T. commun[5] (fig. 34, 35), culinaire et médicinal[6], et le Serpolet[7], stimulant, diaphorétique, emménagogue, etc. L'*Hedeoma pulegioides*[8] a des propriétés analogues à celles de nos Thyms. Les Origans, très voisins de ces derniers, ont été célèbres comme médicaments, notamment l'*O. vulgare* L., stimulant et tonique; la Marjolaine (*O. Majorana* L.), aromatique-amère; le Dictame de Crète (*O. Dictamnus* L. — *Amaracus Dictamnus* BENTH.), tonique, cicatrisant, cardiaque. La Mélisse[9] (fig. 40, 41) est une des Labiées les plus employées comme digestives et antispasmodiques. Le Calamint[10] (fig. 42-44) passe pour digestif, vulnéraire, sudorifique et emménagogue. Les Sauges sont célèbres comme médicaments stimulants, aromatiques-amers, toniques, digestifs, sudorifiques et dépuratifs[11]. La plus connue est le *Salvia officinalis*[12] (fig. 50-52),

1. Voy. H. BN, *Tr. Bot. méd. phanér.*, 1241.

2. *M. Pulegium* L., *Spec.*, 807. — SOLE, *Menth.*, t. 23. — *M. simplex* HOST. — *Pulegium vulgare* MILL. — *P. erectum* MILL. (*Herbe aux puces, H. Saint-Laurent, Frétillet, Fénérotet, Alvolon, Dictamne de Virginie*).

3. Le *Menthol*, obtenu en cristaux par le refroidissement des essences, est vanté comme digestif, antinévralgique, analgésique à la façon de la cocaïne, contre l'odontalgie, etc.

4. *Pogostemon Patchouly* PELLET., in *Mém. Soc. Orl.*, V, c. ic. — BENTH., in *DC. Prodr.*, XII, 153, n. 9. — H. BN, *Tr. Bot. méd. phanér.*, 1238, fig. 3165, 3166.

5. *Thymus vulgaris* L., *Spec.*, 825. — HAYN., *Arzn. Gew.*, XI, t. 2. — BLACKW., *Herb.*, t. 211. — BENTH., in *DC. Prodr.*, XII, 199, n. 7. — BERG et SCHM., *Darst. off. Gew.*, t. 18 e. — H. BN, *Tr. Bot. méd. phanér.*, 1242, fig. 3170 (*Mignotise, Farigoule, Pote, Pouilleux, Frignule*).

6. Le *Thymol* est éminemment antiseptique, désinfectant, antiputride, parasiticide, détersif, cicatrisant. Ses cristaux s'emploient topiquement contre la migraine, etc.

7. L., *Spec.*, 825. — *T. lanuginosus* SCHUR. — *T. exserens* EHRH. — *T. includens* EHRH. — *T. pulegioides* L. — *Hedeoma thymoides* L.

— *Cunila thymoides* L. (*Thym sauvage, Pillolet*).

8. PERS., *Syn.*, II, 131. — H. BN, *Tr. Bot. méd. phanér.*, 1243. — *Melissa pulegioides* L. — *Cunila pulegioides* L. — *Ziziphora pulegiodes* ROEM. et SCH. (*Pouliot américain, Penny royal* des Américains).

9. *Melissa officinalis* L., *Spec.*, 827. — HAYN., *Arzn. Gew.*, VI, t. 32. — BERG et SCHM., *Darst. off. Gew.*, t. 27 c. — H. BN, *Tr. Bot. méd. phanér.*, 1244; *Iconogr. Fl. fr.*, n. 236. — *M. romana* MILL. — *M. hirsuta* BALB. — *M. foliosa* OP. — *M. cordifolia* PERS. — *M. allissima* SIBTH. et SM. (*Citronée, Poncirade, Thé de France, Piment des ruches, P. des abeilles, Poincirade*). — Le *M. alpina* BENTH. (*Thymus alpinus* L.) est pectoral et fait souvent partie des Thés suisses.

10. *Clinopodium Calamintha.* — *Melissa Calamintha* L., *Spec.*, 827. — *Thymus Calamintha* SCOP. — *Calamintha officinalis* MOENCH, *Meth.*, 409. — *C. menthœfolia* HOST. (*Baume sauvage, Millespêle*) Voy. p. 32.

11. Sauge vient, dit-on, de *salvare*.

12. L., *Spec.*, 34. — HAYN., *Arzn. Gew.*, VI, t. 1. — BERG et SCHM., *Darst. off. Gew.*, t. 17 f. — H. BN, *Tr. Bot. méd. phanér.*, 1245, fig. 3174-3176 (*Grande Sauge, Herbe sacrée, Sauge franche*).

anticatarrhal, diaphorétique, fébrifuge. Les *S. pratensis*[1], *Verbe-naca*[2], *Sclarea*[3], *Horminum*[4], *Æthiopis* L. et beaucoup d'autres[5] ont été usitées. Sous le nom de semences de *Chia* ou *Chia-Pinoli* des Aztèques, on emploie comme mucilagineux les achaines du *Salvia columbaria* BENTH. Très voisin des Sauges, le Romarin[6] (fig. 53-56) a les mêmes propriétés. Son essence laisse aussi déposer un cam-phre qui est, comme la plante, un puissant stimulant, stomachique et emménagogue. L'essence est rubéfiante et a été vantée comme favo-risant la croissance des cheveux. La Bugle[7] (fig. 67-69) était un des plus estimés des remèdes cicatrisants. De même l'*Ajuga pyramidalis* L.; l'Ivette musquée[8], amère, résineuse, digestive, antispasmodique, et l'I. commune[9], usitée contre les affections rhumatismales et gout-teuses. La Cataire[10] (fig. 24-27) était réputée carminative et emmé-nagogue, et le Lierre-terrestre[11] (fig. 28, 29) passe pour béchique et antiscorbutique. La Mélisse de Moldavie[12] possède toutes les pro-priétés de la M. officinale. Le Marrube blanc[13] (fig. 16, 17) et la Ballote fétide[14] (fig. 13, 14) sont stimulants, emménagogues, fébri-fuges. La Bétoine officinale[15] (fig. 11, 12) a presque tout perdu de son ancienne renommée. Les *Betonica* désignés sous les noms de *Stachys germanica* L., *sylvatica* L., *arvensis* L., *recta* L., *palustris*

---

1. L., *Spec.*, 15. — HAYN., *Arzn. Gew.*, VI, t. 2. — *S. Barrelieri* TEN. (*Sauge des prés*).

2. L., *Spec.*, 35. — *S. micrantha* DESF. — *Horminum verbenaceum* MILL.

3. L., *Spec.*, 38. — HAYN., *Arzn. Gew.*, VI, t. 3. — *S. bracteata* SIMS, *Bot. Mag.*, t. 2320 (*Toute-bonne, Ormin, Baume*).

4. L., *Spec.*, 34. — *Horminum coloratum* MOENCH. — *H. sativum* MILL. (*Fleur-feuille*).

5. ROSENTH., *op. cit.*, 403, 1128.

6. *Rosmarinus officinalis* L., *Spec.*, 33. — HAYN., *Arzn. Gew.*, VII, t. 25. — SIBTH. et SM., *Fl. græc.*, I, t. 14. — H. BN, *Tr. Bot. méd. phanér.*, 1247, fig. 3177-3179 (*Herbe aux cou-ronnes, Encensier*).

7. *Ajuga reptans* L., *Spec.*, 785. — BENTH., in DC. *Prodr.*, XII, 595, n. 2. — H. BN, *Tr. Bot. méd. phanér.*, 1249, fig. 3180. — A. *Bar-relieri* TEN. — *Bugula repens* MOENCH (*Herbe de Saint-Laurent, Consyre moyenne*).

8. A. *Iva* SCHREB., *Unilab.*, 25. — *Teucrium Iva* L. — *T. moschatum* LAMK. — *Moscharia asperifolia* FORSK.

9. A. *Chamæpitys* SCHREB., *Unilab.*, 24. — *Teucrium Chamæpitys* L. — *Bugula Chamæ-pitys* SCOP. — *Chamæpitys vulgaris* LINK.

10. *Nepeta Cataria* L., *Spec.*, 797. — *Cataria Nepetella* MOENCH (*Herbe au chat, Menthe au chat*).

11. *N. hederacea* H. BN, *Herb. paris.*, 58. — — *N. Glechoma* BENTH., *Lab.*, 485. — *Glechoma hederacea* L. — *Calamintha hederacea* SCOP. (*Rondotte, Rondelette, Herbe de Saint-Jean, Terrette, Couronne de terre*).

12. *Nepeta moldavica.* — *Dracocephalum moldavica* L., *Spec.*, 830. — *Moldavica punc-tata* MOENCH (*Mélisse turcique, M. de Constan-tinople*).

13. *Marrubium vulgare* L., *Spec.*, 816. — HAYN., *Arzn. Gew.*, XI, t. 40. — H. BN, *Tr. Bot. méd. phanér.*, 1251, fig. 3185, 3186. — *M. germanicum* SCHRANK. (*Marrochemin, Bon-homme, Herbe vierge*). Les *M. Alyssum* L., *peregrinum* REICHB., *creticum* MILL., *panicu-latum* L. sont aussi employés.

14. *Ballota nigra* L., *Spec.*, 814. — H. BN, *Tr. Bot. méd. phanér.*, 1252, fig. 3187, 3188. — *B. alba* L. — *B. vulgaris* LINK. — *B. borealis* SCHWEIGG. — *B. fœtida* LAMK. — *B. sepium* PAUL. — *B. rubra* SCHRAD. — *Marrubium nigrum* CRANTZ (*Marrube noir, M. fétide, Mar-rubin*).

15. *Betonica officinalis* L., *Spec.*, 810. — HAYN., *Arzn. Gew.*, IV, t. 10. — H. BN, *Tr. Bot. méd. phanér.*, 1253, fig. 3189, 3190. — *B. legitima* LINK. — *B. hirta* LEYSS. — *B. stricta* AIT. — *B. alpina* MILL. — *B. divulsa* TEN. — *Stachys Betonica* BENTH.

L. sont plus ou moins stimulants et sudorifiques[1]. Les *Lamium*, tels que l'Ortie blanche[2] (fig. 1-10), l'O. rouge[3], l'Orvale[4], sont encore un peu usités comme astringents et hémostatiques légers, vulnéraires et résolutifs. La Cardiaque[5] est peu active, malgré son antique réputation comme tonique et diurétique. Le *Lycopus europæus* L. est dit astringent, sudorifique, fébrifuge. Plusieurs Germandrées sont encore recherchées par la médecine populaire, comme le *Teucrium Scorodonia*[6] (fig. 70, 71), la G. *femelle*[7], le *Petit-Chêne*[8], le *Pouliot de montagne*[9], la G. *d'eau*[10], etc. Les Scutellaires ont été proposées comme remède de la rage[11]. Les Monardes servent, dans l'Amérique du Nord, aux mêmes usages que nos Menthes, toniques, fébrifuges, rubéfiantes, notamment les *Monarda punctata*[12], *coccinea* MICHX, *fistulosa* L. et *didyma* L. (fig. 49). Le *Koellia virginica*[13] est aussi un remède américain. Au Mexique, le *Cedronella mexicana*[14] sert aux mêmes usages que la Menthe poivrée. Les *Gardoquia* sont aussi stimulants et digestifs. L'Hyssope[15]

---

1. Le *S. anatolica* BOISS. a été indiqué comme remède du choléra (ROSENTH., *op. cit.*, 419).

2. *Lamium album* L., *Spec.*, 809. — SM., *Engl. Bot.*, t. 768. — H. BN, *Tr. Bot. méd. phanér.*, 1253, fig. 3191. — *L. foliosum* CRANTZ. — *L. vulgatum* var. BENTH. (*Ortie morte*, *Marachemin*, *Pied de poule*, *Archangélique*).

3. *Lamium purpureum* L., *Spec.*, 809. — *L. nudum* MOENCH. — *L. ocimifolium* SIMS. (*Pain de poulet*, *Ortie morte puante*).

4. *Lamium Orvala* L., *Spec.*, 808. — *Bot. Mag.*, t. 172. — *L. pannonicum* SCOP. — *Orvala lamioides* DC. On emploie aussi les *L. maculatum* SM., *lævigatum* DC. et *Galeobdolon.*

5. *Lamium Cardiaca* H. BN, *Iconogr. Fl. fr.*, n. 270. — *Leonurus Cardiaca* L., *Spec.*, 817. — *L. campestris* ANDRZ. — *Cardiaca vulgaris* MOENCH. — *C. trilobata* LAMK. — *C. crispa* MOENCH (*Agripaume*, *Cheneuse*, *Creneuse*, *Mélisse sauvage*). Les *L. sibiricus* L. et *lanatus* SPRENG. sont aussi médicinaux.

6. L., *Spec.*, 789. — H. BN, *Tr. Bot. méd. phanér.*, fig. 3192, 3193. — *T. sylvestre* LAMK. — *Scorodonia heteromalla* MOENCH. — *S. sylvestris* LINK (*Germandrée des bois*, *Baume sauvage*, *Sauge sauvage*, *S. des montagnes*, *Faux-Chamarras*, *Faux-Scordium*, *Fausse-Sauge des bois*).

7. *Teucrium Botrys* L., *Spec.*, 786. — GREN. et GODR., *Fl. de Fr.*, II, 709. — *Chamædrys Botrys* MOENCH. — *Scorodonia Botrys* SER.

8. *Teucrium Chamædrys* L., *Spec.*, 790. — HAYN., *Arzn. Gew.*, VIII, t. 4. — *Chamædrys officinalis* MOENCH (*Germandrée officinale*, *Thériaque d'Angleterre*, *Sauge amère*, *Herbe des fièvres*, *Chéneau*, *Chênette*, *Calamandrée*).

9. *Teucrium montanum* L., *Spec.*, 791. — SIBTH. et SM., *Fl. græc.* t. 534. — *T. supinum*

L. — *Polium montanum* MILL. (*Thym blanc*).

10. *Teucrium Scordium* L., *Spec.*, 790. — HAYN., *Arzn. Gew.*, VIII, t. 3. — H. BN, *Iconogr. Fl. fr.*, n. 91. — *T. palustre* LAMK. — *Chamædrys Scordium* MOENCH (*Chamarras*). On emploie aussi en médecine les *T. Marum* L., *flavum* L., *creticum* L., *Polium* L., *capitatum* L., etc. (ROSENTH., *op. cit.*, 422).

11. Surtout le *Scutellaria galericula* L., *Spec.*, 835. — *Cassida galericulata* MOENCH (*Grande Toque*, *Grande Loque*, *Tertianaire*, *Lysimachie bleue*, *Herbe judaïque*, *Casside*) (fig. 18-20). Le *S. lateriflora* L. est aussi vanté comme antirabique; le *S. minor* L., contre la dysurie et la blennorrhée; le *S. havanensis* L., comme tonique et antispasmodique.

12. L., *Spec.*, 32. — ANDR., *Bot. Rep.*, t. 546. — *Bot. Reg.*, t. 87. — H. BN, *Tr. Bot. méd. phanér.*, 1255. — *M. lutea* MICHX (*American Horse-Mint*).

13. *K. capitata* MOENCH. — *Thymus virginicus* L., *Syst.*, 453. — *Pycnanthemum linifolium* PURSH. — *P. tenuifolium* SCHRAD. Le *K. incana* (*Clinopodium incanum* L. — *Pycnanthemum incanum* MICHX) est préconisé, dans l'Amérique du Nord, contre les fièvres et la morsure des serpents venimeux. Le *K. pilosa* (*Pycnanthemum pilosum* NUTT.) est médicinal dans le Kentucky.

14. BENTH., *Labiat.*, 502. — *Dracocephalum mexicanum* K. — *Bot. Mag*, t. 3860. Le *C. triphylla* MOENCH (*Dracocephalum canariense* L.) sert aux mêmes usages que la Mélisse officinale.

15. *Hyssopus officinalis* L., *Spec.*, 786. — BENTH., in *DC. Prodr.*, XII, 251. — H. BN, *Tr. Bot. méd. phanér.*, 1237, fig. 3163, 3164; *Iconogr. Fl. fr.*, n. 79. (*Herbe de purification*.)

(fig. 38, 39) était surtout vantée comme stimulante et détersive. Les Sarriettes, aromatiques et stimulantes, servent de condiment, notamment les *Satureia montana*[1] et *hortensis*[2] (fig. 40, 41). Les Basilics passent pour digestifs et pectoraux, entre autres l'*Ocimum Basilicum*[3] (fig. 60, 61), les *O. minimum* L., *gratissimum* L., *incanescens* MART., *album* L., *suave* W. et bien d'autres espèces[4]. L'*Orthosiphon stamineus*[5] vient encore d'être recommandé contre la pierre. Le *Collinsonia canadensis*[6] est un des remèdes estimés aux États-Unis. Les *Anisomeles malabarica* R. BR. et *ovata* R. BR.[7] sont sudorifiques, antirhumatismaux, fébrifuges. Il n'y a guère de genre de Labiées qui n'ait fourni un ou plusieurs médicaments; tels les *Plectranthus*[8], *Coleus*[9], *Anisochilus*[10], *Aeolanthus*[11], *Peltodon*[12], *Marsypianthes*[13], *Hyptis*[14], *Perilla*[15], *Meriandra*[16], *Cunila*[17], *Micromeria*[18], *Glechon*[19], *Clinopodium*[20] *Prunella*[21], *Melittis*[22], *Galeopsis*[23], *Leucas*[24], *Hyptis*,

1. L., *Spec.*, 794. — *S. trifida* MOENCH. — *S. hyssopifolia* BERT. — *Micromeria montana* REICHB. F. (*S. de montagne*, *S. vivace*).

2. L., *Spec.*, 795. — *S. viminea* BURM. (*Sadrée, Savourée, Herbe de Saint Julien*). Le *S. capitata* L. (*Thym de Candie, T. de Dioscoride*) est stimulant et tonique. On emploie aussi comme tels les *S. spicata* VIS., *pygmæa* SIEB., *variegata* HOST et *Thymbra* L.

3. L., *Spec.*, 833. — *O. minimum* BURM. (non L.). — *O. bullatum* LAMK. — *O. medium* MILL.—*O. Barrelieri* ROTH.—*Basilicum citratum* RUMPH. (*Grand Basilic, B. des cuisiniers, B. aux sauces, Herbe royale, H. aux saveliers*).

4. Les *O. sanctum* L., *febrifugum* LINDL , *hirsutum* BENTH., etc. (ROSENTH., *op. cit.*, 394).

5. BENTH., in *Wall. Pl. as. rar.*, II, 15; in *DC. Prodr.*, XII, 52, n. 14. — *Bot. Mag.*, t. 5833. — *Nouv. Rem.* (1889), 570.

6. L., *Spec.*, 39. — *Nouv. Rem.* (1888), 196. —*C. ovalis* PURSH. — *C. decussata* MOENCH. Les *C. anisata* PURSH et *scabra* PURSH sont indiqués comme sudorifiques, diurétiques, etc.

7. H. BN, in *Dict. enc. sc. méd.*, sér. 1, V, 182.

8. Les *P. graveolens* R. BR. et *fruticosus* LHÉR. (ROSENTH., *op. cit.*, 395).

9. Les *C. aromaticus* BENTH., *barbatus* BENTH., etc. (ROSENTH., *op. cit.*, 396).

10. L'*A. carnosus* WALL. (*Lavandula carnosa* L.) a été indiqué comme remède du croup.

11. L'*A. suaveolens* G. DON (*A. suavis* MART.) est assez souvent cultivé par les colons chinois à Santa-Cruz.

12. Le *P. radicans* MART. passe, au Brésil, pour antidote de la morsure des serpents venimeux (*Ortelâ do mato*).

13. Le *M. hyptoides* MART. (*Hyptis Chamædrys* W.) sert au traitement des rhumatismes.

14. ROSENTH., *op. cit.*, 397.

15. Le *P. ocimoides* L. est employé dans l'Inde comme aromatique. Le *Ye-goma* en est une variété qui sert au Japon à fabriquer un vernis dont on enduit les étoffes et les papiers pour les rendre imperméables.

16. GAMBLE, *Ind. Timb.*, 301. — ROSENTH., *op. cit.*, 402.

17. Le *C. mariana* L. (*Zizyphora mariana* R. et SCH.) est officinal en Virginie, de même que le *C. thymoides* L. Au Brésil, le *C. microcephala* BENTH. est prescrit contre les affections pulmonaires chroniques.

18. Le *M. filiformis* BENTH., aromatique, est officinal en Espagne.

19. Le *G. spathulata* BENTH. est réputé diaphorétique à Rio-Grande do Sul (*Mangerona do campo*).

20. Le *C. Calamintha* (*C. vulgare* L. — *Calamintha Clinopodium* BENTH. — *C. ægyptiacum* LAMK. — *C. plumosum* SIEB. — *Thymus sylvaticus* BERNH. — *Melissa Clinopodium* BENTH., *Labiat.*, 392), si commun dans nos bois, sert à préparer des infusions digestives et diaphorétiques.

21. ROSENTH., *op. cit.*, 414.

22. Le *M. Melissophyllum* L., *Spec.*, 832. — *Melissa sylvestris* LAMK, *Fl. fr.*, II, 401 (fig. 21-23) est vulnéraire, dépuratif et diurétique (*Fausse-Mélisse, M. des bois, M. des montagnes, M. punaise, M. bâtarde, M. de Tragus, Mélissot, Herbe sacrée*).

23. Les *G. Tetrahit* L. (*Herba Cannabis sylvestris*), *Ladanum* L., *grandiflora* ROTH, *pubescens* BESS. sont assez peu usités (ROSENTH., *op. cit.*, 418).

24. Le *L. martinicensis* L. sert en Amérique dans le traitement de l'hystérie, etc. (*Catinga do Mulata*). Les *L. cephalotes* SPR. et *ceylanica* R. BR. sont aussi médicinaux.

Leonotis[1], *Phlomis*, *Moluccella*[2], etc. Un grand nombre de Labiées herbacées sont cultivées dans nos parterres comme ornementales[3]. Dans nos serres froides, ce sont de jolies plantes, souvent frutescentes, comme le *Prasium majus* (fig. 62), le *Prostanthera lasianthos* (fig. 63, 64), le *Westringia rosmarinifolia* (fig. 65, 66), etc.

---

1. Le *L. Leonurus* R. Br. (*Phlomis Leonurus* L.) est purgatif, emménagogue. Ses feuilles servent de tabac (fig. 15).

2. Le *M. lœvis* L., d'Orient, est tonique, amer et digestif.

3. Un grand nombre de Labiées sont, non des légumes, mais des condiments : les Thyms, Basilics, Sauges, Sariettes, Origans, etc. Le *Moluccella tuberosa* PALL. a une racine potagère en Tartarie. Sous le nom de Crosnes du Japon, on mange actuellement les tubercules souterrains du *Betonica Sieboldi* (*Stachys Sieboldi* MIQ.), plus connu sous les noms doublement erronés de *Stachys tuberifera* NAUD. et *affinis* BGE (non FORSK.).

Nous ne connaissons pas exactement la place à donner au genre *Loxocalyx* FORB. et HEMSL. (in *Journ. Linn. Soc.*, XXVI, 308, t. 5), rapporté par les auteurs aux Bétonicées. Le *L. urticifolia* est une plante chinoise.

GENERA

I. LAMIEÆ.

1. **Lamium** T. — Flores irregulares; calyce tubuloso, campanulato v. turbinato, sub-5-nervi; dentibus 5, æqualibus v. inæqualibus, subulatis, nunc rigidis v. pungentibus; postico nunc (*Leonurus*) paulo majore, rarius (*Wiedemannia*) averso. Corolla 2-labiata; tubo intus nudo v. piloso-annulato; labio postico integro v. 2-fido fornicato; antici patentis lobis lateralibus nunc dente auctis; intermedio amplo, basi contracto, apice sæpius emarginato. Stamina didynama sub galea adscendentia; anticis longioribus; antheris per paria approximatis; loculis 2, divergentibus v. demum divaricatis, dorso sæpe hirsutis. Discus subæqualis. Germen 4-lobum; ovulo in lobis adscendente; micropyle extrorsum infera; styli 2-fidi lobis subæqualibus subulatis. Achænia (nuculæ) 3-quetra, apice truncata v. concaviuscula; marginibus obtusis v. plerumque acutis. Semina adscendentia; embryonis exalbuminosi v. nunc parce albuminosi radicula infera. — Herbæ annuæ v. perennes; ramis 4-gonis; foliis oppositis, dentatis, subincisis v. raro subpalmatifidis; verticillastris densis, ∞-floris, aut axillaribus, aut summis confertis terminali-capitatis. (*Europa, Africa bor., Asia temp.*) — *Vid. p.* 1.

2. **Betonica** T. — Flores fere *Lamii;* calyce tubuloso v. campanulato, 5-10-nervi; dentibus æqualibus, v. posticis majoribus, nunc in labium connatis; omnibus muticis v. acutis, pungentibus mollibusve; additis et nunc in sinubus dentibus paucis secundariis. Corollæ tubus rectus v. curvus, basi intus nudus, annulatus v. refractopilosus; limbi labiis sæpius valde inæqualibus, postico integro v. 2-fido; antico autem 3-fido patente; lobo mediante sæpius majore,

integro, emarginato v. 2-fido. Stamina 4, didynama; loculis antheræ distinctis sæpius divaricatis. Discus aut æqualis, aut nunc hinc tantum tumens. Styli lobi 2 subulati. Fructus nuculæ oblongæ v. ovoideæ, apice haud truncato obtusæ. — Herbæ annuæ v. perennes, nunc tuberculosæ, raro suffrutices v. fruticuli; foliis integris v. dentatis; verticillastris 2-∞-floris, axillaribus v. terminali-spicatis. (*Orbis utriusque reg. temp.*) — *Vid. p. 4.*

3. **Galeopsis** T.[1] — Flores fere *Betonicæ;* calycis 5-10-nervis dentibus 5, subulatis v. acerosis. Corollæ tubus exsertus; fauce ampla; limbi labio postico erecto integro; antico 3-fido; palato gibbis 2 interioribus aucto. Stamina didynama; antherarum loculis dorso oppositis, transversim 2-valvatis; marginibus ciliatis; connectivo incrassato. Cætera *Betonicæ.* — Herbæ annuæ ramosæ, varie pilosæ; foliis plerumque dentatis; floralibus conformibus plerumque minoribus; floribus[2] cymosis; verticillastris 6-∞-floris. (*Europa et Asia temp.*[3])

4. **Ballota** T.[4] — Flores fere *Lamii;* calycis dentibus 5-10, nunc raro ∞, basi dilatatis v. in limbum orbiculari-patentem connatis. Corolla 2-labiata; labio postico concavo emarginato; antici lobo medio emarginato. Stamina didynama; antherarum loculis divaricatis. Styli lobi subæquales. Nuculæ læves, apice obtusæ. — Herbæ perennes v. suffrutescentes; verticillastris axillaribus plerumque ∞-floris; bracteolis nunc (*Acanthoprasium*[5]) acerosis. (*Reg. Mediterranea, Europa et Asia temp., Africa austr.*[6])

5. **Roylea** WALL.[7] — Flores fere *Ballotæ;* calycis tubo cylindraceo, 10-nervi; limbi lobis 5, æqualibus erectis nervosis. Corolla

1. *Inst.*, 185, t. 86. — L., *Gen.*, n. 717. — NEES, *Gen. Fl. germ.*—ENDL., *Gen.*, n. 3648. — BENTH., in *DC. Prodr.*, XII, 497; *Gen.*, II, 1209, n. 103. — *Tetrahit* MŒNCU, *Meth.*, 304.

2. Rubris, ochroleucis v. variegatis.

3. Spec. 3, 4. HOOK. F., *Fl. brit. Ind.*, IV, 677.— BOISS., *Fl. or.*, IV, 752.— WILLK. et LGE, *Prodr. Fl. hisp.*, II, 438. — REICHB., *Ic. bot.*, t. 46-49, 877; *Ic. Fl. germ.*, t. 1228-1231. — BRANDZ., *Prodr. Fl. rom.*, 314 — GREN. et GODR., *Fl. de Fr.*, II, 683. — WALP., *Ann.*, III, 267; V, 695.

4. *Inst.*, 184, t. 85. — *Ballota* L., *Gen.*, n. 720. — ENDL., *Gen.*, n. 3658. — BENTH., in *DC. Prodr.*, XII, 517; *Gen.*, II, 1212, n. 109.—

Pseudodictamnus MŒNCH, *Meth.*, 399. — Beringeria NECK., *Elem.*, I, 312.

5. SPENN., in *Nees Gen. Fl. germ.*

6. Spec. ad 25. SIBTH., *Fl. græc.*, t. 562 (*Marrubium*), 568 (*Moluccella*). — BRÖT., *Phyt. lusit.*, t. 110 (*Marrubium*), 111, fig. 1. — HFFMG et LINK, *Fl. port.*, t. 8 (*Marrubium*).— REICHB., *Ic. bot.*, t. 773-776; *Ic. Fl. germ.*, t. 1218-1220. — A. GRAY, *Syn. Fl. N.-Amer.*, II, 384. — BOISS., *Fl. or.*, IV, 771. — GREN. et GODR., *Fl. de Fr.*, II, 695. — WALP., *Ann.*, III, 268; V, 696.

7. *Pl. as. rar.*, I, 57, t. 74. — ENDL., *Gen.*, n. 3660. — BENTH., in *DC. Prodr.*, XII, 516; *Gen.*, II, 1212, n. 110.

2-labiata; labio antico 3-fido; postico autem integro. Nuculæ oblongæ, apice obtuse. Cætera *Ballotæ*. — Suffrutex erectus cinerascens; foliis grosse dentatis; verticillastris axillaribus laxe 6-10-floris. (*India mont.*[1])

6? **Otostegia** BENTH.[2] — Flores[3] *Ballotæ;* calyce superne oblique dilatato; lobo postico brevi, integro v. 3-dentato; antico autem angulato maximo v. breviter 4-dentato. — Frutices v. suffrutices; verticillastris axillaribus laxe ∞-floris. (*Oriens, Abyssinia*[4].)

7. **Moluccella** L.[5] — Calyx basi obconicus v. oblique campanulatus, superne valde dilatatus in limbum suborbiculari-5-mucronulatum v. 5-10-spinosum, basi 5-20-nervis, superne dite reticulato-venosus. Corollæ[6] tubus intus oblique annulatus; labio postico concavo emarginato v. 2-lobo, anticum operiente; antici lobis lateralibus medium obcordatum v. emarginatum involventibus. Stamina didynama; anticis majoribus; antheræ[7] loculis introrsis divaricatis. Discus æqualis, 4-dentatus. Styli lobi 2, subulati subæquales. Nuculæ[8] truncatæ, 3-quetræ. — Herbæ annuæ glabræ; foliis petiolatis, incisis v. crenatis; floralibus conformibus; glomerulis 3-∞-floris; bracteis subulatis spinescentibus. (*Reg. Mediterranea*[9].)

8. **Lagochilus** BGE[10]. — Flores fere *Moluccellæ;* calyce tubuloso-campanulato, sub-5-nervi; segmentis 5 subæqualibus, v. posticis longioribus, nunc subspinescentibus. Stamina didynama; antherarum loculis parallelis discretis v. divergentibus. Fructus nuculæ 1-4, acutangulæ, apice truncatæ. — Herbæ rigidæ; foliis sæpius incisis; lobis nunc spinescentibus; bracteis sæpius acerosis v. spinescentibus; verticillastris paucifloris. (*Oriens*[11].)

1. Spec. 1. *R. cinerea*. — *R. elegans* WALL. — HOOK. F., *Fl. brit. Ind.*, IV, 679. — *Ballota cinerea* DON, *Prodr. Fl. nepal.*, 111. — *Phlomis calycina* ROXB., *Fl. ind.*, III, 2.

2. *Labiat.*, 601 ; in *DC. Prodr.*, XII, 522 ; *Gen.*, II, 1213, n. 111.

3. Plerumque albi.

4. Spec. ad 8. VAHL, *Symb.*, t. 14 (*Phlomis*). — JAUB. et SP., *Ill. pl. or.*, t. 378-382. — HOOK. F., *Fl. brit. Ind.*, IV, 679. — BOISS., *Fl. or.*, IV, 776. — WALP., *Ann.*, III, 268; V, 697.

5. *Gen.*, n. 724. — GÆRTN., *Fruct.*, t. 66. — J., *Gen.* 115.—BENTH., in *DC. Prodr.*, XII, 513; *Gen.*, II, 1211, n. 107. — ENDL.,*Gen.*, n. 3668. — *Molucca* T., *Inst.*, 187. — MOENCH, *Meth.*,

404. — *Chasmonia* PRESL, *Fl. sic. Præf.*, 37

6. Albidæ.

7. Nunc corpuscula gemmiformia ferentis.

8. Apice nunc peltato-pilosæ.

9. Spec. 2. SIBTH., *Fl. græc.*, t. 566, 567. — BOISS., *Fl. or.*, IV, 768. — WILLK. et LGE, *Prodr. Fl. hisp.*, II, 461. — *Bot. Reg.*, t. 1244.

10. In *Benth. Labiat.*, 640. —BENTH., in *DC. Prodr.*, XII, 514 ; *Gen.*, II, 1211, n. 108. — *Yermolofia* BELANG., *Voy. Icon.*

11. Spec. ad 15. LEDEB., *Ic. Fl. ross.*, t. 436 (*Moluccella*). — BGE, *Lab. pers.*, 74. — EICHW., *Pl. cauc.-casp.*, t. 35 (*Moluccella*); *Sert. petrop.*, t. 27. — BOISS., *Fl. or.*, IV, 768. — WALP., *Ann.*, III, 268; V, 696.

9. Eremostachys BGE[1]. — Flores fere *Lamii;* calyce tubuloso, nunc superne valde membranaceo-dilatato, sæpius in dentes 5, acerosos v. mucronatos induplicatos, diviso, sæpe extus dense lanato, basi 5-10-nervi. Corollæ[2] limbus 2-labius; labio postico galeato, nunc integro (e lobis 2 constante); antico autem e lobis 3, imbricatis constante, patente. Stamina 4, didynama; anticis longioribus; filamentis nunc basi appendiculato-dilatatis v. ibi cum corollæ annulo piloso confluentibus; antherarum loculis 2, divaricatis; rimis longitudinalibus plus minus confluentibus. Germen disco subæquali cinctum; styli lobis nunc inæqualibus subulatis; postico breviore. Ovula adscendentia obpyramidata; micropyle extrorsa, inferne producta. Nuculæ obovato-3-quetræ, vertice subtruncato dense pilosæ. — Herbæ perennes, nunc amplæ, vix v. parum ramosæ; foliis basilaribus magnis inciso-pinnatifidis dissectisve; caulinis a basi ad apicem minoribus; supremis sæpe ad bracteas oppositas reductis; floribus in axillis bractearum dense glomerulatis; inflorescentia tota longe composite spiciformi, nunc dense lanata. (*Asia occid. et media*[3].)

10. Phlomis L.[4] — Flores fere *Eremostachydis;* calyce amplo, æquali-5-dentato truncatove, sæpius plicato. Corollæ[5] galea valde concava v. compressa, nunc angusta falcata. Stamina didynama; antherarum loculis demum confluentibus. Nuculæ apice truncatæ v. rotundatæ. — Herbæ v. frutices; verticillastris axillaribus densifloris. (*Reg. Mediterranea, Asia temp. et mont., Archip. Malay.*[6])

11. Eriophyton BENTH.[7] — Flores[8] fere *Phlomidis;* calyce late

1. In *Ledeb. Fl. alt.*, II, 414; *Lab. pers.*, 78. — ENDL., *Gen.*, n. 3666. — B. H., *Gen.*, II, 1215, n. 117.

2. Ochroleucæ v. purpurascentis.

3. Spec. ad 20. LEDEB., *Ic. Fl. ross.*, t. 122, 437. — ROYL., *Ill. himal.*, t. 74. — BGE, *Lab. pers.*, 78. — JAUB. et SP., *Ill. pl. or.*, t. 412, 461, 462. — REICHB., *Ic. exot.*, t. 70 (*Phlomis*). — SWEET, *Brit. fl. Gard.*, t. 24 (*Phlomis*). — REG., *Gartenfl.*, t. 249; *Mon. gen. Erem.* (1886). — HOOK. F., *Fl. brit. Ind.*, IV, 694. — BOISS., *Fl. or.*, IV, 793. — *Bot. Reg.* (1845), t. 52. — WALP., *Ann.*, V, 699.

4. *Gen.*, n. 723. — J., *Gen.*, 114. — GÆRTN., *Fruct.*, t. 66. — ENDL., *Gen.*, n. 3664. — TURP., in *Dict. sc. nat.*, Atl., t. 43. — BENTH., in *DC. Prodr.*, XII, 537; *Gen.*, II, 1214, n. 115. — *Phlomoides* MOENCH, *Meth.*, 403. — *Phlomidopsis* LINK, *Handb.*, 479.

5. Flavæ v. coccineæ, speciosæ.

6. Spec. 40-45. CAV., *Ic. rar.*, t. 247. — JACQ., *H. schœnbr.*, t. 359. — VENT., *Ch. de pl.*, t. 4. — SM., *Spicil.*, t. 7. — SIBTH., *Fl. græc.*, t. 563-365. — DESF., in *Mém. Mus.*, XI, t. 5. — LABILL., *Pl. syr. Dec.*, III, t. 10. — LEDEB., *Ic. Fl. ross.*, t. 364. — JAUB. et SP., *Ill. pl. or.*, t. 411. — DESF., *Fl. atl.*, t. 127. — TEN., *Fl. nap.*, t. 57. — BGE, *Lab. pers.*, 76. — VIV., *Fl. lyb. Spec.*, t. 15, fig. 2. — MUNB., *Fl. alg.*, t. 3. — SWEET, *Brit. fl. Gard.*, t. 53; ser. 2, t. 74, 364. — ANDR., *Bot. Rep.*, t. 584. — RUSS., *Nat. Hist. Alep*, t. 16. — REICHB., *Ic. Fl. germ.*, t. 1221. — HOOK. F., *Fl. brit. Ind.*, IV, 691. — BOISS., *Fl. or.*, IV, 779. — *Bot. Reg.*, t. 1300; (1844), t. 22. — *Bot. Mag.*, t. 999, 1843, 1891, 2449, 2542. — WALP., *Rep.*, III, 269; V, 698.

7. In *Wall. Pl. as. rar.*, I, 63; in *DC. Prodr.*, XII, 549; *Gen.*, II, 1215, n. 118.

8. Flavi, sessiles.

campanulato membranaceo, late 5-dentato. Corolla 2-labiata, stamina 2-dynama cæteraque *Phlomidis.* — Herba humilis undique
gossypino-lanata; foliis floralibus ad bracteas orbiculari-cuneatas
sæpe reductis; verticillastris axillaribus confertis, 6-floris. (*India
mont.*[1])

12. **Notochæte** BENTH.[2] — Flores[3] fere *Phlomidis;* calycis tubulosi
dentibus 5, subæqualibus concavis; costa dorsali quaque sub apice
dentium in aristam longe subulatam rigidam glochidiatam producta.
Antherarum loculi divaricati. Discus subæqualis. Nuculæ 3-quetræ
truncatæ. Cætera *Phlomidis.* — Herba erecta; foliis dentatis rugosis;
verticillastris dense ∞-floris; bracteis glochidiatis cum calycis lobis
conformibus. (*India mont.* [4])

13. **Leucas** R. BR.[5] — Flores fere *Ballotæ;* calyce tubuloso, campanulato v. nunc inflato, æqualiter v. nunc plus minus valde oblique
6-10-dentato, nunc demum hinc longitudinaliter fisso. Corolla[6]
2-labiata; labii antici lobo medio nunc maximo incurvo; postico autem integro v. emarginato. Stamina didynama; antherarum loculis
divaricatis demum confluentibus. Styli lobus posticus brevissimus.
Discus æqualis v. postice brevior. Nuculæ ovoideæ, apice vix obtuse
truncatæ. — Herbæ v. suffrutices, sæpius varie induti; verticillastris
pauci- v. ∞-floris densis, axillaribus, v. summis terminali-confertis.
(*Asia, Africa et America calid.*[7])

14? **Lasiocorys** BENTH.[8] — Flores[9] *Leucadis;* calyce tubuloso,
10-nervi, 5-dentato, parum obliquo; dentibus accessoriis minimis
nunc paucis. Stamina didynama; antherarum loculis divaricatis. Nuculæ ovoideo-triquetræ. — Suffrutices v. fruticuli; foliis integris v.

1. Spec. 1. *E. Wallichianum* BENTH. —
HOOK. F., *Fl. brit. Ind.*, IV, 695.
2. In *Wall. Pl. as. rar.*, I, 63; *Lab.*, 636; in
DC. *Prodr.*, XII, 547; *Gen.*, II, 1215, n. 116.
3. Purpurascentes; galea villosa.
4. Spec. 1. *N. hamosa* BENTH. — *Hook.
Icon.*, t. 1217. — HOOK. F., *Fl. brit. Ind.*, IV,
694.
5. *Prodr.*, 504. — ENDL., *Gen.*, n. 3662. —
BENTH., in *DC. Prodr.*, XII, 523; *Gen.*, II,
1213, n. 112. — *Physoleucas* JAUB. et SP., *Ill.
pl. or.*, V, 48, t. 445. — *Hemistoma* EHRENB.,
mss., ex ENDL., *loc. cit.*
6. Albæ v. purpurascentis.

7. Spec. ad 35. JACQ., *Ic. rar.*, t. 110, 411,
(*Phlomis*). — DESF., in *Mém. Mus.*, XI, t. 1-
4. — WIGHT, *Icon.*, t. 337, 338, 866, 1451-1455.
— JAUB. et SP., *loc. cit.*, t. 385-387. — MIQ.,
Fl. ind. bat., II, 978. — HOOK. F., in *Journ.
Linn. Soc.*, VII, 213; *Fl. brit. Ind.*, IV, 680. —
BOISS., *Fl. or.*, IV, 778. — THW., *Enum. pl.
Zeyl.*, 240. — BENTH., *Fl. hongk.*, 279. — J.-A.
SCHM., in *Mart. Fl. bras.*, 22, 199. — OLIV.,
in *Hook. Icon.*, t. 1495. — BOISS., *Fl. or.*, IV,
778. — WALP., *Ann.*, III, 269; V, 698.
8. *Labiat.*, 600; in *DC. Prodr.*, XII, 534;
Gen., II, 1213, n. 112.
9. Plerumque albi.

apice subdentatis; verticillastris pauci- ∞-floris. (*Arabia, Africa trop. et austr.*[1])

15. Leonotis PERS. [2] — Flores fere *Leucadis;* calyce tubuloso, oblique 8-10-dentato, 10-nervi; dentibus subæqualibus v. inæqualibus, nunc acerosis; postico majore v. maximo. Corolla tubulosa v. superne nonnihil ampliata, extus sæpe retrorsum villosa, intus nuda v. parce pilosa; limbi labio postico majore erecto concavo; antico breviore 3-lobo; lobo medio lateralibus minore v. vix majore, integro, emarginato v. breviter 2-lobulato. Stamina 4, didynama, sub galea corollæ adscendentia; antherarum loculis divaricatis, demum subconfluentibus. Discus inæqualis, antice plus minus, nunc valde prominulus. Styli lobi valde inæquales; postico minimo; antico subulato arcuato. Fructus 3-quetri, apice truncati, glabri. — Herbæ v. frutices (odorati); foliis dentatis; floralibus conformibus v. bracteiformibus; verticillastris axillaribus, ∞-floris, nunc solitariis; floribus [3] sessilibus v. breviter pedicellatis. (*Africa austr., Malacassia, India or.*[4])

16. Anisomeles R. BR.[5] — Flores fere *Betonicæ;* calice æqui-5-dentato. Corollæ 2-labiatæ labium posticum breve concavum integrum erectum. Stamina 4, e labio postico longe demum exserta; anticorum antheræ loculis parallelis transversis; posticorum autem anthera dimidiata. Nuculæ obtusæ læves. — Herbæ rudes; foliis breviter dentatis; verticillastris paucifloris v. sæpius densifloris, axillaribus v. terminali-racemosis, nunc laxis; glomerulis utrinque longe pedunculatis. (*Asia calid., Australia*[6].)

17. Achyrospermum BL.[7] — Flores fere *Anisomelis;* calyce dentato æquali v. sub-2-labiato[8]. Corolla 2-labiata; tubo recto v. arcuato. Stamina didynama; antherarum loculis divaricatis confluentibus.

1. Spec. 4. JAUB. et SP., *Ill. pl. or.*, t. 385, 384.

2. *Syn.*, II, 127. — ENDL., *Gen.*, n. 3663. — BENTH., in *DC. Prodr.*, XII, 535; *Gen.*, II,1214, n. 114.

3. Flavis v. coccineis, speciosis.

4. Spec. 10-12. PAL.-BEAUV., *Fl. ow. et ben.*, t. 111 (*Phlomis*). — WIGHT, *Icon.*, t. 867. — THW., *Enum. pl. Zeyl.*, 241. — HOOK. F., *Fl. brit. Ind.*, IV, 691. — J.-A. SCHM., in *Mart. Fl. bras.*, VIII, 200. — GRISEB., *Fl. brit. W.-Ind.*, 491. — CHAPM., *Fl. S. Un.-St.*, 326. — *Bot. Reg.*, t. 281, 850. — *Bot. Mag.*, t. 478, 3700.

5. *Prodr.*, 503. — ENDL., *Gen.*, n. 3649. — BENTH., in *DC. Prodr.*, XII, 455; *Gen.*, II, 1207, n. 99.

6. Spec. ad 3. JACQ. F., *Ecl.*, t. 86, 127. — WIGHT, *Icon.*, t. 864, 865. — HOOK., *Bot. Misc.*, II, t. suppl. 19; *Journ. Bot.*, I, t. 127. — BENTH., *Fl. austral.*, V, 89; *Fl. hongk.*, 278. — THW., *Enum. pl. Zeyl.*, 240. — HOOK. F., *Fl. brit. Ind.*, IV, 672. — *Bot. Mag.*, t. 2071.

7. *Bijdr.*, 840. — BENTH., in *DC. Prodr.*, XII, 458; *Gen.*, II, 1208, n. 100. — ENDL., *Gen.*, n. 3671.

8. Circa fructum herbaceo.

Nuculæ apice pilis paleaceis densis v. squamellis obtectæ. — Herbæ; foliis amplis dentatis; verticillastris ad 6-floris in spicas terminales v. axillares confertis. (*Africa trop. cont. et ins. or., Arch. Malay.* [1])

18. Colquhounia WALL.[2] — Flores fere *Anisomelis;* calyce sub-incurvo æqui-dentato. Corollæ[3] 2-labiatæ tubus arcuatus exsertus, in faucem nunc amplam dilatatus. Stamina didynama; antherarum loculis confluentibus. Nuculæ samaroideæ, vertice in alam membranaceam verticalem productæ, cæterum læves. — Frutices erecti v. sæpius scandentes volubilesve; foliis amplis crenatis; verticillastris paucifloris axillaribus v. terminali-spicatis. (*India* [4], *China.*)

19. Craniotome REICHB.[5] — Calyx basi subglobosus, subæquali-5-dentatus; dentibus muticis erectis. Corolla [6] 2-labiata; tubo tenui exserto; labio postico brevissimo galeato. Stamina didynama; antherarum loculis divaricatis confluenti-rimosis. Discus subæqualis. Nuculæ subglobosæ læves. — Herba elata villosa; foliis cordatis crenatis; superioribus ad bracteas gradatim reductis; floribus creberrimis; cymis utrinque pedunculatis secundis, in racemos compositos dispositis. (*India mont.* [7])

20. Chamæsphacos SCHRENCK. [8] — Calyx campanulatus, plus minus longe 5-dentatus, 10-nervis, circa fructum auctus. Corolla 2-labiata. Stamina 2-dynama, sub labio postico adscendentia; antherarum loculis divaricatis confluenti-rimosis. Discus æqualis, demum circa fructum cupularis. Nuculæ oblongæ, angulo v. ala angusta marginatæ, læves. — Herbæ annuæ parvæ; foliis integris v. varie dentatis; verticillastris axillaribus, 2-floris [9]. (*Oriens, Soongaria* [10].)

1. Spec. 5, 6. — BENTH., *Labiat.*, 671 (*Teucrium*). — WELW., in *Trans. Linn. Soc.*, XXVII, 56. — HOOK. F., *Fl. brit. Ind.*, IV, 673. — *Hook. Icon.*, t. 1249.

2. In *Trans. Linn. Soc.*, XIII, 608. — BENTH., *Labiat. gen. et spec.*, 644; in *DC. Prodr.*, XII, 457; *Gen.*, II, 1208, n. 101.

3. Coccineæ speciosæ.

4. Spec. 4, 5. WALL., *Tent. Fl. nepal.*, t. 6; *Pl. as. rar.*, t. 267, 268. — HOOK. F., *Fl. brit. Ind.*, IV, 674. — *Bot. Mag.*, t. 4514. — *Hook. Icon.*, t. 1249. — WALP., *Ann.*, V, 689.

5. *Icon. exot.*, I, 39, t. 54. — ENDL., *Gen.*, n. 3654. — BENTH., in *DC. Prodr.*, XII, 455; *Gen.*, II, 1207, n. 98.

6. Alba purpureo-tincta.

7. Spec. 1. *C. versicolor* REICHB. — HOOK. F., *Fl. brit. Ind.*, IV, 671. — *Anisomeles nepalensis* SPRENG., *Syst.*, II, 706. — *Nepeta versicolor* TREV., in *N. Act. nat. cur.*, XII, 183. — *Ajuga furcata* LINK, *Enum.*, II, 99.

8. *Enum. pl. nov.*, I, 27. — BENTH., in *DC. Prodr.*, XII, 459; *Gen.*, II, 1207, n. 97.

9. Generis sectio est *Tapeinanthus* BOISS., in *DC. Prodr.*, XII, 436; *Diagn. or.*, ser. 2, IV, 29. — B. H., *Gen.*, II, 1207, n. 96 (*Thuspeinantha* TH. DUR.); sepalis staminibusque brevioribus; foliis integris v. subintegris.

10. Spec. 3. BOISS., *Fl. or.*, IV, 679 (*Tapeinanthus*), 680.

21. Marrubium T.[1] — Calycis tubulosi æqualis et 5-10-nervis dentes 5-10, æquales, v. alterni minores accessorii, erecti v. recurvi, nunc sæpe pungentes. Corolla[2] 2-labiata; labio postico subplano v. concavo, integro v. breviter 2-fido. Stamina didynama; antherarum loculis divaricatis, plus minus tarde confluentibus. Styli lobi apice obtusiusculi. Nuculæ læves, apice obtusæ. — Herbæ perennes, sæpe tomentosæ; verticillastris axillaribus, sæpius densis, ∞-floris; bracteolis subulatis v. 0. (*Europa, Asia temp., Africa bor.*[3], *America*[4].)

22. Acrotome BENTH.[5] — Flores fere *Marrubii;* calyce tubuloso, 10-nervi, oblique 5-10-dentato. Corollæ tubus calyci æqualis v. exsertus; limbi labio postico integro v. emarginato subfornicato; antico 3-lobo. Stamina didynama; antherarum loculis confluentibus. Discus æqualis. Nuculæ 3-quetræ, apice truncatæ. — Herbæ v. suffrutices; verticillastris in axillis foliorum superiorum dense pauci- v. ∞-floris. (*Africa austr.*[6])

23. Sideritis T.[7] — Flores parvi[8]. Calycis tubulosi, 5-10-nervis, dentes 5, subæquales, v. posticus multo major, erecti, mutici v. sæpius spinescentes. Corollæ tubus inclusus, nunc intus piloso-annulatus; limbi labiis inæqualibus v. subæqualibus; postico integro, 2-fido v. emarginato; antico patente 3-lobo; lobo medio nunc emarginato. Stamina 4, didynama; postica breviora; antherarum loculis subæqualibus, nunc extus granulosis; antica autem longiora; antheræ minoris loculis divaricatis v. remotis dimidiatis, cassis v. deformibus. Discus subæqualis, obtuse crenatus. Stylus brevis; lobis 2, sæpe valde inæqualibus, nunc concavis; antico erecto longiore posticum plus

1. *Inst.*, 192, t. 91. — L., *Gen.*, n. 721. — J., *Gen.*, 114. — ENDL., *Gen.*, n. 3657. — NEES, *Gen. Fl. germ.* — BENTH., in *DC. Prodr.*, XII, 447 ; *Gen.*, II, 1206, n. 94. — *Maropsis* POM., *N. mat. Fl. all.*, 121. — *Lagopsis* BGE, *Gen. Molucc. ined.* (ex BENTH.).

2. Alba v. purpurascens.

3. Spec. ad 30. JACQ., *Ic. rar.*, t. 109 ; *Fl. austr.*, t. 160. — JACQ. F., *Ecl.*, t. 64. — SIBTH., *Fl. græc.*, t. 561. — TEN., *Fl. nap.*, t. 154. — BGE, *Lab. pers.*, 66. — BOISS., *Voy. Esp.*, t. 148 ; *Fl. or.*, IV, 692. — LEDEB., *Ic. Fl. ross.*, t. 150 (*Moluccella*) — HOOK. F., *Fl. brit. Ind.*, IV, 671. — GREN. et GODR., *Fl. de Fr.*, II, 699. — REICHB., *Ic. bot.*, t. 270, 288, 299, 300, 312, 313 ; *Ic. Fl. germ.*, t. 1224. — WALP., *Ann.*, III, 263 ; V, 688.

4. Spec. 1, verisimiliter inquilina. A. GRAY, *Syn. Fl. N.-Amer.*, II, 384. — C. GAY, *Fl. chil.*, IV, 508. — HEMSL., *Bot. centr.-amer.*, II, 570.

5. In *Endl. Gen.*, n. 3656 ; in *DC. Prodr.*, XII, 436 ; *Gen.*, II, 1206, n. 95.

6. Spec. 3. *Hook. Icon.*, t. 1467.

7. *Inst.*, 191. — L., *Gen.*, n. 712. — ENDL., *Gen.*, n. 3655. — BENTH., *Labiat.*, 570 ; in *DC. Prodr.*, XII, 437 ; *Gen.*, II, 1205, n. 93. — *Empedoclea* RAFIN., *Car. gen. sic.*, 78 (non A. S.-H.). — *Leucophae* WEBB, *Phyt. canar.*, III, 99, t. 168 -172. — *Hesiodia* MOENCH. — *Burgsdorffia* MOENCH. — *Marrubiastrum* MOENCH, *Meth.*, 392. — *Navicularia* HEIST. — ADANS., *Fam. des pl.*, II, 188.

8. Albi v. flavescentes.

minus patulum basi amplectente. Nuculæ læves, apice obtusæ. — Frutices, suffrutices v. herbæ, glabri v. indumento vario; foliis integris v. dentatis; floralibus sæpe bracteiformibus; verticillastris 6-8-floris axillaribus v. interrupte spicatis. (*Oriens, Reg. Mediterranea, Africa ins. bor.-occ.*[1])

24. Scutellaria L.[2] — Calyx subcampanulatus, sæpius 2-labiatus; labiis integris brevibus valvatim clausis, sæpe demum ad basin solutis; limbo postice squama cava instructo, deciduo. Corolla longe tubulosa exserta; limbo 2-labiato; postico nunc emarginato, lobis lateralibus minoribus sub æstivatione obtecto. Stamina 4, 2-dynama : anticarum longiorum anthera loculo fertili 1 donato; altero (antico) casso v. subnullo. Antheræ staminum posticorum loculi 2, fertiles breves subdivaricati. Germen gynophoro conico recto v. incurvo impositum; locellis 1-ovulatis; ovuli nucello arcuato v. subuncinato, paulo supra basin annulari-dilatato[3]; styli antice recurvi lobis stigmatosis valde inæqualibus; postico brevissimo. Fructus e nuculis 4, lævibus v. sæpius tuberculatis. Seminis subtransversi embryo carnosus; radicula incumbente. — Herbæ annuæ v. perennes, nunc suffrutescentes; foliis oppositis, integris, dentatis v. nunc pinnatifidis; superioribus minoribus v. ad bracteas reductis florigeris; floribus[4] axillaribus solitariis, breviter pedunculatis; bracteolis lateralibus 2. (*Orbis tot. reg. temp. v. trop. mont.*[5])

1. Spec. ad 40. Cav., *Ic. rar.*, t. 48, 185-187, 200, 301-304. — Jacq., *H. vindob.*, III, t. 30; *Fl. austr.*, t. 434. — Vent., *J. Cels*, t. 98. — Desf., *Fl. atl.*, t. 125. — W., *H. berol.*, t. 105, 106. — Ten., *Fl. nap.*, t. 51. — Brot., *Phyt. lusit.*, t. 115. — Labill, *Dec. pl. syr.*, IV, t. 8. — Bor. et Chaub., *Fl. pelop.*, t. 21. — Sibth., *Fl. græc.*, t. 550-552. — Boiss., *Voy. Esp.*, t. 146; *Fl. or.*, IV, 705. — Bieb., *Cent. Fl. ross.*, t. 39. — Hffmg et Link, *Fl. port.*, t. 6. — Willk. et Lge, *Prodr. Fl. hisp.*, II, 451. — Gren. et Godr., *Fl. de Fr.*, II, 697. — Reichb., *Ic. bot.*, t. 314; *Ic. ex.*, t. 57; *Ic. Fl. germ.*, t. 1226. — Walp., *Ann.*, III, 263; V, 687.

2. *Gen.*, n. 734. — J., *Gen.*, 117. — A. Hamilt., *Monogr.*, in *Ser. Bull. bot.*, I, 271. — Endl., *Gen.*, n. 3626. — Benth., *Labiat.*, 419; in *DC. Prodr.*, XII, 412; *Gen.*, II, 1201, n. 83.

3. De ovulo, cfr H. Bn, in *Bull. Soc. Linn. Par.*, 713.

4. Rubris, violaceis v. flavis.

5. Spec. ad 90. Sibth., *Fl. græc.*, t. 580-583. — Labill., *Pl. syr. Dec.*, IV, t. 6. — Vent., *Choix de pl.*, t. 39. — W. et Kit., *Pl. rar.*

hung., t. 125, 137. — Leder., *Ic. Fl. ross.*, t. 123. — Bge, *Lab. pers.*, 64. — Miq., *Fl. ind. bat.*, II, 972; *Ann. Mus. lugd.-bat.*, II, 119. — Jaub. et Sp., *Ill. pl. or.*, t. 376, 377. — Wight, *Ic.*, t. 1449, 1450. — Link, Kl. et Ott., *Ic. pl rar.*, t. 13. — Hook., *Exot. Fl.*, t. 106. — Sweet, *Brit. fl. Gard.*, t. 45, 52, 90; ser. 2, t. 399. — Reichb., *Ic. bot.*, t. 488; *Ic. Fl. germ.*, t. 1256-1258. — Thw., *En. pl. Zeyl.*, 239. — Hook. F., *Fl. brit. Ind.*, IV, 667; *Handb. N.-Zeal. Fl.*, 226. — Benth., *Fl. hongk.*, 277. — J.-A. Schm., in *Mart. Fl. bras.*, IX, 201, t. 38. — C. Gay, *Fl. chil.*, IV, 494. — Griseb., *Fl. brit. W.-Ind.*, 492. — A. Gray, *Syn. Fl. N.-Amer.*, II, 378. — Chapm., *Fl. S. Un.-St.*, 322. — Hemsl., *Bot. centr.-amer.*, II, 568. — Boiss., *Fl. or.*, IV, 681. — Willk. et Lge, *Prodr. Fl. hisp.*, II, 461. — Brandz., *Prodr. Fl. rom.*, 401. — Gren. et Godr., *Fl. de Fr.*, II, 700. — H. Bn, *Iconogr. Fl. fr.*, n. 57. — *Bot. Reg.*, t. 1460, 1493. — *Bot. Mag.*, t. 635, 2120, 2548, 4268, 4271, 4290, 4420, 4789, 5185, 5439, 5525, 6464. — Walp., *Ann.*, III, 262; V, 685.

25 ? **Microtæna** Prain.[1] — « Calyx 5-dentatus. Corollæ tubus longe exsertus; limbi 2-labiati labio postico erecto galeato integro. Stamina 4, æquilonga, sub galea adscendentia; antherarum loculis divaricatis, demum confluenti-rimosis explanatis; filamentis apice decurvo nutantibus. Discus antice parum tumens. Styli lobi inæquales : anticus subulatus; posticus autem brevissimus. Nuculæ læves, basi sub-3-quetræ. — Herba perennis; foliis dentatis; cymis oppositis laxis thyrsoideo-paniculatis[2]. (*India or.*[3]) »

26. **Perilomia** H. B. K.[4] — Flores[5] *Scutellariæ;* calyce dorso leviter gibbo, 2-labiato; labio postico e fructu maturo soluto deciduo; antico autem circa nuculas læves v. tuberculosas denticulatasve persistente. — Frutices nunc subscandentes; foliis dentatis; floralibus conformibus v. ad bracteas reductis; verticillastris axillaribus v. terminali-racemosis secundis, 2-floris. (*America calid. utraque*[6].)

27. **Salizaria** Torr.[7] — Flores[8], corolla, stamina, fructus et semina *Scutellariæ;* calyce fructifero vesiculoso-inflato, ore parvo clauso. — Frutex; foliis integris parvis; floralibus conformibus minoribus in bracteas parvas gradatim abeuntibus; verticillastris 2-floris in racemos terminales interruptos dispositis. (*Reg. mexicanotexana*[9].)

28. **Brunella** T.[10] — Calyx campanulatus, 10-nervis; labio postico 3-dentato anticum 2-fidum involvente. Corolla[11] 2-labiata; labio postico (e lobis superioribus 2) galeato integro v. emarginato anticum involvente; antico autem 3-lobo (e lobis 3 corollæ inferioribus constante); lateralibus medium nunc emarginatum involventibus. Stamina 4, 2-dynama; postica breviora et altius inserta; filamentis omnium arcuatis et apice 2-dentatis; dente superiore connectivum antheræ

1. In *Hook. Icon.*, t. 1872.
2. « Genus habitu *Craniotomi;* calyce *Cymariæ ;* ga ea *Scutellariæ;* antheris *Acrotomis;* germine fructuque haudquaquam *Ajugoidearum* ».
3. Spec. 1. *M. cymosa* Prain.
4. *Nov. gen. et spec*, II, 326, t. 159. — Benth., in *DC. Prodr.*, XII, 430; *Gen.*, II, 1202, n. 84. — ? *Theresa* Clos, in *C. Gay Fl. chil.*, IV, 496, t. 54 (ex Benth.).
5. Coccineis, parvis pubentibus.
6. Spec. 7, 8. Hemsl., *Bot. centr.-amer.*, II, 570. — Benth., in *Bot. Reg*, t. 1394.

7. *Bot. Emor. Exp.*, 133, t. 39. — B. H., *Gen.*, II, 1201, n. 82 (*Salazaria*).
8. Cærulei.
9. Spec. 1. *S. mexicana* Torr. — A. Gray, *Syn. Fl. N.-Amer.*, II, 382. — Hemsl., *Bot. centr.-amer.*, II, 568.
10. *Inst.*, 182, t. 84.— L., *Gen.*, ed. 1, 177.— J., *Gen.*, 116. — Moench, *Meth.*, 414. — Nees, *Gen. Fl. germ.*, in *DC. Prodr.*, XII, 409; *Gen.*, II, 1203, n. 85. — *Prunella* L., *Gen.*, ed. 6, n. 735. — Endl., *Gen.*, n. 3624.
11. Alba, cærulescens v. purpurascens.

triangularem mobilem gerente; loculis 2, divaricatis distinctis rimosis. Gynæceum Ordinis; disco subregulari inter germinis locellos prominulo; stylo apice in lobos subulatos 2 diviso. Nuculæ læves. —
Herbæ perennes, erectæ v. decumbentes; foliis integris, dentatis v.
pinnatifidis; inflorescentia spiciformi stipitata; bracteis 3-floris; floribus cymosis, nunc minute bracteolatis. (*Orbis tot. reg. temp. et trop.
mont.*[1])

29. **Cleonia** L.[2] — Flores *Brunellæ;* calyce 10-nervi. Germen
4-locellatum; locellis anticis haud contiguis, stylo basi sejunctis. Disci
lobi 4; antico magis prominulo. Stylus apice 4-fidus; lobis subulatis
recurvis; lateralibus 2[3]. Cætera *Brunellæ.* — Herba annua; foliis
angustis grosse dentatis; floribus[4] terminali-spicatis; verticillastris
6-floris; bracteolis 0. (*Hispania, Lusitania, Mauritania*[5].)

30. **Brazoria** ENG. et GRAY[6]. — Flores fere *Brunellæ;* calyce sub-
inflato-campanulato. Corolla[7] 2-labiata. Stamina didynama; antherarum loculis parallelis. Stylus apice 2-fidus. Nuculæ acute 3-quetræ,
glabræ v. hirtellæ. — Herbæ erectæ; foliis angustis dentatis; verticillastris in spicas terminales dispositis. (*Texas*[8].)

31. **Melittis** L.[9] — Flores majusculi; calyce late campanulato
membranaceo; labio postico obscure 2-lobo v. integro; antico autem
2-fido. Corollæ tubus longe exsertus; labio antico 3-fido; lobo intermedio latiore longioreque, nunc retuso; postico autem integro concaviusculo. Stamina didynama : antica longiora; antherarum loculis
divergentibus, nunc inæqualibus. Discus æqualis. Stylus apice brevi-

1. Spec. 2, 3. HAM., *Mon.*, in *Ser. Bull.*, I,
153, t. 7. — JACQ., *Fl. austr.*, t. 377. — W.,
H. berol., t. 9. — WIGHT, *Icon.*, t. 1448. —
H. B. K., *Nov. gen. et spec.*, t. 162. — REICHB.,
Ic. bot., t. 238, 239, 243, 588; *Ic. Fl. germ.*,
t. 1223; *Ic. exot.*, t. 216. — BIEB , *Fl. taur.-
cauc.*, II, 67. — HOOK. F., *Fl. brit. Ind.*, IV,
670. — A. GRAY, *Syn. Fl. N.-Amer.*, II, 382.
— CHAPM., *Fl. S. Un.-St.*, 322. — HEMSL.,
Bot. centr.-amer., II, 570. — BOISS., *Fl. or.*,
IV, 691. — WILLK. et LGE, *Prodr. Fl. hisp.*, II,
463. — BRANDZ., *Prodr. Fl. rom.*, 402. — GREN.
et GODR., *Fl. de Fr.*, II, 702. — H. BN, *Iconogr.
Fl. fr.*, n. 55.
2. *Gen.*, n. 736. — GÆRTN., *Fruct.*, t. 66. —
ENDL., *Gen.*, n. 3625. — BENTH., in *DC. Prodr.*,
XII, 411; *Gen.*, II, 1203, n. 86.

3. Natu minoribus (H. BN, in *Bull. Soc. Linn.
Par.*, 824).
4. Violaceis v. cærulescentibus.
5. Spec. 1. *C. lusitanica* L. — WILLK. et LGE,
Prodr. Fl. hisp., II, 463. — *Prunella intermedia* REICHB., *Ic. bot.*, III, 4, t. 205.
6. In *Bost. Journ. Nat. Hist.*, XII, 434. —
BENTH., in *DC. Prodr.*. XII, 434; *Gen.*, II,
1204, n. 87.
7. Rosea v. incarnata.
8. Spec. 2. A. GRAY, *Chl. bor.-amer.*, t. 5
Syn. Fl. N.-Amer., II, 382 — *Bot. Mag.*,
t. 3494 (*Physostegia*).
9. *Gen.*, n. 731. — ENDL., *Gen.*, n. 3640. —
BENTH., *Labiat. gen. et spec.*, 503; in *DC. Prodr.*,
XII, 432; *Gen.*, II, 1205, n. 92. — NEES, *Gen. Fl.
germ.*

ter angusteque 2-fidus. Nuculæ ovoideæ læves v. vix reticulatæ[1]. — Herba perennis (graveolens); ramis annuis erectis; foliis rugosis crenatis; superioribus nunc angustioribus; floribus[2] in cymas axillares plerumque 3-floras dispositis. (*Europa med. et austr.*[3])

32. **Chelonopsis** MIQ.[4] — Flores fere *Melittidis;* calyce subæquali-5-dentato, sub-10-nervi. Stamina didynama; antherarum loculis divaricatis, antice barbatis. Nuculæ « in alam obliquam productæ ». — Herba[5] perennis; rhizomate lignoso; foliis grosse inæqui-serratis; verticillastris axillaribus 2-10-floris; floribus[6] longiuscule pedicellatis. (*Japonia*[7].)

33. **Macbridea** ELL.[8] — Flores fere *Melittidis;* calycis campanulati lobis 3; anticis 2 latioribus obtusis v. emarginatis[9]. Corolla[10] 2-labiata; labio antico breviore. Stamina didynama; antherarum loculis plus minus divergentibus v. subparallelis. — Herbæ erectæ; foliis integris v. obscure dentatis; floralibus late bracteiformibus; verticillastris ad summos ramulos solitariis v. paucis, sub-6-floris. (*America bor.*[11])

34. **Synandra** NUTT.[12] — Flores fere *Macbrideæ;* calyce 4-lobo. Corolla[13] 2-labiata. Stamina didynama; antherarum loculis divaricatis; posticorum antheris cassis connatis. Nuculæ sub-3-gonæ, apice obtusæ; angulis lateralibus subalatis. — Herba[14]; foliis cordatis crenatis; verticillastris paucis distantibus, 2-floris; inferioribus axillaribus. (*America bor.*[15])

35. **Physostegia** BENTH.[16] — Calyx gamophyllus, 5-dentatus. Co-

1. Exocarpio primum pulposo. Semina parce albuminosa. Ovulum paulo supra basin annulari-incrassatum.

2. Albis, roseo- v. violaceo-variegatis.

3. Spec. 1. *M. Melissophyllum* L., *Spec.*, 832. — JACQ.. *Fl. austr.*, t. 26. — REICHB., *Ic. bot.*, t. 241, 242; *Ic. Fl. germ.*, t. 1202. — GREN. et GODR., *Fl. de Fr.*, II, 700.

4. In *Ann. Mus. lugd.-bat.*, II, 111. — B. H., *Gen.*, II, 1204, n. 89.

5. Moschum redolens.

6. Roseo-purpureis, pulchris.

7. Spec. 1. *C. moschata* MIQ. — MAXIM., in *Bull. Ac. petrop.*, XX; *Mél. biol.*, IX, 443. — FR. et SAV., *Enum. pl. jap.*, I, 378.

8. *Bot. S.-Carol. et Georg.*, II, 86. — BENTH.,

in *DC. Prodr.*, XII, 434; *Gen.*, II, 1204, n. 90.

9. E lobis 2 constantibus.

10. Alba v. purpurea.

11. Spec. 2. CHAPM., *Fl. S. Un.-St.*, 324. — A. GRAY, *Syn. Fl. N.-Amer.*, II, 383.

12. *Gen. nov. pl. amer.*, II, 29. — BENTH., in *DC. Prodr.*, XII, 435; *Gen.*, II, 1205, n. 91.

13. Albo-flavescens, majuscula.

14. *Lamii* habitu.

15. Spec. 1. *S. hispidula*. — *S. grandiflora* NUTT. — A. GRAY, *Syn. Fl. N.-Amer.*, II, 384. — *Lamium hispidulum* MICHX, *Fl. bor.-amer.*, II, 4.

16. In *Bot. Reg.*, sub t. 1289; *Prodr.*, XII, 433; *Gen.*, II, 1204, n. 88. — ENDL., *Gen.*, n. 3641.

rollæ tubus exsertus, antice plus minus ampliatus; limbi lobis 4; postico (duplici) subintegro v. emarginato cætera omnia in alabastro obtegente; antico autem (simplici) sæpe emarginato cum lateralibus labium anticum efformante. Stamina didynama; posticis altius corollæ insertis brevioribus; antheræ loculis distinctis, subparallelis v. obliquis. Disci glandula 1, germine longior erecta, integra v. emarginata. Stylus[1] gynobasicus, apice breviter subæquali-2-fidus. Fructus calyce aucto inflato inclusus; nuculis acute 3-quetris glabris. — Herbæ perennes elatæ erectæ; foliis sæpius serrulatis; floralibus ad bracteas reductis v. rarius latioribus; glomerulis[2] 2-floris in spicas terminales solitarias v. plures dispositis. (*America bor.*[3])

II. NEPETEÆ.

36. Nepeta L. — Flores irregulares; calyce ovoideo v. sæpius tubuloso, 15-nervi, recto v. incurvo; ore obliquo; dentibus posticis longioribus, v. postico nunc multo latiore. Corolla 2-labiata; tubo incluso v. exserto exannulato, ad faucem ampliato; labio postico erecto concavo, 2-fido v. emarginato; antici patentis lobo medio integro, 2-fido, crenulato v. fimbriato. Stamina didynama, aut sub galea adscendentia, aut exserta; posticis antica superantibus; antherarum loculis divergentibus v. demum divaricatis. Discus æqualis v. antice tumens. Styli lobi subulati subæquales. Nuculæ ovoideæ v. compressæ obtusæ læves. — Herbæ erectæ v. diffusæ, annuæ v. perennes, nunc nanæ; foliis dentatis v. incisis; verticillastris axillaribus, nunc densis, v. terminali-spicatis; inflorescentia simplici v. ramosa; cymis laxis v. contractis pauci- v. multifloris. (*Orbis vet. hemisph. bor. reg. temp. et calid.; in Africa austr. et America bor. inquil.*). — *Vid. p.* 8.

37? Lallemantia FISCH. et MEY.[4] — Flores fere *Nepetæ* (v. *Dracocephali*); calyce tubuloso, 15-nervi[5]; dentibus 5, inæqualibus[6].

---

1. Cum staminibus pilorum ope cumque corolla postice agglutinatus.

2. Floribus roseis v. purpureis.

3. Spec. 3. VENT., *Jard. Cels*, t. 44 (*Dracocephalum*). — SWEET, *Brit. fl. Gard.*, t. 93 (*Dracocephalum*). — A. GRAY, in *Proc. Amer. Ac.*, VIII, 371; *Syn. Fl. N.-Amer.*, II, 383. — CHAPM., *Fl. S. Un.-St.*, 325. — HEMSL., *Bot.*

centr.-amer., II, 570. — *Bot. Mag.*, t. 214, 467 (*Dracocephalum*), 3386.

4. *Ind. sem. H. petrop.*, VI, 52. — ENDL., *Gen.*, n. 3638[1]. — BENTH., in *DC. Prodr.*, XII, 404; *Gen.*, II, 1200, n. 78. — *Zornia* MŒNCH, *Meth.*, 410 (part.).

5. Ore demum clauso.

6. Postico sæpius multo latiore.

Corolla[1] 2-labiata; labio postico subconcavo emarginato erecto, intus laminis instructo v. plicaturis 2 longitudinalibus nunc apice conniventibus v. coalitis[2]. Nuculæ ovoideæ læves. Cætera *Nepetæ.* — Herbæ annuæ v. biennes; foliis inferioribus longe petiolatis dentatis; verticillastris axillaribus plerumque 6-floris, mox erectis rigidis compressiusculis[3]. (*Oriens, India.*[4])

38? **Lophanthus** BENTH.[5] — Flores[6] *Nepetæ;* corolla calyci subæquali v. paulo longiore, 2-labiata; lobis posticis et lateralibus brevibus subdeltoideis; antico autem majore concavo emarginato v. crenato. Stamina 4, didynama : postica longiora; antheræ brevis loculis distinctis parallelis v. divergentibus. Germinis lobi superne pilosi, receptaculo in discum subæqualem carnosulum incrassato impositi; stylo basilari e basi repente angustata erecto arcuato; lobis 2, subulatis subæqualibus. Nuculæ ovoideæ læves. — Herbæ erectæ[7]; foliis dentatis; floralibus conformibus v. bracteiformibus; verticillastris axillaribus v. sæpius in spicam terminalem densam congestis; bracteolis sæpius linearibus. (*America bor., Asia or. extra-trop.*[8])

39. **Hymenocrater** FISCH. et MEY.[9] — Flores fere *Nepetæ;* calyce tubuloso v. ovoideo, 15-nervi, circa fructum valde aucto; limbi lobis 5, ample membranaceo-dilatatis reticulato-venosis, ad faucem villosis. — Suffrutices; foliis dentatis v. incisis; verticillastris in axillis floralium 5-10-floris. (*Oriens*[10].)

40. **Cedronella** MŒNCH[11]. — Flores fere *Nepetæ;* calycis tubulosi, 12-15-nervis dentibus 5, acutis subæqualibus. Corollæ tubus exsertus; limbi labio postico 2-fido; antico autem 3-lobo, imbricato. Stamina didynama; posticis longioribus v. subæqualibus; anthera-

1. Cærulea.
2. Antheras circumcingentibus.
3. Zizyphoræ more. Genus vix a *Nepeta* sejungendum.
4. Spec. 4. SWEET, *Brit. fl. Gard.,* t. 38 (*Dracocephalum*). — BOISS., *Fl. or.,* IV, 673. — HOOK. F., *Fl. brit. Ind.,* IV, 666. — WALP., *Ann.,* III, 261.
5. In *Bot. Reg.,* t. 1282; in *DC. Prodr.,* XII, 368; *Gen.,* II, 1198, n. 75.
6. Cærulei v. purpurascentes, nunc « resupinati ».
7. Odore *Nepetæ* (cujus forte sectio?).
8. Spec. ad 6. JACQ., *H. vindob.,* t. 169, 182

(*Hyssopus*). — FR. et SAV., *En. pl. jap.,* I, 373. — HEMSL., *Bot. centr.-amer.,* II, 567. — CHAPM., *Fl. S. Un.-St.,* 321. — A. GRAY, *Syn. Fl. N.-Amer.,* II, 376.
9. *Ind. sem. H. petrop.,* II, 39. — BENTH., in *DC. Prodr.,* XII, 406; *Gen.,* II, 1201, n. 80. — *Sestinia* BOISS., *Diagn. pl. or.,* V, 40.
10. Spec. ad 8. BGE, *Lab. pers.,* 60. — JAUB. et SPACH, *Ill. pl. or.,* t. 456-458. — BOISS., *Fl. or.,* IV, 675.
11. *Meth.,* 411. — BENTH., in *DC. Prodr.,* XII, 405; *Gen.,* II, 1200, n. 79. — ENDL., *Gen.,* n. 3639. — *Dekinia* MART. et GAL., in *Bull. Ac. Brux.,* XI, II, 195. — B. H., *Gen.,* II, 193.

rum loculis 2, prima ætate subparallelis; sinu interloculari glanduli-
gero; filamento lateraliter sub apice antheræ dorso inserto ibique
versatili. Discus subæqualis; stylo apice acute 2-fido. Nuculæ
ovoideæ v. obovoideæ, apice nunc oblique truncatæ, læves. — Herbæ,
nunc frutescentes; foliis dentatis v. nunc 3-sectis; floralibus bracteiformibus; verticillastris in spicam v. racemum spurium terminalem
dispositis, longitudinaliter seriatis confertis; bracteolis parvis v. setaceis. (*America bor. et occ., ins. Canar.*[1])

41. Hypogomphia BGE.[2] — Calyx subæquali-5-dentatus, obscure
10-nervis. Corolla[3] 2-labiata; labio postico erecto arcuato angusto;
antico patente breviore, 3-lobo. Stamina fertilia 2, postica, sub galea
adscendentia; antherarum loculis divaricatis confluenti-1-rimosis.
Styli lobi valde inæquales; postico brevissimo. Nuculæ oblongæ gra-
nulatæ v. subglabræ. — Herba annua pilosa; foliis integris v. dentatis;
verticillastris ad floralia conformia axillaribus paucifloris. (*Turkesta-
nia, Affghanistania*[4].)

III. MENTHEÆ.

42. Mentha T. — Flores parum irregulares; calyce tubuloso
v. campanulato, 10-nervi; dentibus 4, 5, profundis subæqualibus
v. in labia 2 dispositis; fauce intus nuda v. villosa. Corollæ tubus
longiusculus inclusus; limbi campanulati lobis 4, imbricatis; postico
laterales obtegente, integro v. emarginato. Stamina 4, cum lobis
corollæ alternantia; filamentis erectis exsertis nudis; antheræ introrsæ
loculis parallelis distinctis, intus rimosis. Germen 4-locellatum; disco
subæquali, plerumque subintegro; styli gynobasici lobis subæqualibus subulatis stigmatosis. Achænia ovoidea brevia; semine adscendente. — Herbæ erectæ v. prostratæ; foliis oppositis; floribus in
cymas v. glomerulos axillares, 2-∞-floros, dispositis; glomerulis nunc
in spicas terminales simplices v. ramosos cylindraceos v. subglobosos

1. Spec. 4. H. B. K., *Nov. gen. et spec.*, t. 160 (*Dracocephalum*). — A. GRAY, in *Proc. Amer. Acad.*, VIII, 369. — CHAPM., *Fl. S. Un.-St.*, 322. — HEMSL., *Bot. centr.-amer.*, II, 568. — *Bot. Reg.* (1846), t. 29. — *Bot. Mag.*, t. 3860 (*Gardoquia*), 4618.

2. In *Bull. Ac. petrop.*, XVIII, 30. — B. H., *Gen.*, II, 1201, n. 81.
3. Albida.
4. Spec. typica est *H. turkestanica* BGE, cujus mera forte var. *H. nana* BENTH. — BOISS., *Fl. or.*, IV, 679.

dispositis; foliis floralibus bracteiformibus. (*Orbis utriusque reg. temp.
rariusve calid.*) — *Vid. p. 11.*

43. Lycopus T.[1] — Calycis campanulati lobi 5 (v. postico defi-
ciente 4) obtusi v. acuti. Corolla calyce paulo longior leviter
irregularis; lobis 4; postico (e petalis 2 constante) laterales involvente;
antico autem a lateralibus obtecto. Stamina 2, antica; filamentis
arcuatis; antheræ introrsæ loculis demum divergentibus. Staminodia
lateralia 2, minuta v. 0. Discus subæqualis. Stylus arcuatus, apice
2-fidus; lobis æqualibus v. inæqualibus; inferne supra basin tenuem
hinc gibbosus. Nuculæ 4, sub-3-gonæ, margine callosæ, apice truncatæ, cæterum læves. — Herbæ[2] erectæ; foliis dentatis v. pinnatifidis;
verticillastris axillaribus densis; bracteolis cum calycis lobis conformibus eosque æquantibus. (*Orbis vet. et Amer. bor. reg. temp.*[3])

44. Cunila L.[4] — Calyx subregularis ovoideo-tubulosus, 10-13-
nervis, 5-dentatus; fauce villis clausa. Corollæ[5] tubus calycem æquans
v. paulo longior; limbo sub-2-labiato. Stamina fertilia 2, antica;
antherarum loculis parallelis v. divergentibus. Staminodia 2, minuta
v. 0. — Herbæ, suffrutices v. fruticuli; foliis sæpius parvis; verticillastris aut corymbiformibus laxissimis, aut axillaribus paucifloris
brevissimis, nunc terminali-capitatis v. spicatis multifloris. (*America
calid. utraque*[6].)

45. Bystropogon LHÉR.[7] — Calycis tubulosi v. campanulati,
10-13-nervis, intus villosi, dentes v. lobi sæpius pilosi v. subplumosi.
Corolla sub-2-labiata. Stamina didynama; antherarum loculis parallelis. Discus subæqualis v. antice tumens. Fructus lævis. Cætera fere
Menthæ (v. *Origani*). — Frutices; verticillastris aut axillaribus sessilibus dense globosis; superioribus nunc spicatis; aut in cymas laxas

1. *Inst.*, 190, t. 89. — L., *Gen.*, n. 33. — J.,
Gen., 111. — LAMK, *Ill.*, t. 18. — BENTH., in
DC. Prodr., XII, 177; *Gen.*, II, 1183, n. 35.—
NEES, *Gen. Fl. germ.* — ENDL., *Gen.*, n. 3595.
— PAYER, *Leç. Fam. nat.*, 193.
2. Uliginosæ v. paludosæ.
3. Spec. 3, 4. HOOK. F., *Fl. brit. Ind.*, IV,
648. — A. GRAY, *Syn. Fl. N.-Amer.*, II, 352.
— CHAPM., *Fl. S. Un.-St.*, 313. — BOISS., *Fl.
or.*, IV, 545. — SIBTH., *Fl. græc.*, t. 12. —
BRANDZ., *Prodr. Fl. rom.*, 382. — REICHB.,
Ic. fl. germ., t. 1291. — GREN. et GODR., *Fl. de
Fr.*, II, 655. — WALP., *Ann.*, III, 247.

4. *Gen.*, n. 35 (part.). — BENTH., in *DC.
Prodr.*, XII, 180; *Gen.*, II, 1183, n. 36. —
ENDL., *Gen.*, n. 3614.
5. Albæ v. purpurascentis.
6. Spec. ad 12. J.-A. SCHM., in *Mart. Fl.
bras.*, VIII, 163, t. 31. — SWEET, *Brit. Fl.
Gard.*, t. 213. — TORR., *Fl. N. York*, t. 76.—
A. GRAY, *Syn. Fl. N.-Amer.*, II, 353. —
CHAPM., *Fl. S. Un.-St.*, 313. — HEMSL., *Bot.
centr.-amer.*, II, 546.
7. *Sert. angl.*, 19, t. 22, 23. — BENTH., in
DC. Prodr., XII, 184; *Gen.*, 1184, n. 37. —
Minthostachys BENTH., *Labiat.*, 325.

pedunculatas corymbiformes dispositis[1]. (*America trop. austro.-occid.*, *Ins. Canarienses*[2].)

46. Cuminia COLL.[3] — Flores fere *Bystropogonis;* calycis tubulosi dentibus 5, subæquali-acuminatis. Corollæ tubus exsertus, superne in faucem ampliatus, nunc intus sub androcæo pilosus; limbi lobis 5, brevibus subæqualibus. Stamina didynama ; antherarum loculis parallelis. Nuculæ ovoideo-sub-3-quetræ, læves v. rugulosæ. — Frutices ; foliis denticulatis; floribus in cymas axillares oppositas pedunculatas dispositis. (*Ins. J. Fernandez*[4].)

47. Thymus T.[5] — Calyx 2-labiatus, 10-13-nervis ; labio antico subulato-2-dentato ; postico autem 3-dentato. Corolla 2-labiata ; labio postico demum subplano emarginato; antico patente, 3-fido. Stamina 4, inclusa v. sæpius exserta ; antherarum loculis parallelis v. divergentibus. Nuculæ læves. — Fruticuli v. suffrutices ; foliis parvis integris ; verticillastris aut axillaribus distantibus, aut terminali-spicatis, paucifloris. (*Europa, Africa bor. et ins. bor.-occid.*, *Asia temp.*[6])

48. Origanum T.[7] — Flores fere *Thymi;* calycis sub-13-nervis et nonnunquam antice fissi dentibus 5, nunc æqualibus, nunc in labia 2 connatis; ostio intus villoso. Corollæ tubus brevis exsertusve ; limbi 2-labiati labio postico patente emarginato ; antico autem longiore 3-lobo. Stamina 4, 2-dynama, adscendentia; antheræ loculis distinctis divaricatis. Germen disco æquali v. antice tumenti impositum ; styli lobis brevibus; postico sæpe breviore. Fructus e nuculis 1-4, oblongis

1. *Astemon* REG., *Ind. sem. H. petrop.* (1860), 30, haud sine dubio ad hoc genus a BENTHAM refertur.

2. Spec. ad 14. WEBB, *Phyt. canar.*, t. 150, 151.

3. In *Mem. Ac. sc. torin.*, XXXVIII, 139, t. 47. — ENDL., *Gen.*, n. 3652. — BENTH., in *DC. Prodr.*, XII, 258; *Gen.*, II, 1184, n. 39.

4. Spec. 3. C. GAY, *Fl. chil.*, IV, 509.

5. *Inst.*, 196, t. 93. — L., *Gen.*, n. 727. — J., *Gen.*, 115. — NEES, *Gen. Fl. germ.* — ENDL., *Gen.*, n. 3610. — BENTH., in *DC. Prodr.*, XII, 197; *Gen.*, II, 1186, n. 43. —*Coridothymus* REICHB., *Ic. Fl. germ.*, t. 1271.

6. Spec. 40-50. SIBTH., *Fl. græc.*, t. 544 (*Satureia*), 574, 576, 578. — BROT., *Phyt. lusit.*, t. 11, t. 12, 116-122. — LOIS., *Fl. gall.*,

t. 9. — W. et KIT., *Pl. rar. hung.*, t. 71, 147. — VIS., *Fl. dalm.*, t. 20. — DESF., *Fl. atl.*, t. 122 (*Thymbra*). — HFFMG et LINK, *Fl. port.*, t. 12-18. — REICHB., *Ic. Fl. germ.*, t. 1264-1269. — WEBB, *Phyt. canar.*, t. 152. — BOISS., *Voy. Esp.*, t. 137-140 ; *Fl. or.*, IV, 554. — HOOK. F., *Fl. brit. Ind.*, IV, 649. — A. GRAY, *Syn. Fl. N.-Amer.*, II, 358. — WILLK. et LGE, *Prodr. Fl. hisp.*, II, 399. — BRANDZ., *Prodr. Fl. rom.*, 386. — GREN. et GODR., *Fl. de Fr.*, II, 656. — WALP., *Ann.*, III, 248; V, 671.

7. *Inst.*, 198, t. 94. — L., *Gen.*, n. 726. — BENTH., in *DC. Prodr.*, XII, 191; *Gen.*, II, 1185, n. 42. — ENDL., *Gen.*, n. 3608. — *Majorana* GLED., *Syst.*, n. 789. — MOENCH, *Meth.*, 406.— *Schizocalyx* SCHEELE, in *Flora* (1843), 575. — *Amaracus* GLED., *Syst.*, 189.

ovóideisve brevibus. — Herbæ perennés v. frutescentes; foliis integris v. dentatis; floralibus bracteiformibus; floribus in racemos valde
composito-ramosos cymigeros dispositis; spiculis globosis, oblongis
v. cylindraceis, nunc nutantibus; bracteis imbricatis, nunc amplis
coloratis v. herbaceis. (*Reg. Mediterranea, Ins. Canarienses*[1].)

49. Monardella BENTH.[2] — Flores fere *Origani;* calyce subæquali
v. sub-2-labiato, 10-13-nervi. Corollæ sub-2-labiatæ tubus calyci
æqualis v. multo longior; limbi lobis oblongis v. linearibus. Stamina
exserta, 2-dynama. Nuculæ læves; disco nunc circa fructum evoluto,
4-lobo. — Herbæ annuæ v. perennes; verticillastris terminalibus
solitariis magnis subglobosis; bracteis latis involucrantibus. (*America
bor.-occid.*[3])

50. Koellia MŒNCH[4]. — Flores[5] fere *Origani;* calyce 5-dentato,
sub-13-nervi. Corolla[6] 2-labiata. Stamina 2-dynama v. subæqualia;
antherarum loculis parallelis. Nuculæ læves v. apice pilosulæ, nunc
rugulosæ. — Herbæ perennes rigidæ; glomerulis dense capitatis in
cymas terminales corymbiformes dispositis; uno nunc v. altero secus
caules axillari; bracteis involucrantibus. (*America bor.*[7])

51. Hyssopus T.[8] — Calyx tubulosus subæquali-5-dentatus, 15-
nervis. Corollæ[9] tubus calyci subæqualis; limbi labio postico 2-lobo;
antici autem lobis 3, inæqualibus; intermedio labelliformi late diva-
ricato-2-lobo v. emarginato, a lateralibus in alabastro obtecto. Stamina 2-dynama; anticis longioribus exsertis; omnium antheris
introrsis, divaricato-2-locularibus. Germen 4-locellatum; disco æquali
inter locellos prominulo; stylo gynobasico paulo supra basin hinc

1. Spec. 20-25. SIBTH., *Fl. græc.*, t. 569-573. — REICHB., *Ic. Fl. germ.*, t. 1262, 1263. — ANDR., *Bot. Rep.*, t. 537. — TCHIH., *As. min.*, t. 23. — BROT., *Phyt. lusit.*, t. 112, 113. — HFFMG et LINK, *Fl. port.*, t. 9, 10. — BOISS., *Fl. or.*, IV, 546. — WILLK. et LGE, *Prodr. Fl. hisp.*, II, 398. — MOGGR., *Fl. Ment.*, t. 62. — GREN. et GODR., *Fl. de Fr.*, II, 655. — *Bot. Mag.*, t. 298, 2605. — WALP., *Ann.*, III, 246; V, 671.
2. *Labiat. gen. et spec.*, 331 (part.); *Gen.*, II, 1185, n. 41.
3. Spec. ad 11. A. GRAY, in *Proc. Amer. Acad.*, XI, 100; *Syn. Fl. N.-Amer.*, II, 356. — *Bot. Mag.*, t. 6270. — WALP., *Ann.*, III, 248.
4. *Meth.*, 407 (1794). — *Brachystemum* MICHX, *Fl. bor.-amer.*, II, 5, t. 31, 32. —

Pycnanthemum MICHX, *loc. cit.*, 7, t. 33. — ENDL., *Gen.*, n. 3605. — BENTH., in *DC. Prodr.*, XII, 186 ; *Gen.*, II, 1184, n. 40. — *Tullia* LEAV., in *Sillim. Journ.*, XX, 343.
5. Sæpe heterostyli.
6. Albidæ v. purpurascentis.
7. Spec. 15-17. SCHRAD., *Hort. gœtt.*, t. 4 (*Pycnanthemum*). — A. GRAY, in *Sillim. Journ.*, XLII, 44; *Syn. Fl. N.-Amer.*, II, 354 (*Pycnanthemum*). — CHAPM., *Fl. S. Un.-St.*, 314 (*Pycnanthemum*).
8. *Inst.*, 200, t. 95. — L., *Gen.*, n. 709. — J., *Gen.*, 113. — LAMK, *Ill.*, t. 502, fig. 1. — BENTH., in *DC. Prodr.*, XXII, 251; *Gen.*, II, 1187, n. 46. — ENDL., *Gen.*, n. 3612.
9. Cæruleæ rariusve albæ v. roseæ.

gibbo; lobis stigmatosis subulatis subæqualibus. Nuculæ ovoideæ læviusculæ, 3-quetræ. — Suffrutex diffusus; foliis lineari-lanceolatis; verticillastris secundis axillaribus v. terminali-spicatis, 6- ∞-floris. (*Reg. Mediterranea, Asia med.*[1])

52. **Satureia** T.[2] — Calyx gamosepalus campanulatus profunde 5-dentatus, 5-nervis v. nunc sub-2-labius. Corollæ tubus longiusculus; limbi labio postico (e lobis 2 constante) erecto, integro v. emarginato, lobos laterales in alabastro involvente; labio autem antico 3-lobo; lobo medio obtuso v. emarginato, a lateralibus obtecto. Stamina 4, 2-dynama; antherarum loculis 2, majore ex parte liberis, demum divaricatis. Discus subæqualis v. 4-lobus. Stylus ad basin sensim dilatatus, apice æquali- v. inæquali-subulato-2-lobus. — Herbæ, nunc suffrutescentes; foliis integris parvis, nunc ad axillas fasciculatis; floribus axillaribus; cymis sæpius paucifloris, sæpissime stipitatis; foliis floralibus cum caulinis conformibus at sæpius minoribus. (*Reg. Mediterranea, America bor. austro-or.*[3])

53. **Zataria** Boiss.[4] — Flores fere *Thymi*; calyce ovoideo, 5-nervi æquali-5-dentato, ore barbato. Corolla 2-labiata. Stamina brevia, 2-dynama inclusa; antherarum[5] loculis parallelis demumve divergentibus. Nuculæ ovoideæ læves. — Fruticulus; facie cæterisque *Thymi*; verticillastris densis distinctis laxe spicatis. (*Oriens*[6].)

54. **Collinsonia** L.[7] — Calycis campanulati, 10-nervis, circa fructum aucti, labia 2, inæqualia; dentibus posticis brevioribus. Corollæ[8] tubus sæpe intus piloso-annulatus; limbi lobo antico majore,

1. Spec. 1. *H. officinalis* L. — Jacq., *Fl. austr.*, t. 254. — Reichb., *Ic. Fl. germ.*, t. 1259. — Hook. f., *Fl. brit. Ind.*, IV, 649. — Boiss., *Fl. or.*, IV, 584. — Willk. et Lge, *Prodr. Fl. hisp.*, II, 418. — Gren. et Godr., *Fl. de Fr.*, II, 659. — Jord. et Fourr., *Ic. Fl. eur.*, t. 196-200.

2. *Inst.*, 197. — L., *Gen.*, n. 707. — Benth., *Labiat.*, 351; in *DC. Prodr.*, XII, 209; *Gen.*, II, 1187, n. 45. — Nees, *Gen. Fl. germ.* — Endl., *Gen.*, n. 3611. — *Saccocalyx* Coss. et Dur., in *Ann. sc. nat.*, sér. 3, XX, 80, t. 5.

3. Spec. 12, 13. Sibth., *Fl. græc.*, t. 541, 543, 545. — Ten., *Fl. nap.*, t. 155, fig. 2. — Vis., *Fl. dalm.*, t. 18. — Bge, *Lab. pers.*, 35. — Reichb., *Ic. Fl. germ.*, t. 1272, 1273. — C. Gay, *Fl. chil.*, IV, 488. — A. Gray, *Syn. Fl. N.-*

Amer., II, 358. — Boiss., *Fl. or.*, IV, 562. — Willk. et Lge, *Prodr. Fl. hisp.*, II, 409. — Bbandz., *Prodr. Fl. rom.*, 387. — Gren. et Godr., *Fl. de Fr.*, II, 660. — Jord. et Fourr., *Ic. eur.*, t. 104, 105. — Walp., *Ann.*, III, 249.

4. *Diagn. or.*, ser. 1, V, 18; *Fl. or.*, IV, 561 — Benth., in *DC. Prodr.*, XII, 83 (part.); *Gen.*, II, 1186, n. 44.

5. Nunc abortivarum.

6. Spec. 1. *Z. multiflora* Boiss. — Hook. *Icon.*, t. 1428. — *Z. bracteata* Boiss., *Diagn. or.*, ser. 2, IV, 12.

7. *Gen.*, n. 40; *H. Cliff.*, t. 5. — J., *Gen.*, 112. — Gærtn., *Fruct.*, t. 66. — Endl., *Gen.*, n. 3613. — Benth., in *DC. Prodr.*, XII, 252; *Gen.*, II, 1181, n. 29.

8. Albæ, flavæ v. flavido-purpureæ.

sæpius dentato v. fimbriato. Stamina 4, quorum postica minora, rudimentaria v. 0; anticis fertilibus longe exsertis; antherarum loculis
divergentibus v. divaricatis. Nuculæ læves. — Herbæ; verticillastris
2-floris in racemum terminalem simplicem v. ramosum dispositis.
(*America bor.* [1])

55? **Perilla** L. [2] — Flores fere *Collinsoniæ;* corollæ lobo antico
cæteris paulo majore. Stamina 4, corollæ subæqualia; antherarum
loculis demum divergentibus. Nuculæ venosæ v. reticulatæ. — Herbæ
annuæ; foliis [3] sæpius dentatis; inflorescentia cæterisque *Collinsoniæ.*
(*India, China, Japonia* [4].)

56. **Perillula** MAXIM. [5] — Calyx 2-labiatus, circa fructum accretus
nutans; labii postici dentibus 3, brevibus; antici autem 2, longioribus.
Corolla infundibulari-campanulata, sub-2-labiata. Stamina leviter
2-dynama; antherarum loculis brevibus parallelis; connectivo brevi.
Achænia lævia ellipsoidea. — Herba perennis stolonifera; foliis serratis; inflorescentia terminali racemiformi bracteata; verticillastris
1-6-floris; floribus [6] pedicellatis. (*Japonia* [7].)

57. **Mosla** HAMILT. [8] — Flores fere *Collinsoniæ;* staminodiis anticis 2, minutis, anthera cassa donatis. Stamina fertilia 2, postica;
antherarum loculis divaricatis. — Herbæ annuæ (odoratæ); verticillastris 2-floris in racemos axillares et terminales secundos dispositis. (*Asia calid.* [9])

58. **Elsholtzia** W. [10] — Flores fere *Moslæ* [11]; calyce 10-nervi, sub-
æqui-5-dentato, fructifero elongato. Stamina didynama, plerumque

---

1. Spec. 6. TORR., *Fl. N.-York,* t. 75 *a.* —
A. GRAY, *Syn. Fl. N.-Amer.,* II, 351. —
CHAPM., *Fl. S. Un.-St.,* 315. — *Bot. Mag.,*
t. 1213.

2. *Gen., App.,* n. 1236. — LAMK, *Ill.,* t. 503.
— ENDL., *Gen.,* n. 3591. — BENTH., in *DC.
Prodr.,* XII, 163; *Gen.,* II, 1182, n. 30. —
PAYER, *Organog.,* t. 94.

3. Plerumque nigrescentibus v. violaceis.

4. Spec. 1, 2. HOOK. F., *Fl. brit. Ind.,* IV, 646.
— BENTH., *Fl. hongk.,* 275. — FR. et SAV.,
Enum. pl. jap., I, 364. — *Bot. Mag.,* t. 2395.

5. In *Bull. Ac. Pétersb.,* XX; *Mél. biol.,* IX,
440. — B. H., *Gen.,* II, 1182, n. 32.

6. Albis, minutis.

7. Spec. 1. *P. reptans* MAXIM. — FR. et SAV.,
En. pl. jap., I, 368.

8. MAXIM., in *Bull. Ac. Pétersb.,* XX; *Mél.
biol.,* IX, 430. — B. H., *Gen.,* II, 1182, n. 31.
— *Orthodon* BENTH. et OLIV., in *Journ. Linn.
Soc.,* IX, 167.

9. Spec. 5, 6. BENTH., in *DC. Prodr.,* XII,
244 (*Hedeoma*). — DCNE, in *Jacquem. Voy.
Bot.,* t. 138. — HOOK. F., *Fl. brit. Ind.,* IV,
646. — FR. et SAV., *En. pl. jap.,* I, 370.

10. *Spec.,* III, 59. — ENDL., *Gen.,* n. 3588. —
BENTH., in *DC. Prodr.,* XII, 160 (*Hedeoma*
sect.); *Gen.,* II, 1181, n. 27. — NEES, *Gen.
Fl. germ. — Aphanochilus* BENTH., in *Bot.
Reg.,* sub t. 1282. — *Cyclostegia* BENTH., in
Bot. Reg., sub t. 1282.

11. *Mosla* dici potest *Elsholtzia* floribus
2-andris; staminibus anticis (quod in Ordine
rarissimum est) ad staminodia reductis.

exserta; antica longiora; antherarum loculis 2, divaricatis, plerumque confluenti-rimosis. Discus 4-dentatus, antice in glandulam angustam elongatus. Styli rami subæquales. Nuculæ læves v. sæpius rugosæ. — Herbæ v. suffrutices; verticillastris spicatis, sæpe crebris, nunc in racemos densos dispositis secundis; bracteis variis, nunc dense imbricatis. (*Europa, Asia temp. et calid., Arch. Malayan.*[1])

59? **Comanthosphace** S. Le Moore [2]. —Calyx tubulosus, subæqui-5-dentatus. Corolla 2-labiata; tubo calyce plus minus longiore; limbo subpatente, 5-lobo. Stamina 4, subæqualia longe exserta; antherarum ovoidearum loculis confluentibus. Discus integer. Stylus æqui-2-fidus. Nuculæ oblongæ. —Herbæ erectæ; foliis grosse serratis; verticillastris paucifloris in spicas terminales v. axillares dispositis. (*Japonia*[3].)

60. **Keiskea** Miq. [4]—Flores *Comanthosphaces;* calyce campanulato alte 5-fido. Corolla breviter 2-labiata. Stamina 4, exserta; antherarum loculis demum divaricatis. Discus antice tumens. — Herba (?); foliis dentatis; inflorescentia cæterisque *Comanthosphaces.* (*Japonia*[5].)

61. **Melissa** T. [6] — Calyx campanulatus, 2-labiatus; labio postico suberecto, 3-dentato; antico autem 2-partito; laciniis longioribus; nervis calycinis 13, quorum majores 5. Corollæ [7] tubus recurvo-adscendens, exsertus, intus nudus; limbi imbricati labio antico 3-fido patente; postico autem emarginato erecto. Stamina 2-dynama : antica longiora; filamentis arcuatis; antheris sub-2-dymis; loculis inferne liberis sub-2-dymo-divaricatis. Discus subæqualis, inter germinis locellos prominulus; styli lobis subulatis patentibus subæqualibus. Fructus ovoidei læves. — Herbæ ramosæ; foliis petiolatis dentatis v. serratis; floralibus gradatim minoribus; cymis axillaribus paucifloris; pedicellis longiusculis patentibus, subpa-

1. Spec. 17, 18. Cav., *Ic.*, t. 360, fig. 1 (*Mentha*). — DC., *Pl. rar. H. Gen.*, t. 8 (*Mentha*). — Dcne, in *Jacquem. Voy. Bot.*, t. 131, 132. — Kl., in *Pr. Waldem. Reis. Bot.*, t. 66. — Wall., *Pl. as. rar.*, t. 33, 34. — Hook. f., *Fl. brit. Ind.*, IV, 642. — *Bot. Mag.*, t. 2560, 3091.

2. *Alab.*, V (ex *Journ. Bot.*, oct. 1877).

3. Gen. forte haud servandum, *Elsholtzias* japonicas Miquelianas, a Bentham ad *Pogostemonem* relatas (*Gen.*, II, 1180), includens, hinc

Keskeæ (cujus forte sectio), inde *Pogostemoni* proximum.

4. In *Ann. Mus. ludg.-bat.*, II, 105. — B. H., *Gen.*, II, 1181.

5. Spec. 1. *K. japonica* Miq. — Maxim., in *Bull. Ac. Petersb.*, XX; *Mél. biol.*, IX, 442.

6. *Inst.*, 193, t. 91. — L., *Gen.*, n. 728. — J., *Gen.*, 115. — Endl., *Gen.*, n. 3617. — Benth., in *DC. Prodr.*, XII, 240; *Gen.*, II, 1191, n. 56. — Nees, *Gen. Fl. germ.*

7. Albæ v. flaventis.

tulis v. secundis; bracteis sæpius foliiformibus. (*Europa, Asia med. et occid.* [1])

62. **Clinopodium** L.[2]—Flores fere *Melissæ;* calyce tubuloso, nunc dorso compressiusculo, 13-nervi, 5-dentato, plus minus 2-labiato. Corollæ [3] tubus rectus v. subarcuatus plerumque exsertus. Cætera *Melissæ.* — Herbæ v. suffrutices; verticillastris densis v. laxis, contractis v. pedunculatis, pauci- v. ∞-floris. (*Orbis utriusque hemisph. bor. reg. temp.* [4])

63. **Thymbra** T.[5] — Flores fere *Clinopodii;* calyce a dorso compresso, subancipite 2-labiato; labii postici dentibus 3, brevioribus latioribus; antici autem 2, angustis longioribus. Corollæ tubus rectus exsertus; limbus 2-labiatus. Stamina 2-dynama; antherarum loculis 2, inæqui-altis parallelis. — Suffrutex [6] rigidus; foliis linearibus integris; verticillastris dense breviterque terminali-spicatis; verticillastris 6-10-floris. (*Reg. Mediterranea* [7].)

64. **Ceranthera** ELL.[8] — Calyx 2-labiatus, sub-13-nervis; labio postico latiore integro v. brevissime dentato; antico autem 2-mero. Corollæ 2-labiatæ tubus rectus. Stamina 2-dynama; antherarum loculis divaricatis, apice breviter calcaratis. Nuculæ læves. — Herbæ glabriusculæ; foliis integris; verticillastris ∞-floris, superne in racemum terminalem foliatum dispositis. (*America bor. calid.* [9])

1. Spec. 3, 4. SIBTH., *Fl. græc.,* t. 579. — REICHB., *Ic. Fl. germ.,* t. 1261. — C. GAY, *Fl. chil.,* IV, 491. — BOISS., *Fl. or.,* IV, 584. — WILLK. et LGE, *Prodr. fl. hisp.,* II, 417. — GREN. et GODR., *Fl. de Fr.,* II, 668.

2. Gen., n. 725. — J., Gen., 115. — NEES, *Gen. Fl. germ.* — ENDL., *Gen.,* n. 3617. — Calamintha MŒNCH, Meth., 408. — BENTH., in DC. Prodr., XII, 226; Gen., II, 1190, n. 55. — Acinos MŒNCH, Meth., 407. — NEES, op. cit.

3. Albæ, roseæ v. violaceæ.

4. Spec. ad 35. SIBTH., *Fl. græc.,* t. 575, 576 (Calamintha), 577 (Thymus). — HOOK., *Exot. Fl.,* t. 163 (Cunila). — BIEB., *Cent. Fl. ross.,* t. 38. — WIGHT, Icon., t. 1447 (Melissa). — SWEET, Brit. fl. Gard., ser. 2, t. 271 (Gardoquia). — BOISS., Voy. Esp., t. 145 (Melissa); Fl. or., IV, 575 (Calamintha). — REICHB., Ic. Fl. germ., t. 1274-1278 (Calamintha). — TCHIH., As. min., t. 24 (Calamintha). — LEDEB., Ic. Fl. ross., t. 438 (Thymus). — HOOK. F., Fl. brit. Ind., IV, 650 (Calamintha). — A. GRAY, Syn.

Fl. N.-Amer., II, 359 (Calamintha). — HEMSL., Bot. centr.-amer., II, 551 (Calamintha). — W. et LGE, Prodr. Fl. hisp., II, 412 (Calamintha). — GREN. et GODR., Fl. de Fr., II, 662. — Bot. Mag., t. 208 (Melissa), 2153 (Thymus). — WALP., Ann., III, 251; V, 673 (Calamintha).

5. Inst., 197. — L., Gen., n. 708. -- ENDL., Gen., n. 3621. — BENTH., in DC. Prodr., XII, 240; Gen., II, 1190, n. 54.

6. Habitu Thymi.

7. Spec. 1. T. spicata L., Spec., 795. REICHB., Ic. Fl. germ., t. 1270. — SIBTH. et SM., Fl. græc., t. 546. — BOISS., Fl. or., IV, 561. — T. verticillata L. (monstr.?). — T. ambigua CLKE, Trav., IV, 239.

8. Bot. S.-Carol. et Georg., II, 93. — B. H., Gen., II, 1191, n. 58 (non P.-BEAUV.). — Dicerandra BENTH., in Bot. Reg., sub t. 1300; in DC. Prodr., XII, 243.

9. Spec. 2. A. GRAY, Syn. Fl. N.-Amer., II, 365. — CHAPM., Fl. S. Un.-St., 318 (Dicerandra).

65. **Conradina** A. GRAY[1]. — Flores fere *Clinopodii;* calycis lobis 2 anticis longioribus et angustioribus. Corollæ[2] tubus exsertus supraque medium abrupte recurvus, hinc gibbus; limbo longe 2-labiato. Stamina didynama; antherarum loculis parallelis discretis, basi pilorum fasciculo instructis; connectivo latiusculo. Nuculæ globosæ læves. — Suffrutex[3]; foliis linearibus integris crebris[4]; verticillastris axillaribus laxis; cymis utrinque 2-7-floris subsessilibus. (*Florida*[5].)

66. **Glechon** SPRENG.[6] — Flores fere *Cunilæ;* calyce subæquali, 13-nervi. Corollæ[7] labium posticum elongatum erectum v. falcatum fornicatumve; anticum patens. Stamina 2, antica; antherarum loculis plus minus divergentibus. Fructus nuculæ læves. — Fruticuli v. suffrutices; foliis plerumque parvis; verticillastris 1-6-floris axillaribus v. terminali-racemosis. (*Brasilia*[8].)

67. **Acanthomintha** A. GRAY[9]. — Flores fere *Clinopodii;* calyce 2-labiato, 13-nervi. Corollæ 2-labiatæ galea angusta concava subfornicata. Stamina fertilia 2, antica; antherarum loculis divergentibus v. divaricatis, demum confluentibus. Staminodia 2, minima v. anthera cassa donata. Nuculæ læves. — Herba annua glabra; foliis grosse pauci-dentatis; verticillastris ad summos racemos confertis, ∞-floris; bracteolis utrinque 2, foliaceis et spinoso-dentatis. (*California*[10].)

68. **Hedeoma** PERS.[11] — Flores[12] fere *Melissæ;* calyce tubuloso, 13-nervi, 2-labiato, ore post anthesin clauso. Corollæ tubus vix exsertus; limbus 2-labiatus. Stamina fertilia 2, antica; antherarum loculis divergentibus v. divaricatis. Stylus apice subæqui- v. inæqui-2-fidus. — Herbæ, suffrutices v. fruticuli, plerumque humiles; foliis parvis; verticillastris paucifloris laxis, aut axillaribus, aut terminali-racemosis. (*America utraque*[13].)

1. In *Proc. Amer. Acad.*, VIII, 294 ; *Syn. Fl. N.-Amer.*, II, 361. — B. H., *Gen.*, II, 1191, n. 57.

2. Albo-purpureæ.

3. Habitu *Cerantheræ*.

4. Fere *Rosmarini*.

5. Spec. 1. *C. canescens* A. GRAY. — *Calamintha canescens* TORR. et GR., in *DC. Prodr.*, XII, 229.

6. *Syst. Cur. post.*, 227. — ENDL., *Gen.*, n. 3619. — BENTH., in *DC. Prodr.*, XII, 249; *Gen.*, II, 1192, n. 60.

7. Carneæ, flaventis v. cæruleæ.

8. Spec. ad 10. J.-A. SCHM., in *Mart. Fl. bras.*, VIII, 175, t. 35.

9. In *Proc. Amer. Acad.*, VIII, 3j8 (*Calamintha* sect.). — B. H., *Gen.*, II, 1192, n. 59.

10. Spec. 1. *A. ilicifolia* A. GRAY, *Syn. Fl. N.-Amer.*, II, 365. — *Bot. Mag.*, t. 6750.

11. *Syn.*, II, 131.— ENDL., *Gen*, n. 3615.— BENTH., in *DC. Prodr.*, XII, 244 (part.); *Gen.*, II, 1188, n. 49.

12. Parvuli.

13. Spec. 10-12. TORR., *Bot. Emor. Exped.*;

69. Micromeria BENTH. [1] — Flores fere *Hedeomatis;* calyce 13-15-nervi; dentibus 5, sæpius subæqualibus, haud acerosis. Corolla recta. Stamina didynama : antica longiora; loculis parallelis v. varie divergentibus. Discus æqualis v. magis antice in glandulam productus. Stylus basi attenuatus, apice 2-lobus; lobis subulatis; postico nunc minore.—Herbæ v. suffrutices; foliis integris v. dentatis parvis; verticillastris pauci- ∞-floris, axillaribus v. terminali-spicatis racemosisve. (*Orbis utriusque reg. temp.* [2])

70. Soliera CLOS. [3] — Flores fere *Micromeriæ;* calycis campanulati 5-fidi lobis subulato-acerosis dense pilosis. Corollæ [4] sub-2-labiatæ limbus 4-fidus; lobo postico latiore emarginato; cæteris subæqualibus. Stamina didynama; antherarum loculis subparallelis. — Herba perennis nana diffusa; verticillastris 2-floris ad apices ramorum paucis confertis. (*Chili* [5].)

71. Gardoquia R. et PAV. [6] — Calyx tubulosus; dentibus 5, æqualibus v. 2-labiatis. Corollæ [7] tubus plerumque longe exsertus, intus nudus; labium posticum planum. Stamina didynama; antherarum loculis divergentibus v. divaricatis; connectivo sæpe crassiusculo; loculis posticorum nunc cassis. Nuculæ ovoideæ v. ellipsoideæ læves. — Frutices v. suffrutices, erecti v. procumbentes ramosi; foliis parvis integris v. dentatis; verticillastris densis v. laxis, 2- ∞-floris. (*America utraque calid.* [8])

129 (part.). — BART., *Med. Bot.*, t. 41. — J.-A. SCHM., in *Mart. Fl. bras.*, VIII, 169, t. 33. — A. GRAY, in *Proc. Amer. Acad.*, VIII, 366; XI, 96; *Syn. Fl. N.-Amer.*, II, 361. — CHAPM., *Fl. S. Un.-St.*, 316. — HEMSL., *Bot. centr.-amer.*, II, 547, t. 69 B. — WALP., *Ann.*, III, 253.

1. In *Bot. Reg.*, sub n. 1282; in *DC. Prodr.*, XII, 213; *Gen.*, II, 1188, n. 48. — *Sabbatia* MŒNCH, *Meth.*, 386. — *Tendana* REICHB. F., *Ic. Fl. germ.*, XVIII, 39, t. 1271. — *Piperella* PRESL, *Fl. sic. En.*, 37. — *Zygia* DESVX, in *Ham. Prodr.*, 46. — *Cuspidocarpus* SPENN., in *Nees Gen. Fl. germ.*

2. Spec. ad 50. SIBTH., *Fl. græc.*, t. 540, 542. — DESF., *Fl. all.*, t. 121, 129. — BROT., *Phyt. lusit.*, t. 13. — HFFMG et LINK, *Fl. port.*, t. 11. — LABILL., *Dec. pl. syr*, IV, t. 9 (*Clinopodium*). — GUSS., *Pl. rar.*, t. 42. — WILLK. et LGE, *Prodr. Pl. hisp.*, II, 411. — WILLK., *Ill. Fl. hisp*, t. 129. — HOOK., *Icon.*, t. 1522. — DCNE, in *Jacquem. Voy. Bot.*, t. 134. — VIS., *Fl. dalm.*, t. 18. — W. et KIT., *Pl. rar. hung.*, t. 156. — WIGHT, *Ic.*, t. 1446. — HOOK. F., *Fl.*

brit. Ind., IV, 649. — FR. et SAV., *En. pl. jap.*, I, 368. — J.-A. SCHM., in *Mart. Fl. bras.*, VIII, 169, t. 32, I. — GRISEB., *Fl. brit. W.-Ind.*, 489. — A. GRAY *Syn. Fl. N.-Amer.*, II, 359. — CHAPM., *Fl. S. Un.-Stat.*, 317. — HEMSL., *Bot. centr.-amer.*, II, 547. — BOISS., *Fl. or.*, IV, 568. — GREN. et GODR., *Fl. de Fr.*, II, 661. — WALP., *Ann.*, III, 250; V, 672.

3. In *C. Gay Fl. chil.*, IV, 489, t. 53, fig. 2. — B. H., *Gen.*, II, 1187, n. 47.

4. Roscæ, folio majoris.

5. Spec. 1. *S. pulchella* CLOS. — WALP., *Ann.*, III, 249.

6. *Prodr. Fl. per. et chil.*, 86, t. 17. — BENTH., in *DC. Prodr.*, XII, 235; *Gen.*, II, 1189, n. 52. — ENDL., *Gen.*, n. 3618. — *Rizoa* CAV., *Icon.*, VI, 56, t. 578.

7. Coccineæ, violaceæ v. flavæ.

8. Spec. ad 25. C. GAY, *Fl. chil.*, IV, 492. — COLL., in *Mem. Torin.*, XXXIX, 2, t. 48. — HEMSL., *Bot. centr.-amer.*, II, 550, t. 69 A. — *Bot. Reg.*, t. 1812. — *Bot. Mag.*, t. 3772. — WALP., *Ann.*, III, 253.

72. Poliomintha A. GRAY[1]. — Flores fere *Gardoquiæ;* calyce tubuloso. Corollæ tubus plerumque longe exsertus, intus piloso-annulatus. Stamina 2, antica; antherarum loculis divaricatis. Staminodia 2, minuta. — Suffrutices incani; foliis parvis integris; verticillastris axillaribus paucifloris; floribus utrinque 1 v. cymulosis. (*Mexicum* [2].)

73. Keithia BENTH.[3] — Flores fere *Poliominthæ;* calyce tubuloso. Corollæ tubus breviter v. longe exsertus, intus exannulatus. Stamina fertilia 2. Staminodia 0. Styli lobi nunc inæquales; antico latiore posticum involvente. — Herbæ v. suffrutices; ramis virgatis subnudis v. foliatis; foliis parvulis integris; verticillastris axillaribus v. terminali-spicatis paucifloris. (*Brasilia*[4].)

74. Pogogyne BENTH.[5] — Calyx campanulatus, sub-15-nervis; dentibus 5, rectis subulatis v. lanceolatis piliferis; anticis 2 cæteros longe superantibus. Corollæ 2-labiatæ tubus exsertus. Stamina didynama; antherarum loculis parallelis muticis. Stylus pilosus. Nuculæ læves. — Herbæ annuæ; foliis linearibus; verticillastris 6- ∞-floris in spicam densam foliatam confertis. (*California*[6].)

75. Pogostemon DESF.[7] — Calyx tubulosus v. ovoideus; dentibus 5, æqualibus v. subæqualibus; fructifer nunc elongatus. Corolla 4-fida; lobis subæqualibus; lateralibus cum postico in labium posticum nunc conniventibus. Stamina 4, parum inæqualia exserta; filamentis rectis v. subdeclinatis, nudis v. barbatis; antheris subglobosis v. ovoideis confluenti-rimosis, demum explanatis. Discus subinteger æqualis. Styli lobi æquales subulati. Nuculæ ovoideæ v. oblongæ læves. — Herbæ, nunc frutescentes; foliis oppositis; verticillastris pauci- v. ∞-floris æqualibus v. secundis, nunc glomerato-spicatis; spiculis composite racemosis, nunc subglobosis dissitis, rarius in spicam laxam continuam elongatam dispositis; bracteis latis verti-

1. In *Proc. Amer. Acad.*, VIII, 295, 365. — B. H., *Gen.*, II, 1189, n. 51.

2. Spec. 3. BENTH., in *DC. Prodr.*, XII, 608 (*Keithia*). — A. GRAY, *Syn. Fl. N.-Amer.*, II, 361. — HEMSL., *Bot. centr.-amer.*, II, 549.

3. *Labiat.*, 409 ; in *DC. Prodr.*, XII, 246; *Gen.*, II, 1189, n. 50. — *Eriothymus* J.-A. SCHM., in *Mart. Fl. bras.*, VIII, 171, t. 32, II.

4. Spec. ad 8. J.-A. SCHM., *loc. cit.*, 171, t. 34.

5. In *DC. Prodr.*, XII, 243 ; *Gen.*, II, 1190, n. 53.

6. Spec. ad 5. A. GRAY, in *Proc. Amer. Acad.*, XI, 100; *Syn. Fl. N.-Amer.*, II, 364. — *Bot. Mag.*, t. 5886. — WALP., *Ann.*, III, 253.

7. In *Mém. Mus.*, II, 154, t. 6. — ENDL., *Gen.*, n. 3586. — BENTH., in *DC. Prodr.*, XII, 151; *Gen.*, II, 1179, n. 23 (part.). — *Wensea* WENDL., *Coll.*, III, 24, t. 84.

cillastrum æquàntibus v. parvis, nunc alternis. *(Asia et Oceania calid.[1])*

76. **Dysophylla** BL.[2] — Flores fere *Pogostemonis*[3]; calyce ovoideo-campanulato, 5-dentato. Corolla subregularis, 4-fida. — Herbæ; foliis oppositis v. verticillatis; verticillastris crebris, ∞-floris, in spicas cylindraceas tenues densas confertis. *(Asia et Oceania calid.[4])*

77. **Colebrookia** SM.[5] — Sepala 5, linearia plumosa, demum papposa fructuique arcte applicitis. Corollæ tubus cylindraceus; limbus brevis, 4-lobus; lobo postico emarginato. Stamina 4, sub-æqualia, demum longe exserta[6]; antheris subglobosis, confluentia 1-locularibus, demum explanatis. Discus æqualis. Nuculæ apice villosæ, sub-3-quetræ. — Frutices tomentosi; foliis oppositis v. 3-na-tis; verticillastris densis, ∞-floris, in spicas axillares v. terminali-ramosas longas cylindraceasque dispositis. *(India mont.[7])*

78. **Tetradenia** BENTH.[8]—Flores fere *Colebrookiæ;* calycis lobis 5; postico majore. Corollæ lobi 5, subæquales. Stamina 4, subæqualia exserta; antheris confluentia transverse 1-rimosis. Disci glandulæ 4, cum locellis alternantes eisque longiores. Styli lobi subulati subæqua-les. — Frutex; verticillastris ∞-floris in spicas ramosas dispositis. *(Madagascaria[9].)*

79. **Horminum** L.[10] — Calyx 2-labiatus, 11-13-nervis. Corollæ tubus adscendens, leviter curvatus, extus plus minus pilosus; limbo sub-2-labiato, imbricato; labio postico emarginato. Stamina didy-

1. Spec. ad 25. HOOK., *Kew Journ.*, I, t. 11. — WIGHT, *Icon.*, t. 1440-1443. — MIQ., *Fl. ind. bat.*, II, 961. — BEDD., *Icon. pl. Ind. or.*, t. 159. — THW., *Enum. pl. Zeyl.*, 239. — HOOK. F., *Fl. brit. Ind.*, IV, 631. — BENTH., *Fl. hongk.*, 275. — *Bot. Mag.*, t. 3238. — WALP., *Ann.*, III, 245.

2. *Bijdr.*, 826. — BENTH., in *DC. Prodr.*, XII, 156; *Gen.*, II, 1180, n. 24. — *Chotekia* OP. et CORD., in *Flora* (1830), I, 33.

3. Cujus sectio, ex HASSK. et MIQ., *Fl. ind. bat.*, II, 964.

4. Spec. 10-12. WIGHT, *Icon.*, t. 1444, 1445. — MIQ., in *Ann. Mus. lugd.-bat.*, II, 102. — BENTH., *Fl. austral.*, V, 81; *Fl. hongk.*, 275. — HOOK. F., *Fl. brit. Ind.*, IV, 637. — THW., *Enum. pl. Zeyl.*, 239. — FR. et SAV., *Enum. pl. jap.*, I, 363. — *Bot. Reg.* (1845), t. 23. — *Bot.*

Mag., t. 2907 (*Mentha*). — WALP., *Ann.*, III, 246; V, 671.

5. *Exot. Bot.*, II, 111, t. 115. — BENTH., in *DC. Prodr.*, XII, 158; *Gen.*, II, 1180, n. 25.

6. Nisi in floribus potius fœmineis quorum gynæceum magis evolutum.

7. Spec. 1, 2. POIR., *Dict.*, Suppl., V, 663 (*Elsholtzia*). — ROXB., *Pl. corom.*, t. 245. — KURZ, *For. Fl.*, II, 277. — HOOK. F., *Fl. brit. Ind.*, IV, 642.

8. In *Bot. Reg.*, sub n. 1300; in *DC. Prodr.*, XII, 159; *Gen.*, II, 1180, n. 26.

9. Spec. 1. *T. fruticosa* BENTH. — *Hook. Icon.*, t. 1282. — *Mentha fruticosa* HILS. et BOJ., herb.

10. *Gen.*, n. 730. — ENDL., *Gen.*, n. 3603.— NEES, *Gen. Fl. germ.* — BENTH., in *DC. Prodr.* XII, 259; *Gen.*, II, 1193, n. 64.

nama : antica longiora; omnium filamento apice 1-denticulato; antheris per paria nunc cohærentibus confluenti-1-locularibus. Discus subæqualis, inter locellos angulatus. Stylus basi repente angustatus, apice subæquali-subulato-2-lobus. Achænia ovoidea. — Herba perennis; foliis basilaribus paucis dentatis; floralibus paucis bracteiformibus; verticillastris [1] terminali-racemosis, e cymis 2, 3-floris constantibus. (*Europa austro-occid. mont.* [2])

80. **Sphacele** BENTH. [3] — Calyx campanulatus inæqui-venosus, fructifer ampliatus, nunc vesiculosus; dentibus 5, apertis, muticis v. aristatis [4]. Corollæ [5] tubus amplus, sub androcæo pilosus; limbo 4-fido sub-2-labiato; lobo antico emarginato; postico 2-lobulato. Stamina 4, subæqualia v. didynama; antherarum loculis linearibus divergentibus v. divaricatis. Discus subæqualis crassus. Stylus apice breviter subæqui-2-fidus. Nuculæ ovoideæ læves. — Frutices v. suffrutices; foliis sæpe rugosis v. bullatis; verticillastris 2- ∞-floris in racemos v. spicas, simplices v. compositos, dispositis. (*America calid. utraque, Ins. Sandwic.* [6])

81. **Lepechinia** W. [7] — Calyx tubuloso-campanulatus, nunc latus, inæqui-sub-10-nervis, 5-dentatus; fructifer subinflatus valde auctus declinatus, ore dentibus intricatis incumbentibus clausus. Corolla [8] 2-labiata; labii antici lobo medio integro v. emarginato. Stamina didynama; antherarum loculis subparallelis. Discus subæqualis. Stylus apice subæquali-2-fidus; lobis nunc latiusculis recurvis. Nuculæ ovoideæ læves. — Herbæ; foliis dentatis rugosis; floralibus omnibus v. superioribus ad bracteas calyci æquales reductis; verticillastris 6-10-floris dense terminali-spicatis. (*Mexicum* [9].)

1. Floribus violaceis, mediocribus.

2. Spec. 1. *H. pyrenaicum* L. — REICHB., *Ic. Fl. germ.*, t. 1260. — SWEET, *Brit. fl. Gard.*, t. 252. — WILLK. et LGE, *Prodr. Fl. hisp.*, II, 417. — GREN. et GODR., *Fl. de Fr.*, II, 668. — *Melissa pyrenaica* JACQ., *H. vindob.*, t. 183.

3. In *Bot. Reg.*, sub t. 1289; *Gen.*, II, 1193, n. 63. — ENDL., *Gen.*, n. 3651. — *Phytoxys* SPRENG., *Syst.*, II, 676 (an MOL ?, *Chil.*, 300; synonymia nonnihil dubia).

4. Pilis ramosis.

5. Albidæ, rubræ, cærulæ v. violaceæ.

6. Spec. ad 20. A. GRAY, in *Proc. Amer. Acad.*, V, 341; *Syn. Fl. N.-Amer.*, II, 365. — TORR., *Bot. Emor. Exp.*, t. 37. — J.-A. SCHM., in *Mart. Fl. bras.*, VIII, 198. — C. GAY, *Fl. chil.*, IV, 505.—HEMSL., *Bot. centr.-amer.*, II, 552. — *Bot. Reg.*, t. 1226 (*Stachys*), 1382. — *Bot. Mag.*, t. 2093.

7. *H. berol.*, t. 21. — ENDL., *Gen.*, n. 3653. — BENTH., in *DC. Prodr.*, XII, 259; *Gen.*, II, 1192, n. 61.

8. Albida v. flavescens.

9. Spec. 2. HEMSL., *Bot. centr.-amer.*, II, 551. — *Bot. Reg.*, t. 1292.

IV. MONARDEÆ.

82. Monarda L. — Calyx tubulosus, 5-dentatus, 15-nervis; dentibus subæqualibus elongatis. Corollæ tubus brevis v. exsertus, ad faucem nunc dilatatus; labio superiore inferius in alabastro obtegente, integro v. emarginato; antico autem 3-lobo; lobo mediante a lateralibus obtecto sæpiusque angusto, 2-lobulato inflexo. Stamina 4, quorum lateralia 2, sterilia minuta; anticis 2 fertilibus, sæpius exsertis labioque postico obtectis; antherarum loculis distinctis divaricatis v. medio confluentibus. Germen 4-locellatum; disco plerumque subæquali; styli recurvi lobis subulatis inæqualibus; postico sæpius minore. Nuculæ ovoideæ læves. — Herbæ sæpe perennes; foliis plerumque dentatis; floralibus basi sæpe coloratis; verticillastris ad summos ramulos terminalibus, solitariis v. pluribus distantibus; bracteolis ∞. (*America bor.*) — *Vid. p.* 15.

83. Blephilia RAFIN.[1] — Calyx tubulosus, subbilabiatus, 5-dentatus, 13-nervis. Corollæ labium posticum integrum v. emarginatum; anticum 3-lobum; lobo medio emarginato. Stamina 4: antica majora; antheræ fertilis loculis divaricatis confluenti-rimosis; postica autem minora sterilia; anthera sterili, 2-loculari v. 0. Discus subæqualis. Nuculæ læves. — Herbæ[2]; indumento vario; verticillastris densis, ∞-floris[3], nunc terminali-spicatis. (*America bor.*[4])

84. Ziziphora L.[5] — Calyx 2-labiatus, 13-nervis; dentibus post anthesin plerumque faucem intus villosam claudentibus. Corollæ 2-labiatæ lobi 5, rotundati. Stamina fertilia 2, antica; antherarum loculis 2, mox confluentibus, v. loculo altero casso glanduliformi. Staminodia minuta v. 0. Nuculæ læves. — Herbæ annuæ plerumque humiles v. suffrutescentes; foliis parvis; floralibus conformibus v. in bracteas mutatis; verticillastris paucifloris axillaribus nunc terminali-confertis. (*Reg. Mediterranea, Asia media*[6].)

1. In *Journ. phys.*, LXXXIX, 98. — BENTH., in *DC. Prodr.*. XII, 364; *Gen.*, II, 1198, n. 73. — ENDL., *Gen.*, n. 3601.
2. Habitu *Monardæ* v. *Clinopodii.*
3. Floribus roseis, parvis.
4. Spec. 2. A. GRAY, *Syn. Fl. N.-Amer.*, II, 376. — CHAPM., *Fl. S.-Un.-St.*, 320.
5. *Gen.*, n. 36. — GÆRTN., *Fruct.*, t. 66. —

LAMK, *Ill.*, t. 18. — BENTH., in *DC. Prodr.*, XII, 364 ; *Gen.*, II, 1198, n. 74. — ENDL., *Gen.*, n. 3602. — *Faldermannia* TRAUTV., in *Bull. sc. Ac. petrop.*, VI, 185
6. Spec. ad 12. SIBTH., *Fl. græc.*, t. 13. — RUD., in *Mem. Ac. petrop.*, II (1807, 1808), 307, t. 10-12. — BGE, *Lab. pers.*, 39. — BOISS., *Fl. or.*, IV, 585. — *Bot. Mag.*, t. 906.

85. Salvia T.[1] — Calyx 2-labiatus, nunc villis clausus (*Salvias-trum*[2]); labio postico 3-dentato v. integro; antico 2-fido. Corolla[3] 2-labiata; tubo vario, intus nudo v. piloso-annulato, nunc antice dentibus v. processubus basilaribus 2 aucto; limbi labio postico recto v. arcuato, integro v. emarginato. Stamina fertilia 2, antica; filamentis cum connectivo articulatis ultraque articulationem nunc leviter productis; antherarum dimidiatarum connectivo lineari transverso cum filamento articulato, postice adscendente et loculum fertilem gerente; antice autem deflexo v. porrecto, clavato, loculum cassum v. raro perfectum gerente, v. (*Audibertia*[4]) brevi porrecto acuminato. Discus subæqualis v. antice tumens. Stylus apice 2-fidus; ramis subulatis æqualibus, v. antico longiore, nunc complanato. Nuculæ variæ læves. — Herbæ, suffrutices v. frutices; habitu vario; foliis integris, dentatis, incisis, pinnatisectis v. pinnatipartitis; floralibus in bracteas, nunc amplas coloratas, mutatis; verticillastris 2-∞-floris, axillaribus v. terminali-spicatis racemosisve; racemis simplicibus v. compositis. (*Orbis utriusque reg. calid. et temp.*[5])

86. Rosmarinus T.[6] — Flores fere *Salviæ;* calycis gamophylli labiis 2; antico 2-fido; postico minute 3-dentato, demum subvalvato.

1. *Inst.*, 180, t. 83. — L., *Gen.*, n. 39. — J., *Gen.*, 111. — GÆRTN., *Fruct.*, t. 66. — BENTH., *Labiat.*, 190; in *DC. Prodr.*, XII, 263; *Gen.*, II, 1194, n. 68. — ENDL., *Gen.*, n. 3597. — NEES, *Gen. Fl. germ.* — PAYER, *Organog.*, t. 94; *Fam. nat.*, 191. — *Horminum* T., *Inst.*, 178, t. 82. — *Jungia* MŒNCH, *Meth.*, 378. — *Sclarea* T., *Inst.*, 179, t. 82. — *Schraderia* MŒNCH, *Meth.*, 378. — *Stenarrhena* DON, *Prodr. Fl. nepal.*, 111. — *Leonia* LL. et LEX., *Nov. veg. Descr.*, II, 6. — *Gallitrichum* JORD. et FOURR., *Ic. eur.*, II, t. 256-265. — ? *Rhodochlamys* SCHAU., in *Linnæa*, XX, 706 (ex B. H.).
2. SCHEELE, in *Linnæa*, XXII, 584. — B. H., *Gen.*, II, 1196, n. 69.
3. Albæ, cæruleæ, rubræ, violaceæ, purpureæ v. raro flavæ.
4. BENTH., in *Bot. Reg.*, sub t. 1469 (nec 1282); in *DC. Prodr.*, XII, 359; *Gen.*, II, 1197, n. 70.
5. Spec. ad 460. JACQ., *H. schœnbr.*, t. 6-8, 195, 252-255, 318, 319, 481; *Fragm.*, t. 60, 90; *Ic. rar.*, t. 3, 5-7, 209; *H. vind.*, t. 78, 92, 108, 152; *Fl. austr.*, t. 112, 211. — JACQ. F., *Ecl.*, t. 3, 13, 14, 36-38, 47, 143. — LHÉR., *St.*, t. 21. — SIBTH., *Fl. græc.*, t. 17-21. — VENT., *Jard. Cels*, t. 50, 59. — LAMK, in *Journ. Hist. nat.*, II, t. 27. — W., *H. berol.*, t. 20, 29. — SM., *Ic. ined.*, t. 5. — WALL., *Pl. as. rar.*, t. 116. —

WIGHT, *Ic.*, t. 325. — R. et PAV., *Fl. per. et chil.*, t. 35-43. — H. B. K., *Nov. gen. et spec.*, t. 138-158. — TEN., *Fl. nap.*, t. 2. — BROT., *Phyt. lusit.*, t. 2, 83, 84. — DESF., *Fl. atl.*, t. 2, 3. — W. et KIT., *Pl. rar. hung.*, t. 62. — BGE, *Lab. pers.*, 41. — MIQ., in *Ann. Mus. lugd.-bat.*, II, 107. — A. GRAY, in *Proc. Amer. Acad.*, VIII, 368; *Syn. Fl. N.-Amer.*, II, 366. — J.-A. SCHM., in *Mart. Fl. bras.*, VIII, 179, t. 36, 37. — BENTH., *Sulph.*, t. 50; *Fl. hongk.*, 276. — HOOK. F., *Fl. brit. Ind.*, IV, 653. — C. GAY, *Fl. chil.*, IV, 487. — GRISEB., *Fl. brit. W.-Ind.*, 489. — CHAPM., *Fl. S.-Un.-St.*, 318. — HEMSL., *Bot. centr.-amer.*, II, 552. — BOISS., *Fl. or.*, IV, 590. — WILLK. et LGE, *Prodr. Fl. hisp.*, II, 419. — BRANDZ., *Prodr. Fl. rom.*, 383. — GREN. et GODR., *Fl. de Fr.*, II, 670. — REICHB., *Ic. Fl. germ.*, t. 1245-1254; *Ic. exot.*, t. 522-529. — *Bot. Reg.*, t. 347, 359, 1003, 1205, 1356, 1370, 1429; (1838), t. 36; (1839), t. 23; (1841), t. 14, 44. — *Bot. Mag.*, t. 182, 376, 395, 988, 1294, 1429, 1728, 2320, 2436, 2864, 2872, 3808, 3879, 4318, 4874, 4884, 4939, 5017, 5209, 5274, 5860, 5947, 5991, 6004, 6300, 6448, 6517, 6595, 6812, 6980. — WALP., *Ann.*, III, 254; V, 676.
6. *Inst.*, 195, t. 92. — L., *Gen.*, n. 38. — ENDL., *Gen.*, n. 3599. — BENTH., in *DC. Prodr.*, XII, 360; *Gen.*, II, 1197, n. 71. — PAYER, *Fam. nat.*, 191.

Corolla ad faucem ampliata, imbricata; labiis 2; postico varie 2-fido; antici lobis 3; medio majore declinato sinuato. Stamina fertilia 2, antica; filamento cum connectivo continuo ejusque ad basin in dentem parvum lateralem prominulo; loculo antheræ fertili 1, dorsifixo, 1-rimoso. Discus subæqualis. Stylus apice brevissime 2-dentatus; dente altero minimo. Staminodia 2, lateralia minima. Achænia 1-4, ovoidea lævia. — Frutex aromaticus; foliis oppositis angustis integris; margine revoluto; floribus[1] in racemos axillares breves dispositis paucis oppositis; bracteolis minutis. (*Reg. Mediterranea*[2].)

87. **Meriandra** BENTH.[3] — Calyx 2-labiatus, sub-10-nervis, circa fructum auctus apiceque apertus. Corollæ 2-labiatæ limbus patens; labio postico e lobo integro v. emarginato constante; antico 3-lobo. Stamina fertilia 2, antica; loculis antheræ 2, linearibus parallelis, e ramis 2 connectivi plus minus evoluti pendulis. Nuculæ obtusæ læves. — Frutices rugosi v. lanati; foliis crenulatis; verticillastris ∞-floris terminali-spicatis; spica simplici v. ramosa. (*India et Abyssinia mont.*[4])

88. **Perowskia** KAR.[5] — Flores fere *Meriandræ*; calyce tubuloso-campanulato, circa fructum aucto et apice aperto. Stamina fertilia 2; antherarum loculis parallelis, apice connectivo angusto affixis descendentibus. Staminodia 2, minima postica. — Herbæ v. suffrutices; foliis inciso-dentatis v. dissectis; verticillastris 2- ∞-floris secus racemi simplicis v. compositi ramos dissitis. (*Asia occ.*[6])

89. **Dorystœchas** BOISS. et HELDR.[7] — Flores fere *Meriandræ*; calyce fructifero elliptico-cylindraceo, dentibus conniventibus clauso. Corolla 2-labiata. Stamina 2, antica; antherarum loculis contiguis parallelis e connectivo parvo pendulis. Nuculæ calyce inclusæ elongatæ, apice rostrato-acuminatæ. — Suffrutex erectus; foliis rugo-

---

1. Albidis v. pallide cæruleis.
2. Spec. 1. *R. officinalis* L. — SIBTH, *Fl. græc.*, t. 14. — BOISS., *Fl. or.*, IV, 636. — WILLK. et LGE, *Prodr. Fl. hisp.*, II, 419. — GREN. et GODR., *Fl. de Fr.*, II, 669. — JORD. et FOURR., *Ic. eur.*, t. 101-103. — NEES, *Gen. Fl. germ.* (*Salvia*). — REICHB. F., *Ic. Fl. germ.*, t. 1244 (*Salvia*). — *R. latifolius* MILL., *Dict.*, n. 2.
3. In *Bot. Reg.*, sub t. 1289; in *DC. Prodr.*, XII, 262; *Gen.*, II, 1194, n. 67.

4. Spec. 2. ROTH, *N. spec.*, 18 (*Salvia*). — DCNE, in *Jacquem. Voy.*, *Bot.*, t. 139. — HOOK. F., *Fl. brit. Ind.*, IV, 652. — HOCHST., in *Schimp. It abyss.*, n. 178! (*Salvia*).
5. In *Bull. Mosc.* (1841), 15, t. 1. — BENTH., in *DC. Prodr.*, XII, 261; *Gen.*, II, 1193, n. 65.
6. Spec. 3. BOISS., *Fl. or.*, IV, 588. — HOOK. F., *Fl. brit. Ind.*, IV, 652. — WALP., *Ann.*, V, 676.
7. BENTH., in *DC. Prodr.*, XII, 261; *Gen.*, II, 1194, n. 66.

sis, subtus cavis; verticillastris ∞-floris dense terminali-spicatis. (*Oriens* [1].)

V. LAVANDULEÆ.

90. **Lavandula** L. — Calyx tubulosus, longitudinaliter 13-15-ner-vius, 13-15-plicatus; dentibus 5, parvis, minimis v. subnullis; postico sæpius majore v. in lobum prominulum alabastrum obtegentem nuncque post anthesin auctum producto. Corollæ tubus ad faucem nunc sensim dilatatus; limbo obliquo 2-labio; lobis labii postici 2, majoribus, labium anticum obtegentibus; antici lobis 3, obtusis; mediante a lateralibus obtecto nuncque lanceolato. Stamina 4, in-clusa; anticis 2 majoribus altiusque insertis; antheris omnium reni-formibus; loculis 2 brevibus, oblique introrsum rimosis; rimis superne confluentibus. Germen 4-locellatum; disco continuo inter locellos angulari-prominulo; stylo gynobasico apice subclavato-2-lobo; lobis ad apicem tantum liberis. Fructus nuculæ glabræ læves areola obliqua extrorsa lobis receptaculi affixæ. — Frútices, suffrutices v. herbæ perennes; foliis linearibus nunc dissectis v. pinnatifidis; verticillastris 2- ∞-floris in spicas cylindricas pedunculatas confertis; bracteis summis nunc ampliatis coloratis. (*Ins. Canarienses, Reg. Mediterra-nea, Oriens, India.*) — *Vid. p.* 18.

VI. OCIMEÆ.

91. **Ocimum** T. — Calyx irregularis ovoideus v. subcampanula-tus, fructifer deflexus; dente postico orbiculari v. obovato, marginibus in tubum decurrente; anticis plus minus alte connatis; lateralibus plerumque brevioribus. Corolla irregularis; tubo calyce breviore v. nunc exserto, intus exannulato; fauce sæpe oblique campanulato; limbi labio postico subæqui-4-fido; antico autem parum longiore inte-gro, plano v. concaviusculo, declinato. Stamina didynama declinata;

---

1. Spec. 1. *D. hastata* Boiss. et Heldr., in *Pl. anal. exs.* (1846); *Diagn or.*, XII, 55; *Fl. or.*, IV 591. — Walp., *Ann.*, V, 675. « Sta-mina, ex auctt., nonnihil *Satureinearum* ».

filamentis nudis, v. posticis basi dente v. pilis fasciculatis appendiculatis; anticis nunc basi connatis; antheris ovato-reniformibus,
confluenti-1-locularibus, nunc demum explanatis. Discus in glandulas
1-4 germini æquales v. longiores tumens. Germen 4-locellatum; styli
apice 2-fidi lobis subulatis v. complanatis subæqualibus. Nuculæ
subglobosæ v. ovoideæ, læves v. tenuiter punctulatæ, nunc madefactæ
mucilaginosæ. — Fruticuli, suffrutices v. herbæ; foliis variis; verticillastris 6-10-floris terminali-racemosis, simplicibus v. compositis;
bracteis integris, vulgo deciduis, sæpe petiolatis. (*Orbis utriusq. reg.
calid.*) — *Vid. p.* 20.

92. **Mesona** BL.[1] — Flores fere *Ocimi;* calycis fructiferi declinati[2]
labiis 2, integris; antico inflexo. Stamina didynama; posticorum
filamentis basi appendiculatis. Disci lobus anticus tumens. — Herbæ
erectæ v. diffusæ; verticillastris terminali-racemosis. (*Asia austro-or.,
Oceania trop.*[3])

93. **Geniosporum** WALL.[4] — Flores[5] fere *Ocimi;* calyce circa
fructum declinato v. suberecto, basi plerumque transverse rugoso;
dente postico haud decurrente; anticis lateralibusque subæqualibus
v. cum postico in labium posticum approximatis. Corollæ lobus anticus integer declinatus. Stamina 4; antheris confluentia 1-locularibus;
filamentis nudis. Discus antice tumens. Styli lobi subulati. — Herbæ
glabræ v. hispidæ; verticillastris in racemos v. spicas terminales dispositis. (*Asia et Africa trop., Madagascaria*[6].)

94. **Platystoma** PAL.-BEAUV.[7] — Flores fere *Ocimi;* calycis fructiferi declinati labiis integris v. subdentatis; antico inflexo. Stamina
didynama; filamentis declinatis nudis. Nuculæ ovoideæ læviusculæ.
— Herbæ annuæ; verticillastris ad 10-floris in racemos terminales
graciles laxos dispositis. (*India, Africa trop.*[8])

1. *Bijdr.*, 838. — BENTH., in *DC. Prodr.*,
XII, 46; *Gen.*, II, 1172, n. 3. — ENDL., *Gen.*,
n. 3571.

2. Transverse rugosi.

3. Spec. 2, 3. BENTH., *Fl. hongk.*, 274. —
HOOK. F., *Fl. brit. Ind.*, IV, 611.

4. BENTH., in *Bot. Reg.*, sub t. 1300; in *DC.
Prodr.*, XII, 44; *Gen.*, II, 1172, n. 2. — ENDL.,
Gen., n. 3570.

5. Parvi v. minimi.

6. Spec. 6, 7. HOOK., *Icon.*, t. 462. — THW.,
Enum. pl. Zeyl., 236. — HOOK. F., *Fl. brit.
Ind.*, IV, 609.

7. *Fl. owar. et ben.*, II, 61, t. 95 (*Platostoma*).
— BENTH., in *DC. Prodr.*, XII, 47; *Gen.*, II,
1172, n. 4.

8. Spec. hucusque cognitæ 2. A. RICH., *Tent.
Fl. abyss.*, II, 179 (*Ocimum*). — WALP., *Ann.*,
III, 242, n. 2 (*Ocimum*). — HOOK. F., *Fl. brit.*,
Ind., IV, 611.

95. Moschosma Reichb.[1] — Flores[2] fere *Ocimi;* calyce plerumque declinato, circa fructum leviter aucto; dentibus 5, subæqualibus, v. postico latiore haud decurrente. Corolla 2-labiata; fauce campanulata. Stamina 2-dynama declinata; filamentis nudis. Styli lobi 2, subulati v. brevissimi. Fructus lævis. — Herbæ annuæ v. perennes; verticillastris in spicas v. racemos simplices v. ramosos dispositis paucifloris. (*Asia, Africa et Oceania trop.*[3])

96. Orthosiphon Benth.[4] — Flores fere *Ocimi;* calyce tubuloso v. ovoideo; fructifero deflexo; dente postico latiore ovato membranaceo; marginibus in tubum decurrentibus; anticis lateralibusque angustioribus distinctis, v. anticis breviter connatis. Corollæ tubus tenuis elongatus exsertus. Stamina didynama, in alabastro valde circinata, declinata; antheris longe sæpius exsertis, demum confluentia 1-locularibus. Stylus apice stigmatoso vix didymus. — Herbæ v. suffrutices; habitu cæterisque *Ocimi*. (*Asia, Africa et Oceania trop.*[5])

97? Catopheria Benth.[6] — Flores fere *Orthosiphonis;* calyce membranaceo, fructifero deflexo, 5-dentato; dentibus anticis in labium integrum v. 4-dentatum inflexum connatis; postico autem ovato amplo. Stamina didynama longissime exserta; summo stylo vix emarginato subgloboso-capitato. — Herbæ elatæ erectæ; verticillastris in spicam terminalem densam elongatam globosamve confertis. (*America centr., Mexicum, Columbia*[7].)

98. Syncolostemon E. Mey.[8] — Flores fere *Orthosiphonis;* calycis[9] fructiferi suberecti dentibus 5, subæqualibus, v. anticis longioribus 2. Corolla 2-labiata; tubo elongato exserto. Stamina didynama

1. *Consp.*, 171, not. — Benth., in *DC. Prodr.*, XII, 48; *Gen.*, II, 1173, n. 6. — Endl., *Gen.*, n. 3573. — *Lumnitzera* Spreng., *Syst.*, II, 687 (part.). — *Lehmannia* Jacq. f., *Ecl.*, t. 108 (in icon.).

2. Parvi, nunc polygamo-diœci.

3. Spec. 5, 6. Thw., *Enum. pl. Zeyl.*, 237. — Hook. f., *Fl. brit. Ind.*, IV, 612.

4. In *Bot. Reg.*, sub t. 1300; in *DC. Prodr.*, XII, 50 (part.); *Gen.*, II, 1174, n. 8. — Endl., *Gen.*, n. 3574.

5. Spec. ad 15. Wight, *Icon.*, t. 1428. — Hook., *Icon.*, t. 450. — Miq., *Fl. ind. bat.*, II, 942. — Benth., *Fl. austral.*, V, 76; in Hook.

Icon., t. 1274. — Maund, *Bot.*, t. 173. — Thw., *Enum. pl. Zeyl.*, 237. — Hassk., in *Retzia*, I, 43. — Wight, *Icon.*, IV, t. 1428. — Boiss., *Fl. or.*, IV, 539. — Hook. f., *Fl. brit. Ind.*, IV, 612. — *Bot. Mag.*, t. 3847, 5833. — Walp., *Ann.*, III, 243; V, 668.

6. In *DC. Prodr.*, XII, 53 (*Orthosiphonis* sect.); *Gen.*, II, 1173, n. 7.

7. Spec. 2. Hemsl., *Bot. centr.-amer.*, II, 589. — *Hook. Icon.*, t. 1215.

8. *Comm. pl. afr. austr.*, 230. — Benth., in *DC. Prodr.*, XII, 53; *Gen.*, II, 1174, n. 9. — Endl., *Gen.*, n. 3580.

9. Plerumque colorati.

declinata. Stylus apice clavato v. acutato integer, nunc brevissime 2-fidus. — Frutices; foliis plerumque parvulis; verticillastris 2-4-floris in racemum simplicem v. compositum terminalem dispositis. (*Africa austr.*[1])

99. **Acrocephalus** BENTH.[2] — Flores fere *Ocimi;* calycis sub anthesi plerumque ovoidei, fructiferi labio postico latiore integro; antico autem e lobis 4, aut distinctis, aut in laminam integram connatis, constante. Corolla[3] sub-2-labiata. Stamina 4, declinata. Nuculæ ovoideæ v. oblongæ, læves v. punctulatæ. — Herbæ plerumque annuæ; verticillastris in spicas terminales densas nunc capituliformes confertis; bracteis nunc 2-4 spicam involucrantibus coloratis. (*Asia et Oceania trop., Madagascaria*[4].)

100. **Plectranthus** LHÉR.[5] — Calyx sub anthesi campanulatus, circa fructum auctus, declinatus v. erectus, æqui- v. inæqui-5-dentatus; dente postico cæteris æquali v. majore, nunc ovato v. in tubum decurrente. Corollæ 2-labiatæ tubus exsertus, postice basi obliquus, gibbus v. calcaratus, medio subrectus v. defractus; fauce æquali v. obliqua; labio postico breviter 2-4-fido; antico autem integro concavo plerumque longiore. Stamina didynama declinata edentula; antheris confluenti-1-locularibus, demum explanatis, v. loculis distinctis divaricatis. Discus antice tumens ibique germine sæpius multo longior. Styli lobi subæquales acutati. Nuculæ oblongæ v. ovoideæ, læves v. punctulatæ. — Frutices, suffrutices v. herbæ; verticillastris 6-8-floris cymisve oppositis, simpliciter v. composite racemosis, nunc dense terminali-spicatis. (*Orbis vet. reg. trop. et subtrop.*[6])

1. Spec. 5, 6. *Hook. Icon.*, t. 1257.

2. In *Bot. Reg.*, sub t. 1300; in *DC. Prodr.*, XII, 47; *Gen.*, II, 1173, n. 5. — ENDL., *Gen.*, n. 3572.

3. Cærulea v. pallide lilacina.

4. Spec. ad 10. BURM., *Fl. ind.*, 130 (*Prunella*). — SPRENG., *Syst.*, II, 687 (*Lumnitzera*). — HOOK., *Icon.*, t. 456. — OLIV., in *Trans. Linn. Soc.*, XXIX, 135, t. 132-134. — HOOK. F., *Fl. brit. Ind.*, IV, 611.

5. *St. nov.*, I, 85, t. 41, 42. — BENTH., in *DC. Prodr.*, XII, 55; *Gen.*, II, 1175, n. 11. — ENDL., *Gen.*, n. 3575. — *Germanea* LAMK, *Dict.*, II, 690; *Ill.*, t. 514. — *Bardosia* HASSK., in *Flora* (1842), *Beibl.*, 25 (ex BENTH.). — *Dentidia* LOUR., *Fl. coch.*, 369 (ex BENTH.). — *Isodon* SCHRAD. (ex BENTH.).

6. Spec. ad 70. W., *H. berol.*, t. 65. — WIGHT, *Ic.*, t. 1429, 1430. — REICHB., *Ic. exot.*, t. 177. — A. RICH., *Tent. Fl. Abyss.*, II, 181. — HARV., *Thes. cap.*, t. 83. — HOOK., *Icon.*, t. 440, 464. — MIQ., *Fl. ind. bat.*, II, 944; in *Ann. Mus. lugd.-bat.*, II, 100. — SEEM., *Fl. vit.*, t. 47. — HOOK. F., in *Journ. Linn. Soc.*, VI, 17; VII, 210; *Fl. brit. Ind.*, IV, 616. — MAXIM., in *Bull. Ac. Pét.*, XX; *Mél. biol.*, IX, 422. — SAUND., *Ref. bot.*, t. 256. — OLIV, in *Trans. Linn. Soc.*, XXIX, t. 81, 135. — THW., *En. pl. Zeyl.*, 237. — FR. et SAV., *En. pl. jap.*, I, 361. — HILLEBR., *Fl. haw.*, 343. — F. MUELL., *Fragm. phyt. Austral.*, V, 51. — BENTH., *Fl. austral.*, V, 77. — *Bot. Reg.*, t. 1098. — *Bot. Mag.*, t. 2460, 5841, 6792. — WALP., *Ann.*, III, 243.

101. Coleus LOUR.[1] — Flores fere *Plectranthi;* calycis declinati lobo postico cæteris majore. Corollæ tubus exsertus, declinatus v. defractus. Stamina 4, didynama declinata, inferne cum corolla in tubum connata; antheris subquadratis, confluentia demum 1-locularibus, demum expansis. Disci lobi inæquales; antico majore, nunc maximo. Cætera *Plectranthi.* — Herbæ, suffrutices v. frutices; floribus in cymas 6-8-floras et in spicas simplices v. compositas aggregatas dispositis. (*Africa, Asia et Oceania trop.*[2])

102. Solenostemon SCHUM. et THONN.[3] — Flores fere *Plectranthi;* calycis fructiferi declinati dentibus anticis 2 in labium inflexum connatis; postico autem ovato. Corollæ 2-labiatæ tubus deflexus. Stamina didynama; filamentis in vaginam linea dorsali adnatam connatis. Nuculæ ovoideæ læves. — Herbæ erectæ; verticillastris 6-∞-floris in racemum simplicem v. compositum elongatum dispositis. (*Africa trop. occid.*[4])

103. Hoslundia VAHL.[5] — Flores[6] fere *Plectranthi;* calyce tubuloso breviter 5-dentato, fructifero baccato[7]. Corolla 2-labiata. Stamina 4; anticis fertilibus 2; posticis ad staminodia brevia reductis. Nuculæ calyce carnoso inclusæ. — Frutices v. suffrutices; verticillastris 2-4-floris in racemum compositum pyramidatum dispositis. (*Africa trop., Madagascaria*[8].)

104. Æolanthus MART.[9] — Flores[10] fere *Colei;* calyce truncato, sinuato v. dentato, circa fructum haud v. vix aucto basique circumcisso. Stamina 2-dynama; filamentis liberis. Nuculæ læves. — Herbæ ramosæ; foliis nunc carnosulis; cymis oppositis pedunculatis sæpius 3-fidis racemosis; floribus secundis breviter pedicellatis v. subsessi-

1. *Fl. cochinch.*, 372. — BENTH., in *DC. Prodr.*, XII, 71 ; *Gen.*, II, 1176, n. 13. — ENDL., *Gen.*, n. 3576.
2. Spec. ad 35. WIGHT, *Ill.*, t. 175 ; *Ic.*, t. 1431-1433. — DELESS., *Ic. sel.*, III, t. 85. — ANDR., *Bot. Rep.*, t. 594 (*Plectranthus*). — MIQ., *Fl. ind. bat.*, II, 948. — HOOK. F., in *Journ. Linn. Soc.*, VII, 211 ; *Fl. brit. Ind.*, IV, 624. — THW., *En. pl. Zeyl.*, 238. — *Bot. Reg.*, t. 1520. — *Bot. Mag.*, t. 1446 (*Ocimum*); 2036, 2318 (*Plectranthus*), 4690, 4754, 5236. — WALP., *Ann.*, III, 243; V, 669.
3. *Beskr. Guin. Pfl.*, 271. — B. H., *Gen.*, II, 1175, n. 12.

4. Spec. 2, 3. BENTH., in *DC. Prodr.*, XII, 6 (*Plectranthus*, sect. *Heterocylix*).
5. *Enum.*, I, 212. — ENDL., *Gen.*, n. 3682. — BENTH., in *DC. Prodr.*, XII, 54 ; *Gen.*, II, 1174, n. 10. — *Micranthes* BERTOL., *Misc. bot.*, XIX, 8, t. 4.
6. Albi, parvi.
7. Rubro.
8. Spec. 2, 3. PAL.-BEAUV., *Fl. owar. et ben.*, t. 33.
9. *Amœn. bot. monac.*, 4, t. 2. — BENTH., in *DC. Prodr.*, XII, 80 ; *Gen.*, II, 1176, n. 14. — ENDL., *Gen.*, n. 3578.
10. Pallide violacei.

libus; foliis floralibus cum caulinis conformibus v. ad bracteas parvas reductis. (*Africa trop. et austr.*[1])

105. Pychnostachys Hook.[2] — Flores fere *Plectranthi;* calycis subæqualis dentibus 5, subulato-acerosis subæqualibus. Corollæ[3] tubus defractus; limbus 2-labiatus. Discus aut subæqualis, aut hinc valde major. Nuculæ subrotundæ læves. — Herbæ erectæ; verticillastris in spicas terminales arcte confertis. (*Africa trop. et austr.*, *Madagascaria*[4].)

106. Alvesia Welw.[5] — Flores fere *Plectranthi;* calyce truncato, sinuato-dentato v. obtuse breviter 3-lobo, demum circa fructum vesiculoso-inflato venoso. Stamina 2-dynama libera; antherarum loculis obliquis, demum subconfluenti-rimosis. Discus integer v. breviter 4-lobus. Germen crasse stipitatum. — Suffrutices; foliis angustis integris; floralibus[6] ad bracteas minutas reductis v. 0; verticillastris ∞-floris in spicam terminalem v. plures subumbellatas confertis. (*Africa trop.*[7])

107. Anisochilus Wall.[8] — Flores fere *Pychnostachydis;* calyce suberecto ovoideo, demum plus minus inflato; dente postico ovato v. oblongo, incurvo v. incumbente; cæteris minoribus v. minimis obsoletisve. Disci glandulæ inæquales; antica germine nunc longiore. — Herbæ v. suffrutices; foliis nunc carnosulis; verticillastris in spicas ovoideas, oblongas v. cylindricas, congestis; bracteis aut caducis, aut superioribus in comam apicalem persistentibus. (*India*[9].)

108. Hyptis Jacq.[10] — Calyx varius, fructifer rectus, obliquus v. recurvus; dentibus acutis v. subulatis, parum inæqualibus. Corolla

---

1. Spec. ad 12, quarum 1 in Brasilia cult. Oliv., in *Trans. Linn. Soc.*, XXIX, 137, t. 82, 136. — J.-A. Schm., in *Mart. Fl. bras.*, VIII, 73.

2. *Exot. Fl.*, III, t. 202. — Benth., in *DC. Prodr.*, XII, 83; *Gen.*, II, 1177, n. 17. — Endl., *Gen.*, n. 3579. — *Echinostachys* E. Mey., *Comm. pl. afr. austr.*, 243.

3. Cæruleæ.

4. Spec. ad 6. *Bot. Mag.*, t. 5365.

5. In *Trans. Linn. Soc.*, XXVIII, 55, t. 19. — B. H., *Gen.*, II, 1176, n. 15.

6. Roseis.

7. Spec. 2. Flores A. *rosmarinifoliæ* Welw. n spicam densam conferti dicuntur.

8. *Pl. as. rar.*, II, 18. — Benth., in *DC. Prodr.*, XII, 81 ; *Gen.*, II, 1177, n. 16. — Endl., *Gen.*, n. 3577.

9. Spec. 15, 16. L., *Amœn.*, X, t 3 (*Lavandula*). — Wight, *Icon.*, t. 1434-1437. — Miq., *Fl. ind. bat.*, II, 957. — Thw., *En. pl. Zeyl.*, 238. — Hook. f., *Fl. brit. Ind.*, IV, 627. — Walp., *Ann.*, III, 244.

10. *Collect.*, 1, 101. — Endl., *Gen.*, n. 3583. — Benth., in *DC. Prodr.*, XII, 86; *Gen.*, II, 1178, n. 20. — *Brotera* Spreng., in *Trans. Linn. Soc.*, VI, 151, t. 12. — *Raphiodon* Schau., in *Flora* (1844), 345. — *Hypothronia* Schr., in *Syll. Ratisb.*, I, 85. — *Schaueria* Hassk., in *Flora* (1842), II, Beil., 25.

2-labiata; tubo cylindraceo v. subventricoso; labii postici lobis planis, erectis v. patentibus; antico saccato, integro v. emarginato, basi contracta calloso marginato v. utrinque dentato, sub anthesi abrupte deflexo. Stamina didynama declinata; antheris confluenti-1.-locularibus. Discus æqualis v. in lobum anticum tumens. Stylus apice subinteger v. breviter 2-fidus. Nuculæ ovoideæ v. oblongæ, læves v. punctato-rugosæ, nunc membranaceo-alatæ. — Herbæ, suffrutices v. frutices; habitu inflorescentiaque variis. (*America trop.*[1])

109? Eriope H. B.[2] — Flores fere *Hyptidis*[3]; calyce çirca fructum aucto, inæqui-5-dentato; dentibus labii postici 3 dilatatis; antici autem 2 dejectis vixque erectis; fauce dense lanata. —Herbæ, suffrutices v. frutices; racemis simplicibus v. compositis cymigeris; verticillastris 2-floris. (*Brasilia, Venezuela*[4].)

110. Peltodon POHL[5]. — Flores fere *Hyptidis;* calycis dentibus subulatis, apice peltato-dilatatis. Antheræ confluentia 1-loculares. — Herbæ; inflorescentiis capituliformibus; bracteis involucrantibus 6-8. (*Brasilia*[6].)

111. Marsypianthes MART.[7] — Flores[8] fere *Hyptidis;* fructus nuculis ellipsoideis v. ovoideis compressis, intus concavo-corymbiformibus, margine membranaceo involuto fimbriatis. —Herbæ nunc viscidæ; verticillastris densis spurie capitatis v. nunc paucifloris; foliis floralibus cum caulinis conformibus, minoribus v. ad bracteas reductis. (*America trop.*[9])

1. Spec. ad 250. JACQ., *H. vindob.*, III, t. 42 (*Ballota*); *Ic. rar.*, t. 113, 114. — H. B. K., *Nov. gen et spec.*, t. 161. — POIT., in *Ann. Mus.*, VII, t. 27-31. — BENTH., *Sulph.*, t. 20. — HOOK., *Icon.*, t. 458, 463. —J.-A. SCHM., in *Mart. Fl. bras.*, VIII, 80, t. 17-29. — A RICH., *Fl. cub.*, 157. — ŒRST., *Lab. centr.-amer.*, 34. —GRISEB., *Fl. brit. W.-Ind.*, 487; *Cat. pl. cub.*, 212. — A. GRAY, *Syn. Fl. N.-Amer.*, II, 350. — CHAPM , *Fl. S.-Un.-St.*, 312. — HEMSL., *Bot. centr.-amer.*, II, 542. — WALP., *Ann.*, III, 244; V, 669.
2. BENTH., *Labiat.*, 142; in *DC. Prodr.*, XII, 141; *Gen.*, II, 1178, n. 21. — ENDL., *Gen.*, n. 3584.
3. Cujus forte sectio.

4. Spec. 15, 16. HOOK., *Icon.*, t. 461. —J.-A. SCHM., in *Mart. Fl. bras.*, VIII, 157, t. 30.
5. *Pl. bras. Icon.*, I, 66, t. 54-56. — BENTH., in *DC. Prodr.*, XII, 83; *Gen* , II, 1177, n. 18. — ENDL., *Gen.*, n. 3581.
6. Spec. 4. J.-A. SCHM , in *Mart. Fl. bras.*, VIII, 75, t. 15.
7. In *Benth. Labiat.*, 64. — BENTH., in *DC. Prodr.*, XII, 84; *Gen* , II, 1178, n. 19. — ENDL., *Gen.*, n. 3582.
8. Cærulei v. purpurascentes.
9. Spec. 1, 2. POIT., in *Ann. Mus.*, VII, t. 31, fig. 1 (*Hyptis*). — J.-A. SCHM ; in *Mart. Fl. bras.*, VIII, 78, t. 16. — HOOK., *Icon.*, t. 457. — GRISEB., *Fl. brit. W.-Ind.*, 487. — HEMSL., *Bot. centr.-amer.*, II, 542.

VII. PRASIEÆ.

112. Prasium L. — Calyx late campanulatus membranaceus, 10-nervis; lobis 5, lanceolatis; 2-labiatis. Corolla 2-labiata; tubo incluso, intus squamoso-piloso-annulato; limbi labio postico erecto ovato concavo integro; antici autem lobis lateralibus latis obtusis; medio integro concavo majore. Stamina didynama; antherarum loculis demum divaricatis. Discus subæqualis. Germen 4-locellatum; styli 2-fidi lobis subæqualibus subulatis. Nuculæ obovoideæ obtusæ glabræ drupaceæ, areola parva vix obliqua receptaculo affixæ; putamine crustaceo. — Suffrutex glaber; foliis dentatis; verticillastris axillaribus, 2-floris; pedicellis brevibus. (*Ins. Canarienses, Reg. Mediterranea, Oriens.*) — *Vid. p.* 21.

113. Phyllostegia BENTH.[1] — Flores fere *Prasii;* calyce æquali-5-dentato v. 5-fido. Corollæ tubus cylindraceus, rectus v. arcuatus, superne vix dilatatus; limbi labio postico concavo. Stamina 2-dynama; antherarum loculis divergentibus. Stylus apice subinteger v. subæquali-2-lobus; lobis arcuatis, nunc clavatis. — Fructus cæteraque *Prasii.* — Herbæ ramosæ v. subsimplices; foliis dentatis; verticillastris 6-10-floris laxiusculis in racemum terminalem simplicem v. ramosum dispositis. (*Ins. Sandwic.*[2])

114? Stenogyne BENTH.[3] — Flores fere *Phyllostegiæ*[4]; calyce æquali, 5-dentato v. 5-fido. Corolla 2-labiata; tubo incurvo, superne v. a basi ampliato; labio postico erecto concavo. Stamina 2-dynama; antherarum loculis divaricatis. Styli lobi acutati. Nuculæ oblongo-obovoideæ glabræ, areola parva obliqua affixæ (*Prasiearum*). — Herbæ erectæ, subscandentes v. procumbentes; foliis integris, dentatis v. incisis; verticillastris axillaribus, plerumque 6-floris. (*Ins. Sandwic.*[5])

1. In *Bot. Reg.*, sub t. 1292; in *DC. Prodr.*, XII, 553; *Gen.*, II, 1216, n. 121. — ENDL., *Gen.*, n. 3674. — *Haplostachys* HILLEBR., *Fl. haw.*, 346.

2. Spec. ad 17. GAUDICH., in *Freycin. Voy. Bot.*, t. 64, 65 (*Prasium*). — A. GRAY, in *Proc. Amer. Acad.*, V, 342. — H. MANN, in *Proc. Amer. Acad.*, VII, 192. — HILLEBR., *Fl. haw.*, 347.

3. In *Bot. Reg.*, sub n. 1292; in *DC. Prodr.*, XII, 555; *Gen.*, II, 1217, n. 122. — ENDL., *Gen.*, n. 3675.

4. Cujus forte sectio, calyce æquali- v. subæquali-fido v. dentato?

5. Spec. ad 17. A. GRAY, in *Proc. Amer. Acad.*, V, 346. — H. MANN, in *Proc. Amer. Acad.*, VII, 193. — HILLEBR., *Fl. haw.*, 354. — *Hook. Icon.*, t. 1248.

115. Gomphostemma WALL.[1] — Flores fere *Prasii;* calyce æquali-5-dentato ; sinubus nunc dente recurvo auctis. Corollæ[2] tubus tenuis, in faucem amplam dilatatus ; limbi labio postico fornicato. Stamina didynama ; antherarum loculis parallelis transversis nudis. Nuculæ glabræ, areola lata oblique affixæ ; pericarpio carnoso v. subsuberoso. — Herbæ perennes ; caulibus nunc elatis, sæpius simplicibus tomentosis ; foliis integris v. dentatis ; verticillastris densis, 6-∞-floris, contractis v. in spicam densam foliatam confertis. (*India, China, Arch. Malayan.* [3])

116. Bostrychanthera BENTH. [4] — « Calycis dentes 5, æquales. Corollæ tubus tenuis, superne dilatatus ; limbi 4-fidi lobis subplanis ; antico majore. Stamina didynama ; antherarum subglobosarum loculis dorso appositis quasi saccatis, apice apertis confluentibus et pilorum penicillo denso appendiculatis. — Rami puberuli ; verticillastris laxis axillaribus secundis deflexis, 3-5-floris. (*China* [5].) »

VIII. PROSTANTHEREÆ.

117. Prostanthera LABILL. — Calyx subcampanulatus, basi striatus, 13-15-nervis ; labiis 2, integris, v. antico subemarginato. Corolla 2-labiata ; tubo brevi v. exserto, recto v. arcuato ; fauce lata æquali v. obliqua ; limbi labio postico erecto, concavo, late 2-lobo ; antico patente, 3-fido ; lobo medio integro, emarginato v. 2-fido. Stamina didynama, incurva adscendentia, tubo inclusa v. labio postico paulo breviora ; antica longiora. Antherarum loculi paralleli v. nunc divergentes ; connectivo dorso prominulo mucronisque v. calcaribus variis 2, partim adnatis, postice appendiculato ; loculis et nonnunquam mucronulatis. Discus varius. Germen plus minus profunde 4-lobulatum ; styli nunc subapicalis lobis subulatis subæqualibus. Nuculæ obovoideæ v. ellipsoideæ reticulato-rugosæ, areola obliqua brevi v. magna elongata receptaculo conico affixæ. Semina parce albuminosa ;

1. *Pl. as. rar.*, II, 12. — BENTH., in *DC. Prodr.*, XII, 550 ; *Gen.*, II, 1216, n. 119. — ENDL., *Gen.*, n. 3673. —? *Anthocoma* ZOLL., in *Nat. Gen. Arch.*, II, 569.

2. Flava, sæpe magna.

3. Spec. 15, 16. MIQ , *Fl. ind. bat.*, II, 985. — WIGHT, *Icon.*, t. 1456, 1457. — HOOK. F., *Fl. brit. Ind.*, IV, 696. — *Hook. Icon.*, t. 1468.

4. *Gen.*, II, 1216, n. 120.

5. Spec. 1. *B. deflexa* BENTH.

embryonis carnosuli radicula infera. — Frutices v. suffrutices glandulosi; foliis oppositis, integris v. dentatis; verticillastris 2-floris, axillaribus v. terminali-racemosis; bracteolis sub calyce 2. (*Australia*.) — *Vid. p.* 22.

118. **Hemiandra** R. Br.[1] — Calycis 2-labiati lobi 3-5, inæquales v. subæquales, nunc acerosi. Corolla[2] 2-labiata. Stamina adscendentia, 2-dynama; antheris dimidiato-1-locularibus; connectivo basi in appendiculam forma variam producto. Nuculæ reticulato-rugosæ cæteraque *Prostantheræ*. — Frutices v. suffrutices, glabri v. varie induti; foliis angustis acerosis rigidis; floralibus conformibus; verticillastris axillaribus, 2-floris. (*Australia austro-occid.*[3])

119. **Microcorys** R. Br.[4] — Flores fere *Prostantheræ;* calyce campanulato, æquali-5-dentato. Corolla 2-labiata. Stamina fertilia 2, postica: antheris dimidiatis, 1-locularibus; connectivi appendice antica plus minus dilatata barbataque. Staminodia antica 2, parva; loculis sterilibus descendentibus linearibus v. clavatis. Fructus cæteraque *Prostantheræ*. — Frutices v. suffrutices; foliis oppositis v. sæpius 3, 4-natis integris parvis cum floralibus conformibus; verticillastris axillaribus, 2-floris; bracteolis 2. (*Australia austro-occid.*[5])

120. **Westringia** Sm.[6] — Flores fere *Prostantheræ;* calyce subcampanulato, ad 15-nervi; dentibus 5, subæqualibus, valvatis. Corolla basi tubulosa; fauce subcampanulata; limbi labio postico 2-fido subplano erecto; antico autem 3-fido patente; præfloratione imbricata. Stamina 4: antica 2, sterilia; antheræ loculis 2, pendulis subclavatis; lateralia autem 2; connectivo ad summum filamentum subarticulato; loculis antheræ 2; postico parvo sterili; antico autem multo majore fertili, longitudinaliter rimoso. Germen 2-loculare, disco subæquali parum prominulo indutum; loculis 2, 2-ovulatis, incomplete spurie septatis; stylo vix v. leviter gynobasico, apice subæquali-subulato-2-lobo. Ovula adscendentia leviter arcuata; micropyle attenuata infera

1. *Prodr.*, 502. — Endl., *Gen.*, n. 3631. — Benth., in *DC. Prodr.*, XII, 564; *Gen.*, II, 1218, n. 125.
2. Alba v. rosea.
3. Spec. 3. Hueg., *Bot. Arch.*, t. 4. — Leme, *Jard. fleur.*, t. 126. — Benth., *Fl. austral.*, V, 109.

4. *Prodr.*, 502. — Benth., in *DC. Prodr.*, XII, 568; *Gen.*, II, 1218, n. 127. — *Anisandra* Bartl., in *Pl. Preiss.*, I, 361.
5. Spec. ad 15. Benth., *Fl. austral.*, V, 120.
6. *Tracts*, 279, t. 3. — Benth., in *DC. Prodr.*, XII, 570; *Gen*, II, 1219, n. 128. — Endl., *Gen.*, n. 3633.

extrorsaque. Nuculæ obovoideæ reticulato-rugosæ, areola lata concava ultra sæpe medium receptaculo conico affixæ. — Frutices; foliis verticillatis, 3, 4-natis; verticillastris axillaribus, 2-floris, nunc in capitula foliata terminalia confertis; bracteolis 2. (*Australia extra-trop.*[1])

121. Hemigenia R. Br.[2] — Flores fere *Prostantheræ*; calyce *Hemiandræ*. Corolla 2-labiata; staminibus 2-dynamis. Antherarum loculus fertilis 1; loculo altero in appendicem variam, in antheris posticis sæpe dilatatam, barbatam cristatamve, mutato. — Frutices v. suffrutices; foliis oppositis v. 3-natis, obtusis v. acutis[3]; floralibus conformibus; verticillastris axillaribus, 2-8-floris; bracteolis 2. (*Australia*[4].)

IX. AJUGEÆ.

122. Ajuga L. — Flores valde irregulares; calyce subcampanulato, ovoideo v. globoso, 10-∞-nervi, 5-dentato v. 5-fido. Corollæ tubus inclusus v. exsertus, ad faucem leviter ampliatus; limbi labio postico brevi, brevissimo v. subnullo, integro, emarginato v. 2-fido; antico autem patente elongato; lobo intermedio latiore emarginato v. 2-fido. Stamina didynama e labio plerumque postico exserta; antica longiora; antherarum loculis divergentibus v. divaricatis, demum confluentibus. Discus æqualis v. antice tumens. Germen plus minus usque ad medium 4-lobum; stylo nunc subapiculari; lobis æqualibus subulatis. Nuculæ obovoideæ reticulato-rugosæ, areola lata laterali ultra medium receptaculo affixæ. — Herbæ annuæ v. perennes, nunc basi suffrutescentes, sæpe decumbentes v. stoloniferæ; foliis integris, dentatis v. incisis; verticillastris 2-∞-floris densis, axillaribus v. terminali-spicatis; bracteolis parvis v. 0. (*Orbis vet. reg. extratrop.*) — Vid. p. 24.

---

1. Spec. ad 10. R. Br., *Prodr.*, 501. — Benth., *Fl. austral.*, V, 127. — Andr., *Bot. Rep*, t. 214. — Hook. f., *Fl. tasm.*, t. 91. — Bot. Reg., t. 1481. — Bot. Mag., t. 3308.
2. *Prodr.*, 502. — Poir., *Dict.*, XX, 548. — Spreng., *Syst.*, II, 712. — Endl., *Gen.*, n. 3632.

— Benth., in *DC. Prodr.*, XII, 567; *Gen.*, II, 1218, n. 126. — *Colobandra* Bartl., in *Pl Preiss.*, I, 357. — *Atelandra* Lindl., *Swan-Riv. App.*, 40, t. 5.
3. Nec acerosis.
4. Spec. 22. Benth., *Fl. austral.*, V, 111.

123. Teucrium T.[1] — Calyx tubulosus, nunc inflatus, 10-nervis ; dentibus 5, valvatis ; postico nunc majore. Corollæ[2] limbus postice fissus, inde antice productus, patens, reflexus spurieque 1-labiatus ; lobo medio omnium maximo, integro v. 2-fido, nunc concavo ; lateralibus cnm posticis ad latera declinatis. Stamina 4[3], 2-dynama : antica majora ; omnium staminibus 2-locularibus ; loculis sæpe divaricatis ; rimis 2 in unam confluentibus. Discus subæqualis. Styli imperfecte gynobasici lobi subulati subæquales. Germen inferne 4-locellatum ; locellis superne liberis. Ovulum in locellis 1, incomplete anatropum ; micropyle extrorsum infera. Nuculæ obovoideæ rugosæ; areola obliqua v. laterali, nunc ultra medium extensa. — Herbæ, suffrutices v. frutices; foliis integris, dentatis, incisis v. ∞-fidis ; floralibus minoribus v. in bracteas abeuntibus ; cymis 2-floris v. rarius ∞-floris, sæpe in racemos spicasve nunc subcapituliformes dispositis. (*Orbis tot. reg. calid. et temp.* [4])

124. Tinnea Kotsch. et Peyr.[5] — Calycis ovoidei et circa fructum valde aucti vesiculosi labia 2 obtusa integra, valvata. Corollæ labium posticum breve, emarginatum v. 2-lobum. Stamina 2-dynama ; antherarum loculis 2, æqualibus, demum subconfluentibus. Germen breviter 4-lobum. Nuculæ basi contractæ areolaque laterali affixæ, dorso appendicula setuloso-radiata subscutellatæ. — Herbæ elatæ v. suffrutescentes pubescentes ; foliis integris; floralibus conformibus v. ad bracteas parvas reductis ; floribus [6] axillaribus 2-nis, v. verticillastris terminali-spicatis. (*Africa trop.* [7])

1. *Inst.*, 207, t. 98. — L., *Gen.*, n. 206. — Benth., in *DC. Prodr.*, XII, 574 ; *Gen.*, II, 1121, n. 134. — Endl., *Gen.*, n. 3679. — Payer, *Fam. nat.*, 193. — *Chamædrys* T., *Inst.*, 204. — *Polium* T., *Inst.*, 206. — *Chamæpitys* T., *Inst.*, 208. — *Scorodonia* Moench, *Meth.*, 384. — *Poliodendron* Noé, in *Webb Phyt. canar.*, III, 106, t. 173. — *Leucosceptrum* Sm., *Ex-Bot.*, II, 113, t. 116. — *Scordium* Cav., *Ic.*, I, 19, t. 31.

2. Albæ, roseæ, purpureæ, cærulcæ, violaccæ v. flavæ.

3. Nunc 5, in floribus abnorm. subregularibus *T. campanulati* (Mirb.).

4. Spec. ad 100. Schreb., *Vert. unilab. Gen. et sp.* (1778). — Lhér., *St. nov.*, t. 40. — Jacq., *Obs*, t. 30 ; *H. schœnbr.*, t. 358 ; *H. vindob.*, III, t. 41. — Cav., *Ic.*, t. 117-119, 121, fig. 1, t. 198, 577. — Sibth., *Fl. græc.*, t. 527-538. — Jacq. F., *Ecl.*, t. 73. — Desf., *Fl. atl.*, t. 117-120; in *Ann. Mus.*, X, t. 22. — Boiss., *Voy. Esp.*, t. 149 ; *Fl. or.*, IV, 805. — Brot.,

Phyt. lusit., t. 104-107. — Hffmg et Link, *Fl. port.*; t. 1-3. — Reichb., *Ic. Fl. germ.*, t. 1236-1239. — Thw., *En. pl. Zeyl.*, 241. — Hook. f., *Fl. brit. Ind.*, IV, 699 (*Leucosceptrum*), 700. — Benth., *Fl. hongk.*, 279. — Fr. et Sav., *En. pl. jap.*, 1, 381. — J.-A. Schm., in *Mart. Fl. bras.*, VIII, 203. — C. Gay, *Fl. chil.*, IV, 511. — Griseb., *Fl. brit. W.-Ind.*, 492. — A. Gray, *Syn. Fl. N.-Amer.*, II, 349. — Hemsl., *Bot. centr.-amer.*, II, 574. — Chapm., *Fl. S.-Un.-St.*, 327. — Munb., in *Bull. Soc. bot. Fr.*, II, 286. — Willk. et Lge, *Prodr. Fl. hisp.*, II, 467. — Brandz., *Prodr. Fl. rom.*, 405. — Grev. et Godr., *Fl. de Fr.*, II, 708. — H. Bn, *Iconogr. Fl. fr.*, n. 191, 291. — *Bot. Reg.*, t. 1255. — *Bot. Mag.*, t. 245, 1271, 2013. — Walp., *Ann.*, III, 270; V, 701.

5. *Pl. Tinn.*, 25, t. 11. — B. H., *Gen.*, II, 1220, n. 132.

6. Violaceo- v. fusco-purpureis.

7. Spec. ad 5. Welw., in *Trans. Lian. Soc.*, XXVII, 58. — *Bot. Mag.*, t. 5637, 6744.

125. Trichostema L.[1] — Calycis campanulati, 10-nervis, dentes 5, aut subæquales, aut valde inæquales; posticis 3 multo productioribus et inferne in labium majorem connatis. Corolla subæquali-5-fida; lobis latis declinatis. Stamina didynama; anticis longioribus; filamentis circinatis demumque arcuatis, longe exsertis; antherarum loculis divaricatis, demum confluentibus. Discus æqualis. Germen 4-lobum; stylo apice inæqui-2-fido. Nuculæ obovoideæ reticulatæ, areola brevi introrsum oblique receptaculo breviter conico affixa. — Herbæ; foliis integris; verticillastris axillaribus dense v. laxe ∞-floris, nunc longe pedunculatis cymosis. (*America bor.*[2])

126? Isanthus Michx[3]. — Flores[4] fere *Trichostematis;* calyce æqui-5-fido. Corollæ tubus brevis; fauce ampla; limbi lobis 5, subæqualibus patentibus. Stamina didynama, breviter exserta; gynæceo, fructu cæterisque *Trichostematis*[5]. — Herba annua; foliis integris v. paucidentatis; cymis axillaribus pedunculatis; pedunculis utrinque 1-3-floris. (*America bor.*[6])

127? Tetraclea A. Gray[7]. — Calyx late campanulatus, subæquali-5-fidus. Corolla[8] sub-2-labiata; tubo cylindraceo exserto; limbi lobis 5, parum inæqualibus imbricatis. Stamina didynama; filamentis incurvis longe exsertis; antheris ad basin connectivi affixis; loculis parallelis, inferne liberis, rimosis. Discus brevis subæqualis. Germen apice 4-lobum; placentis parietalibus 2, lateralibus; laminis liberis, circa ovulum recurvis; septis spuriis antico posticoque brevibus. Stylus longus gracilis, apice subulato-2-lobus. Fructus nuculæ 1-4, obovoideæ reticulatæ; areola ad medium introrsum basilari. — Herba erecta, basi suffrutescens, foliis oppositis ovatis leviter dentatis; cymis utrinque axillaribus pedunculatis laxis, 1-3-floris. (*Reg. mexicano-texana*[9].)

1. *Gen.*, n. 733 — J., *Gen.*, 116. — Endl., *Gen.*, n. 3678. — Benth., in *DC. Prodr.*, XII, 573; *Gen.*, II, 1219, n. 129.

2. Spec. ad 6. Torr., *Bot. Emor. Exped.*, t. 40. — A. Gray, in *Proc. Amer. Acad.*, VIII, 371; *Syn. Fl. N.-Amer.*, II, 347. — Hemsl., *Bot. centr.-amer.*, II, 573. — Chapm., *Fl. S.-Un.-St.*, 327.

3. *Fl. bor.-amer.*, II, 3, t. 30. — Benth., in *DC. Prodr.*, XII, 572; *Gen.*, II, 1220, n. 130.

4. Cærulei, parvi.

5. Cujus forte sectio.

6. Spec. 1. *I. brachiatus.* — *I. cœruleus* Michx. — A. Gray, *Syn. Fl. N.-Amer.*, II. 349. — Chapm, *Fl. S.-Un.-St.*, 327. — *Trichostema brachiata* L., *Spec.*, 834.

7. In *Amer. Journ. sc.*, ser. 2, XVI, 98; *Syn Fl. N.-Amer.*, II, 347. — B. H., *Gen.*, II, 1220, n. 131.

8. Alba, mediocris.

9. Genus ob placentas parietales et styli insertionem *Verbenaceis* perquam affine, haud tamen ab *Amethystea, Trichostemate*, etc. longe sejungendum.

128. Amethystea L.[1] — Flores irregulares; calyce campanulato, 10-nervi; dentibus 5, longis acutis subæqualibus, valvatis. Corollæ tubus brevis; limbi declinati lobi 5, imbricati; postici extimi; antico majore intimo. Stamina 4: antica 2, fertilia adscendentia; filamentis arcuatis; antheris brevibus introrsis confluenti-rimosis exsertis; postica autem 2 sterilia ad staminodia minuta filiformia reducta. Germen breviter obovoideum, basi subglandulosum, apice vix depressum. Placentæ laterales 2, demum ad centrum contiguæ; lobis 2 revolutis; ovulo concavitati loborum affixo adscendente hemitropo; micropyle extrorsum infera. Stylus subterminalis arcuatus, apice 2-lobus; lobis subulatis; postico breviore. Fructus siccus, constans e nuculis 1-4, obovoideo-3-gonis duris reticulato-rugosis, areola laterali affixis, demum solutis columellamque brevem complanato-2-fidam relinquentibus. — Herba annua erecta glabra; foliis oppositis inciso-3-5-partitis; floralibus minoribus; summis bracteiformibus; floribus[2] terminali-racemosis in cymas pedunculatas apiceque sæpius 1-paras dispositis. (*Asia temp.*[3])

129? Cymaria BENTH.[4] — Flores[5] minuti; calyce campanulato æqui-5-dentato, circa fructum urceolato. Corolla 2-labiata; labio postico extimo fornicato integro. Stamina didynama; antheris reniformibus, demum confluenti-rimosis. Discus æqualis. Germen apice 4-lobum; placentis centripetis 2, 2-ovulatis; stylo subulato; lobo postico minuto. Nuculæ rugosæ areola laterali affixæ. — Frutices; foliis oppositis dentatis; floralibus nunc raro ad bracteas reductis; cymis utrinque axillaribus pedunculatis compositis, nunc terminali-racemosis[6]. (*Arch. Malayan., Birmannia*[7].)

1. *Gen.*, n. 34. — J., *Gen.*, 111. — GÆRTN., *Fruct.*, t. 66. — LAMK, *Ill.*, t. 18. — ENDL., *Gen.*, n. 3677. — BENTH., in *DC. Prodr.*, XII, 572; *Gen.*, II, 1220, n. 132. — PAYER, *Fam. nat.*, 193. — BOCQ., in *Adansonia*, II, 301; III, 209 (*Verbenacea*).

2. Cæruleis, parvis.

3. Spec. 1. *A. cærulea* L. — *Bot. Mag.*, t. 2448.

4. In *Bot. Reg.*, sub t. 1292; in *Wall. Pl. as. rar.*, I, 64; *Lab.*, 705; in *DC. Prodr.*, XII, 602; *Gen.*, II, 1222, n. 136.

5. Minuti crebri.

6. Affinitas cum *Callicarpa* manifesta necnon cum *Hymenopyramide*. Genus inter *Labiateas* et *Verbenaceas* ambigit.

7. Spec. 3. DELESS., *Ic. sel.*, III, t. 86. — HOOK. F., *Fl. brit. Ind.*, IV, 704.

XCVIII

VERBÉNACÉES

I. SÉRIE DES VERVEINES.

Les Verveines[1] (fig. 72-77) ont des fleurs hermaphrodites et irrégulières. Leur réceptacle convexe porte un calice gamosépale, tubuleux,

Verbena officinalis.

à cinq divisions, souvent inégales et indupliquées dans le bouton. La corolle, gamopétale et irrégulière, a un tube droit ou arqué et un limbe à cinq divisions dont la préfloraison est imbriquée ; ses deux lobes postérieurs recouvrant les latéraux qui enveloppent l'antérieur. L'androcée est formé de quatre étamines didy-

Verbena Melindres.

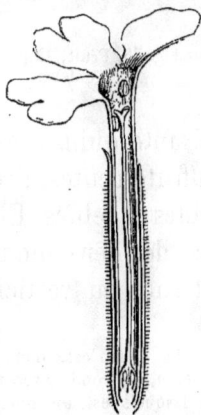

Fig. 72. Inflorescence.   Fig. 73. Fleur.   Fig. 74. Fleur, coupe longitudinale.

names[2], plus rarement deux, insérées sur la corolle et dont les anthères introrses ont deux loges, égales ou inégales[3], déhiscentes

1. *Verbena* T., *Inst.*, 200, t. 94. — L., *Gen.*, n. 32. — J., *Gen.*, 109. — ENDL., *Gen.*, n. 3685. — SCHAU., in *DC. Prodr.*, XI, 535. — PAYER, *Organog.*, 558, t. 115 ; *Leç. Fam. nat.*, 188. — BOCQ., in *Adansonia*, II, 86 ; III, 201. — *Glandularia* GMEL., *Syst.*, 920. — *Billardiera* MOENCH, *Meth.*, 359. — *Shuttleworthia* MEISSN., *Gen.*, 290 : *Comm.*, 108. — *Uwarowia* BGE, in *Bull. Pétersb.*, VII (1840), 278

2. Les antérieures plus grandes.

3. L'une d'elles ou toutes deux peuvent porter à la base un court éperon plein.

par des fentes longitudinales[1]. Le gynécée supère est formé d'un ovaire à deux loges[2], que surmonte un style à extrémité stigmatifère partagée en deux lobes inégaux[3]. Chacune des loges renferme deux ovules ascendants, incomplètement anatropes, à micropyle dirigé en bas et en dehors; et une fausse-cloison centripète, formée dans l'intervalle des deux ovules d'une même loge, finit par isoler chacun de ceux-ci dans une logette particulière. Le fruit est sec, entouré du calice persistant, et se sépare finalement en quatre achaines dont le péricarpe est crustacé ou membraneux. Les graines renferment, sous leurs téguments rugueux ou réticulés, un embryon charnu, dépourvu ou à peu près d'albumen et à radicule infère. On distingue environ

Verbena Aubletia.

Fig. 75. Fruit, le périanthe enlevé.

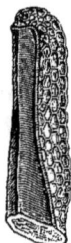

Fig. 76. Graine.

Fig. 77. Graine, coupe longitudinale.

soixante-quinze espèces[4] de ce genre. Ce sont des herbes, parfois suffrutescentes, dressées ou couchées, glabres ou plus souvent pubescentes et velues. Elles habitent toutes les régions chaudes et tempérées des deux mondes. Leurs feuilles sont opposées, plus rarement alternes ou verticillées par trois. Leurs fleurs[5] sont disposées en

1. Le pollen est, dans certains *Verbena* et *Lantana*, « arrondi, avec trois angles tronqués sur lesquels est un ombilic » (H. MOHL, in *Ann. sc. nat.*, sér. 2, III, 319).

2. Il s'agit en réalité de deux placentas pariétaux et latéraux qui finissent d'ordinaire par se toucher au centre. En même temps, une fausse-cloison plus ou moins développée s'avance, en avant et en arrière, de la ligne médiane de l'ovaire.

3. Le lobe antérieur, seul stigmatifère en général, est plus court et plus large. L'autre, souvent étroit et aigu, est glabre, non papilleux.

4. JACQ., *H. schœnbr.*, t. 5; *H. vindob.*, t. 176. — VENT., *Jard. Cels*, t. 53. — SIBTH., *Fl. græc.*, t. 554. — R. et PAV., *Fl. per. et chil.*, 4. 32, fig. *a*; 33, 34, fig. *a*. — HOOK., *Bot. Misc.*,

I, t. 46-48. — TURCZ., in *Bull. Mosc.* (1863), II, 194. — H. B. K., *Nov. gen. et spec.*, t. 133-137. — PHIL., in *Linnæa*, XXIX, 19; *Fl. atacam.*, 40, t. 5. — SWEET, *Brit. fl. Gard.*, t. 202, 295; sér. 2, t. 9, 41, 207, 221, 318, 347, 363, 391. — C.-B. CLKE, in *Hook. f. Fl. brit. Ind.*, IV, 565. — HEMSL. et FORB., in *Journ. Linn. Soc.*, XXVI, 252. — A. GRAY, *Syn. Fl. N.-Amer.*, II, 335. — GRISEB., *Fl. brit. W.-Ind.*, 493; *Pl. Lorentz.*, 192. — REICHB., *Ic. Fl. germ.*, t. 1292; *Ic. exot.*, t. 64. — BOISS., *Fl.; or.*, IV, 534. — GREN. et GODR., *Fl. de Fr.*, II, 718. — *Bot. Reg.*, t. 294, 1102, 1184, 1748, 1766, 1925. — *Bot. Mag.*, t. 308, 1976, 2200, 2910, 3127, 3333, 3541, 3628, 3694. — WALP., *Ann.*, I, 542; III, 231; V, 706.

5. Blanches, jaunes, rouges ou bleues.

épis ou en corymbes, ordinairement sessiles, et parfois axillaires, parfois aussi en épis composés.

Petræa volubilis.

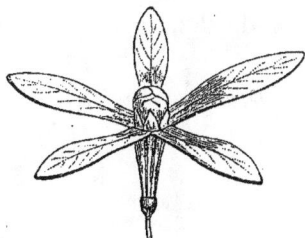

Fig. 78. Bouton.

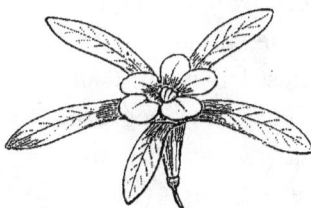

Fig. 79. Fleur.

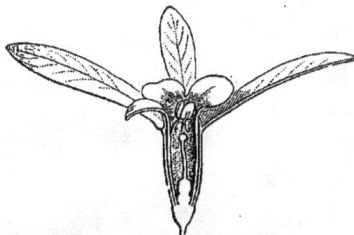

Iig. 80. Fleur, coupe longitudinale.

Fig. 81. Gynécée, coupe longitudinale.

Ce genre forme, avec les *Tamonea, Taligalea* et *Monochilus,* une petite sous-série (*Euverbénées*), dans laquelle le fruit est à quatre noyaux ; les fleurs sessiles ou pédicellées.

Lantana Camara.

Fig. 82. Fleur

Fig. 83. Diagramme.

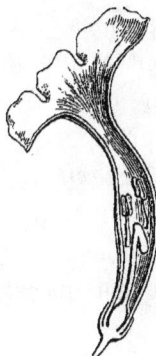

Fig. 84. Fleur, coupe longitudinale.

Fig. 85. Gynécée.

Les *Petræa* (fig. 78-81) constituent avec les *Casselia,* américains comme eux, une autre sous-série (*Pétræées*) dans laquelle l'ovaire es réduit à deux logettes uniovulées; le fruit, à deux noyaux mono-spermes.

Dans une autre sous-série (*Citharexylées*), formée des genres *Citha-rexylon*, *Raphithamnus* et *Duranta*, tous américains, les fleurs sont axillaires ou en grappes, et le fruit possède de deux à cinq noyaux partagés par une fausse-cloison en deux logettes. On y joint en-core le *Cælocarpus*, de Socotora.

Lippia citriodora.

Les *Lantana* (fig. 82-85) sont le type d'un petit groupe (*Lanta-nées*) à fleurs sessiles, en épis simples ; à fruits dont les noyaux monospermes sont au nombre d'un ou deux. C'est que les pla-centas pariétaux et latéraux n'ont qu'une de leurs deux branches (l'antérieure) qui soit ovuligère. On y trouve, avec les *Lantana*, les *Tatea*, *Lippia* (fig. 86), *Bail-lonia*, *Neosparton*, *Bouchea*, *Ubo-chea* et *Stachytarpheta*. Presque tous ces genres sont américains.

La sous-série des *Privées* (genres *Priva* et *Dipyrena*) a aussi des fleurs sessiles, en épis. Les noyaux sont dispermes et à deux logettes, rarement à une logette monosperme, par avortement.

Dans le petit groupe que for-ment les genres *Acharitea*, *Neso-genes* et *Spartothamnus*, la corolle

Fig. 86. — Rameau florifère ($\frac{1}{2}$).

a quatre ou cinq lobes ; les quatre étamines ont des anthères apicu-lées à la base, et le fruit est drupacé. La corolle a deux lèvres plus ou moins prononcées.

Les *Chloanthes* sont des plantes australiennes, comme les *Cyano-stegia*, *Pytirodia* et *Denisonia*, et constituent avec eux une sous-série (*Chloanthées*) dans laquelle la corolle irrégulière, ordinairement bilabiée, appartient à des fleurs axillaires, qui peuvent être solitaires ou groupées en glomérules pauciflores, mais toujours de façon que l'ensemble de l'inflorescence soit centripète. L'androcée y est didyname, et les anthères sont mutiques.

Physopsis spicata.

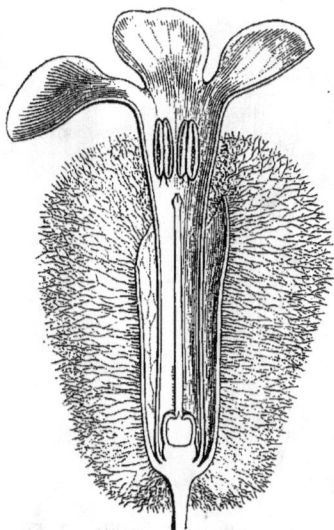

Fig. 87. Fleur, coupe longitudinale.

Les *Physopsis* (fig. 87) donnent leur nom à une sous-série (*Physopsidées*), également australienne, dans laquelle l'inflorescence générale est celle des Chloanthées; mais les fleurs y sont régulières ou à peu près, avec une corolle découpée de quatre à huit lobes, et un même nombre d'étamines. Le gynécée y est le même que celui des Chloanthées, à quatre logettes uniovulées; mais de bonne heure, deux ou trois des logettes avortent, et il ne reste qu'un ovule fertile, inséré vers le milieu de la hauteur de son bord interne. Le style est ordinairement partagé à son sommet en deux lobes très courts. On range encore ici les genres *Mallophora*, *Dicrastyles* et *Lachnostachys*.

II. SÉRIE DES PHRYMA.

Extérieurement, les fleurs des *Phryma*[1] (fig. 88, 89) ressemblent à celles des Verveines, avec un calice tubuleux, à cinq côtes et à cinq dents inégales; les trois postérieures finalement accrues en crocs aigus; les deux antérieures courtes et mutiques. La corolle a un tube cylindrique et un limbe subbilabié, imbriqué, comme celui des *Verbena*. De même l'androcée inclus est didyname, et les loges introrses des anthères sont divergentes. Mais l'ovaire insymétrique n'a qu'une loge uniovulée, et il est surmonté d'un style un peu excentrique, brièvement bifide au sommet. L'ovule est inséré un peu au-dessus de la base du bord antérieur de l'ovaire, sur un placenta proéminent. Il est ascendant, presque orthotrope, à micropyle supérieur. Le fruit, réfléchi avec le calice qui l'enveloppe, est sec et membraneux. La

1. L., *Gen.*, n. 738. — J., *Gen.*, 117. — GÆRTN., *Fruct.*, t. 75. — LAMK, *Ill.*, t. 516. — ENDL., *Gen.*, n. 3690. — SCHNITZL., *Ic. fam.*, t. 150 *u*. — B. H., *Gen.*, II, 1137, n. 1. — *Leptostachya* MITCH., in *Act. phys.-med. Soc. nat. cur.* (1748), 212.

graine a un tégument extérieur lâche, et un embryon dont les cotylédons sont larges, con-
volutés ou compliqués;
la radicule supère, en
supposant le fruit re-
dressé. Le *P. leptosta-
chya* L. est une herbe
de l'Amérique du Nord
et de l'Asie. Ses feuilles
sont opposées et den-
tées. Ses petites fleurs
sont disposées en grappes
spiciformes et ont un
pédicelle court qui porte
deux bractéoles latéra-
les.

Le *Melananthus dipy-
renoides*[1], du Brésil, se
range près des *Phryma*,

Phryma leptostachya.

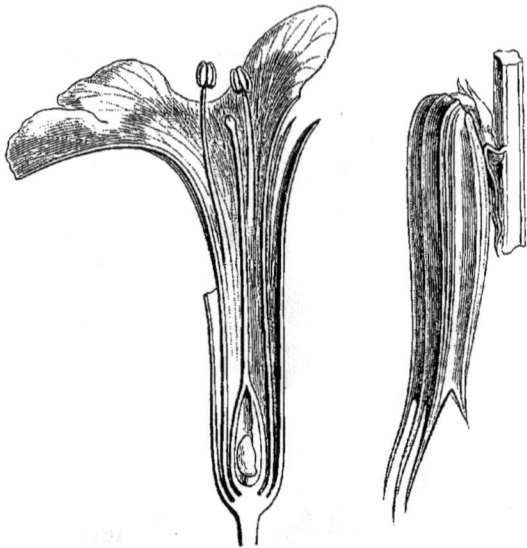

Fig. 88. Fleur, coupe longitudinale.   Fig. 89. Fruit.

dont il a l'ovaire uniloculaire, accompagné d'un disque cupuliforme,
avec un style capité, et un fruit capsulaire, bivalve et dressé.

III. SÉRIE DES STILBE.

La fleur des *Stilbe*[2] (fig. 90-92) est hermaphrodite, à petit réceptacle convexe. Son calice est gamosépale, à cinq dents ou à cinq lobes,
presque égaux, à moins que les trois postérieurs ne soient rapprochés
en une sorte de lèvre trilobée. Leur préfloraison est valvaire ou à
peine imbriquée. La corolle gamopétale a un tube étroit. Son limbe
est partagé en cinq lobes un peu inégaux, à moins que les deux
postérieurs ne soient unis dans une étendue variable. Leur préfloraison est imbriquée. La gorge est garnie de poils plus ou moins
abondants, en dehors desquels se dégagent les quatre étamines,
peu inégales, formées d'un filet et d'une anthère dorsifixe, introrse,

1. WALP., in *Bot. Zeit.* (1850), 788; *Ann.*,
III, 230. — TAUB., in *Bot. Jahrbüch.* (1890),
t. 1 A, fig. 2.
2. BERG., *Fl. cap.*, 30, t. 4. — J., *Gen.*, 418.

— LAMK, *Ill.*, t. 856. — ENDL., *Gen.*, n. 3724.
— H. BN, in *Payer Leç. Fam. nat.*, 221. — B. H.,
Gen., II, 1138, n. 3. — *Luhea* SCHM., in *Ust.
Ann.*, VI, 118.

à deux loges parallèles et déhiscentes par des fentes longitudinales. Le staminode postérieur existe quelquefois. L'ovaire supère est biloculaire, surmonté d'un style simple, à sommet stigmatifère indivis ou à peine bilobé, dont l'avortement d'une des loges ovariennes peut rendre l'insertion un peu latérale. L'une des loges avorte souvent, et son ovule est rudimentaire. Sinon, elle renferme, comme l'autre, un ovule dressé dont le funicule est épaissi et dont le micropyle est dirigé en bas et en dehors. Le fruit est sec, indéhiscent, à une loge dont la graine est pourvue d'un albumen charnu et d'un embryon axile, à radicule infère. Les *Stilbe* sont, au nombre de quatre[1], des arbustes

Stilbe pinastra.

Fig. 90. Rameau florifère.   Fig. 92. Gynécée, coupe   Fig. 91. Fleur, coupe
                                      longitudinale.   longitudinale.

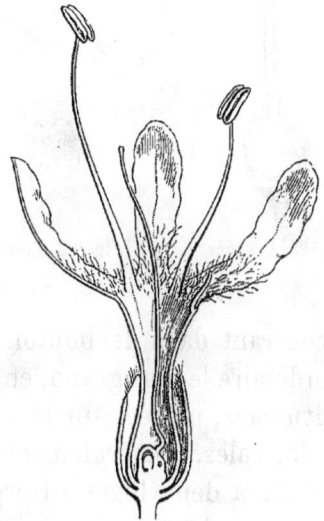

éricoïdes de l'Afrique australe. Ils ont des feuilles verticillées par quatre-six, linéaires, rigides, à bords épaissis et récurvés. Elles passent graduellement, en haut des rameaux, à la forme de bractées plus ou moins dilatées. Là sont les fleurs[2], axillaires, solitaires et sessiles, accompagnées de deux bractéoles latérales.

A côté des *Stilbe* se rangent les trois genres très voisins *Campylostachys*, *Eurylobium* et *Euthystachys*, qui sont tous aussi originaires de l'Afrique australe.

1. A. DC., *Prodr.*, XII, 606.   2. Blanches ou roses, petites.

IV. SÉRIE DES GATTILIERS.

Les fleurs hermaphrodites et irrégulières des Gattiliers[1] (fig. 93-96) portent, sur un petit réceptacle convexe, un calice campanulé ou en entonnoir, partagé en cinq lobes auxquels sont parfois ajoutées des dents accessoires. La corolle a un tube droit ou légèrement arqué, et un limbe obliquement étalé, à cinq lobes égaux; les deux latéraux

Vitex Agnus-castus.

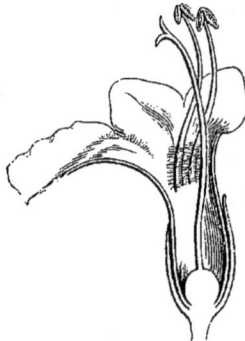

Fig. 95. Gynécée.　　Fig. 93. Fleur.　　Fig. 94. Fleur,　　Fig. 96. Gynécée,
　　　　　　　　　　　　　　　　　　　　　coupe　　　　　　coupe
　　　　　　　　　　　　　　　　　　longitudinale.　　longitudinale.

recouvrant dans le bouton les postérieurs et l'antérieur, qui est d'ordinaire le plus grand, entier ou émarginé au sommet. Des étamines didynames, portées sur le tube de la corolle, ordinairement exsertes, les latérales, généralement plus petites, ont un filet arqué et une anthère à deux loges divergentes, insérées au sommet du filet par leur extrémité supérieure, et déhiscentes par des fentes longitudinales intérieures[2]. Le gynécée supère a un ovaire à deux loges, antérieure et postérieure, souvent incomplètes, au moins jusqu'à un certain âge; chaque loge finalement divisée en deux compartiments uniovulés. Les ovules, insérés au-dessus du milieu de la hauteur des placentas

---

1. *Vitex* T., *Inst.* 603, t. 373. — L., *Gen.*, n. 790. — J., *Gen.*, 107. — GÆRTN., *Fruct.*, t. 56. — ENDL., *Gen.*, n. 3700. — SCHAU., in *DC. Prodr.*, XI, 683. — PAYER, *Fam. nat.*, 189. — BOCQ., in *Adansonia*, II, 101, 164, t. 6. — B. H., *Gen.*, II, 1154, n. 46. — *Tripinna* LOUR., *Fl. coch.*, 391. — H. BN, in *Bull. Soc. Linn. Par.*, 714. — *Tripinnaria* PERS., *Syn.*, II, 173. — *Limia* VANDELL., *Fl. lus. et bras. Spec.*, 42, t. 3, fig. 21. — *Nephrandra* W. et COTHEN., *Disp. veg.*, 8. — *Wallrothia* ROTH,

Nov. sp. pl., 317. — *Ephialis* SOL., herb. — SEEM., *Fl. vit.*, 189. — *Pyrostoma* G.-F.-W. MEY., *Prim. Fl. esseq.*, 219. — *Casarettoa* WALP., *Rep.*, IV, 91. — *Chrysomallum* DUP.- TH., *Gen. nov. madag.*, 8. — *Psilogyne* DC., *Rev. Bignon.*, 16.

2. Le pollen est (H. MOHL) ovoïde, avec trois sillons longitudinaux, et, dans l'eau, sphérique, avec trois bandes. De même dans certains *Ovieda*, le *Tectona*, etc. Dans les premiers, les bandes peuvent être ponctuées.

et dans la concavité extérieure de leurs lobes réfléchis, incomplètement anatropes, ont le micropyle dirigé en bas et en dehors[1]. Le
style, inséré sur le sommet de l'ovaire, se partage supérieurement en
deux branches stigmatifères aiguës et presque égales. Le fruit est
drupacé, accompagné à sa base du calice persistant, formant cupule
courte ou large, ou l'enveloppant parfois presque tout entier. Son
noyau dur, quelquefois osseux, est partagé en quatre logettes monospermes, avec souvent une lacune centrale plus ou moins prononcée.
Les graines, obovales ou oblongues, renferment un embryon charnu
dont la radicule est infère.

Ce sont, au nombre d'une soixantaine[2], des arbres et des arbustes
des régions chaudes des deux mondes. Leurs feuilles sont opposées,
composées-digitées, à 3-7 folioles pétiolulées, rarement unifoliolées.
Leurs fleurs[3] sont disposées en cymes bipares, réunies sur les axes
d'une grappe ou d'un épi simple ou ramifié et quelquefois contracté
au point de simuler un capitule. L'ensemble de l'inflorescence est
terminal, ou bien ses divisions inférieures occupent l'aisselle des
feuilles supérieures. Les fleurs sont accompa-
gnées de bractées et de bractéoles, rarement plus
longues que le calice.

Holmskioldia sanguinea.

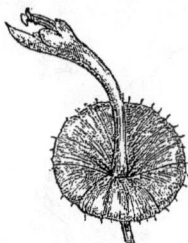

Fig. 97. Fleur.

Dans une sous-série des *Euviticées*, se trouvent,
avec les *Vitex*, quatre genres à corolle plus ou
moins irrégulière et à androcée didyname, avec
un fruit dont le noyau renferme quatre cavités
monospermes. Ce sont les *Gmelina* et *Kalaharia*,
de l'ancien monde ; les *Cornutia*, de l'Amérique
tropicale ; les *Premna*, des régions tropicales de
l'ancien monde.

Dans une sous-série des *Oviédées*, sont réunis des arbustes tropicaux et sous-tropicaux, dont le fruit renferme quatre noyaux. Ce sont
les *Oxera* et *Faradaya*, océaniens ; les *Holmskioldia* (fig. 97), afri-

---

1. Avec un seul tégument incomplet.
2. VAHL, *Ecl.*, t. 18. — SIBTH., *Fl. græc.*,
t. 609. — A. RICH., *Fl. cub.*, t. 64. — HOOK.,
Icon., t. 419. — HOOK. et ARN., *Beech. Bot.*,
t. 47, 48. — SEEM., *Bot. Her.*, t. 71; *Fl. vit.*,
t. 45. — KOTSCH., *Pl. Tinn.*, t. 12. — TURCZ.,
in *Bull. Mosc.* (1863), II, 223. — SCHAU., in
Mart. Fl. bras., IX, 294, t. 49. — HEMSL., *Bot.
centr.-amer.*, II, 539. — WALL., *Pl. as. rar.*,
t. 226. — WIGHT, *Icon.*, t. 519, 1465-1467. —
BEDD., *Fl. sylv.*, t. 252. — THW., *En. pl. Zeyl.*,

244. — C.-B. CLKE, in *Hook. f. Fl. brit. Ind.*,
IV, 583. — HEMSL. et FORB., in *Journ. Linn.
Soc.*, XXVI, 257. — GRISEB., *Fl. brit. W.-Ind.*,
502. — OLIV., in *Trans. Linn. Soc.*, XXIX,
t. 130, 131. — BOISS., *Fl. or.*, IV, 535. — BAK.,
Fl. maur., 255. — REICHB., *Ic. Fl. germ.*,
t. 1293. — MOGGR., *Fl. Ment.*, t. 14. — GREN.
et GODR., *Fl. de Fr.*, II, 718. — *Bot. Mag.*,
t. 364, 2187. — WALP., *Ann.*, I, 545; III, 240;
V, 712.

3. Blanches, bleues, violettes ou jaunâtres.

cains et asiatiques; le *Teucridium*, de la Nouvelle-Zélande, et les *Ovieda* (fig. 98-100), des régions tropicales et sous-tropicales des deux mondes.

· Les *Caryopterys*, très voisins des *Ovieda*, en ont été cependant ·

Ovieda inermis.

Fig. 98. Fleur.

Fig. 99. Fleur, coupe longitudinale.

souvent éloignés et placés dans un groupe particulier (*Caryoptéridées*), parce que leurs cymes sont toutes ou en majeure partie axillaires, au

Ovieda fœtida.

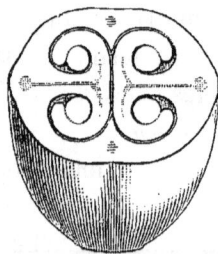

Ægiphila salutaris.

Fig. 100. Gynécée, coupe transversale.

Fig. 101. Fleur.

Fig. 102. Fleur, coupe longitudinale.

lieu de former une grande inflorescence composée terminale. Mais ce caractère inconstant ne nous a pas paru suffisant pour motiver l'établissement d'une division spéciale ayant la valeur de tribu. L'inflorescence est la même dans le genre très voisin *Glossocarya*, asiatique et océanien; dans les *Peronema*, arbustes malaisiens, à feuilles composées-pennées. Les mêmes feuilles s'observent dans le *Varen-*

gevillea, de Madagascar, dont les inflorescences sont implantées sur le bois. Le *Petræovitex*, de l'Archipel Indien, a les feuilles biternées. Les *Hymenopyramis*, de l'Himalaya, ont leurs cymes disposées en grande pyramide terminale, et leurs fleurs tétramères se rapprochent de la forme régulière.

Cette régularité s'accentue dans les deux sous-séries des *Tectonées* et des *Callicarpées*. Dans la première, formée des genres *Tectona*, *Petitia* et *Rapinia*, le fruit drupacé a un noyau à quatre logettes. Dans la dernière, où se rangent les genres *Callicarpa*, *Geunsia*, *Ægiphila* (fig. 101, 102) et *Schizopremna*, l'endocarpe, là où il est connu, est formé de noyaux indépendants, au nombre de quatre ou plus.

V. SÉRIE DES AVICENNIA.

Les *Avicennia*[1] (fig. 103-105) ont les fleurs régulières et hermaphrodites. Leur calice est formé de cinq sépales imbriqués en quinconce,

Avicennia tomentosa.

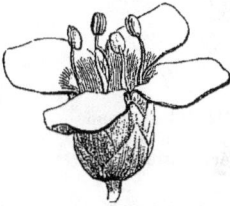

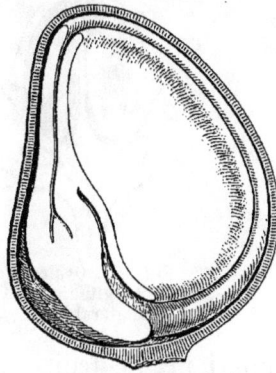

Fig. 103. Fleur.   Fig. 105. Fruit, coupe   Fig. 104. Fleur, coupe
                       longitudinale.   longitudinale.

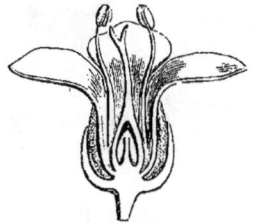

ou seulement de quatre, imbriqués également. Leur corolle[2] est gamopétale, à tube droit et court, à limbe partagé en quatre, plus rarement en cinq lobes épais, égaux ou peu inégaux, presque valvaires ou légè-

---

1. L., *Gen.*, ed. 1, 27, n. 72. — J., *Gen.*, 108. — Schau., in *DC. Prodr.*, XI, 698. — Endl., *Gen.*, n. 3722. — B. H., *Gen.*, II, 1160, n. 59. — *Donatia* Loefl., *It.*, 193. — *Upata*

Adans., *Fam. des pl.*, II, 201. — *Sceura* Forsk., *Fl. æg.-arab.*, 37. — *Halodendron* Dup.-Th., *Gen. nov. madag.*, 8.

2. Blanchâtre.

rement imbriqués par leurs bords taillés en biseau. La gorge de la
corolle porte quatre ou rarement cinq étamines alternipétales, formées
d'un filet qui s'attache à la base d'un connectif épaissi, et d'une
anthère introrse, à deux loges parallèles, déhiscentes suivant leur
longueur. L'ovaire libre est uniloculaire, surmonté d'un style à deux
branches courtes et aiguës. Le placenta est central-libre et dilaté en
quatre ailes courtes, dont une antérieure, une postérieure et deux
latérales. Entre les ailes pendent de son sommet quatre ovules ortho-

Symphorema involucrata.

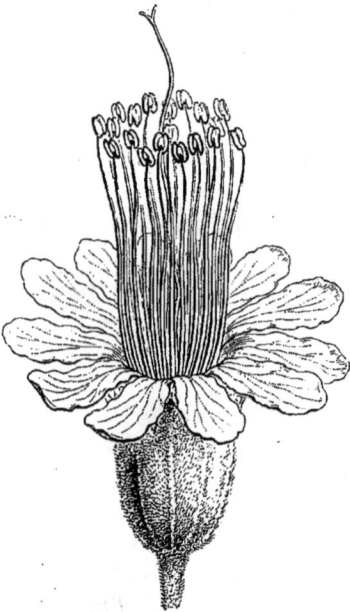

Fig. 106. Fleur ($\frac{+}{+}$).

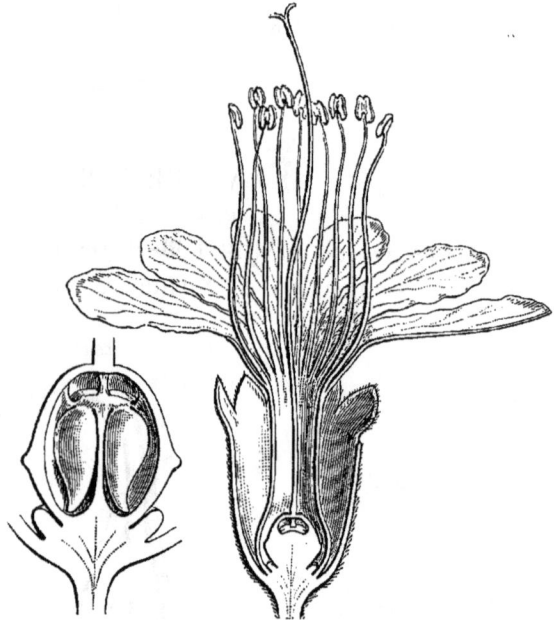

Fig. 107. Ovaire,
coupe longitudinale,
bilatérale.

Fig. 108. Fleur, coupe
longitudinale,
antéro-postérieure.

tropes, à micropyle inférieur. Le fruit est inégalement comprimé,
s'ouvrant en deux valves égales ou inégales. Il ne renferme qu'une
graine dressée, dont l'embryon dénudé, épais, est formé d'une courte
radicule infère, velue, et de deux cotylédons souvent inégaux, pliés
suivant leur longueur. Les *Avicennia* sont des arbustes glabres ou
chargés d'un duvet pâle, qui croissent dans tous les pays tropicaux,
sur le bord de la mer, dans les eaux saumâtres. Ils ont des feuilles
opposées, épaisses et entières et des fleurs groupées en cymes contractées et capituliformes. Elles forment au sommet des rameaux une
sorte de corymbe terminal, ou bien elles occupent l'aisselle des feuilles

et y sont fréquemment superposées par couplés. Chaque fleur occupe l'aisselle d'une bractée et est accompagnée de deux bractéoles laté-rales, semblables aux sépales. Il n'y en a vraisemblablement que deux ou trois espèces très variables[1].

Ce genre forme à lui seul une sous-série des *Euavicenniées*. Dans une sous-série voisine, nous placerons les *Symphorema* (fig. 106-108), dont les fleurs ont une grande corolle plurilobée, des étamines nom-breuses et un ovaire construit comme celui des *Avicennia*, avec quatre ovules semblables. Mais cet ovaire est partagé en deux loges presque complètes; et une fausse-cloison incomplète, comme celle des *Avicennia*, s'avance du placenta entre les deux ovules d'une même loge. A cette sous-série des *Symphorémées* se rattachent les genres très voisins *Sphenodesma* et *Congea*. Ils ont la corolle irrégulière. Le premier a cinq étamines, et le dernier quatre. Tous ont les fleurs dis-posées, sur les axes d'une grappe terminale, en cymes contractées, entourées d'un involucre de six ou de trois folioles.

Cette famille n'était pas autrefois distinguée de celle des Labiées. Le premier qui la constitua fut A.-L. DE JUSSIEU[2], sous le nom de *Vitices*. Il ne lui donna qu'en 1806[3] le nom de Verbénacées[4]. Dans le *Genera* de BENTHAM et HOOKER[5], leur furent adjointes comme tribus les Phrymées et les Stilbées. Avant eux, H. BOCQUILLON s'était active-ment occupé, de 1861 à 1863[6], d'une Revue de groupe des Verbéna-cées dont il avait été amené à exclure les *Avicennia* et les Symphoré-mées, modifiant ainsi le cadre tracé dans le *Prodromus*[7] en 1847 par J.-C. SCHAUER.

Ce sont des plantes abondantes dans les régions chaudes et tem-pérées des deux mondes. Il n'y en a presque pas en Europe, et la Verveine officinale est la seule que ne tue pas le froid de nos hivers.

1. JACQ., *St. amer.*, t. 112. — PAL.-BEAUV., *Fl. owar. et ben.*, t. 47. — GRIFF., in *Trans. Linn. Soc.*, XX, 1, t. 1. — WALL., *Pl. as. rar.*, t. 271. — WIGHT, *Icon.*, t. 1481, 1482. — SCHAU., in *Mart. Fl. bras.*, IX, 301. — C.-B. CLKE, in *Hook. f. Fl. brit. Ind.*, IV, 604. — GRISEB., *Fl. brit. W.-Ind.*, 502. — A. GRAY, *Syn. Fl. N.-Amer.*, II, 340. — HEMSL., *Bot. centr.-amer.*, II, 540. — THW., *En. pl. Zeyl.*, 244. — BEDD., *Fl. sylv.*, t. 22, II. — BAK., *Fl.*

maur., 256. — BOISS., *Fl. or.*, IV, 536. — BALF. F., *Bot. Socot.*, 237.
2. *Gen.* (1789), 106, Ord. 5.
3. In *Ann. Mus.*, VII, 63.
4. ENDL., *Gen.*, 632, Ord. 187. — LINDL., *Veg. Kingd.*, 663, Ord. 256. — *Pyrenaceæ* VENT., *Tabl.*, II, 215.
5. II, 1131, Ord. 215.
6. In *Adansonia*, II, 80, 249, 294; III, 177.
7. XI, 522, Ord. 147 (1847).

Aussi n'y a-t-il pas de Verbénacées dans les régions arctiques et alpines. Elles sont au contraire assez abondantes dans la zone extra-tropicale de l'Amérique méridionale, et il y en a même quelques espèces dans la région magellanique.

Les genres, au nombre de 64[1], que nous admettons dans la famille, comprennent environ 800 espèces. Nous en formons les cinq séries suivantes :

I. VERBÉNÉES[2]. — Fleurs irrégulières ou presque régulières, dis-posées en épis ou grappes de fleurs ou de glomérules, généralement pauciflores (centripètes). Ovaire à 2-4 placentas pariétaux, souvent contigus en dedans, 1, 2-ovulés. Graines généralement dépourvues d'albumen. — Plantes ligneuses et plus souvent herbacées, à feuilles opposées et rarement alternes. — 31 genres.

II? PHRYMÉES[3]. — Fleurs irrégulières, disposées en épis simples. Ovaire à une loge uniovulée. Ovule ascendant, orthotrope. Graine sans albumen. — 2 genres.

III. STILBÉES[4]. — Fleurs régulières ou peu irrégulières, disposées en épis simples, plus ou moins contractés ou capituliformes. Ovaire à 2 loges uniovulées, ou l'une d'elles stérile. Ovule ascendant, anatrope. Graine pourvue d'albumen. — Arbustes éricoïdes, à feuilles alternes ou verticillées. — 4 genres.

IV. VITICÉES[5]. — Fleurs irrégulières ou plus rarement régulières, disposées en cymes (centrifuges), plus ou moins composées et axillaires, opposées ou disposées en une grappe ramifiée terminale. Ovaire à 2-∞ placentas pariétaux bilobés, contigus ou non au centre, 2-ovulés. Fruit drupacé, plus ou moins charnu, à graines généralement dépourvues d'albumen. — Arbres ou arbustes, à feuilles opposées ou verticillées, simples ou plus rarement digitées ou pennées. — 23 genres.

---

1. On ne sait où placer les genres : *Guapira* AUBL., *Guian.*, I, 308, t. 119 (*Cynastrum* NECK., *Elem.*, I, 224), assimilé, peut-être à tort, par SCHAUER à l'*Avicennia*.

Contarenia VAND., *Fl. lusit. et bras. Spec.*, 42, t. 3, fig. 20, considéré comme une Scrofulariacée ou une Verbénacée douteuse (DC., *Prodr.*, XVII, 291).

Tetreilema TURCZ., in *Bull. Mosc.* (1863), II, 199, dit de Coquimbo, et décrit d'une façon incompréhensible.

2. *Verbeneæ* SCHAU., in *DC. Prodr.*, XI, 525, Trib. 1. — BOCQ., in *Adansonia*, II, 86. — B. H., *Gen.*, II, 1133, Trib. 4. — *Lippieæ* ENDL., *Gen.*, 633, Trib. 1. — *Lantaneæ* ENDL.,

Gen., 635, Trib. 2. — *Cloantheæ* B. H., *Gen.*, II, 1132, Trib. 3.

3. *Phrymeæ* B. H., *Gen.*, II, 1132, Trib. 1. — *Phrymaceæ* SCHAU., in *DC. Prodr.*, XI, 520, Ord. 146.

4. B. H., *Gen.*, II, 1132, Trib. 2. — *Stilbineæ* K., *Handb. Bot.*, 393. — ENDL., *Gen.*, 639, Ord. 138. — *Stilbaceæ* LINDL., *Introd.*, ed. 2, 280; *Veg. Kingd.*, 607, Ord. 234. — A. DC., *Prodr.*, XII, 604, Ord. 151.

5. SCHAU., in *DC. Prodr.*, XI, 620, Trib. 2 (part.). — B. H., *Gen.*, II, 1134, Trib. 5. — *Ægiphileæ* ENDL., *Gen.*, 637, Trib. 3. — *Caryopterideæ* SCHAU., in *DC. Prodr.*, XI, 624, Sub-trib. 2. — B. H., *Gen.*, II, 1136, Trib. 6.

V. Avicenniées[1]. — Fleurs régulières ou à peu près, disposées en cymes plus ou moins ramifiées, axillaires ou groupées en grappe terminale composée. Étamines égales. Ovaire à placenta central-libre, avec cloison rudimentaire ou nulle. Ovules généralement 4, orthotropes, descendants. — 4 genres.

Affinités. — Pour se faire une idée exacte des affinités des Verbénacées, on peut les unir en un seul et même groupe avec les Labiées, et l'on obtiendra ainsi un ensemble parallèle au groupe des Boraginacées tel qu'il est conçu par la plupart des auteurs contemporains. Sauf alors de très rares exceptions, on verra que les Boraginacées ont un androcée isostémoné, et que les Verbénacées n'ont, avec une corolle pentamère, qu'un androcée didyname. On verra aussi que les Boraginacées ont l'ovule descendant, avec le micropyle supérieur et extérieur, tandis que les Verbénacées ont l'ovule ascendant avec le micropyle extérieur et inférieur. Les Vipérines, avec quelques autres genres à corolle irrégulière, seront alors les analogues des types beaucoup plus nombreux de Labiées et de Verbénacées à corolle bilabiée ; les Verbénacées à corolle régulière ou subrégulière, les analogues des Cordiées, Ehrétiées, etc.

Mais, tandis que ces dernières, à base stylaire apicale, ne sont pas séparées des Boraginacées à style gynobasique, on distingue, très artificiellement, et par pure convention, les Labiées qui ont le style gynobasique, des Verbénacées dont le style s'insère au niveau du sommet organique de l'ovaire qui est en même temps son sommet de figure. Il n'y a pas un seul caractère absolu qui distingue une Labiée-Ajugée d'une Verbénacée à corolle irrégulière. L'ovaire de certains *Oxera* et du *Schizopremna* est aussi profondément lobé que celui de certaines Labiées ; et, si l'*Amethystea* peut être, à la rigueur, maintenu parmi les Labiées à cause de ses caractères végétatifs, une plante telle que le *Tetraclea* pourrait être placée parmi les Verbénacées, près des *Ovieda* et *Caryopterys*, à aussi juste titre que parmi les Ajugées. Le grand inconvénient, si l'on unissait aux Labiées l'ensemble des Verbénacées, serait de comprendre dans un même cadre que les premières

---

1. Endl., *Gen.*, 638 (*Verbenaceis* affin.). — Meissn., *Gen.*, 292. — Schau., in *DC. Prodr.*, XI, 698, Trib. 3. — B. H., *Gen.*, II, 1136, Trib. 8. — *Symphoremeæ* Meissn., *Gen.*, 292. — Schau., in *DC. Prodr.*, XI, 620, Subtrib. 1. — B. H., *Gen.*, II, 1136, Trib. 7.

les types à fleurs régulières dont la tendance vers les groupes à placenta central-libre est manifeste, comme les *Avicennia*, *Symphorema*, *Congea*, etc. A part l'alternance des étamines avec les divisions de la corolle, caractère auquel on a attaché peut-être une valeur trop absolue, un *Avicennia* est plus voisin des Ardisiées que des Verbénacées, et c'est pour cela peut-être que bien des auteurs ont refusé de les comprendre parmi ces dernières. Mais, d'autre part, les Symphorémées se rapprochent beaucoup des Physopsidées, et la réduction considérable de leur cloison ovarienne les relie aux Primulacées et à certaines Olacées, groupe dont on n'a pas entrevu l'affinité avec celui des Avicenniées, parce qu'on en a été empêché par le grand caractère distinctif des corolles gamopétales et dialypétales. Et nous savons pourtant qu'il y a des Olacées parfaitement gamopétales. On a déjà insisté sur les rapports des Verbénacées à corolle régulière avec les Solanacées à ovules en nombre réduit. Mais, comme les Boraginacées, les Solanacées ont en pareil cas un androcée isostémoné et non didyname.

Cette famille par enchaînement n'a qu'un caractère constant, c'est que ses lobes placentaires sont uniovulés. De plus, sauf dans les Phrymées, le micropyle est inférieur et extérieur. Quand il y a, par exception, quatre placentas, comme dans les *Duranta*, on compte huit ovules. Quand un des lobes du placenta avorte, il n'y a plus qu'un ovule par placenta, mais son insertion est insymétrique. Parmi les caractères très ordinaires, citons l'opposition des feuilles, leur simplicité, la didynamie de l'androcée, la dicarpellie du gynécée; mais ces caractères ne sont pas absolus. Rien n'est plus variable que la forme de la corolle, la constitution du disque, la présence ou l'absence d'un albumen, l'organisation des tissus[1].

USAGES[2]. — Les Verbénacées qui se rapprochent le plus des Labiées par leur organisation, en ont souvent aussi les propriétés, notamment les essences odorantes, amassées dans des glandes et poils

---

1. Les tissus des Verbénacées ressemblent d'autant plus à ceux des Labiées qu'il s'agit davantage de plantes odorantes, à organisation florale analogue. Plus l'on s'éloigne de ces types, plus, bien entendu, l'organisation histologique devient différente. Sur la structure de l'*Avicennia*, SCHLEID., in *Wiegm. Arch.* (1839), III; *Ann. Nat. Hist.*, IV, 245. Sur le *Tectona* et le *Petræa*, CRUEG., in *Bot. Zeit.* (1857), 304, 305. Sur le bois des Verbénacées en général, SOLER., *Syst. Wert Holzstr.*, 203.

2. ENDL., *Enchirid.*, 313. — LINDL., *Veg. Kingd.*, 663. — ROSENTH., *Syn. plant. diaphor.*, 424, 1129.

capités de structure analogue. On cite surtout, à ce point de vue, la Verveine-Citronnelle[1] (fig. 86), dont le parfum est exquis, dont l'essence est l'objet d'un grand commerce et dont les feuilles, employées à préparer une sorte de thé digestif, servent à aromatiser certains mets[2]. La V. officinale[3] (fig. 72) est beaucoup moins active, quoique jadis très estimée comme remède irritant et stimulant et jouant surtout un grand rôle dans la pratique de la sorcellerie. Le *Lantana Camara*[4] (fig. 82-85) est, en Amérique, substitué au thé comme digestif, diaphorétique, stimulant; et beaucoup de ses congénères partagent les mêmes propriétés[5], de même que le *Priva echinata*[6], quelques *Bouchea*[7], *Stachytarpheta*[8] et *Tamonea*[9]. Le *Vitex Agnus-castus*[10] (fig. 93-96) est aussi une de ces plantes vantées autrefois outre mesure et peu usitées aujourd'hui. Il n'est guère prouvé qu'il soit anaphrodisiaque et réfrigérant; mais son fruit[11] a une saveur poivrée qui l'a fait parfois employer comme condiment. Beaucoup d'autres *Vitex* ont, dans les deux mondes, des propriétés analogues[12]. L'écorce du *V. Taruma*[13] se prescrit au Brésil comme antisyphilitique. Le *Premna integrifolia* L. a une racine stomachique et cordiale. Le *Gmelina parviflora* Roxb. développe au contact de l'eau une matière mucilagineuse qui le fait prescrire en tisane dans les cas de cystite[14]. Le *Congea villosa* Roxb., dont l'odeur est forte et désagréable, s'emploie dans l'Asie tropicale en fomentations. L'*Ovieda inermis*[15] (fig. 98, 99) se prescrit comme amer et comme astringent

1. *Lippia citriodora* H. B. K., *Nov. gen. et spec.*, II, 269. — Schau., in *DC. Prodr.*, XI, 574, n. 8. — *Verbena triphylla* Lhér., *St. nov.*, I, 21, t. 11. — *Aloysia citriodora* Ort. et Pal. — *Zapania citriodora* Lamk.

2. Les *L. medica* Fenzl et *graveolens* H. B. servent en Amérique à préparer des infusions digestives.

3. *Verbena officinalis* L., *Spec.*, 29. — Schau., in *DC. Prodr.*, XI, 547, n. 47. — Gren. et Godr., *Fl. de Fr.*, II, 718. — H. Bn, *Iconogr. Fl. fr.*, n. 376 (*Herbe sacrée, H. du sang, H. du foie*). Quelques autres *Verbena* sont médicinaux (Rosenth., *loc. cit.*, 425).

4. L., *Spec.*, 874. — Schau., in *DC. Prodr.*, XI, 598, n. 15. — *L. aculeata* L. (*Herbe à plomb*).

5. Notamment les *L. microphylla* Mart., *Sellowiana* Lk, *odorata* L., *mixta* L., etc. Le *L. Pseudo-Thea* A. S.-H. est au Brésil le *Capitaó de mato* ou *Cha de pedestre*.

6. J., in *Ann. Mus.*, VII, 70. — *P. lappulacea* Pers. — *Zapania lappulacea* Lamk. — *Verbena lappulacea* L.

7. Surtout le *B. Pseudo-Gervao* Cham. — *Stachytarpheta Pseudo-Gervao* A. S.-H.

8. Entre autres le *T. verbenacea* Spreng. (*T. spinosa* Sw. — *Zapania curassavica* Sw.).

9. Le *S. jamaicensis* Vahl (*Verbena jamaicensis* L.) est estimé, aux Antilles, emménagogue et même abortif. On vante aussi cette espèce comme purgative, antirhumatismale, vermicide (*Thé du Brésil*).

10. L., *Spec.*, 890. — Schau., in *DC. Prodr.*, XI, 684, n. 3. — Gren. et Godr., *Fl. de Fr*, II, 718. — *V. verticillata* Lamk. — *V. latifolia* Mill. (*Gattilier, Poivrier faux, Arbre à poivre*).

11. *Poivre des moines, Petit Poivre*.

12. *Dict. enc. sc. méd.*, sér. 4, VII, 72.

13. Mart. — Rosenth., *op. cit.*, 428.

14. Le *G. arborea* Roxb. est astringent; son écorce passe pour guérir les fièvres d'accès, les coliques, etc. Le *G. villosa* Roxb. est aussi aromatique-amer.

15 *Clerodendron inerme* R. Br. (*Volkameria inermis* L. F.). On emploie en médecine plusieurs *O.* connus sous les noms de *Clerodendron* (p. 95, not. 2). Bl., *fragrans* Vent.,

léger. Le *Tectona grandis*[1] est un des végétaux les plus remarquables
de la famille, tant au point de vue de ses caractères qu'à celui de ses
propriétés. Ses feuilles donnent une teinture rouge ; ses fleurs sont
diurétiques ; ses sommités ont été vantées comme remède du choléra ;
et son énorme tronc donne le principal des Bois de Teck, dur, incorruptible, parsemé de petits noyaux siliceux qui le rendent extrêmement
résistant, aussi solide que l'acajou, quoique plus léger. Le *Citha-
rexylon quadrangulare* Jacq. donne aussi un des Bois de fer de
l'Amérique tropicale. Le *Duranta Ellisia* L. a des fruits comestibles,
de même que quelques *Lantana*. L'*Ægiphila salutaris* H. B. (fig. 101,
102) doit son nom spécifique à ses vertus dépuratives et à sa pré-
tendue efficacité contre la morsure des serpents. Les propriétés des
Ovieda sont très variables[2]. Le *Callicarpa Lantana* Vahl a une écorce
aromatique et un peu amère ; les Cingalais la mâchent en guise de
Bétel et la considèrent comme diurétique[3]. L'*Avicennia tomentosa*[4]
(fig. 103-105) est souvent utilisé dans les régions tropicales maritimes.
Son fruit est le *Mangle blanc*. Ses feuilles, dont les chameaux se nour-
rissent en Arabie, sert aussi à engraisser les moutons. De sa tige
s'extrait une gomme verdâtre que mangeaient les indigènes de
l'Australie. Ses cendres sont riches en potasse. Sa racine passe en
Arabie pour aphrodisiaque. Il y a beaucoup de Verbénacées ornementales, notamment plusieurs jolies Verveines américaines, de nombreux
Ovieda et *Lantana*, le *Petrœa volubilis* (fig. 78-81) et quelques autres,
des *Vitex*, *Strachytarpheta*, *Callicarpa*, *Duranta* et *Citharexylon*.

---

trichotomum Thunb., etc. (Rosenth., *op. cit.*, 429).

1. L. F., *Suppl.*, 151. — Gærtn., *Fruct.*, I, t. 57. — Schau., in *DC. Prodr.*, XI, 629. — *latus* Rumph., *Herb. amboin.*, III, 34, t. 18. — *Theka* Rheed., *Hort. malab.*, IV, t. 27.

2. L'*O. infortunata* (*Clerodendron infortu-natum* L.) sert au traitement des abcès, des affections intestinales, etc. L'*O. bracteosa* (*Clerodendron bracteosum* Kost. — *Tjeram-thesa* Rheed.) est tonique, stomachique, cépha-lique. Son fruit est diurétique et purgatif. L'*O. fragrans* (*Clerodendron fragrans* Vent.) est cultivé pour le parfum de ses fleurs. L'*O. villosa* (*Clerodendron villosum* Bl.) sert au trai-tement des affections du poumon, du foie, etc. L'*O. phlomoides* (*Clerodendron phlomoides* L. F. — *Volkameria multiflora* Burm.) passe pour antirhumatismal et antisyphilitique. Au Japon, l'*O. trichotoma* (*Clerodendron tricho-tomum* Thunb.) nourrit une larve qui, infusée

dans le *Saki*, sert au traitement des vers des enfants. L'*O. aculeata* (*Volkameria aculeata* L.) a une écorce amère, substituée, dit-on, au quinquina. L'*O. inermis* (*Clerodendron inerme* R. Br.) est amer, antiscrofuleux, antisyphi-litique, etc.

3. Le *C. Rheedii* Kost. (*Tondi-teregam* Rheed.) sert, au Malabar, au traitement des fièvres, des maladies du poumon, du foie, etc. Le *C. acuminata* B. H. est évacuant. Le *C. americana* L. est tinctorial ; son fruit renferme une matière colorante rouge. Le *C. cana* L. est aussi médicinal.

4. Jacq., *Amer.*, 178, t. 112, fig. 2. — Schau., in *DC. Prodr.*, XI, 699, n. 3. — *A. elliptica* Thunb. Des propriétés analogues sont attribuées à l'*A. officinalis* L. (*Opeata* Rheed.), à l'*A. afri-cana* Pal.-Beauv. et à l'*A. nitida* Jacq. (*A. Meyeri* Steud.) qui est le *Palétuvier rouge* de nos colons américains et le *Karnaboom* des Hollandais.

GENERA

I. VERBENEÆ

1. Verbena T. — Flores irregulares; calyce tubuloso plus minus elongato, 5-costato, circa fructum immutato v. basi leviter dilatato; dentibus 5, æqualibus, v. anticis majoribus. Corollæ sub-2-labiatæ tubus rectus v. arcuatus, nunc apice leviter ampliatus; limbi patentis obliqui lobis 5, obtusis v. retusis imbricatis; antico intimo; posticis sæpius extimis. Stamina didynama v. raro 2, tubo inclusa; filamentis brevibus; antherarum loculis introrsis discretis, æqualibus v. inæqualibus, basi nunc breviter calcaratis; connectivo nunc in appendicem variam producto. Germen 1-loculare; placentis parietalibus lateralibus 2, mox intus contiguis locellos 4 secernentibus; septis spuriis centripetis, antico et postico, placentas mox attingentibus. Stylus apice 2-lobus; lobo antico crassiore stigmatoso obtuso; postico sæpius brevi v. angusto haud papilloso. Ovula in locellis solitaria adscendentia hemitropa lateraliter affixa; micropyle extrorsum infera. Fructus siccus, calyce inclusus; pyrenis 4, solubilibus, duris v. crustaceis; seminibus adscendentibus exalbuminosis; embryonis carnosi radicula infera brevi. —Herbæ v. suffrutices, erecti, diffusi v. decumbentes, glabri v. varie induti; foliis oppositis, nunc raro alternis v. 3-natis, nunc squamiformibus, integris, dentatis v. dissectis; spicis elongatis v. capituliformibus, terminalibus v. raro axillaribus, nunc ramosis; floribus sessilibus, 1-bracteatis. (*Orbis utriusque reg. calid. et temp.*) — *Vid. p. 78.*

2. Tamonea AUBL.[1] — Flores *Verbenæ;* calyce circa fructum campanulato, 5-costato, 5-dentato. Stamina didynama; antheris

---

1. *Pl. Guian.*, II, 659, t. 268. — GÆRTN. F., *Fruct.*, III, t. 213. — SCHAU., in *DC. Prodr.*, XI, 528. — ENDL., *Gen.*, n. 3696. — BOCQ., in *Adansonia*, III, 231. — B. H., *Gen.*, II, 1147,

anticorum appendice connectivi superatis. Styli lobi stigmatosi dissimiles. Drupa obtusa v. breviter 4-cornuta; putamine duro, 4-locellato, cum lacuna centrali. — Suffrutices v. herbæ; foliis dentatis v. incisopinnatifidis; spicis axillaribus v. terminalibus tenuibus; floribus dissitis paucis; cæteris *Verbenæ*. (*America trop. utraque*[1].)

3? **Taligalea** AUBL[2]. — Flores irregulares; calyce campanulato (colorato), 5-fido, sub fructu parum aucto. Corollæ[3] sub-2-labiatæ lobus anticus cæteris paulo major. Stamina didynama, corolla breviora v. exserta; antherarum loculis parallelis. Germen 4-locellatum; stylo apice integro v. breviter 2-fido. Fructus drupaceus; endocarpii pyrenis 5, secedentibus. Semina lateraliter affixa; embryonis exalbuminosi oleosi radicula infera; cotyledonibus sibimet arcte applicitis. — Suffrutices glabri v. varie induti; foliis alternis, integris v. sæpius dentatis; cymis in racemos simplices v. ramosos terminales varie dispositis, centripetim evolutis; bracteis (coloratis) sæpe latis. (*America trop.*[4])

4. **Monochilus** FISCH. et MEY.[5] — Calyx campanulatus, acute 5-fidus. Corollæ tubus cylindraceus, postice fissus; limbo obliquo, antice producto patente, 3-fido; lobis posticis ad basin labii brevibus 2. Stamina vix didynama; antherarum plus minus ante et sub anthesi coalitarum loculis parallelis. Germen 4-locellatum; stylo elongato obtusiusculo; ovulis 4, supra germinis basin affixis adscendentibus v. suberectis; micropyle extrorsum infera. Fructus calyce breviter aucto inclusus; pericarpio rugoso; putamine in pyrenas 1-4 secedente. Semina « exalbuminosa ». — Herba[6] puberula viscidula; rhizomate repente; foliis alternis v. suboppositis repandis; floribus[7] in racemum terminalem dispositis, 1-bracteatis; pedicello bracteoligero. (*Brasilia*[8].)

n. 27. — *Ghinia* SCHREB., *Gen.*, 19. — *Kœmpferia* HOUST., *Rel.*, 3, t. 2 (non L.). — *Leptocarpus* W., in *Link Jahrb.*, III, 51. — *Ischnia* DC., *Prodr.*, IX, 257.

1. Spec. 4. Sw., *Fl. ind. occ.*, t. 21 (*Ghinia*). — SCHAU., in *Mart. Fl. bras.*, IX, 176. — GRISEB., *Fl. brit. W.-Ind.*, 493. — HEMSL., *Bot. centr.-amer.*, II, 535.

2. *Guian.*, II, 625, t. 252 (1775). — *Amasonia* L. F., *Suppl.*, 48, 294 (1781). — SCHAU., in *DC. Prodr.*, XI, 677. — ENDL., *Gen.*, n. 3711. — BOCQ., in *Adansonia*, III, 217. — B. H., *Gen.*, II, 1147, n. 29.

3. Flavæ v. sulfureæ.

4. Spec. 5, 6. GRISEB., *Fl. brit. W.-Ind.*, 501 (*Amasonia*). — SCHAU., in *Mart. Fl. bras.*, IX, 291, t. 48 (*Amasonia*). — *Bot. Mag.*, t. 6915 (*Amasonia*).

5. *Ind. sem. H. petrop.*, I (1835), 34. — BOCQ., in *Adansonia*, III, 219. — ENDL., *Gen.*, n. 3686. — SCHAU., in *DC. Prodr.*, XI, 562. — B. H., *Gen.*, II, 1147, n. 28.

6. *Gesneriacearum* habitu.

7. Albis.

8. Spec. 1. *M. gloxinifolius* FISCH. et MEY. — SCHAU., in *Mart. Fl. bras.*, IX, 172, t. 32.

. 5. **Petræa** L.[1] — Flores irregulares; calycis (petaloidei) limbo subæquali-5-partito tuboque longiore ; fauce intus aucta squamis 5 alternisepalis inter se connatis valvatis corollamque juniorem obtegentibus. Corollæ tubus cylindraceus; limbus obliquus, 5-lobus, imbricatus demumque patens. Stamina fertilia 4, 2-dynama ; filamentis brevibus corollæ tubo insertis ; antheris introrsis, longitudinaliter 2-rimosis ; connectivo dorso incrassato. Staminodium posticum minutum v. 0. Germen basi disco hypogyno auctum, 1-loculare ; stylo incluso, apice stigmatoso inæqui-2-lobo. Placentæ laterales 2, demum intus contiguæ nec connatæ, singulis 1-ovulatis ; ovulis lateraliter anticis incomplete anatropis ; micropyle extrorsum infera. Fructus tubo calycis inclusus, subcoriaceus, indehiscens, 1, 2-spermus ; seminibus lateraliter affixis ; embryonis exalbuminosi radicula infera. —Frutices erecti v. volubiles; foliis oppositis integris coriaceis penninerviis reticulato-venosis ; floribus[2] in racemos terminales v. ad folia superiora axillares dispositis. (*America calid. utraque*[3].)

6. **Casselia** NEES et MART.[4] — Flores fere *Verbenæ ;* calyce 5-costato, 5-dentato, circa fructum haud v. parum aucto. Corollæ lobi 5, subæquales. Stamina didynama inclusa ; antherarum loculis parallelis ; anticarum connectivo dorso incrassato. Fructus pyrenæ 2, duræ v. coriaceæ ; seminibus compressis exalbuminosis, dorso convexis. — Frutices[5] humiles, suffrutices v. herbæ ; foliis oppositis integris v. sæpius grosse dentatis ; racemis axillaribus paucifloris ; pedunculis gracilibus. (*Brasilia*[6].)

7. **Citharexylum** L.[7] — Calyx membranaceus campanulato-tubulosus, truncatus, 5-dentatus crenatusve, nunc inæqui-lacerus, sub fructu longiore patens v. cupularis. Corollæ tubus cylindraceus ; limbi æqualis v. parum irregularis patentis lobi 5, imbricati ; postici

1. *Gen.*, n. 764. — GÆRTN., *Fruct.*, t. 177. — ENDL., *Gen.*, n. 3710. — SCHAU., in *DC. Prodr.*, XI, 617. — BOCQ., in *Adansonia*, III, 250. — B. H., *Gen.*, II, 1149, n. 32.
2. Violaceis v. purpurascentibus.
3. Spec. ad 10. MIQ., *St. surin.*, t. 42. — TURCZ., in *Bull. Mosc.* (1863), II, 211. —SCHAU., in *Mart. Fl. bras.*, IX, 271, t. 45, 46. — GRISEB., *Fl. brit. W.-Ind.*, 498. — HEMSL., *Bot. centr.-amer.*, II, 535. — PAXT., *Mag.*, IV, 199, c. ic. — *Bot. Mag.*, t. 628.
4. In *N. Act. nat. cur.*, XI, 73, t. 6. —BOCQ.,

in *Adansonia*, III, 237. —ENDL., *Gen.*, n. 3688. — B. H., *Gen.*, II, 1148, n. 31.
5. Siccitate nigrescentes.
6. Spec. 4, 5. MART., in *Flora*, XXI, II, *Beibl.*, 60. — SCHAU., in *DC. Prodr.*, XI, 527; in *Mart. Fl. bras.*, IX, 173, t. 32, fig. 2 — PAXT., *Mag.*, XV, 75. — *Fl. serr.*, t. 361.
7. *Gen.*, n. 760. — J., *Gen.*, 108. — SCHAU., in *DC. Prodr.*, XI, 609. — ENDL., *Gen.*, n. 3706. — BOCQ., in *Adansonia*, III, 222. — B. H., *Gen.*, II, 1149, n. 33. — *Rauwolfia* R. et PAV., *Fl. per. et chil.*, II, 26, t. 152 (non L.).

2 extimi. Stamina didynama inclusa ; antherarum loculis parallelis ; connectivo dorso incrassato v. ultra loculos producto. Germen 4-locellatum ; stylo apice breviter 2-lobo ; ovulis in locellis solitariis lateraliter affixis ; micropyle infera. Fructus drupaceus ; pyrenis 2, lacuna centrali sæpe sejunctis, 2-spermis. — Arbores v. frutices, inermes v. spinis axillaribus armati ; ramis sæpe 4-gonis, glabris v. varie indutis ; pilis simplicibus v. ramosis ; foliis oppositis integris, serrulatis v. spinoso-dentatis ; floribus[1] in racemos terminales v. nunc axillares dispositis, oppositis v. alternis. (*America calid. utraque*[2].)

8. **Rhaphithamnus** MIERS[3].— Flores fere *Taligaleæ*; calyce tubuloso breviter 5-dentato, circa fructum accreto eumque arcte cingente. Corollæ tubus rectus, superne ampliatus ; limbi lobis 5, imbricatis ; posticis 2 nunc altius connatis. Stamina didynama tubo affixa ; antherarum inclusarum loculis brevibus divergentibus ; connectivo crassiusculo. Germen 1-loculare ; stylo apice capitellato subintegro v. breviter 2-lobo ; placentis parietalibus 2, plus minus prominulis v. intus contiguis ; ovulis placentæ cujusque lobis recurvis affixis adscendentibus ; micropyle infera. Fructus drupaceus calyce inclusus ; pyrenis 2, 2-locellatis ; semine exalbuminoso. — Frutices glabri v. parce puberuli, nunc spinis axillaribus divaricatis armati ; foliis oppositis integris ; floribus axillaribus solitariis v. nunc paucis ebracteolatis. (*Chili*[4].)

9. **Duranta** L.[5] — Calyx gamophyllus, 5-dentatus v. subtruncatus, circa fructum auctus appressus sæpeque apice contractus[6]. Corolla[7] *Verbenæ*. Stamina leviter didynama inclusa ; antherarum loculis parallelis. Staminodium posticum nunc parvum. Germen incomplete 4-loculare ; styli tubulosi apice obliqui lobis 2-4, glutinoso-papillosis, basi annulari-indusiatis. Ovula in placentis singulis 2,

1. Sæpius albis.

2. Spec. ad 20. JACQ., *H. schœnbr.*, t. 417 ; *H. vindob.*, t. 22 ; *Ic. rar.*, t. 118, 501. — VENT., *Jard. Cels*, t. 47. — TURCZ., in *Bull. Mosc.* (1863), II, 207. — SCHAU., in *Mart. Fl. bras.*, IX, 265. — A. GRAY, *Syn. Fl. N.-Amer.*, II, 340. — GRISEB., *Fl. brit. W.-Ind.*, 497. — HEMSL., *Bot. centr.-amer.*, II, 536.

3. In *Trans. Linn. Soc.*, XVII, 95, t. 26. — B. H., *Gen.*, II, 1149, n. 34. — *Pœppigia* BERTER., in *Féruss. Bull. sc. nat.*, XXIII, 109 (non PRESL).

4. Spec. 1, valde variabilis (ex MIERS, 6), est *R. cyanocarpus* MIERS. — *Bot. Mag.*, t. 6849. — *Citharexylon cyanocarpum* HOOK. et ARN., *Beech. Voy. Bot.*, t. 11. — *Pœppigia cyanocarpa* BERTER.

5. *Gen.*, n. 786. — J., *Gen.*, 109. — TURP., in *Dict. sc. nat.*, Atl., t. 41. — ENDL., *Gen.*, n. 3709. — SCHAU., in *DC. Prodr.*, XI, 615. — BOCQ., in *Adansonia*, III, 199. — B. H., *Gen.*, II, 1150, n. 35.

6. Coloratus.

7. Sæpius cærulescens.

incomplete anatropa; micropyle infera. Fructus drupaceus; pyrenis 4; 2-locellatis, 2-spermis; semine exalbuminoso. — Frutices glabri v. tomentosi, nunc spinis axillaribus armati; foliis oppositis v. verticillatis, integris v. dentatis; racemis axillaribus v. sæpius terminalibus; pedicellis alternis, 1-bracteatis. (*America calid. utraque* [1], *Africa trop.*)

10? **Cœlocarpus** BALF. F. [2] — « Calyx tubuloso-campanulatus, 6-costatus; fructifer patens cupularis. Corollæ tubus cylindraceus; limbus patens, 5-fidus; lobis oblongo-obovatis; posticis 2 minoribus. Stamina didynama inclusa; filamentis brevibus; antheris cordiformibus; loculis divergentibus. Germen 4-loculare; stylo incluso; lobis inæqualibus; antico majore stigmatoso; postico erecto lævi; loculis 1-ovulatis. Drupa succosa calyci imposita; pyrenis 2, osseis, 2-locularibus, lacuna centrali separatis. Semina exalbuminosa. — Frutex pubescens inermis; foliis oppositis ellipticis crenatis; racemis brevibus terminalibus; floribus ebracteolatis. (*Socotora* [3].) »

11. **Lantana** L. [4] — Flores irregulares; calyce gamophyllo, truncato v. sæpius breviter 4-dentato sinuatove. Corollæ tubus rectus v. arcuatus; limbi lobis 5, v. sæpius 4 (posticis 2 connatis), quorum laterales in æstivatione cæteros obtegentes. Stamina 4, tubo affixa inclusa, 2-dynama; loculis antheræ inæqualibus; staminodio nunc postico parvo. Germen 1-loculare (loculo altero abortivo), 2-ovulatum lateraliter 2-locellatum; ovulis *Verbenæ*; styli lobis stigmatosis inæqualibus. Fructus drupaceus; exocarpio vario; putaminibus aut 1, lateraliter 2-locellato, aut 2, secedentibus. Semina adscendentia exalbuminosa. — Frutices, nunc scandentes, v. herbæ erectæ, varie indutæ; foliis oppositis dentatis; floribus [5] in spicas densas elongatas v. capituliformes axillares dispositis, 1-bracteatis, 2-bracteolatis. (*Africa, Asia et America trop. et subtrop.* [6])

---

1. Spec. 4, 5. JACQ., *H. vindob.*, III, t. 99; *Ic. rar.*, t. 502. — TURCZ,, in *Bull. Mosc.* (1863), II, 210. — GRISEB., *Fl. brit. W.-Ind.*, 498; *Symb. Fl. argent.*, 280. — SCHAU., in *Mart. Fl. bras.*, IX, 270. — HEMSL., *Bot. centr.-amer.*, II, 537. — *Bot. Reg.*, t. 244. — *Bot. Mag.*, t. 1759.

2. In *Proc. Roy. Soc. Edinb.*, XII (1883), 90; *Bot. Socot.*, 233, t. 79.

3. Spec. 1. *C. socotranus* BALF. F.

4. *Gen.*, n. 765. — SCHAU., in *DC. Prodr.*,

XI, 595. — ENDL., *Gen.*, n. 3695. — BOCQ., in *Adansonia*, III, 247. — B. H., *Gen.*, II, 1142, n. 18. — *Riedelia* CHAM., in *Linnæa*, VII, 240 (ex B. H.). — *Tamonopsis* GRISEB., *Pl. Lorentz.*, 198; *Symb. Fl. argent.*, 280.

5. Albis, roseis, aurantiacis v. versicoloribus.

6. Spec. ad 45. VENT., *Malm.*, t. 8. — JACQ, *H. schœnbr.*, t. 285, 360, 473. — WIGHT, *Icon.*, t. 1464. — ROYL., *Ill. himal.*, t. 73. — DCNE, in *Jacquem. Voy. Bot.*, t. 141. — C.-B. CLKE, in *Hook. f. Fl. brit. Ind.*, IV, 562. — TURCZ.,

12. Lippia L.[1] — Flores irregulares ; calycis forma varii, tubulosi, campanulati, compressi, 4-goni v. 2-alati, lobis v. dentibus 2-4, lateralibus. Corollæ tubus rectus v. incurvus, nunc superne ampliatus ; limbi lobis 4, imbricatis ; postico integro v. 2-fido a lateralibus sæpius obtecto ; antico plerumque majore. Stamina 4, 2-dynama, tubo inserta, inclusa v. subexserta ; antica 2 majora. Germen 1-loculare ; loculo antico septo spurio 2-locellato ; styli postice inserti lobis stigmatosis 2 ; ovulo in locellis singulis solitario, adscendente, incomplete anatropo ; micropyle extrorsum infera. Fructus siccus calyce inclusus ; pyrenis 2 ; pericarpio tenui v. indurato ; exocarpio tenui raro soluto ; seminis adscendentis albumine parvo v. 0. — Frutices, suffrutices v. herbæ, nunc valde odorati ; pilis simplicibus v. 0 ; foliis oppositis, 3-natim verticillatis v. alternis, integris, dentatis v. lobatis ; floribus in spicas elongatas simplices ramosasve v. contractas capitatasve dispositis ; bracteis 1-floris. (*America calid. et temp., Orb. vet. reg. calid.* [2])

13? Tatea F. MUELL.[3] — « Calyx hemisphæricus ; lobis 5, subinæqualibus. Corollæ tubus brevis, medio intus barbatus ; limbi lobis 5, brevissimis inæqualibus imbricatis. Stamina didynama inclusa ; filamentis brevibus ; antheris subcordatis, 2-rimosis. Germen 2-loculare ; stylo brevissimo deciduo, apice stigmatoso minuto. Drupa ovoideoglobosa, 1, 2-locularis, 1, 2-sperma ; putamine osseo ; seminibus ad medium affixis, tenuiter albuminosis ; embryone paulo breviore ; cotyledonibus superne tortis. — Herba pilosa ; rhizomate longo ; ramis aeriis brevissimis ; foliis plerumque 4, oppositis v. verticillatis

in *Bull. Mosc.* (1863), II, 205. — SCHAU., in *Mart. Fl. bras.*, IX, 251, t. 42-44. — THW., *En. pl. Zeyl.*, 242. — HEMSL. et FORB., in *Journ. Linn. Soc.*, XXVI, 251. — GRISEB., *Fl. brit. W.-Ind.*, 495. — FRANCH., *Sert. somal.*, 49. — A. GRAY, *Syn. Fl. N.-Amer.*, II, 339. — HEMSL., *Bot. centr.-amer.*, II, 527. — LINK et OTT., *Ic. pl. sel.*, t. 50. — *Bot. Reg.*, t. 798. — *Bot. Mag.*, t. 96, 1022, 1449, 1946, 2981, 3110, 3941. — WALP., *Ann.*, I, 543 ; III, 233 ; V, 708.

1. *Gen.*, n. 781. — PAYER, *Organog.*, t. 113. — SCHAU., in *DC. Prodr.*, XI, 572 (part.). — BOCQ., in *Adansonia*, III, 243. — B. H., *Gen.*, II, 1142, n. 19. — *Aloysia* ORTEG. et PAL.-BEAUV., mss. — LHÉR., *St.*, I, 21. — *Zapania* SCOP. — J., in *Ann. Mus.*, VIII, 72. — *Phyla* LOUR., *Fl. cochinch.*, 66 (ex DC.). — *Dipterocalyx* CHAM., in *Linnæa*, VII, 241. — *Cryptocalyx* BENTH., in *Ann. Nat. Hist.*, ser. 1, II, 446. — *Acantholippia* GRISEB., *Pl. Lorentz.*, 196.

2. Spec. ad 80. CAV., *Icon.*, t. 194. — JACQ., *H. schœnbr.*, t. 361 (*Lantana*). — LHÉR., *St.*, t. 11, 12 (*Verbena*). — A. S.-H., *Pl. us. Bras.*, t. 70 (*Lantana*). — R. et PAV., *Fl. per. et chil.*, t. 32, fig. *b* (*Verbena*). — WIGHT, *Icon.*, t. 1463. — SIBTH., *Fl. grœc.*, t. 553 (*Verbena*). — TORR., in *Marc. Red. Riv. Expl.*, t. 17. — A. GRAY, *Syn. Fl. N.-Amer.*, II, 338. — GRISEB., *Fl. brit. W.-Ind.*, 494 ; *Pl. Lorentz.*, 194 ; *Symb. Fl. argent.*, 277. — SCHAU., in *Mart. Fl. bras.*, IX, 219, t. 36-41. — HEMSL., *Bot. centr.-amer.*, II, 528. — BAK., *Fl. maurit.*, 252. — C.-B. CLKE, in *Hook. f. Fl. brit. Ind.*, IV, 563. — BOISS., *Fl. or.*, IV, 532. — HEMSL. et FORB., in *Journ. Linn. Soc.*, XXVI, 251. — ANDERSS., *Galapag.*, 198. — BALF. F., *Bot. Socot.*, 232. — TURCZ., in *Bull. Mosc.* (1863), II, 200. — *Bot. Mag.*, t. 367. — WALP., *Ann.*, I, 543 ; III, 232 ; V, 707.

3. In *Trans. Roy. Soc. S.-Austral.* (1883).

ovatis subsessilibus denticulatis; cymis brevissime pedunculatis. (*Australia*[1].) »

14. Baillonia Bocq.[2] — Flores fere *Lippiæ;* calyce campanulato v. breviter tubuloso, 5-dentato v. crenato. Corolla[3] 5-loba imbricata ; lobis posticis nunc altius connatis extimis. Stamina didynama; antherarum loculis parallelis. Staminodium posticum minutum v. 0. Germen 1-loculare ; placentis parietalibus 2, recurvis, 1-ovulatis. Stylus apice stigmatoso plus minus obliquus v. inæqui-2-lobus. Fructus drupaceus, calyce stipatus; exocarpio tenui v. succoso; pyrenis 2. — Frutices v. suffrutices glabri v. puberuli ; foliis oppositis v. 3-natis, nunc minutis; spicis terminalibus v. ad folia superiora axillaribus. (*America austr. extratrop.*[4])

15? Neosparton Griseb.[5] — Flores feré *Bailloniæ;* « calyce tubuloso, 5-dentato. Corollæ tubus exsertus; limbi patentis lobis 5, æqualibus. Stamina didynama ; antherarum loculis parallelis. Germen disco brevi cupulari insidens; loculis 2, 1-ovulatis; stylo filiformi, apice stigmatoso crassiusculo obliquo. Drupa, abortu 1-pyrena, ad latus utrumque alato-carinata calyceque aucto inclusa. Semen subcylindraceum albuminosum. — Frutices aphylli glabri ; ramis junceis validis oppositis v. verticillatis; spicis densis globosis v. ovoideis, ∞-floris, ad nodos sessilibus. (*America austr. extratrop.*[6]) »

16. Bouchea Cham.[7] — Calyx longe tubulosus, 5-costatus ; dentibus 5, induplicatis ; haud v. parum circa fructum auctus. Corollæ tubus tenuis, rectus v. arcuatus; limbi lobis 5, inæqualibus imbricatis. Stamina didynama inclusa ; antherarum loculis parallelis. Staminodium posticum minutum v. 0. Germen in stylum gracilem attenuatum ; apicis lobis 2, dissimilibus ; postico dentiformi; antico autem clavato v. subgloboso stigmatoso. Placentæ parietales 2, antice

---

1. Spec. 1. *T. acaulis* F. Muell. An *Lantanæ* v. *Lippiæ* species?

2. In *Adansonia*, II, 251, t. 7; III, 246. — H. Bn, in *Bull. Soc. Linn. Par.*, 880. — B. H., *Gen.*, II, 1143, n. 20. — *Diostea* Miers, in *Trans. Linn. Soc.*, XXVII, 103 (part.), t. 28.

3. Violaceæ v. (?) albæ.

4. Spec. 3, 4. Schau., in *DC. Prodr.*, XI, 573, n. 3 (*Lippia*). — Jacques, in *Rev. hort.* (1863), 339 (*Ligustrum*).

5. *Pl. Lorentz.*, 197, t. 2, fig. 6. — B. H., *Gen.*, II, 1144, n. 21.

6. Spec. 2.

7. In *Linnæa*, VII, 252. — Meissn., *Gen.*, 290; *Comm.*, 199. — Endl., *Gen.*, sub n. 3685. — Schau., in *DC. Prodr.*, XI, 557. — Payer, *Leç. Fam. nat.*, 189. — Bocq., in *Adansonia*, III, 235. — *Chascanum* E. Mey., *Comm. pl. afr. austr.*, 275. — *Pleurostigma* Hochst., in *Flora* (1842), *Beil.*, I, 144.

1-ovulatæ; ovulis adscendentibus. Fructus angustus, calyce sæpius inclusus, 2-pyrenus; seminibus linearibus exalbuminosis. — Herbæ v. suffrutices; foliis oppositis, integris v. plerumque dentatis incisisve; spicis terminalibus; bracteis 1-floris. (*America calid.*, *Africa trop. et austr.*, *India*[1].)

17. **Stachytarpheta** VAHL.[2] — Flores fere *Boucheæ;* calycis tubulosi dente postico minore v. 0. Corollæ recta v. curva. Stamina 4, quorum antica 2, sterilia; lateralia 2, fertilia; antheræ loculis verticalibus divaricatis confluentibus. Staminodium posticum nunc petaloideum v. 2-fidum, nunc 0. Germen 1-loculare cæteraque *Boucheæ;* locellis 2, lateralibus, 1-ovulatis; stylo apice orbiculato sub-2-lobo. — Herbæ v. frutices, glabri v. indumento vario; foliis oppositis v. alternis; floribus[3] terminali-spicatis, 1-bracteatis, sæpe rachi semi-immersis. (*America calid.*, *Asia et Africa trop.*[4])

18. **Ubochea** H. BN. — Flores fere *Boucheæ;* calyce tubuloso, 5-costato, 5-dentato. Corolla bilabiata imbricata. Stamina 2, antica, tubo affixa; antherarum loculis divaricatis superpositis rimosis. Germen 2-loculare; stylo gracili, apice exserto capitato. Ovula in loculis solitaria adscendentia. — Frutex glaber dichotome ramosus; foliis oppositis elliptico-acuminatis serratis; floribus in spicas terminales congestis, 1-bracteatis. (« *Ins. Capit. viridis*[5]. »)

19. **Priva** ADANS.[6] — Flores fere *Verbenæ;* calyce tubuloso circa fructum ampliato apiceque contracto. Corollæ sub-2-labiatæ limbus

1. Spec. ad 15. JACQ., *Ic. rar.*, t. 208 (*Verbena*). — A. S.-H., *Pl. us. Bras.*, t. 40 (*Verbena*). — WIGHT, *Ic.*, t. 1461, 1462. — THW., *En. pl. Zeyl.*, 241. — TORR., *Bot. Emor. Exp.*, 126. — HARV., *Thes. cap.*, t. 28, 190. — SCHAU., in *Mart. Fl. bras.*, IX, 195, t. 33. — OLIV., in *Hook. Icon.*, t. 1446. — C.-B. CLKE, in *Hook. f. Fl. brit. Ind.*, IV, 564. — A. GRAY, *Syn. Fl. N.-Amer.*, II, 334. — HEMSL., *Bot. centr.-amer.*, II, 531. — *Bot. Mag.*, t. 6221. — WALP., *Ann.*, III, 232.

2. *Enum.*, I, 205. — SCHAU., in *DC. Prodr.*, XI, 561. — BOCQ., in *Adansonia*, II, 89, t. 3; III, 240. — B. H., *Gen.*, II, 1145, n. 23 (part.). — *Abena* NECK., *Elem.*, I, 296. — *Cymburus* SALISB., *Par. lond.*, t. 49, 53. — *Stachytarpha* LINK, *Enum. Hort. berol.*, I, 18.

3. Albis, rubris v. cæruleis.

4. Spec. ad 35. TURP., in *Dict. sc. nat.*, Atl.,

t. 39 (*Verbena*). — JACQ., *Ic. rar.*, t. 207 (*Verbena*). — JACQ. F., *Ecl.*, t. 159, 160. — VENT., *Malm.*, t. 35 (*Verbena*). — R. et PAV., *Fl. per. et chil.*, t. 34 (*Verbena*). — A. S.-H., *Pl. us. Bras.*, t. 39 (*Verbena*). — TURCZ., in *Bull. Mosc.* (1863), II, 197. — SCHAU., in *Mart. Fl. bras.*, IX, 197, t. 34, 35. — ANDR., *Bot. Rep.*, t. 435 (*Verbena*). — REG., *Gartenfl.*, t. 90. — REICHB., *Ic. exot.*, t. 59, 138. — THW., *En. pl. Zeyl.*, 241. — C.-B. CLKE, in *Hook. f. Fl. brit. Ind.*, IV, 564. — HEMSL. et FORB., in *Journ. Linn. Soc.*, XXVI, 251. — A. GRAY, *Syn. Fl. N.-Amer.*, II, 334. — *Bot. Mag.*, t. 976, 1848, 1860, 4211, 5538.

5. Spec. 1. *U. dichotoma* B. BN.

6. *Fam. des pl.*, II, 505. — ENDL., *Gen.*, n. 3690. — SCHAU., in *DC. Prodr.*, XI, 533. — BOCQ., in *Adansonia*, III, 210. — B. H., *Gen.*, II, 1145, n. 24. — *Tortula* ROXB., in *W. Spec.*,

obliquus. Stamina didynama inclusa; antherarum loculis parallelis
v. divergentibus. Germen 1-loculare; stylo gracili, apice inæqui-
2-lobo; lobo postico nunc dentiformi. Placentæ parietales, nunc
demum intus contiguæ, 2-ovulatæ, v. nunc (*Blairia*[1]) abortu 1-ovu-
latæ. Fructus pyrenæ 2, solutæ, 1, 2-locellatæ. Semina subteretia,
haud v. parce albuminosa. — Herbæ erectæ, glabræ v. varie indutæ;
foliis oppositis dentatis; spicis axillaribus v. terminalibus elongatis;
bracteolis minutis v. 0. (*Orbis utriusque reg. calid.*[2])

20. **Dipyrena** HOOK.[3] — Flores *Privæ*, 5-meri; calyce brevi, circa
fructum globosum haud longiorem patente, haud accreto; ore clauso.
Pyrenæ 2, 2-loculares, 2-spermæ. — Frutex erectus glaber, rigide
ramosus; foliis alternis subsessilibus obtusis integris; spicis terminalibus densiusculis. Cætera *Privæ.* (*Mendoza*[4].)

21. **Acharitea** BENTH.[5] — Calyx campanulatus, sub fructu auctus,
submembranaceus, 10-nervis, superne ampliatus, æqui-5-dentatus.
Corollæ tubus rectus brevis, superne leviter ampliatus; limbi sub-
2-labiati lobis 4, subæqualibus. Stamina didynama, corolla breviora;
antherarum loculis parallelis, basi inermibus. Germen 2-loculare;
stylo elongato, apice integro obtusiusculo; loculis 2-ovulatis; ovulis
adscendentibus subbasilaribus. Fructus indehiscens membranaceus,
1, 2-locellatus; semine suberecto lævi, parce albuminoso; embryonis
teretis recti cotyledonibus brevibus superis. — Herba rigidula
glabra; foliis oppositis ovato-lanceolatis integris; floralibus gradatim
ad bracteas reductis; floribus axillaribus 1–3-nis unilateralibus spicatis. (*Madagascaria occid.*[6])

22. **Nesogenes** A. DC.[7] — Calyx obconicus, subæqui-5-dentatus,
leviter accrescens. Corollæ tubus exsertus, superne ampliatus; limbo

III, 359. — *Streptium* ROXB., *Pl. corom.*, II,
25, t. 146. — *Castelia* CAV., in *Ann. cienc.
nat.*, III, 134; *Icon.*, VI, 60, t. 583. — *Pitræa*
TURCZ., in *Bull. Mosc.* (1862), II, 328. — *Phel-
loderma* MIERS, in *Trans. Linn. Soc.*, XXVII,
100, t. 27.

1. GÆRTN., *Fruct.*, I, 265, t. 56. — BOCQ.,
in *Adansonia*, II, 87.

2. Spec. 8, 9. HOOK., *Journ. Bot.*, I, t. 130
(*Streptium*). — JAUB. et SPACH, *Ill. pl. or.*,
t. 453-455. — C. GAY, *Fl. chil.*, V, 7, t. 55
(*Bouchea*). — C.-B. CLKE, in *Hook. f. Fl. brit.
Ind.*, IV, 565. — GRISEB., *Fl. brit. W.-Ind.*,

493; *Pl. Lorentz.*, 192. — BALF. F., *Bot. Soc.*,
232. — WALP., *Ann.*, V, 705.

3. *Bot. Misc.*, I, 355. — SCHAU., in *DC.
Prodr.*, XI, 535. — ENDL., *Gen.*, n. 3689. —
B. H., *Gen.*, II, 1146, n. 25. — *Wilsonia* GILL.
et HOOK., in *Hook. Bot. Misc.*, 172, t. 49 (non
R. BR.).

4. Spec. 1. *D. glaberrima* HOOK.

5. *Gen.*, II, 1142, n. 17.

6. Spec. 1. *A. tenuis* BENTH.

7. *Prodr.*, XI, 703. — A. GRAY, in *Proc.
Amer. Acad.*, VI, 51. — B. H., *Gen.*, II, 1141,
n. 16.

patente sub-2-labiato ; lobis 5, obtusis imbricatis. Stamina didynama ; antherarum loculis subparallelis descendentibus, basi aristatis. Germen 1-loculare ; stylo apice stigmatoso minute 2-dentato ; placentis parietalibus 2, demum intus contiguis, 2-ovulatis. Drupa calyce inclusa ; putamine incomplete 2-loculari ; seminibus 1-4, parce albuminosis. — Herbæ tenues scabro-hirtellæ[1] ; foliis oppositis integris v. denticulatis ; floribus axillaribus solitariis v. 2-5. (*Ins. Mar. Pacif., Ins. Rodriguez*[2].)

23. **Spartothamnus** A. CUNN.[3] — Flores subregulares ; calyce parvo, 5-fido. Corollæ tubus brevis latusque ; limbi patentis lobis 5 ; antico paulo majore. Stamina 4, exserta subæqualia ; loculis parallelis, basi minute appendiculatis. Germen 1-loculare ; placentis parietalibus 2, 2-ovulatis ; ovulis medio v. altius affixis. Stylus gracilis ; lobis tenuibus 2. Fructus drupaceus globosus ; pyrenis 4, lacuna centrali separatis ; semine albuminoso. — Suffrutex glaber v. ramoso-pilosus ; ramis spartioideis, 4-gonis ; foliis parvis distantibus oppositis ; floribus axillaribus solitariis ; pedunculo ad medium 2-bracteolato. (*Australia*[4].)

24. **Chloanthes** R. BR.[5] — Flores irregulares ; calycis lobis 5, acutatis lanatis[6]. Corollæ tubus sæpius arcuatus ; limbo 2-labiato, imbricato. Stamina leviter 2-dynama ; filamentis incurvis ; antherarum loculis parallelis, basi liberis attenuatis. Germen 1-loculare ; placentis parietalibus 2, 2-lobis, plus minus prominulis. Stylus apice 2-fidus. Ovula extus placentarum lobis affixa ; hilo sub apice parum laterali ; micropyle infera. Fructus subdrupaceus ; endocarpii in centro vacui pyrenis 2, septis spuriis 2-locellatis. Semen dite albuminosum ; embryonis axilis radicula infera. — Frutices, suffrutices v. herbæ perennes, lanati v. glanduloso-hirsuti, foliis oppositis v. 3-natis decurrentibus bullato-rugosis ; floribus axillaribus solitariis breviter pedicellatis, 2-bracteolatis, nunc terminali-spicatis. (*Australia*[7].)

---

1. Siccitate nigricans.

2. Spec. 2. BALF. F., in *Trans. Roy. Soc. Edinb.*, loc. cit., 168, extra vol., 362.

3. In *Loud. H. brit.*, 600. — B. H., *Gen.*, II, 1141, n. 15.

4. Spec. 1. *S. junceus* A. CUNN. — BENTH., *Fl. austral.*, V, 55.

5. *Prodr.*, 513. — ENDL., *Gen.*, n. 3691. — SCHAU., in *DC. Prodr.*, XI, 531. — BOCQ., in *Adansonia*, III, 226. — B. H., *Gen.*, II, 1140, n. 11.

6. Pilis sæpe ramosis.

7. Spec. 5. BAUER, *Ill.*, t. 4. — BENTH., *Fl. austral.*, V, 45. — F. MUELL., *Fragm.*, VIII, 50.

25. Cyanostegia TURCZ.[1] — Flores fere *Chloanthis;* calyce circa fructum aucto explanato membranaceo reticulato-venoso, breviter lateque lobato v. sinuato-dentato. Corollæ late campanulatæ lobi postici longiores. Germen depressum ; placentis parietalibus, 2-ovulatis ; stylo minute et inæqui-2-fido. Fructus obliquus indehiscens, 1, 2-locellatus. — Frutices glabri (glutinosi?) ; foliis oppositis haud decurrentibus, integris v. apice paucidentatis ; floribus axillaribus 1-3, in racemum laxum terminalem basi foliatum dispositis, pilis ramosis conspersis. (*Australia trop. et extratrop.*[2])

26. Pityrodia R. BR.[3] — Calyx regularis v. leviter irregularis, 5-fidus, extus pilis ramosis v. peltato-stellatis vestitus, circa fructum immutatus v. varie auctus. Corollæ tubus sæpius brevis ; limbo patente, obliquo v. 2-labiato, 5-fido, imbricato ; lobo antico sæpius majore. Stamina 4, didynama v. subæqualia ; loculis parallelis, hinc inde abortivis. Germen conicum ; stylo apice minute 2-lobulato ; placentis parietalibus 2, nunc in centro contiguis ; ovulis lateraliter lobis affixis ; micropyle infera. Fructus drupaceus v. siccus ; pyrenis 2, 1, 2-locellatis ; seminibus albuminosis. — Frutices v. suffrutices ; indumento vario ; foliis suboppositis v. alternis, petiolatis v. sessilibus amplexicaulibus ; floribus axillaribus, solitariis v. cymosis ; cymis nunc terminali-spicatis. (*Australia*[4].)

27. Denisonia F. MUELL.[5] — Flores fere *Chloanthis;* calyce tubuloso-campanulato, 10-nervi ; lobis 5, acutis. Corolla 2-labiata ; labio postico breviore, 2-lobo ; antico patente, 3-fido. Stamina didynama, breviter exserta ; antherarum loculis divergentibus. Germen 4-locellatum ; stylo gracili, apice 2-dentato ; ovulis in locello solitariis incomplete anatropis ; micropyle infera. Fructus siccus, calyce inclusus ; nuculis 2, solutis, 2-locellatis ; semine albuminoso. — Frutex aromaticus ; pilis ramosis ; foliis sessilibus, 3-natim verticillatis mucronato-dentatis ; floribus axillaribus solitariis ; pedunculo brevi, 2-bracteolato. (*Australia trop.*[6])

1. In *Bull. Mosc.* (1849), 11, 35. — BOCQ., in *Andansonia*, III, 260. — B. H., *Gen.*, II, 1140, n. 13.—*Bunnya* F. MUELL., *Fragm. phyt. Austral.*, V, 36, t. 39.

2. Spec. 3. BENTH., *Fl. austral.*, V, 53.

3. *Prodr.*, 513. — ENDL., *Gen.*, n. 3702. — BOCQ., in *Adansonia*, III, 227. — *Quoya* GAUDICH., in *Freyc. Voy. Bot.*, 463, t. 66. —

BOCQ., in *Adansonia*, III, 228. — *Dasymalla* ENDL., *St. nov. Dec.*, 11.

4. Spec. 12. BENTH., *Fl. austral.*, V, 47.

5. In *Journ. Linn. Soc.*, III, 157 ; *Fragm.*, I, 124, t. 2. — BOCQ., in *Adansonia*, III, 261. — B. H., *Gen.*, II, 1141, n. 14.

6. Spec. 1. *D. ternifolia* F. MUELL. — BENTH., *Fl. austral.*, V, 54.

28. Physopsis Turcz.[1] — Calyx tubuloso-campanulatus, extus dense lanatus[2]; dentibus 4, v. 5 (*Newcastlia*[3]). Corolla regularis, 4, 5-loba imbricata. Stamina 4, 5[4], tubo affixa ; filamentis brevibus ; antherarum loculis parallelis, introrsum rimosis. Germen 4-locellatum ; stylo gracili, apice stigmatoso integro v. 2-lobulato. Ovulum in locellis 1, adscendens; micropyle extrorsum infera. Fructus calyce inclusus siccus, 1-4-spermus. — Frutices dense tomentoso-lanati ; foliis oppositis v. alternis sessilibus integris ; floribus in spicas terminales densas lanatas dispositis, ad axillas bractearum solitariis ; bracteolis parvis caducis. (*Australia*[5].)

29. Mallophora Endl.[6] — Flores *Physopsidis;* calyce 4, 5-mero, extus dense lanato. Corolla subregularis, 4-fida. Stamina 4, subæqualia. Stylus 2-fidus ; lobis lineari-subulatis recurvis ; germine cæterisque *Physopsidis*. — Suffrutex albo-tomentosus; foliis oppositis te alternis lineari-oblongis; floribus in spicas densas globosas capituliformes dispositis. (*Australia occid.*[7])

30. Dicrastyles Drumm.[8] — Flores fere *Mallophoræ*; sepalis 5, liberis v. basi connatis, ramoso-pilosis v. lanatis. Corolla subregularis; lobis 5, brevibus. Stamina 5, exserta ; antherarum loculis subparallelis muticis. Placentæ parietales, 2-ovulatæ, demum subcontiguæ. Styli alte 2-fidi lobi subulati. Fructus siccus indehiscens, 1-4-spermus. — Fruticuli v. frutices, tomentosi v. lanati ; foliis alternis v. oppositis integris rugosis ; cymis densis in racemum composite ramosum dispositis v. capitato-confertis dense lanatis; bracteis bracteolisque parvis caducis. (*Australia*[9].)

31. Lachnostachys Hook.[10] — Flores 5-9-meri ; calyce late campanulato, extus dense lanato, subæquifido v. dentato valvato. Corolla

1. In *Bull. Mosc.* (1849), II, 34. — Bocq., in *Adansonia*, II, 198. — B. H., *Gen.*, II, 1139, n. 8.

2. Pilis valde ramosis.

3. F. Muell., in *Hook. Kew Journ.*, IX, 22. — B. H., *Gen.*, II, 1139, n. 7.

4. Postico nunc sterili.

5. Spec. ad 5. F. Muell., *Fragm.*, I, 184, t. 1; III, t. 21 ; VIII, 49 ; IX, 4 (*Newcastlia*). — Benth., *Fl. austral.*, V, 40 (*Newcastlia*), 41.

6. *St. nov. Dec.*, 64; *Gen.*, 1401. — Bocq., in *Adansonia*, III, 198, 234. — B. H., *Gen.*, II,

1139, n. 9. — *Lachnocephalus* Turcz., in *Bull. Mosc.* (1849), II, 36.

7. Spec. 1. *M. globiflora* Endl. — Benth., *Fl. austral.*, V, 41. — *Lachnocephalus lepidotus* Turcz., loc. cit.

8. In *Hook. Kew Journ.*, VII, 56. — B. H., *Gen.*, II, 1140, n. 10.

9. Spec. ad 8, sæpe plus minus polymorphæ. Benth., *Fl. austral.*, V, 42. — F. Muell., *Fragm.*, VIII, 50.

10. *Icon.*, t. 414, 415.—B.H., *Gen.*, II, 1139, n. 6. — *Pycnolachne* Turcz., in *Bull. Mosc.* (1863), II, 215.—*Walcottia* F. Muell., *Fragm.*, I, 241.

calyci subæqualis v. brevior, late campanulata, truncata v. brevissime 5-9-loba. Stamina totidem, margini corollæ sæpius affixa exserta; filamentis subulatis; antherarum versatilium loculis parallelis. Germen 2-loculare; stylo tenui, apice integro v. minute 2-lobo. Ovula in loculis 2, adscendentia. Fructus durus, calyce inclusus, sæpius 1-spermus. — Frutices erecti dense lanato-tomentosi[1]; foliis oppositis, integris v. crenulatis; floribus dense terminali-spicatis; bracteis 1-floris. (*Australia.*[2])

II? PHRYMEÆ.

32. Phryma L. — Flores irregulares; calyce tubuloso, 5-costato, 5-dentato; dentibus anticis 2 brevibus muticis; posticis autem 3 in aristas hamatas productis. Corolla 2-labiata; labio postico erecto, 2-lobo; antico autem patente longiore, 3-fido; præfloratione imbricata. Stamina didynama inclusa; antherarum loculis distinctis divergentibus, introrsum rimosis. Germen 1-loculare; stylo tenui, apice breviter et inæqui-2-lobo. Ovulum 1, adscendens, hinc supra loculi basin affixum suborthotropum; micropyle supera. Fructus calyce aucto tubuloso inclusus cumque eo reflexus siccus indehiscens; semine ob fructus reflexionem descendente; embryonis oblongi cotyledonibus varie complicatis v. convolutis. — Herba erecta; foliis oppositis petiolatis dentatis; floribus racemosis dissitis, ebracteolatis. (*Asia media et or. cont. et insul., America bor.*) — *Vid. p.* 82.

33. Melananthus WALP.[3] — Flores hermaphroditi; calyce æquali-5-lobo; lobis lanceolatis. Corolla filiformi-tubulosa, brevissime 5-dentata. Stamina didynama inclusa; antheris ovatis, 2-locularibus. Germen 1-loculare, basi disco cupulari repando cinctum; stylo gracili, apice stigmatoso capitellato; ovulo 1, adscendente orthotropo. Fructus calyce cinctus ovato-conicus acutus, dorso leviter costatus, glaber rugulosus, ab apice 2–valvis; semine suberecto; embryonis albuminosi cotyledonibus rectis crassiusculis; radicula

---

1. Pilis, ut in calyce, ramosis.
2. *Spec.* 5. BENTH., *Fl. austral.*, V, 38. — F. MUELL., *Fragm.*, IX, 3.

3. In *Bot. Zeit.* (1850), 788; *Ann.*, III, 230. — TAUB., in *Engl. Bot. Jahrb.* (1890), t. 1 A, fig. 2.

supera longa. — Fruticulus glaber; foliis linearibus obtusiusculis fasciculatis; superioribus sparsis; racemis terminalibus multifloris; bracteis inferioribus 2, 3-floris; superioribus 1-floris. (*Brasilia*[1].)

III. STILBEÆ.

34. Stilbe BERG. — Flores leviter irregulares; calycis lobis v. dentibus 5, æqualibus, v. posticis altius connatis. Corollæ tubus tenuis; fauce intus hirsuta; limbi lobis 5, subæqualibus imbricatis, demum patentibus. Stamina leviter didynama, inter corollæ lobos inserta; antherarum loculis parallelis, distinctis v. demum confluentibus. Germen 2-loculare; stylo apice integro v. brevissime 2-fido. Ovula in loculis solitaria, adscendentia; micropyle extrorsum infera; altero nunc minuto rudimentario. Fructus membranaceus indehiscens, 1, 2-locularis. Semina adscendentia, extus laxe reticulata; embryone in axi albuminis carnosi erecto subcylindraceo. — Frutices glabri v. nunc ex parte hirsuti (ericoidei v. phylicoidei); foliis 4-6-natim verticillatis linearibus, dorso sulcatis, superne in bracteas abeuntibus; spicis terminalibus cylindraceis v. ovoideis; floribus 2-bracteolatis. (*Africa austr.*) — *Vid. p.* 83.

35. Campylostachys K.[2] — Flores fere *Stilbis;* sepalis 5, ima basi connatis. Corollæ limbus 5-fidus. Stamina 5 cæteraque *Stilbis;* loculis germinis 2, 1-ovulatis. Fructus usque ad basin septicidus loculicidusque. — Frutex ericoideus; foliis verticillatis confertis linearibus; spicis terminalibus subglobosis cernuis. (*Africa austr.*[3])

36. Eurylobium HOCHST.[4] — Flores[5] fere *Stilbis;* calyce 5-dentato; corollæ limbo 2-labiato; antherarum loculis divergentibus, demum confluentibus. Cætera *Stilbis.* — Frutex ericoideus; foliis linearibus; 4-natim verticillatis; spicis terminalibus oblongis, inter folia suprema sessilibus; bracteolis linearibus. (*Africa austr.*[6])

---

1. Spec. 1. *M. dipyrenoides* WALP.
2. In *Abh. Akad. Wiss. Berl.* (1831), 206. — ENDL., *Gen.*, n. 3723. — MEISSN., *Gen.*, 315 (226). — A. DC., *Prodr.*, XII, 605. — H. BN, in *Payer Fam. nat.*, 221. — B. H., *Gen.*, II, 1137, n. 2.

3. Spec. 1. *C. cernua* K. — E. MEY., *Comm. pl. afr. austr*, 287. — *Stilbe cernua* THUNB.
4. In *Flora* (1842), 228. — A. DC., *Prodr.*, XII, 608. — B. H., *Gen.*, II, 1138, n. 5.
5. Albi.
6. Spec. 1. *E. serrulatum* HOCHST.

37? Euthystachys E. MEY. [1] — Flores fere *Stilbis;* calycis foliolis posticis liberis; anticis autem 3 in labium 3-dentatum connatis. Corollæ limbus subæquali-5-fidus. Antherarum loculi divergentes, demum confluentes. Cætera *Stilbis.* — Frutex; habitu *Stilbis;* foliis linearibus subverticillatis; spicis terminalibus brevibus densis. (*Africa austr.* [2])

IV. VITICEÆ.

38. Vitex T. — Flores irregulares; calyce gamophyllo, 3-5-fido, 5-dentato v. crenato, nunc sub fructu plus minus accreto. Corolla irregularis; tubo brevi lato v. nunc elongato, recto v. arcuato, superne nunc ampliato; limbi obliqui-patentis lobis 5; posticis 2 extimis sæpius brevibus; antico autem intimo majore v. maximo, integro v. emarginato. Stamina didynama, tubo affixa, plerumque exserta; antherarum loculis parallelis v. divergentibus, rectis v. arcuatis, introrsum rimosis. Germen 1-loculare; placentis parietalibus 2, 2-lobis, sæpe demum intus contiguis; locellis 1-ovulatis; ovulis incomplete anatropis adscendentibus, lateraliter v. altius affixis, nunc suborthotropis; micropyle extrorsum infera. Stylus apice breviter acuteque 2-fidus. Fructus drupaceus; carne nunc parca; putamine duro v. osseo, 4-locellato lacunaque centrali nunc majuscula effosso; seminibus 1-4; embryonis exalbuminosi carnosi radicula brevi infera. — Arbores v. frutices, glabri v. varie induti; foliis oppositis v. rarius verticillatis, 1-10-foliolatis; foliolis digitatis, sessilibus v. petiolulatis, integris, dentatis v. incisis; cymis axillaribus v. in racemum terminali-compositum dispositis, nunc in capitulum spurium composite glomeruligerum congestis; bracteis parvis v. raro longiusculis. (*Orbis utriusque reg. calid. et temp.*) — *Vid. p.* 85.

39. Kalaharia H. BN. — Flores fere *Viticis;* calyce 5-fido. Corolla 2-labiata; limbo demum refracto, cochleari-imbricato [3]. Stamina didynama, hinc exserta; antherarum loculis basi liberis. Germen 1-loculare; styli ramis subulatis subæqualibus. Placentæ 4, dimidiatæ,

---

1. A. DC., *Prodr.*, XII, 606. — B. H., *Gen.*, II, 1138, n. 4. (Genus nimium artificiale forteque ad *Stilbis* sectionem reducendum.)

2. Spec. 1. *E. abbreviata* E. MEY. — WALP., *Rep.*, IV, 173.

3. Lobo antico intimo concavo.

per paria laterales[1]. — Frutices tomentelli; foliis oppositis brevibus, vix petiolatis; floribus[2] axillaribus solitariis; pedunculo demum indurato spinescente, apice sub calyce 2-bracteolato. (*Africa trop. et austr.* [3])

40. **Gmelina** L. [4] — Calyx campanulatus, 4, 5-dentatus v. lobatus. Corollæ[5] tubus in faucem obliquam campanulatam valde ampliatus; limbi lobis 4, 5, imbricatis. Stamina didynama, sub fauce affixa; antherarum loculis parallelis. Germen basi in discum valde dilatatum, 4-locellatum; styli lobis 2; postico plerumque minimo. Ovula in locellis solitaria adscendentia; micropyle infera. Drupa calyce vix aucto basi stipata; putamine osseo, 2-4-loculari; seminibus exalbuminosis. — Arbores v. frutices, glabri v. varie induti; foliis oppositis integris; cymis laxis v. densis in racemum terminalem compositum dispositis; bracteis parvis v. nunc sub cymis amplis coloratis. (*Asia et Oceania trop.* [6])

41. **Cornutia** L. [7] — Calyx campanulatus, subtruncatus v. sinuato-dentatus. Corollæ tubus rectus v. arcuatus; limbi 4-lobi patentis lobis superioribus 3 valvatis; antico autem majore, margine membranaceo intimo, integro v. emarginato, demum patente. Stamina 2, antica; antherarum loculis ovoideis divergentibus v. demum divaricatis. Staminodia postica 2, filiformia. Germen villosum; stylo arcuato, apice inæqui-2-fido; locellis 4, 1-ovulatis; ovulo lateraliter affixo; micropyle extrorsum infera. Drupa calyce haud v. vix aucto fulta; putamine duro, 1-4-locellato; semine exalbuminoso. — Frutices tomentosi v. pubentes; foliis oppositis integris; floribus[8] in racemos terminales composito-cymigeros dispositis. (*America calid. utraque* [9].)

1. Lacuna centrali demum rhomboidea.
2. Rubris, majusculis.
3. Spec. 1, 2. *K. spinipes*, spec. prototypica, est austro-africana.
4. *Gen.*, n. 763. — J., *Gen.*, 108. — GÆRTN., *Fruct.*, t. 56. — SCHAU., in *DC. Prodr.*, XI, 679. — ENDL., *Gen.*, n. 3704. — BOCQ., in *Adansonia*, III, 254. — B. H., *Gen.*, II, 1153, n. 45.
5. Cæruleæ, pallide violaceæ v. flavæ.
6. Spec. ad. 8. ROXB., *Pl. corom.*, t. 162, 246. — WIGHT, *Ic.*, t. 1470. — BEDD., *Fl. sylv.*, t. 253. — BENTH., *Fl. austral.*, V, 65. — C.-B. CLKE, in *Hook. f. Fl. brit. Ind.*, IV, 581. — TRW., *En. pl. Zeyl.*, 244. — *Hook. Icon.*, t. 1874.

— HEMSL. et FORB., in *Journ. Linn. Soc.*, XXVI, 257. — *Bot. Mag.*, t. 4395. — WALP., *Ann.*, III, 238.
7. *Gen.*, n. 766. — J., *Gen.*, 107. — GÆRTN. F., *Fruct.*, III, t. 213. — SCHAU., in *DC. Prodr.*, XI, 681. — ENDL., *Gen.*, n. 3714. — BOCQ., in *Adansonia*, III, 233. — B. H., *Gen.*, II, 1153, n. 44. — *Hostia* JACQ., *H. schœnbr.*, I, 60, t. 114.
8. Cæruleis v. violaceis.
9. Spec. 4, 5. PŒPP. et ENDL., *Nov. gen. et spec.*, t. 269 (*Hosta*). — GRISEB., *Fl. brit. W.-Ind.*, 501. — HEMSL., *Bot. centr.-amer.*, II, 539. — *Bot. Reg.*, t. 1204 (*Hosta*). — *Bot. Mag.*, t. 2611.

42. Premna L.[1] — Flores hermaphroditi v. polygami, 4-meri; calyce campanulato parvo integro, sinuato v. inæqui-2-4-dentato. Corollæ subregularis v. nunc irregularis tubus brevis; limbi sub-æqualis v. sub-2-labiati lobis 4[2], imbricatis, reflexis; fauce plerumque villosa. Stamina 4, subæqualia v. subdidyma, sub fauce inserta, inclusa v. exserta; antheris brevibus introrsis, 2-locularibus, rimosis. Germen 2-loculare; loculis 2-ovulatis, antico posticoque, nunc septo spurio 2-locellatis; stylo erecto, apice stigmatoso 2-fido; ramis subulatis v. obtusiusculis. Ovula collateraliter adscendentia, lateraliter affixa; micropyle extrorsum infera. Fructus drupaceus globosus; exocarpio nunc tenui; putamine duro, 1-4-locellato cum lacuna centrali; seminibus exalbuminosis. — Arbores v. frutices, glabri v. varii induti; foliis oppositis integris v. dentatis; floribus[3] in cymas terminales 3-chotomas v. corymbiformes dispositis; cymis nunc in racemum terminalem compositum confertis. (*Orbis vet. reg. calid.*[4])

43. Oxera LABILL.[5] — Calyx tubulosus v. sæpius anguste lateve campanulatus, nunc abbreviatus explanatus; lobis 4, 5, valvatis, nunc liberis. Corollæ tubus e basi brevi ampliatus late subcampanulatus v. rarius elongatus angustus, rectus v. arcuatus; limbus sub-æqualis v. obliquus, 4, 5-fidus; lobo postico (e 2 conflato) extimo; antico autem intimo angustiore v. longiore, integro v. fimbriato labelliformi. Stamina didynama : antica 2 fertilia tubo affixa exserta; filamentis sub galea corollæ adscendentibus incurvis v. involutis; antherarum[6] loculis parallelis, connectivo nunc lato sejunctis, introrsum rimosis. Staminodia postica 2, ad filamenta nunc minuta reducta; antheris 0 v. parvis[7]. Germen 4-lobum nunc columna centrali plus minus cylindracea stipatum; stylo exserto, apice stigmatoso simplici

1. *Mantiss.*, n. 1316. — GÆRTN., *Fruct.*, t. 56. — ENDL., *Gen.*, n. 3701. — SCHAU., in *DC. Prodr.*, XI, 630. — BOCQ., in *Adansonia*, III, 256. — B. H., *Gen.*, II, 1152, n. 42. — *Baldingera* DENNST., *Schl. H. malab.*, 31 (non *Fl., wett.*). — *Holochiloma* HOCHST., in *Flora* (1841), 371. — *Gumira* HASSK., in *Flora* (1842), II, Beil., 26; *Cat. H. bogor.*, 135.

2. Postico nunc 2-fido.

3. Albis v. cœrulescentibus, parvis v. minimis.

4. Spec. ad 30. BURM., *Fl. ind.*, t. 41 (*Cornulia*). — WIGHT, *Icon.*, t. 869, 1468, 1469, 1483-1485. — MIQ., *Fl. ind. bat.*, II, 891 ; in *Ann. Mus. lugd.-bat.*, II, 97. — TURCZ., in *Bull. Mosc.* (1863), II, 215. — BENTH., *Fl. austral.*,

V, 58. — KL., in *Pet. Moss.*, *Bot.*, 263. — BEDD., *Fl. sylv.*, t. 251. — SEEM., *Fl. vit.*, t. 43. — THW., *En. pl. Zeyl.*, 242. — C.-B. CLKE, in *Hook. f. Fl. brit. Ind.*, IV, 571. — HEMSL. et FORB., in *Journ. Linn. Soc.*, XXVI, 255. — WALP., *Ann.*, III, 236.

5. *Sert. austro-caled.*, 23, t. 28. — SCHAU., in *DC. Prodr.*, XI, 676. — FENZL, in *Deutsch. Naturf. Vers. Ber.* (1843), t. 2, 3. — VIEILL., in *Bull. Soc. Linn. Norm.*, VII (1862), 98. — BOCQ., in *Adansonia*, III, 220. — B. H., *Gen.*, II, 1155, n. 48. — *Oncoma* SPRENG., *Syst.*, *Cur. post.*, 11. — ? *Maoutia* MONTROUS., in *Mém. Ac. Lyon*, X, 241 (ex B. H.).

6. Nunc acutarum versatilium.

7. Spec. ad 15. *Bot. Mag.*, t. 6938.

v. 2-fido lobulatove. Placentæ parietales 2; lobis 2, arcte revolutis. Ovula lateraliter supra medium v. nunc multo altius loborum concavitati affixa, hemitropa v suborthotropa; micropyle extrorsum infera. Drupa ad basin partita ; pyrenis obovoideis v. oblongis distinctis ; seminibus adscendentibus; embryonis crassi oleosi radicula infera brevi; cotyledonibus solubilibus v. concretis. — Frutices sæpius scandentes glabri; foliis oppositis integris; cymis in axillis superioribus pedunculatis v. composite terminali-racemosis ; bracteis parvis v. minutis. (*Nova Caledonia.*)

44. **Faradaya** F. MUELL.[1] — Calyx gamophyllus clausus apiculatus, demum inæqui-1-3-fissus. Corollæ tubus exsertus, superne ampliatus; limbo patente imbricato, 4-fido ; lobo postico emarginato v. subintegro latiore. Stamina didynama longe exserta ; antherarum ovato-oblongarum loculis parallelis, demum recurvis. Germen breviter 4-lobum; placentis parietalibus 2, 2-lobis, 2-ovulatis, cum septis spuriis crassis centripetis alternantibus ; stylo gracili exserto. « Fructus drupaceus, 1-pyrenus; exocarpio carnoso v. succoso. » — Frutices alte scandentes glabri; foliis oppositis integris coriaceis ; cymis floribundis in racemum compositum terminalem v. ad nodos sessilem dispositis. (*Oceania* [2].)

45. **Holmskioldia** RETZ. [3] — Flores fere *Viticis;* calyce e tubo brevissimo late expanso membranaceo (colorato) [4], integro v. obtuse 5-lobo. Corollæ tubus arcuatus; limbi lobis posticis extimis lateralibusque brevibus ; antico intimo longiore. Stamina didynama exserta ; filamentis arcuatis ; antherarum exsertarum loculis parallelis. Germen apice obtusum v. obscure 4-lobum. Placentæ parietales 4, demum contiguæ, 2-ovulatæ. Stylus brevissime inæqui-acute-2-fidus. Drupa imo calyce contracto subobtecta, apice integra v. breviter 4-loba; pyrenis 4. — Frutices glabri v. pubentes; foliis integris v. dentatis; cymis axillaribus pedunculatis v. terminali-confertis. (*Asia et Africa or. trop., Madagascaria* [5].)

1. *Fragm. phyt. Austral.,* V, 21. — B. H., *Gen.,* II, 1154, n. 47.

2. Spec. ad 4. BENTH., *Fl. austral.,* V, 69. — SEEM., *Fl. vit.,* t. 44; *Journ. Bot.* (1865), 256. — F. MUELL., *Descr. pap. pl.,* 46.

3. *Obs.,* VI, 31. — SCHAU., in *DC. Prodr.,* XI, 696. — ENDL., *Gen.,* n. 3670. — BOCQ., in *Adansonia,* III, 230. — B. H., *Gen.,* II, 1156, n. 50. — *Hastingia* SM., *Exot. Bot.,* II, 41, t. 80, — *Platunium* J., in *Ann. Mus.,* VII, 76.

4. In specie prototypica coccineo.

5. Spec. 3. DCNE, in *Jacquem. Voy., Bot.,* t. 140. — C.-B. CLKE, in *Hook. f. Fl. brit. Ind.,* IV, 596. — *Bot. Reg.,* t. 692.

46. Teucridium HOOK. F.[1] — Calycis late campanulati 5-fidi lobi acuti subæquales. Corollæ tubus brevis; fauce late ampliata; limbi obliqui patentis lobis posticis brevioribus extimis; antico magis producto. Stamina didynama longe exserta; filamentis inter corollæ lobos posticos incurvis; antheris dorsifixis confluenti-1-locularibus demumque explanatis. Germen breviter 4-lobum; locellis 4, incompletis, 1-ovulatis; stylo exserto arcuato, apice 2-fido. Fructus carpella 4, soluta, drupacea, apice villosa; carne parca; putaminibus inæqui-3-gonis. Semina exalbuminosa, lateraliter affixa; embryonis carnosi radicula infera. — Herba divaricato-ramosa; ramis 4-gonis; foliis oppositis parvis petiolatis integris; floribus axillaribus solitariis; pedunculo parvo arcuato; bracteolis sub flore lineari-setaceis. (*Nova Zelandia*[2].)

47. Ovieda L.[3] — Flores plus minus irregulares; calycis[4] gamophylli sæpeque accrescentis lobis v. dentibus 4, 5, plerumque demum valvatis. Corollæ tubus rectus v. arcuatus; limbi lobis 5, subæqualibus v. sæpius inæqualibus; præfloratione cochleari. Stamina 4, sæpius didynama; filamentis ante anthesin arcuatis, incurvis v. circinato-involutis, demum plerumque exsertis; antherarum loculis basi liberis, subparallelis v. leviter divergentibus, introrsum rimosis. Discus varius. Germen 1-loculare; placentis 2, parietalibus; lobis 2, circa ovula revolutis demumque sæpe intus contiguis; ovulis lateraliter affixis; micropyle extrorsum infera. Fructus drupaceus, 4-sulcus v. sub-4-lobus; pyrenis 4, nunc per paria cohærentibus. Semina oblonga; embryonis sæpius exalbuminosi radicula infera. — Arbores v. frutices, nunc scandentes; foliis oppositis v. 3, 4-natis, integris, dentatis v. lobatis; petiolo nunc raro spinescente; floribus[5] in cymas terminales v. axillares, corymbiformes, simpliciter v. composite racemi-

---

1. *Fl. N.-Zeal.*, 1, 203, t. 49; *Handb. N.-Zeal. Fl.*, 224, 739. — Bocq., in *Adansonia*, III, 205. — B. H., *Gen.*, II, 1157, n. 51.

2. Spec. 1. *T. parviflorum* HOOK. F. — WALP., *Ann.*, V, 704. Genus forte potius *Euverbenearum* (*Spartothamni* syn., ex F. MUELL.).

3. *Gen.*, ed. 1, n. 170 (1737). — *Clerodendrum* L., *Gen.*, n. 517. — *Volkameria* L., *Gen.*, n. 872. — ENDL., *Gen.*, n. 3707. — Bocq., in *Adansonia*, III, 224. — *Siphonanthus* L., *Gen.* (1742), n. 1020. — *Valdia* PLUM., *Gen.* (1703), t. 24 (ex L., prior). — *Clerodendron* GLED., *Berl.*, V, 129 (1749). — SCHAU, in *DC. Prodr.*, XI, 658. — Bocq., in *Adansonia*, II, t. 8;

III, 213. — B. H., *Gen.*, II, 1155, n. 49. — *Volkmannia* JACQ., *Hrt. schœnbr.*, III, 48, t. 338. — *Agricolæa* SCHR., in *D. Akad. Wiss. Munch.* (1808), 98. — *Spironema* HOCHST. — *Cyclonema* HOCHST., in *Flora* (1842), 225. — SCHAU., in *DC. Prodr.*, XI, 675. — Bocq., in *Adansonia*, III, 216. — *Torreya* SPRENG., *N. Entd.*, II, 121. — *Cornacchinia* SAV., in *Mem. Soc. ital. Moden.*, XXI, 184, t. 7. — *Tetrathyranthus* A. GRAY, in *Proc. Amer. Acad.*, VI, 50.

4. Nunc colorati.

5. Albis, rubris, violaceis v. cærulescentibus, sæpe speciosis.

formes, nunc rarius subcapituliformes, dispositis[1]. (*Orbis totius reg. calid.*[2])

48. **Caryopteris** BGE[3]. — Flores fere *Oviedæ;* calyce 5-fido, haud v. vix circa fructum aucto. Corollæ[4] 2-labiatæ lobi 5, imbricati ; antico intimo longiore sæpe crispulo v. fimbriato. Stamina didynama exserta ; filamentis circinatis ; antherarum loculis parallelis, demum divergentibus, apice nunc confluentibus. Germen 1-loculare ; placentis parietalibus 2 ; ovulis placentarum lobis extus lateraliter sub apice affixis ; micropyle infera. Stylus apice subulato-2-lobus. Fructus 4-valvis ; valvis a basi solutis. Pyrenæ 4, hinc involutæ, inde alatæ, medio inæqui-carinatæ. Seminis exalbuminosi embryo rectus ; radicula infera.— Frutices v. suffrutices[5]; foliis oppositis, integris v. dentatis ; cymis axillaribus v. terminali-racemosis. (*Asia centr., mont. et or., Japonia*[6].)

49. **Glossocarya** WALL. [7] — Flores fere *Oviedæ;* calycis campanulati circa fructum parum aucti dentibus 5, nunc brevibus obtusissimis. Corolla staminaque circinato-involuta (*Oviedæ*) ; antherarum loculis parallelis, inferne liberis. Stylus apice 2-fidus. Capsula 4-valvis ; exocarpio tenui, 4-partito ; valvis a basi deciduis ; margine hinc supra medium v. jam inferius inflexo placentifero semen exalbuminosum includente ; columna centrali soluta brevi v. 0.—Frutices scandentes canescentes ; foliis oppositis integris ; cymis terminalibus compositis

1. *Adelosa* BL., *Mus. lugd.-bat.*, I, 176. — B. H., *Gen.*, II, 1153, n. 43, cujus dicuntur semina membranaceo-marginata, est *Oviedæ* species madagascarica, floribus paucis parvis et staminibus parum elongatis.

2. Spec. ad 80. JACQ., *Coll.*, V, t. 4, 5, 15 ; *Ic. rar.*, t. 500. — VENT., *Malm.*, t. 25, 70, 84. — LAMK, *Ill.*, t. 544. — PAL.-BEAUV., *Fl. ow. et ben.*, t. 32, 62. — WALL., *Pl. as. rar.*, t. 215. — WIGHT, *Ill.*, t. 173 ; *Ic.*, t. 1471-1473. — MIQ., *Fl. ind. bat.*, II, 868 ; in *Ann. Mus. lugd.-bat.*, III, 251, t. 9. — ANDR., *Bot. Rep.*, t. 554, 607, 628. — MAUND, *Bot.*, t. 13. — PAXT., *Mag.*, III, 217, 271, c. ic. — TURCZ., in *Bull. Mosc.* (1863), II, 220. — KL., in *Pr. Waldem. Reis. Bot.*, t, 65. — OLIV., in *Trans. Linn. Soc.*, XXIX, t. 89. — BALF., in *Trans. Bot. Soc. Edinb.*, VII, t. 7, 16 ; *Bot. Socot.*, 235, t. 80. — THW., *En. pl. Zeyl.*, 243. — C.-B. CLKE, in *Hook. f. Fl. brit. Ind.*, IV, 589. — HEMSL. et FORB., in *Journ. Linn. Soc.*, XXVI, 259. — GRISEB., *Fl. brit. W.-Ind.*, 500. — REG., *Gartenfl.*, t. 178, 353. — *Bot.*

Reg., t. 406, 629, 649, 945, 1035; (1838), t. 41 ; (1842), t. 7 ; (1844), t. 19. — *Bot. Mag.*, t. 1518, 1805, 1834, 2536, 2925, 3049, 3398, 4255, 4354, 4355, 4485, 4880, 5294, 5313, 5838. — *Hook. Icon.*, t. 1221 (*Cyclonema*), 1559. — WALP., *Ann.*, I, 544 ; III, 238 ; V, 710 (omn. sub *Clerodendro*).

3. *Nov. gen. et spec. Chin. Mong.*, 27 (1835). — SCHAU., in *DC. Prodr.*, XI, 625. — BOCQ., in *Adansonia*, III, 206. — B. H., *Gen.*, II, 1157, n. 52. — *Barbula* LOUR., *Fl. coch.*, 366 (non HEDW.). — *Mastacanthus* ENDL., *Gen.*, n. 3720.

4. Cæruleæ v. rubræ.

5. Sæpe odorati.

6. Spec. 5, 6. MAXIM., in *Bull. Acad. Petersb.* (1876), 829. — C.-B. CLKE, in *Hook. f. Fl. brit. Ind.*, IV, 5J7. — HEMSL. et FORB., in *Journ. Linn. Soc.*, XXVI, 263. — *Bot. Reg.* (1846), t. 2 (*Mastacanthus*). — *Bot. Mag.*, t. 6799.

7. *Cat.*, n. 1741. — GRIFF., in *Journ. Nat. Hist.*, III, 366. — SCHAU., in *DC. Prodr.*, XI, 625. — B. H., *Gen.*, II, 1158, n. 53.

densis corymbiformibus; floribus in dichotomiis sessilibus moxque in summis inflorescentiæ ramis 1-lateralibus spurie spicatis, minute bracteatis. (*Asia trop. austr., Australia*[1].)

50. Peronema JACK.[2] — Calyx campanulatus, breviter 5-fidus, haud auctus. Corolla subbilabiata; lobis 5, inæqualibus cochleari-imbricatis; posticis extimis. Stamina antica 2; antherarum loculis divergentibus. Germinis locelli 4, 1-ovulati; styli ramis 2, inæqualibus. Fructus capsularis; valvis 4, a basi deciduis, columnam placentiferam 4-alatam liberantibus. Semen descendens exalbuminosum; micropyle infera. — Arbor procera; foliis[3] imparipinnatis oppositis; foliolis ∞-jugis; rhachi nunc anguste alata; cymis in racemos pedunculatos ad folia superiora axillares dispositis; bracteis setaceis. (*Malaisia*[4].)

51. Varengevillea H. BN. — Calycis 5-fidi lobi subulati hispidi. Corolla leviter irregularis; lobis 5, rufo-hispidis imbricatis. Stamina didynama; loculis divergentibus. Discus tenuis. Germen valde hispidum; styli ramis 2, recurvis subulatis; ovulis in loculis incompletis 2, subdescendentibus suborthotropis; micropyle infera. — Arbor v. frutex glaber; foliis oppositis, 7-foliolatis; foliolis petiolulatis ovatis integris, basi inæqualibus; cymis in ligno ortis densis compositis, ∞-floris, dense rufo-hirsutis. (*Madagascaria*[5].)

52. Petræovitex OLIV.[6] — « Calyx campanulatus brevissimus, 5-dentatus, post anthesin auctus; tubi ∞-nervosi lobis elongatis oblanceolatis obtusis rigidulis costatis reticulatis. Corolla obliqua, postice fissa; limbi explanati lobis 5, obtusis, apice incurvis. Stamina 4, subæqualia lobis longiora; antheris parvis subdidymis. Germen imperfecte 2-loculare; placentis intrusis 2-lobis ovuligeris; stylo gracili, apice stigmatoso 2-fido. Fructus (immaturus) turbinatus. — Arbor v. frutex, ramulis ferrugineo-puberulis glabratis; foliis oppositis compositis; foliolis 2-ternatis ovato-ellipticis apiculato-mucronulatis;

---

1. Spec. 3. THW., *En. pl. Zeyl.*, 243 (*Clerodendron*). — C.-B. CLKE, in *Hook. f. Fl. brit. Ind.*, IV, 598. — BENTH., *Fl. austral.*, V, 61 (*Clerodendron*).

2. *Mal. Misc.*, II, n. VII, 46. — SCHAU., in *DC. Prodr.*, XI, 627. — BOCQ., in *Adansonia*, III, 258. — B. H., *Gen.*, II, 1158, n. 55.

3. 2-pedalibus.

4. Spec. 1. *P. canescens* JACK. — WIGHT, *Ic.*, t. 1460. — C.-B. CLKE, in *Hook. f. Fl. brit. Ind.*, IV, 599.

5. Spec. 1. *V. hispidissima* H. BN. — *Colea hispidissima* SEEM., in *Trans. Linn. Soc.*, XXIII, 9. — H. BN, in *Bull. Soc. Linn. Par.*, 686. Micropyle certe infera est, vix conspicua.

6. In *Hook. Icon.*, t. 1420.

inflorescentia terminali paniculata ampla; bracteis subulatis. (*Arch. Ind.*[1]) »

53. Hymenopyramis WALL.[2] — Flores subregulares, 4-meri (fere *Premnæ* v. *Callicarpæ*); calyce 4-fido, circa fructum valde aucto sacciformi, late 4-alato, membranaceo-hyalino, reticulato-venoso, apice subclauso. Stamina exserta; antherarum ovatarum loculis parallelis. Styli rami subulati. Fructus capsularis; valvis 4, deciduis, villosulis crustaceis columnam centralem liberantibus. Semina sub-descendentia exalbuminosa; micropyle infera.—Frutex subscandens; foliis oppositis integris; cymis laxis compositis multifloris peduncu-latis axillaribus terminalibusque. (*India or.*[3])

54. Tectona L. F.[4] — Flores subregulares; calyce campanulato breviter 5, 6-fido, imbricato, circa fructum aucto urceolato v. vesi-culoso, ore clauso. Corollæ[5] tubus brevis; limbi subregularis lobi 5, 6, subæquales imbricati. Stamina 5, 6, supra basin corollæ affixa; filamentis geniculatis, demum rectis exsertisque; antheris ovatis v. oblongis, introrsis; loculis parallelis rimosis. Germen lata basi sessile carnosum, 4-locellatum; stylo apice breviter 2-fido; ovulis in locellis solitariis, lateraliter affixis; micropyle extrorsum infera. Drupa calyce inclusa; exocarpio tenuiter carnoso; putamine crasso osseo; locellis 4 lacunam centralem cingentibus. Semina adscendentia exalbuminosa. —Arbores excelsæ; pube simplici v. stellata; foliis oppositis v. 3-natim verticillatis amplis integris; inflorescentia terminali ampla valde 2-chotome ramosa; ramis cymigeris; bracteis minutis. (*Asia et Oceania trop.*[6])

55. Petitia JACQ.[7] — Flores fere *Premnæ*, 4-meri; calyce truncato v. 4-dentato[8]. Corollæ regularis tubus brevis; limbi patentis lobis 4, imbricatis. Stamina 4, sub sinubus inserta; filamentis brevibus;

1. Spec. 1. *P. Riedelii* OLIV.
2. *Cat.*, n. 774. — GRIFF., in *Calc. Journ. Nat. Hist.*, III, 365. — SCHAU., in *DC. Prodr.*, XI, 626. — BOCQ., in *Adansonia*, III, 208. —B. H., *Gen.*, II, 1158, n. 54.
3. Spec. 1, 2. C.-B. CLKE, in *Hook. f. Fl. brit. Ind.*, IV, 598.
4. *Suppl.*, 20. — ENDL., *Gen.*, n. 3703. — SCHAU., in *DC. Prodr.*, XI, 629. — BOCQ., in *Adansonia*, III, 195. — B. H., *Gen.* II, 1152, n. 40. — *Theca* J., *Gen.*, 108.

5. Albæ v. cærulescentis.
6. Spec. 3. ROXB., *Pl. corom.*, t. 6. — WALL., *Pl. as. rar.*, t. 294. — BRAND., *For. Fl.*, 354, t. 44. — BEDD., *Fl. sylv.*, t. 250. — C.-B. CLKE, in *Hook. f. Fl. brit. Ind.*, IV, 570.
7. *St. amer.*, 14, t. 182. — SCHAU., in *DC. Prodr.*, XI, 639. — ENDL., *Gen.*, n. 3705. — BOCQ., in *Adansonia*, III, 193, t. 9. — B. H., *Gen.*, II, 1151, n. 39. — *Scleroon* BENTH., in *Bot. Reg.* (1843), *Misc.*, 65.
8. Resinoso-punctato.

antherarum ovatarum loculis parallelis; connectivo crassiusculo. Germen 2-loculare; stylo 2-fido; ovulis collateralibus 2, lateraliter insertis; micropyle infera. Drupa calyci appresso insidens; putamine 1-4-loculari; seminibus exalbuminosis. — Arbores v. frutices; foliis oppositis integris; cymis in axillis superioribus plus minus composite ramosis. (*Antillæ, Mexicum*[1].)

56. Rapinia MONTROUS.[2] — Flores fere *Petitiæ;* calyce truncato vix dentato[3]. Corolla 4, 5-fida imbricata. Stamina 4, leviter didynama; antherarum exsertarum loculis distinctis; filamentis basi villosis. Discus tenuis. Germen 1-loculare; stylo basi abrupte contracto, apice inæqui-2-lobo. Placentæ parietales 2, 2-ovulatæ; lobis revolutis. « Fructus drupaceus; locellis 4, 1-spermis. » — Frutex glaber; foliis oppositis simplicibus « v. 3-5-foliolatis »; floribus in cymas axillares laxas compositas nunc paucifloras dispositis. (*Nova Caledonia*[4].)

57. Callicarpa L.[5] — Flores regulares, 4-meri; calyce[6] brevi campanulato, dentato v. sinuato, haud aucto. Corollæ[7] tubus brevis; limbi lobis æqualibus imbricatis. Stamina 4, æqualia; antheris ovatis v. oblongis; loculis parallelis rimosis. Germen obtusum; stylo longo corrugato, apice stigmatoso subcapitato v. late breviterque 2-lobo. Placentæ parietales 2, 2-ovulatæ, demum contiguæ. Drupa[8] globosa v. depressa; exocarpio succoso; putaminibus 1-4, 1-spermis; semine exalbuminoso. — Arbores v. frutices, subglabri v. pube farinacea stellatave induti; foliis integris, crenulatis, serrulatis v. nunc late 3-5-lobis; cymis axillaribus pedunculatis valde compositis. (*Asia et Oceania calid., America utraque calid.*[9])

1. Spec. 3. GRISEB., *Fl. brit. W.-Ind.*, 501. — HEMSL., *Bot. centr.-amer.*, II, 538.

2. In *Mém. Ac. Lyon*, X, 243. — B. H., *Gen.*, II, 1152, n. 41.

3. Cum corolla luteo-resinoso-punctato.

4. Spec. 1, 2.

5. *Gen.*, n. 135. — J., *Gen.*, 107. — GÆRTN., *Fruct.*, t. 94. — SCHAU., in *DC. Prodr.*, XI, 640. — ENDL., *Gen.*, n. 3712. — BOCQ., in *Adansonia*, III, 191, t. 8. — B. H., *Gen.*, II, 1150, n. 37. — *Spondylococca* MITCH., in *Act. Ac. nat. cur.*, VIII (1748), 218. — *Porphyra* LOUR., *Fl. cochinch.*, 69. — *Burchardia* DUHAM., *Arbr.*, I, 111, t. 44.

6. Cum corolla staminibusque resinoso-punctato.

7. Albæ, roseæ, purpurascentis v. cæruleæ.

8. Rubra, purpurea v. violacea.

9. Spec. ad 30. VAHL, *Symb.*, t. 53. — WIGHT, *Ic.*, t. 1480. — HOOK., *Ex. Fl.*, t. 133. — HOOK. et ARN., *Beech. Voy. Bot.*, t. 46. — MIQ., *Fl. ind. bat.*, II, 885; in *Ann. Mus. lugd.-bat.*, II, 98. — BENTH., *Fl. austral.*, V, 56. — TURCZ., in *Bull. Mosc.* (1863), II, 217. — THW., *En. pl. Zeyl.*, 243. — C.-B. CLKE, in *Hook. f. Fl. brit. Ind.*, IV, 566. — BEDD., *Fl. sylv.*, t. 21, VI. — HEMSL. et FORB., in *Journ. Linn. Soc.*, XXVI, 252. — A. GRAY, *Syn. Fl. N.-Amer.*, II, 340. — HEMSL., *Fl. centr.-amer.*, II, 538. — LINDL. et PAXT., *Fl. Gard.*, II, fig. 221. — *Fl. serr.*, t. 1359. — *Bot. Reg.*, t. 864, 883. — *Bot. Mag.*, t. 2107.

58. **Geunsia** BL.[1] — Flores *Callicarpæ*, 4-6-meri, resinoso-punctati; calyce campanulato, sinuato v. dentato, haud accreto. Corollæ tubus exsertus; limbo imbricato. Stamina exserta; antheris oblongis basifixis; loculis parallelis longitudinaliter rimosis. Germen 1-loculare; stylo longo, apice dilatato breviter 3-6-lobo. Placentæ parietales 5, v. rarius 3, 4, 2-ovulatæ; ovulis lateraliter affixis; micropyle infera. Drupa globosa v. depressa; exocarpio succoso v. tenui; pyrenis 1-5, 1-spermis. — Arbores v. frutices, plus minus farinaceo-tomentosi ; foliis oppositis v. hinc inde alternis integris petiolatis; cymis valde compositis in axillis superioribus pedunculatis. (*Arch. Malayan.*[2])

59. **Ægiphila** JACQ.[3] — Flores[4] fere *Callicarpæ ;* calycis campanulati, turbinati v. tubulosi, lobis 4, 5, plus minus profundis. Corollæ tubus cylindraceus, ad faucem ampliatus; limbo patente, 4, 5-fido ; lobis æqualibus imbricatis. Stamina 4, v. raro 5, subæqualia; antheris inclusis v. exsertis, ovatis v. oblongis; loculis parallelis. Stylus brevis v. elongatus gracilis; ramis 2, filiformibus. Placentæ parietales 2, revoluto-2-lobæ, 2-ovulatæ; ovulis ad medium v. altius affixis; micropyle infera. Drupa calyce aucto plus minus inclusa; pyrenis 1-4; seminibus exalbuminosis. — Arbores v. frutices, nunc scandentes; pilis simplicibus stellatisque; foliis oppositis integris; cymis compositis axillaribus, v. superioribus in racemum terminalem dispositis; bracteis minutis. (*America trop. utraque*[5].)

60. **Schizopremna** H. BN. — Flores[6] fere *Ægiphilæ;* calyce campanulato coriaceo; lobis 4, brevibus recurvis. Corollæ tubus rectus, superne ampliatus; limbi lobis 4, imbricatis subæqualibus. Stamina 4; filamentis brevibus inclusis; antherarum oblongarum dorsifixarum loculis parallelis. Discus brevis. Germen ad medium 4-lobulatum;

1. *Bijdr.*, 819. — SCHAU., in *DC. Prodr.*, XI, 646. — ENDL., *Gen.*, n. 31, 78. — BOCQ., in *Adansonia*, III, 185, t. 8. — B. H., *Gen.*, II, 1150, n. 36.

2. Spec. 2, 3. C.-B. CLKE, in *Hook. f. Fl. brit. Ind.*, IV, 566.

3. *St. amer.*, t. 16 ; *Obs. bot.*, II, 3, t. 37 (1763). — J., *Gen.*, 107. — LAMK, *Ill.*, t. 70. — ENDL., *Gen.*, n. 3713. — SCHAU., in *DC. Prodr.*, XI, 648. — BOCQ., in *Adansonia*, III, 188, t. 9. — B. H., *Gen.*, II, 1151, n. 38. — *Manabea* AUBL., *Guian.*, I, 61, t. 23, 25. — *Omphalococca* W., in *Sch. Syst.*, III, *Mantiss.*, 10. — *Americana* DC., in *Meissn. Gen.*, 278 ; *Comm.*,

186 ; *Prodr.*, IX, 512. — *Brueckia* KARST., *Ausw. Gew. Venez.*, 31, t. 10.

4. Nunc dimorphi subdiœci.

.5. Spec. 28-30. JACQ., *Fragm.*, t. 46. — H. B. K., *Nov. gen. et spec.*, t. 130, 131 208, 209 (*Ehretia*). — R. et PAV., *Fl. per. et chil.*, t. 76; 77 (*Callicarpa*). — TURCZ., in *Bull. Mosc.* (1863), II, 218. — SCHAU., in *Mart. Fl. bras.*, IX, 277, t. 47. — GRISEB., *Fl. brit. W.-Ind.*, 499. — HEMSL., *Bot. centr.-amer.*, II, 538. — ANDR., *Bot. Rep.*, t. 578. — *Bot. Reg.*, t. 946. — *Bot. Mag.*, t. 4230. — WALP., *Ann.*, I, 544.

6. Majusculi.

stylo leviter gynobasico incurvo, apice subulato-2-dentato. Ovula in locellis hemitropa; micropyle infera. — Arbor? glabra; foliis oppositis amplis obovatis, basi in petiolum longe attenuatis; racemis terminalibus composite cymigeris. (*Timor*[1].)

V. AVICENNIEÆ.

61. Avicennia L. — Flores regulares hermaphroditi; sepalis 4, 5, coriaceis imbricatis. Corollæ tubus brevis rectus late cylindraceus; limbi lobis 4, v. raro 5, subvalvatis v. leviter imbricatis. Stamina 4, v. raro 5, alternipetala, fauci affixa; filamentis cum connectivo continuis; antherarum ovatarum loculis parallelis, introrsum rimosis. Germen 1-loculare; stylo erecto crasso, æqualiter acute 2-fido; placenta centrali conica longitudinaliter 4-alata; ovulis 4, orthotropis, inter alas pendulis. Fructus inæqui-compressus; valvis 2, æqualibus v. inæqualibus crassiusculis. Semen 1, erectum; embryonis crassi radicula brevi infera villosa; cotyledonibus carnosis, longitudinaliter inæqui-plicatis. — Frutices glabri v. canescentes; foliis oppositis integris coriaceis; cymis contractis capituliformibus, aut terminalibus spurie corymbosis, aut axillaribus sæpe geminatim superpositis; floribus singulis 1-bracteatis et 2-bracteolatis. (*Orbis utriusque reg. trop. litt.*) — *Vid. p.* 88.

62. Symphorema Roxb.[2] — Flores regulares; calyce obovoideo, circa fructum aucto; dentibus 4-8, valvatis. Corollæ tubus superne ampliatus; limbi lobis 5, 6, subæqui-2-3-partitis imbricatis. Stamina ∞ (ad 15), cum lobulis corollæ alternantia; filamentis summo tubo sub sinubus affixis, exsertis; antheris ovatis introrsis, 2-rimosis. Germen 2-loculare; septo sæpius superne incompleto; styli elongati ramis 2, acutis reflexis. Ovula in loculis 2, ab apice placentæ collateraliter descendentia suborthotropa; micropyle infera; placenta inter ovula cujusque loculi in septum spurium centripetum producta. Fructus calyce inclusus, abortu 1-spermus indehiscens; pericarpio seminisque

---

1. Spec. 1. *S. timorensis* H. BN. Genus ob germen profundius lobulatum *Tectoneas* cum *Labiatis-Ajugeis* connectens.

2. *Pl. corom.*, II, 46, t. 186. — SCHAU., in *DC. Prodr.*, XI, 621. — ENDL., *Gen.*, n. 3716.

— Bocq., in *Adansonia*, II, 84. — B. H., *Gen.* II, 1159, n. 56. — *Analectis* J., in *J.-S.-H Expos. fam. nat.*, II, 362. — *Dodecadonti* GRIFF., *Notul.*, IV, 175. — *Sczegleevia* TURCZ., i *Bull. Mosc.* (1863), II, 212.

integumento membranaceis embryoni appressis; embryonis carnosi crassi radicula infera haud prominula; cotyledonibus sæpe concavis inæqualibus; placenta hinc sæpe intrusa. — Frutices scandentes, glabri v. pilis simplicibus stellatisque induti; foliis oppositis; cymis capituliformibus in racemum terminalem compositum dispositis oppositis; cymarum singularum involucri bracteis 6, foliaceis; majoribus primariis 2 [1]. (*India or., Ins. Philippin.*[2])

63. **Sphenodesma** JACK.[3] — Flores fere *Symphorematis;* calyce sacciformi, 5-dentato, demum inflato. Corolla parum irregularis; lobis 5, imbricatis; appendicibus interioribus 5. Stamina 5. Germen 2-loculare; septo inferiore valde incompleto. Ovula 4, summæ placentæ liberæ affixa cæteraque *Symphorematis*. Stylus elongatus, apice acute 2-fidus. — Frutices scandentes, glabri v. varie tomentosi; cymis capituliformibus in racemum terminalem compositum dispositis oppositis; involucri bracteis 6. (*Asia trop. austr., Arch. Malayan.*[4])

64. **Congea** ROXB.[5] — Flores fere *Symphorematis;* calyce 5-dentato, demum aucto. Corolla valde irregularis imbricata; lobis posticis 2 majoribus extimis. Stamina 4, didynama. Germen 2-loculare; septo inferiore valde incompleto. Stylus apice integer v. brevissime 2-fidus. Ovula in loculis 2, descendentia cæteraque *Symphorematis*. — Frutices scandentes tomentosi; pilis stellatis et simplicibus; cymis capituliformibus in racemum compositum terminalem dispositis oppositis; involucri bracteis 3. (*Birma, Malaisia penins.*[6])

1. Aff. cum *Cordieis* et *Convolvulaceis* nonnulla. De involucro, WIGHT, *Icon.*, IV, p. III, 13.
2. Spec. 3. WIGHT, *Icon.*, t. 362, 363. — C.-B. CLKE, in *Hook. f. Fl. brit. Ind.*, IV, 599.
3. *Mal. Misc.*, I, n. I, 19. — B. H., *Gen.*, II, 1159, n. 57. — *Roscoea* ROXB., *Cat. H. beng.*, 46; *Fl. ind.*, III, 54 (part.). — *Brachynema* GRIFF., *Notul.*, IV, 176. — *Viticastrum* PRESL, *Bot. Bem.*, 147.
4. Spec. 7, 8. WIGHT, *Icon.*, t. 1474-1478. —

SCHAU., in *DC. Prodr.*, XI, 622 (*Sphenodesma*). — C.-B. CLKE, in *Hook. f. Fl. brit. Ind.*, IV, 600.
5. *Pl. corom.*, III, 90, t. 2. — SCHAU., in *DC. Prodr.*, XI, 623. — B. H., *Gen.*, II, 1159, n. 58. — *Calochlamys* PRESL, *Bot. Bem.*, 48.
6. Spec. 2. ROXB., *Cat. H. beng.*, 95; *Fl. ind.*, III, 55 (*Roscoea*). — WIGHT, *Ic.*, 1479, 1479'', 1479'''. — C.-B. CLKE, in *Hook. f. Fl. brit. Ind.*, IV, 602.

XCIX

ÉRICACÉES

I. SÉRIE DES BRUYÈRES.

Les Bruyères[1] ont des fleurs hermaphrodites et régulières, à réceptacle convexe. Si nous examinons d'abord la seule espèce qui croisse communément dans notre pays, la Bruyère cendrée (fig. 109-113), nous verrons que sur ce réceptacle s'insèrent un calice, une corolle, deux verticilles d'étamines et un gynécée. Le calice est formé de quatre sépales étroits qui sont imbriqués dans le jeune bouton et cessent de bonne heure de se recouvrir. La corolle est gamopétale, urcéolée, supérieurement découpée de quatre dents imbriquées ou tordues dans la préfloraison. Les verticilles de l'androcée sont formés chacun de quatre étamines, à peu près toutes égales, superposées, quatre aux sépales et quatre aux divisions de la corolle. Leurs filets s'insèrent, non pas sur celle-ci, mais tout à fait contre sa base, sur le réceptacle, dans l'intervalle des huit lobes peu saillants d'un disque hypogyne. Ils supportent chacun une anthère dressée, biloculaire. Ses deux loges sont libres, se collant plus ou moins avec celles des anthères voisines. Au niveau de ces points de contact, les faces latérales des loges présentent une ouverture béante, elliptique, par laquelle s'échappe le pollen[2]. Inférieurement, le dos de chaque loge est muni d'un faisceau de poils rameux, descendants. L'ovaire est libre, formé de quatre loges qui répondent aux divisions de la corolle et qui con-

---

1. *Erica* T., *Inst.*, 602, t. 273. — L., *Gen.*, n. 484. — J., *Gen.*, 160. — LAMK, *Ill.*, t. 287, 288. — TURP., in *Dict. sc. nat.*, Atl., t. 68. — ANDR., *Coll. engr. Heaths* (1802), c. t. 288; *Mon. g. Eric.* (1804-1812), c. t. 300. — FORB., *Hort. Eric.* (1825), c. t. 10. — DON, in *Edinb. N. Phil. Journ.*, XVII, 152, seq. — ENDL., *Gen.*, n. 4313. — BENTH., in *DC. Prodr.*, VII, 613. — PAYER, *Tr. Organog. comp.*, 571, t. 118. — H. BN, in *Payer Leç. Fam. nat.*, 225; in *Adansonia*, I, 201. — B. H., *Gen.*, II, 590, n. 22. — DRUDE, *Pflanzenfam.*, Lief. 38, p. 58, fig. 34, 35. —

Callista DON. — *Ceramia* DON. — *Choxa* DON. — *Dasyantha* DON. — *Desmia* DON. — *Ectasis* DON. — *Eriodesma* DON. — *Eurylepis* DON. — *Euryloma* DON. — *Eurystegia* DON. — *Gypsocallis* DON. — *Lamprotis* DON. — *Lophandra* DON. — *Microtrema* DON. — *Octopera* DON. — *Syringodea* DON, *loc. cit.*, 155.

2. Dans cette famille, le pollen est formé de grains réunis en général en une masse tétraédrique (Tétrades). Chaque grain a ordinairement trois plis qui portent un petit ombilic. Les exceptions sont d'ailleurs assez nombreuses.

tiennent un placenta axile portant un petit nombre d'ovules anatropes, ascendants, avec le micropyle en bas et en dehors. Le style est tubu-

Erica cinerea.

Fig. 109. Branche florifère.

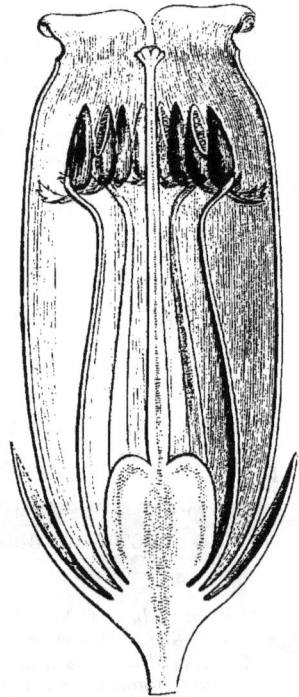

Fig. 110. Fleur, coupe longitudinale.

leux et parcouru par quatre cordons saillants qui répondent aux cloisons ovariennes et qui se continuent dans la portion stigmatique

capitée, avec quatre lobes[1] peu distincts dans cette masse pulpeuse
qu'encadre le rebord consistant de l'orifice supérieur du tube stylaire. Le fruit est une capsule à quatre loges, loculicide, à quatre
valves qui se séparent de l'axe tétragone et placentifère. Les graines
sont ellipsoïdes, à tégument extérieur membraneux, avec un albumen
charnu qui entoure un embryon axile, cylindrique, à radicule souvent
infère.

La Bruyère cendrée est un humble arbuste, à feuilles alternes,

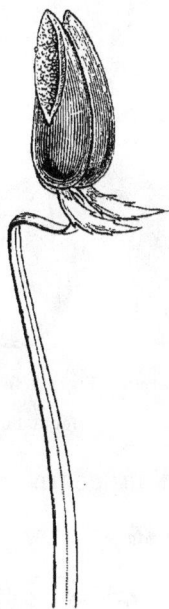

Erica cinerea.

Fig. 111. Étamine.   Fig. 112. Diagramme floral.   Fig. 113. Gynécée, coupe
                                                                 longitudinale oblique.

réunies trois par trois autour de chaque nœud des tiges, mais non
pas exactement au même niveau, ou bien en apparence verticillées.
Dans leur aisselle se trouve un court rameau qui porte des feuilles
semblablement ternées, ou les inférieures opposées. Au-dessous de leur
base renflée, ces feuilles sont rétrécies en une sorte de pétiole aplati,
incolore, et leur limbe est entier, finalement rigide, aplati, étroit,
allongé. Vers le sommet des branches, ce sont les petits rameaux
axillaires qui portent les fleurs. Celles-ci sont solitaires, pédonculées,
articulées et axillaires sur les rameaux ; mais leur bractée axillante et

1. Aussi les nommerons-nous souvent lobes septaux stigmatifères.

les deux bractéoles latérales stériles qui les accompagnent, sont entraînées jusqu'au sommet du pédoncule, tout contre le calice.

Dans d'autres Bruyères, les sépales sont plus ou moins unis à la base. La corolle varie de forme : elle peut être globuleuse, tubuleuse, campanulée, hypocratérimorphe, et même parfois un peu irrégulière. Les étamines ne sont parfois qu'au nombre de 5-7. Leurs anthères sont mutiques, ou bien pourvues de deux cornes, soit apicales, soit basilaires. L'ovaire est quelquefois partagé en huit logettes, et il y a des espèces où chaque loge ne contient que deux ovules. Les feuilles sont quelquefois opposées ou alternes.

L'*Erica spiculiflora* SIBTH. est devenu le type d'un genre *Bruckenthalia*[1], parce que son calice, relativement court, est quadrifide. Ses huit anthères sont mutiques d'ailleurs.

Ainsi compris, le genre *Erica* est formé d'environ 400 espèces[2], surtout de l'Afrique australe occidentale. Le genre se rencontre aussi dans l'Europe tempérée et la région Méditerranéenne.

Le *Pentapera sicula* est un *Erica* pentamère.

Calluna vulgaris.

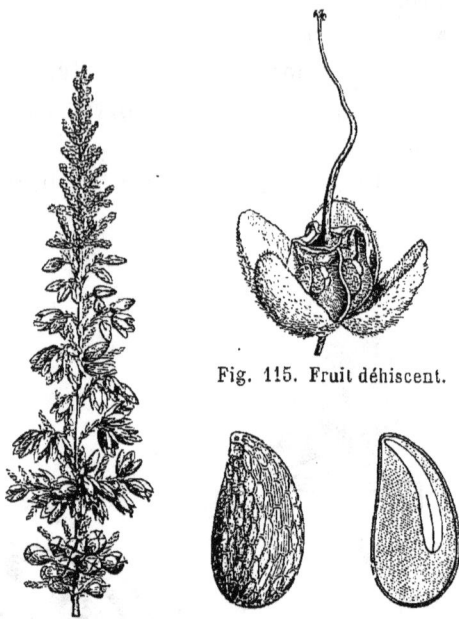

Fig. 115. Fruit déhiscent.

Fig. 114. Branche florifère.   Fig. 116. Graine.   Fig. 117. Graine, coupe longitudinale.

Salaxis imbricata.

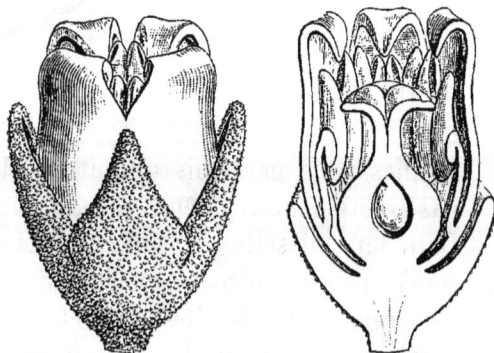

Fig. 118. Fleur.   Fig. 119. Fleur, coupe longitudinale.

1. REICHB., *Fl. germ. excurs.*, 414; *Ic. Fl. germ.*, t. 1162. — NEES, *Gen. Fl. germ.* — B. H., *Gen.*, II, 591, n. 23.

2. TAUSCH, in *Flora* (1837), 481. — KL., in *Linnæa*, IX, 359; X, 312; XII, 500. — WENDL., *Eric.*, c. t. 10. — GREN. et GODR., *Fl. de Fr.*, II,

Près des *Erica* se rangent les genres très voisins *Calluna* (fig. 114-117) et *Macnabia*; ce dernier de l'Afrique australe, de même que les *Philippia* et *Ericinella* qui croissent aussi dans les îles orientales de la côte africaine.

Grisebachia hirsuta.

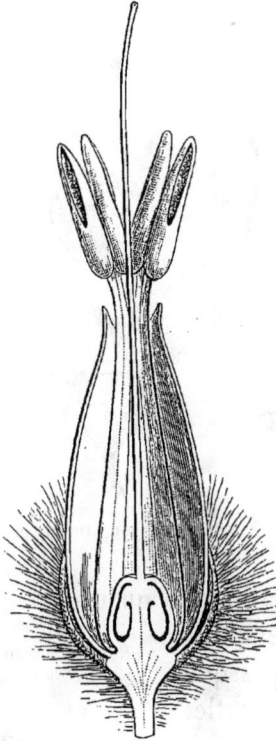

Les *Blæria*, de l'Afrique tropicale et australe, forment une sous-série voisine (*Blæriées*) dans laquelle il y a quatre sépales subégaux et quatre étamines mutiques ou aristées; des feuilles verticillées.

Dans les *Salaxis* (fig. 118, 119), type d'une autre série (*Salaxidées*), il n'y a plus qu'un

Scyphogyne inconspicua.

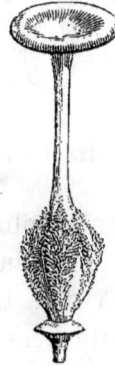

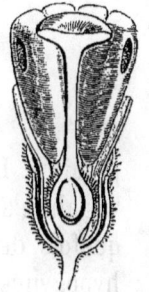

Fig. 120. Fleur, coupe longitudinale.　　**Fig. 121. Fleur.**　　**Fig. 122. Gynécée.**　　**Fig. 123. Fleur, coupe longitudinale.**

ovule dans chacune des loges ovariennes dont le nombre varie d'une à quatre. A côté des *Salaxis* se rangent les genres *Grisebachia* (fig. 120), *Eremia, Sympieza, Simocheilus* et *Scyphogyne* (fig. 121-123).

II. SÉRIE DES ROSAGES.

Il y a des Rosages[1] (fig. 124-130) à fleurs à peu près régulières; tel est le *Rhododendron Chamæcistus* L., dont on a fait un genre *Rho-*

428. — WALP., *Rep.*, II, 728; VI, 419; *Ann.*, I, 481.

1. *Rhododendron* L., *Gen.*, n. 548. — J., *Gen.*,

158. — DC., *Prodr.*, VII, 719. — H. BN, in *Adansonia*, I, 199; in *Payer Fam. nat.*, 226. — B. H., *Gen.*, II, 599, n. 46. — DRUDE, *Pflan-*

dothamnus[1]; mais le plus souvent, elles sont plus ou moins irrégulières, surtout par la corolle. Le calice est formé de cinq sépales libres ou unis entre eux dans une étendue variable[2]. Ailleurs il est représenté par une courte cupule, qui peut même presque complètement dis-

Rhododendron arboreum.

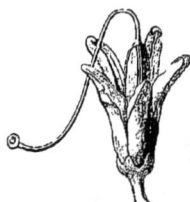

Fig. 124. Fleur.

Fig. 125. Fleur, coupe longitudinale.

paraître. La corolle, plus ou moins irrégulière, imbriquée de façon variable, a cinq lobes plus ou moins inégaux et quelquefois de six à dix. Les étamines sont presque hypogynes ou attachées tout au bas de la corolle. Elles sont au nombre de cinq, alternes avec ses divisions, comme il arrive surtout dans les Azalées. Ou bien leur nombre s'élève à dix, dont cinq superposées aux sépales et cinq alternes, ou à quinze ou vingt[3]. Toutes sont libres, à filets étalés, déclinés ou dressés, dilatés vers la base[4], ou subulés, glabres ou barbus; à anthère droite ou arquée, dorsifixe,

Rhododendron arboreum.

Fig. 126. Fruit déhiscent.

déhiscente par deux pores apicaux[5]. L'ovaire est entouré d'un disque d'épaisseur variable, proéminent en lobes dans l'intervalle des filets

zenfam., *Lief.* 37, p. 35. — *Chamœrhododen-dros* T., *Inst.*, 604, t. 373. — *Azalea* L., *Gen.*, n. 212. — *Rhodora* L., *Gen.*, n. 547. — *Hyme-nanthe* BL., *Bijdr.*, 862. — *Vireya* BL., *Bijdr.*, 854. — *Osmothamnus* DC., *Prodr.*, VII, 715. — *Anthodendron* REICHB., *Ic. Fl. germ.*, t. 1159.

1. REICHB., *Fl. germ. exc.*, 417. — ENDL., *Gen.*, n. 4340.—B. H. L., *Gen.*, II, 596, n. 38.—

— *Chamœcistus* GRAY, *Arr. brit. pl.*, II, 401.

2. Ils peuvent être imbriqués et sont parfois plus ou moins, pétaloïdes, comme dans le *R. amœnum*, etc.

3. *Waldemaria* KL., in *Waldem. Reis. Bot.*

4. Souvent brusquement atténués sous cette dilatation.

5. Les tétrades polliniques sont le plus souvent très caractérisées.

staminaux. Il a souvent cinq loges superposées aux divisions de la corolle; mais leur nombre peut s'élever jusqu'à dix ou même vingt. Il est surmonté d'un style dont le sommet stigmatifère est découpé d'autant de lobes septaux qu'il y a de loges, entourés d'un anneau qui répond à l'orifice du tube stylaire. Les placentas, insérés dans l'angle interne des loges, portent de nombreux ovules ana-

Rhododendron (Azalea) chinense.

Fig. 128. Fleur.

Fig. 127. Branche florifère.

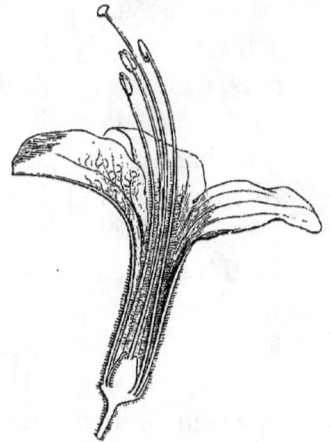

Fig. 129. Fleur, coupe longitudinale.

tropes[1]. Le fruit est capsulaire, membraneux ou ligneux, septicide. Il se sépare, à partir du sommet, en 5-20 valves qui abandonnent l'axe placentifère. Les graines sont membraneuses, scobiformes, à tégument extérieur membraneux, prolongé en appendices ou en ailes

1. A tégument unique, souvent incomplet, avec les bords parfois déjà aplatis en aile étroite

plus ou moins déchiquetées. L'albumen charnu entoure un embryon cylindrique.

Il y a des *Rhododendron* qui sont presque dialypétales [1].

Le genre comprend environ 200 espèces[2] ligneuses, glabres ou chargées d'un duvet variable. Ce sont des plantes des montagnes de l'Europe, l'Asie, l'Océanie tropicale et l'Amérique du Nord. Elles ont des feuilles alternes, souvent rapprochées vers le sommet des rameaux, parfois subverticillées, entières, épaisses, rarement membraneuses, souvent coriaces, annuelles ou bisannuelles. Les fleurs, parfois précoces, sont disposées en grappes, ordinairement corymbiformes ou subombelliformes, très souvent terminales; rarement les fleurs sont axillaires ou solitaires.

A côté des *Rhododendron* se placent les deux genres voisins *Menziesia* et *Tsusiophyllum* : le premier de l'Amérique du Nord et du Japon ; le dernier frutescent et uniquement japonais.

Rhododendron calendulaceum.

Fig. 130. Fleur.

Les *Kalmia* (fig. 131-133) ont des fleurs régulières et hermaphrodites, dont le réceptacle est convexe. Leur calice est formé de cinq sépales dont la préfloraison est quinconciale, et leur corolle, hypocratérimorphe ou plus souvent largement campanulée, est partagée en cinq lobes imbriqués, souvent cochléaires. Elle présente à mi-hauteur dix fossettes dans lesquelles sont, jusqu'au moment de l'anthèse, retenues et comme accrochées les dix anthères. Celles-ci sont biloculaires, dorsifixes, introrses, déhiscentes en haut par deux fentes courtes, et elles sont supportées chacune par un filet qui s'insère, tout contre la base de la corolle, sur le réceptacle épaissi à ce niveau en un disque hypogyne à dix crénelures. L'ovaire libre est à cinq loges superposées aux divisions de la corolle, surmonté d'un style dont l'extrémité stigmatifère est partagée en cinq lobes septaux, entourés d'un rebord formé par l'orifice supérieur du tube stylaire.

1. La dialypétalie est souvent complète dans le *R. linearifolium* SIEB. et ZUCC., *Fl. jap. Fam.*, 7. — *Bot. Mag.*, t. 5769.
2. HOOK. F., *Rhod. Sikk.-Himal.* (1849), c. t. 30. — MAXIM., *Rhod. as.-or.* (1870), c. t. 4 (*Bull. Ac. Pétersb.*, IX, 771). — FR., in *Bull.*

Soc. bot. Fr., XXXIII, 223; *Pl. David.*, II, 83, t. 12, 13 A. — PL., in *Rev. hort.* (févr. 1854). — C.-B. CLKE, in *Hook. f. Fl. brit. Ind.*, III, 462. — A. GRAY, *Syn. Fl. N.-Amer.*, II, 39. — BENTH., *Fl. hongk.*, 200. — WALP., *Rep.*, II, 727; VI, 420; *Ann.*, I, 481; II, 1117; V, 445.

Dans l'angle interne de chaque loge se trouve un placenta épais et plus ou moins pelté, qui porte de nombreux ovules anatropes. Le fruit est une capsule septicide, à cinq valves. Les graines sont pourvues d'albumen. Ce sont des arbustes de l'Amérique du Nord.

Kalmia latifolia.

Fig. 132. Fleur (⚥).   Fig. 131. Bouton.   Fig. 133. Fleur, coupe longitudinale.

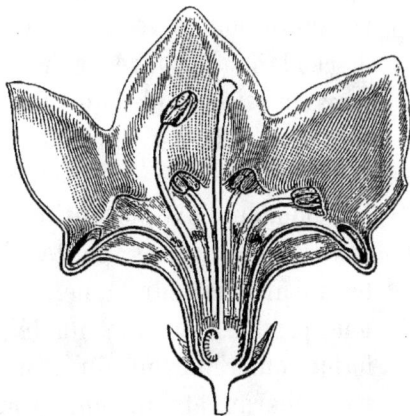

Auprès des *Kalmia* se rangent les quatre genres très analogues *Loiseleuria*, *Boretta*, *Bryanthus* et *Diplarche*.

III. SÉRIE DES LÉDONS.

Les Lédons[1] (fig. 134) ont des fleurs régulières, hermaphrodites, à corolle dialypétale. Sur leur petit réceptacle convexe s'insère un calice très petit, à cinq dents, parfois presque nul. Les pétales, alternes avec ces dents, allongés, obtus, sont disposés dans le bouton en préfloraison imbriquée. L'androcée est formé de dix étamines hypogynes, dont cinq alternipétales, plus longues, et cinq superposées aux pétales et plus courtes. Ces dernières peuvent manquer, toutes ou en partie. Chacune d'elles est formée d'un filet libre et d'une anthère introrse, attachée au filet par le bas de son dos, déhiscente au sommet par deux pores extérieurs. Le gynécée est libre, formé

1. *Ledum* L., *Gen.*, n. 546. — J., *Gen.*, 159. — GÆRTN., *Fruct.*, II, t. 112. — LAMK, *Ill.*, t. 363, fig. 2. — NEES, *Gen. Fl. germ.* — ENDL., *Gen.*, n. 4344. — DC., *Prodr.*, VII, 730. — H. BN, in *Adansonia*, I, 200; in *Payer Fam. nat.*, 225. — B. H., *Gen.*, II, 599, n. 44. — DRUDE, *Pflanzenfam.*, *Lief.* 37, p. 34. — *Dulia* ADANS., *Fam. des pl.*, II, 165.

d'un ovaire dont la surface est recouverte de papilles glanduleuses et dont la base est entourée d'un disque plus ou moins développé, partagé en 5-10 lobes, parfois peu distincts. Il est surmonté d'un style à tête stigmatifère peu saillante, à cinq petits lobes septaux, entourés d'un rebord circulaire du style. Les cinq loges de l'ovaire sont oppositipétales. Chacune d'elles renferme un placenta attaché vers le haut de son angle interne et qui supporte un grand nombre d'ovules descendants, allongés et anatropes. Le fruit est capsulaire, à cinq loges oppositipétales, multiovu-

lées. Le fruit est capsulaire, septicide, à cinq valves qui abandonnent l'axe placentifère. Les graines, étroites, petites, à tégument extérieur lâche, ont une portion centrale nucléiforme, qui renferme un albumen charnu et un embryon axile, cylindrique, à petits cotylédons. On distingue quatre ou cinq *Ledum*[1] : ce sont des ar-

Ledum palustre.

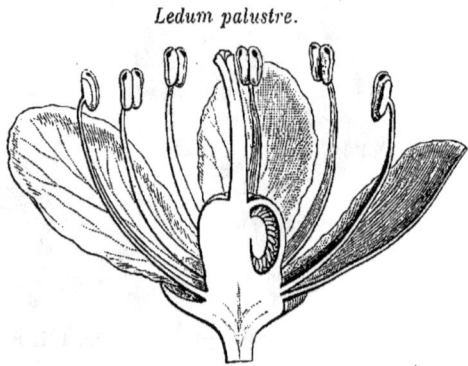

Fig. 134. Fleur, coupe longitudinale.

bustes des régions froides et tempérées de l'hémisphère boréal des deux mondes, à revêtement résineux et odorant, à bourgeons écailleux. Leurs feuilles sont persistantes, alternes, pétiolées, allongées ; les bords entiers et récurvés ; la face inférieure ferrugineuse. Les fleurs[2], petites et nombreuses, sont disposées en ombelles ou en grappes courtes, terminales ; les pédicelles pourvus à leur base de bractées caduques.

A côté des *Ledum* se placent les genres très voisins *Leiophyllum*, *Befaria*, *Elliottia*, *Cladothamnus* et *Ledothamnus*.

IV. SÉRIE DES ANDROMÈDES.

Dans un *Andromeda*[3] proprement dit, tel que l'*A. polifolia* L. (fig. 135-137), les fleurs régulières ont un court calice coloré, à

1. REICHB., *Ic. Fl. germ.*, t. 1160. — MIQ., in *Ann. Mus. lugd.-bat.*, II, 165. — MAXIM., *Rhod. as.-or.*, 49. — A. GRAY, *Syn. Fl. N.-Amer.*, II, 43. — GREN. et GODR., *Fl. de Fr.*, II, 436. — WALP., *Ann.*, II, 1123.
2. Blanches.

3. L., *Gen.*, n. 549 ; H. *Cliff.*, 162 ; *Phil. bot.*, 30 (part.). — J., *Gen.*, 160 (part.). — DC., *Prodr.*, VII, 606 (part.). — NEES, *Gen. Fl. germ.* — ENDL., *Gen.*, n. 4318 (part.). — H. BN, in *Adansonia*, I, 200. — B.H., *Gen.*, II, 587, n. 16. — DRUDE, *loc. cit.*, 42.

cinq divisions profondes, et une corolle urcéolée, à cinq côtes
et à cinq lobes très courts, imbriqués. L'androcée est formé de
dix étamines, libres, bisériées, attachées tout en bas de la corolle,
au-dessous d'un disque hypogyne 5-lobé et 10-crénelé. Chacune d'elles
a un filet poilu, brusquement rétréci à sa base, longuement atténué
à son sommet qui s'attache vers le milieu du dos d'une anthère colorée,
introrse, à deux loges qui s'ouvrent en dedans et en haut par un pore

Andromeda polifolia.

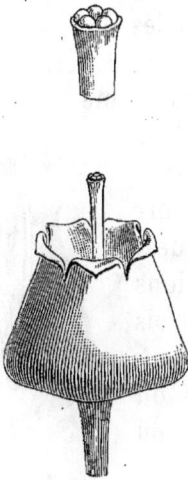

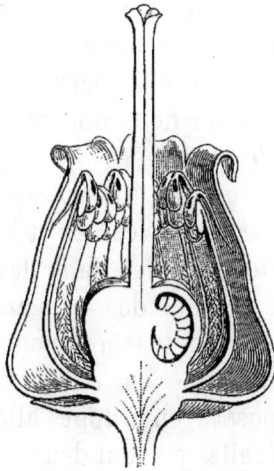

Fig. 135. Fleur.   Fig. 136. Fleur, coupe longitudinale.   Fig. 137. Étamine.

allongé. Au-dessus de chaque pore, la loge de l'anthère s'atténue en
une corne aiguë et dressée, qui se réfléchit finalement. L'ovaire est à
cinq loges alternisépales et est surmonté d'un style tubuleux, dressé
à cinq lobes stigmatifères pariétaux, qui font suite aux cloisons. Chaque
placenta, subpelté, inséré dans l'angle interne de la loge, supporte de
nombreux ovules anatropes. Le fruit est capsulaire, loculicide, à
cinq valves qui se séparent à la maturité de l'axe placentifère. Les
graines ont un albumen charnu et un embryon cylindrique et axile.

    L'*A. japonica* Thunb. est devenu le type d'un genre *Portuna*[1]. Son
calice est valvaire et coriace. Sa corolle est imbriquée, et les étamines
s'attachent tout en bas de son tube. Les anthères sont dressées, à
loges divergentes en haut. Là se trouvent deux pores introrses. Quant

1. Nutt., in *Trans. Amer. Phil. Soc.*, VIII, 268. — Walp., *Ann.*, II, 1115.

aux deux cornes dorsales, d'abord descendantes, elles s'attachent à l'anthère au même niveau que le filet et font suite à deux côtes dorsales saillantes de l'anthère. Le disque est peu prononcé. On a parfois rattaché cette section aux *Pieris*[1], genre distinct pour les uns, section pour les autres du genre *Andromeda*, avec une corolle plus ou moins globuleuse ou cylindrique-urcéolée ; deux éperons dorsaux à l'anthère, souvent courts et attachés près de l'insertion du filet, descendants. L'anthère peut même être à peu près mutique ; elle est obtuse et s'ouvre par deux pores.

Sous le nom générique de *Lyonia*[2], les *A. paniculata, frondosa, multiflora, fasciculata*, etc., ont été distingués par leur fleur 4, 5-mère, à anthères construites au fond de même que celles de l'*A. polifolia*, mais avec des pores introrses, obliques, plus grands et, derrière eux, une corne bien plus courte et plus épaisse, qui les a même fait décrire comme mutiques. C'est pour nous une section[3] bien distincte du genre *Andromeda*.

Leucothoe axillaris.

Ainsi circonscrit[4], le genre *Andromeda* renferme une vingtaine d'espèces[5], américaines et asiatiques. L'*A. polifolia* se trouve même dans les régions boréales de l'Europe. Ce sont des arbustes, parfois très humbles, quelquefois des arbres peu élevés, à feuilles alternes, persistantes ou non, entières ou dentelées, à fleurs disposées en grappes allongées ou ombelliformes ; les pédicelles portant deux bractéoles.

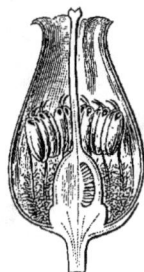

Fig. 138. Fleur, coupe longitudinale.

Près des *Andromeda* se rangent les genres très voisins *Zenobia* et *Enkyanthus* (*Euandromédées*).

Dans les *Agarista* et les *Agauria*, les anthères sont réellement mutiques (*Agaristées*).

Dans le petit groupe des *Cassiopées*, les sépales sont libres et imbriqués. On y range les genres *Cassiope, Cassandra, Leucothoe* (fig. 138), *Oxydendron* et *Epigœa*.

---

1. Don, in *Edinb. N. Phil. Journ.*, XVII, 159. — DC., *Prodr.*, VII, 598. — B. H., *Gen.*, II, 588, n. 17. — Drude, *loc. cit.*, 44 (*Lyoniœ* sect.). — ? *Ægialea* Kl., in *Walp. Ann.*, II, 1113.

2. Nutt., *Gen. amer. pl.*, I, 266. — Endl., *Gen.*, n. 4319. — DC., *Prodr.*, VII, 599. — B. H., *Gen.*, II, 587, n. 14.

3. A. Gray, *Man. Bot. N. Un.-St.*, ed. 2, 296 ; *Syn. Fl. N.-Amer.*, II, 30.

4. *Andromeda*, sect. 4 : 1° *Euandromeda* ; 2° *Portuna* ; 3° *Pieris* ; 4° *Lyonia*.

5. C.-B. Clke, in *Hook. f. Fl. brit. Ind.*, III, 460 (*Pieris*). — A. Gray, *Syn. Fl. N.-Amer.*, II, 30 (part.). — Hemsl., *Bot. centr.-amer.*, II, 281. — Maxim., in *Bull. Acad. Petersb.*, XVIII, 47 ; *Mél. biol.*, VIII, 614. — Griseb., *Fl. brit. W.-Ind.*, 142 ; *Cat. pl. cub.*, 171 (*Lyonia*). — Wats., *Dendrol.*, t. 37, 38, 127, 128 (*Lyonia*). — Wight, *Icon.*, t. 1200 (*Pieris*). — Hook., *Icon.*, t. 122 (*Pieris*). — *Bot. Mag.*, t. 1095, 1579 ; 4273 (*Lyonia*). — Walp., *Ann.*, II, 1113, 1114 (*Lyonia*).

Les *Gaultheria* (fig. 139, 140) donnent leur nom à une autre petite sous-série (*Gaulthériées*) dans laquelle le calice persiste après l'anthèse et devient bacciforme autour du fruit capsulaire qu'il enveloppe. Tels

Gaultheria procumbens.

Fig. 139. Rameau fructifère.   Fig. 140. Fruit, coupe longitudinale.

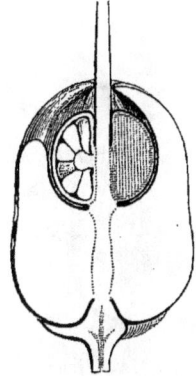

sont, avec les *Gaultheria*, les *Diplycosia*, originaires des montagnes de l'Océanie tropicale.

V. SÉRIE DES VACCINIUM.

Les *Vaccinium*[1] (fig. 141-145) ont les fleurs hermaphrodites, souvent pentamères, et construites comme celles des Bruyères, avec cette différence que le réceptacle est tout à fait concave, en forme de sac, et que l'ovaire, remplissant sa concavité, est complètement infère. Le calice supère est entier, ou denté, ou lobé. La corolle, gamopétale, urcéolée, ou plus rarement allongée, a cinq lobes ou dents, imbriqués dans le bouton. Les étamines sont en nombre double de celui des divisions de la corolle : cinq alternent avec elles, et cinq leur sont superposées. Toutes un filet et une anthère biloculaire, introrse, dont les loges

1. L., *Gen.*, n. 483. — J., *Gen.*, 162. — Dun., in *DC. Prodr.*, VII, 565. — Turp., in *Dict. sc. nat.*, Atl., t. 69. — H. Bn, in *Payer Fam. nat.*, 226. — Endl., *Gen.*, n. 4332. — Nees, *Gen. Fl. germ.* — B. H., *Gen.*, II, 573, n. 19. — Drude, *Pflanzenfam.*, Lief. 38, p. 51. — *Cavinium* Dup.-Th., *Gen. nov. madag.*, 11. — *Bato-* dendron Nutt., in *Trans. Amer. Phil. Soc.*, ser. 2, VIII, 261. — *Picrococcus* Nutt., loc. cit., 262. — *Epigynium* Kl., in *Linnœa*, XXIV, 49 (non Wight). — *Disterigma* Kl. — Drude, loc. cit., 52. — *Metagonia* Nutt., loc. cit., 264. — *Vitis-idœa* T., *Inst.*, 607, t. 377. — Moench, *Meth.*, 47.

se prolongent supérieurement en un tube ouvert au sommet par un pore plus ou moins oblique et dont le dos porte souvent une corne ascendante. Les filets s'insèrent vers la base de la corolle ou, en dedans de celle-ci, sur le réceptacle lui-même. Là ils alternent avec les lobes plus ou moins prononcés d'un disque épigyne. Les loges de l'ovaire sont superposées aux divisions de la corolle ; elles renferment chacune

Vaccinium Myrtillus.

Fig. 142. Fleur, sans le périanthe.

Fig. 144. Graine.

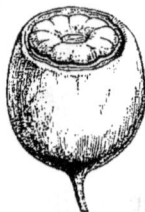

Fig. 143. Fruit.

Fig. 141. Branche florifère.

Fig. 145. Graine, coupe longitudinale.

un nombre indéfini (souvent peu considérable) d'ovules anatropes[1], insérés sur un placenta de forme variable, souvent rétréci au point où il s'attache lui-même dans l'angle interne de la loge. Le style est un tube dont le sommet tronqué ou plus ou moins renflé est occupé par cinq petits lobes stigmatiques[2], représentant le sommet des cloisons ovariennes. Il y a des *Vaccinium* à fleurs tétramères. Le fruit est une baie, couronnée d'une cicatrice qui répond aux insertions du style et du périanthe. Elle est creusée de quatre ou cinq loges renfermant un nombre variable de graines qui, sous leurs téguments plus ou moins

1. À tégument unique, incomplet.   2. Entourés d'un rebord circulaire.

coriaces, contiennent un albumen charnu et un embryon axile ou
excentrique, droit ou arqué. Ce sont des arbustes, rarement des
arbres, qui, au nombre d'une centaine[1], habitent les régions tempérées
de l'hémisphère boréal des deux mondes, et, sur les montagnes, la
zone tropicale. Ils ont des feuilles alternes, généralement petites,
persistantes ou caduques, souvent épaisses et coriaces, entières ou
dentées. Leurs fleurs[2] sont disposées en grappes terminales ou axillaires, ou en cymes latérales ou axillaires ; elles sont plus rarement
solitaires, accompagnées d'une bractée, parfois grande et foliacée, et
de deux bractéoles.

A côté des *Vaccinium* se placent les *Corallobotrys*, *Catanthera*,
Oxycoccus, formant une sous-série (*Euvacinniées*) à pédicelles articulés,
à fruit généralement charnu, à loges multiovulées.

Le *Chiogenes*, de l'Amérique du Nord, forme une petite sous-
série (*Chiogénées*) qui sert de passage vers les Arbutées et qui a
l'ovaire semi-infère, avec un fruit totalement charnu.

Les *Sphyrospermum*, également américains, donnent leur nom à
une sous-série (*Sphyrospermées*) dans laquelle l'androcée est isostémoné ; le fruit crustacé ou coriace.

Les *Gaylussacia* et *Rigiostachis* appartiennent à un autre groupe
(*Gaylussaciées*) à androcée diplostémoné et à fruit drupacé, mais à
ovules solitaires et descendants ; le raphé dorsal.

VI. SÉRIE DES THIBAUDIA.

Dans les fleurs des *Thibaudia*[3] (fig. 146, 147), ordinairement grandes
et belles, le réceptacle a la forme d'un sac campanulé ou urcéolé,
non anguleux, dont la cavité loge l'ovaire infère et dont les bords
portent un calice court, découpé sur ses bords de cinq angles ou de

---

1. Miq., *Fl. ind. bat.*, II, 1060 ; Suppl., 587 ;
in *Ann. Mus. lugd.-bat.*, II, 160. — Maxim., *Fl.
amur.*, 186 ; in *Bull. Ac. Petersb.*, XVIII, 39 ;
Mél. biol., VIII, 603. — Seem., *Fl. vit.*, 146. —
Fr., *Pl. David.*, I, 195 ; II, 81. — Hillebr., *Fl.
haw.*, 270. — C.-B. Clke, in *Hook. f. Fl. brit.
Ind.*, III, 451. — Meissn., in *Mart. Fl. bras.*,
VII, 128. — A. Gray, *Syn. Fl. N.-Amer.*, II,
20. — Hemsl., *Bot. centr.-amer.*, II, 274, t. 52.
— Benth., *Fl. hongk.*, 199. — Thw., *En. pl.*

Zeyl., 170. — F. Muell., *Pl. N.-Guin. M.-Greg.*,
15. — *Hook. Icon.*, t. 1941. — Walp., *Rep.*,
II, 723 ; VI, 413 ; *Ann.*, I, 476 ; II, 1094 (*Epigynium*), 1096.
2. Blanches, roses ou coccinées.
3. Pav. — H. B. K., *Nov. gen. et spec.*, III,
268. — Dun., in *DC. Prodr.*, VII, 560 (part.).
— Endl., *Gen.*, n. 4333. — H. Bn, in *Payer
Fam. nat.*, 226. — B. H., *Gen.*, II, 571, n. 41.
— Drude, *Pflanzenfam.*, Lief. 38, p. 56.

cinq lobes obtus. La corolle est allongée, tubuleuse, cylindro-conique
dans le bouton, non renflée à sa base et plus ou moins contractée sous
le limbe dont les cinq petits lobes sont imbriqués dans le bouton. En
dedans de la corolle, le réceptacle porte l'androcée qui est composé de
dix étamines à peu près aussi longues que la corolle, formées de

Thibaudia Quereme.

Fig. 146. Branche florifère.

filets aplatis, connés ou cohérents entre eux, portant des anthères
dressées, linéaires, à deux loges, que surmontent de longs tubes
membraneux, déhiscents à partir du sommet par des fentes longitudinales. L'ovaire est couronné d'un disque cupuliforme. Il est creusé
de cinq loges, superposées aux pétales, et surmonté d'un style grêle,
dont le sommet un peu dilaté porte cinq petits lobes stigmatifères,

intérieurs et superposés aux cloisons de l'ovaire. Dans chacune des loges de dernier s'insère, à l'angle interne, un placenta légèrement saillant, qui porte de nombreux ovules anatropes. Le fruit est charnu, à cinq loges polyspermes; et les graines, petites, anguleuses, à tégument coriace et réticulé, ont un albumen charnu qui entoure un petit embryon charnu. On n'admet plus qu'une couple de vrais *Thibaudia*[1] : ce sont des arbustes, parfois grimpants, à feuilles persistantes, alternes, pétiolées ou presque sessiles, coriaces, entières, penninerves; les nervures fortement obliques. Leurs fleurs[2] sont disposées en cymes multiflores, groupées sur des rameaux axillaires. Leurs pédicelles sont pourvus à la base de bractées et parfois de bractéoles, peu développées. Ce sont des plantes andines, du Pérou et de la Colombie.

Thibaudia floribunda.

Fig. 147. Fleur, coupe longitudinale ($\frac{4}{1}$).

On a détaché, peut-être à tort, de l'ancien genre *Thibaudia* des plantes fort voisines, qui forment aujourd'hui les genres *Ceratostemma, Cavendishia, Oreanthes, Semiramisia*, et constituent une sous-série (*Euthibaudiées*) à anthères mutiques, égales à la corolle ou plus longues, avec des tubes étroits, bien plus longs que les loges qu'ils surmontent.

Dans une autre sous-série, celle des *Satyriées*, les étamines, à filets libres ou unis, sont égales à la corolle et bien plus ordinairement plus courtes. Leurs anthères sont mutiques, et les tubes qui les surmontent sont égaux aux loges ou plus longs. Ils sont d'ailleurs aussi larges ou même plus larges et s'ouvrent le plus souvent par des fentes béantes. C'est ce qui arrive ordinairement dans les sept genres *Findlaya, Orthœa, Eurygania, Satyria, Anthopterus, Themistoclesia* et *Sophoclesia*.

Dans les *Psammisia, Macleania, Hornemannia* et *Notopora*, les fleurs offrent une très grande ressemblance avec celles des *Thibaudia, Oreanthes*, etc.; mais les anthères sont mutiques ou portent deux petites cornes dorsales; elles sont plus courtes que la corolle, à loges granu-

1. H. B. K., *Nov. gen. et spec.*, t. 254. — 2. Rouges ou coccinées, souvent grandes et WALP., *Ann.*, II, 1089. belles, très ornementales.

lées, surmontées d'un ou deux tubes rigides, bien plus étroits que les loges et ordinairement plus courts (sous-série des *Psammisiées*).

Les *Agapetes* donnent leur nom à une autre sous-série (*Agapétées*), appartenant à l'ancien monde, caractérisée par des anthères au moins égales à la corolle, avec deux éperons ou deux tubercules dorsaux et des tubes étroits, ouverts par une fente terminale. Les *Pentapterygium* appartiennent aussi à ce petit groupe.

VII. SÉRIE DES ARBOUSIERS.

Les Arbousiers[1] (fig. 148-154) sont des Éricacées à fruit charnu. Dans leurs fleurs à réceptacle légèrement convexe, on observe un calice

Arbutus Unedo.

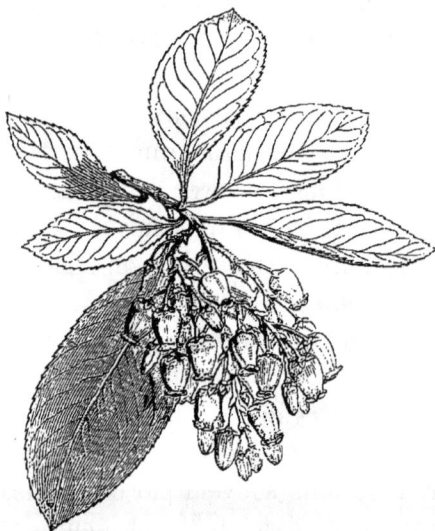

Fig. 149. Fleurs.

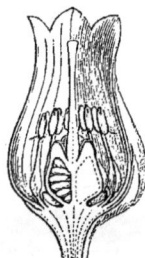

Fig. 148. Rameau florifère.

Fig. 150. Fleur, coupe longitudinale.

à cinq folioles imbriquées, libres ou légèrement unies à la base; une corolle urcéolée, caduque, à cinq dents ou lobes courts, imbriqués; dix étamines disposées sur deux rangées et insérées tout à fait à la base

---

1. *Arbutus* T., *Inst.*, 598, t. 368. — J., *Gen.*, 160. — GÆRTN., *Fruct.*, t. 59. — DC., *Prodr.*, VII, 581. — NEES, *Gen. Fl. germ.* — ENDL., *Gen.*, n. 4325. — PAYER, *Organog.*, 571, t. 118. — B. H., *Gen.*, II, 581, n. 1. — DRUDE, *Pflanzenfam.*, Lief. 37, p. 48. — *Uredo* HFFMSG et LINK, *Fl. port.*, I, 415. — *Arctous* A. GR. (*Andromedæ* sect.). — DRUDE, *loc. cit.*, 49.

de la corolle. Elles sont superposées, cinq aux divisions du calice, et

Arbutus Unedo.

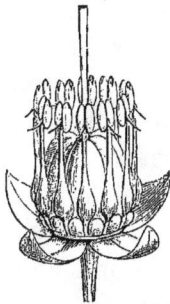

Fig. 151. Fleur, sans
le périanthe.

Fig. 152 Fruit.

Fig. 153. Graine.

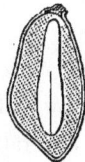

Fig. 154. Graine,
coupe longitudinale.

cinq à celles de la corolle, et formées d'un filet mince à la base, subi-

Arctostaphylos Uva-Ursi.

Fig. 155. Branche florifère.

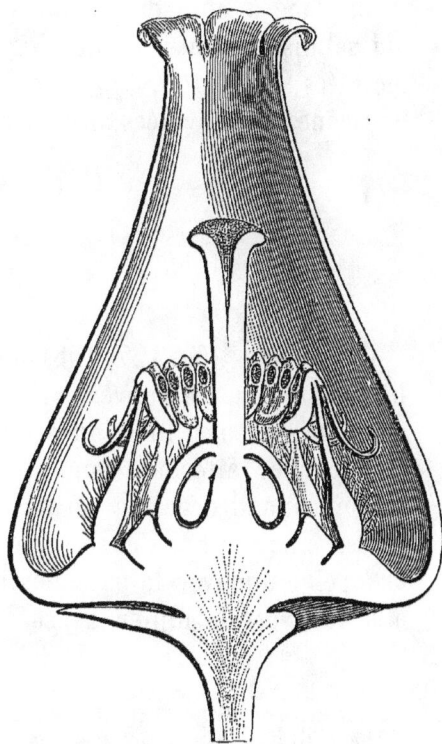

Fig. 156. Fleur, coupe longitudinale.

tement épaissi en balustre un peu plus haut, et d'une anthère qui,
dans la fleur épanouie, attachée par le haut de son dos au sommet du

filet, présente là deux cornes dorsales alors redressées, et deux fentes
ventrales et subapicales, en forme de pores allongés. Dans le bouton,
l'anthère était extrorse, avec ces deux pores tournés en bas et en
dehors; les deux cornes regardaient aussi en bas. Entre les bases des
filets proéminent les dix lobes glanduleux d'un petit disque hypogyne,
et le gynécée libre se compose d'un ovaire à cinq loges oppositipétales,
multiovulées, surmonté d'un style dont l'extrémité capitée est partagée
en cinq lobes stigmatifères alternes avec les loges ovariennes. Le fruit
est une baie lisse ou tuberculée, à cinq loges et à graines en nombre
indéfini. Celles-ci sont anguleuses ou comprimées, atténuées aux deux
bouts, à embryon axile, entouré d'un albumen charnu. On distingue
une dizaine[1] d'*Arbutus;* ce sont des arbustes de l'Europe australe et
occidentale et de l'Amérique du Nord, à feuilles persistantes, alternes,
pétiolées, entières ou dentées; à fleurs[2] disposées en grappes simples
ou composées, avec bractées ou bractéoles.

On place à côté des *Arbutus* les *Arctostaphylos* (fig. 155, 156),
qui se distinguent par des loges ovariennes uniovulées ou parfois
biovulées, et les *Pernettya*, dont les fleurs polygames ont des loges
ovariennes multiovulées, mais des anthères mutiques.

VIII. SÉRIE DES CLETHRA.

Les *Clethra*[3] (fig. 157, 158) ont des fleurs hermaphrodites et régulières, à réceptacle convexe. Il porte un calice de cinq sépales, libres
ou unis à la base, imbriqués dans la préfloraison, et une corolle de
cinq pétales alternes, émarginés ou bilobés, imbriqués dans le
bouton. L'androcée est formé de dix étamines hypogynes, superposées, cinq aux sépales, et cinq aux pétales. Elles ont un filet libre
ou à peine uni avec la base des pétales, et une anthère biloculaire,
attachée vers le milieu de sa hauteur et d'abord extrorse dans le

1. H. B. K., *Nov. gen. et spec.*, t. 260. — A.
Gray, *Newb. Exp. Bot.*, 23, c. xyl.; *Syn. Fl.
N.-Amer.*, II, 26. — Hemsl., *Bot. centr-amer.*,
II, 276. — *Bot. Mag.*, t. 1577, 2024, 4595, 2319.
— Reiche., *Ic. Fl. germ.*, t. 1167. — Gren. et
Godr., *Fl. de Fr.*, II, 425.

2. Roses, blanches ou verdâtres.

3. L., *Gen.*, n. 553. — J., *Gen.*, 160. —
Lamk, *Dict.*, II, 45; Suppl., II, 298 (part.);

Ill., t. 369. — DC., *Prodr.*, VII, 589. — Endl.,
Gen., n. 4320. — H. Bn, in *Payer Fam. nat.*, 225;
in *Adansonia*, I, 201. — B. H., *Gen.*, II, 603,
n. 52. — Drude, *Pflanzenfam.*, Lief. 37, p. 1.
— *Tinus* L., *Gen.*, n. 504. — *Volkameria* P. Br.,
Hist. Jam., 214, t. 21. — *Cuellaria* R. et Pav.,
Syst., 103; *Prodr. Fl. per. et chil.*, 59, t. 10.
— *Kowalewksia* Turcz., in *Bull. Mosc.* (1859),
I, 263.

bouton. Lors de l'anthèse, elle devient introrse par suite d'un mouvement de bascule dont le siège est la portion supérieure du filet, d'abord
récurvée; il en résulte que deux fentes courtes, primitivement dirigées
en dehors et en bas et répondant aux extrémités libres des loges, se
trouvent ensuite portées en haut et en dedans, tandis que l'autre
extrémité de l'anthère, représentée par une pointe unique, devient
inférieure de supérieure qu'elle était dans le bouton[1]. Le gynécée se
compose d'un ovaire libre, à peine épaissi à sa base en tissu glan-

Clethra alnifolia.

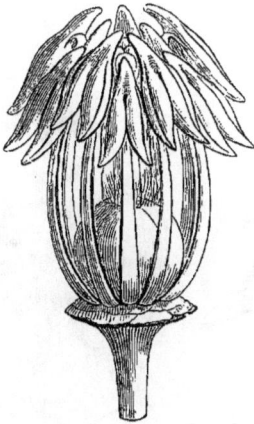

Fig. 157. Bouton, sans le périanthe.

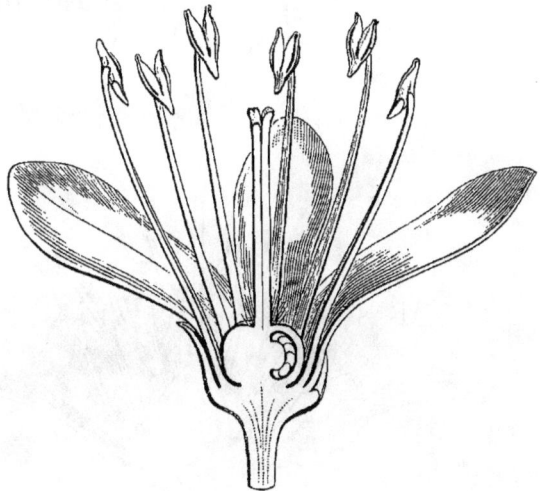

Fig. 158. Fleur, coupe longitudinale.

duleux; et triloculaire, surmonté d'un style unique d'abord, puis
divisé en trois branches stigmatifères. Dans l'angle interne de
chacune des loges ovariennes se voit un épais placenta subpelté qui
porte un grand nombre d'ovules incomplètement anatropes, la plupart ascendants, avec le micropyle en bas et en dehors. Le fruit est
une capsule loculicide, à trois valves qui se séparent de l'axe placentifère. Les graines, anguleuses ou comprimées, ont un tégument
extérieur celluleux, plus ou moins prolongé en aile; un albumen
charnu et un embryon cylindrique, axile. On connaît environ vingt-
cinq[2] *Clethra;* ce sont des arbustes de l'Amérique chaude et tem-

---

1. Le pollen est simple et globuleux.
2. VENT., *Malm.*, t. 40. — REMY, in *Ann. sc nat.*, sér. 3, VIII, 233, t. 380. — H. B. K., *Nov. gen. et spec.*, t. 264. — MIQ., *Fl. ind. bat.*, II, 1056; in *Ann. Mus. ludg. bat.*, I, 32; II, 163. — GRISEB., *Fl. brit. W.-Ind.*, 141. — MEISSN., in *Mart. Fl. bras.*, VII, 165, t. 64-66. — A. GRAY, *Syn. Fl. N.-Amer.*, II, 44. — HEMSL., *Bot. centr.-amer.*, II, 284. — WALP., *Rep.*, II, 726; VI, 417; *Ann.*, I, 479.

pérée, du Japon, de l'Archipel Malais et de Madère. Leurs feuilles sont alternes, pétiolées, entières ou dentées, souvent persistantes. Leurs fleurs [1] sont disposées en épis ou en grappes, simples ou composés; les pédicelles pourvus de bractées caduques.

IX. SÉRIE DES COSTÆA.

Le genre *Costæa* [2] (fig. 159, 160), ordinairement placé près des *Cyrilla*, a des fleurs régulières et hermaphrodites, que tout rapproche de celles des *Clethra*, sauf les ovules qui sont solitaires. Le calice est

Costæa stenopetala.

Fig. 159. Fleur, coupe longitudinale.

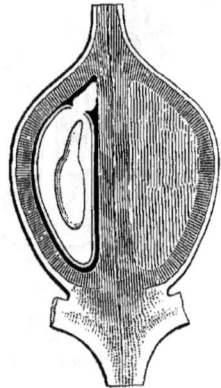

Fig. 160. Fruit, coupe longitudinale.

formé de cinq sépales, imbriqués en quinconce, scarieux, veinés; les sépales 1 et 3 plus grands; les sépales 4 et 5 plus petits que les autres ou même beaucoup plus petits. La corolle est formée de cinq pétales imbriqués; et l'androcée, de dix étamines hypogynes, bisériées, semblables à celles des *Clethra*; c'est-à-dire que leurs anthères allongées sont d'abord extrorses, repliées sur le sommet réfléchi du filet, et qu'à l'anthèse elles subissent un mouvement de bascule qui ramène en haut et en dedans leurs pores de déhiscence, bientôt prolongés en fente plus ou moins bas. L'ovaire libre est à

---

1. Blanches, souvent odorantes.
2. A. RICH., *Fl. cub.*, t. 53. — B. H., *Gen.*, II, 1226, n. 3. — *Purdiœa* PL., in *Hook. Lond.*

Journ., V, 250, t. 9; in *Ann. sc. nat.*, sér. 4, II, 257. Les *Costæa* sont, en somme, des *Clethra* à loges ovariennes uniovulées.

quatre ou cinq loges superposées aux pétales, surmonté d'un style à sommet stigmatifère atténué et pulpeux. Dans chaque loge se trouve un ovule descendant, à micropyle supérieur et intérieur. Le fruit est sec, indéhiscent, à trois, quatre ou cinq loges monospermes. Les graines renferment, sous leurs téguments, un albumen charnu et un embryon axile, à radicule supérieure, à peu près égale aux cotylédons. On connaît trois *Costæa*[1] : ce sont des arbustes, à feuilles sessiles, entières; à fleurs[2] disposées en grappes penchées; les pédicelles articulés en haut, sans bractéoles. Ils sont originaires des Antilles et de la Nouvelle-Grenade.

X. SÉRIE DES EMPETRUM.

Le genre *Empetrum*[3] est représenté chez nous par l'*E. nigrum*[4] (fig. 161, 162). Ses fleurs sont polygames ou dioïques. Le calice est formé de trois sépales plus ou moins charnus, rougeâtres, imbriqués; et la corolle de trois pétales alternes, plus longs, plus colorés, imbriqués. L'androcée se compose de trois étamines superposées aux sépales, avec des filets libres et des anthères dorsifixes, à deux loges mutiques, déhiscentes longitudinalement[5]. L'ovaire est libre, avec des loges au nombre de six à neuf, qui contiennent chacune un ovule ascendant, à micropyle dirigé en bas et en dehors[6]. Le style se dilate bientôt en six à neuf grands lobes épais, rayonnants, et dont l'ensemble forme une sorte de couronne profondément festonnée. Le

Empetrum nigrum.

Fig. 161. Branche florifère.

Fig. 162. Fleur femelle, sans le périanthe.

semble forme une sorte de couronne profondément festonnée. Le

---

1. GRISEB., *Cat. pl. cub.*, 52 (*Purdiæa*); *Pfl. trop. Amer.*, 45 (*Purdiæa*). — WALP., *Rep.*, VI, 422 (*Purdiæa*).
2. Roses.
3. L., *Gen.*, n. 1100. — J., *Gen.*, 162. — ENDL., *Gen.*, n. 5761. — A. DC., *Prodr.*, XVI, I, 25. — NEES, *Gen. Fl. germ.*, *Monochl.*, n. 42. — BUCH., in *Bot. Zeit.* (1862), 297. — SCHNIZL., *Iconogr.*, t. 241. — H. BN, in *Payer Fam. nat.*, 261. — B. H., *Gen.*, III, 414, n. 1.

4. L., *Spec.*, 1450. — LAMK, *Ill.*, t. 803. — DC., *Fl. fr.*, III, 686. — REICHB., *Ic. Fl. germ.*, t. 158. — BRANDZ., *Prodr. Fl. rom.*, 339. — GREN. et GODR., *Fl. de Fr.*, III, 74. Le genre est plus ordinairement classé parmi les familles monopérianthées.
5. Nulles ou réduites à une loge dans la fleur femelle.
6. Supporté par un très court et épais funicule (?) obconique.

fruit est une drupe, dont les noyaux, au nombre de six à neuf, sont disposés circulairement autour du centre. Chacun d'eux renferme une graine ascendante, analogue à celle d'un grand nombre d'Éricées, avec un albumen charnu et un embryon cylindrique, presque aussi long, à petits cotylédons et à radicule infère.

L'*E. nigrum* habite les régions froides et les montagnes des deux mondes, dans l'hémisphère boréal, et aussi les Andes de l'Amérique méridionale et l'île de Tristan d'Acugna. C'est un petit arbuste éricoïde, à feuilles alternes, étroites, coriaces, entières; les bords

Corema album.

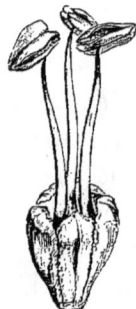

Fig. 166. Fruit.

Fig. 163. Fleur mâle. Fig. 164. Fleur femelle. Fig. 165. Fleur femelle, coupe longitudinale. Fig. 167. Fruit, coupe transversale.

révolutés[1]. Les fleurs sont axillaires, solitaires ou géminées; elles occupent l'aisselle des feuilles supérieures et elles sont accompagnées de quelques bractées, analogues aux sépales, et dont les dimensions diminuent graduellement à mesure qu'on descend davantage sur le pédicelle.

A côté de l'*Empetrum* se placent les *Corema* (fig. 163-167) qui en ont l'organisation générale, avec des fleurs subcapitées en haut des rameaux, un gynécée à long style, ordinairement partagé supérieurement en trois branches, rappelant celui des *Clethra;* et le *Ceratiola*, de l'Amérique du Nord, qui a des fleurs axillaires, géminées ou ternées, diandres, et un gynécée dimère, avec un style à deux ou quatre branches.

En somme, ce petit groupe paraît représenter un état réduit du type des Éricées.

1. Sur leur structure, GIBELL., in *Nuov. Giorn. bot. ital.*, VIII, 49.

XI. SÉRIE DES EPACRIS.

Les *Epacris* [1] (fig. 168-170), dont on a donné le nom à une famille
particulière, ont des fleurs pentamères, très analogues à celles des
Bruyères, mais pourvues d'étamines à anthères uniloculaires. Le
réceptacle floral y est convexe et porte un calice de cinq sépales, imbriqués, accompagnés en dehors d'un ou plusieurs verticilles de bractées imbriquées, ordinairement semblables aux sépales et plus petites

Epacris variabilis.

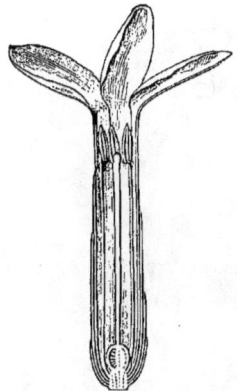

Fig. 168. Rameau florifère.   Fig. 169. Fleur.   Fig. 170. Fleur, coupe
longitudinale.

qu'eux. La corolle [2] gamopétale est variable de forme, le plus souvent tubuleuse ou campanulée, partagée supérieurement en cinq lobes
imbriqués. Dans les intervalles de ces lobes s'insèrent, à une hauteur
variable, sur le tube de la corolle, les cinq étamines, à filets courts
ou presque nuls, à anthères introrses, incluses ou semi-exsertes,
déhiscentes par une seule fente longitudinale. Le gynécée supère est
formé d'un ovaire à cinq loges oppositipétales, accompagné à sa base
d'un disque de cinq écailles, libres ou unies inférieurement, et pla-

1. CAV., *Icon.*, IV, 25, t. 344, 345. — DC.,
Prodr., VII, 760. — ENDL., *Gen.*, n. 4281. —
H. BN, in *Adansonia*, I, 206; in *Payer Fam.*

nat., 222. — B. H., *Gen.*, II, 615, n. 17. —
DRUDE, *Pflanzenfam.*, *Lief.* 38, p. 75.
2. Blanche ou rose.

cées en face des loges. Celles-ci renferment un placenta souvent pelté, chargé d'ovules anatropes. Le style se dilate à son extrémité en une petite tête dont les lobes stigmatiques, peu saillants et visqueux, sont alternes avec les loges ovariennes. Le fruit est une capsule loculicide, dont les cinq valves se détachent de l'axe placentifère. Les graines sont albuminées, avec un embryon axile, cylindracé, à cotylédons

Dracophyllum secundum.

Fig. 172. Fleur.   Fig. 171. Branche florifère.   Fig. 173. Fleur, coupe longitudinale.

courts. On connaît environ vingt-cinq *Epacris*[1]. Ce sont des arbustes, à feuilles d'Éricacée, sessiles ou pétiolées, souvent imbriquées, articulées. Les fleurs sont axillaires et solitaires ou disposées en grappes sur des axes particuliers. Ce sont des plantes océaniennes, principalement d'Australie, de la Nouvelle-Zélande et de la Nouvelle-Calédonie.

A côté des *Epacris* se placent les genres *Lysinema* et *Archeria*, formant une sous-série des *Euépacrées* dans laquelle les étamines s'insèrent sur la corolle, et les anthères sont nettement uniloculaires; les placentas courts; les feuilles non engaînantes.

1. Labill., *Pl. N.-Holl.*, t. 55-57. — Sweet, *Fl. austral.*, t. 4. — Benth., *Fl. austral.*, IV, 233.—F. Muell., *Fragm.*, VIII, 52. — Hook. f., *Handb. N.-Zeal. Fl.*, 178; *Fl. tasm.*, t. 78, 79.—   Ad. Br. et Gr., in *Ann. sc. nat.*, sér. 5, II, 155 — Sm., *Exot. Bot.*, t. 39. — *Bot. Reg.*, t. 1531; (1889), t. 19. — *Bot. Mag.*, t. 844, 982, 1170, 3243, 3253, 3407, 3658.

Dans les *Sprengelia* et un petit groupe auquel ils donnent leur nom (*Sprengeliées*), les étamines s'insèrent sur la corolle ou tout en bas, sous l'ovaire. Les anthères sont uniloculaires ; les placentas plus ou moins proéminents sont décurvés, et les feuilles sont plus ou moins longuement engainantes. Ici se placent encore les *Andersonia* et les *Cosmelia*.

Dans les *Prionotées* (*Prionotis* et *Lebetanthus*), les étamines sont hypogynes, et l'on peut admettre que l'anthère a deux loges, car on lui distingue deux fentes parallèles. Les placentas sont décurvés, allongés. Les feuilles ne sont pas engainantes.

Dans les *Dracophyllées* (*Dracophyllum* (fig. 171-173) et *Richea*), plantes à port spécial, les branches perdent vite leurs feuilles, dont elles portent les cicatrices transversales ; les placentas sont décurvés et allongés. Tous ces types sont d'origine océanienne.

XII. SÉRIE DES STYPHELIA.

Les fleurs des *Styphelia* [1], de même que celles de tous les genres de la série, sont construites comme celles des Épacrées, avec un calice formé de cinq sépales imbriqués, souvent colorés, et une corolle à tube plus ou moins allongé, cylindrique ou renflé ; la gorge glabre ou pourvue de cinq faisceaux de poils ; le limbe divisé en cinq lobes valvaires, garnis de poils en dedans. Les étamines, alternes avec les divisions de la corolle, dont la gorge les porte, sont formées d'un filet glabre et d'une anthère uniloculaire, dorsifixe, exserte. L'ovaire est entouré d'un disque dont les cinq écailles sont libres ou unies. Il renferme de trois à cinq loges et est surmonté d'un style dont le sommet stigmatifère peu dilaté est partagé en quatre ou cinq lobes alternes avec les loges ovariennes. Dans chaque loge se trouve un ovule descendant, anatrope, à micropyle dirigé en haut et en dedans. Le fruit est une drupe, parfois à peine charnue. Son endocarpe est creusé d'une à cinq loges monospermes ; et les graines descendantes contiennent un embryon à radicule supère, allongée, entouré d'un albumen charnu. Ce sont des arbustes de l'Australie tempérée, dressés ou couchés, à feuilles alternes, souvent sessiles, petites ou allongées,

---

1. Sm., *Bot. N.-Holl.*, 45, t. 14. — Bartl., — Endl., *Gen.*, n. 4267. — DC., *Prodr.*, VII, *Ord.*, 158. — Meissn., *Gen.* 248 ; *Comm.*, 156. 735. — B. H., *Gen.*, II, 610, n. 1.

coriaces, acuminées, striées de nervures. Leurs fleurs[1] sont disposées en épis ou en grappes ; elles occupent l'aisselle d'une bractée, et

Leucopogon lanceolatus.

Fig. 174. Fleur. Fig. 175. Branche florifère. Fig. 176. Gynécée.

elles sont pourvues de deux bractéoles latérales qu'accompagnent
plusieurs bractées imbriquées[2]. On en distingue onze espèces[3].

Leucopogon Richei. *Leucopogon ericoides.*

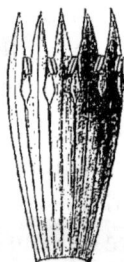

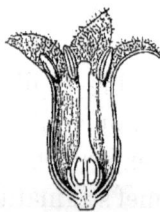

Fig. 177. Bouton. Fig. 178. Corolle étalée. Fig. 179. Gynécée et disque. Fig. 180. Fleur. Fig. 181. Fleur, coupe longitudinale.

Les *Leucopogon* (fig. 174-181) ont les fleurs des *Styphelia*,
avec ou sans bractée et deux bractéoles. Leur petite corolle, cam-

---

1. Blanches ou roses, petites.
2. Les *Soleniscia* DC., *Prodr.*, VII, 737. —
DELESS., *Ic. sel.*, V, t. 21.—ENDL., *Gen.*, n. 4267¹,
sont considérés aujourd'hui comme formant
une section du genre, à tube de la corolle très
grêle, glabre ou poilu en dedans.

3. SWEET, *Fl. austral.*, t. 50. — SOND., in
Pl. Preiss., 296. — SPACH, *Suit. à Buff.*, IX,
434. — F. MUELL., *Fragm.*, IV, t. 28. — BENTH.,
Fl. austral., IV, 146. — ANDR., *Bot. Rep.*,
t. 72, 312. — *Bot. Reg.*, t. 24. — *Bot. Mag.*,
t. 1297.

panulée ou infundibuliforme, a un tube glabre ou poilu en dedans, et ses cinq lobes valvaires sont chargés en dedans, parfois seulement à la base, de poils épais. Leurs anthères dorsifixes sont introrses, incluses ou semi-exsertes. Leur ovaire est divisé en un nombre de loges qui varie de deux à dix, toujours uniovulées. Leur fruit est une drupe à chair peu épaisse et à noyau osseux, creusé de deux à dix loges. Ce sont des arbustes ou parfois des arbres australiens. Dans la section *Cyathopsis*, la fleur est tétramère.

A côté de ces deux genres s'en groupent une quinzaine d'autres, tous très voisins, distingués par la forme du tube de la corolle, les anthères incluses ou exsertes, le nombre de bractées qui accompagnent chaque fleur, la structure de la drupe dont le noyau est unique, uni- ou pluriloculaire, ou qui contient de cinq à dix noyaux indépendants. Tous sont océaniens, australiens en général. Ce sont les *Lissanthe, Acrotriche, Oligarrhena, Monotoca, Brachyloma, Needhamia, Coleanthera, Melichrus, Cyathodes, Astroloma, Conostephium, Pentachondra* et *Trochocarpa*.

XIII. SÉRIE DES PYROLES.

Les Pyroles [1] (fig. 182, 183) ont des fleurs hermaphrodites et régulières. Leur réceptacle convexe porte un calice de cinq sépales herbacés, concaves, sessiles, imbriqués dans la préfloraison ; et une corolle de cinq pétales alternes, concaves, sessiles, imbriqués dans le bouton. Les étamines, au nombre de dix, sont superposées cinq aux sépales et cinq aux pétales ; elles ont des filets subulés, libres, hypogynes, arqués, dressés ou déclinés, et des anthères biloculaires qui sont primitivement extrorses et qui, par un mouvement de bascule, se retournent, vers l'époque de l'anthèse, de façon qu'elles deviennent introrses, et que les deux pores apicaux par lesquels s'ouvre chacune de leurs loges deviennent supérieurs et intérieurs, d'extérieurs et inférieurs qu'ils étaient précédemment [2]. Le gynécée supère est formé d'un ovaire à cinq loges, complètes ou d'abord incomplètes, oppositipétales,

---

1. *Pyrola* L., *Gen.*, n. 554. — J., *Gen.*, 161. — GÆRTN., *Fruct.*, I, t. 63. — DC., *Prodr.*, VII, 772. — ENDL., *Gen.*, n. 4349. — H. BN, in *Adansonia*, I, 194. — B. H., *Gen.*, II, 602, n. 49. — DRUDE, *Pflanzenfam.*, Lief. 37, p. 8. — *Amelia* ALEF., in *Linnæa*, XXVIII, 25. — *Thelaia* ALEF., loc. cit., 33. — *Actinocyclus* KL., in *Mon. Ak.*, *Wiss. Berl.* (1857), 14. Plusieurs auteurs de nos jours écrivent *Pirola*.

2. H. BN, in *Bull. Soc. Linn. Par.*, 141.

surmonté d'un style droit ou long et décliné, partagé à son extrémité en cinq lobes stigmatifères alternipétales, entourés d'un rebord circulaire qui représente l'orifice supérieur du tube stylaire. Dans l'angle interne de chaque loge s'insère vers le milieu de sa hauteur un gros placenta dont la surface extérieure porte un grand nombre de petits ovules anatropes. La base de l'ovaire peut être accompagnée d'un disque à dix crénelures ou en être complètement dépourvue. Le fruit est une capsule, à cinq angles ou lobes, accompagnée ordinairement à sa base du calice persistant, et loculicide, avec cinq valves qui portent en dedans une cloison et ont souvent les bords aranéeux. Les graines ont un tégument

Pyrola rotundifolia.

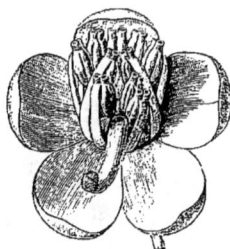

Fig. 182. Fleur ($\frac{2}{3}$).

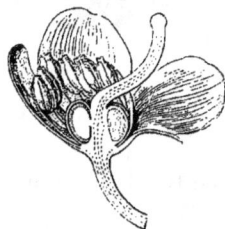

Fig. 183. Fleur, coupe longitudinale.

lâche et celluleux, prolongé aux deux extrémités. Leur portion centrale, nucléiforme, renferme un embryon axile, très petit, et un albumen charnu. Ce sont des herbes vivaces, glabres, à feuilles basilaires ou caulinaires, en général longuement pétiolées, persistantes, entières ou dentées. Leurs fleurs [1] sont disposées en grappes.

Il y a, en Amérique, un *Pyrola aphylla*, dont les feuilles sont remplacées par des écailles (section *Scotophylla* NUTT.).

Dans le *P. umbellata*, type d'un genre *Chimaphila* [2], et dans les espèces analogues, le fruit s'ouvre à partir du sommet, et ses valves ne sont pas aranéeuses sur les bords. L'inflorescence est un corymbe ombelliforme.

Dans le *P. uniflora*, type d'un genre *Monœses* [3], la fleur est solitaire, les pétales s'étalent beaucoup, et le fruit s'ouvre à partir de la base, comme dans les *Eupyrola*.

Ainsi constitué, le genre renferme une vingtaine d'espèces [4], de

---

1. Blanches, roses ou verdâtres.
2. PURSH, *Fl. Amer.-sept.*, I, 279. — DC., *Prodr.*, VII, 775. — B. H., *Gen.*, II, 603, n. 51.
3. SALISB., in *Gray Nat. Arr. brit. pl.*, II, 403. — DC., *Prodr.*, VII, 774. — B. H., *Gen.*, II, 603, n. 50.
4. NEES, *Gen. Fl. germ.* — HOOK., *Fl. bor.-amer.*, t. 138 (*Chimaphila*).— MIQ., in *Ann. Mus.*

lugd.-bat., II, 163; 165 (*Chimaphila*). — MAXIM., in *Bull. Ac. Petersb.*, XI, 433; XVIII, 52; *Mél. biol.*, VI, 206; VIII, 622; 626 (*Chimaphila*). — FR., *Pl. David.*, II, 92. — C.-B. CLKE, in *Hook. f. Fl. brit. Ind.*, III, 475. — A. GRAY, *Syn. Fl. N.-Amer.*, II, 45 (*Chimaphila*), 46. — HEMSL., *Bot. centr.-amer.*, II, 283 (*Chimaphila*). — BRANDZ., *Prodr. Fl. rom.*, 337. —

l'Europe, du nord et de l'extrême orient de l'Asie, et de l'Amérique du Nord.

XIV. SÉRIE DES MONOTROPA.

Le genre *Monotropa*[1] est représenté chez nous par une plante parasite assez commune, le *M. Hypopithys* (fig. 184-187), qui appartient à un groupe spécial, élevé au rang de genre[2]. Ses fleurs sont régu-

Monotropa Hypopithys.

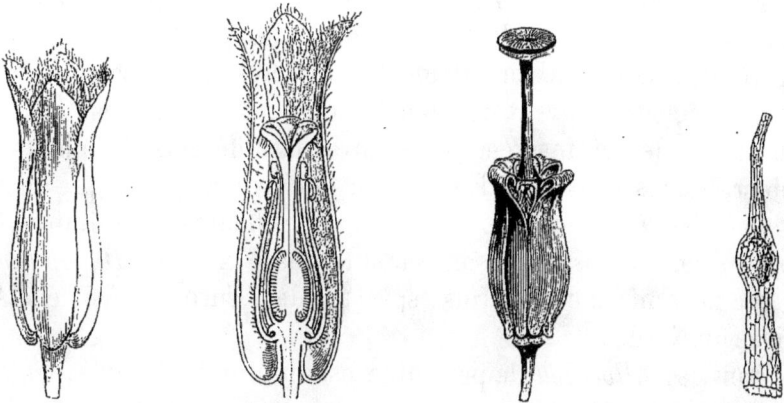

Fig. 184. Fleur ($\frac{2}{7}$).　Fig. 185. Fleur, coupe　Fig. 186. Fruit　Fig. 187. Graine.
longitudinale.　déhiscent.

lières, hermaphrodites, et portent, sur un réceptacle convexe, quatre ou cinq pétales imbriqués. Leur base se prolonge un peu au-dessous de leur point d'insertion en un sac court et obtus. L'androcée se compose de huit ou dix étamines hypogynes, bisériées, formées chacune d'un filet libre et d'une anthère courte, réniforme, à deux loges confluentes qui s'ouvrent en dedans par une fente en forme de fer à cheval. Les étamines oppositipétales sont plus courtes que les alternipétales. Un disque, né de la base du gynécée, est représenté par huit ou dix lobes saillants qui descendent par paires dans la concavité du sac des

REICHB., *Ic. Fl. germ.*, t. 1153-1156. — GREN. et GODR., *Fl. de Fr.*, II, 437. -- H. BN, *Iconogr. Fl. fr.*, n. 83. — *Bot. Mag.*, t. 778, 897. — WALP., *Ann.*, II, 1124.

1. L., *Gen.*, n. 536.—DC., *Prodr.*, VII, 781. — ENDL., *Gen.*, n. 4351.— B. H., *Gen.*, II, 607,

n. 6.—DRUDE, *Pflanzenfam.*, *Lief.* 37, p. 5, 10.
2. *Hypopithys* SCOP., *Fl. carniol.*, I, 285. — DC., *Prodr.*, VII, 780. — GÆRTN., *Fruct.*, t. 185. — ENDL., *Gen.*, n. 4352.— NEES, *Gen.*, *Fl. germ.* — H. BN, in *Adansonia*, I, 189, t. 4. — B. H., *Gen.*, *loc. cit.*, n. 7.

pétales. L'ovaire a quatre ou cinq loges oppositipétales, longtemps incomplètes au centre, et est surmonté d'un style creux, dilaté de la base au sommet et dont l'orifice évasé est garni en dedans de quatre ou cinq lobes stigmatifères d'origine septale. Chaque loge renferme un épais placenta bilobé, chargé d'ovules anatropes. Le fruit est capsulaire, loculicide, à quatre ou cinq valves septifères qui se détachent d'une columelle centrale. Les graines, nombreuses, petites, à peu près cylindriques, ont une sorte de noyau central, débordé aux deux extrémités par un tégument lâche et allongé. Le *M. Hypopithys*, parasite sur certains arbres, notamment les Conifères et les Castanéacées, est jaune ou blanchâtre, charnu, à fines racines imbriquées. Ses axes aériens portent des écailles alternes, se terminant par une grappe d'abord penchée, dont la fleur terminale est le plus souvent pentamère, et les latérales généralement tétramères, accompagnées de deux à six bractées, souvent considérées comme des sépales, ordinairement inégales et insérées à des niveaux différents. La plante a été observée dans les bois, en Europe, en Asie et dans l'Amérique du Nord.

Dans les *Monotropa* proprement dits, les fleurs sont solitaires, et les pétales sont moins renflés en sac à la base. Avec les *Hypopithys*, le genre ne renferme que trois espèces[1], de l'Europe, l'Asie et l'Amérique du Nord.

Dans les *Allotropa*, le périanthe est absolument simple; les fleurs en épi; les deux loges de l'anthère pendantes en dedans.

Les *Pleuricospora* donnent leur nom à une petite sous-série (*Pleuricosporées*) dans laquelle se placent aussi les *Cheilotheca*. Leur placentation est en grande partie pariétale; les anthères sont allongées; le disque hypogyne est nul ou peu prononcé.

XV. SÉRIE DES PTEROSPORA.

Les fleurs des *Pterospora*[2] (fig. 188-190) sont à peu près celles d'un *Andromeda*. Elles ont cinq sépales à poils capités et persistants; et leur corolle globuleuse-urcéolée est à cinq lobes tordus; le bord

1. HOOK., *Exot. Fl.*, t. 85. — TORR., *Fl. N.-York*, t. 71; 72 (*Hypopithys*). — NEES, *Gen. Fl. germ.* (*Hypopithys*). — REICHB., *Ic. Fl. germ.*, t. 1152; *Icon. eur.*, 481 (*Hypopithys*). — C.-B. CLKE, in *Hook. f. Fl. brit. Ind.*, III, 476. — BRANDZ., *Prodr. Fl. rom.*,

338. — GREN. et GODR., *Fl. de Fr.*, II, 440. — WALP., *Rep.*, VI, 437.

2. NUTT., *Gen. pl. N.-Amer.*, I, 269. — POIR., *Dict.*, Suppl., IV, 53. — DC., *Prodr.*, VII, 779. — ENDL., *Gen.*, n. 4353. — B. H., *Gen.*, II, 605, n. 1.

gauche recouvrant. Sous l'ovaire s'insèrent dix étamines, superposées cinq aux sépales et cinq aux divisions de la corolle. Toutes ont un filet aplati et subulé, et une anthère basifixe, dressée, dont le dos porte deux éperons descendants, défléchis. La déhiscence des deux loges se fait latéralement, au point de contact des anthères, par résorption de leur tissu. L'ovaire supère est à cinq côtes saillantes et à cinq loges superposées aux lobes de la corolle. Il est surmonté d'un style tubuleux, parcouru dans sa longueur par cinq colonnes septales dont les

Pterospora andromedea.

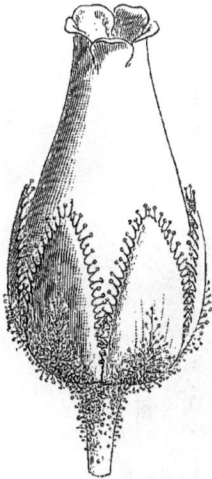

Fig. 188. Fleur ($\frac{4}{7}$).   Fig. 190. Graine, coupe   Fig. 189. Fleur, coupe
                                  longitudinale.   longitudinale.

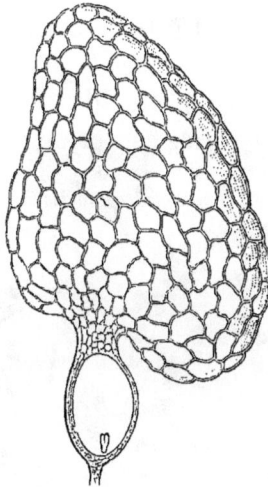

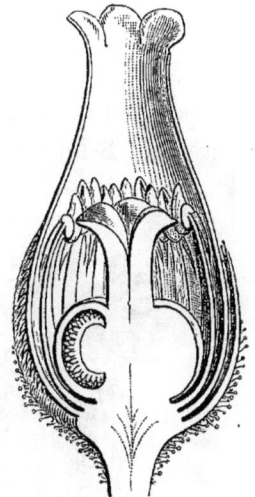

sommets deviennent des lobes stigmatifères et sont encadrés par le tube stylaire. Chaque loge renferme un placenta axile, bilobé et multiovulé. Le fruit est capsulaire, loculicide, déprimé au sommet. Ses cinq valves et ses placentas se séparent finalement d'une columelle creuse au centre. Les graines, très nombreuses, sont ovoïdes, pourvues d'un tégument crustacé et réticulé, qui porte en haut une aile plus ou moins irrégulière, aplatie, transparente, bien plus grande que la graine. L'embryon, très petit et indivis, est entouré d'un épais albumen charnu. Le *P. andromedea*[1], seule espèce du genre, est une herbe parasite de l'Amérique du Nord, brune, chargée de poils glan-

1. NUTT. — LINDL., *Coll. bot.*, t. 5. — A.   *Fl. N.-Amer.*, II, 48. — HEMSL., *Bot. centr.-*
GRAY, in *Proc. Amer. Acad.*, VII, 370; *Syn.*   *amer.*, II, 285.

duleux. Ses feuilles sont remplacées par des écailles alternes. Ses fleurs[1] sont disposées en longues grappes terminales et occupent chacune l'aisselle d'une bractée glanduleuse-ciliée.

A côté des *Pterospora* se rangent trois autres genres de l'Amérique du Nord, dont les fleurs sont construites de même. Ce sont : les *Sarcodes*, dont les graines sont dépourvues d'aile et les anthères de cornes ; les *Schweinitzia*, dont l'ovaire est entouré d'un disque à dix crénelures ; les *Newberrya*, qui n'ont que deux sépales (?) et pas de disque hypogyne.

XVI. SÉRIE DES LENNOA.

Les *Lennoa*[2] (fig. 191, 192) ont des fleurs régulières et ordinairement 8-mères. Leur calice est formé de huit sépales, linéaires

Lennoa madreporoides.

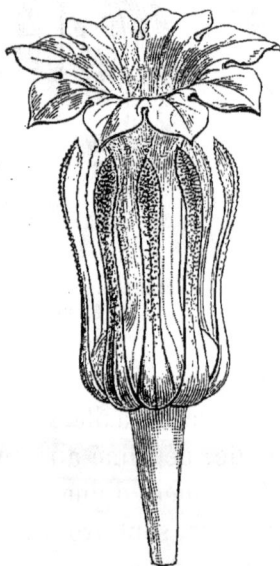

Fig. 191. Fleur.

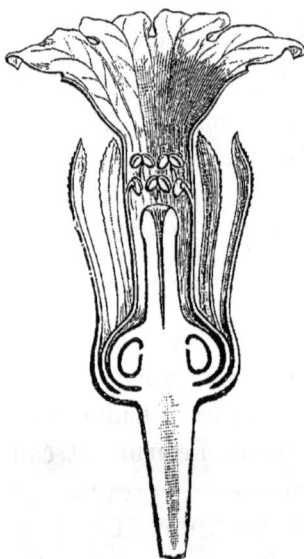

Fig. 192. Fleur, coupe longitudinale.

ou filiformes, parfois un peu unis à la base. Leur corolle[3] gamopétale a un tube cylindrique et un limbe dilaté dont les huit lobes, éta-

---

1. Blanches, petites, penchées.
2. LL. et LEX., *Nov. veg. descr.*, I, 7. — SOLMS, in *Bot. Zeit.* (1869), 38 ; Lennoac., t. 2, 3. — ENDL., *Gen.*, n. 6861. — B. H., *Gen.*,

II, 622, n. 3. — *Corallophytum* H. B. K., *Nov. gen. et spec.*, VII, 275, t. 660 *bis*. — *Perymenum* A. GRAY.
3. Bleue ou violacée, petite.

-lés ou réfléchis, sont courts et obtus ou parfois acuminés, valvaires-indupliqués dans le bouton. Huit étamines courtes et incluses sont portées par le tube de la corolle, alternes avec ses divisions, formées d'un filet court et grêle et d'une anthère presque didyme ou à loges divergentes, introrses ou s'ouvrant par des fentes voisines des bords [1]. Quatre d'entre elles sont situées plus haut, et quatre plus bas. L'ovaire supère est creusé d'un verticille de vingt à trente loges uni-ovulées, et surmonté d'un style dont le sommet légèrement dilaté est découpé d'un même nombre de petits lobes stigmatiques. Les ovules sont descendants, anatropes, à micropyle tourné en haut et en dehors. Ils peuvent finalement devenir presque horizontaux. Le fruit est drupacé, déprimé. La portion supérieure de sa chair molle finit par se séparer circulairement de l'inférieure et met à nu un verticille de noyaux rugueux et monospermes. Les graines renferment, sous un tégument très mince, un abondant albumen charnu et un court embryon indivis.

On connaît une couple [2] de *Lennoa*, petites herbes mexicaines, parasites, colorées, dont la souche est épaisse et dont les ramifications aériennes portent des écailles alternes. Les fleurs sont groupées en grappes denses et corymbiformes de cymes qui, à l'extrémité des divisions des axes, deviennent unipares.

Près des *Lennoa* se placent les deux genres américains *Pholisma* et *Ammobroma*, représentés chacun par une espèce parasite. Le premier a des fleurs disposées en un épi dense et cylindrique, glomérulifère. Le dernier a des cymes groupées sur un axe dilaté en une sorte de réceptacle discoïde.

XVII. SÉRIE DES GALAX.

Les *Galax* [3] (fig. 193-199) ont les fleurs hermaphrodites et régulières, à réceptacle convexe. Leur calice est formé de cinq sépales, d'abord imbriqués dans le bouton, persistants, et de cinq pétales

---

1. Le pollen est formé de grains ovoïdes, libres, à trois plis.
2. HEMSL., *Bot. cent.-amer.*, II, 286.
3. L., *Gen.*, n. 276. — J., *Gen.*, 420. — ADANS., *Fam. des pl.*, II, 226. — DC., *Prodr.*, VII, 776. — ENDL., *Gen.*, n. 4350. — H. BN,

in *Payer Fam. nat.*, 228. — B. H., *Gen.*, II, 620, n. 5. — *Solenandra* PAL.-BEAUV., ex *Vent. Malmais.*, t. 69. — *Erythrorhiza* MICHX, *Fl. bor-amer.*, II, 34, t. 36. — GÆRTN. F., *Fruct.*, III, t. 210. — *Blandfordia* ANDR., *Bot. Rep.*, t. 343.

alternes, également imbriqués. L'androcée se compose de dix étamines, dont cinq alternes avec les pétales et cinq superposées,

Galax aphylla.

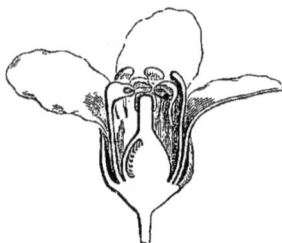

Fig. 194. Fleur ($\frac{4}{7}$).

Fig. 196. Fleur, coupe longitudinale.

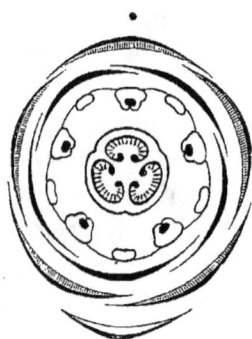

Fig. 195. Diagramme.

Fig. 197. Fruit déhiscent.

Fig. 198. Graine.

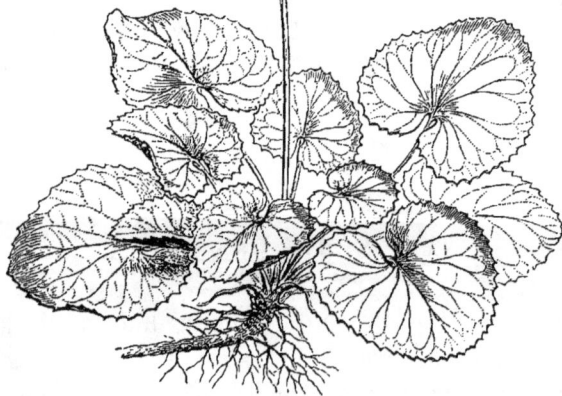

Fig. 193. Port.

Fig. 199. Graine, coupe longitudinale.

stériles. Toutes sont unies en un court tube qui se colle contre la base intérieure des pétales. Les staminodes ont la forme de baguettes un peu épaissies et incurvées au sommet, et les étamines fertiles sont

formées d'un filet incurvé, continu avec la base épaissie d'une anthère
introrse qui s'ouvre en dedans par une seule fente à concavité inférieure, et qui n'a qu'une loge. Le gynécée est libre; il se compose
d'un ovaire à trois loges, surmonté d'un style court dont le sommet
peu renflé présente trois fentes convergentes, à lèvres papilleuses et
stigmatiques. Dans l'angle interne de chaque loge se trouve un placenta axile qui supporte de nombreux ovules, ascendants, incomplètement anatropes, à micropyle inférieur et extérieur. Le fruit est une
capsule loculicide, dont les valves, septifères en dedans, se séparent
d'une columelle supportant de nombreuses graines, ascendantes,
anguleuses, aiguës du côté de la chalaze, avec un albumen charnu et
un embryon plus court, cylindrique, arqué. La seule espèce connue
est le *G. aphylla*[1], herbe glabre, à rhizome vivace, traçant, avec des
feuilles basilaires, pétiolées, orbiculaires-cordées ou réniformes,
crénelées-dentées. Ses fleurs sont groupées en grappes au sommet
d'une hampe nue; les pédicelles courts, avec deux bractéoles vers le
milieu de leur hauteur. C'est une plante du sud-est de l'Amérique du
Nord.

Près des *Galax* se placent les *Shortia*, herbes de l'Amérique du
Nord, du Japon et du Thibet, qui ont une corolle campanulée ou
infundibuliforme, plus ou moins profondément divisée, cinq staminodes et cinq étamines fertiles, à anthère biloculaire.

XVIII. SÉRIE DES DIAPENSIA.

Les *Diapensia*[2] (fig. 200-202) ont des fleurs régulières, à calice
formé de cinq sépales, souvent un peu inégaux, imbriqués. La corolle
campanulée, hypocratérimorphe ou subinfundibuliforme, est découpée de cinq lobes obtus, imbriqués. Sa gorge porte cinq étamines
alternes, formées d'un filet court, large et aplati, inséré dans le sinus,
et d'une anthère introrse, à loges obliques, divergentes en bas,
déhiscentes suivant leur longueur. L'ovaire supère est à trois, plus
rarement à quatre loges, incomplètes souvent en haut, à placenta

---

1. L., *Spec.*, 289. — A. GRAY, *Syn. Fl.
N.-Amer.*, II, 53. — CHAPM., *Fl. S.-Unit.-St.*,
268. — *Bot. Mag.*, t. 754. — *Erythrorhiza
rotundifolia* MICHX. — *Blandfordia cordata*
ANDR. — *Solenandria cordifolia* PAL.-BEAUV.

2. L., *Gen.*, n. 194. —J., *Gen.*, 135. — LAMK,
Dict., II, 276. — ENDL., *Gen.*, n. 4345. — H. BN,
in *Payer Fam. nat.*, 230. — A. GRAY, in *Proc.
Amer. Acad.*, VIII, 246. — B. H., *Gen.*, II,
620, n. 2.

épais, bilobé, multiovulé. Le style creux a un sommet dilaté en une petite tête stigmatifère dont les lobes répondent au sommet des cloisons. Le fruit est capsulaire, loculicide, polysperme. Les graines à facettes ont un tégument extérieur lâchement celluleux, un albumen charnu abondant et un embryon axile, cylindracé, à courts cotylédons. On connaît deux *Diapensia*[1] : l'un de la Norvège et la Laponie et de l'Amérique du Nord ; l'autre des montagnes de l'Inde. Ce sont des plantes frutescentes, humbles et cespiteuses, à feuilles alternes, obtuses, entières, coriaces, imbriquées. Leurs fleurs[2] sont solitaires,

Diapensia lapponica.

Fig. 201. Fleur.   Fig. 200. Port.   Fig. 202. Fleur, coupe longitudinale.

terminales et pédonculées, avec quelques bractées dont quelques-unes s'appliquent contre le calice.

Le *Pyxidanthera barbulata* MICHX, petite plante des régions austro-orientales de l'Amérique du Nord, se distingue surtout des *Diapensia* par ses fleurs sessiles, et ses anthères à déhiscence presque transversale, dont la loge inférieure porte une sorte de corne.

Telle que nous la constituons, la famille des Éricacées[3] est une de celles que l'on nomme par enchaînement. Elle est formée de dix-huit séries, dont voici les caractères distinctifs :

I. ÉRICÉES[4]. — Corolle gamopétale, généralement régulière, persis-

1. HOOK., *Kew Journ.*, IX, t. 12. — SWEET, *Brit. fl. Gard.*, ser. 2, t. 251. — A. GRAY, *Syn. Fl. N.-Amer.*, II, 52. — C.-B. CLKE, in *Hook. f. Fl. brit. Ind.*, III, 478. — *Bot. Mag.*, t. 1108.
2. Blanches ou roses.
3. *Ericaceæ* DC., *Fl. fr.*, III, 675 ; *Théor. élém.*, 216. — LINDL., *Introd.*, ed. 2, 220. —

ENDL., *Gen.*, 750, Ord. 161. — B. H., *Gen.*, II, 577, Ord. 93. — DRUDE, *Pflanzenfam.*, *Lief.* 37, p. 15. — *Ericineæ* J., in *Ann. Mus.*, V, 422.
4. *Ericeæ* R. BR., *Prodr.*, I, 557. — ENDL., *Gen.*, 751, Trib. 1. — B. H., *Gen.*, 579, Trib. 3. — *Salaxideæ* BENTH. — ENDL., *Gen.*, 751. — *Sympiezeæ* ENDL., *Gen.*, 752.

tante et marcescente, à 4,5 dents ou divisions peu profondes, tordues, rarement imbriquées. Fruit capsulaire, généralement loculicide. Tige ordinairement ligneuse, souvent frutescente. — 13 genres.

II. RHODODENDRÉES[1]. — Corolle gamopétale, par exception subdialypétale, généralement irrégulière, imbriquée, non persistante. Fruit supère, septicide. Tige arborescente ou frutescente. — 8 genres.

III. — LÉDÉES[2]. — Corolle dialypétale, régulière, imbriquée ou tordue, non persistante. Étamines hypogynes. Fruit supère, septicide. Tige frutescente. — 6 genres.

IV. ANDROMÉDÉES[3]. — Corolle gamopétale, régulière, imbriquée, non persistante. Fruit supère, loculicide. — 12 genres.

V. VACCINIÉES[4]. — Corolle gamopétale, régulière, petite, membraneuse ou coriace et mince. Étamines à filets courts ou longs, ordinairement indépendants. Fruit infère, charnu. Tige frutescente. — 8 genres.

VI. THIBAUDIÉES[5]. — Fleur généralement grande, à corolle régulière, ordinairement allongée, charnue ou coriace. Étamines à filets courts, souvent cohérents ou connés. Fruit infère, coriace ou plus souvent charnu. Tige ligneuse. — 17 genres.

VII. ARBUTÉES[6]. — Corolle gamopétale, régulière, non persistante. Fruit supère, charnu. Tige ligneuse. — 3 genres.

VIII. CLÉTHRÉES[7]. — Corolle dialypétale, régulière, non persistante. Fruit supère, capsulaire, à loges ∞-spermes. Tige ligneuse. — 1 genre.

IX. COSTÆÉES[8]. — Corolle dialypétale, régulière, non persistante. Fruit supère, sec, à loges monospermes. Ovule descendant. Tige ligneuse. — 1 genre.

X. EMPÉTRÉES[9]. — Corolle dialypétale, régulière, à 2-4 folioles

1. *Rhododendreæ* ENDL., *Gen.*, 758, Subord. 3 (part.). — *Rhodoreæ* B. H., *Gen.*, II, 580, Trib. 4. — *Rhododendroideæ-Rhododendreæ* DRUDE, *loc. cit.*, 34. — *Rhododendra* J., *Gen.*, 158, Ord. 2 (part.).

2. H. BN, in *Payer Fam. nat.*, 224. — *Rhododendroideæ-Ledeæ* DRUDE, *loc. cit.*, 32.

3. *Andromedeæ* ENDL., *Gen.*, 754, Trib. 2. — *Andromedeæ* B. H., *Gen.*, II, 578, Trib. 2. — *Arbutoideæ-Andromedeæ* DRUDE, *loc. cit.*, 40.

4. *Vacciniaceæ* DC., *Théor. élém.*, 216 (part.). — ENDL., *Gen.*, 757, Subord. 2. — *Vacciniaceæ* LINDL., *Veg. Kingd.*, 757, Ord. 291. — *Euvaccinieæ* B. H., *Gen.*, II, 565, Trib. 2. — *Vaccinioideæ-Vaccinieæ* DRUDE, *loc. cit.*, 49.

5. *Thibaudieæ* B. H., *Gen.*, II, 564, Trib. 1. — *Vaccinioideæ-Thibaudieæ* DRUDE, *loc. cit.*, 53.

6. *Arbuteæ* REICHB., *Handb.*, 206. — B. H., *Gen.*, II, 578, Trib. 1. — *Arbutoideæ-Arbuteæ* DRUDE, *loc. cit.*, 47.

7. MEISSN., *Gen.*, 247 (part.). — *Clethraceæ* DRUDE, *loc. cit.*, 1. — *Ericacearum* gen. anom. B. H., *Gen.*, II, 581.

8. *Cyrillearum* gen. B. H., *Gen.*, II, 1226.

9. *Empetreæ* NUTT., *Gen.*, II, 233. — ENDL., *Gen.*, 1105, Ord. 241. — *Empetraceæ* LINDL., *Nat. Syst.*, ed. 2, 117; *Veg. Kingd.*, 285, Ord. 93. — B. H., *Gen.*, III, 413, Ord. 142. — *Empetrideæ* DUMORT., *An. fam.*, 80. — S.-F. GRAY, *Arr. brit. pl.*, II, 732.

analogues aux sépales. Fruit supère, charnu, à loges monospermes. Ovule ascendant. Tige frutescente. — 3 genres.

XI. Épacrées[1]. — Corolle gamopétale, régulière. Anthères déhiscentes généralement par une seule fente. Style inséré dans une dépression du sommet de l'ovaire. Loges ovariennes pluriovulées. Fruit supère, capsulaire. — Tige frutescente. — 10 genres.

XII. Styphéliées[2]. — Corolle gamopétale, régulière. Anthères déhiscentes par une seule fente. Style inséré au sommet de figure de l'ovaire. Loges ovariennes à un seul ovule descendant. Fruit supère, indéhiscent, souvent drupacé. Tige frutescente. — 17 genres.

XIII. Pyrolées[3]. — Corolle dialypétale, régulière, imbriquée, non persistante. Fruit supère, loculicide, polysperme. — Herbes vivaces, ordinairement feuillées. — 1 genre.

XIV. Monotropées[4]. — Corolle dialypétale, régulière, imbriquée, non persistante. Fruit supère, capsulaire, loculicide, à loges polyspermes. — Herbes parasites, non vertes. — 4 genres.

XV. Ptérosporées[5]. — Corolle gamopétale, régulière. Fruit supère, capsulaire, loculicide, à loges polyspermes. — Herbes parasites, non vertes. — 4 genres.

XVI. Lennoées[6]. — Corolle gamopétale, régulière. Fruit supère, drupacé, à noyaux verticillés, mis à nu par la séparation de la moitié supérieure de l'exocarpe, monospermes. — Herbes parasites, non vertes. — 3 genres.

XVII. Galacées[7]. — Corolle régulière, non persistante. Staminodes oppositipétales. Fruit supère, loculicide, à loges polyspermes. —Herbes scapigères, à fleurs solitaires ou en grappes. — 2 genres.

XVIII. Diapensiées[8]. — Corolle régulière, persistante. Staminodes 0. Fruit supère, loculicide, à loges polyspermes. — Humbles

1. Epacreæ Reichb., Consp., 128 (part.). — B. H., Gen., II, 610, Trib. 2. — Epacrideæ R. Br. — Endl. (part.). — Drude, loc. cit., 73. — Prionoteæ Drude, loc. cit., 72.

2. Styphelieæ Bartl., Ord. nat., 158. — H. Bn, in Payer Fam. nat., 224. — B. H., Gen., II, 609, Trib. 1. — Drude, loc. cit., 76. — Dracophylleæ H. Bn, loc. cit., 223.

3. Pyroleæ Lindl., Coll., t. 5; Syn., 175. — H. Bn, in Payer Fam. nat., 229. — B. H., Gen., II, 581, Trib. 5. — Pyrolaceæ Endl., Gen., 760. — Piroloideæ-Piroleæ Drude, loc. cit., 7.

4. Monotropeæ Nutt., Gen., I, 272. — Endl., Gen., 761 (part.). — Lindl., Veg. Kingd., 452 (part.). — B. H., Gen., II, 604, Ord. 94 (part.). —

Pirolaceæ-Monotropoideæ-Monotropeæ Drude, Pflanzenfam., Lief. 37, p. 9 (part.). — Pleuricosporeæ Drude, loc. cit., 11.

5. Monotropeæ Drude, loc. cit. (part.).

6. Lennoeæ. — Lennoaceæ Torr., in Ann. Lyc. N.-York, VIII (Monotropearum Subord.). — Solms, in Abh. Nat. Ges. Halle, XI, 121; in DC. Prodr., XVII, 36, Ord. dub. affin. —Drude, Pflanzenfam., Lief. 37, p. 12.

7. Galaceæ. — Galacineæ B. H., Gen., II, 619, Trib. 2. — Drude, Pflanzenfam., Lief. 38, p. 83.

8. B. H., Gen., II, 619, Trib. 1 (Diapensiacearum). — Diapensiaceæ Link, Handb., I, 595 (Convolvulaceæ). — Endl., Gen., 760. — Diapensiaceæ-Diapensieæ Drude, loc. cit., 81.

arbustes, cespiteux, à petites feuilles imbriquées, à fleurs terminales et solitaires. — 2 genres.

L'ensemble de la famille comprend environ dix-huit cents espèces. Elle est représentée dans toutes les régions du globe, depuis le voisinage du pôle jusqu'aux zones tropicales. Mais dans ce dernier cas, c'est presque toujours par des plantes monticoles. Les Éricées sont plus spéciales à l'Afrique australe; les Épacrées et Styphéliées à l'Océanie tempérée et froide. Les Ptérosporées sont de l'Amérique du Nord, de même que les Lennoées. Les Diapensiées habitent le nord de l'Europe et de l'Amérique; les Galacées, l'Amérique du Nord, les montagnes et l'extrême Orient de l'Asie.

Les Éricacées vertes ont souvent un port tout spécial, dit *éricoïde*, qui se rencontre çà et là dans d'autres familles. Leur tissu offre, par suite, souvent des caractères très particuliers[1]. Tout le monde admet leurs affinités avec certaines Ternstrœmiacées. Par les Cyrillées, elles se rapprochent, nous le verrons, des Ilicacées. A cause de leur ovaire infère, les Vacciniées et Thibaudiées ont souvent été rapprochées des Campanulacées; mais on ne peut les séparer comme famille du reste des Éricacées qui ont l'ovaire libre. Il suffit de constater que le réceptacle est ici, comme dans tant d'autres groupes naturels, tantôt convexe et tantôt plus ou moins concave.

USAGES[2]. — Presque toutes les Éricacées sont ornementales. Leur culture, qui a passionné nos pères, est souvent fort délaissée à cause des difficultés qu'elle présente. Ce ne sont pas très ordinairement des végétaux utiles. Les Bruyères, dont les fleurs sont si recherchées, ne sont pas des plantes médicamenteuses. Cependant le *Calluna vulgaris*[3] (fig. 113-116) passe pour astringent. Il l'est moins que la Busserolle[4] (fig. 155, 156), encore bien employée contre les flux, les affections de

1. SOLER., *Syst. Wert Holzstr.*, 160, 161. 163, 260.— BREITFELD, in *Bot. Jahrb.* (mars 1888), fasc. 4 (*Rhododendron*).— A. MORI, in *N. Giorn. bot. ital.*, IX, 153. — SIMON, in *Engl. Bot. Jahrb.* (1890) (*Ericaceæ, Epacridaceæ*).— MAURY, in *Journ. Mor.* (1887), 104 (*Vaccinium*). — DRUD., *loc. cit.*, Lief. 37, p. 18, 68.

2. ENDL., *Enchirid.*, 372-375. — LINDL., *Veg. Kingd.*, 454, 757. — ROSENTH., *Syn. plant. diaphor.*, 515, 1137. — H. BN, *Tr. Bot. méd. phanér.*, 1297.

3. SALISB., in *Trans. Linn. Soc.*, VI, 317.

— GREN. et GODR., *Fl. de Fr.*, II, 428. — C. Erica DC. *Fl. fr.*, III, 680. — *Erica vulgaris* L., *Spec.*, 501. — LAMK, *Ill.*, t. 287, fig. 1 (*Grosse Bruyère, Bucane, Pétrole*).

4. *Arctostaphylos Uva-ursi* SPRENG., *Syst.*, II, 87. — BERG et SCHM., *Darst. off. Gew.*, t. 20 e. — H. BN, *Iconogr. Fl. fr.*, n. 363; *Tr. Bot. méd. phanér.*, 1299, fig. 3261, 3262. — *A. officinalis* WIMM. et GR., *Fl. sil.*, I, 391. — GREN. et GODR., *Fl. de Fr.*, II, 426. — *Arbutus Uva-ursi* L., *Spec.*, 566 (*Raisin-d'ours, Buxe-rolle, Bousserolle*).

l'appareil urinaire, etc. Le *Gaultheria procumbens*[1] (fig. 139, 140), si riche en essence odorante, est antispasmodique, diurétique, antidiarrhéique[2]. On accorde les mêmes propriétés à nos *Pyrola : le P. rotundifolia*[3] (fig. 182, 183), jadis vanté comme vulnéraire ; le *P. umbellata*[4], diurétique et tonique actif ; le *P. maculata*[5], prescrit aussi contre les affections de l'appareil urinaire ; les *P. chlorantha* Sw. et *minor*[6]. Le calice charnu du *Gaultheria Shallon* Pursh est comestible ; de même, à Van-Diemen, celui du *G. hispidula*, un peu amer cependant. Les fruits de l'Arbousier[7] (fig. 148-154) et du Myrtille[8] (fig. 141-145) se mangent et servent à préparer des conserves, des boissons alcooliques, des bonbons. Les fruits des *V. uliginosum*[9] et *Vitis-idæa*[10] ont les mêmes usages, surtout dans le nord-est de l'Europe ; comme ceux des *Oxycoccos vulgaris*[11] et *macrocarpa*[12], qui se mangent crus et cuits, en confitures, en pâtes. En Amérique, on prépare une sorte de vin avec les baies du *Thibaudia macrophylla*[13]. Les fleurs du *T. Quereme*[14] (fig. 146) servent à la confection d'une teinture odontalgique estimée. A haute dose, la baie de l'*Arbutus Andrachne* L. peut, dit-on, causer des accidents de narcotisme. Dans l'Inde, les jeunes pousses de l'*Andromeda ovalifolia*[15] empoisonnent le bétail. Il y a à Java des plantes de ce genre qui fournissent une essence usitée contre les affections rhumatismales. L'*A. polifolia*[16] (fig. 134-137) passe pour

---

1. L., *Spec.*, 565. — Duham., *Arbr.*, I, t. 113. — Bigel., *Med. Bot.*, II, 27. — DC., *Prodr.*, VII, 592. — H. Bn, *Tr. Bot. méd. phanér.*, 1298, fig. 3260 (*Mountain-Tea, Partridge-Berry, Box-Berry*).

2. Ce serait la vraie Essence de *Wintergreen*, attribuée aussi à plusieurs Pyroles.

3. L., *Spec.*, 567. — Gren. et Godr., *Fl. de Fr.*, II, 437. — H. Bn, *Iconogr. Fl. fr.*, n. 302. — *P. declinata* Moench. — *P. noveboracensis* Cold. (*Grande Pyrole, Verdure d'hiver, V. de mer*).

4. L., *Spec.*, 568. — Gren. et Godr., *Fl. de Fr.*, II, 439. — *Chimaphila umbellata* Pursh, *Fl. am.-bor.*, I, 276 (*Pyrole à ombelle, Herbe-à-pisser*).

5. L., *Spec.*, 365. — *Chimaphila maculata* Pursh.

6. L., *Spec.*, 567. — Gren. et Godr., *Fl. de Fr.*, II, 438. — H. Bn, *Iconogr., Fl. fr.*, n. 83 (*Petite Pyrole*). Les *P. elliptica* Nutt., *secunda* L., *uniflora* L. ont les mêmes propriétés. Dans l'Amérique du Nord, le *Galax aphylla* L. (fig. 193-199) passe pour vulnéraire.

7. *Arbutus Unedo* L., *Spec.*, 366. — DC., *Prodr.*, VII, 581, n. 1. — Gren. et Godr., *Fl. de Fr.*, II, 425. — *A. serratifolia* Salisb. — *Unedo edulis* Hfmsg et Link, *Fl. port.*, I, 415 (*Arbre aux*

fraises, Fraisier en arbre, Olonier*). L'*A. Andrachne* L. (*Arbre de corail*), et les *A. turbinata* Pers., *integrifolia* Lamk ont des propriétés analogues. Ce sont aussi des plantes très astringentes.

8. *Vaccinium Myrtillus* L., *Spec.*, 498. — Gren. et Godr., *Fl. de Fr.*, II, 423. — H. Bn, *Iconogr. Fl. fr.*, n. 215 (*Airelle, Airès, Aradech, Maceret, Mouretier, Brimbaltier*).

9. L., *Spec.*, 499 (*Airelle des marais*).

10. L., *Spec.*, 500. — Gren. et Godr., *Fl. de Fr.*, II, 423. — *V. punctatum* Lamk (*Myrtille rouge, Vigne du Mont Ida*).

11. Pers., *Syn.*, I, 419. — Gren. et Godr., *Fl. de Fr.*, II, 424. — *Vaccinium Oxycoccos* L., *Spec.*, 500 (*Canneberge, Bassinet des marais, Coussinet des marais*).

12. Pers., *Syn.*, I, 419. — DC., *Prodr.*, VII, 577 (*Cranberry*).

13. H. B. K., *Nov. gen. et spec.*, III, 270 (*Uva camarona*).

14. H. B. K., *Nov. gen. et spec.*, III, 274 t. 256 (*Quérémé de cali*).

15. Wall., *Cat.*, n. 763. — *Pieris ovalifolia* Don. — DC., *Prodr.*, VII, 599, n. 3.

16. L., *Spec.*, 564. — Œd., *Fl. dan.*, t. 54. — Pall., *Fl. ross.*, I, t. 1. — Hayn., *Arzngew.*, III, t. 22. — *Rhododendron polifolium* Scop.

âcre, narcotique et tue les moutons. L'*A. Mariana*[1] est également redouté aux États-Unis. Mais les espèces les plus vénéneuses sont, paraît-il, des *Rhododendron*. La plus ancienne citation est celle de XÉNOPHON, d'après lequel du miel récolté par les abeilles sur un arbuste aurait déterminé des effets d'empoisonnement terribles sur l'armée des Dix-Mille. Pour Pallas, l'arbuste était le *R. ponticum*[2], souvent cultivé chez nous. Les bestiaux qui le broutent meurent, dit-on, rapidement. Le *R. maximum*[3] est encore indiqué comme vénéneux; pour d'autres, c'est un astringent. Le *R. ferrugineum*[4] est aussi narcotique. On mange dans l'Inde les fleurs du *R. arboreum*[5] (fig. 124-126), et les Européens en préparent une gelée au sucre. Les Indiens prisent comme du tabac le duvet des feuilles du *R. campanulatum*[6]; et une poussière brune qui enduit les pétioles des *Kalmia* et *Rhododendron* servirait au même usage. Le *R. ponticum* a passé aussi pour la plante qui avait causé l'empoisonnement des Dix-Mille; mais le fait a été contesté. En Sibérie, le *R. chrysanthum* PALL. est réputé narcotique. Une décoction de ses feuilles réussit contre les rhumatismes chroniques[7]. Le *Loiseleuria procumbens*[8] est signalé comme un bon astringent. En Allemagne, on traitait les moutons atteints d'affections pulmonaires avec la poudre du *Monotropa Hypopithys*[9] (fig. 184-187). Plusieurs Monotropées de l'Amérique du Nord ont une odeur de violette ou d'œillet. Parmi les Épacrées et Styphéliées, les fruits charnus sont souvent comestibles. Celui de l'*Astroloma humifusum* est fort usité en Tasmanie, blanc, verdâtre ou rouge, à pulpe visqueuse, ayant la saveur d'une pomme. Le fruit du *Styphelia ascendens* se mange aussi. Celui du *Leucopogon Richei* (fig. 177-179), blanc et douceâtre, servit de nourriture, pendant trois jours, sur la côte sud de l'Australie, au jardinier-voyageur dont la plante porte le nom, pendant

---

1. L., *Spec.*, 564. — *Bot. Mag.*, t. 1579. — *Leucothoe Mariana* DC., *Prodr.*, VII, 602. L'*A. pulverulenta* BART. (*Zenobia speciosa* DON) et l'*A. arborea* L. (*Oxydendron arboreum* DC.) sont aussi des plantes médicinales aux États-Unis.

2. L., *Spec.*, 562. — DC., *Prodr.*, VII, 721, n. 8. — *Bot. Mag.*, t. 650. — *R. speciosum* SALISB.

3. L., *Spec.*, 563. — BIGEL., *Med. Bot.*, III, t. 51. — *R. procerum* SALISB.

4. L., *Spec.*, 562. — GREN. et GODR., *Fl. de Fr.*, II, 435 (*Rosage des Alpes, Romarin sauvage*). Le *R. hirsutum* L. a les mêmes propriétés.

5. SM., *Ex. Bot.*, n. 6.—DC., *Prodr.*, VII, 720, n. 1. — LINDL., *Bot. Reg.*, t. 890. — *R. puniceum* ROXB.

6. DON, in *Mem. Werner. Soc.*, III, 409; *Prodr. Fl. nepal.*, 153.

7. Les *R. dahuricum* L., *flavum* DON (*Azalea pontica* L.), *maximum* L. sont aussi médicinaux ou vénéneux.

8. DESVX. — *Azalea procumbens* L. — *Chamœledon procumbens* LINK. — *Chamœcistus serpyllifolius* GER.

9. L., *Spec.*, 555. — GREN. et GODR., *Fl. de Fr.*, II, 440. — *M. hipophegea* WALLR., *Sched.*, 191. — *Hypopithys multiflora* SCOP., *Fl. carniol.*, I, 285 (*Sucepin*).

la célèbre expédition de D'Entrecasteaux. Au Groenland, on prépare une boisson fermentée avec les fruits de l'*Empetrum nigrum*[1] (fig. 161, 162) dont les feuilles sont diurétiques et antiscorbutiques. Ceux du *Corema album*[2] (fig. 163-167) servent, en Portugal, à faire une liqueur acidule, administrée aux fébricitants. Le *Pernettya microphylla*[3] passe pour narcotique, surtout ses fruits. On attribue les mêmes propriétés aux feuilles de plusieurs *Kalmia*, notamment à celles du *K. latifolia*[4] (fig. 130-132) et du *K. angustifolia*[5]. Peu d'Éricacées sont assez grandes pour avoir un bois utile; sinon, il peut être dur et résistant. On connaît l'industrie des pipes dites en racine de Bruyère; elles se fabriquent surtout, paraît-il, avec les souches de l'*Erica mediterranea*[6].

1. L., *Spec.*, 1450. — Gren. et Godr., *Fl. de Fr.*, II, 74 (*Camarine noire*).

2. Don. — *Empetrum album* L. (*Camarine blanche*).

3. Gaudich. — Don, *Nat. Syst.*, III, 836. — P. *Cavanillesiana* G. Don. — *Andromeda prostrata* Cav. (*Tacsti, Taccetti*).

4. L., *Spec.*, 560. — Michx F., *Arbr. amer.*, III, t. 5. — Bigel., *Med. Bot.*, I, t. 13 (*Laurel, Calico-Bush*).

5. L., *Spec.*, 561. — *Bot. Mag.*, t. 231 (*Sheep-Laurel*).

6. L., *Mant.*, 229. — Gren. et Godr., *Fl. de Fr.*, II, 428. — H. Bn, *Iconogr., Fl. fr.*, n° 322.

GENERA

I. ERICEÆ.

1. Erica T. — Flores hermaphroditi; receptaculo convexo. Sepala 4, herbacea v. colorata, libera v. rarius basi connata, imbricata, persistentia. Corollæ marcescentis gamopetalæ, urceolatæ, tubulosæ, campanulatæ v. hypocraterimorphæ tubus brevis v. elongatus; limbi regularis v. obliqui lobis 4, tortis. Stamina plerumque 8, 2-plici serie ordinata; filamentis brevibus v. elongatis, imæ corollæ v. sub germine affixis; antheris liberis v. cohærentibus, inclusis v. exsertis, dorsifixis v. basifixis; loculis 2, nunc basi et apice liberis, muticis v. basi cristatis v. aristatis, poris ellipticis v. rimis elongatis lateraliter v. leviter introrsum dehiscentibus. Discus hypogynus, varie 8-lobus. Germen 4- v. raro 8-loculare; loculis oppositipetalis 2- ∞-ovulatis; ovulis placentæ tumidæ angulo interno insertæ affixis, anatropis; stylo plus minus late tubuloso, apice dilatato lobulosque stigmatosos septales 4 circumcingente. Fructus globosus v. ovoideus loculicidus; valvis 4 ab axi 4-gono solutis. Semina pauca v. ∞; testa crustacea v. membranacea; albumine carnoso; embryone axili cylindraceo. — Fruticuli v. frutices ramosi, glabri v. varie induti; foliis verticillatis, rarius oppositis v. alternis, acerosis, margine reflexis v. raro recurvis; floribus pedunculatis; bractea bracteolisque 2, nunc summo pedicello elevatis; axillaribus v. terminalibus, solitariis, verticillatis, subcapitatis v. subumbellatis. (*Africa austr., Reg. Mediterranea, Europa temp.*) — *Vid. p.* 122.

2? Pentapera KL. [1] — Flores fere *Ericæ*, 5-meri [2]; sepalis ovato-

---

1. In *Linnæa*, XII, 497. — Benth., in *DC. Prodr.*, VII, 613; *Gen.*, II, 589, n. 21.

2. Raro 4-meri. Genus unde forte melius ad *Ericæ* sectionem reducendum.

acutis persistentibus. Corolla marcescens suburceolata; lobis 5, tortis. Stamina 10, hypogyna libera; antherarum loculis liberis erectis acutatis rimosis. Discus breviter 10-lobus. Germinis loculi 5, ∞-ovulâti. Capsulæ loculicidæ valvæ 5, ab axi solutæ. — Fruticulus ericoideus; foliis linearibus, 4-fariam verticillatis; floribus[1] subterminalibus paucis; pedicellis nutantibus, 3-bracteatis. (*Sicilia*[2].)

3. **Calluna** SALISB.[3] — Flores 4-meri; sepalis imbricatis (coloratis). Corolla marcescens campanulata; lobis 4, tortis v. subvalvatis. Stamina 8, 2-seriata; antheris erectis; loculis 2, subliberis adscendentibus, introrsis, late dehiscentibus; connectivo extus lamina dorsali descendente aucto. Disci glandulæ 8, cum staminibus alternantes. Germen 4-loculare; stylo apice capitato stigmatoso 4-lobo; lobis extus apice tubi stylaris dilatati circumcinctis. Ovula in loculis alternisepalis pauca descendentia, placentæ axili prominulæ inserta. Fructus septicidus; valvis 4, ab axi placentifero solutis; seminibus paucis. — Fruticulus ericoideus ramosissimus; foliis oppositis decurrentibus, dorso sulcatis; floribus[4] axillaribus crebris; pedunculo 6-10-foliato; foliis superioribus in bracteas mutatis. (*Europa, Asia bor.-occid.*[5])

4. **Macnabia** BENTH.[6] — Flores fere *Callunæ;* sepalis 4, decussatis elongatis liberis persistentibus; exterioribus nunc carinatis. Corolla profunde 4-fida, torta v. subvalvata, calyce multo brevior. Stamina 8; filamentis liberis; antheris 2-partitis; loculis erectis muticis, longitudinaliter rimosis. Discus lobulatus. Germen 4-loculare; stylo apice uncinato ibique depresse capitato; lobis septalibus 4; ovulis pluribus adscendentibus compressis axilibus. Fructus loculicidus; valvis 4, ab axi seminigero solutis; seminibus alatis. — Frutex ericoideus; foliis 3-natim verticillatis; floribus in summo ramulo axillari sæpius solitariis; bractea 1 et bracteolis 2, sepalorum similibus. (*Africa austr.*[7])

1. Albis v. carneis.

2. Spec. 1. *P. sicula* KL. — LINK, KL. et OTT., *Ic. pl.*, I, t. 19. — *Bot. Mag.*, t. 7030. — *Erica sicula* GUSS.

3. In *Trans. Linn. Soc.*, VI, 317. — DC., *Prodr.*, VII, 612. — NEES, *Gen. Fl. germ.* — ENDL., *Gen.*, n. 4316. — H. BN, in *Payer Fam. nat.*, 225. — B. H., *Gen.*, II, 589, n. 20. — DRUDE, *Pflanzenfam.*, *Lief.* 38, p. 57.

4. Pallide roseis, parvis.

5. Spec. 1. *C. vulgaris* SALISB. — REICHB., *Ic. Fl. germ.*, t. 1162. — GREN. et GODR., *Fl. de Fr.*, II, 428. — *C. Erica* DC. — *Erica vulgaris* L., *Spec.*, 501. — GÆRTN., *Fruct.*, t. 63. — LAMK, *Ill.*, t. 287.

6. In *DC. Prodr.*, VII, 612; *Gen.*, II, 589, n. 19. — ENDL., *Gen.*, n. 4315. — *Nabea* LEHM., *Ind. sem. H. hamburg.* (1831).

7. Spec. 1. *M. montana* BENTH. — *Nabea montana* LEHM.

5. **Philippia** KL.[1] — Flores *Ericæ*[2], 4, 5-meri; sepalis liberis v. basi connatis persistentibus. Corolla subglobosa torta marcescens. Stamina 8-10; filamentis liberis v. basi cohærentibus connatisve. Antheræ muticæ, ab apice lateraliter rimosæ. Discus parvus. Stylus exsertus, apice late peltato-dilatatus; lobis stigmatosis 4, 5, interioribus conspicuis. Ovula pauca v. ∞. Capsula loculicida; valvis 4, 5, ab axi solutis. Semina oblonga albuminosa. — Frutices v. fruticuli; foliis alternis v. 3-6-natim verticillatis, margine reflexo subtus sulcatis; floribus terminali-capitatis v. umbellatis. (*Africa austr. et trop.-or. insul.* [3])

6. **Ericinella** KL.[4] — Flores fere *Ericæ;* sepalis 4, 5, sæpe inæqualibus. Corolla campanulata, 4, 5-fida, contorta, marcescens, calyce longior. Stamina 4, 5, inclusa v. exserta; antheris liberis muticis. Germen 3, 4-loculare; stylo apice late peltato lobulato. Cætera *Ericæ.* — Frutices v. fruticuli ericoidei; foliis 3-natim verticillatis acicularibus; floribus terminalibus et axillaribus ebracteatis[5]. (*Africa austr. et trop. mont., Madagascaria*[6].)

7. **Blæria** L.[7] — Flores fere *Ericæ*, 4-meri; corolla varia torta. Stamina 4, libera; antherarum loculis superne liberis, basi muticis v. aristatis. Cætera *Ericæ.* — Frutices v. fruticuli ericoidei; foliis 2-4-natim verticillatis, dorso sulcatis; floribus axillaribus terminalibusque, capitatis v. umbellatis, 3-bracteatis. (*Africa austr. et trop.*[8])

8. **Salaxis** SALISB.[9] — Calyx persistens, 4-fidus; laciniis sæpe inæqualibus; una majore. Corolla breviter campanulata, hemisphærica v. subglobosa, breviter 4-fida, torta. Stamina 6-8, inclusa; antheris muticis, integris v. superne 2-lobis, introrsum rimosis.

---

1. In *Linnæa*, IX, 354; XII, 213. — BENTH., in *DC. Prodr.*, VII, 695. — ENDL., *Gen.*, n. 4311. — B. H., *Gen.*, II, 591, n. 24. — DRUDE, *loc. cit.*, 62. — *Eleutherostemon* KL., in *Linnæa*, XII, 213.

2. Cujus forte sectio.

3. Spec. ad 25. BAK., *Fl. maurit.*, 185; in *Journ. Linn. Soc.*, XXII, 499. — LINK, KL. et OTT., *Ic. pl.*, I, t. 19.

4. In *Linnæa*, XII, 222. — BENTH., in *DC. Prodr.*, VII, 697; *Gen.*, II, 491, n. 25.—DELESS., *Ic. sel.*, V, t. 19. — ENDL., *Gen.*, n. 4310.

5. Flores nunc fere *Bruckenthaliæ.* Genus cum *Blæria* comparandum forteque jungendum.

6. Spec. ad 4. *Bot. Mag.*, t. 5569.

7. *Gen.*, n. 139.— J., *Gen.*, 160. — ENDL., *Gen.*, n. 4309. — BENTH., in *DC. Prodr.*, VII, 697; *Gen.*, II, 592, n. 26. —DRUDE, *loc. cit.*, 62.

8. Spec. ad 15. WENDL., *Coll.*, II, t. 38. — A. RICH., *Tent. Fl. abyss.*, II, 13. —LODD., *Bot. Cab.*, t. 153 (*Erica*). — WALP., *Rep.*, II, 728; VI, 419.

9. In *Trans. Linn. Soc.*, VI, 317. — ENDL., *Gen.*, n. 4294. — BENTH., in *DC. Prodr.*, VII, 711; *Gen.*, II, 594, n. 32. — KL., in *Linnæa*, XII, 211. — DRUDE, *loc. cit.*, 65. — *Lagenocarpus* KL., *loc. cit.*, 214. — *Coccosperma* KL. *loc. cit.*, 214.

Germen 1-4-loculare; stylo brevi, mox in infundibulum magnum peltato-concavum dilatato; lobis stigmatosis 4, interioribus latis. Ovula in loculis solitaria descendentia; raphe dorsali ; micropyle introrsum supera. Fructus forma varius, 3, 4-gonus, indehiscens v. loculicide 2, 4-valvis, nunc 2-4-coccus; seminibus loculum implentibus diteque albuminosis. — Frutices v. fruticuli ericoidei, glabri v. varie induti ; foliis 3-6-natim verticillatis, nunc dorso sulcatis; floribus[1] racemosis, spicatis v. axillaribus solitariis. (*Africa austr.* [2])

9. **Grisebachia** KL.[3] — Flores fere *Salaxeos;* sepalis 4, liberis v. basi connatis, persistentibus. Corolla tubulosa, urceolata v. subcampanulata, 4-fida v. dentata, marcescens. Stamina 4, exserta v. inclusa ; antheris muticis v. basi aristatis; rimis elongatis hiantibus. Discus vix conspicuus. Germen 2-4-loculare ; stylo gracili. Ovula in loculis solitaria descendentia ; raphe dorsali. Capsula 1-3-locularis, loculicida. — Fruticuli ericoidei varie induti; foliis 3, 4-natim verticillatis, dorso sulcatis ; glomerulis terminalibus; bracteis sæpe plumoso-ciliatis. (*Africa austr.*[4])

10. **Eremia** DON[5]. — Sepala 4, libera v. basi connata. Corolla urceolata, subcampanulata v. subglobosa; lobis 4, tortis. Stamina 8, 2-seriata, v. nunc 5, 6 ; antheris 2-lobis v. 2-partitis, muticis v. aristatis, apice poro elongato hianti-dehiscentibus. Discus 6-8-lobus. Germen 2-4-loculare ; loculis 1-ovulatis ; ovuli descendentis raphe dorsali. Capsula loculicida, 2-4-valvis. — Frutices ericoidei, glabrati v. varie induti; foliis 3, 4-natim verticillatis v. alternis, linearibus, dorso sulcatis ; glomerulis, capitulis v. racemis terminalibus; flore 3-bracteato. (*Africa austr.*[6])

11. **Sympieza** LICHST.[7]— Calyx inæqui-4-merus v. complanatus, 2-labiatus, persistens. Corolla clavato-tubulosa v. obovoidea, obliqua

---

1. Minimis,

2. Spec. 10-12. HARV., *Gen. s.-afr. pl.*, ed. 2, 218.

3. In *Linnæa*, XII, 225. — BENTH., in *DC. Prodr.*, VII, 700; *Gen.*, II, 592, n. 28.— ENDL., *Gen.*, n. 4304. — *Finckea* KL., in *Linnæa*, XII, 237.— *Acrostemon* KL., *loc. cit.* — BENTH., *loc. cit.*, 702.

4. Spec. ad 20. WENDL., *Coll.*, II, t. 49 (*Blæria*).— HARV., *Gen. s.-afr. pl.*, ed. 2, 217. Genus momenti minoris.

5. In *Edinb. Phil. Journ.*, XVII, 156. — ENDL., *Gen.*, n. 4306. — BENTH., in *DC. Prodr.*, VII, 699; *Gen.*, II, 592, n. 27. — DELESS., *Ic. sel.*, V, t. 20. — KL., in *Linnæa*, XII, 218. — DRUDE, *loc. cit.*, 63. — *Hexastemon* KL., *loc cit.*, 220.

6. Spec. 9, 10. G. DON, *Gen. Syst.*, III, 816 (*Euryloma*).

7. EX KL., in *Linnæa*, VIII, 655. — BENTH., in *DC. Prodr.*, VII, 705, — ENDL., *Gen.*, n. 4301. — B. H., *Gen.*, II, 593, n. 30.

v. arcuata, marcescens; limbo 2-fido torto. Stamina 4, hypogyna; antheris exsertis suberectis; loculis 2, subliberis erectis, parallelis v. divergentibus, basi muticis, poro elongato dehiscentibus. Discus brevis v. obsoletus. Germen 2-loculare; stylo gracili, apice stigmatoso minuto. Ovula in loculis solitaria descendentia. Fructus loculicidus, 2-valvis; seminibus 1, 2. — Fruticuli ericoidei; foliis parvis, 3-natim verticillatis, dorso sulcatis; floribus terminali-capitatis confertis; bracteis 3 v. 0. (*Africa austr.*[1])

12. **Simocheilus** KL. [2] — Calyx [3] persistens tubulosus v. subcampanulatus, 4-fidus v. dentatus. Corolla clavato- v. ovoideo-tubulosa, 4-dentata, torta, nunc arcuata. Stamina 4, exserta; antheris brevibus, 2-dymis v. elongatis, muticis v. aristatis, poricidis v. hianti-rimosis. Germen 1-4-loculare; stylo gracili, apice stigmatoso minuto. Ovula in loculis solitaria descendentia; raphe dorsali. Fructus indehiscens v. septicide 2-4-valvis. — Fruticuli ericoidei, glabri v. varie induti; foliis linearibus, 3, 4-natim verticillatis, dorso sulcatis; glomerulis v. capitulis terminalibus v. secus ramulos breviter racemosis; bracteis 3 v. 0. (*Africa austr.*[4])

13. **Scyphogyne** AD. BR.[5] — Flores 4-meri; calyce campanulato v. turbinato; segmentis æqualibus v. inæqualibus. Corolla ovoidea marcescens; ore contracto; lobis contortis, nunc emarginatis. Stamina 3, 4, subinclusa v. exserta; filamentis liberis v. 1-adelphis, angustis v. dilatatis; antherarum loculis 2, parallelis v. divergentibus, basi muticis, poris v. rimis magnis dehiscentibus. Discus obsoletus. Germen 1-4-loculare; stylo gracili, apice stigmatoso in peltam v. infundibulum amplum dilatato. Ovula in loculis solitaria descendentia. Fructus 1-4-locularis, loculicidus; seminibus 1-4. — Fruticuli ericoidei, glabri v. varie induti; foliis minutis, 3-natim verticillatis,

---

1. Spec. ad 5. WENDL., *Coll.*, II, t. 37 (*Blæria*).

2. In *Linnæa*, XII, 236. — ENDL., *Gen.*, n. 4302. — KL., in *Linnæa*, XII, 236. — B. H., *Gen.*, II, 593, n. 29. — *Thamnus* KL., *loc. cit.*, 235. — *Thoracosperma* KL. — *Plagiostemon* KL. — *Octogonia* KL. — *Syndesmanthus* KL. — *Macrolinum* KL. — *Anomalanthus* KL. — *Codonanthemum* KL. — *Pachycalyx* KL., *loc. cit.*, 230 (prior.).

3. Crasse coriaceus.

4. Spec. ad 30-35. HARV., *Gen. S.-afr. pl.*, ed. 2, 218.

5. *Voy. Coquille*, t. 54. — BENTH., in *DC. Prodr.*, VII, 709. — B. H., *Gen.*, I, 594, n. 31. — J.-G. AGH, *Theor. Syst. pl.*, 104, 184. — *Codonostigma* KL., ex BENTH., *loc. cit.* — *Thamnium* KL., in *Linnæa*, XXII, 223. — *Omphalocaryon* KL., *loc. cit.*, 243. — *Blepharophyllum* KL., *loc. cit.*, 316. — *Coilostigma* KL., *loc. cit.*, 234. — BENTH., in *DC. Prodr.*, XII, 708.

dorso sulcatis; floribus[1] axillaribus v. terminali-glomerulatis; bracteis 3 v. 0. (*Africa austr.*[2])

II. RHODODENDREÆ.

14? **Rhododendron** T. — Flores subregulares v. sæpius irregulares; receptaculo convexiusculo. Calyx subnullus v. e foliolis 5 liberis varieve connatis constans. Corolla subregularis v. sæpius irregularis, varie imbricata; limbo 5-10-lobo v. partito, nunc sub-2-labiato. Stamina 5-20, sæpius inæqualia declinata; filamentis filiformibus v. subulatis, nunc crassis, varie glanduligeris v. basi pilosis; antheris dorsifixis muticis, poris terminalibus v. rimis brevissimis dehiscentibus. Discus sæpe crassus, crenatus v. lobatus. Germen 5-20-loculare; stylo brevi v. longo, incurvo v. declinato, apice capitato et septali-5-20-lobo; lobis stigmatosis annulo brevi circumcinctis. Ovula ∞, placentis axilibus projectis inserta, ∞-seriata. Fructus capsularis lignosus, 5-20-locularis, septicide ab apice 5-20-valvis; valvis ab axi placentifero solutis. Semina ∞, scobiformia; nucleo oblongo parvo; albumine carnoso; embryone cylindraceo; integumento reticulato utrinque in appendicem v. alam laceram varie producto. — Arbores, fruticuli v. frutices, glabri v. varie induti; foliis alternis v. spurie verticillatis, integris coriaceis v. raro membranaceis, annuis v. 2-annuis; floribus axillaribus solitariis v. plerumque in racemos breves v. umbelliformes corymbososve dispositis. (*Orbis utriusque reg. mont.*) — *Vid. p.* 126.

15? **Tsusiophyllum** Maxim.[3] — Flores fere *Rhododendri*[4]; calyce gamophyllo brevi. Corollæ tubus cylindraceus; limbo brevi deciduo, 5-lobo, imbricato. Stamina 5, libera; antheris inclusis oblongis, introrsum 2-rimosis. Discus 5-lobus. Germen 3-loculare; stylo gracili; lobis stigmatosis 3, septalibus, apice cupulari insidentibus. Ovula ∞, placentæ descendenti affixis, descendentibus linearibus. Fructus...? — Fruticulus; ramulis strigosis; pilis squamatis elongatis; foliis alternis in summis ramulis confertis ovato-ellipticis v.

---

1. Minutis v. minimis.
2. Spec. ad 15. Harv., *Gen. s.-afric. pl.*, ed. 2, 218.

3. *Rhod. as.-or.*, 12, t. 3, fig. 1-8. — B. H., *Gen.*, II, 602, n. 48.
4. Cujus forte potius sectio.

acutis integris,glanduloso-apiculatis; petiolo brevi; floribus[1] subumbellatis. (*Japonia*[2].)

16. **Menziesia** SM.[3] — Flores 4, 5-meri; sepalis liberis v. basi connatis glanduloso-ciliatis. Corolla urceolata, campanulata v. cylindraceo-globosa; lobis brevibus obtusis imbricatis. Stamina 10, v. 5-8, inclusa; antheris dorsifixis, dorso muticis, rimis 2, brevibus poriformibus v. nunc elongatis, dehiscentibus. Discus tenuis obtuse crenatus. Germen 3-5-loculare; stylo apice 3-5-lobulato; placentis descendentibus, ∞-ovulatis; ovulis deorsum imbricatis. Capsula 3-5-locularis, septicida; valvis ab axi placentifero solutis. Semina albuminosa; embryone vix conspicuo. — Frutices; ramis subverticillatis; foliis alternis membranaceis; floribus[4] terminalibus spurie corymbosis, e gemmis squamosis erumpentibus; pedicellis basi bracteatis. (*America bor., Japonia*[5].)

17. **Kalmia** L.[6] — Flores regulares[7]; sepalis parvis v. foliaceis, varie imbricatis, persistentibus v. deciduis, nunc ima basi connatis. Corolla subhypocraterimorpha v. late campanulata subrotata; tubo foveolis 10 antheras primum recipientibus impresso; limbi lobis 5, imbricatis. Stamina 10, hypogyna; filamentis[8] ante anthesin incurvis, demum elastice resilientibus[9]; antherarum dorsifixarum rimis subapicalibus obovato-hiantibus. Discus 10-crenatus v. lobatus. Germen 5-loculare; stylo gracili, apice stigmatoso septali-5-lobulato. Ovula ∞, placentæ angulo interiori adnatæ inserta pauciseriata. Capsula septicida; valvis apice apertis. Semina ∞; integumento membranaceo v. crustaceo; albumine carnoso; embryone axili tereti. — Arbusculæ v. frutices; gemmis nudis; foliis oppositis v. verticillatis integris, nunc persistentibus; floribus[10] in racemos v. corymbos terminales v. axillares dispositis, nunc raro axillaribus solitariis; pedicellis basi bracteatis et bracteolatis. (*America bor., Antillæ*[11].)

1. Parvis.
2. Spec. 1. *T. Tanakæ* MAXIM.
3. *Icon. ined.*, 3, t. 36. — GÆRTN., *Fruct.*, t. 209. — DC., *Prodr.*, VII, 713 (part.). — ENDL., *Gen.*, n. 4317. — B. H., *Gen.*, II, 602, n. 47.
4. Albis, purpureis v. virescentibus.
5. Spec. 7. SALISB., *Par. lond.*, t. 44. — MAXIM., *Rhod. As. or.*, 7. — A. GRAY, *Syn. Fl. N.-Amer.*, II, 39. — *Bot. Mag.*, t. 1571.
6. *Gen.*, n. 545. — GÆRTN., *Fruct.*, t. 63. — LAMK, *Ill.*, t. 363. — DC., *Prodr.*, VII, 729. —

ENDL., *Gen.*, n. 4339. — H. BN, in *Adansonia*, I, 200. — B. H., *Gen.*, II, 596, n. 37.
7. Nunc resupinati.
8. Vix cum ima corolla cohærentibus, supra basin varie pilosis.
9. Polline in massas 4-meras et filamentis mucosis connexas sparso.
10. Albis, roseis v. punctatis.
11. Spec. 5. SPACH, *Suite à Buff.*, t. 139. — GRISEB., *Cat. pl. cub.*, 51. — A. GRAY, *Syn. Fl. N.-Amer.*, II, 37. — *Bot. Mag.*, t. 138, 175, 177, 331.

18. Loiseleuria DESVX[1]. — Flores subregulares; sepalis 5, vix basi connatis. Corolla campanulata ; lobis 5, obtusis imbricatis. Stamina 5, sepalis opposita; filamentis imæ corollæ leviter adnatis ; antheris inclusis dorsifixis globoso-didymis, introrsum rimosis. Discus crassus, obtuse 5-lobus. Germen 2-5-loculare ; stylo apice stigmatoso 2-5-lobo induviato ; placentis angulo interno adnatis, ∞-ovulatis. Capsula septicide 2-5-valvis ; valvis 2-fidis ab axi solutis. Semina ovoidea albuminosa. — Fruticulus parvus ramosus glaber ; foliis oppositis parvis coriaceis, margine revolutis ; floribus[2] ad apices ramulorum 1-5[3]. (*Europa et America bor. alpin.*[4])

19. Boretta NECK.[5] — Flores *Ericæ*, 4-meri ; sepalis angustis persistentibus. Corolla[6] ovoidea ; lobis brevibus imbricatis. Stamina 8, inclusa ; antheris filamento longioribus sagittatis muticis, apice lateraliter poricidis. Discus brevis. Germen 4-loculare ; stylo tubuloso, apice minute 4-lobulato; lobulis septalibus; placenta ∞-ovulata leviter prominula. Capsula glandulosa septicida ; valvis ab axi placentifero solutis. Semina ovoidea ; embryone albuminoso cylindraceo. — Suffrutex ramosus; foliis alternis persistentibus ; racemis terminalibus subsecundis; pedicellis foliaceo-bracteatis. (*Europa occid., Ins. Azor.*[7])

20. Bryanthus GMEL.[8] — Flores 4-6-meri ; sepalis liberis v. basi connatis. Corolla ovoidea v. urceolato-campanulata ; lobis brevibus, erectis v. recurvis, imbricatis. Stamina 10, v. 8-12, inclusa v. exserta ; anthera rimis brevibus subterminalibus dehiscente. Germen 5-loculare ; disco tenui obtuse lobato ; placenta axili plus minus prominula, ∞-ovulata; stylo apice capitato, minute 5-lobo. Capsula 4, 5-locularis septicida ; valvis ab axi placentifero solutis. Semina ∞, parva ; embryone albuminoso clavato.—Fruticuli ; gemmis squamosis ; foliis

1. *Journ.*, I (1813), 35. — DC., *Prodr.*, VII, 714. — TURP., in *Dict. sc. nat.*, Atl., t. 71. — B. H., *Gen.*, II, 595, n. 33. — *Chamæcistus* S.-F. GRAY, *Nat. arr. brit. pl.*, II, 411. — *Chamæledon* LINK, *Enum. Il. berol.*, I, 210.

2. Roseis, parvis.

3. Jure axillaribus ; pedunculo basi 2-bracteolato.

4. Spec. 1. *L. procumbens* DESVX. — GREN. et GODR., *Fl. de Fr.*, II, 435. — *Azalea procumbens* L., *Spec.*, 215.— GÆRTN., *Fruct.*, t. 63.— LAMK, *Ill.*, t. 110. — REICHB., *Ic. Fl. germ.*, t. 1159.

5. *Elem.*, I (1790), 212. — *Daboecia* DON, in *Edinb. N. Phil. Journ.*, XVII (1834), 160. —

DC., *Prodr.*, VII, 713. — ENDL., *Gen.*, n. 4317. — B. H., *Gen.*, II, 596, n. 36. — DRUDE, *Pflanzenfam.*, *Lief.* 37, p. 40.

6. Alba v. purpurea.

7. Spec. 1. *B. Daboecii.* — *Erica Daboecii* L., *Spec.*, 509. — *Andromeda Daboecii* L., *Syst.*, 406. — *A. montana* SALISB. — *Daboecia polifolia* DON. — GREN. et GODR., *Fl. de Fr.*, II, 434. — *Menziesia polifolia* J. — *M. Daboeci* DC. *Fl. fr.*, III, 674.

8. *Fl. sibir.*, IV, 133, t. 57, fig. 3. — DC., *Prodr.*, VII, 712. — B. H., *Gen.*, II, 595, n. 34. — *Phyllodoce* SALISB., *Par. lond.*, t. 36. — DC., *Prodr.*, VII, 712. — B. H., *Gen.*, II, 595, n. 35.

confertis augustis articulatis ; floribus[1] ad folia ramulorum superiorum axillaribus , longe pedunculatis ; pedunculo basi 2-bracteolato. (*Europa, Asia et America bor. reg. frig. et mont.*[2])

21. **Diplarche** HOOK. F. et THOMS.[3] — Sepala 5, ciliata persistentia. Corolla hypocraterimorphæ tubus late cylindraceus ; limbi lobis 5, imbricatis. Stamina 10, 2-seriata, quorum 5, cum corollæ lobis alternantia ; filamentis gracilibus tubo affixis ; 5 autem opposita, breviora, imo tubo affixa subhypogyna ; antheris brevibus ; loculis muticis, introrsum rimosis. Discus hypogynus brevis, 10-lobus. Germinis loculi 5, alterniscpali ; stylo brevi, apice capitato induviato ; lobis 5, oppositisepalis. Ovula ∞, placentæ peltatæ affixa. Capsula septicida ; valvis 2-lamellatis a septis solutis. Semina ∞, albuminosa ; embryone cylindraceo. — Fruticuli ericoidei ; foliis alternis lanceolatis coriaceis, serratis v. ciliatis, apice acutatis v. glandula terminatis ; floribus[4] terminali-capitatis, axillaribus, 2-bracteolatis. (*Himalaya*[5].)

III. LEDEÆ.

22. **Ledum** L. — Flores regulares ; calyce brevi persistente, 5-dentato. Petala 5, obtusa imbricata. Stamina 5-10, hypogyna, 1, 2-seriata ; filamentis liberis gracilibus ; antheris parvis, ad basin dorsifixis brevibus introrsis ; loculis apice poricidis. Discus brevis, minute lobatus. Germen lepidotum ; loculis 5, oppositipetalis ; stylo gracili, apice stigmatoso 5-lobo ; placentis angulo interno loculorum adnatis, ∞-ovulatis. Fructus capsularis, sursum a basi septicidus ; valvis ab axi placentifero solutis. Semina ∞, minuta ; integumento exteriore laxo ; interiore nucleiformi fusiformi ; albumine carnoso ; embryonis axilis cylindracei cotyledonibus brevibus. — Frutices erecti ramosi resinoso-fragrantes ; gemmis squamosis ; foliis persistentibus alternis elongatis, breviter petiolatis, integris, margine recurvis, subtus ferrugineis ; flori-

---

1. Roseis, ochroleucis v. cæruleis.

2. Spec. 6. Sw., in *Trans. Linn. Soc.*, X, t. 30 (*Menziesia*). — PALL., *Fl. ross.*, t. 72 (*Andromeda*), 74 (*Erica*). — MAXIM., *Rhod. as. or.*, 4; 5 (*Phyllodoce*). — A. GRAY, in *Proc. Amer. Acad.*, VII, 367 ; *Syn. Fl. N.-Amer.*, II, 36. — HOOK., *Fl. bor.-amer.*, t. 132 (*Menziesia*). — REICHB., *Ic. Fl. germ.*, t. 1160 (*Phyl-*

lodoce). — LINDL. et PAXT., *Fl. Gard.*, 1, t. 19. — *Bot. Mag.*, t. 3176 (*Menziesia*).

3. In *Hook. Kew Journ.*, VI, 382, t. 11. — B. H., *Gen.*, II, 597, n. 39.

4. Roseis, parvis.

5. Spec. 2. C.-B. CLKE, in *Hook. f. Fl. brit. Ind.*, III, 462. — WALP., *Ann.*, V, 444. Ovula seminaque ∞-seriata.

bus terminali-umbellatis ; pedicellis basi bracteatis ; bracteis caducis.
(*Orbis utriusque hemisph. bor. reg. temp. et frigid.*) — *Vid. p.* 130.

23. Leiophyllum PERS.[1] — Flores[2] *Ledi ;* sepalis 5, imbricatis.
Petala 5, oblonga, imbricata. Stamina 10, hypogyna exserta ; antheris
brevibus, introrsum 2-rimosis. Germen 2-5-loculare, basi in discum
10-lobum incrassatum. Ovula ∞, placentæ axili affixa, ∞-seriata.
Stylus simplex, apice truncato lobulis 5 septalibus vix prominulis
instructus. Fructus 2-5-locularis, calyce stipatus, ab apice septicidus;
valvis 2-5, intus placentiferis. Semina ∞, minute obovoidea scrobi-
culata. — Fruticuli humiles glabri; gemmis squarrosis; foliis alternis
integris coriaceis sempervirentibus, 1-nerviis ; petiolo articulato ; corymbis terminalibus ; pedicellis basi 2-bracteolatis. (*America bor. or.*[3])

24. Befaria MUT.[4] — Flores fere *Leiophylli*[5], raro 5-meri, sæpius
6, 7-meri ; sepalis acutis persistentibus. Petala[6] plerumque 6, 7, sæpe
inæqualia, imbricata. Stamina plerumque 12-14, libera ; antheris subglobosis v. oblongis muticis, poris obliquis dehiscentibus. Capsula globosa, ab apice deorsum 5-7-valvis ; seminibus deorsum imbricatis.
Cætera *Ledi.* — Frutices ramosi, sæpe hispido v. setoso-glandulosi ;
foliis alternis, sessilibus v. petiolatis integris persistentibus ; inflorescentia terminali corymbosa v. umbelliformi. (*America calid. utraque
mont.*[7])

25. Elliottia MUEHLB.[8] — Calyx plus minus profunde 3-5-merus.
Petala 3-5, sessilia, æqualia v. inæqualia[9], elongata, imbricata v. sub-

1. *Syn.*, I, 477 (*Ledi* sect.). — ENDL., *Gen.*,
n. 4343. — DC., *Prodr.*, VII, 729. — H. BN, in
Adansonia, I, 198 ; in *Payer Fam. nat.*, 224.
— B. H., *Gen.*, II, 597, n. 40. — DRUDE, *loc.
cit.*, 38. — *Ammyrsine* PURSH, *Fl. am. sept.*,
I, 301. — *Fischeria* SW., in *Mém. Mosc.*, V,
14, t. 1 (non SPRENG.). — *Dendrium* DESVX,
Journ., I (1813), 36.

2. Parvi, albi v. rosei.

3. Spec. 2. LAMK, *Ill.*, t. 363 (*Ledum*). —
A. GRAY, *Syn. Fl. N.-Amer.*, II, 43 (part.). —
Bot. Reg., t. 531 (*Ammyrsine*). — *Bot. Mag.*,
t. 6752.

4. In *L. f. Suppl.*, 246. — GÆRTN., *Fruct.*,
t. 209. — LAMK, *Ill.*, t. 959. — DC., *Prodr.*,
VII, 736. — *Gen.*, II, 599, n. 45. — DRUDE, *loc.
cit.*, 34. — *Bejaria* J., in *Dict.*, II, 258. — *Acunna* R. et
PAV., *Prodr.*, 69, t. 12. — *Jurgensenia* TURCZ.,
in *Bull. Mosc.*, XIX, 157.

5. Cujus sectio, ex A. GRAY, *Syn. Fl. N.-
Amer.*, II, 43.

6. Alba, ochroleuca v. rubra.

7. Spec. 10-12. VENT., *Choix de pl.*, t. 52;
Jard. Cels, t. 51. — H. B., *Pl. æquin.*, t. 117-
121. — POEPP. et ENDL., *Nov. gen. et spec.*,
t. 39. — MEISSN., in *Mart. Fl. bras.*, VII, 169.
— BENTH., *Pl. Hartweg.*, 143 — FIELD et GARDN.,
Sert., t. 69. — SEEM., *Her. Bot.*, t 57. — MICHX,
Fl. bor.-amer., t. 26. — GRISEB., *Cat. pl. cub.*, 52,
— HEMSL., *Bot. centr.-amer.*, II, 282. — LEME,
Jard. fl., t. 20. — *Bot. Mag.*, t. 4433, 4818,
4981. — WALP., *Rep.*, II, 730; VI, 420, 741;
Ann., I, 482; II, 1123.

8. In *Nutt. Gen. nov.-amer. Add.* — SPRENG.,
Syst., II, 204. — BARTL., *Ord.*, 156. — ENDL.,
Gen., n. 4321. — H. BN, in *Adansonia*, I, 205.
— B. H., *Gen.*, II, 598, n. 43. — DRUDE, *loc.
cit.*, 32.

9. Latiora v. 2 conflata.

valvata, demum revoluta. Stamina 3-6 (*Tripetaleia*[1]) v. rarius 8-10 ; filamentis hypogynis complanatis ; antheris basi dorsifixis oblongis, superne late hianti-rimosis. Discus varius, 3-5-lobus. Germen sessile v. stipitatum, 3-5-loculare ; stylo elongato, recto v. arcuato, apice dilatato circa lobos stigmatosos septales 3-5 annulato. Ovula ∞, placentis tumidis angulo loculorum interno insertis affixa adscendentia. Fructus coriaceus, apice depressus, septicidus et deorsum 3-5-valvis ; valvis ab axi placentifero solutis. Semina ∞, compressa, extus cellulosa, albuminosa ; embryone parvo clavato. — Frutices erecti glabri ; gemmis perulatis ; foliis alternis ; petiolo basi articulato ; costa glandula terminata ; floribus[2] in racemos terminales basi ramosos dispositis ; bracteis deciduis. (*Georgia, Japonia*[3].)

26. **Cladothamnus** Bong.[4] — Flores fere *Ledi*[5] ; sepalis 5, oblongis inæqualibus glandula terminatis. Petala 5, oblonga, imbricata. Stamina 10, hypogyna ; filamentis complanatis ; antheris dorsifixis brevibus obtusis, introrsum rimis superne hiantibus dehiscentibus. Discus obtuse crenatus. Germen globosum ; loculis 5[6] oppositipetalis ; stylo elongato declinato, apice dilatato stigmatoso-5-lobo ; lobis septalibus annulo stylari cinctis. Ovula ∞, placentæ globosæ breviter stipitatæ affixa. Fructus septicidus ; valvis ab axi placentifero solutis. Semina ∞, extus subfungosa albuminosa. — Frutex glaber virgatus ; foliis alternis elongatis articulatis integris ; costa glandula terminata ; floribus[7] axillaribus solitariis ; pedunculo 2-bracteolato. (*America bor.-occid.*[8])

27. **Ledothamnus** Meissn.[9] — Flores fere *Ledi;* sepalis 5, 6, elongato-acuminatis glanduloso-ciliatis. Petala 5, 6, obovato-cuneata, apice erosa, imbricata v. torta. Stamina 10-12 ; filamentis brevibus ; antheris dorsifixis lineari-elongatis muticis, sublateraliter sulcatis rimosisque. Discus 5, 6-gonus. Germen 5, 6-loculare ; stylo valido, apice dilatato 5, 6-lobo ; lobis septalibus 3-gonis. Ovula ∞, placentæ

1. Sieb. et Zucc., in *Abh. Ak. Wiss. Mun.*, III, 751, t. 3, fig. 2.
2. Albis v. roseis.
3. Spec. 3. Chapm., *Fl. S. Un.-St.*, 273. — A. Gray, *Syn. Fl. N.-Amer.*, II, 44. — Fr. et Sav., *En. pl. jap.*, I, 294 (*Tripetaleia*). — Maxim., in *Bull. Ac. Pétersb.*, XVI, 406 ; *Mél. biol.*, VI, 206 ; VIII, 621 (*Tripetaleia*).
4. *Veg. Sitch.*, 37, t. 1, in *Mém. Ac. Pétersb.*, sér. 6, II. — DC., *Prodr.*, VII, 732. — Endl.,

Gen., n. 4347. — H. Bn, in *Adansonia*, I, 197. — B. H., *Gen.*, II, 598, n. 42. — *Tolmiea.* Hook., *Fl. bor.-amer.*, II, 44.
5. Necnon *Pyrolæ.*
6. Nunc, ut aiunt, 6.
7. Coccineis, majusculis.
8. Spec. 1. *C. pyroliflorus* Bong. — A. Gray, *Syn. Fl. N.-Amer.*, II, 44.
9. In *Mart. Fl. bras.*, VII, 171. — B. H., *Gen.*, II, 597, n. 41.

axili supra medium insertæ affixa. Capsula septicida, 5, 6-valvis;
valvis ab axi placentifero solutis, intus hiantibus; seminibus nitidis
albuminosis. — Frutex ericoideus; foliis elliptico-lanceolatis; floribus[1] in axillis superioribus solitariis v. 2-nis pedunculatis. (*Guiana* [2].)

IV. ANDROMEDEÆ.

28. Andromeda L. — Flores regulares; sepalis 4, 5, persistentibus,
liberis v. varie connatis, imbricatis. Corolla subglobosa v. urceolata;
lobis v. dentibus 4, 5, imbricatis. Stamina 8-10; filamentis imæ corollæ
sæpius breviter adnatis; antheris dorsifixis, raro muticis, sæpius breviter v. plus minus longe 2-aristatis v. calcaratis, obtuse v. late ad apicem poricidis. Germinis loculi 4, 5; ovulis in loculo ∞, placentæ axili
peltatæ, pateriformi v. clavatæ circumcirca v. hinc affixis. Stylus apice
septali-4, 5-lobus; lobis annulo brevi circumcinctis. Capsula 4, 5-lo-
cularis, loculicida; valvis septiferis ab axi placentifero solutis; seminibus ∞, confertis, extus lævibus v. membranaceis, nunc utrinque
leviter productis albuminosis. — Frutices v. fruticuli, nunc arbores-
centes; foliis alternis, petiolatis, integris v. serratis; floribus in racemos terminales v. axillares, breves v. elongatos, simplices v. compositos, dispositis, basi bracteatis et 2-bracteolatis, nunc e gemmis
squamosis oriundis. (*Orbis utriusque hemisph. bor. reg. frigid. et
temp.*) — *Vid. p.* 131.

29. Zenobia Don[3]. — Flores[4] fere *Andromedæ*[5]; sepalis 5, valvatis
persistentibus. Corolla campanulata; lobis 5, imbricatis. Stamina 10;
filamentis sub basi dilatata breviter contractis, cum ima corolla leviter
cohærentibus; antherarum loculis breviter tubulosis; tubulis poro
oblongo extus 2-aristato superne intus dehiscentibus. Germen 5-lo-
culare; stylo tubuloso septisque angustis 5 percurso. Placentæ peltatæ stipitatæ, v. sub stipite descendente ∞-ovulatæ. Fructus depresso-globosus, apice intrusus, loculicidus. Semina cubica v. cuneata
angulata. — Frutex glaber glaucescens; foliis alternis reticulato-

---

1. Coccineis mediocribus.
2. Spec. 1. *L. guianensis* Meissn.
3. In *Edinb. N. Phil. Journ.*, XVII, 158. —
DC., *Prodr.*, VII, 598, n. 1. — B. H., *Gen.*, II,
587, n. 15.

4. Albi speciosi.
5. Cujus est subgenus, ex A. Gray, *Syn. Fl.
N.-Amer.*, II, 30. Corolla autem et staminum
charactere, ut videtur, sat differt; tubulis apice
certe 2-aristatis.

venosis, deciduis; corymbis axillaribus; pedicellis basi bracteatis et 2-bracteolatis. (*America bor.-occ.*[1])

30. **Enkianthus** LOUR.[2] — Calyx persistens brevis, 5-lobus. Corolla campanulata, urceolata v. subglobosa, basi nunc 5-gibba; lobis 5, brevibus, integris v. laciniatis. Stamina 10, inclusa; filamentis supra basin dilatatis; antherarum loculis introrsum breviter rimosis, dorso apice aristatis. Discus brevis, 5-lobus v. 0. Germen 5-loculare; stylo gracili v. subulato, apice simplici; placentis descendentibus pauci-ovulatis. Fructus ovoideus v. oblongus, 5-gonus, loculicidus. Semina 1 v. pauca compressa v. angulata; testa 3-5-alata; alis erosis crispatis; embryo tereti. — Frutices glabri; gemmis bracteatis; ramis subverticillatis; foliis persistentibus v. deciduis, integris v. serrulatis; floribus[3] terminalibus corymbosis. (*Asia temp. et orient.*[4])

31. **Agarista** D. DON[5]. — Flores fere *Andromedæ;* sepalis 5, liberis v. basi connatis, persistentibus, in alabastro leviter imbricatis v. apertis. Corolla urceolata v. conico-tubulosa; dentibus 5, imbricatis, demum recurvis. Stamina 10, inclusa; antheris ovoideis muticis; tubis brevibus, apice late porosis, plerumque 2-dentatis. Ovula placentæ tumidæ ad medium angulum internum loculorum insertæ affixa. Capsula loculicida, apice intrusa; valvis a columna placentifera persistente solutis. — Frutices glabri v. pubentes; foliis alternis petiolatis v. subsessilibus, persistentibus v. deciduis; floribus[6] in racemos terminales axillaresque dispositis. (*America utraque trop.*[7])

32? **Agauria** DC.[8]—Flores[9] fere *Agaristæ;* corolla subcylindracea, basi sæpe ventricosa; dentibus 5, 6, imbricatis recurvis. Stamina 10-

---

1. Spec. 1. *Z. speciosa* DON. — *Andromeda speciosa* MICHX. — *A. pulverulenta* DUHAM. — *A. ovata* SOL. — *A. cassinæfolia* VENT., *H. Cels*, t. 60; *H. Malmais.*, t. 79.

2. *Fl. cochinch.*, 277. — B. H., *Gen.*, II, 588, n. 18. — DRUDE, *loc. cit.*, 42. — *Melidora* SALISB., in *Trans. Hort. Soc. lond.*, II, 156 (part.). — *Tritomodon* TURCZ., in *Bull. Mosc.* (1848), I, 584. — *Meisteria* S. et ZUCC., *Fl. jap. Fam. nat.*, II, 3, t. 3.

3. Roseis v. coccineis.

4. Spec. 5. HOOK. F., in *Hook. Kew Journ.*, VII, 125, t. 3. — MIQ., in *Ann. Mus. lugd.-bat.*, I, 31 (*Andromeda*). — BENTH., *Fl. hongk.*, 200. — MAXIM., in *Bull. Ac. Pétersb.*, XVIII, 51; *Mél. biol.*, VIII, 620. — C.-B. CLKE, in *Hook. f.*

Fl. brit. Ind., III, 461. — FR. et SAV., *En. pl. jap.*, I, 286. — *Bot. Reg.*, t. 884, 885. — *Bot. Mag.*, t. 1649, 5822, 6460. — WALP., *Ann.*, II, 114.

5. In *G. Don Gen. Syst.*, III, 837 (part.). — SPACH, *Suit. à Buff.*, X, 19. — B. H., *Gen.*, II, 586, n. 13. — *Amechania* DC., *Prodr.*, VII, 578.

6. Albis, roseis v. rubris.

7. Spec. ad 20. VELL., *Fl. flum.*, Atl., IV, t. 94, 97 (*Andromeda*). — MEISSN., in *Mart. Fl. bras.*, VII, 155, t. 58-63 (*Leucothoe*). — POHL, *Pl. bras. Ic.*, t. 121, 122 (*Andromeda*).

8. *Prodr.*, VII, 602 (*Leucothois* sect.). — B. H., *Gen.*, II, 586, n. 12. — DRUDE, *loc. cit.*, 44.

9. Plerumque albi.

12; antheris 2-tubulosis; poris obliquis. Placenta subbasilares v. adscendentes. Capsula loculicida; valvis 5; columna centrali 0. — Arbusculæ v. frutices, glabri v. glandulosi; foliis alternis et suboppositis persistentibus, subtus pallidis; racemis axillaribus et terminalibus; bracteis caducis. (*Africa trop. mont. cont. et or.-insul.*[1])

33. **Cassiope** Don [2]. — Flores fere *Andromedæ*, 4, 5-meri; calyce ebracteolato. Corolla campanulata, 4-6-loba. Stamina 8-12; filamentis hypogynis v. imæ corollæ leviter cohærentibus; antheris late poricidis. Germen 4, 5-loculare; placenta pateriformi, ∞-ovulata. Capsula loculicida. Semina oblonga exalata; embryone clavato. — Fruticuli humiles ericoidei sempervirentes; ramulis sæpe 4-gonis; foliis imbricatis, nunc 3-gonis dorsoque canaliculatis; floribus [3] solitariis axillaribus v. nunc terminalibus. (*Orbis utriusq. hemisph. bor. reg. frigid.*[4])

34. **Chamædaphne** Buxb. [5] — Flores fere *Andromedæ*; sepalis 5, imbricatis, persistentibus. Corolla ovato-cylindracea, 5-dentata. Stamina 10, inclusa; antheris apice tubuloso-elongatis, ibi intus poricidis; poris apiculo dorsali tenui superatis. Discus 10-crenatus. Germen 5-loculare; ovulis ∞, placentam peltatam ellipsoideam breviter stipitatam marginantibus. Capsula depresso-globosa, loculicida; valvis 5, septiferis ab axi placentifero solutis; seminibus obtuse angulatis; embryone late curvo albuminoso. — Fruticulus ramosus; foliis alternis serrulatis, junioribus lepidotis; floribus [6] in racemos terminales dispositis, sub calyce 2-bracteolatis. (*Europa et Asia bor., America bor.-or.*[7])

35. **Leucothoe** Don [8]. — Flores fere *Andromedæ;* sepalis 5, imbri-

1. Spec. ad 4. Sм., *Ic. exot.*, t. 58, 59 (*Andromeda*). — Hook., *Exot. Fl.*, t. 192 (*Andromeda*). — Oliv., *Fl. trop. Afr.*, III, 483. — Bak., *Fl. maur.*, 186; in *Journ. Linn. Soc.*, XX, 194. — *Bot. Mag.*, t. 2660, 3286 (*Andromeda*).

2. In *Edinb. N. Phil. Journ.*, XVII, 157. — DC., *Prodr.*, VIII, 610. — Endl., *Gen.*, n. 4318 a (*Andromedæ* sect.). — B. H., *Gen.*, II, 584, n. 7. — Drude, *loc. cit.*, 42.

3. Albis v. roseis, nutantibus.

4. Spec. ad 10. Pall., *Fl. ross.*, t. 73. — Wall., *Pl. as. rar.*, t. 284. — Hook., *Kew Journ.*, VII, t. 4; *Fl. am.-bor.*, t. 131. — Royl., *Ill. himal.*, t. 63. — A. Gray, *Syn. Fl. N.-Amer.*, II, 35. — C.-B. Clke, in *Hook. f. Fl.*

brit. Ind., III, 459. — Fr. et Sav., *En. pl. jap.*, I, 285. — *Bot. Mag.*, t. 2936, 3181, 4796.

5. In *Comm. Ac. petrop.*, I, (1726), 241. — Moench, *Meth.*, 457. — *Cassandra* Don, in *Edinb. N. Phil. Journ.*, XVII, 158. — DC., *Prodr.*, VII, 610. — B. H., *Gen.*, II, 584, n. 6.

6. Albis.

7. Spec. 1. *C. calyculata.* — *Cassandra calyculata* Don. — *Andromeda calyculata* L. — Gærtn., *Fruct.*, t. 63. — Lamk, *Ill.*, t. 365, fig. 4. — Pall., *Fl. ross.*, t. 72, fig. 1. — A. Gray, *Syn. Fl. N.-Amer.*, II, 35.

8. In *Edinb. N. Phil. Journ.*, XVII, 159. — DC., *Prodr.*, VII, 601 (part.). — B. H., *Gen.*, II, 584, n. 8. — *Eubotrys* Nutt., in *Trans. Amer. Phil. Soc.*, VII, 269.

catis, persistentibus. Corolla urceolata, ovoidea v. cylindracea; dentibus 5, imbricatis. Stamina 10, inclusa; antheris ovatis v. oblongis, dorso muticis v. 2-cuspidatis, rimis hianti-poriformibus dehiscentibus. Stylus apice truncatus v. capitellatus, 5-lobus. Placentæ sæpe peltatæ. Fructus depresso-globosus, loculicidus; seminibus compressis anguste alatis imbricatis. — Frutices glabri; foliis alternis, deciduis v. persistentibus, serrulatis; floribus[1] in racemos simplices v. ramosos terminales et axillares dispositis, 1, 2-bracteolatis. (*America bor.-or., India, Japonia*[2].)

36? **Oxydendron** DC.[3] — Flores *Andromedæ*, 5-meri; calyce 2-bracteolato; sepalis 5, persistentibus, imbricatis. Corolla ovoidea. Stamina 10; filamentis hypogynis vixque imæ corollæ cohærentibus; antheris elongatis acutatis muticis, intus rimosis. Placentæ adscendentes, ∞-ovulatæ. Capsula loculicida; valvis ab axi solutis; seminibus acicularibus adscendentibus. — Arbuscula; foliis alternis membranaceis serratis deciduis; floribus[4] composite racemosis ramulos annotinos terminantibus. (*America bor. austro-or.*[5])

37. **Epigæa** L.[6] — Sepala 5, squamosa imbricata persistentia. Corolla[7] hypocraterimorpha; tubo intus villoso; limbi lobis 5, imbricatis. Stamina 10, ima basi affixa inclusa; filamentis liberis; antheris[8] inferne dorsifixis muticis, intus 2-rimosis[9]. Discus tenuis[10]. Germen 5-loculare; loculis alternisepalis; stylo tubuloso, superne lobos septales 5 stigmatosos annulatim cingente. Ovula ∞, placentæ axili peltatæ affixa. Capsula loculicida; valvis 5, ab axi placentifero solutis; seminibus ∞, ovoideis albuminosis. — Fruticuli pilis v. setis ferrugineis hispidi; ramis prostratis nunc radicantibus; foliis alternis

1. Albis.
2. Spec. 7, 8. JACQ., *Ic. rar.*, t. 79 (*Andromeda*). —SM., *Exot. Bot.*, t. 89. —WATS., *Dendrol.*, t. 36 (*Andromeda*). —MAXIM., in *Bull. Ac. Pétersb.*, XVIII, 45; *Mél. biol.*, VIII, 612. — A. GRAY, *Syn. Fl. N.-Amer.*, II, 33. —C.-B. CLKE, in *Hook. f. Fl. brit. Ind.*, III, 460. — FR. et SAV., *En. pl. jap.*, I, 283. — MEISSN., in *Mart. Fl. bras.*, VII, 154, t. 58, 59, I; 60-63.
3. *Prodr.*, VII, 601. —B. H., *Gen.*, II, 585, n. 9. — DRUDE, *loc. cit.*, 44.
4. Albis, secundis.
5. Spec. 1. *O. arboreum* DC. — A. GRAY, *Syn. Fl. N.-Amer.*, II, 33. —*Andromeda arborea* L. — CATESB., *Carol.*, t. 71. — MICHX,

Arbr., III, t. 7. — BART., *Fl. N.-Amer.*, t. 30. — *Bot. Mag.*, t. 905.
6. *Gen.*, n. 550. — J., *Gen.*, 161. — LAMK, *Ill.*, t. 367, fig. 1. — SCHREB., *Gen.*, I, 295. — DC., *Prodr.*, VII, 501, s. 1. — ENDL., *Gen.*, n. 4322. — B. H., *Gen.*, II, 585, n. 10. — DRUDE, *loc. cit.*, 44. — *Orphanidesia* BOISS. et BAL., *Pl. or. nov. Dec.*, I, 3. — B. H., *Gen.*, II, 586, n. 11. — *Papapyrola* MIQ., in *Ann. Mus. lugd.-bat.*, III, 191.
7. Alba v. rosea, fragrans.
8. Nunc cassis v. 0.
9. Rima in specie orientali superiore brevi, demum ad imum loculum extensa.
10. Nunc obtuse 10-lobus.

coriaceis persistentibus; floribus axillaribus paucis, sessilibus v. breviter pedicellatis, 2, 3-bracteatis. (*America bor.-or., Oriens, Japonia* [1].)

38. Gaultheria KALM. [2] — Sepala 5, 6, libera v. basi connata, brac-
teolis 2 nunc calyculata, sæpius accrescentia carnosa fructumque in-
volventia. Corollæ campanulatæ v. urceolatæ lobi 5, 6, imbricati. Stamina 10-12, imæ corollæ adnata; filamentis supra basin dilatatis,
glabris v. pilosis; antheris 2-locularibus; loculis in tubulos apice
2-dentatos v. furcatos productis; tubis nunc brevibus, dorso aristatis,
oblique poricidis. Discus 10-lobus v. minimus. Germen 5-loculare;
stylo apice obtuso. Ovula ∞, placentis crassis 2-lobis affixa. Capsula
loculicida; seminibus lævibus v. nitidis albuminosis; embryone cylindraceo. — Fruticuli v. frutices, nunc epiphytici, glabri v. varie induti; foliis [3] persistentibus coriaceis, alternis v. raro oppositis, sæpe
serratis; floribus [4] axillaribus v. racemosis. (*America, Asia et Oceania
mont.* [5])

39. Diplycosia BL. [6] — Flores *Gaultheriæ*, 5-meri; corolla urceo-
lata v. campanulata, 5-fida, imbricata. Stamina 10, inclusa v. subexserta; antheris elongatis, dorso muticis; tubulis loculorum 2, rectis
integris, rimis v. poris elongatis anticis dehiscentibus. Fructus superus v. semisuperus, calyce inclusus cæteraque *Gaultheriæ*. — Frutices epiphytici; foliis alternis coriaceis, integris v. ciliato-serratis,
persistentibus; floribus [7] axillaribus solitariis; pedunculis basi bracteatis calyculumque sub flore e bracteolis 2 connatis subque fructu

1. Spec. 3. MAXIM., in *Bull. Ac. Pétersb.*,
XI, 432; *Mél. biol.*, VI, 204; XVII, *Mél. biol.*,
VIII, 418. — BOISS., *Fl. or.*, III, 967 (*Orphani-
desia*). — ANDR., *Bot. Rep.*, t. 102. — SWEET,
Brit. fl. Gard., sér. 2, t. 384. — A. GRAY, *Syn.
Fl. N.-Amer.*, II, 29. — *Bot. Reg.*, t. 201.
2. L., *Gen.*, n. 551. — J., *Gen.*, 161. —
ENDL., *Gen.*, n. 4323. — DC., *Prodr.*, VII, 592.
— B. H., *Gen.*, II, 582, n. 4. — DRUDE, *loc.
cit.*, 45. — *Gautiera* SPRENG., *Gen.*, I, 333. —
Gualtheria SCOP., *Introd.*, 194. — *Brossœa* L.,
Gen., n. 1229.
3. Nunc odoratis.
4. Albis, roseis v. rubris.
5. Spec. ad 90. PURSH, *Fl. Am. sept.*, t. 12,
13. — H. B. K., *Nov. gen. et spec.*, t. 261, 262.
— ROYL., *Ill. himal.*, t. 63. — WIGHT, *Ill.*,
t. 141; *Ic.*, t. 1195, 1197. — A. RICH., *Fl. N.
Zel.*, t. 27 (*Andromeda*). — MIQ., *Fl. ind. bat.*,

II, 1055; *Ann. Mus. lugd.-bat.*, I, 30, 41 (part.).
— BENTH., *Fl. austral.*, IV, 28. — HOOK. F.,
Fl. N. Zel., t. 42, 43; *Fl. tasm.*, t. 72, 73;
Handb. N.-Zeal. Fl., 174. — MAXIM., in *Bull.
Ac. Pétersb.*, XVIII; *Mél. biol.*, VIII, 610. —
WEDD., *Chlor. andin.*, t. 73. — MEISSN., in
Mart. Fl. bras., VII, t. 57. — FR. et SAV., *En.
pl. jap.*, I, 283. — FR., *Pl. David.*, II, 82. —
C.-B. CLKE, in *Hook. f. Fl. brit. Ind.*, III, 456.
— A. GRAY, *Syn. Fl. N.-Amer.*, II, 29. —
HEMSL., *Bot. centr.-amer.*, II, 280. — F. MUELL.,
Pl. N. Guin., 21. — *Bot. Mag.*, t. 1966, 2843,
4461, 4697, 5031, 5984. — WALP., *Rep.*, II,
727; VI, 417; *Ann.*, I, 472; II, 1112.
6. *Bijdr.*, 857. — DC., *Prodr.*, VII, 591. —
B. H., *Gen.*, II, 583, n. 5. — *Amphicalyx*
BL., *Fl. jav. Præf.*, VII. — *Diplecosia* G. DON,
Gen. Syst., II, 838.
7. Ochroleucis v. sordide fuscis.

accrescentibus formatum gerentibus. (*Java, Borneo et Malacca mont.*[1])

V. VACCINIEÆ.

40. Vaccinium L. — Flores regulares; receptaculo globoso, hemisphærico, turbinato v. tubuloso, germen inferum concavitate intus fovente. Sepala 4, 5, supera, imbricata, nunc revoluta. Corolla urceolata v. campanulata, nunc tubulosa v. conica; limbi lobis v. dentibus 4, 5, imbricatis. Stamina 8-10, epigyna v. imæ corollæ cohærentia; antheris muticis v. aristatis, in tubulos varie poricidos, nunc rimosos, productis. Discus epigynus varius. Germinis loculi 4, 5, alternisepali, nunc ob septum spurium e placenta oriundum 2-locellati; ovulis paucis v. ∞, placentæ crassæ 2-lobæ angulo loculi interno insertæ affixis. Stylus apice truncatus v. capitellatus; lobis stigmatosis septalibus 4, 5, annulo brevi circumcinctis. Bacca globosa, 4, 5-ocularis v. 8-10-locellata; seminibus paucis v. ∞, forma variis, albuminosis; embryone axili recto v. arcuato cylindraceo. — Frutices v. raro arbores, nunc epiphytici; foliis parvis alternis, integris v. dentatis, membranaceis v. coriaceis, deciduis v. sæpius persistentibus; floribus solitariis v. sæpius terminali- v. axillari-racemosis, plerumque bracteatis et 2-bracteolatis. (*Orbis utriusque hemisph. bor. reg. temp. ét trop. mont.*) — *Vid. p.* 134.

41. Corallobotrys HOOK. F.[2] — Flores fere *Vaccinii;* germine infero subhemisphærico cum summo pedicello clavato articulatus. Corolla urceolato-globosa, 5-dentata. Stamina 10, inclusa; antherarum loculis apice breviter tubulosis lateque hianti-rimosis. Discus epigynus tumidus. Germinis loculi 5, ∞-ovulati. — Frutex epiphyticus; foliis alternis suboppositis v. subverticillatis lanceolatis serrulatis, basi 2-glandulosis; floribus[3] in racemos corymbiformes ad nodos defoliatos dispositis. (*India mont.*[4])

1: Spec. ad 7. MIQ., *Fl. ind. bat.*, II, 1054. — DIETR., *Syn.*, II, 1370, 1389. — C.-B. CLKE, in *Hook. f. Fl. brit. Ind.*, III, 458.
2. *Gen.*, II, 575, n. 20.
3. Cum pedicellis corallinis.

4. Spec. 1. *C. acuminata* HOOK. F. — C.-B. CLKE, in *Hook. f. Fl. brit. Ind.*, III, 455. — *Vaccinium acuminatum* DC. — *Epigynium acuminatum* KL. — *Bot. Mag.*, t. 5010. — *Agapetes acuminata* G. DON.

42? **Catanthera** F. Muell.[1] — « Calyx integer. Petala 4, libera, basi truncata, apice attenuata imbricata, tarde decidua. Stamina 8 : longiora 4, alternipetala; filamentis compressis, appendicula sagittato-hastata membranacea auctis; antheris lineari-cylindraceis stipitatis, apice attenuatis; breviora autem 4, oppositipetala; filamentis minute appendiculatis; antheris suboblongis abbreviatis; antherarum omnium loculis 2 poro terminali, sed ob resupinationem basali, dehiscentibus. Germen inferum, 4-loculare; stylo gracili, apice obtuso; ovulis ∞, placentæ axili latæ affixis. — Frutex epiphyticus glaber; foliis rotundato-ovatis v. orbicularibus coriaceis, basi sub-5-nerviis; floribus[2] in ramis defoliatis simpliciter v. composite umbellatis. (*Nova Guinea*[3].) »

43. Oxycoccus T.[4] — Flores fere *Vaccinii*, 4, 5-meri; petalis liberis v. subliberis, imbricatis, reflexis v. revolutis. Stamina 8-10; antheris conniventibus, introrsis; loculis apice acutis v. sæpius longe tubulosis poricidis. Gynæceum cæteraque *Vaccinii*. — Fruticuli glabri, sæpe radicantes debiles; foliis alternis integris, persistentibus; floribus[5] axillaribus v. subterminalibus, solitariis v. cymosis paucis; pedicellis elongatis cernuis v. nutantibus, ad medium 2-bracteolatis. (*Europa, Asia bor., America bor.*[6])

44. Chiogenes Salisb.[7] — Sepala 4, imbricata. Corolla breviter campanulata; lobis 4, obtusis imbricatis. Stamina 8, inclusa, quorum 4 majora; filamentis brevibus; antherarum brevium loculis discretis, introrsum hianti-rimosis. Germen semi-inferum, 4-loculare; stylo recto, apice truncato; loculis ∞-ovulatis. Bacca globosa, calyce cincta. Semina ∞, compressa v. angulata; « albumine corneo; embryone axili recto ». — Fruticulus repens odoratus; ramulis foliisque subtus strigillosis; foliis distichis elliptico-orbiculatis integris mucronulatis persistentibus; floribus[8] axillaribus solitariis;

---

1. In *Britt. Journ. Bot.* (1886), 289.
2. Nitide rubris.
3. Spec. 1. *C. lysipetala* F. Muell.
4. *Insl.*, 655, t. 431. — Pers., *Syn.*, I, 419. — Dun., in *DC. Prodr.*, VII, 576. — Nees, *Gen. Fl. germ.* — Endl., *Gen.*, n. 4331. — H. Bn, in *Payer Fam. nat.*, 226. — B. H., *Gen.*, II, 575, n. 21. — *Schollera* Roth, *Fl. germ.*, I, 170.
5. Roseis v. albidis.
6. Spec. 2. Reichb., *Ic. Fl. germ.*, t. 1169.

— A. Gray, *Syn. Fl. N.-Amer.*, II, 25 (*Vaccinium*). — Gren. et Godr., *Fl. de Fr.*, II, 424. — *Bot. Mag.*, t. 2586.
7. In *Trans. Hort. Soc. lond.*, II, 94. — Endl., *Gen.*, n. 4233 *a* (*Gaultheriæ* sect.). — B. H., *Gen.*, II, 577, n. 25. — Drude, *loc. cit.*, 45 (*Arbutoideæ-Gaultherieæ*). — *Phalerocarpus* G. Don, *Gen. Syst.*, III, 641. — Dun., in *DC. Prodr.*, VII, 577. — *Lasierpa* Torr., in *Geol. Rep. N. York; Fl. N. York*, I, 450, t. 68.
8. Minutis.

bracteolis 2 summo pedunculo brevi insertis. (*America bor.-or.*, *Japonia*[1].)

45. **Sphyrospermum** Pœpp. et Endl.[2] — Flores fere *Vaccinii;* calyce supero, 4, 5-dentato. Corolla breviter campanulata, superne imbricata. Stamina 8-10; filamentis ima basi monadelphis, supra spiraliter tortis; antherarum loculis in tubulos poro terminali dehiscentes longe productis. Discus crassiusculus. Germen 2-5-loculare; stylo apice depresse capitato; ovulis ∞. Fructus « siccus, 2-5-locularis; seminibus clavato-falcatis albuminosis; embryone axili recto ». — Frutices epiphytici pubentes; foliis alternis integris persistentibus; floribus axillaribus solitariis, 2-nis v. breviter racemosis. (*Guiana, America austr. andin.*[3])

46. **Gaylussacia** H. B. K.[4] — Flores fere *Vaccinii;* calyce persistente brevi turbinato v. obconico, 5-dentato. Corolla sæpius brevis, campanulata, tubuloso-campanulata v. urceolata, 5-loba, imbricata. Stamina 10; antheris filamento longioribus et in tubulos æquilongos v. longiores graciles porisque brevibus v. elongatis dehiscentes productis. Discus epigynus varius. Germen 5-loculare; loculis septo spurio introflexo 2-locellatis; stylo gracili, apice minuto; ovulis in locellis solitariis descendentibus; micropyle introrsum supera. Fructus baccatus v. drupaceus; pyrenis 8-10; seminibus compressis albuminosis; embryone tereti recto v. arcuato; cotyledonibus brevibus. — Frutices v. fruticuli, glabri v. pubentes; foliis alternis, persistentibus v. raro deciduis, integris v. serratis; floribus[5] in racemos axillares dispositis; pedicellis bracteatis sæpeque bracteolatis. (*America utraque*[6].)

1. Spec. 1. *C. hispidula.* — *Oxycoccos hispidula* Pers. — *Gaulteria serpyllifolia* Pursh. — *Glyciphylla hispidula* Rafin. — *Phalerocarpus hispidulus* G. Don. Genus *Arbuteas* cum *Vaccinieis* arctius connectens.

2. *Nov. gen. et spec.*, I, 4, t. 8. — Dun., in *DC. Prodr.*, VII, 794. — Endl., *Gen.*, n. 4330. — B. H., *Gen.*, II, 576, n. 22. — Drude, *loc. cit.*, 55 (*Thibaudieæ*).

3. Spec. 4, 5. Hook., *Icon.*, t. 112. — Meissn., in *Mart. Fl. bras.*, VII, 123. — Walp., *Rep.*, VI, 414; *Ann.*, II, 1088.

4. *Nov. gen. et spec.*, III, 275, t. 257. — Dun., in *DC. Prodr.*, VII, 554. — Endl., *Gen.*, n. 4329. — B. H., *Gen.*, II, 572, n. 18. —

Lussacia Spreng., *Syst.*, II, 294. — *Decamerium* Nutt., in *Trans. Amer. Phil. Soc.*, ser. 2, VIII, 259. — *Decachœna* A. Gray, in *Sillim. Journ.*, XLII, 43.

5. Albis v. coccineis, parvis.

6. Spec. ad 40. Salisb., *Par. lond.*, t. 4. — Pohl, *Pl. bras. Ic.*, t. 124, 125 (*Vaccinium*), 126, 127. — Torr., *Fl. N. York*, t. 67. — A. Gray, *Chlor. bor.-amer.*, t. 10; *Syn. Fl. N.-Amer.*, II, 19. — Andr., *Bot Rep.*, t. 112, 140. — Meissn., in *Mart. Fl. bras.*, VII, 129, t. 48-55, 59. — Chapm., *Fl. S.-Un. St.*, 259. — *Bot. Reg.* (1844), t. 62. — *Bot. Mag.*, t. 928, 1106, 1288 (*Vaccinium*). — Walp., *Rep.*, II, 723; VI, 410; *Ann.*, II, 1093.

47. Rigiolepis Hook. f.[1] — « Flores fere *Gaylussaciæ*, 5-meri; antheris brevibus, dorso 2 calcaratis et in tubulos loculis breviores productis. Germinis locelli 10; ovulis funiculo ventrali angulo loculi interiori affixis. — Frutex epiphyticus; foliis[2] distichis acuminatis integris, 5-nerviis, subtus reticulatis; floribus (minutis) in racemulos breves alares et extra-alares dispositis; bracteis concavis rigidis chartaceis striatis. (*Borneo*[3].) »

VI. THIBAUDIEÆ.

48. Thibaudia Pav. — Flores regulares; receptaculo tereti urceolato-campanulato concavo, germen inferum intus fovente. Calyx superus brevis, obtuse 5-dentatus v. 5-lobus. Corolla tubulosa teres, basi haud inflata oreque contracta; limbi lobis 5, parvis, imbricatis. Stamina 10, epigyna, 2-seriata, tubo corollæ æquilonga; filamentis brevibus cohærentibus v. connatis; antheris linearibus muticis; loculis in tubulos productis loculo multo longiores et longitudinaliter rimosos. Discus epigynus cupularis. Germen 5-loculare; loculis corollæ lobis superpositis; stylo gracili, apice parvo stigmatoso capitellato. Ovula ∞, placentæ angulo interiori affixæ inserta, anatropa minuta. Fructus baccatus parvus globosus; loculis 5, ∞-spermis. Semina minuta obtuse angulata; integumento coriaceo, extus reticulato. — Frutices, nunc volubiles; ramulis glabris v. puberulis; foliis persistentibus alternis integris coriaceis penninerviis; nervis valde obliquis; petiolo longo v. brevissimo; floribus in racemos axillares numerosos multifloros dispositis; pedicellis minute bracteatis et nunc bracteolatis. (*America mer. andina.*) — *Vid. p.* 136.

49? Ceratostemma J.[4] — Flores fere *Thibaudiæ;* calyce vario, brevi (*Siphonandra*[5]) longove, nunc germine longiore (*Euceratostemma*), 5-dentato v. lobato. Corollæ[6] tubus cylindraceus v. conoideus. Stamina 10; tubulis poris v. rimis plus minus elongatis

---

1. In *Hook. Icon.*, t. 1160; *Gen.*, II, 572, n. 17.
2. Ea *Melastomacearum* referentibus.
3. Spec. 1. *R. borneensis* Hook. f.
4. *Gen.*, 163. — Dun., in *DC. Prodr.*, VII,

552. — Endl., *Gen.*, n. 4334. — B. H., *Gen.*, II, 570, n. 12.
5. Coccineæ, speciosæ.
6. Kl., in *Linnæa*, XXIV, 24. — *Siphonostoma* Griseb., *Pl. Lechtl.*, sub n. 2053.

dehiscentibus. Discus annularis v. cupularis. Cætera *Thibaudiæ*. — Frutices, nunc epiphytici[1]; foliis integris v. obscure dentatis, 3-5-plinerviis; corymbis cymisve axillaribus v. spurie terminalibus; bracteis parvis. (*America austr. andin.*[2])

50? Cavendishia LINDL.[3] — Flores fere *Ceratostemmatis;* germine infero brevi, sæpius cum summo pedicello articulato, nunc basi 5-gibbo (*Socratesia*[4]). Corolla tubulosa recta v. arcuata, valvata v. vix imbricata. Antheræ 10, rimis elongatis dehiscentes. — Arbusculæ v. frutices; foliis alternis persistentibus coriaceis, 3-7-plinerviis; floribus[5] racemosis v. subumbellatis, terminalibus axillaribusque, primum bracteis coriaceis imbricatis tectis; bracteis oblongis amplis sæpe coloratis deciduis. (*America trop. mont.*[6])

51. Orcanthes BENTH.[7] — Flores fere *Thibaudiæ;* germine cum pedicello continuo; sepalis 5, elliptico-lanceolatis foliaceis membranaceis. Corolla tubulosa, 5-gona; lobis 5, acutis. Stamina 5; filamentis breviter 1-adelphis; antheris muticis in tubos longos tenues apiceque poricidos productis. Germen oblongum teres; stylo apice capitellato exserto; loculis 5, ∞-ovulatis. Fructus oblongus subexsuccus, calyce coronatus; seminibus descendentibus majusculis. — Frutex ramosus; caudice tuberoso; ramulis cicatricatis; foliis parvis crassis obtusis integris glabris; floribus axillaribus 2, 3; pedicellis reflexis brevissimis, 2-bracteolatis. (*Ecuador andin.*[8])

52. Semiramisia KL.[9] — Flores fere *Thibaudiæ;* calyce dilatato-cupulari, breviter remoteque 5-dentato. Corollæ magnæ tubus cylindraceus; limbi lobis 5, parvis, 3-angularibus, induplicatis. Stamina 10 cæteraque *Thibaudiæ*. Fructus...? — Frutex glaber; foliis alternis

---

1. Sic dicti parasitici.
2. Spec. ad 20. R. et PAV., *Ic. ined.*, t. 383. — POEPP. et ENDL., *Nov. gen. et spec.*, t. 10. — FIELD et GARDN., *Sert. pl.*, t. 7. — HOOK., *Icon.*, t. 108 (*Thibaudia*). — *Bot. Mag.*, t. 4779. — *Fl. serres*, t. 934. — WALP., *Rep.*, VI, 408.
3. *Bot. Reg.*, sub t. 1791. — B. H., *Gen.*, II, 570, n. 13. — DRUDE, *loc. cit.*, 56. — *Polybœa* KL., in *Linnæa*, XXIV, 30. — *Proclesia* KL., *loc. cit.*, 32.
4. KL., *loc. cit.*, 22.
5. Albis, roseis v. rubris, speciosis.

6. Spec. ad 30. R. et PAV., *Fl. per. Ic. ined.*, t. 386, 388 (*Thibaudia*). — H. B. K., *Nov. gen. et spec.*, t. 255, 256. — HOOK., *Icon.*, t. 111 (*Thibaudia*). — MEISSN., in *Mart. Fl. bras.*, VII, 127 (*Thibaudia*). — *Bot. Mag.*, t. 5559, 5752 (*Thibaudia*). — HEMSL., *Bot. centr.-amer.*, II, 272. — WALP., *Ann.*, II, 1081 (*Socratesia*).
7. *Pl. Hartweg.*, 140. — B. H., *Gen.*, II, 569, n. 10. — DRUDE, *loc. cit.*, 55.
8. Spec. 1. *O. brevifolius* BENTH. — WALP., *Rep.*, VI, 409 ; *Ann.*, II, 1082.
9. In *Linnæa*, XXIV, 25. — B. H., *Gen.*, II, 569, n. 11.

cordatis acuminatis, 3-5-plinerviis; floribus[1] axillaribus solitariis; pedunculo versus basin 2-bracteolato. (*Columbia mont.*[2])

53. **Findlaya** HOOK. F.[3] — Flores fere *Thibaudiæ;* calyce supero truncato. Corolla tubulosa; lobis lanceolatis, demum revolutis. Stamina 10; filamentis liberis discretis; antheris dorso muticis; tubis loculo æquilatis et subæquilongis, antice oblique poricidis. — Frutex epiphyticus; ramis flexuosis; foliis alternis, late ovato-acuminatis; nervis obscuris; floribus[4] axillaribus, solitariis v. 2-nis. (*Antillæ*[5].)

54? **Orthæa** KL.[6] — Flores fere *Findlayæ;* germine cum summo pedicello articulato; calyce campanulato brevi, 5-lobo, basi truncato v. intruso. Stamina 10; filamentis liberis ciliatis; tubulis antherarum apice poricidis. « Fructus baccatus polyspermus. » — Frutices glabri; gemmis subglobosis; foliis subdistichis lanceolatis, subtus 5-plinerviis; racemis terminalibus et axillaribus; floribus[7] secundis ebracteatis. (*Peruvia et Bolivia andin.*[8])

55. **Eurygania** KL.[9] — Flores (fere *Findlayæ*) sub germine articulati. Corollæ teretis, conicæ v. tubulosæ, lobi 5, parvi contracti. Stamina 10; antheris æqualibus v. subæqualibus. Germinis loculi 5, ∞-ovulati. Frutus baccatus cæteraque *Thibaudiæ.* — Frutices glabri v. pubentes; foliis alternis persistentibus, integris v. obscure serratis; floribus in racemos v. corymbos axillares dispositis, nunc raro solitariis; pedicellis basi bracteolatis. (*America austr. andin.*[10])

56? **Satyria** KL.[11] — Flores *Euryganiæ;* germine infero cum summo pedicello articulato ibique varie dilatato, truncato v. intruso. Corolla nunc basi paulo inflata; limbi attenuati v. contracti lobis 5, induplicato-valvatis. Stamina 10, quoad corollam brevia; filamentis

1. Amplis speciosis.
2. Spec. 1. *S. speciosa* KL. — WALP., *Ann.*, II, 1083. — *Thibaudia? speciosa* BENTH., *Pl. Hartweg.*, 141.
3. *Gen.*, II, 569, n. 9.
4. Pollicaribus.
5. Spec. 1. *F. apophysata* HOOK. F. — *Sophoclesia apophysata* GRISEB., *Fl. brit. W.-Ind.*, 145.
6. In *Linnæa*, XXIV, 23. — B. H., *Gen.*, II, 568, n. 8.
7. Rubris.
8. Spec. 3, 4. POEPP. et ENDL., *Nov. gen. et*

spec., t. 9 (*Thibaudia*). — WALP., *Ann.*, II, 1082 (*Orthaca*).
9. In *Linnæa*, XXIV, 26. — B. H., *Gen.*, II, 568, n. 6.
10. Spec. ad. 12. POEPP. et ENDL., *Nov. gen. et spec.*, t. 10 (*Centrostemma*). — HOOK., *Icon.*, t. 110 (*Thibaudia*). — H. B. K., *Nov. gen. et spec.*, III, 274 (*Thibaudia*). — GRISEB., *Pl. Lechl. peruv.*, n. 2068 (*Polybœa*). — WALP., *Rep.*, VI, 412; *Ann.*, II, 1083.
11. In *Linnæa*, XXIV, 21. — B. H., *Gen.*, II, 567, n. 5. — *Riedelia* MEISSN., in *Mart. Fl. bras.*, VII, 172.

cohærentibus; antheris oblongis, alternatim longioribus latioribusque; tubulis apice oblique hianti-rimosis. Discus cupularis v. annularis. Bacca subglobosa, ∞-sperma. — Frutices glabri; foliis alternis
persistentibus; petiolo crasso vel subnullo; limbo integro penni-
nervio v. sæpius 3-5-plinervio; inflorescentiis terminalibus v. axillaribus. (*Antillæ, America centr. et austr. trop.*[1])

57. Anthopterus Hook. [2] — Flores fere *Thibaudiæ;* receptaculo basi haud articulato, 5-ptero ; sepalis 5, 3-angularibus acutis.
Corolla brevis, late 5-ptera, imbricata. Stamina 10, subæqualia;
filamentis liberis v. 1-adelphis. Fructus coriaceus, 5-locularis,
∞-spermus. —Frutices sempervirentes; foliis alternis v. spurie verticillatis, 3-5-plinerviis; floribus axillari-spicatis v. racemosis; pedicellis basi bracteolatis nuncque sub apice bracteolatis. (*America
austr. andin.* [3])

58. Themistoclesia Kl. [4] — Flores [5] fere *Anthopteri;* germine
5-gono. Calyx cupularis, minute 5-dentatus. Corolla tubulosa, nunc
basi subventricosa. Stamina 10. Fructus siccus coriaceus; seminibus ∞, obtuse angulatis, extus cellulosis submucilaginosis. — Frutices; ramis gracilibus pendulis; foliis alternis subsessilibus; racemis
brevibus pendulis e perulis squamosis ortis. (*America austr. andin.* [6])

59. Sophoclesia Kl. [7] —Flores fere *Themistoclesiæ;* receptaculo
tereti; corolla tubulosa. Stamina 4-10, 1, 2-seriata inclusa; antherarum dorso muticarum tubulis liberis, apice breviter v. longe poricidis. Fructus subsiccus globosus; seminibus ∞, clavato-falcatis,
extus cellulosis. — Fruticuli epiphytici subscandentes; foliis alternis
integris persistentibus; nervis 3-5, v. 0; floribus [8] axillaribus, solitariis v. 2-nis, nutantibus. (*America andin., Guiana, Antillæ* [9].)

60. Psammisia Kl. [10] —Flores fere *Thibaudiæ;* calyce supero cupulari; dentibus v. lobis latis 5. Corolla tubulosa v. globoso-conica;

1. Spec. 5, 6. HEMSL., *Bot. centr.-amer.,* II,
272. — WALP., *Ann.,* II, 1081.
2. *Icon.,* t. 243. — B. H., *Gen.,* II, 568, n. 7.
3. Spec. 5, 6. *Hook. Icon.,* t. 1465. — WALP.,
Rep., VI, 415.
4. In *Linnæa,* XXIV, 41 (part.). — B. H.,
Gen., II, 566, n. 24.
5. Parvi v. mediocres.
6. Spec. ad 4. WALP., *Ann.,* II, 1090.

7. In *Linnæa,* XXIV, 29. — B. H., *Gen.,*
II, 576, n. 23.
8. Purpureis v. roseis, parvis.
9. Spec. ad 10. HOOK., *Icon.,* t. 717. — GRI-
SEB., *Fl. brit. W.-Ind.,* 143 (*Sphyrospermum*).
— WALP., *Rep.,* VI, 414, n. 4 (*Sphyrospermum*); *Ann.,* II, 1085.
10. In *Linnæa,* XXIV, 42. —B. H., *Gen.,* II,
566, n. 2. — DRUDE, *loc. cit.,* 56.

dentibus 5, erectis v. recurvis. Stamina 10, corollæ tubo breviora
v. nunc subæqualia; filamentis connatis v. margine cohærentibus;
antheris lineari-oblongis granulosis, muticis v. dorso 2-calcaratis;
tubulis 2, introrsum ab apice rimosis. Discus annularis v. cupularis.
Germen subcampanulatum, basi truncatum v. rotundatum cumque
summo pedicello articulatum, aut teres, aut raro subangulatum;
loculis 5; ovulis ∞, placentæ breviter stipitatæ anguloque interno
insertæ affixis. Bacca calyce coronata; seminibus ∞, minutis albuminosis. — Frutices ramosi, nunc epiphytici; foliis alternis persistentibus, integris v. subserratis, penninerviis v. 3-5-plinerviis; floribus[1] in racemos v. corymbos axillares dispositis; pedicellis basi
bracteatis[2] et sub apice 2-bracteolatis v. bracteolis sparsis pluribus
instructis. (*America trop. austr. or. et andin.*[3])

61. **Macleania** HOOK.[4] — Flores *Psammisiæ;* staminibus 10,
corolla multo brevioribus; antheris[5] tubo longitudinaliter rimoso
superatis. Fructus baccatus. — Frutices sæpe glabri; foliis alternis
petiolatis integris; floribus solitariis v. cymosis axillaribus; bracteolis
parvis v. 0. (*America utraque andin.*[6])

62. **Hornemannia** VAHL.[7] — Flores[8] fere *Macleaniæ;* germine
cum summo pedicello articulato subhemisphærico. Calyx breviter
campanulatus, breviter v. obtuse 5-7-lobus. Corolla brevis, urceolata
v. cylindracea; lobis 5-7, induplicato-valvatis crassis, 3-angularibus.
Stamina 10; antheris 2-tubulosis. Germen 5, 6-loculare; stylo crasso.
Bacca calyce superne late areolata; seminibus ∞, compressis v. angulatis. — Frutices robusti; foliis alternis coriaceis, remote serratis,
5-9-plinerviis; corymbis v. racemis terminalibus et axillaribus crasse
pedunculatis. (*Guiana, Antillæ*[9].)

---

1. Rubris v. coccineis.
2. Bracteis nunc amplis roseis.
3. Spec. 25, 26. MEISSN., in *Mart. Fl. bras.*, VII, 126. — *Fl. serres*, t. 825. — *Bot. Mag.*, t. 4844 (*Thibaudia*), 5204; 5450 (*Thibaudia*), 5526; 5547 (*Thibaudia*).—WALP., *Ann.*, II, 1091.
4. *Icon.*, t. 109. — ENDL., *Gen.*, n. 4336. — DUN., in *DC. Prodr.*, VII, 577. — SPACH, *Suit. a Buff.*, IX, 522. — B. H., *Gen.*, II, 566, n. 1. — DRUDE, *loc. cit.*, 55. — *Tyria* KL., in *Linnæa*, XXIV, 21.
5. 1, 2-locularibus.
6. Spec. ad 12. HEMSL., *Bot. centr.-amer.*, II, 271. — BENTH., *Pl. Hartweg.*, 141 (*Cerato-*

stemma). — *Bot. Reg.* (1844), t. 25. — *Bot. Mag.*, t. 3979, 4426, 5453, 5465. — *Fl. serr.*, t. 812. — WALP., *Rep.*, VI, 415; *Ann.*, II, 1079.
7. In *Skr. Nat. Selsk. Kjob.*, VI, 120. — B. H., *Gen.*, II, 567, n. 3. — *Symphysia* PRESL, *Epist. ad Jacq.* (1827), c. ic., ex ENDL., *Gen.*, 759. — *Tauschia* PREISSL., in *Flora* (1828), 43. — *Andreusia* DUN., in *DC. Prodr.*, VII, 560.
8. Rubri, mediocres.
9. Spec. 2, 3. DELESS., *Ic. sel.*, V, t. 18 (*Symphysia*). — GRISEB., *Fl. brit. W.-Ind.*, 144 (*Symphysia, Vaccinium*). — HOOK., *Icon.*, t. 292 (*Vaccinium*).

63. Notopora HOOK. F.[1] — Calyx cylindraceus, obtuse 5-lobus. Corolla brevis subinflata dense tomentosa; lobis 5, 3-angularibus leviter imbricatis, demum induplicatis. Stamina 10, ad imum tubum affixa; filamentis longis lineari-complanatis; antheris lineari-oblongis e filamento pendulis, subquadratis granulosis, basi rotundatis, dorso supra filamenti insertionem rimis late hiantibus dehiscentibus. Discus annularis setosus. Germen 5-loculare; loculis ∞-ovulatis; stylo apice capitellato exserto. — Frutex; foliis alternis acuminatis integris crassis coriaceis; floribus axillaribus solitariis v. paucis; pedicello sub flore 2-bracteolato. (*Guiana brit.*[2])

64. Agapetes G. DON[3]. — Flores fere *Thibaudiæ;* germine inferne cum pedicello ibi dilatato articulato. Sepala 5, libera v. inferne connata. Corolla[4] tubuloso-infundibularis v. anguste campanulata, breviter v. altius, raro ad medium 5-fida. Stamina 10, corollæ æquilonga v. longiora; filamentis liberis, contiguis v. leviter cohærentibus; antheris elongatis; tubulis tenuibus membranaceis, apice rimosis, dorso muticis v. varie calcaratis. Germen 5-loculare; loculis nunc septo spurio 2-locellatis; stylo apice truncato, sæpe lobulato; placentis elongatis angulo interno adnatis, 2-seriatim ∞-ovulatis. Bacca globosa, 5-10-locellata. — Frutices epiphytici, nunc tuberosi; foliis alternis, oppositis v. spurie verticillatis; floribus in racemos v. sæpius corymbos axillares dispositis, nunc solitariis; pedicellis nudis v. basi bracteatis, sæpe bracteolatis. (*India, Malaisia, Ins. Viti*[5].)

65. Pentapterygium KL.[6] — Flores fere *Agapetis;* germine cum pedicello continuo, 5-ptero; alis quoad loculos dorsalibus. Antheræ 10, dorso muticæ v. calcaratæ. Fructus carnosus, 5-gonus, 5-locularis v. ob septa spuria 10-locellatus. Cætera *Agapetis.* — Frutices epiphytici; ramis nunc pendulis; foliis alternis; floribus[7] axillaribus solitariis v. corymbiformi-cymosis; pedicellis basi bracteolatis. (*Himalaya or., Khasia mont.*[8])

1. In *Hook. Icon.*, t. 1159. — DRUDE, *loc. cit.*, 56.
2. Spec. 1. *N. Schomburgkiana* HOOK. F., *loc. cit.*
3. *Gen. Syst.*, III, 862. — DC., *Prodr.*, VII, 553 (sect. 1). — B. H., *Gen.*, II, 571, n. 15. — DRUDE, *loc. cit.*, 55. — *Caligula* KL., in *Linnæa*, XXIV, 28. — *Paphia* SEEM., *Journ. Bot.* (1864), 77; *Fl. Vit.*, 146, t. 28. — ? *Acosta* LOUR., *Fl. cochinch.*, 267 (ex DUN.).

4. Coccinea, rosea v. alba roseo-irrorata.
5. Spec. ad 25. HOOK. F., *Ill. himal.*, t. 15 A (*Vaccinium*). — M. ARG., in *Trim. Journ. Bot.* (1886), 90. — C.-B. CLKE, in *Hook. f. Fl. brit.- Ind.*, III, 443.
6. In *Linnæa*, XXIV, 47. — B. H., *Gen.*, II, 572, n. 16. — DRUDE, *loc. cit.*, 55.
7. Albis flavisve rubro-irroratis v. rubris.
8. Spec. 3. WIGHT, *Ill.*, t. 114; *Ic.*, t. 1183 (*Vaccinium*). — GRIFF., *Notul.*, IV, 301; *Ic.*.

VII. ARBUTEÆ.

66. Arbutus T. — Flores regulares; sepalis 5, persistentibus. Corolla urceolata, ovoidea v. subglobosa; dentibus 5, imbricatis recurvis. Stamina 10, inclusa; filamentis imæ corollæ adnatis, basi dilatatis; antheris dorsifixis, compressis, apice 2-porosis aristisque 2 dorsalibus recurvis munitis. Discus 10-lobus. Germen sessile; loculis 5, alternisepalis; stylo apice minute 5-lobo; ovulis ∞, placentæ angulo interiori affixæ insertis. Fructus baccatus, lævis v. tuberculatus. Semina ∞, compresso-angulata, extus coriacea et utrinque apiculata; albumine corneo; embryone clavato axili. — Arbusculæ v. frutices; foliis persistentibus alternis, integris v. denticulatis penninerviis; racemis simplicibus v. compositis, sæpe fasciculatis; pedicellis bracteatis et bracteolatis. (*Europa austro-occid., America bor.-occid.*) — *Vid. p.* 139.

67. Arctostaphylos ADANS.[1] — Flores fere *Arbuti*, 5-meri; perianthio antherisque poricidis *Arbuti*. Discus hypogynus, subinteger v. sæpius 7-10-lobus. Germen 5-loculare; ovulis in loculis singulis 1, 2, descendentibus; micropyle introrsum supera; funiculo brevi ad apicem nunc incrassato. Fructus drupaceus, lævis v. verrucosus; pyrenis 5, v. 1, 5-10-loculari; seminibus 5, v. 1-4, albuminosis; integumento membranaceo. Cætera *Arbuti*. — Arbores v. fruticuli erecti v. procumbentes; foliis alternis, integris v. serratis, coriaceis, persistentibus v. raro deciduis; floribus[2] in racemos terminales simplices v. ramosos dispositis. (*Hemisph. bor. reg. frigid. et temp., America bor. austro.-occ.*[3])

---

t. 518 (*Thibaudia*); *Ic. pl. as.*, t. 506 (*Gaylussacia*). — C.-B. CLKE, in *Hook. f. Fl. brit. Ind.*, III, 449. — *Bot. Mag.*, t. 4910, 5198. — *Fl. serres*, sér. 2, I, 145.

1. *Fam. des pl.*, II, 165. — DC., *Prodr.*, VII, 584. — KL., in *Linnæa*, XXIV, 78. — ENDL., *Gen.*, n. 4327. — B. H., *Gen.*, III, 581, n. 2. — DRUDE, *loc. cit.*, 48. — *Xylococcus* NUTT., in *Trans. Amer. Phil. Soc.*, ser. 2, VIII, 268. — *Xerobotrys* NUTT , *loc. cit.*, 267. — *Mairania* NECK., *Elem.*, I, 219. — *Comarostaphylis* ZUCC., *Nov. St.*, II, 24. — *Daphnidostachys* KL., *loc. cit.*

2. Albis, roseis v. flavis.

3. Spec. ad 15. H. B. K., *Nov. gen. et spec.*, t. 258, 259. — NUTT., in *Amer. Phil. Trans.*, VIII, 266. — HOOK., *Fl. bor.-amer.*, t. 130, (*Arbutus*); *Icon.*, t. 27 (*Arbutus*). — A. GRAY, in *Proc. Amer. Acad.*, VII, 366; *Bot. Newberr. Exped.*, 22, t. 3. — TORR., in *Emor. Not. Mil. rec.*, t. 7. — S.-WATS., *Bot.* 40'' *parall.*, 210. — REICHB., *Ic. Fl. germ.*, t. 1167. — GREN. et GODR., *Fl. de Fr.*, II, 426. — H. BN, *Iconogr. Fl. fr.*, n. 363. — HEMSL , *Bot. centr.-amer.*, II, 277. — *Bot. Reg.*, t. 1791, 1844; (1843), t. 30; (1844), t. 17; (1845), t. 32. — *Bot. Mag.*, t. 3320, 3904, 3927. — WALP., *Rep.*, II, 726; *Ann.*, II, 1107; 1108 (*Xerobotrys*).

68. **Pernettya** GAUDICH.[1]—Flores polygami (fere *Arbuti*), 5-meri; calyce nunc petaloideo, 5-fido, persistente immutato. Corollæ urceolatæ v. subglobosæ lobi breves, leviter imbricati, recurvi. Stamina imæ corollæ inserta; filamentis basi dilatatis; antheris dorsifixis introrsis, apice tubulosis ibique 2-cuspidatis v. raro muticis, poricidis. Discus 5-10-lobus. Gynæceum *Arbuti;* ovulis ∞, placentæ tumidæ angulo loculorum interno adnatæ insertis; stylo apice stigmatoso subintegro. Fructus[2] baccatus; seminibus ∞, pulpa immersis, obtuse angulatis compressiusculis; embryone albumini carnoso æquilongo recto. — Frutices v. fruticuli; foliis alternis petiolatis rigidis coriaceis persistentibus penninerviis; floribus[3] axillaribus solitariis v. in racemos terminales et axillares dispositis; pedicellis arcuatis, bracteatis et 2-bracteolatis. (*America utraque, Nova Zelandia, Tasmania*[4].)

VIII. CLETHREÆ.

69. **Clethra** L. — Flores regulares; sepalis 5, liberis v. basi connatis imbricatis, persistentibus. Petala 5, subintegra v. emarginato-2-loba imbricata. Stamina 10; filamentis liberis v. basi cohærentibus; antheris primum extrorsis, demum introrsis, poricidis; poris elongatis hiantibus, primum extrorsis inferisque, demum superis introrsis. Pollen simplex. Discus tenuis v. 0. Germen 3-loculare, nunc 3-lobum; stylo cylindraceo, apice stigmatoso simplici v. 3-fido; ovulis ∞, placentæ prominulæ descendenti undique affixis. Capsula 3-locularis, loculicida; valvis ab axi placentifero solutis. Semina ∞, angulato-compressa; integumento exteriore celluloso sæpe in alam laceram producto; albumine carnoso; embryone cylindraceo axili. — Arbores v. frutices; indumento vario; foliis alternis, sæpe persistentibus, petiolatis, integris v. dentatis; floribus in racemos simplices v. com-

1. In *Ann. sc. nat.*, sér. 1, V, 102; in *Freycin. Voy., Bot.*, 454, t. 67. — DC., *Prodr.*, VII, 586. — ENDL., *Gen.*, n. 4324. — B. H., *Gen.*, II, 582, n. 3.
2. Albus v. purpureus.
3. Albis v. roseis, parvis, nutantibus.
4. Spec. ad 15. CAV., *Icon.*, VI, t. 562, fig. 1 (*Andromeda*). — HOMBR. et JACQUIN., *Voy. Pôle*

sud, *Bot.*, t. 22. — HOOK., *Icon.*, t. 9. — C. GAY, *Fl. chil.*, IV, 352. — MEISSN., in *Mart. Fl. bras.*, VII, 149, t. 53. — FR., *Bot. Cap Horn*, 352. — HOOK. F., *Fl. tasm.*, I, t. 73; *Handb. N.-Zeal. Fl.*, 176. — *Bot. Reg.*, t. 1675 (*Arbutus*); (1840), t. 63. — *Bot. Mag.*, t. 3093 (*Arbutus*), 3889, 4920. — WALP., *Rep.*, II, 726; VI, 416; *Ann.*, I, 478; II, 1110.

positos, terminales v. subterminales, dispositis; pedicellis bracteatis. (*America temp.*, *Malaisia*, *Japonia*, *Africa insul. bor.-occid.*) — *Vid. p.* 141.

IX. COSTEEÆ.

70. **Costæa** A. RICH. — Flores regulares; sepalis 5, imbricatis inæqualibus: exterioribus 2, maximis; interioribus autem 2, linearibus minoribus. Petala 5, imbricata v. contorta. Stamina 10, hypogyna; filamentis liberis; antheris lanceolatis, primum extrorsis, demum introrsis; loculis sub apice breviter poriformi-rimosis; poris primum extrorsis inferisque, demum superis introrsis. Discus tenuis. Germen 4, 5-loculare; stylo simplici, apice stigmatoso tenui. Ovula in loculis 1, descendentia; micropyle introrsum supera. Fructus siccus indehiscens; loculis 1-spermis. Semina descendentia; funiculo brevi; albumine carnoso; embryonis axilis radicula supera cylindracea. — Frutices; foliis alternis sessilibus integris; floribus in racemos terminales nutantes dispositis; pedicellis basi bracteatis et sub apice articulatis. (*Antillæ*, *Columbia.*) — *Vid. p.* 143.

X. EMPETREÆ.

71. **Empetrum** L. — Flores polygamo-diœci regulares; receptaculo convexiusculo. Sepala 3, suborbiculata carnosula imbricata. Petala 3, alterna, longiora obovato-oblonga, magis colorata membranaceaque, imbricata. Stamina 3, alternipetala hypogyna; filamentis liberis (in flore fœmineo anantheris v. 0); antherarum dorsifixarum loculis muticis exsertis, ad margines rimosis. Germen superum, 6-9-loculare; stylo cylindraceo, mox in lobos 6-9 radiato-patentes, dentatos v. 2-fidos, dilatato. Ovula in loculis solitaria, ab imo angulo interno adscendentia; micropyle extrorsum infera; funiculo brevi incrassato arilliformi. Fructus drupaceus; pyrenis 6-9, obovoideo-3-quetris. Semina adscendentia; hilo lineari; testa tenui; albumine carnoso; embryone axili tereti, albumini subæquali; cotyledonibus brevibus; radicula cylindracea infera. — Frutex ericoideus ramosis-

simus; foliis alternis crebris obtusis coriaceis, dorso sulcatis; floribus axillaribus solitariis; pedicello brevi, apice paucibracteato. (*Orbis utriusque hemisph. bor.*) — *Vid. p.* 144.

72. Corema DON[1]. — Flores (fere *Empetri*) diœci; perianthii foliolis 6, 2-seriatis[2]. Stamina 3[3], exserta; antheris introrsis exsertis, 2-rimosis. Germen (in flore masculo rudimentarium v. 0) 3-loculare[4]; stylo exserto; ramis 3, intus stigmatosis, apice obtusis v. sæpe emarginatis. Durpa 3-pyrena, semina cæteraque *Empetri*. — Fruticuli ericoidei; foliis alternis crebris teretibus, subtus sulcatis; floribus masculis terminali-capitatis; fœmineorum capitulis fructibusque terminalibus, demum, ob ramum accrescentem, lateralibus. (*Europa austro-occ., ins. Azores, America bor.*[5])

73. Ceratiola MICHX[6]. — Flores (fere *Empetri*) diœci; perianthii foliolis 4-6, 2-seriatim imbricatis. Stamina sæpius 2, centralia. Germen 2-loculare; stylo 2-ramoso cæterisque *Coremæ*. Drupa 2-pyrena. — Fruticulus ericoideus virgatus; foliis crebris linearibus, subtus sulcatis; floribus axillaribus 2, 3, subsessilibus. (*America bor. calid.*[7])

XI. EPACREÆ.

74. Epacris CAV. — Flores regulares; receptaculo convexo. Sepala 5, extus ∞-bracteata, imbricata. Corollæ tubus subcampanulatus v. sæpius cylindraceus; lobis 5, imbricatis, demum patentibus. Stamina 5; filamentis tubo corollæ adnatis; antheris dorsifixis introrsis, 1-rimosis, omnino v. ex parte inclusis. Disci squamæ 5, liberæ v. connatæ. Germen 5-loculare; loculis alternisepalis; stylo

1. In *Edinb. N. Phil. Journ.*, II (1826-27), 63. — ENDL., *Gen.*, n. 5760. — H. BN, in *Payer Fam. nat.*, 261. — A. DC. *Prodr.*, XVI, I, 27. — B. H., *Gen.*, III, 414, n. 2. — *Oakesia* TUCKERM., in *Hook. Lond. Journ.*, I, 445. — *Tuckermannia* KL., in *Wiegm. Arch.*, VII, 248. — *Eulucum* RAFIN. (ex DC.).

2. In flore fœmineo brevioribus. Interiora verisimiliter pro petalis habenda.

3. Nunc raro 4, 5.

4. Raro 2-4-loculare.

5. Spec. 2. LINK et HFFMG, *Fl. port.*, t. 72 (*Empetrum*). — HOOK., *Icon.*, t. 531. — A. GRAY, *Chlor. bor.-amer.*, t. 1.

6. *Fl. bor.-amer.*, II, 221. — ENDL., *Gen.*, n. 5762. — H. BN, in *Payer Fam. nat.*, 261. — A. DC., *Prodr.*, XVI, I, 27. — B. H., *Gen.*, II, 414, n. 3.

7. Spec. 1. PURSH, *Fl. Am. sept.*, t. 13. — BERTOL., *Misc. bot.*, XIII, t. 1 (*Empetrum*). — CHAPM., *Fl. S. Unit.-St.*, 411. — *Bot. Mag.*, t. 2758.

brevi longove, summo germini intruso affixo, apice stigmatoso septali-
5-lobulato varie dilatato. Ovula ∞, placentæ axi affixæ inserta.
Capsula loculicida; valvis 5, medio intus septiferis et ab axi placentifero solutis. Semina ∞, albuminosa. — Frutices; foliis alternis,
sessilibus v. petiolatis, confertis v. imbricatis, basi articulatis; floribus in axillis superioribus solitariis, nunc terminali-spicatis v.
racemosis, bracteatis. (*Oceania.*) — *Vid. p.* 146.

- 75. **Lysinema** R. Br.[1] — Flores fere *Epacridis;* sepalis 5, inferne
in bracteas ∞ consimiles abeuntibus. Corolla hypocraterimorpha;
lobis 5, tortis, sinistrorsum obtegentibus. Stamina 5; antheris 1-
rimosis. Disci squamæ 5, sæpius lineari-subulatæ. Germen 5-locu-
lare; ovulis in loculo quoque paucis, 2-seriatim adscendentibus.
Capsula loculicida; seminibus adscendentibus. — Frutices virgati,
erecti v. prostrati; floribus[2] axillaribus solitariis; inflorescentia terminali sæpius spiciformi v. capituliformi. (*Australia*[3].)

76? **Archeria** Hook. f.[4] — Flores *Epacridis;* corollæ tubo tubu-
loso-subcampanulato v. cylindraceo-ventricoso; lobis imbricatis.
Discus cupularis, annularis v. 0. Cætera *Epacridis.* — Frutices v.
fruticuli; habitu foliisque *Epacridis;* floribus[5] terminali-racemosis
paucis; pedicellis basi bracteatis; bracteis paucis parvis deciduis.
(*Nova Zelandia, Tasmania*[6].)

77. **Sprengelia** Sm.[7] — Sepala 5, imbricata. Corolla rotata v.
breviter campanulata; lobis[8] 5, elongatis imbricatis, demum patentibus. Stamina 5, hypogyna; filamentis brevibus v. elongatis flexuosis;
antheris elongatis, sub medio dorsifixis, in tubum circa stylum diu
cohærentibus, 1-rimosis[9]. Discus obsoletus. Germen 5-loculare;
stylo vertici germinis intruso inserto, apice stigmatoso capitellato.
Ovula ∞, placentæ angulo interiori affixæ insertis. Capsula locu-

1. *Prodr.*, 552. — Endl., *Gen.*, n. 4282.
— B. H., *Gen.*, II, 615, n. 18. — *Woollsia* F.
Muell., *Fragm. phyt. Austral.*, VIII, 52, 55.
— Drude, *loc. cit.*, 75.
2. Albis v. roseis.
3. Spec. 5. Cav., *Icon.*, t. 346 (*Epacris*). —
Sond., in *Lehm. Pl. Preiss.*, I, 317. — Turp., in
Dict. sc. nat., Atl., t. 72 (*Epacris*).— Benth.,
Fl. austral., IV, 242. — *Bot. Mag.*, t. 1199
(*Epacris*).
4. *Fl. tasm.*, I, 262, t. 80, 81; *Handb. N.*

Zeal. Fl., 179. — B. H., *Gen.*, II, 616, n. 19.
— Drude, *loc. cit.*, 76.
5. Albis.
6. Spec. 5. Benth., *Fl. austral.*, IV, 245.
7. *Tracts*, 272, t. 2. — Turp., in *Dict. sc.
nat.*, Atl., t. 73. — DC., *Prodr.*, VII, 768. —
Endl., *Gen.*, n. 4288. — B. H., *Gen.*, II, 617,
n. 23. — *Poiretia* Cav., *Ic.*, IV, 25, t. 343. —
Ponceletia R. Br., *Prodr.*, 554.
8. Nunc basi distinctis.
9. Septo spurio medio antheræ prominulo.

licida; valvis medio septiferis, a columella placentifera solutis. — Frutices erecti v. prostrati glabri; ramis denudatis haud cicatricatis; foliis concavis, basi sæpe vaginantibus, pungentibus; supremis bracteiformibus. Flores axillares solitarii terminali-spicati, bracteis ∞ foliaceis imbricatis stipati. (*Australia*[1].)

78. Andersonia R. Br.[2] — Flores[3] fere *Sprengeliæ;* sepalis 5; corollæ tubo cylindraceo, nunc supra germen constricto; lobis 5, valvatis, intus plerumque barbatis. Antheræ dorsifixæ v. subbasifixæ. Discus annularis v. 5-lobus. Ovula ∞, e placenta subbasilari adscendentia. Fructus cæteraque *Sprengeliæ.* — Frutices v. fruticuli; foliis e basi vaginante erectis v. patentibus; superioribus in bracteas abeuntibus; floribus 2-∞-bracteatis. (*Australia austro-occid.*[4])

79. Cosmelia R. Br.[5] — Flores fere *Sprengeliæ;* sepalis 5, scariosis. Corollæ[6] tubulosæ lobi 5, quincunciali-imbricati. Stamina 5, fauci corollæ affixa; antheris connectivo cum filamento lato compresso continuo intus adnatis. Stylus apice dilatato-capitatus. Ovula ∞, placentis adscendentibus inserta. Capsulæ valvæ a columella placentifera solutæ. — Frutex erectus glaber; foliis e basi vaginante concavis coriaceis pungentibus; floribus ramulos foliaceo-bracteatos terminantibus. (*Australia austro-occid.*[7])

80. Prionotis R. Br.[8] — Sepala 5, quincunciali-imbricata. Corollæ tubus ad faucem constrictus; limbi lobis 5, imbricatis. Stamina 5, hypogyna; filamentis longis; antheris adnatis, 1-rimosis. Disci squamæ 5, parum evolutæ. Germen circa stylum valde intrusum in lobos 5 productum; loculis 5; placenta in singulis peltata, ∞-ovulata. Capsula loculicida, ad medium 5-loba; valvis ab axi solutis. — Frutex gracilis; ramis prostratis v. scandentibus; foliis oblongis coriaceis,

1. Spec. 3. ANDR., *Bot. Rep.*, t. 2. — LODD., *Bot. Cab.*, t. 262. — BENTH., *Fl. austral.*, IV, 248.

2. *Prodr.*, 553. — POIR., *Suppl.*, 11, 45. — SPRENG., *Syst.*, I, 630. — ENDL., *Gen.*, n. 4286. — DC., *Prodr.*, VII, 766. — B. H., *Gen.*, II, 617, n. 24. — *Atherocephala* DC., *Prodr.*, VII, 755. — *Homalostoma* STSCHEGL., in *Bull. Mosc.* (1859), I, 21. — *Sphincterotoma* STSCHEGL., *loc. cit.*, 22.

3. Albi, rosei v. cærulei; calyce colorato.

4. Spec. 19. LODD., *Bot. Cab.*, t. 263. —

BENTH., *Fl. austral.*, IV, 249. — *Bot. Mag.*, t. 1645.

5. *Prodr.*, 553. — DC., *Prodr.*, VII, 766.— ENDL., *Gen.*, n. 4285. — B. H., *Gen.*, II, 617, n. 22. — DRUDE, *loc. cit.*, 74.

6. Rubræ, majusculæ.

7. Spec. 1. *C. rubra* R. BR. — BENTH., *Fl. austral.*, IV, 247. — *Bot. Reg.*, t. 1822. — *Fl. serres*, sér. 2, I, t. 1175.

8. *Prodr.*, 552. — DC., *Prodr.*, VII, 766.— ENDL., *Gen.*, n. 4284. — B. H., *Gen.*, II, 616, n. 20. — DRUDE, *loc. cit.*, 73.

obtuse dentatis; floribus[1] ad axillas superiores solitariis, longe pedunculatis pendulis; pedunculo bracteato. (*Tasmania*[2].)

81. Lebetanthus ENDL.[3] — Sepala 5, imbricata. Corollæ urceo-
lato-campanulatæ lobi 5, breves, leviter imbricati, demum recurvi.
Stamina 5, hypogyna; filamentis superne dilatatis; antheris summo
filamento oblique adnatis, 1-rimosis. Discus cupularis. Germinis
loculi 5; stylo elongato; lobis stigmatosis septalibus extus annulo
cinctis. Ovula ∞, placentæ obovoideæ descendenti sub apice affixa
descendentia. Capsula loculicida; seminibus descendentibus fusiformibus albuminosis; integumento extimo laxo. —Fruticulus subscandens glaber; foliis distichis subsessilibus parvis ovatis denticulatis;
floribus[4] axillaribus solitariis, breviter pedunculatis. (*America merid.
austr.*[5])

82. Dracophyllum LABILL.[6] — Sepala 5, extus ∞-bracteata.
Corolla tubulosa v. campanulata; limbi lobis 5, imbricatis, demum
patentibus; sinubus nunc plicatis. Stamina 5; filamentis imæ corollæ v. sub germine affixis; antheris ad medium v. altius dorsifixis,
integris v. 2-fidis, 1-rimosis. Disci squamæ 5. Germen 5-loculare;
vertice intrusum; stylo apice septali-5-lobo. Ovula ∞, placentæ descendenti plus minus stipitatæ v. subspathulatæ affixa. Capsula loculicida; valvis 5, ab axi solutis. —Arbusculæ v. frutices; ramis inferne
annulari-cicatricatis; foliis e basi vaginante elongatis v. gramineis,
integris v. serrulatis; floribus[7] in racemos v. spicas simplices com-
positosve, nunc capitatos, dispositis, nunc secundis; cymulis v. verti-
cillis in axilla bractearum foliacearum deciduarum insertis. (*Oceania,
America austr. extratrop.*[8])

1. Coccineis.

2. Spec. 1. *P. cerinthoides* R. BR. — BENTH., *Fl. austral.*, IV, 246. — HOOK. F., *Fl. tasm.*, I, 262. — *Epacris cerinthoides* LABILL., *Pl. N.-Holl.*, I, 43, t. 59.

3. *Gen.*, n. 4283. — B. H., *Gen.*, II, 616, n. 21. — *Allodape* ENDL., *Enchirid.*, 363. — HOOK., *Icon.*, t. 30. — *Jacquinotia* HOMBR. et JACQ., *Voy. Pôle sud, Bot., Dicot.*, t. 22 B, 22 bis.

4. Albis, parvis.

5. Spec. 1. *L. americanus* ENDL. — HOOK. F., *Fl. antarct.*, II, 327. — FR., *Bot. Cap Horn*, 352. — WALP., *Rep.*, VI, 432; *Ann.*, V, 456.

6. *Voy.*, II, 211, t. 40; *Pl. N.-Holl.*, II, 118.

—DC., *Prodr.*, VII, 769. —ENDL., *Gen.*, n. 4292. — PAYER, *Organog.*, 578, t. 120. — B. H., *Gen.*, II, 618, n. 26. — *Sphenotoma* R. BR., *Prodr.*, 556.

7. Albis v. roseis.

8. Spec. ad 25. FORST., *Char. gen.*, t. 10 (*Epacris*). — GUILLEM., *Ic. Fl. austral.*, t. 1. — HOOK., *Ic.*, t. 845. — HOOK. F., *Fl. antarct.*, t. 31-33; *Handb. N.-Zeal. Fl.*, 180. — REICHB., *Ic. exot.*, t. 108. — HOMBR. et JACQ., *Voy. Pôle sud, Dicot.*, t. 27. — LODD., *Bot. Cab.*, t. 1346, 1846. — BENTH., *Fl. austral.*, IV, 261. — F. MUELL., *Fragm.*, VIII; 27. — AD. BR. et GR., in *Ann. sc. nat.*, sér. 5, II, 56. — *Bot. Reg.*, t. 1515. — *Bot. Mag.*, t. 2678, 3624. — WALP., *Rep.*, VI, 433; *Ann.*, V, 457.

83. Richea R. BR.[1] — Flores *Dracocephali;* corollæ ovoideæ v. tubuloso-conicæ limbo clauso; tubo versus basin persistentem circumcisso. Stamina hypogyna; antheris integris v. 2-lobis, 1-rimosis. Ovula in loculis pauca v. ∞; placenta cæterisque *Dracocephali.* — Arbusculæ v. frutices, nunc simplices; ramis foliorum cicatricibus annulatis; foliis brevibus v. elongatis angustis, basi vaginantibus, nunc gramineis, integris v. serrulatis; floribus[2] in racemos terminales simplices v. composito-ramosos dispositis, bracteatis et bracteolatis. (*Australia austro-or.*, *Tasmania.*[3])

XII. STYPHELIEÆ.

84. Styphelia SM. — Flores regulares; receptaculo convexo. Sepala 5, imbricata. Corollæ tubus cylindraceus v. subventricosus; fauce glabra v. villis fasciculatis 5-seriatim aucta; limbi lobis 5, valvatis, revolutis, intus barbatis. Stamina 5, sub fauce affixa; filamentis glabris; antheris dorsifixis exsertis, introrsum 1-rimosis. Discus 5-lobus v. e squamis liberis 5. Germen 5-loculare; stylo apice minute 5-lobulato; lobis stigmatosis septalibus. Ovula in loculis solitaria descendentia; micropyle introrsum supera. Fructus drupaceus v. subsiccus; putamine 1-5-loculari. Semina descendentia; albumine carnoso; embryonis axilis teretis radicula supera elongata; cotyledonibus brevibus. — Frutices erecti v. decumbentes; foliis breviter petiolatis v. sessilibus acuminatis striato-nervosis; floribus axillaribus in pedunculo communi 4; inferioribus 3 rudimentariis v. imperfectis; bracteis sub flore pluribus, quarum 1, 2 majores imumque calycem amplectentes; bracteolis 2. (*Australia temp.*) — *Vid.* p. 148.

85? Leucopogon R. BR.[4] — Flores fere *Stypheliæ;* sepalis 5,

---

1. *Prodr.*, 555. — DC., *Prodr.*, VII, 769. — ENDL., *Gen.*, n. 4291. — B. H., *Gen.*, II, 617, n. 25. — DRUDE, *Pflanzenfam.*, Lief. 38, p. 74, t. 47. — *Cystanthe* R. BR., *Prodr.*, 555. — *Pilitis* LINDL., *Introd.*, ed. 2, 443.

2. Albis v. roseis.

3. Spec. 18. HOOK., *Icon.*, t. 850. — GUILLEM., *Icon. pl. austral.*, t. 3. — HOMBR. et JACQUIN., *Voy. Pôle sud, Dicot.*, t. 29. — HOOK. F.,

Fl. tasm., t. 82-86. — BENTH., *Fl. austral.*, IV, 257.

4. *Prodr.*, 541. — DC., *Prodr.*, VII, 743. — ENDL., *Gen.*, n. 4273. — PAYER, *Organog.*, 577, t. 119. — B. H., *Gen.*, II, 614, n. 12. — *Perojoa* CAV., *Ic.*, IV, t. 349. — *Peroa* PERS., *Syn.*, I, 174. — *Pentaptelion* TORCZ., in *Bull. Mosc.* (1863), II, 194. — *Phanerandra* STSCHEGL., in *Bull. Mosc.* (1859), I, 20.

imbricatis. Corollæ tubus infundibularis v. subcampanulatus, superne intus glaber v. pilosus; limbi lobis 5, valvatis, recurvis, basi v. undique intus barbatis. Stamina inclusa v. semi-exserta; antheris linearibus v. oblongis, superne nunc sphacelatis, 1-rimosis. Disci lobi 5, liberi v. connati. Germen 2-10-loculare; stylo brevi v. longo, apice 2-10-lobo; lobis parvis v. magnis septalibus stigmatosis. Ovula in loculis 1. Drupa parce carnosa; putamine 2-10-loculari. Cætera *Styphelia.* — Arbores v. sæpius frutices; foliis sessilibus v. petiolatis; floribus[1] in spicas terminales axillaresve 1-∞-floras dispositis; flore terminali imperfecto; bractea sub flore 1 bracteolisque 2. (*Australia, Nova Zelandia, Arch. Malay. et Pacific.* [2])

86? **Cyathopsis** AD. BR. et GR.[3] — Flores[4] fere *Leucopogonis*[5], 4-meri; sepalis decussatis; corollæ lobis valvatis. Stamina 4; filamentis imo tubo corollæ adnatis glabris; antheris linearibus, 1-rimosis. Germinis loculi 8; disco cupulari submembranaceo. — Frutex glaber ramosissimus; foliis alternis crebris obtusis coriaceis, subtus glaucis; racemis spiciformibus brevibus ad folia suprema axillaribus, 1-bracteatis et 2-bracteolatis. (*Nova Caledonia*[6].)

87. **Lissanthe** R. BR.[7] — Flores fere *Styphelia;* sepalis 5, imbricatis. Corollæ tubus subcylindricus, infundibularis v. suburceolatus, intus glaber v. varie pilosus; lobis 5, brevibus glabris valvatis. Stamina 5, fauci inserta; filamentis brevibus; antheris nunc subexsertis brevibus, 1-rimosis. Stylus apice parvo subinteger. Drupæ putamen osseum, 3-5-loculare. — Frutices erecti v. diffusi; foliis alternis, pungentibus v. obtusis; floribus[8] in spicas v. racemulos terminales axillaresve dispositis, 1-bracteatis et 2-bracteolatis[9]. (*Australia or., Tasmania* [10].)

1. Albis parvis.

2. Spec. ad 125. CAV., *Ic.*, t. 347 (*Epacris*). — LABILL., *Pl. N.-Holl.*, t. 60, 64–66 (*Styphelia*); *Sert. austro-caled.*, t. 39. — SWEET, *Fl. austral.*, t. 47. — AD. BR., *Voy. Coq., Bot.*, t. 53; in *Ann. sc. nat.*, sér. 5, II, 153. — RUDG., in *Trans. Linn. Soc.*, VIII, t. 8 (*Styphelia*). — RAOUL, *Ch. pl. N. Zél.*, t. 12. — GUILLEM., *Ic. pl. austral.*, t. 10. — HOOK., *Icon.*, t. 898. — HOOK. F., *Fl. tasm.*, t. 75 A, 75 B; *Handb. N.-Zeal. Fl.*, 177. — SEEM., *Fl. vit.*, 147. — BENTH., *Fl. austral.*, IV, 176. — *Bot. Reg.*, t. 1560. — *Bot. Mag.*, t. 3162, 3251. — WALP., *Ann.*, V, 454.

3. In *Ann. sc. nat.*, sér. 5, II, 152. — B. H., *Gen.*, II, 615, n. 16.

4. Albi parvi.

5. Genus, auctorum more, parvi momenti, dum flores occurrant hinc inde 5-meri; forte melius *Leucopogonis* sectio.

6. Spec. 1. *C. floribunda* AD. BR. et GR.

7. *Prodr.*, 540. — DC., *Prodr.*, VII, 742. — ENDL., *Gen.*, n. 4272. — B. H., *Gen.*, II, 613, n. 11.

8. Albis v. roseis parvis.

9. Flore terminali nunc rudimentario.

10. Spec. 3. BENTH., *Fl. austral.*, IV, 175. — *Bot. Reg.*, t. 1275. — *Bot. Mag.*, t. 3147.

88. Acrotriche R. Br.[1] — Flores 4, 5-meri; sepalis imbricatis. Corollæ lobi 4, 5, valvati, demum patentes, intus barbati v. penicillati; fauce pilis fasciculatis v. squamis pilosis clausa. Stamina 4, 5, sub fauce affixa; antheris obtusis, 1-rimosis. Germen 2-10-loculare; stylo apice truncato v. obtuse lobulato. Drupæ putamen 2-10-loculare, v. putamina cohærentia 2-10. — Fruticuli rigidi; ramis divaricatis; foliis variis mucronatis parvis; floribus in spicas sessiles v. pedunculatas dispositis, nunc fasciculatis, ad axillas foliorum coetanorum v. anni præcedentis insertis. (*Australia extratrop.*[2])

89. Oligarrhena R. Br.[3] — Sepala 4, decussatim imbricata. Corollæ campanulatæ lobi 4, valvati. Stamina 4, alterniloba, sub apice tubi affixa, quorum alterna 2, sæpe ad staminodia reducta v. 0; antheris inclusis, 1-rimosis. Disci squamæ 4. Germen 2-loculare; stylo brevi; ovulis in loculo solitariis; raphe dorsali. Drupa 2-locularis. — Fruticulus ericoideus; foliis alternis parvis; spicis axillaribus parvis; floribus 1-bracteatis et 2-bracteolatis. (*Australia*[4].)

90. Monotoca R. Br.[5] — Sepala 4, 5, imbricata. Corollæ tubus campanulatus v. cylindraceus; limbi lobis 4, 5, valvatis. Stamina 4, 5, corollæ ori affixa; antheris e filamento brevi descendentibus, demum cum corollæ lobis patentibus, 1-rimosis[6]. Disci squamæ liberæ v. connatæ. Germen 1-loculare[7]; stylo brevi, apice obliquo lobulato. Ovulum 1, descendens; micropyle introrsum supera. Drupa parva; putamine coriaceo v. crustaceo, 1-spermo. — Arbusculæ v. frutices; foliis alternis; floribus[8] terminali-spicatis v. racemosis, rarius solitariis. (*Australia*[9].)

91. Brachyloma Sond.[10] — Flores fere *Styheliæ;* corollæ tubo brevi; lobis elongatis imbricatis v. valvatis; fauce intus pilis deflexis

1. *Prodr.*, 547. — ENDL., *Gen.*, n. 4275. — B. H., *Gen.*, II, 614, n. 13. — DRUDE, *loc. cit.*, 78. — *Fræbelia* REG., *Gartenfl.*, I, 164, t. 18.

2. Spec. 7, 8. LABILL., *Pl. Nov.-Holl.*, I, t. 62 (part.). — BENTH., *Fl. austral.*, IV, 225. — *Bot. Mag.*, t. 3171.

3. *Prodr.*, 549. — DC., *Prodr.*, VII, 760. — ENDL., *Gen.*, n. 4280. — B. H., *Gen.*, II, 615, n. 15. — DRUDE, *loc. cit.*, 79.

4. Spec. 1. *O. micrantha* R. BR. — SOND., in *Pl. Preiss.*, I, 326. — BENTH., *Fl. austral.*, IV, 232.

5. *Prodr.*, 546. — DC., *Prodr.*, VII, 755. — ENDL., *Gen.*, n. 4274. — B. H., *Gen.*, II, 615, n. 14. — DRUDE, *loc. cit.*, 78.

6. Nunc, floribus polygamis, sterilibus.

7. Raro 2-loculare.

8. Albis, parvis. Loculus solitarius anticus.

9. Spec. ad 6. LABILL., *Pl. Nov.-Holl.*, I, t. 61 (*Styphelia*). — SPRENG., *Syst.*, 1, 654; *Gen.*, I, 127; *Anleit.*, II, 520. — BENTH., *Fl. austral.*, IV, 229.

10. In *Pl. Preiss.*, I, 304. — B. H., *Gen.*, 613, n. 9. — DRUDE, *loc. cit.*, 79. — *Lobopogon* SCHLCHTL, in *Linnæa*, XX, 620.

v. squamis deflexis piliferis oppositilobis aucta. Stamina 5, inclusa v. subinclusa; antheris 1-rimosis. Drupa depresso-globosa; putamine 5-loculari, 5-spermo. — Frutices erecti v. prostrati; foliis sessilibus v. petiolatis; floribus axillaribus, 2-bracteolatis; pedunculo brevi; bracteolis parvis v. 0. (*Australia mer.*[1])

92. **Needhamia** R. Br.[2] — Sepala 5, imbricata. Corollæ tubulosæ, intus nudæ, lobi 5, induplicato-valvati; sinubus prominulis; apicibus acutatis incurvis. Stamina 5, tubo inclusa; filamentis brevibus. Germen 2-loculare; stylo brevi, apice stigmatoso capitato. Ovula solitaria descendentia; micropyle introrsa. Drupa; endocarpio 1, 2-loculari; carne parca. — Fruticulus ramosus; foliis oppositis et alternis minutis sessilibus; floribus axillaribus solitariis sessilibus terminalispicatis, 2-bracteolatis. (*Australia austro-occid.*[3])

93. **Coleanthera** Stschegl.[4] — Flores fere *Stypheliæ;* corollæ tubo brevi; limbi lobis 5, linearibus barbatis revolutis; fauce barbata. Stamina 5; antheris dorsifixis superne in conum exsertum cohærentibus, 1-rimosis. Drupa, nunc subsicca; putamine 1-5-loculari. — Frutices erecti; foliis sessilibus v. breviter petiolatis, planis v. convexis; floribus in summo pedunculo 1-3; lateralibus sæpe rudimentariis; bracteis sub flore paucis; bracteolis 2. (*Australia*[5].)

94. **Melichrus** R. Br.[6] — Flores fere *Stypheliæ;* sepalis 5, imbricatis, extus pluribracteatis et 2-bracteolatis. Corollæ tubus brevis latusque, intus squamis 5 oppositipetalis dense glandulosis auctus. Stamina 5, tubo affixa inclusa; filamentis brevissimis; antheris dorsifixis, brevibus v. oblongis integris, 1-rimosis. Stylus apice 5-lobulatus. Drupa, nunc subsicca; putamine 1-5-loculari. — Fruticuli v. frutices, erecti v. prostrati; foliis sessilibus lanceolatis; floribus axillaribus solitariis. (*Australia*[7].)

1. Spec. 6. Benth., *Fl. austral.*, IV, 171; in *Hook. Icon.*, t. 1038. — Lodd., *Bot. Cab.*, t. 466 (*Lissanthe*).

2. *Prodr.*, 549. — Endl., *Gen.*, n. 4279. — B. H., *Gen.*, II, 613, n. 10. — Drude, *loc. cit.*, 79.

3. Spec. 1. *N. pumilio* R. Br. — Deless., *Ic. sel.*, V, t. 26.

4. In *Bull. Mosc.* (1859), I, 4. — B. H., *Gen.*, II, 611, n. 2. — Drude, *loc. cit.*, 79. — *Michiea*

F. Muell., *Fragm. phyt. Austral.*, IV, 96, t. 27.

5. Spec. 3. F. Muell., *Fragm.*, IV, t. 27. — Benth., *Fl. austral.*, IV, 150.

6. *Prodr.*, 539. — DC., *Prodr.*, VII, 740. — Endl., *Gen.*, n. 4270. — B. H., *Gen.*, II, 612, n. 5.

7. Spec. 2. Cav., *Ic.*, IV, 28, t. 349, fig. 1, part. (*Vintenatia*). — Benth., *Fl. austral.*, IV, 161.

95. Cyathodes LABILL.[1] — Flores fere *Leucopogonis;* corollæ tubo brevi v. nunc elongato; lobis 5, intus glabris v. barbatis, demum patentibus v. recurvis, valvatis; squamis interioribus 0. Germen 3-10-loculare; loculis 1-ovulatis. Drupæ putamen 3-10-loculare. — Frutices plerumque prostrati v. diffusi; foliis alternis v. imbricatis; floribus[2] axillaribus solitariis, sub calyce pluribracteatis et 2-bracteolatis; pedunculo brevi sæpe recurvo. (*Australia, Nova Zelandia, Ins. Sandwic.*[3])

96. Astroloma R. BR.[4] — Flores fere *Cyathodis;* calyce 5-partito, bracteis nonnullis et bracteolis 2, petalis similibus minoribus imbricatis, extus munito. Corollæ tubus elongatus v. ventricosus, intus densé villosus v. papillosus; limbi lobis 5, valvatis. Stamina 5, inclusa; filamentis brevibus; antheris linearibus integris, 1-rimosis. Discus cupularis, integer v. lobatus. Germinis loculi 5, 1-ovulati; stylo apice plus minus dilatato-5-lobo[5]. Drupa, nunc subsicca; putamine 1-5-loculari. — Frutices; foliis sessilibus v. breviter petiolatis, planis, concavis v. convolutis; floribus axillaribus solitariis. (*Australia*[6].)

97. Conostephium BENTH.[7] — Flores fere *Stypheliæ;* sepalis 5, extus pluribracteatis et 2-bracteolatis. Corollæ tubus breviusculus; limbi longioris lobis 5, acutis, valvatis; fauce nunc pilosa. Stamina 5; filamentis brevibus; antheris dorsifixis inclusis, superne in cornua acuta 2 productis, 1-rimosis. Discus 5-lobus v. 0. Germen 5-loculare; stylo apice minuto. Drupæ subsiccæ putamen durum, 1-5-loculare. — Frutices; foliis planis, convexis v. concavis coriaceis; floribus axillaribus solitariis; pedunculo sæpe recurvo[8]. (*Australia*[9].)

---

1. *Pl. N.-Holl.*, I, 57, t. 81. — DC., *Prodr.*, VII, 740. — ENDL., *Gen.*, n. 4271. — B. H., *Gen.*, II, 612, n. 6. — *Androstoma* HOOK. F., *Fl. antarct.*, I, 44, t. 30.

2. Minutis.

3. Spec. 12, 13. GÆRTN., *Fruct.*, II, t. 94 (*Ardisia*). — LABILL., *loc. cit.*, t. 68, 69 (*Styphelia*). — A. GRAY, in *Proc. Amer. Acad.*, V, 324. — G. MANN, *En. Haw. pl.*, 188. — HILLEBR., *Fl. Haw. Isl.*, 272. — HOOK. F., *Fl. tasm.*, I, t. 74; *Handb. N.-Zeal. Fl.*, 176. — BENTH., *Fl. austral.*, IV, 167.

4. *Prodr.*, 538. — ENDL., *Gen.*, n. 4268. — DC., *Prodr.*, VII, 738. — B. H., *Gen.*, II, 611, n. 3. — *Vintenatia* CAV., *Ic.*, IV, 28, t. 348. — *Stenanthera* R. BR., *Prodr.*, 538. — *Mesotri-*

cha STSCHEGL., in *Bull. Mosc.* (1859), I, 9. — *Stomarrhena* DC., *Prodr.*, VII, 738. — DELESS., *Ic. sel.*, V, t. 22. — *Pentataphrus* SCHLCHTL. in *Linnœa*, XX, 618.

5. Lobis cum loculis alternantibus.

6. Spec. 18. BENTH., *Fl. austral.*, IV, 151. — *Bot. Reg.*, t. 218 (*Styphelia*). — *Bot. Mag.*, t. 1439. — *Fl. serres*, t. 1018.

7. In *Hueg. Enum.*, 76; *Gen.*, II, 611, n. 4. — DELESS., *Ic. sel.*, V, t. 23. — ENDL., *Gen.*, n. 4266. — DC., *Prodr.*, VII, 739. — DRUDE, *loc. cit.*, 79. — *Conostephiopsis* STSCHEGL., in *Bull. Mosc.* (1859), I, 6.

8. Genus antheris 2-cornutis *Ericeas* in mentem revocans.

9. Spec. 5. BENTH., *Fl. austral.*, IV, 160.

98. **Pentachondra** R. Br.[1] — Sepala 5, imbricata. Corollæ tubus cylindraceus elongatus v. brevis; limbi lobis 5, valvatis, intus barbatis. Stamina 5, fauci affixa; antheris dorsifixis, inclusis v. exsertis. Disci squamæ 5, liberæ v. connatæ. Germen 5-loculare; stylo brevi v. elongato, apice stigmatoso parvo. Ovula in loculis 1, descendentia; micropyle introrsum supera. Drupa 3-5-pyrena; pyrenis coriaceis. — Fruticuli diffusi v. prostrati; foliis alternis, nunc confertis, striato-nervosis; floribus solitariis, 2-bracteolatis; bracteis ∞; suprema floris rudimentum includente. (*Australia, Tasmania, Nova Zelandia*[2].)

99. **Trochocarpa** R. Br.[3] — Flores *Pentachondræ;* corollæ tubo cylindraceo v. campanulato; limbi lobis 5, recurvis, subvalvatis v. leviter imbricatis, intus glabris v. barbatis. Antheræ introrsæ, dorso v. sub apice affixæ. Disci cupularis squamæ connatæ v. liberæ. Germinis loculi 10; ovulo in singulis 1, descendente; micropyle introrsum supera. Drupa varia; pyrenis 10 v. paucioribus. — Arbusculæ v. frutices, erecti v. diffusi; foliis alternis v. subverticillatis, petiolatis v. sessilibus, planis v. convexis, striato-nervosis; floribus spicatis v. subsolitariis, terminalibus v. axillaribus, 1-bracteatis et 2-bracteolatis. (*Australia temp.*[4])

100? **Decatoca** F. Muell.[5] — « Sepala 5. Corollæ lobi 5, imbricati. Stamina 5, sub corollæ lobis affixa; antheris angusto-ellipsoideis. Stylus brevis, apice stigmatoso dilatatus. Germen 10-loculare; loculis 1-ovulatis. Discus profunde lobatus. Fructus indehiscens; endocarpio in pyrenas 10 secedente. — Frutex nanus v. procumbens; foliis orbicularibus v. ovato-lanceolatis ciliolatis; floribus terminalibus sessilibus paucis[6]. (*Nova Guinea*[7].) »

---

1. *Prodr.*, 549. — Endl., *Gen.*, n. 4278. — B. H., *Gen.*, II, 612, n. 7. — Drude, *loc. cit.*, 79.

2. Spec. 3, 4. Hook. F., *Fl. tasm.*, I, t. 77; *Handb. N.-Zeal. Fl.*, 178. — Benth., *Fl. austral.*, IV, 163.

3. *Prodr.*, 548. — DC., *Prodr.*, VII, 758. — Endl., *Gen.*, n. 4276. — B. H., *Gen.*, II, 612, n. 8. — Drude, *loc. cit.*, 79. — *Decaspora* R. Br., *loc. cit.*

4. Spec. ad 6. Labill., *Pl. N.-Holl.*, t. 82 (*Cyathodes*). — Rudg., in *Trans. Linn. Soc.*, VIII, t. 9 (*Styphelia*). — Deless., *Ic. sel.*, V, t. 25 (*Decaspora*). — Hook. F., *Fl. tasm.*, t. 76 (*Decaspora*). — Benth., *Fl. austral.*, IV, 165. — *Bot. Mag.*, t. 3324.

5. In *M. Greg. N. Guin. pl.*, 25.

6. Genus est *Trochocarpæ* quod *Styphelia Brachyloma* (F. Muell.).

7. Spec. 1. *D. Spencerii* F. Muell.

XIII. PYROLEÆ.

101. Pyrola T. — Flores regulares; receptaculo convexo. Sepala 5, v. raro 4, libera v. basi connata, imbricata. Petala 5, concava, imbricata, conniventia v. patula, decidua. Stamina 10, hypogyna, 2-seriata; filamentis liberis subulatis; antheris primum retroflexis, demum erectis; loculis apice plus minus tubuloso porosis, primum extrorsis; poro extrorso infero; demum introrsis; poro introrsum supero. Discus 10-crenatus, nunc minutus v. 0. Germen 5-loculare; loculis oppositipetalis; stylo brevi recto v. longiore declinato, apice stigmatoso 5-lobulato; lobulis septalibus alternipetalis annulo brevi circumcinctis. Placentæ tumidæ angulo interno affixæ, ∞-ovulatæ. Fructus capsularis, 5-valvis, sursum a basi v. rarius ab apice deorsum dehiscens; valvis margine nudis v. araneosis. Semina ∞, extus laxe producta cellulosa reticulata; albumine carnoso; embryone minuto axili. — Herbæ, nunc suffrutescentes, nunc stoloniferæ; foliis basilaribus v. caulinis, alternis v. subverticillatis, longe sæpius petiolatis, integris v. serratis, persistentibus, nunc ad squamas parvas reductis; floribus in summo scapo solitariis v. sæpius racemosis, sæpe nutantibus, bracteatis. (*Europa, Asia et America bor. temp.*) — *Vid. p.* 150.

XIV. MONOTROPEÆ.

102. Monotropa L. — Flores regulares; receptaculo convexo. Petala 4-6, erecta, basi plus minus saccata, imbricata. Stamina 8-10, hypogyna; filamentis liberis subulatis; antheris brevibus reniformibus; rimis confluenti-arcuatis transversis. Discus cum imo germine confluens, 4-12-lobus. Germen liberum, complete v. incomplete 4-6-loculare; stylo apice infundibulari, stigmatoso-4-6-lobo; lobis septalibus annulo circumcinctis. Placentæ 4-6, 2-lobatæ, angulo interno affixæ, ∞-ovulatæ. Capsula loculicida, 4-6-valvis; valvis septiferis ab axi centrali solutis. Semina ∞, minuta; integumento exteriore celluloso utrinque varie producto; nucleo minuto; embryone minimo indiviso. — Herbæ parasiticæ (coloratæ); ramis aeriis simplicibus squamigeris; floribus in summo scapo solitariis v. racemosis nutantibus; terminali 5, 6-mero ; bracteis circa corollam 1-5, dissitis et sepaliformibus. (*Europa, Asia, America bor.*) — *Vid. p.* 152.

103. Allotropa TORR. et GRAY[1]. — Flores asepali; petalis plerumque 5, obtusis imbricatis. Stamina 10, hypogyna; filamentis liberis; antheris dorso ad basin insertis sub anthesi summo filamento inversis; loculis parallelis a basi ad medium rima arcuata hiante dehiscentibus. Discus contractus minute 10-lobus. Germinis loculi 5, petalis oppositi; stylo brevi crasso, apice capitato in lobos septales 5 diviso. Ovula ∞, placentis tumidis axillaribus affixa. Capsula globosa; seminibus scobiformibus, utrinque productis. — Herba parasitica[2] aphylla squamosa; floribus in spicam elongatam terminalem dispositis brevissime pedicellatis; bracteis lineari-elongatis. (*California*[3].)

104. Pleuricospora A. GRAY[4]. — Flores fere *Monotropœ;* petalis 4, 5, fimbriato-laceris, haud saccatis. Stamina 8-10, 2-seriata, hypogyna; antheris basifixis, 2-locularibus, introrsum 2-rimosis. Germen elongato-lageniforme; stylo infundibulari, intus 8-10-lobato; lobis geminatis stigmatosis. Placentæ 4, 5, 2-lobæ, superne parietales, inferne connatæ, ∞-ovuligeræ. Fructus...? — Herba parasitica glabra; squamis alternis confertis imbricatis, fimbriolatis; floribus[5] in spicam cylindraceam dispositis; bracteis[6] sub calyce 4-6. (*California*[7].)

105. Cheilotheca HOOK. F.[8] — « Petala 3. Stamina 6, hypogyna; antheris linearibus[9]; loculis connectivum marginantibus, a latere rimosis. Discus 0. Germen 6-sulcatum; stylo crasso, 6-gono, apice stigmatoso pileiformi obscure 6-lobo. Placentæ 6, parietales crassæ, ∞-ovulatæ. — Herbæ parasiticæ erectæ; caule squamoso, simplici v. parce ramoso; floribus[10] squamis superioribus bracteiformibus velatis, 3, 4-bracteolatis. (*India, Malaisia*[11].)

---

1. *Un.-St. expl. Exped. Bot.*, II; in *Proc. Amer. Acad.*, VII, 368; in *Newb. Exp. Bot.*, 81. — B. H., *Gen.*, II, 607, n. 5. — DRUDE, *loc. cit.*, 9.

2. Badia.

3. Spec. 1. *A. virgata* TORR. et GR.

4. In *Proc. Amer. Acad.*, VII, 369. — B. H., *Gen.*, II, 608, n. 9. — DRUDE, *loc. cit.*, 11.

5. Albidis, crebris.

6. Vel sepalis?

7. Spec. 1. *P. fimbriolata* A. GRAY, *loc. cit.*; *Syn. Fl. N.-Amer.*, II, 50; *Bot. Cal.*, I, 463.

8. *Gen.*, II, 607, n. 9. — DRUDE, *loc. cit.*, 11.

9. Longis v. brevissimis.

10. Ochro-rubris, pollicaribus.

11. Spec. 2. C.-B. CLKE, in *Hook. f. Fl. brit. Ind.*, III, 477. — SCORTEC., in *Hook. Icon.*, t. 1564.

XV. PTEROSPOREÆ.

106. Pterospora NUTT. — Flores fere *Andromedæ;* sepalis 5, persistentibus. Corolla urceolata; lobis 5, brevibus, imbricatis, recurvis. Stamina 10, hypogyna; antheris dorsifixis descendentibus; loculis deflexo-calcaratis, rimis hiantibus longitudinalibus dehiscentibus. Germen 5-loculare; stylo columnari brevi, apice dilatato septali-5-lobo. Ovula ∞, placentis tumidis angulo interno affixis inserta. Capsula basi apiceque intrusa, loculicida; valvis placentisque ab axi vacuo solutis. Semina ∞, minuta, breviter ovoidea; integumento exteriore superne in alam hyalinam cellulosam dilatato; embryone albuminoso indiviso hiloque proximo. — Herba parasitica elata (badia) glandulosa aphylla squamosa; radice madreporoideo; squamis alternis; racemis elongatis terminalibus nudis; pedicellis nutantibus bracteatis. (*America bor.*) — *Vid. p.* 153.

107. Sarcodes TORR.[1] — Flores fere *Pterosporæ*[2]; sepalis 5, capitato-ciliatis. Corolla urceolato-campanulata; lobis 5, tortis v. rarius imbricatis. Stamina 10, hypogyna; antheris muticis, 4-gonis, 4-locellatis, ad basin dorsifixis, poris exterioribus elongato-ovatis extrorsum dehiscentibus. Germen 5-loculare; stylo columnari crasso, apice dilatato septali-5-lobo; placentis 2-lobis, ∞-ovulatis. Capsula loculicida; seminibus ∞, apteris albuminosis. Cætera *Pterosporæ.* — Herba parasitica robusta simplex squamosa; floribus in racemum spiciformem dense bracteatum dispositis. (*California*[3].)

108. Schweinitzia ELLIOTT[4]. — Flores fere *Pterosporæ;* sepalis 5. Corolla campanulata, persistens, basi 5-gibba. Stamina 10; antheris in alabastro transversis, sub anthesi introrsum descendentibus. Discus 10-crenatus. Germen 5-loculare, ∞-ovulatum; stylo brevi, apice dilatato disciformi, 5-lobo. Fructus loculicidus? Semina exalata. Cætera

---

1. *Pl. Fremont.*, 17, t. 10. — B. H., *Gen.*, II, 606, n. 2. — F.-W. OLIV., in *Lond. Ann. bot.* (1890). — DRUDE, *loc. cit.*, 11. — *Pterosporopsis* KELL. (ex A. GRAY).

2. Majores, rubri.

3. Spec. 1. *S. sanguinea* TORR. — A. GRAY,

in *Proc. Amer. Acad.*, VII, 370; *Syn. Fl. N.-Amer.*, II, 49; *Bot. Calif*, I, 462.

4. In *Nutt. Gen. n.-amer. pl.*, *Add.*; *Bot. S.-Carol. and Georg.*, I, 476. — B.-H., *Gen.*, II, 606, n. 3. — DRUDE, *loc. cit.*, 11. — *Monotropsis* SCHWEIN. (ex ELLIOTT).

Pterosporæ. — Herba humilis colorata[1] squamosa; floribus in spicam dispositis nutantibus. (*America bor. calid.*[2])

109. **Newberrya** TORR.[3] — « Flores fere *Pterosporæ;* sepalis (?) 2,
bracteiformibus. Corolla tubuloso-urceolata. Stamina 8-10; antheris
2-lobis, 2-rimosis muticis; loculis inæqualibus, introrsum rimosis.
Discus 0. Germen spurie 5-loculare; stylo apice dilatato umbilicato
pervio. Placentæ 4, 2-locellatæ. — Herba glabra; caule simplici squa-
mata; floribus in capitulum depressum dispositis, bracteatis; bracteis
flores æquantibus et squamis caulinis consimilibus. (*California*[4].) »

XVI. LENNOEÆ.

110. **Lennoa** LL. et LEX. — Flores regulares; sepalis sæpius 8,
lineari-filiformibus, ima basi nunc connatis. Corolla regularis; tubo
cylindraceo; limbo plus minus patulo; lobis 8, brevibus obtusis v.
ovato-acutatis nunc 2-lobulatis; præfloratione induplicato-valvata.
Stamina 8, tubo inclusa, cum corollæ lobis alternantia inæqui-alte
2-seriata; filamentis brevibus gracilibus; antherarum loculis brevibus, subdidymis v. inferne divergentibus, subintrorsum rimosis.
Germen superum, ambitu 20-30-locellatum; locellis 1-ovulatis; stylo
erecto tubuloso, apice capitato, 20-30-lobo. Ovula in locellis solitaria,
subtransversa v. descendentia; micropyle extrorsum supera. Fructus
depressus drupaceus; exocarpio demum inæqui-circumcisso putami-
naque tot quot germinis locellos in parte superiore denudante; putaminibus indehiscentibus, 1-spermis. Seminis integumentum tenuis-
simum; albumine carnoso-amylaceo; embryone minuto indiviso
subgloboso.—Herbæ parasiticæ (coloratæ); parte subterranea crassa;
ramis aeriis simplicibus v. supérne ramosis aphyllis squamosis;
floribus in racemum terminalem ramosum composite cymigerum
dispositis; cymis subcorymbosis, ad apicem 1-paris, bracteatis.
(*Mexicum.*) — *Vid. p.* 155.

1. Badia; odore *Violæ.*
2. Spec. 1. *S. odorata* ELLIOTT. — A. GRAY,
Chlor. bor.-amer., I, 15, t. 2; *Man.*, ed. 5,
304; in *Proc. Amer. Acad.*, VII, 370; *Syn.
Fl. N.-Amer.*, II, 49. — WALP., *Ann.*, II,
1125.

3. In *Ann. Lyc. N.-York*, VIII, 55. —
B. H., *Gen.*, II, 606, n. 4. — A. GRAY, *Bot.
Cal.*, I, 463. — DRUDE, *loc. cit.*, 11. — *Hemi-
tomes* A. GRAY, in *Bot. Newb. Exped.*, 80, t.12.
4. Spec. 1. *N. congesta* TORR. — A. GRAY,
in *Proc. Amer. Acad.*, VII, 370.

111. Pholisma NUTT.[1] — Flores fere *Lennoœ;* sepalis 5-8, linearibus puberulis. Corolla subcampanulata; lobis 5-8, undulato-plicatis induplicatis. Stamina 5-8, sub apice tubi affixa; filamentis brevibus, 1-seriatis; antheris ovato-oblongis introrsis inclusis, ad basin dorsifixis, 2-rimosis. Germen depressum, 12-20-locellatum; stylo cylindraceo tubuloso, apice intus 6-10-lobulato; lobulis septalibus. Ovula cæteraque *Lennoœ.* — Herba parasitica; caule carnoso simplici; squamis erectis; floribus in spicam densissimam oblongo-cylindraceam glomeruligeram[2] dispositis; bracteis squamiformibus imbricatis. (*California*[3].)

112. Ammobroma TORR.[4] — Flores fere *Lennoœ;* « sepalis 6-10, filiformibus albido-plumosis corolla longioribus; staminibus 6 (v. 7-10), 1-seriatis; antherarum loculis parallelis. Germen 16-20-locellatum. Fructus...? — Herba (colorata); caule sub arena elongato; ramis aeriis elongatis simplicibus squamosis; cymis densissimis receptaculo inflorescentiæ discoideo impositis. (*Sonora*[5].) »

XVII. GALACEÆ.

113. Galax L. — Flores hermaphroditi, 5-meri; sepalis 5, imbricatis. Petala 5, alterna, imbricata. Stamina 10, basi in annulum hypogynum brevem extus cum petalis coadunatum connata, quorum alternipetala 5, fertilia; filamentis ad apicem incurvum dilatatis cumque anthera basifixa basique incrassata continuis; loculo 1, introrsum rima transversa inferne concava dehiscente; oppositipetala autem 5, sterilia, ad filamenta superne incrassata incurvaque reducta. Germen liberum, 3-loculare; stylo brevi, apice obtuso stigmatoso; sulcis 3 apice conniventibus margineque papillosis. Ovula in loculis ∞, placentæ axili inserta adscendentia, incomplete anatropa; micropyle extrorsum infera. Fructus loculicidus; valvis septiferis ab

1. In *Hook. Icon.*, t. 626. — SOLMS, in *DC. Prodr.*, XVII, 35. — B. H., *Gen.*, 622, n. 1. — DRUDE, *loc. cit.*, 14.

2. Glomerulis apice 1-paris.

3. Spec. 1. *P. arenarium* NUTT. — A. GRAY, *Syn. Fl. N.-Amer.*, II, 51; *Bot. Cal.*, I, 464.

4. In *Ann. Lyc. N.-York*, VIII, 51, t. 1. —

SOLMS, in *DC. Prodr.*, XVII, 37; *Lennoac.*, t. I. — B. H., *Gen.*, II, 622, n. 2. — DRUDE, *loc. cit.*, 14, fig. 7.

5. Spec. 1. *A. Sonoræ* TORR. — A. GRAY, *Syn. Fl. N.-Amer.*, II, 51; *Bot. Cal.*, I, 464. — HEMSL., *Bot. centr.-amer.*, II, 286. Corollæ tubus ad faucem subventricosus dicitur.

axi placentifero solutis. Semina angulata, sursum attenuata ; albumine carnoso ; embryone arcuato tereti. — Herba perennis ; rhizomate prostrato ; foliis basilaribus reniformi-orbiculatis crenatis ;
petiolo basi vaginante ; floribus in summo scapo aphyllo dense racemosis ; pedicellis basi 1-bracteatis et ad medium 2-bracteolatis.
(*Carolina*.) — *Vid. p.* 156.

114. Shortia TORR. et GR.[1] — Flores fere *Galacis,* 5-meri ;
sepalis liberis imbricatis. Petala 5, libera v. filamentorum et stami-
nodiorum ope inter se breviter (*Berneuxia*[2]) v. alte (*Eushortia, Schizocodon*[3]) agglutinata, imbricata, apice integra, undulata, leviter v.
profunde fimbriata. Antheræ didymæ ; loculis lateraliter rimosis.
Staminodia forma varia. Germen 3-loculare ; loculis ∞-ovulatis ;
stylo tubuloso, apice stigmatoso septali-3-lobo. Capsula loculicida ;
seminibus ∞, albuminosis cæterisque *Galacis.* — Herbæ glaberrimæ ;
rhizomate perennante ; foliis basilaribus petiolatis, orbiculatis v. cordatis, crenatis, serratis v. dentatis, persistentibus ; floribus[4] in
summo scapo solitariis v. subracemosis, bracteatis bracteolatisque.
(*Carolina, Japonia, Tibetia or.*[5])

XVIII. DIAPENSIEÆ.

115. Diapensia L. — Flores regulares ; sepalis 5, imbricatis.
Corolla campanulata, hypocraterimorpha v. subinfundibularis ;
lobis 5, imbricatis. Stamina 5, sinubus affixa ; filamentis brevibus
complanatis ; antherarum loculis 2, muticis, introrsum oblique
rimosis. Germen 3, 4-loculare ; placentis axilibus crassis, 2-lobis,
∞-ovulatis ; styli apice capitati lobis stigmatosis septalibus 3, 4.
Capsula loculicida, 3, 4-valvis. Semina ∞ ; testa laxe cellulosa ;

1. In *Sillim. Journ.,* XLII, 48 ; ser. 2, XLIV,
402. — MAXIM., in *Bull. Ac. Pétersb.,* XVI,
225 ; *Mél. biol.,* VIII, 19. — A. GRAY, in *Proc.
Amer. Acad.,* VIII, 246 ; *Syn. Fl. N.-Amer.,*
II, 53. — B. H., *Gen.,* II, 620, n. 3. — A. GRAY,
in *Ann. sc. nat.,* sér. 6, VII, 173, t. 15. —
H. BN, in *Bull. Soc. Linn. Par.,* 934. —
DRUDE, *loc. cit.,* 83.

2. DCNE, in *Bull. Soc. bot. Fr.,* XX, 159. —
B. H., *Gen.,* II, 621, n. 6. — H. BN, *loc. cit.*

3. SIEB. et ZUCC., in *Abh. Akad. Wiss. Mun.,*
III, 723, t. 2. — MAXIM., *loc. cit.,* 226 ; *Mél. biol.,*
VI, 273 ; VIII, 19. — B. H., *Gen.,* III, 620, n. 4.
— H. BN, *loc. cit.,* 934.

4. Albis v. roseis.

5. Spec. ad 5. MIQ., *Prolus. Fl. jap.,* 258
(*Schizocodon*). — FR. et SAV., *En. pl. jap.,* I,
297 ; 298 (*Schizocodon*). — FR., *Pl. David.,* II,
t. 13, fig. B. — MAST., in *Gardn. Chron.,* XV
(1881), 596, fig. 109.

albumine carnoso copioso ; embryonis axilis subcylindracei cotyledonibus brevibus. — Herbæ v. fruticuli humiles cæspitosi glabri ; foliis alternis crebris obtusis integris imbricatis ; floribus solitariis terminalibus ; pedunculo paucibracteato ; bracteis superioribus 2, 3, sub calyce insertis. (*Europa bor., America bor.*) — *Vid. p.* 158.

116. **Pyxidanthera** MICHX[1]. — Flores fere *Diapensiæ ;* corolla breviter campanula v. subrotata, imbricata. Stamina 5 ; filamentis sinubus affixis latis, apice inflexis ibique cum anthera continuis, demum rectis ; antheræ loculis globosis, inferne in acumen conicum productis, transverse 2-valvibus. Germen 3-loculare, ∞-ovulatum ; stylo columnari cavo ; lobis apicalibus 3, cum loculis alternantibus, 3-gonis. Capsula loculicida ; seminibus paucis cancellatis albuminosis. — Fruticulus pusillus subherbaceus repens ; foliis alternis imbricatis ; floribus[2] terminalibus sessilibus pluribracteatis. (*America bor.-or.*[3])

1. *Fl. bor.-amer.*, I, 152, t. 17. — ENDL., *Gen.*, n. 4346. — LINDL., *Veg. Kingd.*, 606, c. ic. xyl. — H. BN, in *Payer Fam. nat.*, 231. — B. H., *Gen.*, II, 619, n. 1. — DRUDE, *loc. cit.*, 82, fig. 49.

2. Albis v. roseis.
3. Spec. 1. *P. barbulata* MICHX. — A. GRAY, *Text Book*, ed. 2, 436, fig. 785-790; *Man.*, ed. 5, 373; *Syn. Fl. N.-Amer.*, II, 52. — LINDL., *Veg. Kingd.*, fig. 410. — *Bot. Mag.*, t. 4592.

C

ILICACÉES

1. SÉRIE DES CYRILLA.

Dans cette famille, étudions d'abord, non pas un Houx (*Ilex*), ni même un *Cyrilla*, mais le *Cliftonia*[1] (fig. 203-206), petit arbuste de l'Amérique du Nord, qui a des fleurs régulières et hermaphro-

Cliftonia ligustrina.

Fig. 204. Fleur.

Fig. 203. Branche florifère.

Fig. 206. Gynécée et calice.

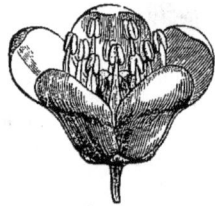

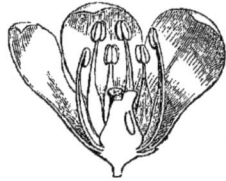

Fig. 205. Fleur, coupe longitudinale.

dites. Leur réceptacle, légèrement convexe, porte un petit calice de cinq sépales quinconciaux, et une corolle de cinq pétales alternes, imbriqués dans le bouton. L'androcée est composé de deux verticilles d'étamines hypogynes, superposées cinq aux sépales et cinq plus courtes aux pétales, formées chacune d'un filet libre, plus ou

---

1. BANKS, ex GÆRTN. F., *Fruct.*, III, 246, t. 225. — ENDL., *Gen.*, n. 4344². — H. BN, in *Adansonia*, I, 202, t. 4, fig. 3-6; in *Bull. Soc.* *Linn. Par.*, 156. — B. H., *Gen.*, II, 1226, n. 2. — *Mylocaryum* W., *Enum. H. berol.* (1809), 454, not. — *Walteriana* FRAS., *Cat.*

moins dilaté dans sa portion inférieure, et d'une anthère introrse, à deux loges courtes, déhiscentes suivant leur longueur. Le gynécée est supère. Ses loges ovariennes, au nombre de trois, superposées à trois sépales, ou au nombre de quatre, renferment chacune un ovule descendant, à raphé dorsal, à micropyle supérieur et intérieur. Le sommet de l'ovaire est surmonté d'un style à peine indiqué, à trois ou quatre lobes stigmatiques épais, superposés aux loges. Le fruit est plus ou moins spongieux, indéhiscent, et à loges contenant une graine descendante, à tégument extérieur membraneux, à albumen charnu et à petit embryon axile et cylindrique. Le *Cliftonia* a des feuilles alternes, entières, persistantes, sans

Cyrilla racemiflora.

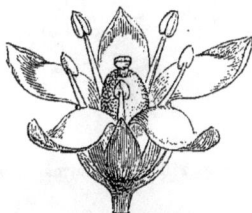

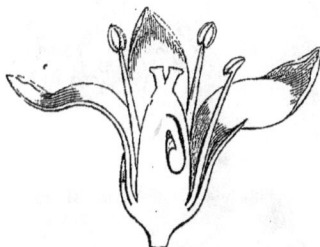

Fig. 207. Fleur.   Fig. 208. Fleur, coupe longitudinale.

stipules, et des fleurs disposées en grappes terminales. Leur pédicelle porte deux bractéoles latérales. Le genre est jusqu'ici monotype[1].

Les *Cyrilla* (fig. 207, 208) diffèrent des *Cliftonia* par leur androcée isostémoné, par leur ovaire ordinairement biloculaire, rarement à trois loges, et par le nombre d'ovules que renferme chacune des loges. Il y en a deux ou trois attachés à un placenta épais qui descend de l'angle interne, et pourvus aussi d'un micropyle intérieur et supérieur. Ce sont des arbustes des deux Amériques.

---

1. *C. ligustrina* BANKS. — CHAPM., *Fl. S. Un.-St.*, 273. — *C. caroliniana* MICHX. — *Mylocaryum ligustrinum* W. — ELL., *Sketch*, 508. — NUTT., *Gen.*, I, 276 (*Mylocaryum*). — PURSH, *Fl. Amer. bor.*, t. 14. — *Bot. Mag.*, t. 1625. WILLDENOW connaissait ses affinités avec les *Andromeda*.

II. SÉRIE DES HOUX.

Le genre Houx[1] est représenté chez nous par le Houx commun (fig. 209-213), dont les fleurs sont polygames-dioïques, souvent tétramères. Dans ce cas, elles présentent, sur un réceptacle

Ilex Aquifolium.

Fig. 209. Rameau fructifère.

Fig. 210. Fleur hermaphrodite.

Fig. 212. Graine.

Fig. 211. Fleur, coupe longitudinale.

Fig. 213. Graine, coupe longitudinale.

légèrement convexe, un calice gamosépale, à quatre divisions profondes, imbriquées, dont deux latérales, et une corolle, bien plus longue, gamopétale dans une faible étendue de sa base, à quatre

1. *Ilex* L., *Gen.*, ed. 1, n. 91; ed. 6, n. 441 (non T.). — J., *Gen.*, 379. — LAMK, *Dict.*, III, 145; Suppl., III, 65; *Ill.*, t. 89. — DC., *Prodr.*, II, 16. — TURP., in *Dict. sc. nat.*, Atl., t. 271. — ENDL., *Gen.*, n. 5705. — H. BN, in *Payer Leç. Fam. nat.*, 320. — B. H., *Gen.*, I, 356, n. 1. — LŒSENER, *Vorst. Mon. Aquif.* (1890), 10. — *Aquifolium* T., *Inst.*, 600, t. 371. — *Macoucoa* AUBL., *Guian.*, 88, t. 34. — ? *Hexadica* LOUR., *Fl. cochinch.*, 562. — ENDL., *Gen.*, n. 5705. — *Prinos* L., *Gen.*, ed. 1, *Coroll.*, n. 952. — DC., *Prodr.*, II, 16. — ENDL., *Gen.*, n. 5706. — *Ageria* ADANS., *Fam. des pl.*, II, 166 (ex DC.). — *Paltoria* R. et PAV., *Prodr. Fl. per. et chil.*, I, 54, t. 84, fig. 6. — *Chomelia* VELL., *Fl. flum.*, I, t. 106. — *Pileoslegia* TURCZ., in *Bull. Mosc.*, XXXII, 276. — *Leucodermis* PL., in hb. *Hook.* (ex B. H.). — *Prinodia* GRISEB., in *Abh. Gœtt. Ges.*, VII, 224. — *Pseudehretia* TURCZ., in *Bull. Mosc.* (1863), I, 607.

lobes imbriqués, surtout unis entre eux par la base aplatie des filets staminaux alternés. Les anthères[1], biloculaires et introrses, s'ouvrent longitudinalement par deux fentes[2]. Le gynécée[3], libre et supère, se compose d'un ovaire supère, à quatre loges oppositipétales, surmonté d'une masse stigmatifère déprimée et quadrilobée. Dans chaque loge ovarienne, il y a un placenta axile du haut duquel descendent un ou rarement deux[4] ovules anatropes, avec un micropyle supérieur et intérieur, au-dessus duquel s'épaissit le funicule trapu. Le fruit est une drupe à quatre noyaux, contenant chacun une graine descendante dont les minces téguments[5] recouvrent un gros albumen charnu vers le sommet duquel se trouve un très petit embryon.

Il y a en Océanie des Houx dont la corolle est à cinq, six, sept, huit ou neuf parties[6], avec autant d'étamines alternes, fertiles ou stériles, et un ovaire dont le nombre des loges peut s'élever jusqu'à plus de vingt, de même que celui des noyaux dans le fruit. On en a fait un genre *Byronia*[7].

Entre ces deux extrêmes on observe toutes les transitions dans les diverses espèces de Houx[8] qui, au nombre de plus de cent cinquante[9], habitent toutes les régions du globe, rares surtout en Afrique et en Australie. Ce sont des arbres ou des arbustes, à feuilles généralement alternes, souvent glabres et coriaces, parfois dentées

1. Stériles ou nulles dans la fleur femelle.

2. Le pollen, ovoïde, avec trois plis, devient dans l'eau une sphère à trois bandes papilleuses (H. MOHL).

3. Réduit dans la fleur mâle à un corps glanduleux, souvent brun, en dôme ou à trois ou quatre dents apicales, rarement creusé d'une petite cavité. La base de l'ovaire devient glanduleuse dans certaines espèces.

4. Dans le jeune âge, quand les placentas sont encore pariétaux, ils peuvent porter un ovule de chaque côté; mais l'un d'eux s'arrête de bonne heure dans son évolution; quelquefois les deux. Dans ce cas, un autre placenta peut amener à complet développement ses deux ovules. .

5. En haut, le raphé, au lieu de demeurer exactement dorsal, peut passer sur une des faces latérales de la graine. Dans le péricarpe, on distingue : un épiderme incolore; une couche rouge mince ; un tissu charnu blanc ; les noyaux.

6. Le *Leucodermis lanceolata* PL. a huit ou dix divisions à la corolle, avec quatre ou cinq au calice.

7. ENDL., in *Ann. Wien. Mus.*, I, 184; *Gen.*, n. 5703. — B. H., *Gen.*, II, 357, n. 2. — *Polystigma* MEISSN., *Gen.*, 252; *Comm.*, 161.

8. Sect. (LOES.) 7 : 1. *Byronia*, 2. *Prinus*, 3. *Euilex*, 4. *Paltoria*, 5. *Thyrsoprinus*, 6. *Leioprinus*, 7. *Aquifolium*.

9. HOOK. et ARN., *Beech. Voy. Bot.*, t. 25. — WEBB, *Phyt. canar.*, t. 68, 69. — REISS., in *Mart. Fl. bras. Celastr.*, etc., 39, t. 11-21. — WIGHT, *Icon.*, t. 1216, 1217. — MIQ., *Fl. ind. bat.*, Suppl., 513. — A. GRAY, *Bot. Amer. expl. Exp.*, I, 296, t. 26 (*Byronia*); *Man.*, ed. 6, 107. — CHAPM., *Fl. S. Un.-St.*, 269. — S.-WATS., *Ind. Am. Bot.*, I, 157. — GRISEB., *Fl. brit. W.-Ind.*, 146. — HEMSL., *Bot. centr.-amer.*, I, 186. — F. MUELL., *Fragm. phyt. Austral.*, II, 119 (*Byronia*). — MAXIM., *Adnot. de Ilic.*, in *Mém. Ac. Petersb.*, sér. 7, XXIX, n. 3, p. 14. — TRELEASE, in *Trans. S. Louis Ac. sc.*, V, 343. — HOOK. F., *Fl. brit. Ind.*, I, 598. — BOISS., *Fl. or.*, IV, 34. — KING, in *Journ. As. Soc. Beng.* (1886). — *Hook. Icon.*, t. 1539, 1787, 1863. — *Bot. Mag.*, t. 5059. — WALP., *Rep.*, I, 540 ; 541 (*Byronia*) ; V, 402, 405 ; *Ann.*, 966 ; II, 265 ; IV, 429 ; 431 (*Byronia*).

ou spinescentes. Leurs fleurs sont disposées en cymes très variables de forme, plus ou moins composées, terminales ou axillaires, parfois fort contractées.

Les *Phelline*, de la Nouvelle-Calédonie, très voisins des Houx, ont des fleurs polygames, disposées en grappes plus ou moins composées, avec des pédicelles articulés, et une corolle généralement tétramère, valvaire. Leur ovaire a généralement quatre loges uniovulées, et leur fruit a ordinairement quatre noyaux.

Le *Nemopanthes*, de l'Amérique du Nord, a aussi des fleurs polygames, à petit calice, absent dans les femelles; les pétales libres et linéaires; l'ovaire à trois, quatre ou cinq loges uniovulées.

Dans les *Sphenostemon*, de la Nouvelle-Calédonie, les sépales et les pétales sont épais, charnus; les derniers carénés en dedans. Les étamines hypogynes ont d'épais filets trigones, rapprochés en sphère au nombre de quatre. Les fleurs femelles ont un ovaire à deux loges uniovulées.

L'*Oncotheca*, du même pays, relie les Ilicées aux *Cliftonia* et aux Ébénacées. Il a des fleurs à corolle imbriquée, à androcée diplostémoné, et un ovaire à cinq loges biovulées. Ses anthères sont extrorses, surmontées d'un croc incurvé. Son fruit drupacé est orbiculaire, très déprimé, avec un noyau à cinq loges monospermes.

La famille, longtemps réduite aux Houx et à deux autres genres, a été primitivement unie aux Célastracées, avec laquelle ses affinités sont incontestables. Elle n'en a été nettement séparée qu'en 1813[1]. C'est en 1860[2] que, tout en reconnaissant les affinités des Cyrillées avec les Éricacées, nous avons dit qu'on ne peut déterminer par quel caractère de quelque valeur ces plantes doivent être séparées des Houx[3]. Le *Cliftonia*, par son placenta descendant, qui supporte plusieurs ovules, rappelle à la fois certaines Éricacées et Ternstrœmiacées. Placé dans la même famille que les Ilicées, il sert de lien entre

1. *Aquifoliaceœ* DC., *Théor. élém.*, I, 217 (part.). — GRAY, *Arr. brit. pl.*, II, 491 (*Caprifoliaceœ*). — LINDL., *Nat. Syst.*, ed. 2, 228. — TH. LOESEN., *Inaug. Diss.* (1890). — *Iliceœ* DUMORT., *Comm.* (1822), 59. — *Ilicinœ* LINDL., *Nat. Syst.*, ed. 1 (1830). — ENDL., *Gen.*, 1091, Ord. 238. — *Ilicineœ* AD. BR., in *Ann. sc. nat.*, sér. I, X, 329 (1927). — B. H., *Gen.*, II, 355,

Ord. 46. — *Celastrinearum* Trib. 3 DC., *Prodr.*, II, 11 (part.). — *Rhamnorum* gen. J., *Gen.*, 376.
2. In *Adansonia*, I, 203. C'est donc à tort que DECAISNE s'est donné comme ayant le premier eu cette opinion (B. H., *Gen.*, II, 1225).
3. Sur la structure histologique, MIRB., *Elém.*, t. II, 2. — H. SOLER., *Syst. Wert Holzstr.*, 98, 99.

celles-ci et les Éricacées; de même que l'*Oncotheca,* par ses ovules géminés et son fruit drupacé, fait le passage des Ilicacées aux Ébénacées. Le *Costœa,* souvent rapporté aux Cyrillées, en diffère totalement par son androcée qui est celui des Clethrées, et relie aussi ces dernières aux Ilicées.

Les 160 espèces environ de cette famille habitent toutes les régions du globe. Elles sont réparties en six genres qui forment deux séries :

I. CYRILLÉES[1]. — Fleurs hermaphrodites. Androcée isostémoné ou diplostémoné. Ovules 1-3 dans chaque loge. Fruit peu charnu et indéhiscent, ou crustacé et déhiscent. — 2 genres.

II. ILICÉES. — Fleurs diclines. Androcée isostémoné ou diplostémoné. Ovules 1, 2 dans chaque loge. Fruit drupacé. — 4 genres.

USAGES[2]. — Ils ne sont pas nombreux, en dehors du *Maté* et de notre Houx commun[3]. Ce dernier (fig. 209-213) est utile par son bois, ses branches, son écorce qui sert à faire de la glu[4], ses feuilles amères, fébrifuges, sudorifiques, son sarcocarpe purgatif, et ses noyaux torréfiés en guise de café. Le *Maté*[5] est le fameux Thé du Paraguay ou des Jésuites, dont on prépare dans l'Amérique du Sud une boisson d'épargne comparée souvent, par ses effets, au thé, au café, à la Coca et au *Catha.* L'*Ilex vomitoria*[6], ou Thé des Apalaches, vanté comme diurétique et sudorifique, est, à trop haute dose, vomitif et vénéneux. L'*Ilex verticillata*[7] est amer, astringent, antidiarrhéique. Son écorce est tinctoriale. Dans la Floride et la Caro-

1. TORR. et GR., *Fl. bor.-amer.,* I, 256 (1838). — ENDL., *Gen.,* Suppl., I, 1413 ; *Enchir.,* 578. — *Cyrillaceœ* LINDL., *Veg. Kingd.,* 445, Ord. 163.

2. ENDL., *Enchirid.,* 578. — LINDL., *Veg. Kingd.,* 597. — ROSENTH., *Syn. pl. diaphor.,* 795. — H. BN, *Tr. Bot. méd. phanér.,* 1319.

3. L., *Spec.,* 181. — DC., *Prodr.,* II, 13. — GREN. et GODR., *Fl. de Fr.,* I, 333. — *I. recurva* LINK, *Enum.,* I, 247 (*Alquifoux, Aigrefoux, Gréou, Housson, Pardon, Bois franc, Meslier épineux*).

4. GOIR., in *N. Giorn. bot. ital.* (1889), 896.

5. *Ilex paraguariensis* A. S.-H., in *Mém. Mus.,* VIII, 351. — DC., *Prodr.,* II, 15, n. 23. — DEMERSAY, *Et. économ. sur le Maté.* — MIERS, in *Ann. and Mag. Nat. Hist.,* VIII (1861), 219. — M. SOARÈS, *O Mate do Paranha.* — MUENTER, *Ueb. Mate und die Mate-Pflanzen* (1883), in *Mitth. nat. Ver. f. Neu-Vorp. u. Rügen,* XIV. — LOESEN., *loc. cit.,* 41. — *I.*

Mate A. S.-H., *Pl. rem. Brés., Introd.,* 41. — *I. paraguensis* D. DON. — *I. paraguayensis* MIERS, *Contrib.,* t. 61, 62. — *I. theœzans* BONPL. On considère comme des formes les *I. domestica* REISS., *sorbilis* REISS., *vestita* REISS., *Bonplandiana* MUENT., *curitibensis* MIQ. L'*I. Humboldtiana* B. est aussi une plante à *Maté,* mais de qualité inférieure, dit-on.

6. AIT., *H. kew.,* I, 278. — *I. ligustrina* JACQ., *Ic. rar.,* t. 310. — *I. Cassena* MICHX, *Fl. bor.-amer.,* I, 229. — *I. religiosa* BART., *Fl. virg.,* 66. — *I. floridana* LAMK, *Ill.,* n. 1731. — *Cassine vera* CATESB., *Car.,* t. 57. — *C. Peragua* MILL., *Ic.,* t. 83, fig. 2.

7. *Prinos verticillata* L., *Spec.,* 471. — DUHAM., *Arbr.,* I, t. 23. — DC., *Prodr.,* II, 17, n. 5. — *P. confertus* MOENCH. — *P. Gronowii* MICHX. — *P. padifolius* W. — *P. ambigua* PURSH. Le *P. glabra* L. est également employé comme astringent.

line, on prépare des infusions digestives avec l'*I. Dahoon* WALT. Au Japon, on vante, comme toniques amers, les *I. cornuta* SIEB., *furcata* SIEB., *latifolia* SIEB., *Tarago* SIEB. L'*I. opaca* AIT. est médicinal, de même que l'*I. laxiflora* LAMK. On mange, dans l'Inde, le fruit de l'*I. asiatica* L. A la Guyane, le fruit de l'*I. Macoucoua*[1] est, avant sa maturité, riche en tannin; on le mélange à une terre ferrugineuse pour en préparer une teinture. C'est aussi un puissant astringent. Son écorce sert à fabriquer des vases. Nous ne parlons pas des usages des Houx comme plantes ornementales.

1. PERS., *Syn.*, I, 152. — DC., *Prodr.*, n. 22. — *Macoucoa guianensis* AUBL., *Guian.*, I, t. 34.

GENERA

I. CYRILLEÆ.

1. **Cliftonia** BANKS. — Flores hermaphroditi; receptaculo convexo. Sepala 5-8, æqualia v. inæqualia, imbricata. Petala 5-8, imbricata, patentia. Stamina 10, 2-seriatim hypogyna; filamentis liberis, nunc 2-lobulatis; antheris subdidymis, introrsum rimosis. Germen basi in discum cupularem inflatum, 3, 4-loculare; stylo brevissimo crasso stigmatoso-3, 4-lobo. Ovulum in loculis 1, descendens; micropyle introrsum supera. Fructus siccus, spongiosus, 3, 4-gonus, 3, 4-pterus. Semina 3, 4, descendentia fusiformia; testa molli; albumine carnoso; embryonis cylindracei radicula elongata supera. — Frutex v. arbuscula; foliis alternis, breviter petiolatis; floribus in racemos terminales secundos dispositis; pedicellis bracteatis et ad medium 2-bracteolatis. (*America sept. calid.*) — *Vid. p.* 211.

2. **Cyrilla** GARD.[1] — Flores[2] fere *Cliftoniæ;* sepalis 5, nunc basi connatis. Petala 5, imbricata. Stamina 5, alternipetala; antheris apiculatis, introrsum 2-rimosis. Germen basi in discum incrassatum, 2-loculare; styli ramis 2, crassis brevibus, apice stigmatosis. Ovula in loculis 2, 3, ab apice placentæ descendentis angulo interno affixæ descendentibus; micropyle introrsum supera. Fructus siccus, loculicidus; valvis 2, spongiosis. Semina in loculis solitaria albuminosa. — Arbusculæ v. frutices glabri; foliis alternis integris, basi intus glanduligeris; racemis spiciformibus; pedicellis ad medium 2-bracteolatis. (*America calid. utraque*[3].)

1. In *L. Mantiss.*, n. 1247. — A. DC., *Prodr.*, XVII, 292. — H. BN, in *Adansonia*, I, 203, t. 4, fig. 1, 2; in *Bull. Soc. Linn. Par.*, 156. — B. H., *Gen.*, II, 1226, n. 1.

2. Albi, parvi.
3. Spec. 2, 3. JACQ., *Ic. rar.*, I, t. 47. — MICHX, *Fl. bor.-amer.*, I, 157. — CHAPM., *Fl. S. Un.-St.*, 272. — WALP., *Rep.*, VI, 421.

II. ILICEÆ.

3. **Ilex** L.—Flores hermaphroditi v. polygamo-diœci; sepalis 3-6, parvis, plus minus alte connatis, imbricatis. Petala 4-12, libera v. basi, sæpius staminum filamentorum ope, coalita, imbricata. Stamina totidem, cum petalis alternantia (in flore fœmineo sterilia); antheris introrsis, 2-rimosis. Germen (in flore masculo rudimentarium) superum, 4-25-loculare, basi nunc glanduloso-incrassatum; stylo brevi discoideo stigmatoso, varie lobato. Ovula in loculis 1, 2, descendentia; micropyle introrsum supera. Fructus drupaceus; pyrenis 4-25, 1-spermis. Semina descendentia, dite albuminosa; embryone parvo superiore; radicula supera. — Arbores, arbusculæ v. frutices; foliis alternis, integris dentatis v. spinosis; floribus in cymas axillares sessiles v. ramosas pedunculatas compositas dispositis. (*Orbis utriusque reg. calid. et temp.*) — *Vid. p.* 213.

4. **Phelline** LABILL. [1] — Flores hermaphroditi v. polygamo-diœci (fere *Ilicis*); calyce brevi, 4, 5-dentato. Petala 4, 5, valvata. Stamina 4, 5 cæteraque *Ilicis*. Germen rudimentarium in flore masculo varium. Fructus drupaceus; pyrenis 4, 5, 1-spermis. — Frutices glabri; foliis alternis, sæpe ad summos ramulos approximatis, basi attenuatis, integris v. crenatis; floribus[2] in racemos simplices v. ramosos dispositis; pedicellis basi articulatis. (*Nova Caledonia*[3].)

5. **Nemopanthes** RAFIN. [4]—Flores (fere *Ilicis*) polygami v. diœci; calyce minute 4, 5-dentato v. partito (in flore fœmineo 0). Petala 4, 5, linearia, nunc inæqualia v. minima. Stamina 4, 5 (in flore fœmineo sterilia v. 0); filamentis liberis gracilibus; antheris brevibus introrsis, 2-rimosis. Germen (in flore masculo rudimentarium) 2-5-loculare; styli ramis brevibus 2-5. Ovula in loculis solitaria descendentia; raphe dorsali. Fructus drupaceus; pyrenis 3-5, osseis, 1-spermis. — Frutex glaber ramosus; foliis alternis petiolatis, integris v. den-

1. *Sert. austro-caled.*, 35, t. 38. — ENDL., *Gen.*, n. 5986. — B. H., *Gen.*, I, 302, n. 70. — H. BN, in *Adansonia*, X, 331. — LŒSEN., *loc. cit.*, 16.

2. Albis v. siccitate rubentibus, parvis.

3. Spec. ad 12. VIEILL. — H. BN, in *Bull. Soc. Linn. Par.*, 937.

4. In *Journ. phys.* (1819), 96; in *Sillim. Journ.*, I, 377. — DC., *Prodr.*, II, 17. — SPACH, *Suit. à Buff.*, II, 435. — ENDL., *Gen.*, n. 5707. — B. H., *Gen.*, I, 357, n. 3. — TREL., in *Trans. S. Louis Ac. sc.*, V, 349. — LŒSEN., *loc. cit.*, 15. — *Nuttallia* DC., *Rapp. Jard. Gen.* (1821), 44.

ticulatis, deciduis; floribus axillaribus solitariis v. cymosis pedicellatis. (*America bor.-or.*[1])

6. Sphenostemon H. BN[2]. — Flores (fere *Ilicis*) monœci v. (?) diœci; receptaculo convexo; sepalis sæpius 4, crassis imbricatis deciduis. Petala 4, crassa, intus carinata. Stamina 4, alterna, hypogyna; filamentis crassis, extus convexis, intus angulatis, circa gynæcei rudimentum in sphæram conniventibus; antherarum locularis disjunctis linearibus ad latera filamentorum sessilibus, rimosis. Germen (in flore masculo rudimentarium) sessile, 2-loculare, superne in stylum brevem crassum stigmatoso-2-lobum attenuatum. Ovula in loculis solitaria descendentia; micropyle introrsum supera; funiculo brevi supra micropylem dilatato. — Arbores v. frutices glabri; foliis alternis, integris v. subcrenatis, petiolatis; floribus axillaribus racemosis; rachibus compressis v. angulatis. (*Nova Caledonia*[3].)

7. Oncotheca H. BN[4]. — Flores fere *Ilicis;* sepalis 5, orbicularibus concavis imbricatis. Corolla breviter campanulata; limbo rotaceo, 5-lobo, imbricato. Stamina 5, tubo corollæ affixa inclusa; filamentis brevibus; antheris extrorsis, 2-rimosis; connectivo ultra loculos in cornu subulato-unciforme repente inflexum producto. Germen 5-sulcum; loculis 5, alternisepalis; stylis 5, subulatis recurvis. Ovula in loculis 2, parallela descendentia; micropyle introrsum supera. Fructus drupaceus orbiculari-depressus; exocarpio coriaceo; putamine 5-loculari; loculis 1, 2-spermis. Semina . . . . — Arbor parva glabra; foliis alternis obovato-lanceolatis obtusis, basi longe attenuatis integris coriaceis; racemis compositis terminalibus; ramis basi articulatis cymigeris; pedicellis bracteatis et 2-bracteolatis. (*Nova Caledonia*[5].)

---

1. Spec. 1. *N. mucronata.* — *N. fascicularis* RAFIN. — A. GRAY, *Man.*, ed. 6, 109. — *N. canadensis* DC., in *Mém. Soc. Gen.*, I, 44; *Pl. rar. Hort. gen.*, t. 3. —? *Ilex delicatula* BART. (ex DC.). — *Vaccinium mucronatum* L.

2. In *Bull. Soc. Linn. Par.*, 53. — LOESEN., *loc. cit.*, 16.

3. Spec. 2. H. BN, in *Adansonia*, XI, 307.

4. In *Bull. Soc. Linn. Par.*, 931.

5. Spec. 1. *O. Balansæ* H. BN.

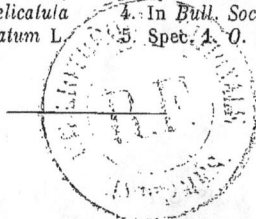

CI

ÉBÉNACÉES

Le nom de cette famille vient de ce que le *Diospyros*[1] *Ebenum* L. est une de ses espèces les plus importantes, l'arbre qui passait pour

Diospyros Embryopteris.

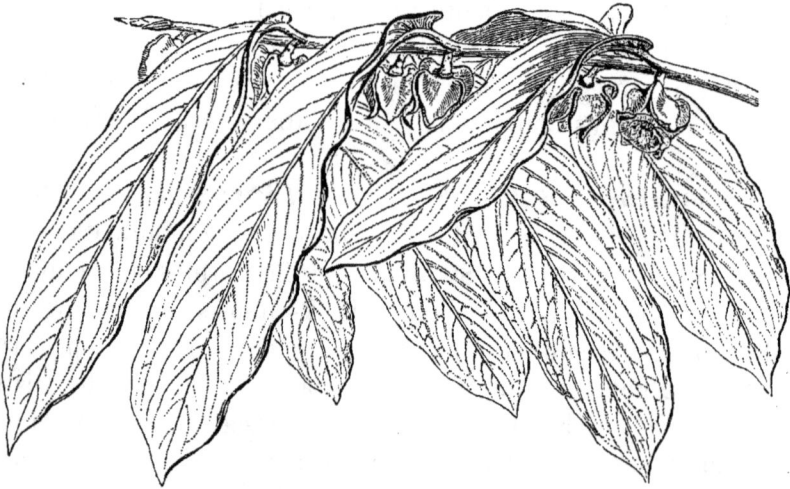

Fig. 214. Branche florifère femelle.

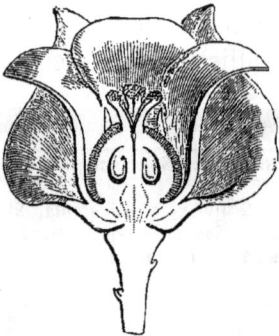

Fig. 215. Fleur, coupe longitudinale.

Fig. 216. Diagramme femelle.

produire le meilleur bois d'Ébène. Dans ce genre, les fleurs sont

1. DALECH. — L., *Gen.*, n. 403. — J., *Gen.*, 156. — LAMK, *Ill.*, t. 858. — GÆRTN. F., *Fruct.*, III, t. 208. — TURP., in *Dict. sc. nat.*, Atl., t. 65. — A. DC., *Prodr.*, VIII, 222. — ENDL., *Gen.*,

diclines, souvent polygames-dioïques (fig. 214-216). Leur réceptacle convexe porte un calice de trois à huit sépales, presque libres ou unis dans une étendue variable, quelquefois jusqu'en haut, imbriqués, valvaires ou parfois rédupliqués. La corolle, subrotacée, hypocratérimorphe, campanulée, tubuleuse ou urcéolée, est partagée plus ou moins profondément en lobes tordus ou rarement imbriqués, au nombre de trois à huit. Dans la fleur mâle, son tube, ordinairement vers sa base, porte des étamines au nombre de 4-∞, souvent 12-16, dont la symétrie est variable[1], à filets souvent courts, libres

Diospyros Lotus.

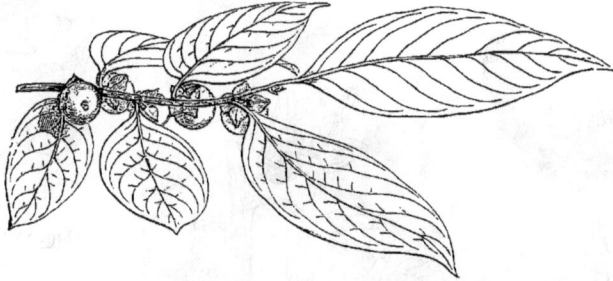

Fig. 217. Branche fructifère (½).

ou connés en bas; à anthères allongées, lancéolées, déhiscentes par des fentes apicales courtes, en forme de pores, ou plus souvent étendues à toute la hauteur des deux loges, longitudinales et latérales ou à peu près[2]. Le gynécée est ici rudimentaire, variable de forme; il fait assez rarement complètement défaut.

n. 4249. — H. Bn, in *Payer Leç. Fam. nat.*, 258.— Hiern, *Mon. Ebenac.*, 146, t. 5-10. — B. H., *Gen.*, II, 665, n. 4. — *Paralea* Aubl., *Guian.*, I, 576, t. 231.—*Embryopteris* Gærtn., *Fruct.*, I, 145, t. 29. — *Cavanillea* Desrx, in *Lamk Dict.*, III, 663; *Ill.*, t. 454. — *Dactylus* Forsk., *Fl. æg.-arab.*, XXXVI. — *Danzleria* Bert., ex A. DC., *Prodr.*, VIII, 224. — *Noltia* Schum. et Thonn., *Beskr. pl. guin.*, 189. — *Leucoxylum* Bl., *Bijdr.*, 1169. — *Gunisanthus* A. DC., *Prodr.*, VIII, 219. — *Rospidios* A. DC., *loc. cit.*, 220.

1. La loi de symétrie dans l'androcée n'est pas encore clairement démontrée. Dans la fleur femelle du *D. Embryopteris*, il y a un staminode dans l'intervalle de deux lobes de la corolle. Ailleurs on observe deux étamines alternipétales, superposées l'une à l'autre, ou en même temps deux étamines superposées aux pétales. Le nombre de ces dernières peut être de trois ou quatre. D'après M. Hartog, la fleur femelle du *D. Embryopteris* a d'abord quatre paires d'étamines antipétales. Ce qui est certain, c'est la fréquence des dédoublements d'étamines et le fait que ce dédoublement peut se produire sur un même rayon. Dans les *Royena*, il y a d'abord cinq mamelons staminaux alternipétales; puis il s'en produit un ou plusieurs autres dans l'intervalle des premiers. Dans le *Diospyros obovata* du *Flora brasiliensis*, il y a une triple étamine alternipétale. Dans les cas les plus compliqués, il y a des étamines en face des sépales et d'autres en face des lobes de la corolle, et toutes peuvent être le siège de dédoublements latéraux ou centripètes. Il y a beaucoup de *Diospyros* dont la fleur peut avoir seize étamines, disposées en huit paires, dont quatre superposées aux lobes de la corolle, et quatre alternes. Dans chaque paire, les étamines sont superposées l'une à l'autre. L'organogénie florale est à faire.

2. Le pollen est ovoïde, avec trois sillons

Les fleurs femelles ont le plus souvent des fleurs tétramères, dont le calice[1] gamosépale a des lobes épais et recourbés en dehors ou simplement valvaires, et dont la corolle campanulée a quatre lobes alternes et tordus. Elle porte un ou deux verticilles de staminodes, de forme variable, superposés quatre aux divisions du calice et quatre à celles de la corolle[2]. Le gynécée est libre, et son ovaire est surmonté d'un style à quatre branches superposées aux divisions de la corolle. Elles répondent à autant de loges ovariennes[3]; mais celles-ci sont subdivisées par une fausse-cloison en deux cavités dans chacune des-

Diospyros virginiana.

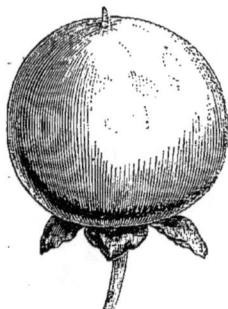

Fig. 219. Fruit.

Fig. 220. Fruit, coupe
transversale.

Fig. 221. Graine.

Fig. 218. Rameau florifère.

Fig. 222. Graine, coupe
longitudinale.

quelles se voit un ovule descendant, anatrope, à micropyle dirigé en haut et en dedans[4]. La base de l'ovaire est souvent épaissie en une couche glanduleuse et nectarifère. Il y a des fleurs femelles à un plus grand nombre de parties; d'autres qui sont trimères, et d'autres encore dont chaque loge ovarienne est biovulée, comme il arrive notamment chez les espèces de *Diospyros* dont on a fait le genre *Cargillia*[5].

Le fruit (fig. 219-222) est une baie, glabre ou recouverte de duvet.

---

suivant les arêtes émoussées du grain. Dans l'eau, il devient sphérique, à trois bandes, avec trois petites papilles (H. MOHL).

1. Persistants, glabres ou velus.

2. Les uns ou les autres pouvant manquer ou être le siège de dédoublements.

3. Souvent incomplètes en dedans.

4. Là où nous avons pu étudier le tégument ovulaire dans les Ébénacées, il nous a paru simple.

5. R. BR., *Prodr.*, 526. — ENDL., *Gen.*, n. 4248. — *Patonia* WIGHT, *Ill.*, I, 19 (part.).

Elle renferme d'une à dix graines descendantes qui, sous leurs léguments, contiennent un abondant albumen, ordinairement très dur, parfois ruminé, et un embryon axile, renversé, droit ou arqué, égalant ou dépassant la moitié de la hauteur de l'albumen, avec une radicule cylindrique supérieure, et des cotylédons foliacés, ordinairement assez larges[1].

On connaît près de cent soixante espèces[2] de ce genre. Ce sont des arbres ou des arbustes, de toutes les régions chaudes du globe. Leurs feuilles sont alternes, rarement presque opposées. Leurs fleurs[3] sont solitaires ou disposées en cymes, axillaires ou latérales et insérées sur l'écorce des vieilles branches.

Les *Royena*, plantes africaines, peu distinctes des *Diospyros*, pourraient être pris de préférence comme type de la famille, parce que leurs fleurs sont bien plus souvent hermaphrodites, quoique non constamment. Leur calice est accrescent, et leur corolle tordue. Le nombre de leurs étamines s'élève jusqu'à quinze. Leur gynécée est formé de deux à cinq carpelles, avec un même nombre de styles et un nombre double d'ovules, isolés aussi chacun dans une logette.

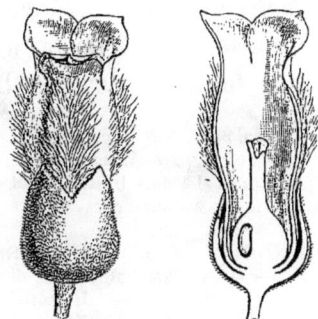

Maba buxifolia.

Fig. 223. Fleur. Fig. 224. Fleur, coupe longitudinale.

Près des *Royena* se placent les *Euclea*, plantes dioïques africaines; les *Maba* (fig. 223, 224), des deux mondes, à fleurs dioïques, souvent trimères, à 3-∞ étamines; le *Tetraclis*, de Madagascar, qui a des fleurs dioïques, tétramères, à corolle valvaire et à étamines nombreuses. C'est aussi un genre très voisin des *Diospyros*[4].

1. Ils sont souvent ovales-aigus, arrondis à la base, avec des nervures prononcées.
2. Roxb., *Pl. corom.*, t. 46-48, 50, 70. — Wight, *Icon.*, t. 182, 183, 188, 189, 416, 843, 844, 1221, 1222, 1227; *Ill.*, I, t. 19 (part.), 148. — Bedd., *Ic. pl. or.*, t. 121, 123-128, 130, 131, 134-138; *Fl. sylv.*, t. 65-69. — Chois., *Mém. Ternstr.*, t. 2 (*Leucoxylum*). — Kl., in *Waldem. Reis. Bot.*, t. 55. — Miq., in *Mart. Fl. bras.*, VII, t. 1, 2. — Boiss., *Fl. or.*, IV, 33. — Bak., *Fl. maur.*, 196. — A. Gray, *Syn. Fl. N.-Amer.*, II, 69. — Hemsl., *Bot. centr.-amer.*, II, 300. — Hiern, in *Oliv. Fl. trop. Afr.*, III, 717. — C.-B. Clke, in *Hook. f. Fl. brit. Ind.*,

III, 553. — *Bot. Mag.*, t. 3274, 3988. — Gren. et Godr., *Fl. de Fr.*, II, 469.
3. Blanches, jaunes ou rosées.
4. On a bien fait de ne rapporter qu'avec doute à cette famille le *Brachynema ramiflora* Benth., in *Trans. Linn. Soc.*, XXII, 125, t. 22. — B. H., *Gen.*, II, 666, n. 6, qui est un arbre de l'Amazone, à feuilles alternes, acuminées, entières ou subsinuées, penninerves; à fleurs disposées en cymes sur le bois et pourvues d'un calice à cinq dents courtes et larges; d'une corolle à long tube et à limbe partagé en cinq lobes allongés, aigus, valvaires-subtordus, finalement récurvés. L'androcée est formé de cinq

Cette petite famille a été établie par VENTENAT[1] en 1799. Il est à remarquer qu'ADANSON[2] en avait fait une portion de ses Vacciniées. Elle est en effet extrêmement voisine des Ilicacées dont on arrivera peut-être à ne pas la séparer, et elle ne s'en distingue que par son fruit entièrement charnu ou coriace, des loges ovariennes biovulées[3] et un embryon plus grand relativement aux dimensions de l'albumen. Elle compte cinq genres, environ 260 espèces, et elle appartient aux régions les plus chaudes des deux mondes, représentée par quelques espèces dans l'Afrique australe et l'Asie extratropicale. Elle diffère constamment des Sapotacées par l'ovule ascendant de ces dernières et des Oléacées par la meiostémonie ordinaire de celles-ci.

USAGES[4]. — Le bois spécial[5] des Ébénacées est souvent d'une grande utilité, et la famille lui a dû son nom. Ce bois est très dur et coloré dans les *Diospyros Ebenum*[6], *Ebenaster*[7], *Mabolo*[8], *Melanoxylon*[9], *Tupru*[10], etc.[11]. Son cœur est noir, parfois taché de brun ou de blanc, lourd, incorruptible, employé à une foule d'ouvrages. Les

étamines alternes, attachées tout au bas de la corolle et dont le filet court supporte une anthère allongée, introrse, s'ouvrant par deux fentes, surmontée d'un prolongement acuminé du connectif. L'ovaire sessile, déprimé et portant au centre un petit style lobulé, est partagé en quatre ou cinq loges dans chacune desquelles descend un ovule suborthotrope, attaché en haut par un très court et large funicule. Le fruit, entouré du calice cupuliforme, est globuleux-déprimé et monosperme. On ne connaît pas le contenu de la graine.

1. *Tabl.*, 443 (*Ebenaceæ*). — J., in *Ann. Mus.*, V (1804), 417. — ENDL., *Gen.*, 741, Ord. 159. — A. DC., *Prodr.*, VIII, 209, Ord. 125. — LINDL., *Veg. Kingd.*, 595, Ord. 229. — H. BN, in *Payer Leç. Fam. nat.*, 258, Fam. 118. — HIERN, *Monogr. Ebenac.*, in *Trans. Cambr. Phil. Soc.*, XII, I (1873). — B. H., *Gen.*, II, 662, Ord. 102. — *Guaicanæ* J., *Gen.* (1789), 155, Ord. 1 (part.). — *Bicornes* GIS., *Præl.*, 337 (part.).

2. *Fam. des pl.*, II, 161.

3. On sait que, par ses loges biovulées, l'*Oncotheca* (p. 215, 216, 220) sert de transition entre les deux groupes.

4. ENDL., *Enchirid.*, 363. — LINDL., *Veg. Kingd.*, 596. — ROSENTH., *Syn. pl. diaphor.*, 509, 1136. — H. BN, *Tr. Bot. méd. phanér.*, 1310.

5. SCHACHT, *Der Baum*, 198. — H. SOLER., *Syst. Wert Holzstr.*, 168.

6. KŒN., in *Phys. Salsk. Handl.*, I, 176. — HIERN, *Eben.*, 208. — *D. glaberrima* ROTTB.

— *D. melanoxylon* W. — *D. nigricans* DALZ. — *D. assimilis* BEDD., *Rep. for. Madr. for.* 1866-67, 20, t. 1 (*Nalluti*). Le bois brûlé répand une odeur aromatique; sa saveur est âcre et piquante.

7. RETZ. *Obs. bot.*, fasc. V, 31. — HIERN, *Eben.*, 244. — *D. revoluta* POIR. — *D. digyna* JACQ. — *D. Sapota* ROXB. — *D. brasiliensis* MART., *Fl. bras.*, VII, t. 2, fig. 2. — *Hebenaster* RUMPH., *Herb. amboin.*, III, t. 6 (*Sapotte negro* SONNER., *Lolin*, *Faux Mangostan* à Maurice).

8. LAMK., *Ill.*, t. 454. — *D. Mabola* ROXB. — LINDL., *Bot. Reg.*, t. 1139. — *Embryopteris discolor* G. DON. — *Cavanillea philippinensis* DESRX (*Amaga, Talang*).

9. ROXB., *Pl. corom.*, 36, t. 46. — HIERN, *Eben.*, 159. — *D. Roylii* WALL. — *D. Wightiana* WALL. (*Tumki, Tumbi, Tumida, Tumballi*). Le cœur seul est noir, et l'aubier blanc.

10. BUCH., *Journ.*, I, 183. — HIERN, *Eben.*, 158. — *D. tomentosa* ROXB. (non POIR.). — WIGHT, *Icon.*, t. 182, 183. — *D. exsculpta* HAM. (*Kendu, Kiou, Tunki, Tumboorne*). Son fruit comestible est doux.

11. Les *D. sylvatica* ROXB., *hirsuta* L. F., *discolor* W., *montana* ROXB., *insignis* THW., *ramiflora* WALL., *lessellaria* POIR., *microrhombus* HIERN, *Dendo* WELW., *mespiliformis* HOCHST., etc. On tire encore de l'ébène des *Maba Mualala* WELW., *buxifolia* PERS., de l'*Euclea pseudebenus* E. MEY., etc.

fruits sont souvent comestibles, surtout quand ils sont blets; car avant ce moment, ils sont généralement d'une astringence très prononcée. En Chine, ceux du *D. Kaki*[1] et de ses nombreuses variétés cultivées sont l'objet d'un grand commerce et s'exportent même desséchés. Aux États-Unis, on emploie comme médicament astringent la baie non mûre du *D. virginiana*[2] (fig. 218-222) dont l'écorce est réputée comme fébrifuge et antidiarrhéique. Du tronc de l'arbre découle une sorte de gomme. En Asie, le fruit du *D. Embryopteris*[3] (fig. 214-216) est aussi médicinal, usité à la fois comme mucilagineux et comme astringent. Sa pulpe est si glutineuse qu'elle sert à enduire les coques des navires. Le fruit du *D. Lotus*[4] (fig. 217) est aussi très astringent. Le bois du *Maba elliptica* Forst. passe pour antirhumatismal, et le fruit du *M. buxifolia* Pers.[5] (fig. 223, 224) est comestible. A Sainte-Hélène, le *Royena pallens* Thunb. croît à l'état sauvage, et son fruit est nommé *Poison Peach*.

1. L. F., *Suppl.*, 439. — Hiern, *Eben.*, 227. — *D. chinensis* Bl. — *D. Schi-Tse* Bge. — *D. Roxburghi* Carr. — *D. costata* Carr.

2. L., *Spec.*, 1057. — Gærtn. f., *Fruct.*, III, t. 207. — Michx, *Arbr. Am. sept.*, II, t. 12. — Wats., *Dendr.*, t. 146. — Hiern, *Eben.*, 224. — *D. caroliniana* Muehl. — *D. guaiacana* Rob. — *D. pubescens* Pursh (Pishamin, Persimon).

3. Pers., *Syn.*, II, 624. — Hiern, *Eben.*, 258. — H. Bn, *Tr. Bot. méd. phanér.*, 1311. — *D. glutinosa* Roxb. — *D. malabarica* Kost. — *Embryopteris peregrina* Gærtn. — *E. gela-*

tinifera E. Don. — *E. glutinifera* Roxb. (*Fruita da Grude, Lym-appel, Tumica, Gaub, Guswakendhu, Mangostan-utan, Panitsjika-maram* Rheede).

4. L., *Spec.*, 1057. — Hiern, *Eben.*, 223. — *Lotus africana altera* Camer. — *Pseudolotus* Camer. — *Ermellinus* Cæsalp. — *Lignum vilæ* Ger. — *Dactylus trapezuntinus* Forsk. On le croit un des *Lotus* en arbre des anciens.

5. *Syn.*, II, 606. — Hiern, *Eben.*, 116. — Wight, *Icon.*, t. 1228, 1229. — *Pisonia buxifolia* Rottb.

GENERA

1. **Diospyros** L.—Flores polygamo-diœci; receptaculo convexiusculo. Sepala 3-8, libera v. plus minus alte connata, sub fructu accrescentia, imbricata v. reduplicata; calice nunc truncato v. inæqui-rupto. Corolla campanulata, urceolata, hypocraterimorpha v. tubulosa, nunc extus pubescens; lobis 3-8, tortis v. raro imbricatis. Stamina 4-20 (in flore fœmineo sterilia v. minuta), imæ corollæ affixa v. subhypogyna; filamentis liberis v. varie connatis, nunc superpositis; antheris lineari-lanceolatis, lateraliter 2-rimosis v. ad apicem subporicidis. Germen sessile (in flore masculo rudimentarium v. 0) glabrum v. villosum; stylis v. styli ramis 1-4, nunc in massam stigmatosam subsessilem connatis; germinis loculis stylorum numero æqualibus, 2-ovulatis et plerumque 2-locellatis. Ovula descendentia; micropyle introrsum supera. Fructus calyce stipatus, forma varius, sæpius pulposus. Semina descendentia nitida; albumine æquabili v. ruminato; embryonis inversi radicula cylindracea supera; cotyledonibus sæpius foliaceis acutis nervatis. — Arbores v. frutices; foliis alternis v. suboppositis; floribus in cymas axillares v. secus ramos laterales dispositis, nunc raro solitariis. (*Orbis utriusque reg. calid. et temp.*) — *Vid. p.* 221.

2? **Royena** L.[1] — Flores fere *Diospyri;* calycis dentibus v. lobis 5, valvatis. Corollæ campanulatæ v. urceolatæ lobi sæpius 5, torti. Stamina 10, v. rarius 8-15, imæ corollæ affixa; filamentis brevissimis erectis; antheris lineari-lanceolatis sub-4-gonis, superne sæpius hirsutis, 2-rimosis (in flore fœmineo effœtis). Germen hirsutum, basi

---

1. *Gen.*, n. 555. — J., *Gen.*, 156. — GÆRTN., *Fruct.*, t. 94.— POIR., *Dict.*, VI, 320; Suppl., IV, 722. — LAMK, *Ill.*, t. 370. — DC., *Prodr.*, VIII, 210. — ENDL., *Gen.*, n. 4251.—H. BN, in *Payer Fam. nat.*, 258. — HIERN, *Mon. Ebenac.*, 76, t. 2. — B. H., *Gen.*, II, 663, n. 1.

glandulosum; styli ramis 2-5; loculis totidem 2-locellatis; ovulo in locellis 1, descendente; micropyle introrsum supera. Fructus baccatus coriaceus, haud v. ægre 5-valvis, calyce plus minus aucto nunc subvesiculoso inclusus. Semina 1-5; albumine æquabili. — Arbores v. frutices; foliis alternis; floribus axillaribus solitariis v. cymosis paucis, 2-bracteolatis. (*Africa trop. et austr.*[1])

3. **Euclea** L.[2] — Flores fere *Royenæ*, plerumque diœci[2], 4-8-meri; calyce brevi, 4-8-dentato, haud accrescente. Corollæ lobi totidem torti. Stamina 10- ∞ (in flore fœmineo sterilia v. 0), imæ corollæ affixa. Germen (in flore masculo rudimentarium v. 0) 2, 3-loculare; styli lobis totidem, apice sæpe incurvo-involutis. Ovula[4] in loculis 2, septo spurio sejuncta, descendentia; micropyle introrsum supera. Fructus carnosus, sæpius 1-spermus; seminis albumine æquabili v. ruminato. Cætera *Royenæ*. — Arbores v. frutices; foliis alternis nuncve oppositis v. verticillatis; racemis axillaribus simplicibus v. compositis. (*Africa trop. et austr.*[5])

4. **Maba** Forst.[6] — Flores fere *Diospyri*, polygamo-monœci v. sæpius diœci; calyce campanulato, 3-6-fido, nunc subintegro, interdum accrescente rigido haud plicato. Corolla tubulosa v. campanulata; lobis 3-6, contortis v. imbricatis. Stamina 3- ∞ (in flore fœmineo sterilia v. 0), glabra v. pilosa; filamentis liberis v. basi connatis; antherarum loculis lateraliter v. introrsum rimosis. Germen (in flore masculo rudimentarium) 3-loculare v. 6-locellatum; stylis 3, plus minus alte connatis. Ovula in locellis 1, descendentia; raphe dorsali. Fructus ovoideus v. subglobosus, calyce cinctus, carnosus v. siccus; seminibus 1-6; albumine nunc ruminato. — Arbores v. frutices; foliis alternis; floribus solitariis v. breviter cymosis, aut

1. Spec. 12,13. Jacq., *Fragm.*, t. 1, fig. 6. — Vent., *Jard. Malm.*, t. 17 (*Diospyros*). — Desf., in *Ann. Mus.*, VI, t. 62 (*Diospyros*). — Hiern, in *Oliv. Fl. trop. Afr.*, III, 510. — *Bot. Reg.*, t. 500; (1846), t. 40.

2. *Syst.*, ed. Murr., II, 747. — Endl., *Gen.*, n. 4254¹. — Hiern, *Mon. Eben.*, 90, t. 3. — H. Bn, in *Payer Fam. nat.*, 259. — B. H., *Gen.*, II, 664, n. 2. — *Diplonema* G. Don, *Gen. Syst.*, IV, 42. — *Kellaua* A. DC., in *Ann. sc. nat.*, sér. 2, XVI, 96. — *Rymia* Endl., *Gen.*, n. 4250.

3. Discus in flore vivo conspicuus.

4. Nunc rubentia.

5. Spec. ad 18. Jacq., *Fragm.*, t. 1, fig. 2; t. 63, fig. 3. — A. Rich., *Fl. abyss.*, t. 66. — Hiern, in *Oliv. Fl. trop. Afr.*, III, 511, in *Hook. Icon.*, t. 1568.

6. *Char. gen.*, 121, t. 61. — J., *Gen.*, 418. — A. DC., *Prodr.*, VIII, 240. — Endl., *Gen.*, n. 4247. — H. Bn, in *Payer Fam. nat.*, 259. — Hiern, *Eben.*, 106. — B. H., *Gen.*, II, 664, n. 3. — *Macreightia* A. DC., loc. cit., 220. — *Ferreola* Roxb., *Pl. corom.*, I, 35, t. 45. — *Rhipidostigma* Hassk., *Retzia*, 103. — *Holochilus* Dalz., in *Hook. Kew Journ.*, IV, 290.

axillaribus, aut ad nodos ramorum insertis. (*Orbis utriusque reg. calid.*[1])

5. **Tetraclis** HIERN. [2] — Flores diœci; calyce brevi subgloboso gamophyllo; lobis 4, brevibus valvatis. Corolla subglobosa carnosa, 4-fida; lobis 4, valvatis, dorso costatis. Stamina[3] ad 30, coroilæ plus minus alte inserta pleraque 2-nata; filamentis brevibus; antheris acutatis hispidulis, lateraliter 2-locularibus. Receptaculi pars centralis depresse cupularis. Fructus superus, calyce accrescente 4-lobo alte cinctus, subglobosus tomentosus; locellis 8; seminibus totidem descendentibus oblongis. — Arbor; foliis alternis coriaceis integris; cymis masculis pedunculatis compositis et floribus fœmineis solitariis in ramis lateralibus. (*Madagascaria*[4].)

---

1. Spec. ad 50. W., *Phytogr.*, t. 2, fig. 2 (*Ehretia*). — LABILL., *Sert. austro-caled.*, t. 35, 36. — WIGHT, *Icon.*, t. 763, 1228, 1229. — MIQ., *Fl. ind. bat.*, II, t. 36; in *Mart. Fl. bras.*, VII, t. 1, fig. 2; t. 2, fig. 3. — BEDD., *Fl. sylv.*, t. 21, fig. 1 (*Macreightia*); t. 19, fig. 4. — BAK., *Fl. maurit.*, 196. — HIERN, in *Oliv. Fl. trop. Afr.*, III, 514; in *Trim. Journ. Bot.* (1877); t. 186.

— MONTROUS., in *Mém. Ac. Lyon*, X, 230. — HEMSL., *Bot. centr.-amer.*, II, 299. — HILLEBR., *Fl. haw.*, 274. — C.-B. CLKE, in *Hook. f. Fl. brit. Ind.*, III, 550. — HARV., *Thes. cap.*, t. 110.

2. *Eben.*, 271; t. 11. — B. H., *Gen.*, II, 666, n. 5.

3. Omnino *Diospyri*.

4. Spec. 1. *T. clusiæfolia* HIERN.

CII

OLÉACÉES

I. SÉRIE DES OLIVIERS.

Les fleurs des Oliviers[1] (fig. 225-230) sont hermaphrodites ou polygames-dioïques, ordinairement trétamères. Leur réceptacle convexe porte un court calice gamosépale, à quatre divisions, souvent peu profondes, dont la préfloraison est subvalvaire. La corolle[2] gamopétale a un tube court et assez large, et un limbe à quatre lobes, valvaires ou indupliqués, alternes avec les divisions du calice. Elle peut totalement faire défaut[3]. Les étamines sont normalement au nombre de deux, latérales, insérées sur la corolle, sauf dans certaines fleurs mâles, où elles sont à peine unies à elle. Elles ont un filet droit ou replié sur lui-même dans le bouton, et une anthère à deux loges qui s'ouvrent par des fentes longitudinales, latérales, introrses ou extrorses. Mais même dans ce dernier cas, le filet s'insère à la face extérieure du connectif[4]. L'ovaire est libre, normalement à deux loges superposées aux divisions antérieure et postérieure du calice; il est surmonté d'un style à tête stigmatifère plus ou moins dilatée et bilobée. Chaque loge renferme, dans son angle interne, deux ovules collatéraux, descendants, qui se touchent vers la ligne médiane par leurs raphés et qui dirigent leur micropyle en haut, en dehors et du côté de l'angle formé par l'union de la cloison et de la paroi dorsale de l'ovaire[5]. Le fruit[6] est une drupe, globuleuse ou allongée, dont le noyau, souvent épais et osseux, mais parfois aussi mince et crustacé,

---

1. *Olea* T., *Inst.*, 598, t. 370. — L., *Gen.*, n. 20. — J., *Gen.*, 105. — GÆRTN., *Fruct.*, t. 93. — TURP., in *Dict. sc. nat.*, Atl., t. 38. — NEES, *Gen. Fl. germ.* — DC., *Prodr.*, VIII, 284. — ENDL., *Gen.*, n. 3349. — PAYER, *Leç. Fam. nat.*, 176. — B. H., *Gen.*, II, 679, n. 16. — *Tetrapilus* LOUR., *Fl. cochinch.*, 611 (ex B. H.). —? *Polyozus* LOUR., *op. cit.*, 75 (monstruosité? par virescence). — *Pachyderma* BL., *Bijdr.*, 682. — *Stereoderma* BL., *Fl. jav. Præf.*, 9.

2. Blanche, petite.

3. Dans la section *Gymnelæa* ENDL., *Iconogr.*, t. 54.

4. Le pollen est (H. MOHL) ovoïde, avec trois plis. Dans l'eau, il devient sphérique, à trois bandes. La membrane externe est souvent ponctuée.

5. Le tégument unique est des plus incomplets dans nos espèces vivantes. (H. BN, in *Bull. Soc. Linn. Par.*, 378.)

6. Sur la structure de l'olive, BOTTINI, in *N. Giorn. bot. ital.* (1889), 369.

est creusé de deux loges, dont une seule est le plus souvent fertile.

Olea europæa.

Fig. 225. Branche florifère.

Elle renferme une graine [1] descendante, dont les téguments recouvrent

1. PIROTTA, *Sulla strutt. del seme n.* Oleaceæ (in *Ann. Ist. bot. Rom.* (1884), 1, t. 2-24).

un albumen charnu, huileux, lisse ou légèrement ruminé à sa surface, entourant un embryon à radicule supère et à cotylédons plans[1]. Les Oliviers sont des arbres ou des arbustes, glabres ou chargés de

Olea europæa.

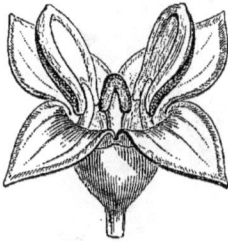

Fig. 226. Fleur (⁴⁄₁).   Fig. 227. Diagramme.   Fig. 228. Fleur, coupe longitudinale.

poils écailleux. Ils ont des feuilles opposées, entières ou quelquefois dentées, sans stipules. Leurs fleurs sont réunies en grappes termi-

Olea europæa.

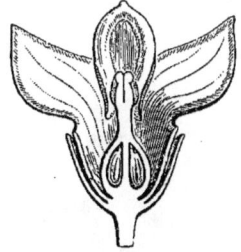

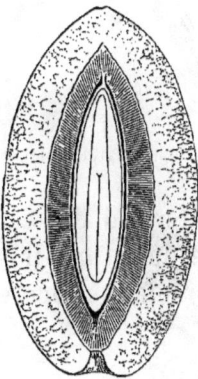

Fig. 229. Fruit, coupe longitudinale.   Fig. 230. Graine.

nales ou plus souvent axillaires, simples ou plus ou moins composées, à divisions articulées. Dans l'aisselle de leurs bractées opposées, les fleurs sont solitaires ou rapprochées en cymes pauciflores. On en connaît plus de trente espèces[2], originaires de la région Méditerranéenne, de l'Asie et de l'Afrique, de Madagascar et de la Nouvelle-Zélande.

Avec les Oliviers, les Troënes (*Ligustrum*) forment une petite sous-série très naturelle (*Evoléées*), et se distinguent à peine par leur inflorescence plus ordinairement terminale et composée, et par un fruit complètement charnu ou dont le noyau est coriace ou membraneux.

1. Dans la graine de l'*O. europæa*, au lieu d'un raphé descendant jusqu'à la région chalazique, nous voyons un épais faisceau qui, partant du hile, commence à se partager, à des hauteurs variables et quelquefois de très bonne heure, en branches irrégulièrement récurrentes, qui montent et se perdent en se ramifiant sur le tégument très ténu de la grain (fig. 230).

2. Jacq., *H. schœnbr.*, t. 2, 251. — Sibth. et Sm., *Fl. græc.*, t. 3. — Royle, *Ill. himal.*

t. 65, fig. 1. — Wight, *Icon.*, t. 735, 1238-1240. — C.-B. Clke, in Hook. *f. Fl. brit. Ind.*, III, 611. — Fr. et Sav., *En. pl. jap.*, I, 312. — Bak., *Fl. maurit.*, 218. — Lowe, *Man. Fl. Madeir.*, 20. — Hook. f., *Handb. N.-Zeal. Fl.*, 186. — Chapm., *Fl. S. Un.-St.*, 369. — Griseb., *Fl. brit. W.-Ind.*, 405. — Boiss., *Fl. or.*, IV, 36. — Willk. et Lge, *Prodr. Fl. hisp.*, II, 671. — Gren. et Godr., *Fl. de Fr.*, II, 474. — *Bot. Reg.*, t. 613. — *Bot. Mag.*, t. 3089. — Walp., *Ann.*, I, 501; V, 483.

Les *Chionanthus* (fig. 231-233) donnent leur nom à une autre sous-série (*Chionanthées*), dans laquelle les pétales sont aussi val-

Chionanthus virginica.

Fig. 232. Fleur.

Fig. 231. Rameau florifère.

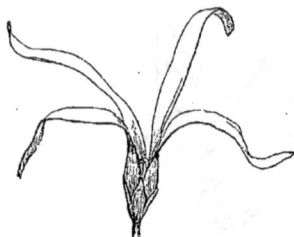

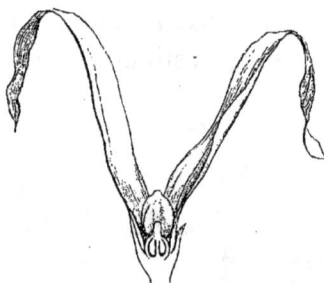

Fig. 233. Fleur, coupe longitudinale.

vaires-indupliqués, libres ou unis entre eux par l'intermédiaire des filets staminaux alternes, parfois connés à la base dans une très courte étendue, parfois aussi très étroits. Ce groupe renferme encore

Notelæa (Picconia) excelsa.

Fig. 234. Inflorescence.

Fig. 235. Fleur.

les *Linociera*, *Notelæa* (fig. 234, 235) et *Noronhea*, genres très voisins.

Type d'une autre sous-série (*Phillyréées*), le genre *Phillyræa* a les pétales imbriqués. Tels ils sont aussi dans les *Osmanthus*, végétaux dioïques ou polygames, américains, asiatiques ou polynésiens.

II. SÉRIE DES HESPERELÆA.

N'était la dialypétalie, l'*Hesperelæa*[1] (fig. 236) représenterait le
type le plus complet qu'on connaisse de cette famille; car sa fleur
hermaphrodite a quatre sépales, inégaux et pétaloïdes; quatre pétales
hypogynes, alternes, imbriqués, et ordinairement quatre étamines
également hypogynes, al-

Hesperelæa Palmeri.

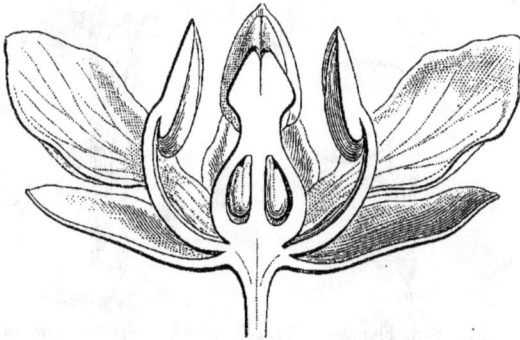

ternipétales. Leurs filets
sont libres, épais, et leurs
anthères à deux loges s'ouvrent en dedans ou près
des côtés. L'ovaire supère
est à deux loges, sur-
monté d'un style épais, à
sommet conique, courte-
ment bilobé. Dans chaque
loge se voient deux ovules
descendants, semblables
à ceux des Oliviers. Le

Fig. 236. Fleur, coupe longitudinale.

fruit est charnu. L'*H. Palmeri* A. GRAY, seule espèce du genre, est
un arbre de la Californie maritime, à feuilles opposées, coriaces,
entières, persistantes, à fleurs disposées en grappes axillaires composées et portant sur leurs divisions des cymes capituliformes.

III. SÉRIE DES LILAS.

Les fleurs des Lilas (*Syringa*)[2] sont hermaphrodites et régulières
(fig. 237-242). Leur réceptacle légèrement convexe porte un calice
gamosépale, tubuleux ou étroitement campanulé, à quatre dents
valvaires, dont deux latérales. La corolle gamopétale, ordinairement
hypocratérimorphe, a un tube plus ou moins long et un limbe à
quatre divisions valvaires ou indupliquées, dont deux antérieures et

1. In *Proc. Amer. Acad.*, XI (1876), 83;
Syn. Fl. N.-Amer., II, 77. — B. H., *Gen.*, II,
1240, n. 11 a.
2. L., *Gen.*, n. 22. — GÆRTN., *Fruct.*,
t. 49. — DC., *Prodr.*, VIII, 283. — NEES,

Gen. Fl. germ. — ENDL., *Gen.*, n. 3355. —
PAYER, *Leç. Fam. nat.*, 176. — DCNE, in *Nouv.
Arch. Mus.*, sér. 2, II, 39, t. 2. — B. H., *Gen.*,
II, 675, n. 6. — *Lilac* T., *Inst.*, 601, t. 372. —
J., *Gen.*, 105.

deux postérieures. Les étamines sont au nombre de deux, insérées sur la corolle, en haut du tube, latérales et formées d'une anthère à deux loges marginales, déhiscentes vers les bords ou un peu en dehors ou en dedans, et sessiles, dorsifixes, ou pourvues d'un filet plus ou moins long qui peut les rendre exsertes[1]. Le gynécée supère se compose d'un ovaire à deux loges, antérieure et postérieure, sur-

Syringa vulgaris.

Fig. 237. Portion d'inflorescence.

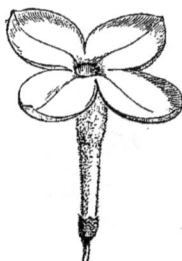

Fig. 238. Fleur.

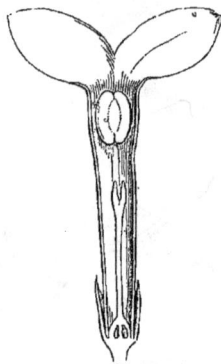

Fig. 239. Fleur, coupe longitudinale.

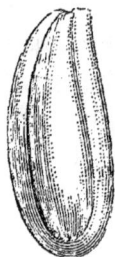

Fig. 241. Graine.

Fig. 240. Fruit déhiscent.

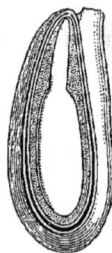

Fig. 242. Graine, coupe longitudinale.

monté d'un style grêle dont l'extrémité stigmatifère se partage en deux lobes épais, souvent aigus. Dans l'angle interne de chaque loge ovarienne se voient deux ovules collatéraux, descendant presque verticalement et se touchant en dedans par leurs raphés à l'âge adulte, tandis que leur micropyle regarde finalement en haut, en dehors et de côté[2]. Le fruit est capsulaire[3], oblong, loculicide; et les graines, descendantes, comprimées, sont pourvues d'une étroite aile

1. Le pollen a un tégument externe finement celluleux (H. MOHL).

2. Le tégument unique est fort incomplet.
3. Un peu charnu dans le *S. sempervirens* FR.

marginale. Leur albumen est charnu, et leur embryon a des cotylédons plats et une radicule supérieure, courte ou assez longue.

Schrebera alata.

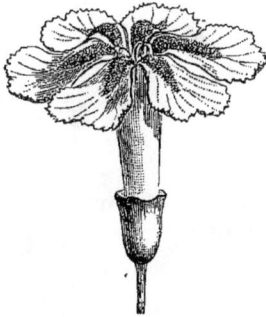

Fig. 243. Fleur.   Fig. 244. Diagramme.   Fig. 245. Fleur, coupe longitudinale.

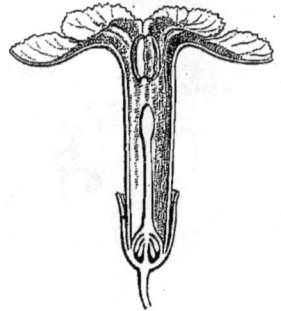

On a donné le nom de *Ligustrina*[1] au *S. amurensis*[2], qui a une

Forsythia viridissima.

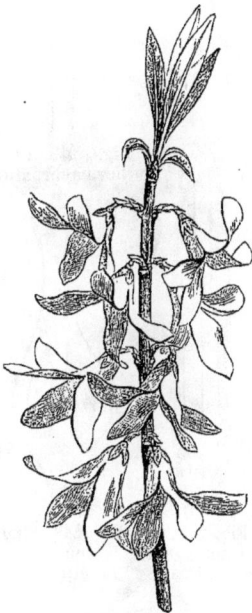

Fig. 246. Branche florifère.

corolle à tube plus court que les autres
espèces et rappelant tout à fait celui de la plupart des Troënes, avec des étamines exsertes.

Les Lilas sont, au nombre d'une demi-
douzaïne[3], des arbustes glabres ou pubescents,
de l'Asie tempérée et de l'Europe orientale.
Ils ont des branches et des feuilles opposées;
ces dernières pétiolées, entières ou quelquefois pinnatiséquées, sans stipules. Leurs
fleurs sont disposées en grappes terminales,
ramifiées, portant des grappes secondaires
opposées ou ternées, elles-mêmes composées
de petites cymes bipares.

A côté des Lilas se placent les *Schrebera*
(fig. 243-245), qui sont des arbres de l'Inde,
à lobes de la corolle un peu plus courts que
son tube et imbriqués dans le bouton, à ovules
au nombre de trois ou quatre dans chaque
loge ovarienne et à graines dépourvues d'albumen; et les *Forsythia* (fig. 246), qui sont
des arbustes de la Chine et du Japon, et qui ont des corolles imbri-

1. Rupr., *Beitr. Pflanzenk. Russ. Reich.*,
VI, 55; *Dec. pl. amur.*, t. 9. — Maxim., in
Mél. biol. Acad. Pétersb., IX, 395.
2. In *Maxim. Prim. Fl. amur.*, 193.

3. Royle, *Ill. himal.*, t. 65. — Dcne, in
N. Arch. Mus., sér. 2, II, t. 3. — Fr., *Pl. David.*,
I, 204; in *Bull. Soc. philom.* (1885). — C.-B.
Clke, in *Hook. f. Fl. brit. Ind.*, III, 604. —

quées,. avec les lobes plus longs que le tube, des graines pourvues d'albumen et des ovules qui, dans chaque loge, peuvent s'élever jusqu'au nombre de douze. Leurs feuilles sont opposées ou verticillées, et leurs fleurs jaunes sont précoces.

IV. SÉRIE DES FRÊNES.

Les fleurs des Frênes[1] sont polygames ou dioïques, parfois apérianthées. Dans notre F. commun (fig. 247-252), le réceptacle de

Fraxinus excelsior.

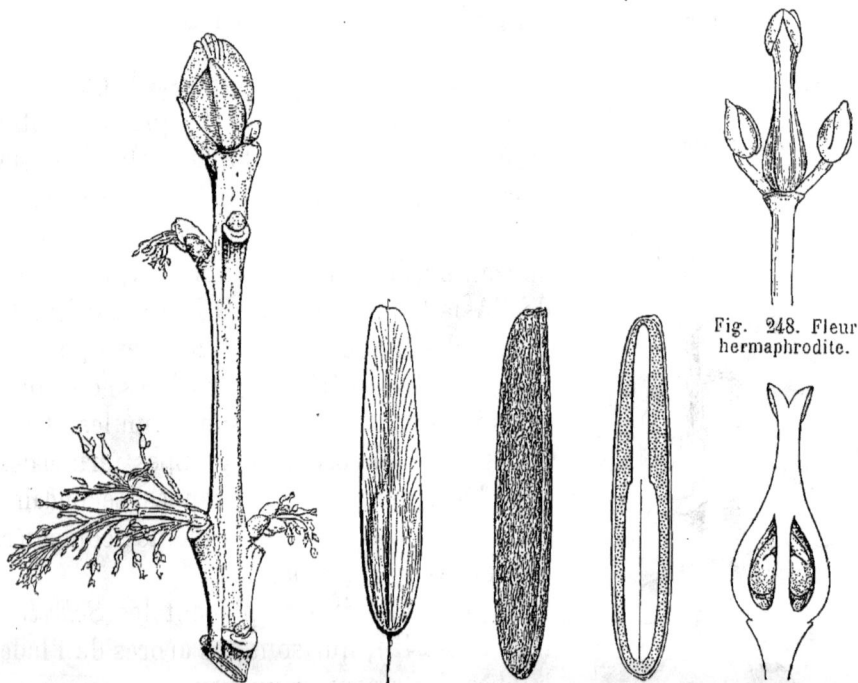

Fig. 248. Fleur hermaphrodite.

Fig. 247. Branche florifère. Fig. 250. Fruit. Fig. 251. Graine. Fig. 252. Graine, coupe longitudinale. Fig. 249. Fleur, coupe longitudinale.

celles qui sont hermaphrodites est convexe et porte deux étamines latérales et un gynécée. Les étamines ont un filet libre et une anthère

HEMSL. et FORB., in *Journ. Linn. Soc.*, XXVI, 82. — BOISS., *Fl. or.*, IV, 38. — WILLK. et LGE, *Prodr. Fl. hisp.*, II, 671. — REICHB., *Iconogr.*, t. 780; *Ic. Fl. germ.*, t. 1073. — *Bot. Reg.*, t. 1733 (1845), t. 6. — *Bot. Mag.*, t. 183, 486, 3278.

1. *Fraxinus* T., *Inst.*, 577, t. 343. — L., *Gen.*, n. 1160. — J., *Gen.*, 105. — GÆRTN., *Fruct.*, t. 49. — ENDL., *Gen.*, n. 3353. — NEES, *Gen. Fl. germ.* — DC., *Prodr.*, VIII, 274. — PAYER, *Leç. Fam. nat.*, 177.— B. H., *Gen.*, II, 676, n. 7. — PIROTT, *Ann. Ist. bot. Rom.* (1884), 2, t. 2.

à deux loges déhiscentes vers les bords ou un peu en dedans par des fentes longitudinales. L'ovaire supère a deux loges, antérieure et postérieure, et il est surmonté d'un style dont le sommet stigmatifère est bilobé. Il y a dans chaque loge deux ovules à insertion septale, descendants, avec le micropyle en dedans et en haut. Le fruit est une samare allongée, comprimée perpendiculairement à la cloison, à aile supérieure, avec une loge stérile et une graine descendante, qui, sous de minces téguments, renferme un albumen charnu et un embryon axile, à courte radicule supère, à cotylédons charnus et aplatis.

Fraxinus Ornus.

Fig. 253. Inflorescence.

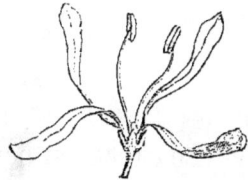

Fig. 254. Fleur.

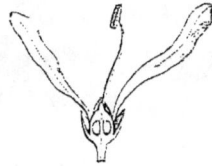

Fig. 255. Fleur, coupe longitudinale.

Il y a parfois dans cette espèce un rudiment de périanthe, représenté par une ou quelques petites écailles. En Amérique, il y a un *F. dipetala.* Enfin, dans les *F. Ornus* (fig. 253-255), *rotundifolia*, etc., dont on a fait un genre *Ornus*, la corolle a quatre pétales libres ou un peu unis à la base, étroits, allongés, et la fleur est souvent hermaphrodite.

Ainsi compris, le genre *Fraxinus* est formé d'une vingtaine environ d'espèces[1]. Ce sont des arbres, à feuilles opposées, généralement

1. Sibth. et Sm., *Fl. græc.*, t. 4. — Wall., *Pl. as. rar.*, t. 277. — Boiss., *Diagn. or.*, sér. 2, III, 119; *Fl. or.*, IV, 39. — Griseb., *Cat. pl. cub.*, 170. — Fr. et Sav., *En. pl. jap.*, I, 310. — Fr., *Pl. David.*, I, 203. — C.-B. Clke, in *Hook. f. Fl. brit. Ind.*, III, 605. — Hemsl. et Forb., in *Journ. Linn. Soc.*, XXVI,

84. — A. Gray, *Syn. Fl. N.-Amer.*, II, 73. — Chapm., *Fl. S. Un.-St.*, 369. — Hemsl., *Bol. centr.-amer.*, II, 304. — Reichb., *Ic. Fl. germ.*, t. 1072. — Gren. et Godr., *Fl. de Fr.*, II, 471. — *Hook. Icon.*, t. 1929, 1930. — Walp., *Rep.*, VI, 460; *Ann.*, I, 500; III, 16; V, 485.

imparipennées, quelquefois simples, souvent serrées. Leurs fleurs
sont groupées en grappes composées, cymigères et terminales, ou
bien elles sortent, au niveau de l'aisselle des feuilles tombées, d'un
bourgeon dont les écailles répondent, comme celles des bourgeons
feuillés, à des pétioles dilatés. Ce sont des plantes des régions tempérées et même chaudes de l'hémisphère boréal des deux mondes.

A côté des Frênes, on place, à cause de leur fruit samaroïde,
entouré d'une aile, les *Fontanesia*, arbustes d'Orient, dont les loges
ovariennes renferment un ovule descendant, à raphé dorsal.

V. SÉRIE DES FORESTIERA.

Dans les *Forestiera*[1] (fig. 256-260), les fleurs sont polygames-
dioïques. Le calice est peu développé, partagé en quatre, cinq ou six

Forestiera acuminata.

Fig. 257. Bourgeon
floral.

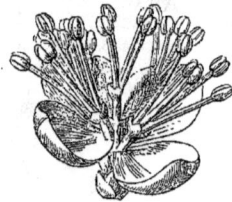

Fig. 258. Inflorescence mâle.

Fig. 256. Branche florifère.

Fig. 259. Fleur mâle.

Fig. 260. Fleur mâle, coupe
longitudinale.

lobes, ou nul. La corolle est réduite à deux, trois ou quatre petits
pétales, ou bien, plus souvent, elle fait défaut. L'androcée est, dans

---

1. Poir., *Dict.*, Suppl., II, 664. — Endl.,
Gen., n. 1896. — A. Gray, in *Proc. Amer.
Acad.*, IV, 362. — B. H., *Gen.*, II., 676, n. 9. —
Borya W., *Spec.*, IV, 711 (non Labill.). —
Adelia Michx, *Fl. bor.-amer.*, II, 223, t. 48
(non P. Br.). — *Rigelowia* Sm., in *Rees Cyclop.*,
XXXIX. — *Piptolepis* Benth., *Pl. Hartweg.*,
29.

la fleur mâle, formé de deux à quatre étamines, avec des filets courts
ou allongés, et des anthères à deux loges qui s'ouvrent en dedans ou
sur les côtés par des fentes longitudinales. Dans les fleurs femelles,
l'ovaire supère a deux loges et est surmonté d'un style qui supérieurement se partage en deux lobes stigmatifères courts ou allongés.
Dans chaque loge ovarienne, il y a deux ovules collatéraux, descendants, qui dirigent finalement leur micropyle plus ou moins en
dedans et en haut, tandis que leur raphé est à peu près dorsal[1]. Le
fruit est drupacé, à sarcocarpe mince ou charnu, à noyau coriace ou
parcheminé, avec une ou deux graines, descendantes et albuminées;
les cotylédons aplatis. Il y a une dizaine[2] de *Forestiera* en Amérique,
la plupart de l'Amérique du Nord. Ce sont des arbustes glabres ou
pubescents, à feuilles opposées, souvent fasciculées, entières ou
serrulées. Les fleurs occupent l'aisselle de feuilles tombées, envelop-
pées d'abord dans un bourgeon écailleux et disposées en grappes plus
ou moins contractées.

VI. SÉRIE DES JASMINS.

Les Jasmins[3] (fig. 261-265) ont le plus souvent des fleurs 4,
5-mères, régulières et hermaphrodites, à réceptacle convexe. Il porte,
dans le cas de fleurs tétramères : un calice gamopétale, à divisions
profondes et étroites, qui cessent de bonne heure de se toucher dans
le bouton, et une corolle gamopétale, hypocratérimorphe, imbriquée
dans la préfloraison. Elle porte, insérées sur son tube, deux étamines,
alternes avec deux de ses lobes, latérales, à filet court ou presque nul,
et à anthère dorsifixe, dont les deux loges s'ouvrent par des fentes,
extrorses, latérales ou légèrement introrses. Le gynécée, supère, se
compose d'un ovaire à deux loges, alternes avec les étamines, surmonté d'un style dont l'extrémité se partage en deux lobes ou branches
stigmatifères, de forme variable. Dans l'angle interne de chaque loge
s'insèrent un ou deux ovules, horizontaux ou plus souvent ascendants,

1. H. Bn, in *Bull. Soc. Linn. Par.*, 93).
2. Desf., *Cat. II. par.*, 88 (*Adelia*). — Griseb., *Cat. pl. cub.*, 169. — A. Gray, *Syn. Fl.
N.-Amer.*, II, 76. — Chapm., *Fl. S. Un.-St.*
370. — Torr., *Mex. Bound. Surv.*, 168, 177. —
Hemsl., *Bot.centr.-amer.*, II, 305.

3. *Jasminum* T., *Inst.*, 597, t. 368. — L.,
Gen., n. 17. — J., *Gen.*, 106. — Gærtn., *Fruct.*,
t. 42. — Nees, *Gen. Fl. germ.* — Endl., *Gen.*,
n. 3342. — Payer, *Leç. Fam. nat.*, 179. —
B. H., *Gen.*, II, 674, n. 1. — *Mogorium* J.,
Gen., 106.

imparfaitement anatropes, à micropyle presque toujours inférieur et extérieur[1].

Il y a des Jasmins à corolle 5- ∞-lobée, à loges ovariennes uni-, tri- ou quadriovulées. Le fruit, didyme ou, par avortement d'un des carpelles, globuleux ou ovoïde, est charnu ou membraneux, avec une ou deux graines à double tégument[2], dont l'embryon, dépourvu d'albu-

Jasminum nudiflorum.

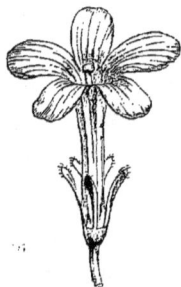

Fig. 262. Fleur.

Fig. 263. Fleur, coupe longitudinale.

Fig. 264. Graine.

Fig. 261. Branche florifère.

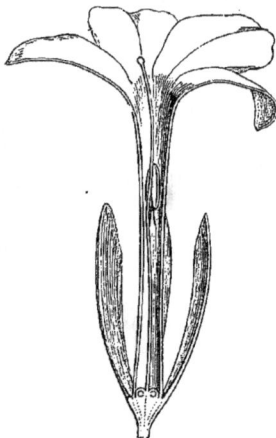

Fig. 265. Graine, coupe longitudinale.

men, a des cotylédons charnus, plan-convexes, et une courte radicule infère, exserte ou incluse entre les cotylédons.

Il y a près de cent espèces[3] de Jasmins; ce sont des arbustes dressés

1. Ou un peu latéral-externe. Le tégument est souvent presque nul (H. Bn, in *Bull. Soc. Linn. Par.*, 658, 940).

2. L'extérieur peut être chargé de papilles ou de poils.

3. Labill., *Sert. austro-caled.*, t. 27. — Vent., *Ch. de pl.*, t. 8; *Jard. Cels.*, t. 55. — Jacq., *H. schœnbr.*, t. 321, 490. — Wall., *Pl.*

as. rar., t. 274, 275. — Wight, *Ill.*, t. 153; *Icon.*, t. 698-705, 1247-1258. — *Jacquem. Voy.*, *Bot.*, t. 43. — Hook., *Icon.*, t. 831. — Sm., *Exot. Bot.*, t. 118. — Wawr., *Pr. Max. Reis.*, *Bot.*, t. 70. — Eichl., in *Mart. Fl. bras.*, VI, 314, t. 84. — Miq., *Fl. ind. bat.*, II, 530. — Fr., *Pl. David.*, 1, 206; II, 97. — Fr. et Sav., *En. pl. jap.*, I, 314. — C.-B. Clke, in

ou sarmenteux, volubiles. Leurs feuilles sont opposées, quelquefois alternes, simples, trifoliolées ou imparipennées. Leurs fleurs sont disposées en cymes, plus ou moins composées et dichotomes, soit terminales, soit issues de bourgeons écailleux et latéraux, réduites parfois à une seule fleur. Ils sont originaires de l'Europe méridionale, d'Afrique, d'Asie et d'Australie.

A côté des Jasmins se rangent les *Monodora* et les *Nyctanthes* qui ont le fruit capsulaire, déhiscent en travers dans les premiers, septicide dans les derniers.

Les *Myxopyrum*, arbustes de l'Asie et de l'Océanie tropicales, forment ici une sous-série à peine distincte, à tiges volubiles, à ovules ascendants comme ceux des Jasmins, à fruit légèrement charnu, avec un noyau membraneux ou coriace.

Cette famille a été établie par B. DE JUSSIEU sous le nom de *Jasmina*[1]. C'est LINDLEY[2] qui, en 1830, substitua le nom d'Oléacées à celui d'Oléinées[3]. Aujourd'hui, la famille compte environ trois cents espèces, et dix-neuf genres répartis en six séries :

I. OLÉÉES[4]. — Corolle gamopétale, dialypétale ou 0. Androcée meiostémoné. Ovules 2, descendants, à micropyle extérieur et latéral. Fruit charnu (baie ou drupe). — 8 genres.

II. HESPÉRÉLÆÉES[5]. — Corolle dialypétale. Androcée isostémoné. Ovules 2, descendants, à micropyle extérieur et latéral. Fruit charnu. — 1 genre.

III. SYRINGÉES[6]. — Corolle gamopétale. Androcée meiostémoné. Ovules 2, descendants, à micropyle extérieur et latéral ; ou ∞, à micropyle variable. Fruit sec, loculicide. — 3 genres.

Hook. f. Fl. brit. Ind., III, 591. — HEMSL. et FORB., in *Journ. Linn. Soc.*, XXVI, 78. — BAK., *Fl. maurit.*, 220. — LOWE, *Man. Fl. madeir.*, 27. — GRISEB., *Fl. brit. W.-Ind.*, 406. — BENTH., *Fl. austral.*, IV, 294. — BALF. F., *Bot. Soc.*, 155, t. 45. — BOISS., *Fl. or.*, IV, 42. — REICHB., *Ic. Fl. germ.*, t. 1077. — GREN. et GODR., *Fl. de Fr.*, II, 476. — ANDR., *Bot. Rep.*, t 127, 496. — *Bot. Reg.*, t. 15, 89, 91, 178, 264, 350, 436, 606, 690, 1296, 1409, 2013 ; (1842), t. 26 ; (1845), t. 26 ; (1846), t. 48. — *Bot. Mag.*, t. 31, 285, 461, 980, 1731, 1785, 1889, 1991, 4649. — WALP., *Rep.*, VI, 463 ; *Ann.*, I, 502 ; III, 21.

1. H. Trian. (1759), in *A.-L. J. Gen.*, lxvi. — A.-L. J., *Gen.* (1789), 104, Ord. 4.

2. *Nat. Syst.* (1830), Ord. 205 ; *Veg. Kingd.*, 616, Ord. 237. — ENDL., *Gen.*, 571, Ord. 130. — DC., *Prodr.*, VIII, 273, Ord. 127. — B. H., *Gen.*, II, 672, Ord. 104.

3. *Oleineæ* HFFMSG et LINK, *Fl. port.*, I, 385. — R. BR., *Prodr.*, 522. — PAYER, *Leç. Fam. nat.*, 175.

4. *Oleineæ* DC., *Prodr.*, VIII, 283, Trib. 3. — B. H., *loc. cit.*, 673, Trib. 4. — *Olieæ* G. DON. — *Notelæiæ* G. DON, *Dict.*, IV, 44. — *Chionantheæ* DC., *Prodr.*, VIII, 294, Trib. 4. — PAYER, *Fam. nat.*, 178, Fam. 78.

5. *Oleineæ* (part.) B. H., *Gen.*, II, 1240.

6. *Syringeæ* DON, in *Loud. Arb.*, 1208. — DC., *loc. cit.*, 280, Trib. 2. — *Lilaceæ* (part.) VENT., *Tabl.*, II, 206.

IV. Fraxinées[1]. — Corolle dialypétale, gamopétale ou 0. Androcée meiostémoné. Ovules 1, 2, descendants, à micropyle intérieur. Fruit sec, ailé (samare), indéhiscent. — 2 genres.

V. Forestiérées[2]. — Fleurs diclines. Corolle 0. Calice petit ou 0. Androcée meiostémoné. Ovules 2, descendants, à micropyle latéral et finalement intérieur. Fruit charnu. — 1 genre.

. VI. Jasminées[3]. — Corolle gamopétale, imbriquée. Androcée meiostémoné. Ovules 2-4, ascendants, à micropyle extérieur et latéral, peu visible. Fruit charnu ou sec. — 4 genres.

Voisine à la fois des Ébénacées et des Sapotacées, cette famille se distinguerait constamment des unes et des autres par sa meiostémonie sans l'exception de l'*Hesperelœa* isostémoné. La corolle est tantôt gamopétale et tantôt dialypétale. Des Ébénacées et Ilicacées cette famille se sépare par des ovules à micropyle variable quand ils sont descendants, et extérieurs quand ils sont ascendants. Dans ce dernier cas, c'est comme direction l'ovule des Sapotacées qui sont isostémonées et qui ne sont pas dialypétales comme l'*Hesperelœa*. Les Sapotacées ont en outre un latex qui fait défaut chez les Oléacées[4].

Celles-ci sont des plantes des pays chauds et tempérés des deux mondes. Chez nous, les *Phillyrea* sont méditerranéens; le *Ligustrum vulgare* s'élève jusqu'à la limite du Noyer. Le Frêne s'étend au nord jusqu'en Norvège, Suède et Finlande. Le genre *Jasminum*, représenté chez nous par le *J. fruticans*, s'arrête au plateau central et aux environs de Lyon. L'Olivier donne chez nous son nom à une région : il croît dans tout le Midi et le Sud-Est. On le suppose originaire d'Asie et introduit vers l'an 680 par les Phocéens; on l'a dit aussi exister à l'état sauvage en Corse, en Algérie, etc.

Usages[5]. — L'*Olea europœa*[6] (fig. 225-230) est la plus utile de

1. *Fraxineœ* Bartl., *Ord. nat.*, 218. — Mart., *Consp.*, 44. — DC., *loc. cit.*, 274, Trib. 1. — B. H., *Gen.*, II, 673, Trib. 3. — *Fraxinieœ* Don, in *Loud. Arb.*, II, 1198.

2. Endl., *Gen.*, 288.

3. *Jasmineœ* R. Br., *Prodr.*, 520. — A. DC., *Prodr.*, VIII, 300, Ord. 128. — Payer, *Fam. nat.*, 179, Fam. 79. — B. H., *Gen.*, II, 672, Trib. 1. — *Jasminaceœ* Lindl., *Nat. Syst.*, ed. 2, 308; *Veg. Kingd.*, 650, Ord. 249. — *Bolivarieœ* Griseb., *Gent.*, 20.

4. Celles-ci sont souvent riches en suc gommeux et sucré. Sur leurs tissus : Link,

Icon. anat., fasc. 2, XV, 6. — H. Schacht, *Der Baum*, 195. — Dipp., in *Bot. Zeit.* (1850), 335, c. fig. — H. Mohl, *Ranken u. Schlingpfl. Bau* (1827), § 75 (*Jasminum*). — Solered., *Syst. Wert Holzstr.*, 170.

5. Endl., *Enchirid.*, 285, 287. — Lindl., *Veg Kingd.*, 616, 650. — Rosenth., *Syn. pl diaphor.*, 358, 1122. — H. Bn, *Tr. Bot. méd phanér.*, 1303.

6. L., *Spec.*, 11. — Lamk, *Ill.*, t. 8, fig. 1. — Duham., *Arbr.*, II, 57, t. 14, 15. — Couture, *Tr. de l'Oliv.* (1786). — Picc., *Ec. ol.* (1810). — Gren. et Godr., *Fl. de Fr.*, II, 474. — Turp.,

toutes ces plantes. Son écorce est tonique-amère; ses feuilles, astringentes; son bois, employé en ébénisterie; son suc gommeux, analogue comme propriétés à l'Elemi[1]. Mais on estime surtout son fruit
dont le sarcocarpe abonde en huile douce, fixe, comestible, médi-
cinale et usitée dans l'industrie. Quelques autres *Olea* sont utiles[2];
le parfum de leurs fleurs est souvent agréable. Celles de l'*Osmanthus fragrans*[3] servent en Chine à aromatiser le thé. Les Frênes sont
des arbres à bois recherché, notamment le *Fraxinus excelsior*[4]
(fig. 247-252) qui peut, dans certaines conditions, fournir par inci-
sions de la Manne[5], substance sucrée et purgative; quoique ce soit
surtout, en Calabre, le propre des Frênes dits à fleurs, tels que
les *F. Ornus*[6] (fig. 253-255) et *rotundifolia*[7]. Le *Chionanthus virginica*[8] (fig. 231-233), de l'Amérique du Nord, passe pour narcotique;
l'écorce de sa racine est tonique et vulnéraire. Les *Phillyrea latifolia*
L., *media* L. et *angustifolia* L. ont des feuilles astringentes, préco-
nisées contre les angines; des fleurs qui, pilées avec du vinaigre,
servent au traitement topique des céphalalgies. Le Troëne commun[9]
est astringent, un peu âcre. Ses feuilles s'emploient à tanner les
cuirs. Ses fruits sont tinctoriaux et servent à colorer les vins. Ses
graines donnent de l'huile. Son bois est dur, propre aux ouvrages de
tour et fournit un charbon qui sert à fabriquer de la poudre. Celui
du Lilas vulgaire[10] (fig. 237-242) est aussi recherché par les tour-
neurs. Ses fleurs sont usitées en parfumerie, et ses fruits verts entrent
dans la préparation d'un extrait mou, tonique et fébrifuge. Le Lilas
de Perse[11] a les mêmes propriétés. Le *Forsythia suspensa* VAHL est

in *Dict. sc. nat.*, Atl., t. 38. — GUIB., *Drog.
simpl.*, éd. 7, II, 588. — BERG et SCHM.,
Darst. off. Gew., t. 33 b. — KOHL., *Med. Pfl.*
(*Olivette, Olier*).

1. C'est la gomme d'Olivier ou de *Lecca*.

2. Notamment les *O. undulata* JACQ., *mi-
crocarpa* VAHL, *malabarica* KOSTL., *americana* L., etc. Les *O. undulata* et *capensis* donnent
un bon bois, dans l'Afrique australe, de même que
l'*O. exasperata* JACQ. L'*O. chrysophylla* LAMK
produit, en Abyssinie, les feuilles d'*Aule* ou
Woira, unies au Kosso dans le traitement du
tænia. En Chine, les *O. consanguinea* et *Wal-
persiana* HNCE servent à aromatiser le thé.

3. LOUR., *Fl. cochinch.*, 29. — *Olea fragrans*
L. LOUREIRO se demande si ce n'est pas le
Moksei de KÆMPFER (*Amœn.*, 844).

4. L., *Spec.*, 1509. — GREN. et GODR., *Fl. de
Fr.*, II, 471. — *F. apetala* LAMK. (*Grand
Frêne, Gaiac des Allemands*).

5. FLUCK. et HANB., *Pharmacogr.*, 366.

6. L., *Spec.*, 1510. — SIBTH., *Fl. græc.*, I,
t. 4. — WOODW., *Med. Bot.*, t. t. 36. — GUIB.,
Drog. simpl., éd. 7, II, 583. — HANB. et FLUCK.,
loc. cit., 367. — BERG et SCHM., *Darst. off.
Gew.*, t. 3 e. — H. BN, *Tr. Bot. méd. phanér.*,
1306, fig. 3273-3275. — *Ornus europœa* PERS.,
Syn., 1, 9 (*Orne, Ornier*).

7. LAMK, *Dict.*, II, 546. — *F. halepensis*
HERM. — *Ornus rotundifolia* PERS.

8. L., *Spec.*, 11. — *C. trifida* MŒNCH. —
C. maritima LODD. (*Arbre de neige, A. à
franges*).

9. *Ligustrum vulgare* L., *Spec.*, 19. — GREN.
et GODR., *Fl. de Fr.*, II, 475 (*Sauvillot, Puine
blanche, Verzelle, Truflier, Frezillon*).

10. *Syringa vulgaris* L., *Spec.*, 11. — *Lilac
vulgaris* LAMK (*Queue de renard des jardins*).

11. *Syringa persica* L., *Spec.*, 11 (*Agen, Jasmin de Perse*).

aussi fébrifuge et céphalique. Les Jasmins ont souvent des fleurs odorantes, employées en parfumerie. Celles du *Jasminum officinale*[1] passent pour emménagoges et antispasmodiques; leur parfum est très recherché dans le commerce. Le *J. Sambac*[2] a les mêmes propriétés; on cultive beaucoup en Asie sa forme à fleurs doubles, très odorantes. Les *J. undulatum* L., *odoratissimum* Vahl, *angustifolium* W., *grandiflorum* L., etc.[3], ont les mêmes propriétés. Le *J. pubescens* L. a une racine vantée contre la morsure des serpents. Le *Nyctanthes arbor tristis*[4] est tinctorial, et ses fleurs passent pour antispasmodiques. Le *Noronhia emarginata* Poir. a des fruits comestibles. En Chine, les graines du *Forsythia suspensa*[5], indiqué ci-dessus, passent pour astringentes et fébrifuges. Il y a beaucoup de Frênes à bois utile, notamment, outre les espèces précitées, les *F. americana* Lamk, *juglandifolia* Lamk, *caroliniana* Lamk, *atrovirens* Desf., *acuminata* Lamk, etc. Plusieurs *Ligustrum*, notamment le *L. Ibota* Sieb., sont indiqués comme nourrissant, en Chine et au Japon, des Cochenilles qui excrètent sur eux des produits cireux utilisés. On sait quel parti l'on tire, pour l'ornementation des parcs et jardins, de plusieurs Frênes, Lilas, Troënes, *Phillyrea*, *Forsythia* et Jasmins.

---

1. L., *Spec.*, 9 (*Jasmin commun*).

2. Ait., *H. kew.*, I, 8. — *Nyctanthes Sambac* L., *Spec.*, 8. — *Mogorium Sambac* Lamk (*Jasmin d'Arabie*).

3. Rosenth., *Darst. off. Gew.*, 356.

4. L., *Spec.*, ed. 2, 8. — *Bot. Reg.*, t. 399.

— *Scabrita triflora* L. — *S. scabra* L. (*Arbre triste*).

5. Vahl, *Enum.*, I, 39. — DC., *Prodr.*, VIII, 281. — *Syringa suspensa* Thunb, *Fl. jap.*, 19, t. 3. — *Lilac perpensa* Lamk, *Dict.*, III, 513 (*Renjoo* Kæmpf., *Ren-gioo, Kisatsi-gusa*).

GENERA

I. OLEEÆ.

1. Olea T. — Flores hermaphroditi v. polygami regulares; receptaculo convexo. Calyx brevis, 4-dentatus v. 4-fidus. Corolla gamopetala; lobis 4, induplicato-valvatis, nunc 0. Stamina sæpius 2, lateralia, tubo corollæ affixa v. eo interiora sublibera; filamentis brevibus; antherarum loculis 2, lateraliter, extus v. rarius intus rimosis. Germen 2-loculare; stylo brevi, apice capitato v. 2-lobo stigmatoso. Ovula in loculis 2, descendentia; micropyle supera extrorsum laterali. Fructus drupaceus, globosus, ovoideus v. oblongus; putamine crasso osseo v. tenuiore crustaceo, 2-loculari; loculo altero rudimentario v. 0. Semina 1, 2, descendentia; integumento tenui nervato; albumine carnoso, nunc subruminato; embryonis carnosuli cotyledonibus planis radicula supera latioribus. — Arbores v. frutices, glabri v. pubescentes lepidotive; foliis oppositis, sæpius integris; floribus in racemos axillares v. terminales plus minus compositos dispositis. (*Europa calid., Asia et Africa calid., Madagascaria, Nova-Zelandia.*) — *Vid. p.* 230.

2? Ligustrum T.[1] — Flores *Oleæ*[2]; calyce truncato v. 4-dentato. Corollæ infundibularis tubus plus minus elongatus; limbi lobis 4, valvatis v. subinduplicatis. Fructus carnosus, vix drupaceus; putamine subchartaceo v. membranaceo molli. Cætera *Oleæ*. — Arbusculæ v. frutices glabri; foliis oppositis integris; flori-

1. *Inst.*, 596, t. 367. — L., *Gen.*, n. 18. — GÆRTN., *Fruct.*, t. 92. — DC., *Prodr.*, VIII, 293. — ENDL., *Gen.*, n. 3352. — NEES, *Gen. Fl. germ.* — PAYER, *Fam. nat.*, 176. — DCNE, in *N. Arch. Mus.*, sér. 2, II, 16, t. 1 A. — B. H.,

Gen., II, 679, n. 17. — PIROTT., *loc. cit.*, 21. — *Visiania* DC., *Prodr.*, VIII, 289. — *Phlyarodoxa* S. LE MOOR., in *Journ. Bot.* (1875), 249.

2. Cujus nonnunquam pro sectione habetur. F. MUELL., *Fragm. phyt. Austral.*, X, 89.

bus[1] in racemos terminales compositos dispositis. (*Europa*, *Asia trop. et temp.*, *Australia*[2].)

3. **Chionanthus** L.[3] — Flores hermaphroditi; calyce gamophyllo; lobis 4, plus minus profundis[4], demum valvatis. Corollæ tubus brevis v. subnullus; lobis 4, elongatis, induplicato-valvatis. Stamina 2, lateralia; filamentis ad basin connectivi v. extus insertis; antheris lateraliter v. subextrorsum 2-rimosis, sæpe apiculatis. Germen 2-loculare; stylo brevi, apice stigmatoso emarginato v. breviter 2-lobo. Ovula[5] in loculis 2 (*Oleæ*). Fructus drupaceus; seminibus 1-4, descendentibus; albumine carnoso; embryonis inversi cotyledonibus planis. — Arbores v. frutices; foliis oppositis integris; floribus[6] in racemos trichotome cymigeros dispositis, aut ramulos parvifoliatos breves terminantibus, aut e ramulis annotinis defoliatis ortis. (*America bor.*, *China bor.*[7])

4. **Linociera** Sw.[8] — Flores fere *Oleæ;* petalis subliberis v. basi per paria connatis, linearibus v. nunc breviter oblongis, induplicato-valvatis. Stamina 2, v. rarius 3, 4; antherarum loculis extrorsum v. sublateraliter rimosis. Germen 2-loculare; stylo vario; ovulis 2 cæterisque *Oleæ*. Drupa subsphærica, ovoidea v. oblonga; putamine duro crasso v. tenui pergamentaceove. Semina 1-4, albuminosa v. exalbuminosa. — Arbores v. frutices; foliis oppositis integris; floribus in racemos compositos cymigeros v. in cymas laterales dispositis, nunc ramulos hornotinos terminantibus. (*Orbis utriusque reg. trop.*[9])

1. Albis parvis.

2. Spec. 20-25. WALL., *Pl. as. rar.*, t. 270. — WIGHT, *Icon.*, t. 736, 1242 (*Olea*), 1243, 1244. — MIQ., *Fl. ind. bat.*, II, 547 (*Visiania*). — DELESS., *Ic. sel.*, V, t. 44 (*Visiania*). — BENTH., *Fl. austral.*, IV, 298; *Fl. hongk.*, 215. — FR., *Pl. David.*, I, 205; II, 313. — C.-B. CLKE, in *Hook. f. Fl. brit. Ind.*, III, 614. — HEMSL. et FORB., in *Journ. Linn. Soc.*, XXVI, 89. — BOISS., *Fl. or.*, IV, 37. — WILLK. et LGE, *Prodr. Fl. hisp.*, II, 671. — REICHB., *Ic. Fl. germ.*, t. 1074. — GREN. et GODR., *Fl. de Fr.*, II, 475. — *Bot. Mag.*, t. 2565, 2921. — WALP., *Rep.*, VI, 462; *Ann.*, I, 501; III, 18; V, 484.

3. *Gen.*, n. 21 (part.). — LAMK, *Ill.*, t. 9. — DC., *Prodr.*, VIII, 295. — ENDL., *Gen.*, n. 3346. — PAYER, *Fam. nat.*, 178. — B. H., *Gen.*, II, 677, n. 12. — PIROTT., *loc. cit.*, 13.

4. Nunc omnino, ubi desunt stamina, liberis.

5. Integumento nunc subnullo.

6. Albis, crebris.

7. Spec. 3. PAXT., *Fl. Gard.*, III, f. 273. — MIQ., *Fl. ind. bat.*, II, 550; Suppl., 558. — HEMSL. et FORB., in *Journ. Linn. Soc.*, XXVI, 88. — A. GRAY, *Syn. Fl. N.-Amer.*, II, 77. — CHAPM., *Fl. S. Un.-St.*, 369. — MAXIM., in *Mél. biol. Ac. Pétersb.*, IX, 393. — WALP., *Ann.*, V, 482.

8. *Fl. ind. occ.*, I, 49, t. 2. — GÆRTN. F., *Fruct.*, III, t. 215. — DC., *Prodr.*, VIII, 296. — ENDL., *Gen.*, n. 3347. — B. H., *Gen.*, II, 678, n. 13. — *Ceranthus* SCHREB., *Gen.*, 14. — *Thouinia* L. F., *Suppl.*, 9, 89. — *Bonamica* VELL., *Fl. flum.*, 21; Atl., I, t. 50. — *Hœnianthus* GRISEB., *Fl. brit. W.-Ind.*, 405. — *Tessarandra* MIERS, *Ill. s.-amer. pl.*, II, 83, t. 62 (? *Mayepea* AUBL., *Guian.*, I, 81, t. 31. — *Freyeria* SCOP. — DC., *Prodr.*, VIII, 299).

9. Spec. ad 35. GÆRTN., *Fruct.*, I, t. 39 (*Chionanthus*). — WIGHT, *Icon.*, t. 734, 1245. —

5. Notelæa VENT.[1] — Calyx brevis decussato-4-dentatus. Petala 4, libera v. per paria inferne connata, integra v. inæqui-lobata. Stamina 2 (v. rarius 3, 4); filamentis brevibus imæ corollæ affixis; antherarum loculis extrorsum v. sublateraliter rimosis. Germen 2-loculare; stylo brevi crasso, breviter 2-lobo v. 2-fido. Ovula in loculis 2, descendentia; micropyle extrorsum laterali. Drupa ovoidea v. sphærica; putamine duro; semine sæpius 1; albumine carnoso v. duro, nunc ruminato; embryonis inversi radicula supera brevi v. nunc elongata (*Picconia*[2]). — Arbores v. frutices; foliis oppositis integris; racemis brevibus axillaribus, nunc cymigeris; bracteis parvis v. majusculis squamiformibus caducis. (*Australia, Ins. Canar.*[3])

6. Noronhia STADM.[4] — Flores fere *Notelæœ;* calyce parvo, 4-6-dentato v. fido. Corolla campanulata v. suburceolata crassa; lobis v. dentibus 4-6, valvatis v. subinduplicatis, nunc brevissimis; tubo crasso, intus in coronulam carnosam obtuse crenatam circa stamina producto. Stamina 2, corollæ affixa; filamentis brevibus crassis, extus superne inter loculos antheræ subextrorsæ v. lateraliter rimosæ affixis. Germen 2-loculare; stylo crasso, apice in lobos 2 crassos, nunc prominulos, diviso. Ovula in loculis 2, descendentia. Fructus «drupaceus globosus; putamine demum 2-valvi; semine sæpius 1, descendente, exalbuminoso». — Arbores v. frutices; foliis oppositis, integris coriaceis, nunc angustis; floribus axillaribus solitariis v. cymosis subcorymbosis. (*Africa trop. or. insul.*[5])

7. Phillyrea T.[6] — Calyx brevis, 4-lobus. Corollæ tubus brevis v. brevissimus; limbi lobis 4, imbricatis v. subvalvatis. Stamina 2, lateralia, imæ corollæ affixa; antheris subextrorsum 2-rimosis. Germen 2-loculare; stylo apice capitato-2-lobo. Ovula in loculis 2

MIQ., *Fl. ind. bal.*, II, 550. — BENTH., *Fl. austral.*, IV, 301; *Fl. hongk.*, 215. — F. MUELL., *Fragm.*, III, t. 24. — EICHL., in *Mart. Fl. bras.*, VI, t. 83. — GRISEB., *Cat. pl. cub.*, 169; *Fl. brit. W.-Ind.*, 405. — C.-B. CLKE, in *Hook. f. Fl. brit. Ind.*, III, 607. — HEMSL. et FORB., in *Journ. Linn. Soc.*, XXVI, 89. — WALP., *Rep.*, VI, 462; *Ann.*, I, 502; III, 20 (*Chionanthus*); V, 482.
1. *Ch. de pl.*, t. 25. — ENDL., *Gen.*, n. 3350; *Iconogr.*, t. 55. — B. H., *Gen.*, II, 678, n. 14. — *Rhysospermum* GÆRTN. F., *Fruct.*, III, 232, t. 224.
2. DC., *Prodr.*, VIII, 288.
3. Spec. ad 8. BENTH., *Fl. austral.*, IV, 298.

— ANDR., *Bot. Rep.*, t. 316 (*Olea*). — LOWE, *Man. Fl. madeir.*, 23. — WEBB, *Phyt. canar.*, III, 163, t. 186 (*Picconia*).
4. DUP.-TH., *Gen. nov. madag.*, 8. — DC., *Prodr.*, VIII, 298. — ENDL., *Gen.*, n. 3348. — B. H., *Gen.*, II, 679, n. 15.
5. Spec. 3, 4. WILLEM., *Herb. mauril.*, 2 (*Thouinia*). — LAMK, *Dict.*, IV, 547 (*Olea*). — VAHL, *Enum.*, I, 47 (*Linociera*). — MIQ., *Fl. Ind. bal.*, II, 554. — HORNE, in *Hook. Icon.*, t. 1365.
6. *Inst.*, 596, t. 367. — L., *Gen.*, n. 19. — J., *Gen.*, 106. — GÆRTN., *Fruct.*, t. 92. — B. H., *Gen.*, II, 677, n. 10. — PAYER, *Leç. Fam. nat.*, 176. — B. H., *Gen.*, II, 677, n. 10.

(*Oleæ*). Drupa; putamine tenuiter coriaceo; seminibus 1, 2, albumi-nosis. — Frutices glabri v. pubentes; foliis oppositis persistentibus, integris v. serratis; floribus axillaribus, solitariis v. cymosis. (*Reg. Mediterranea, Oriens*[1].)

8. **Osmanthus** Lour.[2] — Flores polygamo-diœci; calyce brevi, 4-dentato. Corollæ[3] tubus brevis; limbi lobis 4, obtusis imbricatis. Stamina 2, v. raro 4; filamentis brevibus, tubo insertis; antheris extus summo filamento affixis; loculis extrorsum rimosis. Germen (in flore masculo rudimentarium subulatum v. 0) 2-loculare; stylo brevi, apice vix lobato; ovulis in loculo quoque 2, descendentibus (*Oleæ*). Drupa; endocarpio duro; albumine carnoso; embryonis inversi radicula brevi supera; cotyledonibus planis. — Arbores v. frutices glabri; foliis oppositis, persistentibus, integris v. dentatis; cymis axillaribus, nunc in axi brevi axillari dispositis. (*Asia or., Ocean Pacif., America bor.*[4])

II. HESPERELÆEÆ.

9. **Hesperelæa** A. Gray. — Flores hermaphroditi; sepalis 4, inæqualibus petaloideis. Petala 4, alterna hypogyna, basi contracta, imbricata. Stamina plerumque 4, hypogyna, cum petalis alternantia; filamentis crassis; antherarum loculis introrsum v. sublateraliter rimosis. Germen 2-loculare; ovulis in loculo 2, descendentibus cæterisque *Oleæ*. Fructus «carnosus». — Arbor glabra; foliis oppositis persistentibus coriaceis integris; floribus in racemos axillares subcapitato-cymosos dispositis. (*California infer.*) — *Vid. p.* 234.

III. SYRINGEÆ.

10. **Syringa** L. — Flores 4-meri; calyce tubuloso, nunc campanulato; dentibus 4, valvatis. Corollæ gamopetalæ tubulosæ v. hypo-

1. Spec. 4, 5. Sibth. et Sm., *Fl. græc.*, t. 2. — Boiss., *Fl. or.*, IV, 36. — Willk. et Lge, *Prodr. Fl. hisp.*, II, 672. — Reichb., *Ic. Fl. germ.*, t. 1075, 1076. — Gren. et Godr., *Fl. de Fr.*, II, 474. — Walp., *Rep.*, VI, 461.

2. *Fl. cochinch.*, 28. — DC., *Prodr.*, VIII, 291. — B. H., *Gen.*, II, 677, n. 11.

3. Albæ, nunc odoratæ.

4. Spec. 6, 7. A. Gray, in *Proc. Amer Acad.*, V, 331; *Syn. Fl. N.-Amer.*, II, 78. — Lodd., *Bot. Cab.*, t. 1786 (*Olea*). — Benth., *Fl. hongk.*, 215. — C.-B. Clke, in *Hook. f. Fl. brit. Ind.*, III, 606. — Hemsl. et Forb., in *Journ. Linn. Soc.*, XXVI, 87. — Fr., in *Bull. Soc. Linn. Par.*, 613 (sect. *Siphosmanthus*). — *Bot. Mag.*, t. 1552 (*Olea*).

craterimorphæ lobi 4, cum dentibus calycis alternantes (antici 2), valvati v. plus minus induplicati. Stamina 2, lateralia, summo corollæ tubo affixa, inclusa v. exserta; antheris sessilibus dorsifixis v. filamento plus minus elongato donatis; loculis 2, marginalibus; rimis lateralibus, subextrorsis v. subintrorsis. Germen superum; germinis sessilis loculis 2, antico posticoque; stylo gracili, apice stigmatoso dilatato ovoideo v. oblongo-2-lobo. Ovula in loculis 2-na, collateraliter e septo descendentia, anatropa; micropyle demum supera extrorsa lateralique. Fructus capsularis, sæpius compressus, loculicidus; valvis 2, medio intus septiferis. Semina descendentia, deorsum oblique alata v. marginata; albumine carnoso; embryonis inversi radicula supera brevi; cotyledonibus planis. — Frutices; foliis oppositis, integris v. nunc pinnatisectis; floribus in racemos terminales compositos nunc 3-chotomos, cymigeros, dispositis. (*Asia temp.*, *Europa or.*) — *Vid. p.* 234.

11. Schrebera ROXB.[1] — Calyx campanulatus; dentibus 4-6 v. 0. Corollæ hyprocraterimorphæ tubus cylindraceus; limbi patentis lobis 4-6, basi intus nunc papillosis, imbricatis. Stamina 2 (v. raro 3); filamentis brevibus sub apice tubi affixis; antherarum loculis parallelis sublateraliter rimosis. Germen 2-loculare; stylo apice breviter 2-fido; ovulis descendentibus in loculo quoque 2-4. Capsula oblonga v. pyriformis; pericarpio crasso, 2-valvi; valvis medio intus septiferis. Semina pauca v. 1, deorsum alata; embryonis exalbuminosi radicula supera brevi; cotyledonibus brevibus v. contortuplicatis carnosis. — Arbores glabræ; foliis oppositis, integris v. imparipinnatis; cymis terminalibus compositis, 2-paris. (*India, Africa trop. et austr.*[2])

12. Forsythia VAHL.[3] — Flores 4-meri; sepalis subliberis v. paulo altius connatis, imbricatis, nunc decussatis. Corollæ tubus latus brevisque; lobis longioribus, apice demum patentibus, imbricatis, decussatis v. nunc tortis. Stamina 2, alternipetala; filamentis imæ corollæ affixis, ad imum connectivum extus insertis; antheris extrorsis, 2-rimosis. Germen liberum; loculis 2, cum staminibus alternantibus; styli brevis elongative lobis 2, obtusis stigmatosis.

1. *Pl. corom.*, II, 1, t. 101. — DC., *Prodr.*, VIII, 675. — B. H., *Gen.*, II, 675, n. 4. — *Nathusia* A. RICH., *Fl. abyss.*, II, 29, t. 67.
2. Spec. 4. WIGHT, *Ill.*, II, 185, t. 162. — HARV., *Thes. cap.*, t. 163. — WELW., in *Trans.*

Linn. Soc., XXVII, 38, t. 15. — C.-B. CLKE, in *Hook. f. Fl. brit. Ind.*, III, 604.
3. *Enum.*, I, 39. — DC., *Prodr.*, VIII, 231. — ENDL., *Gen.*, n. 2356. — PAYER, *Leç. Fam. nat.*, 176. — B. H., *Gen.*, II, 675, n. 5.

Ovula in loculis pauca v. ∞, descendentia; micropyle quoad situm varia[1]. Fructus loculicidus, septo parallele compressiusculus. Semina descendentia anguste alata albuminosa; cotyledonibus planis. — Frutices plus minus sarmentosi; foliis oppositis integris v. 3-pinnatisectis serratis deciduis; floribus[2] e gemma squamosa erumpentibus nutantibus. (*China, Japonia*[3].)

IV. FRAXINEÆ.

13. Fraxinus T. — Flores polygami v. diœci; sepalis 2-4, parvis, liberis v. basi connatis, nunc 0. Petala 2-4, libera v. basi per paria connata induplicato-valvata, nunc 0. Stamina 2; filamentis brevibus v. longiusculis; antheris subextrorsis v. subintrorsis. Germen (in flore masculo rudimentarium v. 0) 2-loculare; stylo vario, apice stigmatoso 2-fido. Ovula in loculis 2, descendentia; micropyle introrsum supera. Fructus samaroideus, septo contrarie compressus, superne alatus indehiscens. Semen fertile 1, descendens compressum; albumine carnoso; embryonis carnosi cotyledonibus planis; radicula supera brevi. — Arbores; foliis oppositis imparipinnatis v. rarius simplicibus, plerumque serratis; floribus in racemos compositos dispositis v. fasciculatis, aut terminalibus, aut ad nodos e gemmis squamosis erumpentibus. (*Orbis utriusque hemisph. bor. reg. temp. et subtrop.*) — *Vid. p.* 237.

14. Fontanesia LABILL.[4] — Flores hermaphroditi; sepalis 4, liberis v. basi connatis. Petala 4, libera; v. 2, mediante filamentorum basi, per paria cohærentiba; præfloratione imbricata. Stamina 2, lateralia; filamentis exsertis; antheris ad basin affixis, 2-locularibus, extrorsum v. ad margines rimosis. Germen liberum; disco vix conspicuo; loculis 2, cum staminibus alternantibus; styli 2-fidi ramis angustis stigmatosis. Ovula in loculis solitaria, descendentia; micro-

---

1. De ovulorum tortione et de septi rima, H. Bn, in *Bull. Soc. Linn. Par.*, 421.

2. Flavis, præcocibus.

3. Spec. 2. SIEB. et ZUCC., *Fl. jap.*, t. 3. — LEME, *Jard. fleur.*, t. 147. — *Fl. serres*, t. 261, 1253. — FR., *Pl. David.*, 312. — HEMSL. et FORB., in *Journ. Linn. Soc.*, XXVI, 82. — *Bot.*

Reg. (1847), t. 39. — *Bot. Mag.*, t. 4587, 4995.

4. *Pl. syr. Dec.*, I, 9, t. 1. — GÆRTN. F., *Fruct.*, III, t. 215. — TURP., in *Dict. sc. nat.*, Atl., t. 37. — ENDL., *Gen.*, n. 3354. — DC., *Prodr.*, VIII, 281. — PAYER, *Leç. Fam. nat.*, 177. — B. H., *Gen.*, II, 676, n. 9.

pyle introrsum supera[1]. Fructus siccus indehiscens ovoideus, septo contrarie compressus, margine anguste alatus, 2-locularis; seminibus elongatis albuminosis; testa tenui; embryonis inversi cotyledonibus planis. — Frutices oppositifolii; floribus in racemos axillares et terminales, simplices v. compositos, dispositis; bracteis oppositis. (*Asia*[2].)

———————

V. FORESTIEREÆ.

15. Forestiera Poir. — Flores diœci v. polygami; sepalis 2-6, parvis, liberis v. connatis, nunc 0. Petala 0 (v. raro 2, 3). Stamina 2-5; filamentis liberis; antheris ovatis; loculis lateraliter, subextrorsum v. introrsum rimosis. Germen (in flore masculo rudimentarium v. 0) 2-loculare; stylo 2-lobo; ovulis in loculo quoque 2, descendentibus; raphe demum dorsali. Drupa; putamine nunc tenui; seminibus 1, 2, albuminosis. — Frutices; foliis oppositis integris v. serrulatis, deciduis; floribus in racemos v. cymas compositas e gemmis squamosis ad nodos ramorum oriundas dispositis. (*America utraque temp.*) — *Vid. p.* 239.

———————

VI. JASMINEÆ.

16. Jasminum T. — Flores regulares, 4- ∞-meri; calyce dentato, lobato v. subpartito. Corolla hypocraterimorpha; tubo sæpius cylindraceo; limbi patentis lobis imbricatis. Stamina 2, v. raro 3, tubo inclusa; filamentis brevibus; antherarum ad basin dorsifixarum loculis lateraliter, subintrorsum v. subextrorsum rimosis; connectivo nunc mucronato. Germen 2-loculare; stylo gracili, apice stigmatoso varie dilatato, capitato v. 2-fido. Ovula in loculis 2, v. rarius 3, 4, ascendentibus v. lateraliter affixis; micropyle vix conspicua infera extrorsa v. sublaterali. Fructus baccatus, abortu simplex, v. didymus, nunc alte 2-lobus. Semen adscendens exalbuminosum; embryonis

———————

1. H. Bn, in *Bull. Soc. Linn. Par.*, 499.
2. Spec. 3. Carr., in *Rev. hort.* (1859), 43.
   — Hance, in *Trim. Journ.* (1879), 135. — Boiss., *Fl. or.*, IV, 38.

inversi radicula brevi infera; cotyledonibus plano-convexis. — Frutices erecti v. scandentes; foliis oppositis, raro alternis, simplicibus
v. 3-∞-foliolatis imparipinnatis; floribus solitariis v. sæpius composite
cymosis, e gemmis squamosis erumpentibus, v. terminalibus. (*Europa
austr.*, *Asia*, *Africa*, *Oceania.*) — *Vid. p.* 240.

17. **Menodora** H. B.[1] — Flores fere *Jasmini;* calycis lobis 5-15,
linearibus. Corolla[2] subrotata, infundibularis v. campanulata imbricata, 5, 6-loba. Stamina 2. Germen basi carnosum emarginatum,
2-loculare; stylo apice capitato v. minute 2-lobo. Ovula in loculis 2,
v. sæpius 4, 2-seriata. Capsula didyma; pericarpio membranaceo
circumcisso. Semina 2-4, extus spongiosa; embryonis carnosi radicula infera; cotyledonibus planis, convexis v. plicatis. — Herbæ v.
suffrutices; foliis integris, dentatis v. pinnatim dissectis; floribus
terminalibus v. spurie axillaribus, solitariis v. dichotome cymosis.
(*America utraque calid.*, *Africa austr.*[3])

18. **Nyctanthes** L.[4] — Flores fere *Jasmini;* calyce obconico-tubu-
loso membranaceo inæqui-dentato, demum inæqui-fisso. Corolla[5]
hypocraterimorpha; limbo patente 4-8-lobo. Antheræ 2, subsessiles.
Fructus suborbicularis capsularis, septo parallele compressus, septicidus. Semina exalbuminosa. — Arbuscula v. frutex erectus; foliis
oppositis scabris; cymis terminalibus capituliformibus, 5-7-floris,
bracteis ovatis involurcatis. (*India*[6].)

19? **Myxopyrum** BL.[7] — Flores 4-meri; calyce alte fisso.
Corollæ tubus brevis; lobis 4, carnosulis induplicato-valvatis. Stamina 2, imæ corollæ affixa; filamentis brevibus; antherarum loculis

1. *Pl. æquin.*, II, 98, t. 110.— ENDL., *Gen.*,
n. 3344. — A. DC., *Prodr.*, VIII, 316. — B. H.,
Gen., II, 674, n. 2. — *Bolivaria* CHAM. et
SCHLCHTL, in *Linnæa* (1826), 207, t. 4.— *Calyp-
trospermum* DIETR., *Spec.*, I. 226.
2. Alba, flava v. extus purpurascens.
3. Spec. 12, 13. HOOK., *Icon.*, t. 586. —
HARV., *Gen. s.-afr. pl.*, ed. 2, 220. — A. GRAY,
in *Proc. Amer. Acad.*, VII, 388; in *Sillim.
Journ.*, ser. 2, XIV, 43. — TORR., in *Miss.
Railr. Exp. Bot.*, t. 7. — EICHL., in *Mart. Fl.
bras.*, VI, 318, t. 85. — *Hook. Icon.*, t. 1459. —
WALP., *Ann.*, V, 487.
4. *Gen.*, n. 16 (part.). — J., *Gen.*, 104. —
LAMK, *Ill.*, t. 6. — DC., *Prodr.*, VIII, 314. —

ENDL., *Gen.*, n. 3343. — B. H., *Gen.*, II, 675,
n. 3. — *Parilium* GÆRTN., *Fruct.*, t. 51. —
Scabrita GÆRTN., *Fruct.*, t. 138. — *Bruschia*
BERTOL.
5. Alba; tubo aurantiaco.
6. Spec. 1. *N. Arbor-tristis* L., *Spec.*, ed. 2,
8. — EICHL., in *Mart. Fl. bras.*, VI, t. 84. —
C.-B. CLKE, in *Hook. f. Fl. brit. Ind.*, III, 603.
— MIQ., *Fl. ind. bat.*, II, 544. — *Bot. Reg.*,
t. 399. — *Bot. Mag.*, t. 4900.
7. *Bijdr.*, 683; *Mus. lugd.-bat.*, I, 320, t. 51.
— DC., *Prodr.*, VIII, 290, 301. — B. H., *Gen.*,
II, 680, n. 18. — *Chondrospermum* WALL., in
Lindl. Nat. Syst., ed. 2, 308. — ENDL., *Gen.*,
n. 3345. — SPACH, *Suit. à Buff.*, VIII, 242.

sublateraliter rimosis. Germen 2-loculare; stylo brevi conico, 2-lobo. Ovula in loculis 1-3, e placenta communi prominula adscendentia; micropyle extrorsum infera. Bacca subglobosa, 1, 2-locularis. Semina 1, 4, adscendentia; albumine carnoso subcorneo; embryonis recti cotyledonibus ovatis planis; radicula longa infera. — Frutices volubiles glabri; ramulis 4-gonis; foliis oppositis, integris v. denticulatis, 3-plinerviis; floribus[1] in racemos axillares 3-chotome cymigeros dispositis. (*Arch. Malay.*[2])

1. Flavis, parvis crebris, eos potius *Olearum* adspectu in mentem revocantibus.

2. Spec. 2, 3. WIGHT, *Ill.*, t. 151 *b*. — WALP., *Ann.*, III, 18.

CIII

SAPOTACÉES

I. SÉRIE DES BUMELIA.

Les fleurs des *Bumelia*[1] (fig. 266-271) sont régulières et herma-

Bumelia lycioides.

Fig. 266. Branche florifère.

Fig. 267. Fleur.

Fig. 268. Diagramme.

Fig. 269. Fleur, coupe longitudinale.

phrodites, à réceptacle convexe. Il porte cinq sépales, plus ou moins

1. Sw., *Prodr.* (1791), 49; *Obs.*, 129; *Fl. ind. occid.*, I, 486, t. 8. — Gærtn. f., *Fruct.*, III, 127, t. 102. — Endl., *Gen.*, n. 4238. — A. DC., *Prodr.*, VIII, 189. — H. Bn, in *Payer Leç. Fam. nat.*, 254. — B. H., *Gen.*, II, 660, n. 19. — Radlk., in *Sitz. Ak. Wiss. Münch.* (1882), 335; (1884), 465.

inégaux[1], disposés dans le bouton en préfloraison quinconciale et per-
persistants. La corolle est gamopétale, à tube court, à lobes souvent
très profonds, imbriqués. Ils sont garnis en dedans, à droite et à
gauche, d'un lobule accessoire, pétaloïde et de forme variable. Au-
dessous de sa gorge, la corolle porte, insérées à peu près au même
niveau, cinq étamines superposées à ses lobes, et cinq staminodes
alternes. Les étamines ont un filet grêle, finalement exsert, d'abord
réfléchi dans sa portion supérieure. Son sommet atténué s'attache à
une anthère primitivement extrorse, finalement oscillante, à sommet

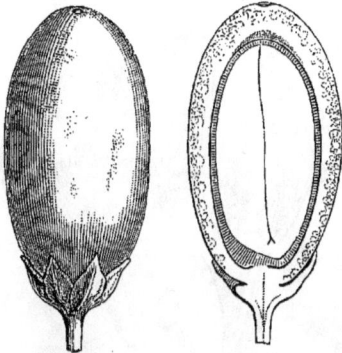

Bumelia lanuginosa.

Fig. 270. Fruit (4/1). Fig. 271. Fruit, coupe
longitudinale.

aigu et à deux loges déhiscentes suivant leur longueur[2]. Les staminodes
sont des lames pétaloïdes, de forme
variable, souvent lancéolées et compli-
quées-carénées; leur nervure médiane
saillante en dehors. Le gynécée supère
a un ovaire à cinq loges plus ou moins
incomplètes, superposées aux sépales;
surmonté d'un style grêle, subulé, assez
long, terminé par cinq petits lobules
stigmatiques, souvent peu distincts.
Dans chaque loge se voit un ovule
ascendant, presque basilaire et presque
dressé, anatrope, avec le micropyle
dirigé en bas et en dehors[2]. Le fruit est une baie, à péricarpe souvent
peu épais, avec une seule graine subdressée, dont le hile est basilaire, circulaire, et dont le tégument extérieur est lisse, avec
quelques lignes saillantes, arquées, peu visibles. L'embryon occupe
toute la cavité; il a une très courte radicule infère et des cotylédons
égaux ou inégaux, plan-convexes, charnus ou durs.

Le *B. salicifolia* et quelques espèces voisines ont été distingués
génériquement, sous le nom de *Dipholis*[3], parce que leur embryon, à
cotylédons membraneux, est entouré d'un albumen[4].

Ainsi compris, le genre *Bumelia* est formé d'environ vingt-cinq
espèces[5], de l'Amérique tropicale et tempérée. Ce sont des arbres et

---

1. Le pollen des Sapotacées, là où il est connu
(H. Mohl), est « ovoïde; trois sillons; une
papille sur chaque bande ».
2. Le tégument est simple.
3. A. DC., *Prodr.*, VIII, 188. — Deless., *Ic.
sel.*, V, t. 40. — B. H., *Gen.*, II, 660, n. 20.

4. Caractère qui, selon nous, n'a pas dans
cette famille une valeur générique.
5. L., *Mantiss.*, 48 (*Sideroxylon*). — Vent.
Ch. de pl., t. 22. — Jacq., *Obs.*, III, 3, t. 54
(*Chrysophyllum*). — H. B. K., *Nov. gen. et spec.*,
t. 647. — Micx, *Fl. bor.-amer.*, I, 122 (*Side-*

des arbustes, à suc laiteux, à rameaux souvent épineux, à feuilles
alternes ; à fleurs de petite taille, blanchâtres, groupées en cymes
ombelliformes ou quelquefois solitaires, occupant les branches, dans
l'aisselle de feuilles qui subsistent ou qui ont disparu.

Les *Sideroxylon* sont des arbres ou des arbustes dont la fleur est
celle des *Bumelia*, sinon que les lobules accessoires de la corolle font
défaut. Les staminodes sont simples, généralement larges et pétaloïdes, insérés au même niveau que les étamines fertiles. Dans les
Sideroxylon proprement dits, qui appartiennent à l'ancien monde, le
fruit est ordinairement monosperme ; et la graine albuminée, dressée,

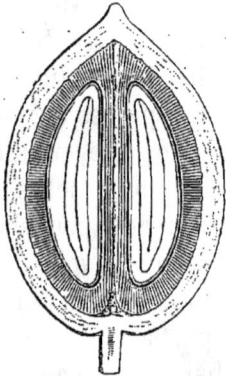

Sideroxylon Argan.

Fig. 272. Fruit, coupe longitudinale.

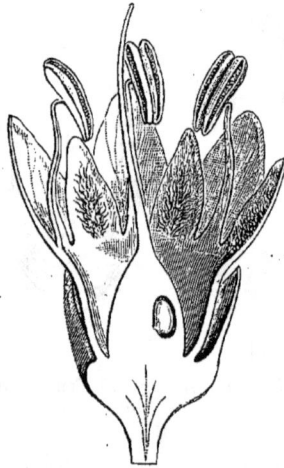

Sideroxylon borbonicum.

Fig. 273. Fleur, coupe longitudinale.

a un ombilic basilaire, court, comme celui des *Bumelia*. Dans ceux
de la section *Argania* (fig. 272), plante marocaine, il y a une ou deux
graines, également verticales ; et quand elles sont géminées, elles se
collent fortement l'une à l'autre par leur face interne. Dans les espèces
de la section *Calvaria* (fig. 274, 275), il n'y a plus qu'une graine
fertile, et elle est déviée, pendant sa maturation, de telle façon que
son large hile devient inférieur ; son grand axe et celui de son
embryon, finalement horizontaux.

Dans les *Edgeworthia*, plantes de l'Arabie et de la Bactriane, les

roxylon). — Griseb., *Fl. brit. W.-Ind.*, 400
(*Dipholis*), 401 ; *Cat. pl. cub.*, 164 ; *Symb. Fl.
argent.*, 224. — A. Rich., *Fl. cub.*, t. 54 ter.
— Hemsl., *Bot. centr.-amer.*, II, 297. —
A. Gray, *Syn. Fl. N.-Amer.*, II, 67. — Miq.,
in *Mart. Fl. bras.*, VII, 46, t. 19, 20 I. —
Raunk., in *Vid. Medd. Nat. For. Kjob.* (1889), 3.
— Engl., *Jahrb.*, XII, 519 ; *Pflanzenfam.*, *Lief.*
45, p. 127, fig. 67 F. (*Dipholis*). — S. Wats.,
in *Proc. Amer. Acad.*, XXIV, 59 (*Sideroxylon*).

fleurs sont celles des *Sideroxylon*, avec des loges ovariennes très incomplètes, de sorte que les ovules subbasilaires se touchent. Les étamines fertiles, alternes avec même nombre de staminodes, sont longuement exsertes, à anthères extrorses d'abord, puis oscillantes.

Sideroxylon (Calvaria) globosum.

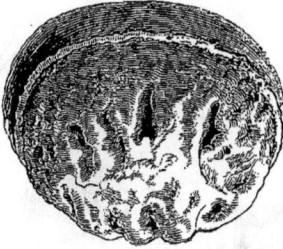

Fig. 274. Graine.

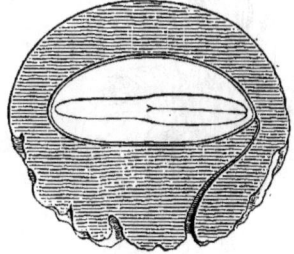

Fig. 275. Graine, coupe longitudinale.

Dans les *Sarcosperma*, qui habitent les montagnes de l'Inde, la
fleur est celle des genres précédents, avec des inflorescences portées
sur des petits axes axillaires et aphylles ; et la graine, non albuminée,
dressée, a des cotylédons épais, charnus et confer-
ruminés.

Sersalisia cotinifolia.

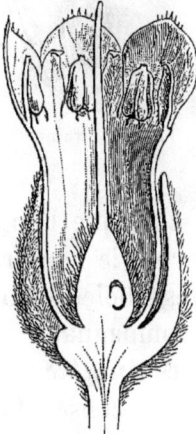

Fig. 276. Fleur,
coupe longitudinale.

Le genre *Nesoluma*, des îles Hawai, doit peut-
être, comme type anormal, se rapporter à ce
groupe, à cause de l'organisation de son fruit et de
sa graine qui sont ceux de *Bumelia*.

On tire des *Lucuma* le nom d'une sous-série
(*Lucumées*), très étroitement liée aux *Sideroxylon*
et qui n'en diffère essentiellement que par l'ombilic allongé de ses graines. Les *Sersalisia* (fig. 276),
qui font aussi partie de ce groupe, sont indiqués
par R. BROWN comme possédant tous des graines
sans albumen. C'est, dit-on, le cas de son *S. sericea*,
dont nous ne pouvons voir la semence mûre ; mais
ce n'est pas celui de son *S. obovata*, dont l'albumen
est plus ou moins développé. On a placé celui-ci dans un grand
groupe *Oligotheca* ou *Ecclisanthes*, qui habite l'ancien monde. Mais
nous n'accorderons pas ici au caractère de la présence ou de
l'absence de l'albumen plus de valeur que chez les *Dipholis* comparés
avec les *Bumelia* (p. 256).

Les *Lucuma* eux-mêmes (fig. 277-280), qui sont tous américains, ont, comme les *Sersalisia*, des fleurs généralement pentamères, à cinq étamines fertiles, superposées aux divisions de la corolle, et à cinq staminodes alternes, de forme et de dimensions variables. Plus rarement le nombre des divisions de la corolle et des verticilles de

Lucuma valparadisea.

Fig. 277. Fleur.

Lucuma mammosa.

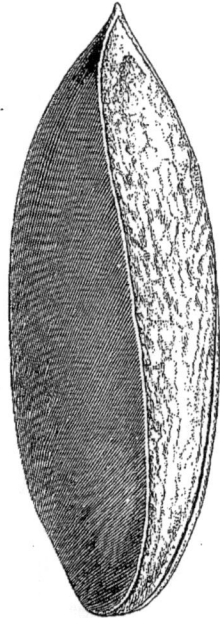

Lucuma domingensis.

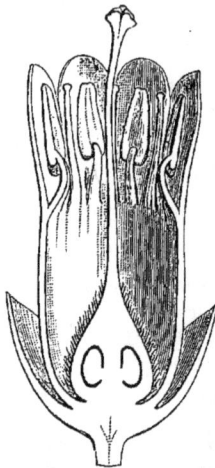

Fig. 278. Fleur, coupe longitudinale.

Fig. 279. Fleur, coupe longitudinale.

Fig. 280. Graine.

l'androcée et du gynécée s'élève à six, comme dans ceux que l'on a nommés *Antholucuma* (fig. 279); et plus rarement encore le nombre des sépales est supérieur à cinq, une ou plusieurs petites folioles, d'autant plus courtes qu'elles sont placées plus bas, accompagnant en dehors les sépales principaux, comme il arrive dans les *Aneulucuma* (fig. 280). Les graines sont dépourvues d'albumen ou n'en conservent que des traces.

Tout à côté des *Sersalisia* et *Lucuma* se rangent les genres à fleurs pentamères et à ovaire quinquéloculaire : *Micropholis*, *Meioluma*, *Stephanoluma*, *Myrtiluma*, *Sarcaulus* et *Platyluma*.

Au nouveau monde appartiennent également les genres à fleurs tétramères et à ovaire quadriloculaire : *Guapeba*, *Pouteria* (fig. 281), *Leioluma* et *Gomphiluma*.

Les genres de l'ancien monde : *Amorphospermum*, *Iteiluma*, *Peuce-*

luma, *Synsepalum*, *Epiluma*, (?) *Chorioluma*, *Rhamnoluma* et *Beau-visagea* sont aussi très voisins des *Lucuma*.

Dans un petit groupe à part se rangent les *Vitellaria* (fig. 282, 283),

Pouteria Weddelliana.

Vitellaria paradoxa.

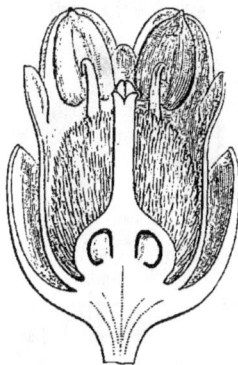

Fig. 281. Fleur, coupe longitudinale.

Fig. 282. Fleur, coupe longitudinale.

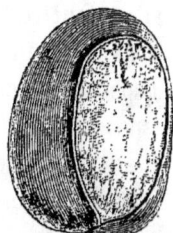

Fig. 283. Graine.

et les *Omphalocarpum* (fig. 284, 285), tous deux de l'Afrique tropicale :

Omphalocarpum Radlkoferi.

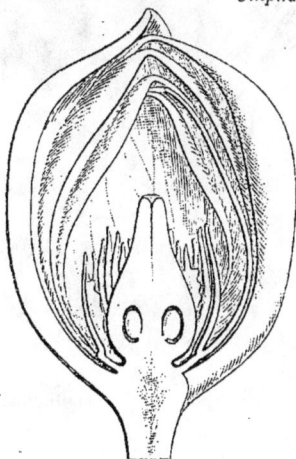

Fig. 284. Bouton, coupe longitudinale.

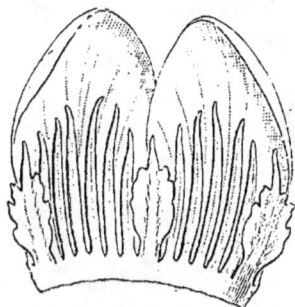

Fig. 285. Portion de la corolle et de l'androcée stérile.

l'un à grands staminodes dentelés; l'autre à fleurs polygames-dioïques; les étamines oppositipétales plusieurs fois dédoublées.

En Amérique se trouvent encore le *Labatia*, genre mal connu, parfois rapporté aux *Lucuma*, et le *Paralabatia*, dont les fleurs sont à
quatre ou cinq parties, avec des graines assez analogues à celles des
Pouteria.

Avec la fleur des *Lucuma* en général et des corolles à quatre ou cinq
parties, on ne trouve plus qu'une loge ova-
rienne ou deux dans les genres *Podoluma*,
Microluma, *Discoluma*, *Pseudocladia*, *Franche-*
tella, *Eremoluma*, tous de l'Amérique tropicale.

Dans les *Gymnoluma* et les *Oxythece*, qui
sont également américains, l'ovaire a de deux
à cinq loges ; mais les staminodes alternipétales sont réduits en général comme dimensions ou comme nombre, et tendent même à
disparaître complètement dans certaines
espèces.

Chrysophyllum Cainito.

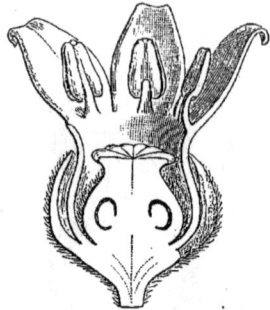

Fig. 286. Fleur, coupe
longitudinale.

Aussi ne peut-on également séparer des
Lucumées que d'une façon tout à fait artificielle, la sous-série à
laquelle les *Chrysophyllum* (fig. 286-289) donnent leur nom. Les

Chrysophyllum monopyrenum.

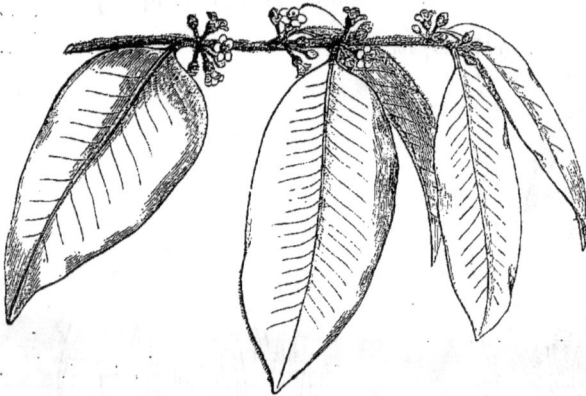

Fig. 287. Branche florifère.

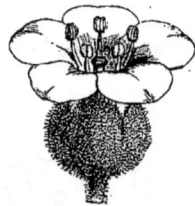

Fig. 288. Fleur (⅟₁).

Fig. 289. Fleur, coupe
longitudinale.

staminodes alternipétales y disparaissent tous à l'état normal. La
corolle, très variable de forme, a cinq lobes imbriqués auxquels sont
superposées autant d'étamines à anthère primitivement extrorse.
Les vrais *Chrysophyllum* sont tous américains.

À côté d'eux se rangent les genres très voisins : *Nemaluma*, *Elæoluma*,

Chloroluma, (?) *Donella*, *Malacantha*, *Niemeyera*, *Trouettia*, (?) *Gambeya*, *Martiusella*, *Ecclinusa*, *Pradosia* et *Ragala*. La plupart avaient jadis été considérés comme des *Chrysophyllum*. Dans le genre *Leptostylis*, de la Nouvelle-Calédonie, la corolle a un long tube grêle et porte autant d'étamines (4-8) qu'elle a de lobes. Il en est de même dans les *Ochrothallus*, du même pays, dont la corolle a jusqu'à dix ou onze lobes.

Achradotypus Vieillardi.

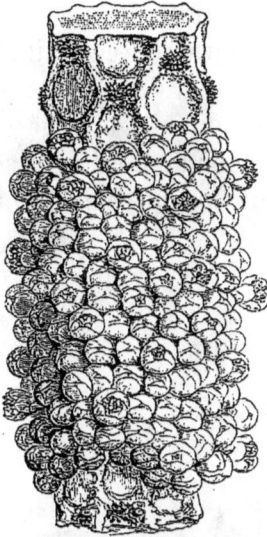

A la Nouvelle-Calédonie appartiennent aussi les genres *Achradotypus* (fig. 290, 291) et *Pycnandra*. Ils ont deux étamines ou plus

Fig. 290. Branche florifère, avec cicatrices foliaires.

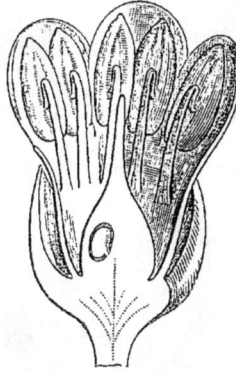

Fig. 291. Fleur, coupe longitudinale.

en face de chacune des divisions de leur corolle; et dans le dernier, le nombre des pièces de l'androcée peut s'élever jusqu'à une trentaine.

II. SÉRIE DES ILLIPE.

Les *Illipe*[1] (fig. 292-295) ont des fleurs régulières et hermaphrodites, à réceptacle convexe. Leur calice est formé de quatre sépales imbriqués, dont deux extérieurs et deux intérieurs alternes. Leur corolle gamopétale a, dans les espèces telles que l'*I. Malabrorum*, un large tube et un limbe de huit lobes rétrécis à leur base, imbriqués dans le bouton. L'androcée est formé de huit étamines alternes avec les lobes de la corolle, insérées dans leurs sinus de séparation, et de

---

1. KOEN., in *L. Mantiss.*, II (1771), App., 555, 563. — ENGL., *Jahrb.*, XII, 509; *Pflanzenfam.*, Lief. 45, p. 133.—*Bassia* L., *Mant.*, App., n. 1343 (non ALL.).—J., *Gen.*, 152. — GÆRTN., *Fruct.*, II, t. 404. — ENDL., *Gen.*, n. 4242. — TURP., in *Dict. sc. nat.*, Atl., t. 62 (part.). — H. BN, in *Payer Leç. Fam. nat.*, 255; in *Adansonia*, II, 24, t. 1, fig. 7, 8. — B. H., *Gen.*, II, 658, n. 14.

huit autres étamines, situées plus bas, superposées aux mêmes lobes. Toutes ont un filet[1] court et une anthère basifixe, allongée, apiculée, déhiscente en dedans par deux fentes longitudinales. Le gynécée est formé d'un ovaire velu, à huit loges, surmonté d'un long style subulé. Dans chaque loge ovarienne s'insère, dans l'angle interne, un ovule ascendant, anatrope, à micropyle extérieur et inférieur[2]. Le fruit est une baie ovoïde ou sphérique, à une ou plusieurs graines allongées et aplaties, lisses et luisantes, sauf au niveau du hile allongé ou linéaire, terne et rugueux, et occupant la longueur du bord ventral. L'embryon charnu, dépourvu d'albumen, a une courte radicule infère et d'épais cotylédons plan-convexes.

Il y a des *Illipe* dans lesquels le filet staminal est presque nul, et

Illipe Malabrorum.

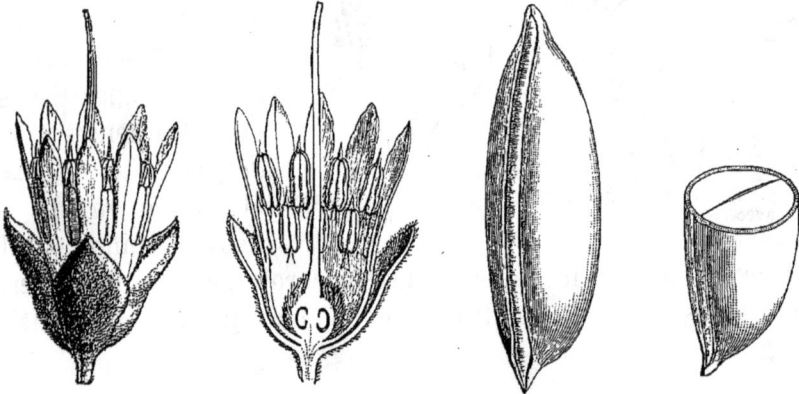

Fig. 292. Fleur (♀).   Fig. 293. Fleur, coupe   Fig. 294. Graine.   Fig. 295. Graine, coupe
                   longitudinale.   transversale.

d'autres où il devient plus ou moins long et arqué[3]. L'appendice apical des anthères varie aussi beaucoup de longueur et peut même disparaître complètement. Dans l'*I. butyracea*, dont on a fait un genre *Mixandra*[4], outre que les filets staminaux sont longs et insérés plus bas sur la corolle, il n'y a pas de pièce de l'androcée exactement alterne avec les lobes de la corolle, parce que les étamines alternipétales sont dédoublées. Leur nombre total peut alors s'élever à une cinquantaine, en même temps que le périanthe peut avoir cinq ou six sépales; la corolle, une douzaine de lobes; et le gynécée, autant de loges.

---

1. Le filet, inséré plus ou moins bas sur la corolle, et plus ou moins long, suivant les espèces, est généralement plus ou moins arqué à un certain âge.

2. A tégument simple.
3. Il porte alors, dans le bouton, son sommet en dedans, sans que l'anthère cesse d'être extrorse.
4. PIERRE, *Not. bot.*, 2.

Dans les *I. Erskineana*, *Cocco* et quelques autres espèces, attribuées à un genre *Burckella*[1], la corolle a jusqu'à huit lobes; les sé-

Palaquium Gutta.

Fig. 296. Branche fructifère.

pales sont unis inférieurement ou libres; le nombre des étamines
s'élève jusqu'à seize; et leurs filets, très courts ou assez longs, sont

1. PIERRE, *Not. bot., Sapot.*, 3.

ciliés, de même que parfois le sommet de l'appendice très développé du connectif[1].

Dans l'*I. Bawum*, type proposé d'un genre *Schefferella*[2], la corolle a un tube assez long et un limbe à sept ou huit lobes. Les étamines, au nombre de dix à quatorze, ont des filets assez longs et des anthères velues. L'ovaire a trois ou quatre loges.

Dans une autre section du genre, qui a reçu le nom générique de *Dasyaulus*[3], il y a six ou huit lobes à la corolle, plus courts ou plus longs que le tube, généralement très velus en dedans. Les étamines, au nombre de douze à dix-huit, ont un filet plus ou moins inséré à la gorge de la corolle dont le limbe se réfléchit souvent lors de l'anthèse, et l'ovaire a généralement six ou huit loges. Il y a des *Illipe* qui en ont encore davantage.

Palaquium Gutta.

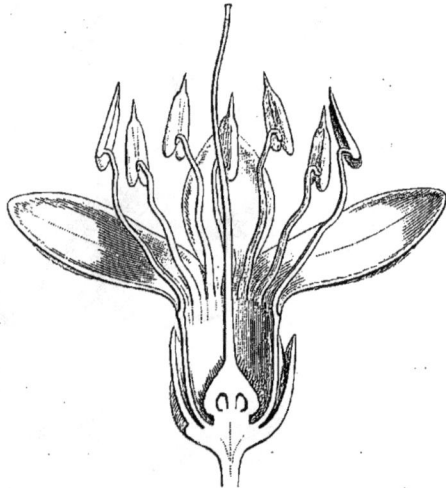

Fig. 297. Fleur, coupe longitudinale.

Ainsi compris, ce genre est formé d'environ quarante arbres[4], de l'Asie et l'Océanie tropicales, à suc laiteux, à feuilles alternes, larges ou étroites, coriaces, souvent rapprochées au sommet des rameaux. Leurs fleurs sont solitaires ou disposées en cymes ombelliformes, terminales ou axillaires, situées en dedans des feuilles supérieures ou au-dessus des cicatrices de celles qui sont tombées.

Près des *Illipe* se rangent les *Payena*, qui en sont extrêmement voisins et habitent les mêmes régions. Ils ont quatre sépales, une corolle généralement à huit lobes, et seize étamines bisériées. Leur ovaire, ordinairement déprimé en cupule au sommet, a huit loges, et leurs graines sont albuminées. On doit également en rapprocher :

1. L'ovaire peut être plus ou moins dilaté sur ses bords en une sorte de faux disque circulaire. Il est, en pareil cas, parfois déprimé autour de la base du style.

2. PIERRE, *loc. cit.*, 4.

3. THW., *Enum. pl. zeyl.*, 175.

4. ROXB., in *As. Res.*, VIII, 477 (*Bassia*). — TBW., *En. pl. zeyl.*, 175. — HOOK., *Icon.*, t. 74 (*Bassia*). — BEDD., *Fl. sylv.*, t. 41-43, 254 (*Bas-*

sia). — SCHEFF., in *Ann. Jard. Buit.*, I, 33, 34 (*Bassia*). — F. MUELL., in *Victor. Nat.*, I, 168 (*Bassia*); in *Vict. Chem. and Drugg.* (apr. 1885); *Pap. pl.*, 12. — SCHUM., in *Engl. Jahrb*, IX, 244 (*Bassia*). — RADLK., in *Sitz. Akad. Wiss. Münch.* (1882), 309 (*Bassia*). — C.-B. CLKE, in *Hook. f. Fl. brit. Ind.*, III, 543 (*Bassia*). — COLL. et HEMSL., in *Journ. Linn. Soc.*, XXVIII, 83 (*Bassia*).

Le *Galactodendron* (?), arbre australien, mal connu, qui a cinq ou six sépales bisériés ; une corolle, dit-on, tétramère et huit ou dix étamines dont la position est incertaine. L'ovaire est creusé de six loges, et les graines sont dépourvues d'albumen ;

Les *Kakosmanthus*, de Java, dont la corolle a, dit-on, treize lobes valvaires, avec vingt-six étamines et un ovaire à onze ou douze loges;

Les *Isonandra*, de l'Asie et l'Océanie tropicales, à quatre sépales, quatre pétales, huit étamines et des fruits à graines albuminées;

Les *Palaquium* (fig. 296, 297), des mêmes régions, à calice et corolle hexamères, à douze étamines, à graines sans albumen ;

Sapota Achras.

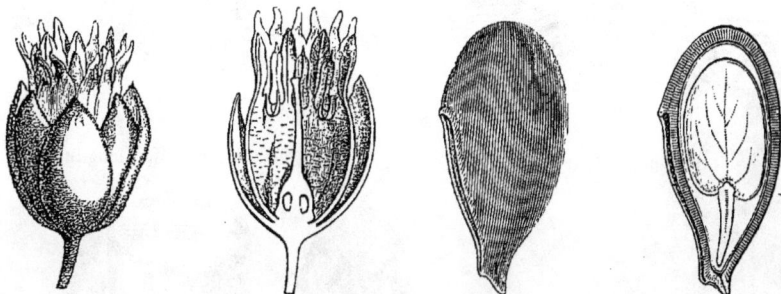

Fig. 298. Fleur (⁴⁄₇).   Fig. 299. Fleur, coupe longitudinale.   Fig. 300. Graine.   Fig. 301. Graine, coupe longitudinale.

Les Sapotilliers (*Sapota*), de l'Amérique tropicale, introduits dans la plupart des régions chaudes des deux mondes et distingués par des fleurs hexamères; le calice bisérié; l'androcée accompagné de staminodes insérés sous les sinus de la corolle; des fruits à graine albuminée (fig. 298-301) ;

Les *Æsandra*, de l'Annam, à calice formé de quatre ou cinq sépales; à corolle découpée de onze ou douze lobes; à androcée diplostémoné; avec un ovaire à douze loges; des graines albuminées ;

Le *Diploknema*, de Bornéo, qui a des fleurs unisexuées, avec un calice femelle pentamère; de huit à dix lobes à la corolle; de quinze à vingt étamines stériles et pétaloïdes; un ovaire à six, sept ou huit loges, et un grand fruit dont les graines sont dépourvues d'albumen.

III. SÉRIE DES MIMUSOPS.

Les fleurs des *Mimusops*[1] sont le plus souvent hermaphrodites. Dans celles, par exemple, du *M. Elengi* (fig. 302-309), il y a quatre sépales valvaires, et quatre autres sépales intérieurs, alternes, plus minces, valvaires ou légèrement imbriqués. La corolle a un tube court

Mimusops Elengi.

Fig. 302. Fleur (⁴⁄₇).

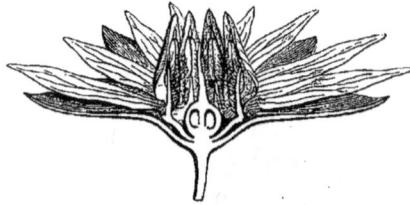

Fig. 304. Fleur, coupe longitudinale.

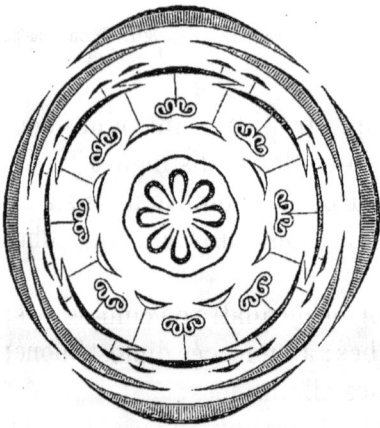

Fig. 308. Graine. coupe transversale.

Fig. 305. Fruit.

Fig. 303. Diagramme.

Fig. 306. Fruit, coupe transversale.

Fig. 309. Albumen dénudé.

Fig. 307. Graine.

et large, et un limbe étalé dont les divisions sont au nombre de huit. En dehors d'elles, et dans leurs intervalles, s'insèrent quatre paires

1. L., *Amœn. ac.* (ed. 1749), 123; *Gen.*, n. 478. —J., *Gen.*, 152. —GÆRTN. F., *Fruct.*, III, t. 205. —A. DC., *Prodr.*, VIII, 201. — ENDL., *Gen.*, n. 4243.—H. BN, in *Payer Leç. Fam. nat.*, 255.

— B. H., *Gen.*, II, 661, n. 22. — RADLK., in *Sitz. Akad. Wiss. Münch.* (1882), 341. — *Synarrhena* F. et MEY., in *Bull. Ac. Pétersb.*, VIII (1841), 255.

de lobes accessoires, égaux aux lobes principaux ou un peu plus grands et unis entre eux deux à deux à leur base[1]. Intérieurement, la gorge de la corolle porte huit étamines fertiles, superposées à ses lobes principaux et formées chacune d'un filet à sommet réfléchi et d'une anthère biloculaire, extrorse, déhiscente par deux fentes longitudinales. Avec ces étamines alternent huit staminodes lancéolés, inégalement dentés et velus. L'ovaire supère est creusé de huit loges superposées aux sépales, et surmonté d'un long style subulé, creux, dont le sommet est pourvu de huit denticules stigmatifères. Chaque

Mimusops (Northea) Hornei.

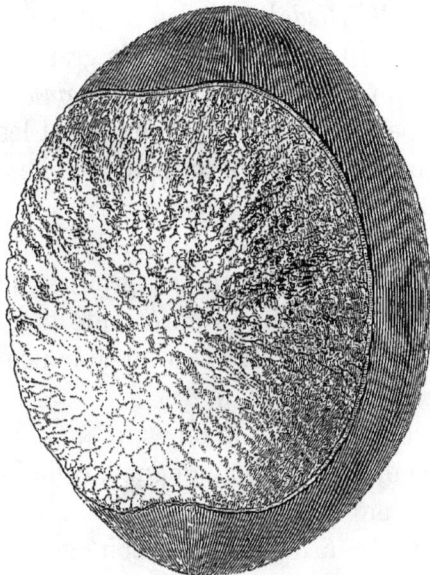

Fig. 310. Graine.

loge renferme un ovule anatrope, inséré au bas de son angle interne, à micropyle dirigé en bas et en dehors[2]. Le fruit est ovoïde, à épicarpe résistant, à chair le plus souvent monosperme. La graine est ascendante[3], un peu comprimée, à tégument extérieur lisse et luisant, à albumen charnu, entourant un embryon axile, avec une radicule infère et cylindrique, et des cotylédons ovales, membraneux, appliqués l'un contre l'autre.

Il y a des *Mimusops* de l'ancien monde à double calice trimère[4], à six étamines fertiles et à six loges ovariennes. Parmi eux se distinguent les *Labramia*[5], dont la corolle a des lobes accessoires bi- ou trifides, et dont le fruit, riche en tannin, est globuleux-déprimé, avec une ou quelques graines ascendantes et albuminées.

Les *Imbricaria*[6] sont aussi des *Mimusops* à double calice tétramère, dont les pétales accessoires sont, dans l'intervalle de deux lobes principaux, au nombre de deux, entiers ou bi-trifides; les étamines

---

1. On les a souvent considérés comme des stipules latérale des pétales.

2. A tégument simple.

3. Son hile n'est pas tout à fait basilaire, mais un peu plus introrse, comme celui des *Bumelia*, et à peu près aussi large que long.

4. Sect. *Ternaria* (A. DC.).

5. A. DC., *Prodr.*, VIII, 672. — B. H., *Gen.*, II. 660, n. 18. — *Delastrea* A. DC., *Prodr.*, VIII, 195 (non TUL.).

6. J., *Gen.*, 152. — GÆRTN. F., *Fruct.*, III, t. 206. — ENDL., *Gen.*, n. 4244. — A. DC., *Prodr.*, VIII, 200. — B. H., *Gen.*, II, 661, n. 23. — *Binectaria* FORSK., *Fl. œg.-arab.*, 82.

fertiles et les staminodes au nombre de huit, et les loges ovariennes au nombre de huit. Leur fruit, parfois très gros, renferme une ou quelques graines, comprimées, lisses ou ternes, irrégulièrement triangulaires, à bords entiers ou parfois crénelés, à hile basilaire intérieur, concave, souvent protégé en dedans par une sorte de processus obtus des téguments. Leur embryon albuminé a des cotylédons foliacés et latéraux. Ce sont des espèces africaines, souvent cultivées ailleurs.

Dans les *Mimusops* américains qui forment une section *Balata*, les fleurs ont un double calice trimère; et l'embryon, à cotylédons foliacés, est entouré d'un abondant albumen. Mais la graine comprimée, attachée par son bord ventral, a un ombilic allongé qui occupe environ la moitié de ce bord. Dans le *M. Riedeliana*, des Antilles, le hile répond à presque toute la longueur du bord interne de la graine[1].

Dans les *Mimusops* africains dont on a fait le genre *Semicipium*[2], les huit lobes de la corolle enveloppent l'étamine superposée, et les pièces accessoires extérieures aux lobes de la corolle sont plus étroites, plus longuement libres, parfois dédoublées et inégales.

Dans le *Mimusops albescens*[3], des Antilles, le nombre des lobes de la corolle s'élève généralement à dix-huit, disposés en six groupes de trois pièces; et les étamines étant toutes fertiles, on en compte d'ordinaire douze, toutes pourvues d'une anthère extrorse et apiculée. C'est pour nous le type d'une section *Murieanthe*[4].

Le *Mimusops discolor*[5], de l'Afrique australe, dont on a fait aussi un genre, sous le nom de *Mahea*[6], a une organisation analogue à celle de la plante précédente; mais ses fleurs sont unisexuées; les lobes accessoires de la corolle sont réduits à de très courtes languettes ou peuvent même disparaître complètement; et dans la fleur femelle, les étamines, au nombre de douze, sont toutes réduites à des baguettes dont le sommet glanduleux représente peut-être une anthère stérile.

Les *Labourdonnaisia*[7], rangés d'ordinaire bien loin des *Mimusops*, sont cependant des plantes de ce genre, à anthères toutes fertiles, comme celles du *Murieanthe*. Leurs six pétales sont bisériés. Les lobes de leur corolle, principaux et accessoires, sont le plus souvent

---

1. H. Bn, in *Bull. Soc. Linn. Par.*, 922.
2. Pierre, *Not. bot.*, 10.
3. *Bassia albescens* Griseb., *Cat. pl. cub.*, 164. — *Labourdonnaisia albescens* B. H., *Gen.*, II, 660. — *Eichleria albescens* Hart., in *Trim. Journ.* (1878), 72. — *Muriea albescens* Hart., in *Trim. Journ.* (1879), 356.
4. H. Bn, in *Bull. Soc. Linn. Par.*, 916.
5. Hart. — *Eichleria discolor* Hart., in *Trim.*

Journ. (1878), 72. — *Muriea discolor* Hart. — *Labourdonnaisia discolor* Sond., in *Linnœa*, XXIII, 73. — *L. sericea* B. H., *Gen.*, II, 660 (err. typ.). — ? *Mahea natalensis* Pierre, *Not. bot.*, 8.
6. Pierre, *Not. bot.*, 10.
7. Boj., in *Mém. Soc. phys. Gen.*, IX, 294. — A. DC., *Prodr.*, VIII, 194. — B. H., *Gen.*, II, 659, n. 17. — Engl., *Pflanzenf.*, Lief. 45, p. 134. — H. Bn, in *Bull. Soc. Linn. Par.*, 916, 924.

au nombre de dix-huit, et il y a un même nombre d'étamines fertiles, avec un ovaire ordinairement à six loges. La graine a un ombilic tri-caréné qui remonte plus ou moins le long de son bord interne.

Dans le *M. Hornei*[1], dont on a fait un genre distinct sous le nom de *Northea*[2], la fleur est celle d'un *Semicipium*, avec les lobules ac-cessoires de la corolle hexamère très réduits; mais dans le fruit, il y a une graine volumineuse (fig. 310), presque aussi large que longue, dont le hile remonte le long du bord interne et s'élargit beaucoup, en même temps que l'albumen se réduit à une mince membrane et que les cotylédons épais deviennent plan-convexes.

Il y a donc dans ce genre de grandes variations de la forme et de l'étendue du hile, de l'épaisseur relative de l'albumen et de l'embryon, de la taille et de la configuration des lobes accessoires de la corolle, du nombre des parties des verticilles floraux. Les étamines sont ou toutes fertiles, ou alternativement fertiles et stériles, ou toutes stériles dans les fleurs femelles[3]. Mais les organes de végétation sont presque constamment les mêmes.

Ainsi compris[4], le genre *Mimusops* est actuellement formé de plus de cinquante espèces[5], originaires de toutes les régions tropicales des deux mondes. Ce sont des arbres ou plus souvent des arbustes, à ra-meaux souvent chargés de cicatrices. Les feuilles sont presque tou-jours rapprochées dans la portion supérieure des rameaux, alternes, coriaces, penninerves, à veines plus ou moins visibles, ramifiées en réseau. Les fleurs, solitaires ou disposées en cymes, occupent l'aisselle des feuilles ou de leurs cicatrices.

1. HART. — *Northea seychellana* HOOK. F. — N. *Hornei* PIERRE, *Not. bot.*, 11.

2. HOOK. F., in *Hook. Icon.*, t. 1473.

3. Dans la section *Vitellariopsis* (H. BN, in *Bull. Soc. Linn. Par.*, 942), dont le type est le *M. Bakeri* (*Butyrospermum? Kirkii* BAK., in *Oliv. Fl. trop. Afr.*, III, 505), les fleurs sont tétramères, avec huit étamines fertiles; les lobes accessoires de la corolle sont peu développés, comme dans le *Semicipium*, et l'albumen fait, dit-on, totalement défaut.

4.
Mimusops. Sect. 11.	1. *Ternaria* (A. DC.).
	2. *Quaternaria* (A. DC.).
	3. *Labramia*.
	4. *Balata*.
	5. *Imbricaria*.
	6. *Semicipium* (PIERRE).
	7. *Murieanthe* (H. BN).
	8. *Muriea* (HART.).

Mimusops. Sect. 11.	9. *Labourdonnaisia* (BOJ.).
	10. *Vitellariopsis* (H. BN).
	11. *Northea* (HOOK. F.).

5. ROXB., *Pl. corom.*, t. 14, 15. — WIGHT, *Icon.*, t. 1586-1588. — MIQ., *Fl. ind. bat.*, II, 1042; in *Mart. Fl. bras.*, VII, 41, t. 15-17. — BENTH., *Fl. austral.*, IV, 284. — HARV., *Thes. cap.*, t. 44. — GRISEB., *Fl. brit. W.-Ind.*, 400; *Cat. pl. cub.*, 164. — VID., *Pl. vasc. Filip.*, 177. — COLL. et HEMSL., in *Journ. Linn. Soc.*, XXVIII, 83. — SOND., in *Linnœa*, XXIII, 74. — GRANT, in *Trans. Linn. Soc.*, XXIX, 104. — BAK., in *Oliv. Fl. trop. Afr.*, III, 505. — THW., *En. pl. zeyl.*, 175. — C.-B. CLKE, in *Hook. f. Fl. brit. Ind.*, III, 548. — BAK., *Fl. maurit.*, 194. — PIERRE, in *Bull. Soc. Linn. Par.*, 505. — ENGL., *Bot. Jahrb.* (1890), 523. — H. BN, in *Bull. Soc. Linn. Par.*, 907. — *Bot. Mag.*, t. 3157. — WALP., *Rep.*, IV, 456; *Ann.*, III, 13.

Cette famille, mal définie par B. DE JUSSIEU, fut mieux délimitée par son neveu, sous le nom de *Sapotæ*[1]. Il y introduisit cependant les *Olax* et *Leea*, des Légumineuses et des Primulacées. R. BROWN l'étudia un peu en 1810[2], et c'est ENDLICHER[3] qui lui donna le nom de Sapotacées. Elle comprenait 24 genres et environ 300 espèces dans le *Genera* de MM. BENTHAM et HOOKER[4]. Depuis lors, elle a été l'objet de recherches très assidues de la part de M. HARTOG[5], de M. RADLKOFER[6], dont les vues ont été généralement adoptées par M. ENGLER[7], et surtout de M. PIERRE[8], qui en prépare depuis longtemps une monographie générale. Telle que nous la connaissons actuellement[9], elle comprend 64 genres et plus de 400 espèces, répartis dans les trois séries suivantes :

I. BUMÉLIÉES[10]. — Fleurs à corolle et calice isomères. Lobes de la corolle sans appendices dorsaux. Androcée formé d'étamines fertiles superposées aux lobes de la corolle, simples ou dédoublées, avec ou sans staminodes alternes.

Cette série se divise en trois sous-séries :

a. *Eubuméliées*[11]. — Staminodes alternipétales, simples ou lobés. Graines à hile subbasilaire. — 5 genres.

b. *Lucumées*[12]. — Staminodes alternipétales, simples. Graines à hile ventral. — 32 genres.

c. *Chrysophyllées*[13]. — Pas de staminodes alternipétales. Graines à hile ventral. — 17 genres.

1. *Gen.*, 151, Ord. 15. Les Sapotilliers.

2. *Prodr. Fl. Nov.-Holl.*, 528.

3. *Gen.*, 739, 1410, Ord. 158. — LINDL., *Veg. Kingd.*, 590, Ord. 227. — A. DC., *Prodr.*, VIII, 154, Ord. 124. — H. BN, in *Payer Leç. Fam. nat.*, 254, *Fam.* 117.

4. *Gen.*, II, 650, Ord. 101.

5. In *Journ. Bot.* (1878), 65; (1879), 356.

6. In *Sitz. Akad. Wiss. Münch.* (1882), 265; (1884), 397; in *Dur. Ind. Phanerog.*, 252. L'auteur divise les Sapotacées en trois sous-ordres : *Dyssapoteæ, Sapoteæ* et *Eusapoteæ*.

7. *Bot. Jahrb.*, XII, 496; *Pflanzenfam.*, Lief. 45, p. 126 (1890) L'auteur divise les Sapotacées en Palaquiées et Mimusopées. Le premier groupe est par lui partagé en *Illipinæ, Sideroxylinæ* et *Chrysophyllinæ*.

8. *Not. bot., Sapot.* (1891), 68 p. Pour classer cette famille, M. PIERRE nous écrit qu'il « y a lieu de faire appel : 1° à l'anatomie; 2° à la nervation; 3° à l'état du fruit; 4° à la graine et l'embryon; 5° à la position de l'ovule; 6° aux données de la fleur ». Nous n'avons pas cru qu'on pût fonder des genres sur l'histologie du pétiole. Les caractères remarquables qu'elle

présente sont, à notre avis, spécifiques, ou s'appliquent à des groupes naturels d'espèces.

9. *Bull. Soc. Linn. Par.*, 881, 889, 897, 905, 915, 922, 935, 941, 945, 963. On trouvera peut-être que nous nous sommes finalement laissé entraîner par l'exemple à distinguer trop de genres. Certains d'entre eux deviendront peut-être des sections de genre quand on les connaîtra plus complètement. Parfois la fleur manque et plus souvent encore le fruit. On verra, à la fin du *Genera*, la liste des genres établis seulement sur la graine ou même sur la feuille, et que nous ne ferons que mentionner à titre provisoire.

10. H. BN, in *Payer Leç. Fam. nat.*, 257, Sect. 1. — *Sideroxyleæ* RADLK., in *Dur. Ind. Phaner.*, 254 (part.).

11. *Sideroxyleæ* PIERRE, in *L. Planch. Thes.*, 72, Trib. 5.

12. REICHB., in *Mössl. Handb.*, I, p. XLII (part.). — PIERRE, *loc. cit.*, Trib. 4. — *Pouterieæ* RADLK., *loc. cit.*, 253 (part.). — *Oxythecæ* RADLK., *loc. cit.*, 252 (part.). — *Palaquieæ-Sideroxylinæ* ENGL. (part.), *Pflanzenfam.*, Lief. 45, p. 131, 136.

13. GRISEB., *Handb.*, 214 (part.). — H. BN,

II. Illipées[1]. — Fleurs à calice souvent double. Corolle souvent non isomère au calice, sans appendices extérieurs. Étamines disposées sur 2, 3 rangées ou ∞, sans staminodes. — 9 genres.

III. Mimusopées[2]. — Fleurs à calice généralement double. Corolle pourvue d'appendices dorsaux. Étamines fertiles superposées aux lobes principaux de la corolle, avec staminodes alternes, ou à la fois aux principaux et aux accessoires, toutes fertiles. — 1 genre.

Ce sont des plantes des régions les plus chaudes des deux mondes. Les *Bumelia* à peu près seuls sont extratropicaux en Amérique, soit au Nord, dans les États-Unis et la Californie; soit au Sud, dans la République Argentine. Les Buméliées et les Mimusopées appartiennent aux deux mondes; les Illipées, à l'ancien seulement.

Ce sont ordinairement des plantes glabres, à feuilles presque toujours alternes et entières, à tiges ligneuses, à latex abondant[3]. Les stipules existent parfois, mais peu développées. Les fleurs[4], très souvent axillaires, occupent fréquemment sur le bois l'aisselle des feuilles tombées. Les anthères sont primitivement presque toujours extrorses, et il y a toujours au moins, dans les fleurs hermaphrodites, une étamine fertile en face des lobes de la corolle. Quand il y a isomérie, les loges ovariennes sont constamment superposées aux sépales. Complètes ou non, elles contiennent un ovule ascendant, à micropyle extérieur et inférieur. Ces derniers caractères les rapprochent beaucoup des Primulacées ligneuses[5], qui se différencient par un ovaire uniloculaire, à placenta central-libre. Les Ilicacées et Ébénacées se distinguent des Sapotacées principalement par leurs ovules descendants; les Oléacées, par leur méiostémonie[6].

in *Payer Leç. Fam. nat.*, 257, Sect. 3. — Radlk., *loc. cit.*, 253, Trib. 2 (part.). — Pierre, *loc. cit.*, Trib. 6. — *Palaquieæ-Chrysophyllinæ* Engl. (part.).

1. *Bassieæ* H. Bn, *loc. cit.*, 257, Sect. 2. — Pierre, *loc. cit.*, 26, Trib. 1. — *Palaquieæ* Radlk., *loc. cit.*, 256, Trib. 7. — *Isonandreæ* Radlk., *loc. cit.*, 256, Trib. 8. — *Palaquieæ-Illipinæ* Engl. (part.).

2. Reichb., *Consp.*, 137 (part.). — Pierre *loc. cit.*, 27, Trib. 3 (part.). — Engl., *loc. cit.*, Trib. 2. — *Labramieæ* Radlk., *loc. cit.*, 253, Trib. 3. — *Bumelieæ* Radlk., *loc. cit.*, 255 (part.).—*Murieæ* Radlk., *loc. cit.*, 256, Trib. 9.

3. K. Wilh., in *De Bar. Verg. Anat.*, 158. — Soler., *Syst. Wert Holzstr.*, 167. — Engl., *Pflanzenfam.*, Lief. 45, p. 127

4. Presque toujours elles dégagent un par-

fum suave quand on les fait bouillir. Plus rarement cette odeur est fétide. Les organes de la végétation teignent assez souvent l'eau bouillante en rouge.

5. H. Bn, in *Bull. Soc. Linn. Par.*, 925.

6. Quand on parle des rapports des Sapotacées avec les Ternstrœmiacées, il faudrait savoir à quels membres de cet ensemble hétérogène on fait allusion. Comme il y a, parmi les Ternstrœmiacées actuellement admises, des types très voisins des *Bicornes*, il n'est pas étonnant que ceux-ci présentent des affinités avec les Sapotacées. Mais nous savons déjà que les Ternstrœmiacées, telles que les ont délimitées la plupart des auteurs, comprennent des Thyméléacées, des Clusiacées, des Bixacées, des Dilléniacées, etc., et même des Sapotacées, comme les *Omphalocarpum*.

PROPRIÉTÉS [1]. — Le bois de la plupart des Sapotacées est beau, résistant, lourd, utile à l'industrie. On peut citer surtout celui des *Lucuma Rivicoa* GÆRTN., *procera* MART.; des *Sersalisia* de l'Australie et de la Nouvelle-Calédonie [2]; des *Chrysophyllum Cainito* L. et *glabrum* JACQ.; du *Sapota Achras* PLUM.; des *Pouteria* de la Guyane; des *Sideroxylon Argan* H. BN, *inerme* L., *pallidum* SW., *borbonicum* A. DC., *Bojerianum* A. DC., *cinereum* LAMK; des *Illipe latifolia* ROXB. et *Malabrorum* KŒN., de l'Inde; des *Mimusops Elengi* L., *Kauki* L., *Imbricaria* W., *Balata* GÆRTN., *parvifolia* R. BR., *Pancheri* H. BN, *sarcophleia* H. BN, *glauca* H. BN, *revoluta* H. BN, *calophylloides* H. BN, *Hornei* HART., etc.; des *Bumelia tenax* W. et *nigra* SW., des Antilles. La plupart de ces plantes ont encore, nous le verrons, bien d'autres usages.

La *Gutta-percha* [3] et les substances analogues [4], constituées par le latex concrété des Sapotacées, représentent leurs produits les plus importants. Le premier arbre [5] indiqué comme fournissant cette précieuse matière, si recherchée aujourd'hui dans l'industrie, la médecine et la chirurgie, l'économie domestique, les arts et les travaux publics, est le *Palaquium Gutta* [6] (fig. 296, 297), découvert à Singapour où il a été en grande partie détruit, et qui paraît avoir été retrouvé dans ces dernières années, dans plusieurs localités de l'archipel Indien.

Il y a plusieurs autres *Palaquium* qui produisent de la gutta de bonne qualité. M. BURCK cite en première ligne le *P. oblongifolium* [7]. En 1884, nous relevions les noms de quarante-deux Sapotacées,

1. ENDL., *Enchirid.*, 361. — LINDL., *Veg. Kingd.*, 591. — ROSENTH., *Syn. pl. diaphor.*, 505, 1135. — MART., *Fl. bras.*, VII, 111. — H. BN, *Tr. Bot. méd. phanér.*, 1313. — L. PL., *Él. prod. fam. des Sapot.* (Thès. Montp. [1888]).

2. PANCH. et SÉBERT, *Bois Nouv.-Caléd.*, 193.

3. HOOK., *Lond. Journ. Bot.*, VI, t. 17; in *Ann. sc. nat.*, sér. 3, VIII, 193. — H. DE VRIES, in *Tuinb. Fl.* (1856), V, 193. — W. DALTON, *Getha-pertja, its discov., hist.*, etc. — BERNARDIN, *Class. de 100 caoutch. et gutta-percha* (1872). — DELABARRE, *De la Gutta-percha et de son application*, etc. — W. BURCK, *Rapport....* à la rech. des esp. d'arbres qui prod. la Gutta-percha* (Saïgon, 1885); in *Ann. Jard. Buitenz.*, V (1886), 1. — BEAUVISAGE, *Contr. orig. Gutta-percha* (Thès. Fac. méd. par. [1881]). — PIERRE, in *Bull. Soc. Linn. Par.*, 497. — H. BN, in

Dict. enc. sc. méd., sér. 4, XI, 657; *Tr. Bot. méd. phanér.*, 283, 1313. — L. PL., *Thès.*, 30. — SÉRULLAS, in *C. rend. Ac. sc.*, 15 sept. 1890. On dit aussi *Gueutta Pertcha, Gutta-Taben, Gomme Geltania, G. de Sumatra*, etc.

4. HECK. et SCHLAGD., in *C. rend. Ac. sc.*, 4 juin 1888.

5. On dit que la *Gutta-percha* avait été signalée par TRADESCANT. Elle fut retrouvée à Singapour, en 1842, par MONTGOMERIE (*Mag. scienc.*, 1845).

6. H. BN, *Tr. Bot. méd. phanér.*, 1313. — PIERRE, in *Bull. Soc. Linn. Par.*, 498. — *Dichopsis Gutta* BENTH. — ? *Isonandra Gutta* HOOK., *Lond. Journ. Bot.*, VI, t. 16.

7. *Dichopsis oblongifolia* BURCK, *loc. cit.*, 17. — *Isonandra Gutta* var. *oblongifolia* DE VR., *Tuinb. Fl.* (1856). — *I. Gutta* var. β *sumatrana* MIQ., *Fl. Ind. bat.*, III, 1058; des plateaux de Padang.

fournissant des sortes plus ou moins bonnes de gutta ou de substances analogues[1]. La liste contenait les *P. puberulum, polyanthum, dasyphyllum, ellipticum, hexandrum, Krantziana* et *Lamponga* PIERRE; plus des *Isonandra, Payena, Sideroxylon, Bassia, Cacosmanthus, Sapota, Mimusops, Lucuma, Dipholis*. Aujourd'hui le nombre s'en est encore accru, et l'on recherche partout des Sapotacées qui pourraient donner un produit similaire, tant les applications de ces matières sont nombreuses et variées. Des sortes de qualité supérieure sont extraites du latex des *Palaquium borneense, formosum, malaccense, Princeps*, de Bornéo et de Sumatra[2]. En Afrique, les *Mimusops Schimperi* et *Kummel* HOCHST. donnent un produit assez médiocre. Celui du *Vitellaria paradoxa*[3] (fig. 282, 283) est le *Seriba-Ghutta*, bien préférable, à ce qu'on dit. Le suc des *Mimusops Manilkara* DON et *Elengi* L.[4] (fig. 302-309) est de médiocre qualité. Celui des *M. Kauki*[5], *petiolaris* H. BN, *coriacea*[6], *maxima*[7] est glutineux; de même, à la Nouvelle-Calédonie, celui du *M. Pancheri*[8]. En Amérique, la véritable gutta est remplacée surtout par le *Balata*, suc du *Mimusops Balata*[9], arbre à formes nombreuses, répandues depuis le Brésil septentrional et la Guyane jusqu'aux Antilles. Au Brésil, le *Maçanduba* joue le même rôle; c'est le latex du *Mimusops elata*[10]. Les *Omphalocarpum*, notamment l'*O. procerum*[11] et l'*O. Radlkoferi*[12] (fig. 284, 285), donnent, dans l'Afrique tropicale occidentale, un suc analogue aux gutta et aux caoutchoucs. La *Gomme Chicle*, produit américain, passe pour provenir du *Pradosia lactescens*[13], l'arbre brésilien qui donne le remède astringent, jadis tant vanté, qu'on nomme *Ecorce de Monesia*[14]. L'as-

1. *Tr. Bot. méd. phanér.*, 1315.
2. PIERRE, in *Bull. Soc. Linn. Par.*, 497.
3. GÆRTN. F., *Fruct.*, III, t. 205. — *Butyrospermum Parkii* KOTSCH., in *Pl. Knobl.*, t. 2. — BAK., in *Oliv. Fl. trop. Afr.*, III, 504. — OLIV., in *Trans. Linn. Soc.*, XXIX, t. 73. — *B. niloticum* KOTSCH., loc. cit., t. 1. — *Bassia Parkii* G. DON. — A. DC., *Prodr.*, VIII, 199.
4. L., *Spec.*, 497. — ROXB., *Pl. corom.*, I, 15, t. 14; *Fl. ind.*, II, 236. — C.-B. CLKE, in *Hook. f. Fl. brit. ind.*, III, 548. — *Elengi* RHEED., *Hort. malab.*, I, t. 20.
5. L., *Spec.*, 497. — *M. dissecta* R. BR. — *M. Balata* BL., *Bijdr.*, 673. — *M. Browniana* BENTH. (*Munamal, Mungbunamal*).
6. *Delastrea Bojeri* A. DC., *Prodr.*, VIII, 196. — *Labramia* A. DC., *Prodr.*, VIII, 672.
7. *M. Imbricaria* W., *Spec.*, II, 326. — *Imbricaria maxima* POIR., *Dict.*, IV, 433. — *I. borbonica* GÆRTN. F., *Fruct.*, III, t. 203.

8. H. BN, in *Bull. Soc. Linn. Par.*, 907.
9. GÆRTN. F., *Fruct.*, III, 133, t. 205. — ? PIERRE, in *Bull. Soc. Linn. Par.*, 506. — *M. Pierreana* H. BN. — *Achras Balata* AUBL. — *Sapota Muelleri* BL.
10. ALLEM. — MIQ., in *Mart. Fl. bras.*, VII, 42. Le suc est, assure-t-on, employé aux usages du lait animal; mais on le dit indigeste.
11. PAL.-BEAUV., *Fl. owar. et ben.*, I, 5, t. 5, 6. — OLIV., *Fl. trop. Afr.*, I, 171.
12. PIERRE, in *Bull. Soc. Linn. Par.*, 577.
13. LIAIS, in *Géogr. bot. Brés.*, 615 (1872).— *Pometia lactescens* VELL., *Fl. flum.*, III, t. 87. — *Lucuma glycyphlœa* MART. et EICHL., *Fl. bras.*, VII, 82, t. 25 II. — *Chrysophyllum glycyphlœum* CASAR. — *C. Buranhem* RIED. — *Pouteria lactescens* RADLK., in *Sitz. Ac. Münch.* (1882), 294 (*Hivurahé, Eb Ibirœa, Mamelle de porc*).
14. VIR., in *Journ. pharm.* (1844). — PECK., in *Pharm. Journ.* (1888), 951. — H. BN, *Tr. Bot. méd. phanér.*, 1317.

tringence est la qualité principale d'un assez grand nombre d'écorces utiles d'arbres de cette famille[1].

Les fruits sont très usités dans les pays tropicaux. Les plus célèbres, souvent délicieux, au dire des voyageurs, sont ceux du *Chrysophyllum Cainito*[2] (fig. 286), du *Lucuma mammosa*[3] (fig. 280), du *Guapeba Caimito*[4], du *L. macrophylla*[5], du *Sapota Achras*[6] (fig. 298-301). Un grand nombre d'autres peuvent être cités comme bien inférieurs en qualité[7]. Celui de l'Argan[8] (fig. 272) n'est guère mangé que par le bétail. Le fruit vert de l'*Illipe Malabrorum*[9] (fig. 292-295), et de l'*I. latifolia* passe dans l'Inde pour antirhumatismal. Quant aux semences, elles sont surtout connues comme riches en matière grasse, huile ou beurre, usitée dans l'Asie et l'Afrique tropicales. Le Beurre de Karité ou de Galám s'extrait de la graine du *Vitellaria paradoxa*[10] (fig. 282, 283). On s'en sert également pour la cuisine, l'éclairage, la fabrication du savon et la thérapeutique. L'Huile d'Illipé est celle de l'*Illipe Malabrorum*. L'*I. latifolia*[11] en fournit aussi, mais paraît moins employé à cet usage. La semence de l'*I. butyracea*[12] fournit le

1. Celles, entre autres, du *Chrysophyllum Cainito*, du *Sapota Achras*, de l'*Illipe Malabrorum*, des *Mimusops Elengi* et *dissecta*. Le suc de l'écorce de certains *Mimusops*, desséché et pulvérisé, sert à arrêter les épistaxis.

2. L., *Spec.*, 278 (part.). — LAMK, *Ill*, t. 120. — JACQ., *Amer.*, 51, t. 37. — TURP., in *Dict. sc. nat.*, Atl., t. 63. — *Bot. Mag.*, t. 3072 (*Caimitier, Cainitier, Star-apple*).

3. A. DC., *Prodr.*, VIII, 169, n. 19 (non GÆRTN. F., ex PIERRE). — *L. Bonplandii* H. B. K., *Nov. gen. et spec.*, III, 240. — *Achras mammosa* L., *Spec.*, 469 (part.). — *A. Lucuma* BLANCO, *Fl. Filip.*, 237. — *Vitellaria mammosa* RADLK. — *Calospermum mammosum* PIERRE, *Not. bot.*, 11. — *Malus persica maxima* SLOAN.

4. *Lucuma Caimito* A. DC., *Prodr.*, VIII, 167, n. 6. — *Achras Caimito* R. et PAV., *Fl. per.*, III, 18, t. 240. — *Labatia Caimito* MART. — RADLK. (*Abi, Abiu, Abi-iba*).

5. *L. Rivicoa* GÆRTN. F., *Fruct.*, III, 130, t. 204. — A. DC., *Prodr.*, n. 21. — *Chrysophyllum macrophyllum* LAMK, *Ill.*, n. 2474 (1793). — *Vitellaria Rivicoa* L.-C. RICH. — RADLK. — *Richardella Rivicoa* PIERRE, *Not. bot.*, 19 (*Jaune d'œuf*).

6. MILL., *Dict.*, n. 1. — GÆRTN., *Fruct.*, II, t. 104. — *Achras Sapota* L., *Spec.*, 470. — TURP., *Dict.*, Atl., t. 61. — *Bot. Mag.*, t. 3111, 3112 (*Sapote, Sapotille, Chicozapota, Nispero*).

7. Entre autres, ceux des *Chrysophyllum monopyrenum* Sw. (fig. 287-289), *bicolor* POIR.,

microcarpum Sw.; du *Sersalisia Wakere* H. BN; de l'*Aublelella Macoucou* PIERRE; des *Lucuma serpentaria* K., *obovata* K., *littoralis* MART., *procera* MART. (*Urbanella procera* PIERRE), *psammophila* A. DC.; du *Sideroxylon pallidum* Sw.; du *Synsepalum dulcificum* H. BN; des *Guapeba salicifolia* PIERRE, *torta* PIERRE; du *Pouleria guianensis* AUBL.; des *Gambeya mammosa* PIERRE (*Sapota mammosa* GÆRTN.), *africana* PIERRE (*Chrysophyllum africanum* G. DON); de l'*Illipe Erskineana* F. MUELL., etc. On dit que le fruit du *Lucuma pomifera* PECK. (*Macaa de mato*), est riche en acide cyanhydrique.

8. *Sideroxylon Argan*. — *S. spinosum* L., *Hort. Cliff.*, 69 (part.). — *Elæodendron Argan* RETZ., *Obs.*, VI, 26. — *Rhamnus siculus* L. — *R. pentaphyllus* L. — *Argania Sideroxylon* ROEM. et SCH. — *Argan* DRYAND.

9. KOEN., ex A. DC., *Prodr.*, VIII, 197, n. 1. — *Bassia longifolia* L., *Mantiss.*, 563. — LAMK, *Ill.*, t. 398. — TURP., *Dict.*, Atl., t. 62. — WIGHT, *Ill.*, t. 147. — BEDD., *Fl. sylv.*, t. 42.

10. GÆRTN. F., *Fruct.*, III, t. 205. — *Butyrospermum Parkii* KOTSCH. (Voy. p. 274, not. 3.)

11. *Bassia latifolia* ROXB., *Pl. corom.*, 20, t. 19; *Fl. ind.*, II, 526. — DALZ. et GIBB., *Bomb. Fl.*, 139. — BEDD., *Fl. sylv.*, t. 41. — C.-B. CLKE, in *Hook. f. Fl. brit. Ind.*, III, 544. — *B. villosa* WALL., herb.

12. *Bassia butyracea* ROXB., in *As. Res.*, VIII, 499. — BRAND., *For. Fl.*, t. 35. — *Mixandra* PIERRE, *Not. bot.*, 2.

Beurre de Ghee[1], souvent réservé pour les usages médicaux et culinaires. Au Maroc, l'huile d'Argan, extraite de la graine du *Sideroxylon Argan*, sert, dit-on, aux mêmes usages multiples que l'huile d'olive. Il paraît que cependant sa saveur est souvent âcre et désagréable. La graine d'un grand nombre d'Illipées est également riche en matières grasses[2]. Les semences du *Lucuma mammosa* passent pour sédatives, émollientes; celles du *Guapeba Caimito*, pour toniques, fébrifuges, antidiarrhéiques; celles des *L. Rivicoa* et *obovata*, pour diurétiques; celles du *Sapota Achras*, pour lithontriptiques; celles des *Illipe Malabrorum* et *latifolia*, pour vomitives et vénéneuses; celles de l'*I. butyracea*, pour antirhumatismales; celles du *Vitellaria paradoxa*, pour cicatrisantes; celles du *Mimusops Elengi*, pour favoriser la parturition. Il y a beaucoup de latex de Sapotacées qui sont irritants, vésicants, vermifuges, insecticides; on cite surtout ceux du *L. mammosa*, du *Chrysophyllum Cainito*, des *Sideroxylon inerme* et *borbonicum*, du *Sapota Achras*, des *Illipe latifolia* et *Malabrorum*. Ces deux arbres sont, en outre, remarquables par l'usage qu'on fait de leurs fleurs, dites de *Mahwah*[3], alimentaires, sucrées, susceptibles de fermenter et de fournir des boissons alcooliques. On mange ces fleurs crues ou cuites, mélangées à divers aliments. L'alcool qu'on en extrait passe pour causer des troubles cérébraux. On mange aussi, confites au sucre, les corolles de l'*Illipe butyracea* ROXB. On peut citer comme Sapotacées d'un intérêt secondaire : le *Kakosmanthus macrophyllus* HASSK., auquel on attribue la production du *Karet mundieng* des Malais; le *Bumelia (Dipholis) salicifolia*, des Antilles, dont l'écorce est dite astringente et fébrifuge, et dont le bois, d'un rouge de sang, est utile; le *Lucuma obovata*, à écorce astringente et à bois très résistant; le *L. lasiocarpa* A. DC., dont le bois est solide et très lourd; le *Guapeba neriifolia*, dont le suc produit des inflammations de la conjonctive; le *Palaquium oleosum* BURCK, dont la graine donne une graisse à usages culinaires; l'*Isonandra Mottleyana*, dont la semence produit une huile ambrée, à saveur d'amandes amères; le *Sideroxylon* (?) *toxiferum*, dont parle THUNBERG comme servant à empoisonner les flèches des Hottentots, etc., etc.

1. *Ghi, Fulwa, Fulwara, Choorié.*

2. Notamment celle du *Baillonella* et du *Thieghemella* PIERRE, arbres à graisse du Gabon; des *Palaquium oleosum* BURCK (*Soentei*); *Pisang* BURCK (*Balam*), *oblongifolium* BURCK; de l'*Isonandra Mottleyana* (*Kotian*); du *Mimu-*

sops Elengi; du *Lucuma mammosa*; du *Sapota Achras*. A Bornéo, on extrait beaucoup de matière grasse du *Diploknema sebifera* PIERRE (*Minjag-tangkawang*).

3. *Madhuca, Mouli, Moula, Mawats, Mahoua, Kat-Elupé, Caat-Illoupé,* etc.

GENERA

I. BUMELIEÆ

1. **Bumelia** Sw. — Flores hermaphroditi regulares, 5-meri; sepalis inæqualibus arcte imbricatis. Corollæ tubus brevis latusque; limbi lobis 5, imbricatis, 3-fidis. Stamina 5, ad corollæ basin affixa ejusque lobis superposita; filamentis gracilibus, apice recurvis; antheris subsagittatis, primum extrorsis, 2-rimosis. Staminodia 5, cum staminibus alternantia, sub sinubus affixa petaloidea. Germen hirsutum, in stylum gracilem, apice minuto stigmatosum, attenuatum; loculis 5, oppositisepalis, nunc incompletis. Ovula in loculis solitaria adscendentia v. suberecta; micropyle extrorsum infera. Bacca globosa v. ellipsoidea; seminis abortu 1 hilo subbasilari orbiculari v. breviter elliptico; embryonis exalbuminosi crassi cotyledonibus plano-convexis, v. (*Dipholis*) albuminosi cotyledonibus foliaceis; radicula brevi infera. — Arbores v. frutices, glabri v. varie pubentes; ramulis sæpe spinescentibus; foliis alternis v. fasciculatis; floribus ad folia v. ad cicatrices defoliatas axillaribus fasciculiformi-cymosis. (*America bor. et trop*). — *Vid. p.* 255.

2. **Sideroxylon** L.[1] — Flores (fere *Bumeliæ*) hermaphroditi v. 1-sexuales; corollæ late v. tubuloso-campanulatæ lobis tubo brevioribus v. longioribus imbricatis. Stamina sub fauce plus minus alte affixa; antheris primum extrorsis, exsertis v. inclusis; filamentis apice reflexis. Staminodia cum staminibus fertilibus inserta petaloidea plus

1. *Gen.*, n. 264. — J., *Gen.*, 151. — GÆRTN. F., *Fruct.*, III, t. 202. — A. DC., *Prodr.*, VIII, 177. — B. H., *Gen.*, II, 665, n. 5 (part.). — ENGL., *Jahrb.* (1890), 516 (part.); *Pflanzenfam.*, *Lief.* 45, p. 143 (part.). — H. BN, in *Bull. Soc. Linn. Par.*, 908, 914; in *Payer Leç. Fam. nat.*, 254. — *Robertia* SCOP., *Introd.*, 154 (*Robertsia* WITTST.).

minus conduplicata, nunc intus sericea. Germen sæpius 5-loculare; loculis plerumque incompletis; ovulo adscendente; stylo plus minus elongato, apice punctiformi v. minute lobulato. Bacca *Bumeliæ;* semine 1, v. paucis; hilo subbasilari brevi; albumine copioso; embryonis inversi cotyledonibus foliaceis. Semina nunc (*Argania*[1]) 1, 2, suberecta, ob dissepimentum evanidum coadunata, v. (*Calvaria*[2]) semen nunc 1; hilo lato deraso basilari, inæqui-rugoso; embryone albuminoso subtransverso. — Arbores v. frutices, nunc spinescentes; foliis alternis crassis v. nunc membranaceis penninerviis; floribus ad folia v. ad nodos defoliatos axillaribus, solitariis v. cymosis, nunc in ramulis crassis brevibusque (*Spiniluma*[3]) ad folia axillaribus, solitariis v. paucis[4]. (*Orbis utriusque reg. trop. et subtrop.*[5])

3. **Edgeworthia** FALC.[6] — Flores fere *Sideroxyli;* sepalis 5, imbricatis. Corollæ tubus brevis; lobis 5, multo longioribus obtusis imbricatis, demum recurvis. Stamina 5, fauci affixa; filamentis longe subulatis, apice reflexis; antheris cordato-ovatis, primum extrorsis, demum versatilibus. Staminodia 5, subulata, cum staminibus sub sinubus inserta. Germen hirsutum; stylo exserto longe subulato, apice stigmatoso punctiformi. Ovula 5[7], germinis fundo inserta suberecta, ob septa vix conspicua contigua; micropyle extrorsum infera. Fructus carnosulus, stylo apiculatus; seminibus 1, 2, suberectis; hilo subbasilari concaviusculo; albumine carnoso « ruminato »; embryonis axilis cotyledonibus membranaceis; radicula brevi infera. — Arbus-

1. ROEM. et SCH., *Syst.*, IV, 46. — A. DC., *Prodr.*, VIII, 186. — B. H., *Gen.*, II, 656, n. 7. — H. BN, in *Bull. Soc. Linn. Par.*, 910.

2. COMMERS., ex GÆRTN. F., *Fruct.*, III, 116, t. 200. — PIERRE, *Not. bot.*, 34. — H. BN, in *Bull. Soc. Linn. Par.*, 909. — *Cryptogyne* HOOK. F., *Gen.*, II, 656, n. 8. — H. BN, in *Bull. Soc. Linn. Par.*, 912, 964.

3. H. BN, in *Bull. Soc. Linn. Par.*, 943.

4. *Mastichodendron* JACQ. — PFEIFF., *Nom.*, II, 239. — ENGL., *Bot. Jahrb.*, XII, 518, Sect. 9; *Pflanzenfam.*, Lief. 45, p. 144. — *Auzuba* PIERRE, *Not. bot.*, 34 (an OVIED.?), includit spec. americanas paucas, nervis lateralibus 1 et venis dense reticulatis prominulis; tubo corollæ brevi; staminodiis brevibus, basi attenuatis, apice vario dilatatis, inclusis v. subintegris; antheris oblongis; hilo subbasilari suborbiculari. *Sinosideroxylon* ENGL., *Bot. Jahrb.*, XII, 518, Sect. 6; *Pflanzenfam.*, Lief. 45, p. 144, est *S. Wightianum* HOOK. et ARN., spec. chinensis et tonkinensis, foliorum nervo laterali prominulo ad marginem arcuato; venis obliquis pro-

minulis; tubo corollæ longiusculo; hilo subbasilari rotundato.

5. Spec. ad 15. HOOK. et ARN., *Beech. Voy. Bot.*, 196, t. 41. — DELESS., *Ic. sel.*, V, t. 38. — DGNE, in *Webb Spic. gorg.*, 169, t. 13; in *Hook. Icon.*, t. 761 (*Sapota*). — BAK., *Fl. maurit.*, 192. — GRISEB., *Fl. brit. W.-Ind.*, 399; *Cat. pl. cub.*, 163. — A. GRAY, *Syn. Fl. N.-Amer.*, II, 67. — BENTH., *Fl. hongk.*, 209. — HEMSL., *Bot. centr.-amer.*, II, 296. — LOWE, *Fl. madeir.*, 17. — BALF. F., *Bot. Soc.*, 152.

6. In *Proc. Linn. Soc.*, I, 129; in *Trans. Linn. Soc.*, XIX (1842), 96, t. 99 (non MEISSN.). — *Monotheca* A. DC., *Prodr.*, VIII, 152. — DELESS., *Ic. sel.*, V, t. 35. — PAX, *Pflanzenfam.*, Lief. 38, p. 88 (*Theophrastoideæ*). — H. BN, in *Bull. Soc. Linn. Par.*, 913. — *Reptonia* A. DC., *loc. cit.*, 153. — B. H., *Gen.*, II, 648, n. 20 (*Theophrasteæ*). — RADLK., in *Sitz. Akad. Wiss. Münch.* (1889), 265 (*Edgeworthia* MEISSN. a *Daphne* generice non differt).

7. Nunc rarius 4; integumento simplici.

cula sempervirens, nunc spinescens; foliis elliptico-obovatis coriaceis; floribus[1] axillaribus glomerulatis, breviter pedicellatis. (*Arabia, Bactria*[2].)

4. **Sarcosperma** Hook. F.[3] — Flores fere *Sideroxyli;* sepalis 5, inæqualibus imbricatis. Corolla late campanulata; tubo brevi; limbi lobis 5, patentibus imbricatis. Staminodia 5, lineari-subulata, sub sinubus affixa. Stamina 5, tubo affixa; filamentis brevibus; antheris ovato-oblongis introrsis. Germen glabrum ovoideo-conicum, 2-loculare[4]; stylo apice truncato papilloso. Ovula adscendentia; micropyle extrorsum infera. Fructus baccatus oliviformis; seminibus 1, v. rarius 2; embryonis exalbuminosi crasso-carnosi cotyledonibus conferruminatis[5]. — Arbores glabræ; foliis alternis et oppositis, tenuiter coriaceis acuminatis petiolatis penninerviis, transverse venosis; stipulis parvis caducis; floribus secus ramos axillares simplices v. ramosos fasciculatos dispositis. (*India, China*[6].)

5? **Nesoluma** H. Bn[7]. — Flores plerumque 4-meri; sepalis decussato-imbricatis. Corollæ subrotatæ lobi 8, imbricati. Stamina totidem opposita, tubo brevi affixa; filamentis basi dilatatis, superne reflexis; antheris apiculatis extrorsis, demum versatilibus. Germen incomplete 4-loculare; stylo crassiusculo, apice minute 4-lobulato. Ovula suberecta; micropyle extrorsum infera. Fructus baccatus, semen cæteraque *Bumeliæ* (v. *Sideroxyli*). — Arbor parva; foliis alternis oblongo-obovatis petiolatis; floribus in ligno umbelliformi-cymosis; pedicellis articulatis. (*Hawai*[8].)

6. **Sersalisia** R. Br.[9] — Flores (fere *Sideroxyli*) hermaphroditi v. polygami; sepalis 5, imbricatis[10]. Corolla plus minus alte 5-loba; lobis tubo longioribus v. brevioribus imbricatis. Stamina fertilia 5, corollæ lobis opposita, fauci affixa (in flore fœmineo sterilia anan-

1. Albidis, odoris.

2. Spec. 1. *E. buxifolia* Falc. — Griff., *Notul.*, IV, 295; *Ic.*, t. 498. — *Monotheca mascatensis* A. DC. — *Reptonia buxifolia* A. DC. — C.-B. Clke, in *Hook. f. Fl. brit. Ind.*, III, 534.

3. *Gen.*, II, 665, n. 4.

4. Loculis nunc incompletis.

5. Ex Pierre, involutis.

6. Spec. 3. Griff., *Notul.*, IV, 291; *Ic. pl. as.*, t. 501 (*Sapotacea*). — Benth., *Fl. hongk.*,

206 (*Reptonia*). — C.-B. Clke, in *Hook. f. Fl. brit. Ind.*, III, 535.

7. In *Bull. Soc. Linn. Par.*, 964. — *Chrysophylli* sect. *Pleiochrysophyllum* Engl., *Jahrb.*, XII, 520.

8. Spec. 1. *N. polynesicum* H. Bn. — *Chrysophyllum polynesicum* Hillebr., *Fl. haw.*, 277.

9. *Prodr.*, I, 529 (1810). — Endl., *Gen.*, n. 4237. — A. DC., *Prodr.*, VIII, 177. — H. Bn, in *Bull. Soc. Linn. Par.*, 119.

10. Liberis v. ima basi connatis.

thera); filamentis reflexis; antheris extrorsis v. sublateraliter 2-rimosis, inclusis v. plus minus exsertis. Staminodia 5, sinubus affixa simplicia, nunc inæqualia brevissima v. 0. Germen (in flore masculo rudimentarium) 5-loculare; stylo vario, plus minus elongato, apice obtuso v. minute 5-lobulato, nunc cavo. Ovula adscendentia, angulo interno plus minus alte affixa; micropyle extrorsum infera. Fructus baccatus, plus minus carnosus indehiscens; seminibus 1 v. paucis, hilo lineari interno affixis, cæterum nitidis; albumine 0 v. plus minus copioso (*Oligotheca*[1]); embryonis recti cotyledonibus planis v. plano-convexis. — Arbores v. frutices lactescentes, glabri v. varie induti; foliis alternis; floribus axillaribus solitariis v. varie cymosis[2]. (*Orbis vet. reg. trop*[3].)

1. A. DC., *Prodr.*, VIII, 174 (*Sapotæ* sect.). — B. H., *Gen.*, II, 655 (*Sideroxyli* sect.). — *Hookerisideroxylon* ENGL., *Jahrb.* (1890), 517 (*Sideroxyli* sect.). — *Burkiisideroxylon* ENGL. — *Muellerisideroxylon* ENGL. — *Hillebrandisideroxylon* ENGL., *loc. cit.* (*Sideroxyli* sectiones). — *Planchonella* PIERRE, *Not. bot.*, 34.

2. Sectiones generis, embryone plus minus dite albuminoso, nostro sensu sunt :

Ecclisanthes (BL.); floribus secus ramulos simplices v. ramosos subaphyllos dispositis. — *Planchonella* PIERRE (part.).

Beccariella (PIERRE, *Not. bot.*, 30); floribus polygamis; albumine parco (*Pierrisideroxylon* ENGL. (part.), *loc. cit.*, 518). Spec. malayanæ.

Sebertia (PIERRE mss. — H. BN, in *Bull. Soc. Linn. Par.*, 945); foliis sæpe coriaceis; embryone parce v. haud albuminoso; hilo latiusculo. Spec. novo-caledonicæ.

?*Hormogyne* (A. DC., *Prodr.*, VIII, 176. — DELESS., *Ic. sel.*, V, t. 37. — B. H., *Gen.*, II, 656, n. 6. — H. BN, in *Bull. Soc. Linn. Par.*, 936); germine basi in discum hispidum cupularem dilatato. Spec. australiensis.

Pierrisideroxylon (ENGL., *loc. cit.*, 517, quoad *S. Vrieseanum*). — *Siderocarpus* PIERRE, *Not. bot.*, 31); foliis amplis, subtus villosis; staminodiis « cordato-lanceolatis » v. lineari-subulatis; stylo elongato; fructu oblongo lignoso, extus rufo-tomentello; semine...?

Mœsoluma (H. BN, in *Bull. Soc. Linn. Par.*, 896. — ?*Myrsiniluma* H. BN, *loc. cit.*, 897); floribus axillaribus, solitariis v. paucis, hermaphroditis v. polygamis; staminodiis angustis; seminibus albuminosis. Spec. novo-caledonicæ.

Daphniluma (H. BN, in *Bull. Soc. Linn. Par.*, 895); foliis lanceolatis rigidis læte viridibus; floribus axillaribus 1, 2; corolla tubulosa; staminodiis obtusiusculis membranaceis; stylo incluso. Spec. novo-caledonica.

Pleioluma (H. BN, in *Bull. Soc. Linn. Par.*, 898); foliis crebris subsessilibus; floribus poly-

gamo-diœcis; staminibus epipetalis in flore masculo 0; sterilibus alternipetalis 5, subulatis. Spec. novo-caledonica.

Ochroluma (H. BN, in. *Bull. Soc. Linn. Par.*, 891); foliis sæpe obovatis membranaceis obscure venosis; fructu axillari solitario crasse pedunculato; embryonis dite albuminosi cotyledonibus ellipticis foliaceis. Spec. novo-caledonica.

Pyriluma (H. BN, in *Bull. Soc. Linn. Par.*, 891); foliis longe petiolatis elliptico-acutis membranaceis, basi inæqualibus; floribus fœmineis axillaribus solitariis pedunculatis; fructu magno sphærico; seminibus dite albuminosis; hilo elliptico. Spec. novo-caledonica.

Pierrella (H. BN); foliis sublanceolatis; floribus axillaribus, solitariis v. paucis; sepalis oblongis concavis; corollæ longe tubulosæ limbo brevi; staminum filamentis vix reflexis; staminodiis compressis. Spec. australiensis (*Achras Ralphiana* F. MUELL.).

Fontbrunea (PIERRE, *Not. bot.*, 31); calycis tubo brevi: corolla brevi; lobis tubo subæqualibus; staminodiis obovatis; germine basi in discum dilatato; pericarpio tenui; albumine parco; cotyledonibus nunc plicatis (*Sideroxylon malaccense* et *Maingayi* C.-B. CLKE).

Bakerisideroxylon (ENGL., *loc. cit.*, 518. — *Vincentella* PIERRE, *Not. bot.*, 37. — ?*Pachystela* PIERRE, mss.); nervis tertiariis transversis parallelis; corollæ tubo brevi; antheris ovatis, nunc apiculatis; germine in discum brevem dilatato; staminodiis plus minus evolutis 1-5, v. 0. Spec. tropico-africanæ.

3. Spec. ad 60. WALL., in *Roxb. Fl. ind.*, ed. CAR., II, 348 (*Sideroxylon*). — ROXB., *Pl. corom.*, 28, t. 28 (*Sideroxylon*). — KURZ, in *Journ. As. Soc.* (1877), II, 228 (*Sideroxylon*); *For. Fl.*, II, 117 (*Sideroxylon*). — C.-B. CLKE, in *Hook. f.Fl. brit. Ind.*, III, 536 (*Sideroxylon*). — HOOK. et ARN., *Beech. Voy.*, 266, t. 55 (*Sideroxylon*). — A. DC., *Prodr.*, VIII, 174 (*Sapotæ*

7. **Lucuma** MOL.[1] — Flores fere *Sersalisiæ;* sepalis 4, 5, v. rarius 6-10 (*Eulucuma*[2]); exterioribus ad imum gradatim minoribus bracteiformibus; præfloratione imbricata. Corolla subcampanulata v. breviuscula; lobis 5, v. rarius (*Antholucuma*[3]) 6, tubo sæpius brevioribus, imbricatis. Stamina 5, v. rarius (*Antholucuma*) 6, corollæ lobis opposita; filamentis sub fauce insertis, superne reflexis; antheris extrorsis, 2-rimosis; loculis demum patentibus lateralibus. Staminodia totidem sub corollæ sinubus inserta, nunc brevissima. Germen sæpius 5, 6-loculare, dense villosum; stylo conico v. subulato, apice minute 5, 6-lobulato. Ovula adscendentia, margine ventrali affixa; micropyle extrorsa. Bacca varia; seminibus sæpius 1, rarius 2-6, ovoïdeis v. oblongis, angulo interno affixis; raphe plus minus angusta, oblonga v. lanceolata derasa; embryonis exalbuminosi cotyledonibus nunc inæqualibus crasso-carnosis; radicula brevi infera. — Arbores[4] v. frutices lactescentes; foliis alternis v. raro suboppositis coriaceis,

sect. *Oligotheca*). — WIGHT, *Icon.*, t. 1590 (*Sideroxylon*). — A. RICH., *Voy. Astrol.*, t. 31. — MIQ., *Fl. ind. bat.*, II, 1036 (part.); Suppl., 580 (*Sideroxylon*). — ENDL., *Prodr. Fl. norfolk.*, 49 (*Achras*). — R. BR., *Prodr.*, 530 (*Achras*). — ENGL., *Jahrb.* (1890), 518 (*Sideroxylon*). — VID., *Pl. vasc. Filip.*, 176 (*Sideroxylon*). — BAK., in *Oliv. Fl. trop. Afr.*, III, 501 (*Sideroxylon*, part.). — HILLEBR., *Fl. haw.*, 276 (*Sideroxylon*). — BENTH., *Fl. austral.*, IV, 279; 280 (*Achras*); 283 (*Hormogyne*). — F. MUELL., *Fragm.*, V, 161 (*Hormogyne*), 184 (*Achras*); VII, 110 (*Achras*); IX, 72 (*Achras*). — PANCH. et SÉB., *Bois N.-Caléd.*, 173 (*Achras, Chrysophyllum*), 196 (*Labatia*), 197. — H. BN, in *Bull. Soc. Linn. Par.*, 882 (*Sideroxylon*), 890 (*Sideroxylon*), 894 (*Lucuma*), 897 (*Lucuma*), 905 (*Sideroxylon*), 911 (*Sideroxylon*), 935 (*Lucuma*), 945. 1. *Sagg. Chil.* (1782), 186. — J., *Gen.*, 152 (part.). — A. DC., *Prodr.*, VIII, 166 (part.). — ENDL., *Gen.*, n. 4241 (part.). — H. BN, in *Payer Fam. nat.*, 254. — B. H., *Gen.*, II, 654, n. 3 (part.). — RADLK., in *Sitz. Akad. Wiss. Münch.* (1882), 314. — ENGL., *Pflanzenfam.*, *Lief.* 45, p. 142 (part.). 2. A. DC., *Prodr.*, VIII, 169, sect. 3. — *Calospermum* PIERRE, *Not. bot.*, 11. — *Calocarpum* PIERRE mss. (cujus typus est *L. mammosa* GÆRTN. F., *Fruct.*, III, t. 203?) — *Achras mammosa* L., *Spec.*, 469 (part.). — *A. Lucuma* BLANCO, *Fl. Fil.*, 237. — *Vitellaria mammosa* RADLK. (sect. *Aneulucuma*). — ENGL., *loc. cit.*, 140, fig. 75, cujus var. est *L. Bonplandii* K. (*Vitellaria Bonplandii* RADLK.); foliis variis; floribus in ligno subsessilibus; bracteis(?) sub calyce 5-mero 4-8, ab infimis ad superas majoribus, imbricatis, margine scariosis;

corollæ lobis tubo æqualibus v. longioribus; staminodiis sæpius ciliatis; fructu magno, 1, 2-spermo; seminibus elliptico- v. lanceolato-oblongis, utrinque sæpius acutiusculis compressis; hilo deraso oblongo; cotyledonibus crasso-carnosis inæqualibus, 3. A. DC., *loc. cit.*, 168. — *Vitellaria* L.-C. RICH ex GÆRTN. F. — RADLK., *loc. cit.*, 296, 325 (non GÆRTN. F.). — ENGL., *loc. cit.*, 139. — *Radlkoferella* PIERRE, *Not. bot.*, 21. 4. Generis sectiones, nostro sensu, sunt : *Richardella* (PIERRE, *Not. bot.*, 19); cujus typus est *L. Rivicoa* GÆRTN. F. (*Chrysophyllum macrophyllum* LAMK). Sepala 4, 5. Corollæ lobi 5, 6. Stamina 5, 6. Semen sæpius breviter ovoïdeum v. ellipsoideum; hilo deraso ad dimidium v. ultra seminis latitudine æquali. *Pholidiluma;* cujus typus est *Chrysophyllum cayennense* A. DC.! (*Lucuma pulverulenta* MART. et EICHL.); foliis obovatis; floribus in ligno ∞, glomerulatis polygamis; corollæ in alabastro conicæ lobis profundis; staminodiis 10, v. alternipetalis 5, brevissimis compressiusculis. ? *Coptoluma;* cujus typus est *Lucuma retusa* SPRUCE. — MART. et EICHL., *Fl. bras.*, 70, t. 37, fig. 3; sepalis 5, basi incrassatis; antheris 5, lanceolato-subsagittatis; filamento vix apice reflexo; staminodiis dissimilibus inæqualibus; stylo brevi crasso. *Gayella* (PIERRE, *Not. bot.*, 26); cujus typus est *L. valparadisœa* MOL. — *L. splendens* A. DC.; foliis alternis v. suboppositis; sepalis 5, basi incrassatis; corollæ tubo lato breviusculo; antheris apiculatis; staminodiis sæpe inæqualibus forma variis; stylo 5-sulco; seminis hilo lato. *Macroluma;* foliis amplis valde elongatis varie venosis; stipulis nunc parvis; floribus axillaribus v. ad nodos vetustiores solitariis, glomeratis v. varie cymosis. (*America calid.*[1])

8? **Micropholis** GRISEB.[2] — Flores *Lucumœ*, 5-meri, sæpius polygami; corollæ lobis 5, tubo longioribus. Stylus brevis. Ovula margine ventrali affixa. Bacca coriacea v. subsicca. Semen oblongum; hilo ventrali lineari-oblongo; embryone albuminoso. Cætera *Lucumœ*. — Arbores v. frutices; foliis alternis; floribus axillaribus 1-∞; pedicellis plerumque nutantibus[3]. (*America trop.*, *Angola*[4].)

9. **Meioluma** H. Bn. — Flores[5] fere *Micropholidis* (v. *Lucumœ*), 4, 5-meri; sepalis brevibus concavis imbricatis. Corolla tubulosa; lobis 4, 5, tubo brevioribus imbricatis. Stamina 4, 5 et staminodia totidem compressa crassiuscula, fauci affixa; antheris inclusis, 4-drato-pyramidatis apiculatis, sublateraliter rimosis. Germinis hirsuti loculi 4, 5; stylo longiusculo erecto; ovulis adscendentibus. Bacca obovoidea glabra; semine 1, oblongo; hilo lineari semini æquali; albumine crassiusculo carnoso; embryonis inversi cotyledonibus planis; radicula longiuscula. — Frutex; ramis crebris nodulosis; foliis alternis brevissime petiolatis lanceolato-cuspidatis, summo apice obtusiusculis; floribus creberrimis in ramis denudatis alternatim glomerato-cymosis. (*Guiana*[6].)

---

sublanceolatis acuminatis; nervis primariis crebris obliquis æqui-remotis, margine tenuiter anastomosantibus; venis tenuissimis creberrimis transversis; sepalis 5-8; corollæ tubo cylindroideo latiusculo; antheris subsagittatis subintrorsis. Spec. neo-granatensis, *Eulucumas* cum *Calospermis* connectens.

Urbanella (PIERRE, *Not. bot.*, 25); cujus typus est *L. procera* MART. — *Vitellaria procera* RADLK. — ENGL.; sepalis 7, 8; corolla, androcœo et gynæceo sæpius 5-meris; floribus nunc 1-sexualibus; staminibus epipetalis subulatis; alternipetalis membranaceo-petaloideis; ovulo obliquo, hilo lato affixo. Sect. *Lucumas* cum *Calocarpo* arctius connectens.

Crepinodendron (PIERRE, *Not. bot.*, 28); cujus typus est *Chrysophyllum crotonoides* KL., spec. venezuelana; foliis oblongis; nervatione fere *Micropholidis*; calyce corollaque 5-meris; staminibus fertilibus 5, 6; filamento brevi vix reflexo; anthera pyramidato-4-gona apiculata; staminodiis compressis.

1. Spec. ad 25. GRISEB., *Fl. brit. W.-Ind.*, 402; *Cat. pl. cub.*, 165. — MART. et EICHL., *Fl. bras.*, VII, 62 (part.), t. 23, II, 24, III, 25 I, 26, 28, 20, 30 I. — ? HOULL., in *Rev. hort.* (1870), 336. — HEMSL., *Bot. centr.-amer.*, II, 296 (part.). — RAUNK., in *Vid. Medd. nat. For. Kjob.* (1889), 5 (part.). — ENGL., *Bot. Jahrb.*, XII, 512 (*Vitellaria*).

2. *Fl. brit. W.-Ind.*, 399 (*Sapotœ* sect. 1). — PIERRE, *Not. bot.*, 37 (part.). — *Eichlerisideroxylon* ENGL., *Jahrb.*, 518 (*Sideroxyli* sect.).

3. *Sprucella* PIERRE, *Not. bot.*, 27, videtur nobis, haud obstante petioli anatomia, sectio *Micropholidis*; corollæ tubo brevi latoque; antheris *Lucumœ*. Est *Sideroxylon cyrtobotryum* MART. et EICHL., *Fl. bras.*, VII, 57.

4. Spec. ad 20. A. DC., *Prodr.*, VIII, 182, n. 20, 22 (*Sideroxylon*). — POEPP. et ENDL., *Nov. gen. et spec.*, III, 72, t. 282 (*Sideroxylon*). — MART. et EICHL., *Fl. bras.*, VII, 56, n. 7 (*Sideroxylon*), t. 20 II, 27, 37 IV, 46 III. — MART., *Herb. Fl. bras.*, 169, n. 1 (*Lucuma*).

5. Albidi minuti.

6. Spec. 1. *M. guianensis* H. Bn.

10? **Stephanoluma** H. Bn. — Flores fere *Micropholidis*; corolla brevi v. suburceolata, 5-loba. Antheræ 5, obcordatæ, subextrorsum rimosæ. Staminodia 5, compressa obtusa v. acutiuscula. Germen 5-loculare; ovulis hemitropis ventrifixis; stylo e corolla exserto. Bacca demum indurata ovoideo-conica rugulosa, apice circa styli cicatricem in coronam brevem orbicularem dilatata. Cætera *Lucumæ*. — Arbor glabra; foliis oblongo-acuminatis; venis creberrimis parallelis; cymis confertis; pedicellis brevissimis. (*Guiana*[1].)

11. **Myrtiluma** H. Bn. — Flores[2] fere *Lucumæ;* sepalis 5, 3-angularibus rigidis, basi connatis. Corollæ tubus brevis latusque; limbi 3-plo longioris lobis 5, obtusis patulis. Stamina 5, fauci inserta; filamentis subulatis, primum incurvis, demum exsertis; antheris cordato-orbiculatis, lateraliter rimosis. Staminodia cum staminibus inserta longe subulata exserta. Germen 5-loculare; stylo corollæ subæquali angulato, apice capitellato-5-lobulato. Ovula ventre affixa. — Arbores (?) glabræ; foliis ellipticis v. oblongo-lanceolatis penninerviis; nervis crebris tenuissimis v. inconspicuis; cymis umbelliformibus axillaribus v. in ramis defoliatis confertis. (*Guiana*[3].)

12. **Sarcaulus** Radlk.[4] — Flores fere *Lucumæ*, 5-meri; sepalis imbricatis. Corolla subgloboso-campanulata; tubo crassissimo; limbi lobis 5, brevibus, leviter imbricatis. Staminodia 5, brevissima, sinubus affixa. Stamina fertilia 3; filamentis brevibus, fauci affixis; antheris primum extrorsis. Germinis loculi 3-5; ovulis adscendentibus, ad chalazam pilorum penicillo ab apice loculi pendulo obtectis[5]. Fructus...? — Arbores v. frutices; foliis alternis, breviter petiolatis; floribus axillaribus cymosis paucis v. solitariis. (*Brasilia, Guiana*[6].)

13. **Platyluma** H. Bn. — Flores fere *Sarcauli*[7]; sepalis 5, ovato-acutis imbricatis. Corolla urceolata; tubo lato; limbi tubo angustioris lobis 5, brevibus acutis, breviter imbricatis. Staminodia 5,

---

1. Spec. 1. *S. rugosa* H. Bn. — *Sideroxylon rugosum* A. DC., *Prodr.*, VIII, 181, n. 19 (non Rœm. et Sch.). — *Micropholis Melinoniana* Pierre, *Not. bot.*, 40.

2. Minuti crebri.

3. Spec. 2. Pierre, *Not. bot.*, 40 (*Micropholis?* n. 14).

4. In *Sitz. Akad. Wiss. Münch.* (1882), 310. — Engl., *Pflanzenfam.*, *Lief.* 45, p. 142.

5. Styli lobi stigmatosi septales 5.

6. Spec. 1, variabilis. *S. macrophyllus* Radlk. — *Chrysophyllum macrophyllum* Mart., *hb. bras.* (1837), 175. — *Chrysophyllum brasiliense* A. DC., *Prodr.*, VIII, 156. — Mart. et Eichl., *Fl. bras.*, VII, 103, t. 44. Stirps guianensis, a nobis sæpe observata, speciei mera forma videtur.

7. Corollæ tubo haud incrassato.

compressa, fauci inserta staminibusque longiora. Stamina fertilia 5 ; filamentis breviusculis; antherarum brevium loculis submarginalibus; connectivo 3-angulari (fuscato). Germen breve, basi hirsutum, vertice depresso planum; stylo longiusculo sulcato. Ovula adscendentia. Fructus crassus orbiculari-depressus suberosus. Semen...? — Arbor (?) glabra; foliis lanceolatis coriaceis nitidis, tenuissime reticulato-venosis; floribus umbelliformi-cymosis ad folia et ad nodos defoliatos axillaribus. (*Guiana*[1].)

14? **Guapeba** GOM.[2] — Flores (fere *Lucumæ*) 4-meri; calyce corollæque lobis imbricatis. Stamina 4 staminodiaque totidem sub sinubus affixa. Germen 4-loculare v. rarius 2, 3-loculare. Bacca varia, nunc tenuis, plerumque 1-sperma. Semen exalbuminosum; raphe lineari introrsa. — Arbores v. frutices; foliis alternis, sæpe angustis; floribus axillaribus 1- ∞; cæteris *Lucumæ*[3]. (*America trop. et subtrop. utraque*[4].)

15. **Pouteria** AUBL.[5] — Flores (fere *Guapebæ*) 4-meri; sepalis 4, decussato-imbricatis; interioribus magis membranaceis. Corolla tubulosa; lobis obtusis imbricatis tubo brevioribus v. subæqualibus. Staminodia in sinubus 4, compressa petaloidea obtusa lobis breviora. Stamina 4, tubo affixa; antheris ovatis extrorsis corollæ subæquilongis; filamentis longioribus, summo apice leviter reflexis. Germen cum imo stylo dense hirsutum, 4-loculare; ovulis adscendentibus; summo stylo obtusiusculo, 4-lobulato. Fructus (magnus) subglobosus, sublignosus; seminibus ad 4. Semen crassum liberum, dorso tantum linea angusta lævi donatum; cæterum undique deraso-hiliforme; embryonis exalbuminosi cotyledonibus plano-convexis.—Arbores; foliis oblongolanceolatis breviter petiolatis penninerviis; floribus ad axillas foliatas v. defoliatas glomerato-cymosis crebris. (*America trop. utraque*[6].)

1. Spec. 1. *P. calophylloides* H. BN. (An *Micropholidis* spec. PIERRE, *Not. bot.*, 40?).

2. *Obs. med. bot. bras.*, 15, t. 2; in *Mem. Ac. Lisb.*, III; *Mém. corr.*, 19, t. 2. — A. DC., *Prodr.*, VIII, 166 (*Lucumæ* sect.). — PIERRE, *Not. bot.*, 41. — *Pouteria* RADLK., in *Sitz. Akad. Wiss. Münch.* (1882), 333; (1884), 452 (part.).

3. *Krugella* PIERRE, *Not. bot.*, 50, nobis ignota, quoad flores *Guapebæ* videtur proxima; ast anatomia petioli, ex auctore, diversa.

4. Sped. ad 20. HOOK. et ARN., *Journ. Bot.*, I, 282 (*Lucuma*). — MART., *Herb. Fl. bras.*, 172, 174 (*Labatia*). — R. et PAV., *Fl. per.*, III,

t. 240 (*Achras*). — MART. et EICHL., *Fl. bras.*, VII, t. 31-33, 35, 37 III (*Lucuma*). — RAUNK., in *Vid. Medd. Nat. For. Kjob.* (1889), 6 (*Lucuma*).

5. AUBL., *Guian.*, I, 85, t. 33 (part.). — J., *Gen.*, 156 (*Ebenaceæ*). — RADLK., in *Sitz. Akad. Wiss. Münch.* (1882), 33 (part.); (1884), 452 (part.). — ENGL., *Pflanzenfam.*, Lief. 45, p. 141 (part.), fig. O. — PIERRE, *Not. bot.*, 43. — *Chœlocarpus* SCHREB., *Gen.*, 75.

6. Spec. ad 5. MART., *Nov. gen. et spec.*, II, 70, t. 161, 162 (*Labatia*). — MART. et EICHL., *Fl. bras.*, VII, 61, t. 24, fig. 2 (*Labatia*). — A. DC., *Prodr.*, VIII, 165.

16. Leioluma H. Bn. — Flores (fere *Guapebæ*) minuti polygami; sepalis 4, decussato-imbricatis. Corollæ tubus latus, cum limbo 4-lobo imbricato continuus. Staminodia in flore fœmineo 8, quorum 4, sinubus affixa, oblonga petaloidea; 4 autem lobis superposita, tubo affixa late lineari-subulato. Antheræ...? Germen 3, 4-loculare[1]; stylo apice obtuso lobulato. — Arbor; foliis obovato-oblongis v. obovato-sublanceolatis obtusis glabris lucidis, 10-12-costulatis; pedicellis 1-3, supraaxillaribus. (*Brasilia bor.*[2])

17. Gomphiluma H. Bn. — Flores (fere *Guapebæ*) hermaphroditi v. polygami; sepalis 4, decussato-imbricatis. Corolla cylindraceo-urceolata; lobis 4, demum tubo subæqualibus, ciliolatis imbricatis. Staminodia 4, sinubus affixa sublanceolata ciliata. Stamina 4, oppositipetala; filamentis ad imum tubum affixis dilatato-compressis, apice reflexis; antheris oblongis extrorsis. Germen hirsutum, 4, 5-loculare; stylo apice obtuso minute 4, 5-lobulato. Ovula ad medium ventrifixa. — Arbor[3]; foliis alternis v. suboppositis oblongo-lanceolatis obtusis, breviter petiolatis chartaceis lucidis; costulis creberrimis tenuissimis; floribus in cymas axillares breves compositas dispositis. (*Brasilia bor.*[4])

18. Amorphospermum F. Muell.[5] — Flores 5-meri; sepalis imbricatis. Corolla subcampanulata; tubo brevi; lobis 5, multo longioribus imbricatis reflexis. Stamina aut 5, corollæ lobis opposita, aut 6-8; oppositipetala; interjectis 2, 3 minoribus; omnium fauci affixorum filamento apice attenuato reflexo; antheris apiculatis, primum extrorsis, demum reflexis. Germen hirsutum, sæpius 3-loculare[6]; stylo subulato; ovulis ad medium ventrifixis. Fructus globosus baccatus[7]; semine 1, conformi, subundique extus in albumen derasum mutato; embryonis crassi cotyledonibus conferruminatis; radicula brevissima. — Arbor alta; foliis ovato- v. obovato-lanceolatis glabratis; floribus in axillis et in ligno conferti-glomerulatis. (*Australia*[8].)

1. Loculis nunc 5 (Pierre).
2. Spec. 1. *L. lucens.* — *Lucuma lucens* Mart. et Miq., *Fl. bras.*, VII, 78, n. 23. — *Guapeba? lucens* Pierre, *Not. bot.*, 43.
3. «*Sideroxyli* indole.»
4. Spec. 1. *G. Martiana* H. Bn. — *Lucuma gomphiæfolia* Mart., *Fl. bras.*, VII, 78, t. 37 I. — *Guapeba? gomphiæfolia* Pierre, *Not. bot.*, 43. — *Pouteria gomphiæfolia* Radlk., in *Sitz. Akad. Wiss. Munch.* (1884), 441, not.

5. *Fragm.*, VII, 112.
6. Loculis nunc «4, 5».
7. Drupaceus, ex F. Muell. Seminis, ex eodem, «testa ossea livida opaca; hilo brevi verticali verruciformi; chalaza laterali; embryonis radicula basali depressissima».
8. Spec. 1. *A. antilogum* F. Muell., *loc. cit.*, 113. — *Sersalisia sericea* Benth., *Fl. austral.*, IV, 279 (part.). — *Lucumæ spec.* B. H., *Gen.*, II, 654.

19. Iteiluma H. Bn[1]. — Flores fere *Lucumæ;* sepalis 5, ovato-lanceolatis imbricatis. Corolla tubuloso-infundibularis; lobis 5, obtusis, tubo 2, 3-plo brevioribus imbricatis. Stamina 5, tubo sub fauce affixa; filamentis reflexis; antheris primum extrorsis apiculatis. Staminodia 5, sub sinubus affixa subspathulata petaloidea. Germen 5-loculare; stylo elongato exserto ad medium villosulo, apice 5-gono septali-5-lobulato. Ovula in loculis alte inserta incomplete anatropa; micropyle infera: Fructus parvus subsiccus; hilo lineari interno; albumine carnoso; embryonis erecti radicula brevissima; cotyledonibus foliaceis. — Arbor v. frutex; foliis alternis lineari-elongatis angustis; floribus[2] in axillis superioribus solitariis v. rarius 2, 3, pedicellatis. (*Nova Caledonia*[3].)

20. Peucsluma H. Bn[4]. — Flores fere *Iteilumæ;* sepalis 5, lanceolatis inæqualibus imbricatis. Corollæ tubus cylindricus, calyce 2-plo longior; lobis 5, cum tubo continuis suberectis ovatis imbricatis. Stamina 5, tubo affixa, corollæ subæqualia; filamentis subulatis; antheris oblongo-acutis extrorsis versatilibus. Staminodia 5, sub sinubus affixa subulata. Germen 5-loculare; ovulis supra medium insertis; micropyle extrorsum infera; stylo elongato exserto subulato, apice 5-lobulato. — Frutex ramosus glaber; foliis in summis ramulis confertis lineari-elongatis angustis obtusis costatis subaveniis; floribus[5] axillaribus solitariis pedunculatis. (*Nova Caledonia*[6].)

21. Synsepalum A. DC.[7] — Flores fere *Sersalisiæ;* calyce clavato-campanulato gamosepalo, apice in lobos obtusos breves imbricatos diviso. Corolla subcampanulata; tubo anguste obconico; lobis 5, obtusis imbricatis. Stamina 5, oppositipetala; filamentis erectis cum connectivo dorsali continuis basifixis; antheris oblongis apiculatis extrorsis, 2-rimosis. Staminodia 5, fauci inserta lanceolata membranacea complicata. Germen hirsutum; stylo gracili elongato; ovulis 5, adscendentibus ad medium marginem ventralem affixis. « Fructus[8] ovoideus, 1-spermus. » — Frutex (?); foliis alternis obovato-cuneatis

1. In *Bull. Soc. Linn. Par.*, 892. — *Poissonella* PIERRE, *Not. bot.*, 29.
2. Albis v. aurantiacis, majusculis.
3. Spec. 1. *I. Baillonii.* — *Lucuma Baillonii* ZAHLB., in *Œsterr. Bot. Zeit.* (1889), n. 8. — *L. neo-caledonica* PIERRE, *loc. cit.*

4. In *Bull. Soc. Linn. Par.*, 895.
5. Albis, cernuis.
6. Spec. 1. *P. pinifolia* H. BN.
7. *Prodr.*, VIII, 183 (*Sideroxyli* sect. 2).
8. «*Drupaceus* (SCHUM.); semine ovali subcompresso.»

membranaceis glabris; floribus lateralibus v. axillaribus, solitariis
v. cymosis paucis pedicellatis. (*Guinea.* [1])

22. Epiluma H. Bn [2]. — Sepala 5, imbricata. Corolla junior 5-7-
loba; lobis imbricato-involutis, superne et ad sinum villosis; tubo
(juniore) breviore. Stamina fertilia corollæ lobis opposita; antheris
extrorsis, apice villosis. Staminodia 3-7, brevissima v. nunc majora
primum inflexa. Germen 5-loculare; stylo crassiusculo. Fructus baccatus coriaceus globosus. Semen pericarpium implens; integumento
exteriore (hilo [3]) haud lucido pallido, hinc vitta lineari dorsali (fus-
cata) nitidiore haud adhærente percurso. Embryonis exalbuminosi
cotyledones obovatæ, basi attenuata breviter arcuatæ. — Arbor
glabra; ramis denudatis nodosis; foliis alternis in ramulis junioribus
confertis; floribus circa horum basin glomerulatis, 3-bracteatis. (*Nova
Caledonia* [4].)

23? Chorioluma H. Bn [5]. — Flores fere *Lucumæ;* sepalis 5,
crassis inæqualibus imbricatis. Corollæ tubus brevis latiusculus;
lobis 5, longioribus obtusis imbricatis. Stamina fertilia 5-10; antheris
primum extrorsis. Staminodia 5, linearia, sub sinubus affixa. Germen
subglabrum, 5-loculare, cum stylo vix angustiore tubuloso apiceque
subintegro truncatulo continuum, 5-loculare; loculis oppositisepalis.
Ovula subhemitropa, ventrifixa; micropyle infera.—Arbuscula glabra;
foliis obovatis v. oblongis, breviter petiolatis coriaceis, nunc ad summos ramulos congestis; petiolo brevi cum costa subtus valde prominula continuo; floribus solitariis v. cymosis in ligno ad axillas defoliatas dispositis; pedicellis brevibus. (*Nova Caledonia* [6].)

24. Rhamnoluma H. Bn [7]. — Flores fere *Lucumæ;* sepalis 5, imbricatis. Corolla late campanulata; tubo brevi lato; limbi 2-plo longioris
subrotati lobis 5, obtusis imbricatis. Stamina 5 [8], fauci affixa exserta;

---

1. Spec. 1. *S. dulcificum.* — *Bumelia dulci-
fica* Schum., *Beskr. Guin. pl.*, 130. — *Sideroxylon dulcificum* A. DC.

2. In *Bull. Soc. Linn. Par.*, 89J. — *Pichonia* Pierre, *Not. bot.*, 22.

3. Ut in *Pouteria* latissimo, integumenti
parte libera dorsali vittiformi.

4. Spec. 1. *E. pyriformis.* — *Chrysophyllum*
(?)*pyriforme* H. Bn, *loc. cit.* — *Lucuma?
Balansana* Pierre, *loc. cit.* — *Pichonia Balan-*

sana Pierre, *loc. cit.*, 23. *P. elliptica* Pierre,
loc. cit., 23, est forte, ex auct., spec. gener.
alterius. *Epiluma* est affinis, ex Pierre, *Amor-
phospermo* F. Muell.

5. In *Bull. Soc. Linn. Par.*, 892.

6. Spec. 1. *C. coriacea.* — *Sideroxylon?
coriaceum* H. Bn, *loc. cit.* Affinitas cum *Achra-
dotypo* manifesta.

7. In *Bull. Soc. Linn. Par.*, 894.

8. In alabastro arcte reflexa.

antheris sagittatis apice acutis sericeo-penicillatis versatilibus. Staminodia 5, petaloidea, apice longe inflexo cuspidata, cum staminibus
inserta. Germen 5-loculare; ovulis ad medium affixis; micropyle
infera; stylo gracili longe exserto, 5-sulco, apice 5-lobulato. — Arbor
parva glabra ramosa; foliis alternis ellipticis coriaceis; floribus[1] ad
folia suprema solitariis v. paucis axillaribus pedicellatis. (*Nova Caledonia*[2].)

257 **Beauvisagea** PIERRE[3]. — « Sepala 5, suborbicularia, extus
puberula, imbricata. Corollæ glabræ tubus lobis 5 imbricatis striatis
4-plo brevior. Staminodia subulata minima. Stamina 5; filamento
brevi; anthera suborbiculari, lateraliter rimosa. Germen glabrum,
5-loculare; stylo brevi; ovulis horizontalibus. Fructus (magnus).
Semen magnum oblongum, basi acutum, apice obtusum, medio
asperum v. echinulatum; albumine crassiusculo; embryonis cotyledonibus crassissimis plano-convexis; radicula cylindrica subobliqua.
— Arbor glabra; foliis longe petiolatis, elliptico-oblongis, junioribus
gummosis nigrescentibus; nervis primariis adscendentibus; venis
transversis parallelis; floribus in ramulis junioribus 6-nis. (*Nova
Guinea*[4].) »

26. **Vitellaria** GÆRTN. F.[5] — Sepala 8, 2-seriata, interiora
tenuiora cum exterioribus alternantia imbricata. Corollæ tubus
infundibularis brevissimus; limbi lobis 8[6], acutis imbricatis. Stamina 8, fauci inserta, corollæ lobis opposita; filamentis primum
superne reflexis; antheris extrorsis apiculatis. Staminodia totidem
alternantia lanceolata dentata. Germen hirsutum; loculis 8, sepalis
oppositis, 1-ovulatis; stylo subulato, apice obtusiusculo. Bacca
ovoidea; carne parca; semine sæpius 1, nitido; hilo lato deraso
subelliptico. Embryonis exalbuminosi cotyledones crassæ; radicula
infera brevissima. — Arbores lactifluæ; foliis alternis ad summos
ramulos confertis petiolatis oblongis; stipulis lanceolatis subpersis-

1. Roscis.
2. Spec. 1. *R. novo-caledonica.* — *Lucuma
novo-caledonica* ENGL., *Bot. Jahrb.*, XII, 516.
— *Lucuma? Deplanchei* H. BN, *loc. cit.* —
Pichonia elliptica PIERRE, *Not. bot.*, 23.
3. *Not. bot.*, 15.
4. Sp. 1. *B. pomifera.* — *Lucuma pomifera*
ZIPP. (frustra in herb. lugd.-bat. quæsita).

5. *Fruct.*, III, 131, t. 205. — PIERRE, in
Bull. Soc. Linn. Par., 578. — *Micadania* R.
BR., *App. Denh. et Clapp. Voy.*, 239. — *Buty-
rospermum* KOTSCH., in *Sitz. K. Akad. Wiss.
Wien* (1864), t. 1, 2. — ENGL., *Pflanzenfam.*,
Lief. 45, p. 138, fig. 74.
6. Corolla et androcœum nunc, ut aiunt,
10-mera.

tentibus; floribus in cymas umbelliformes axillares dispositis, longe pedicellatis. (*Africa trop. occid.*[1])

27. **Omphalocarpum** PAL.-BEAUV.[2] — Flores polygamo-diœci; sepalis 5, imbricatis. Corollæ late campanulatæ lobi 5-8, imbricati. Stamina (in flore fœmineo ad staminodia forma varia reducta) ante corollæ lobum quemque 4-∞; antherarum loculis lateralibus; connectivo plus minus longe apiculato. Staminodia alternipetala 5-8, varie apiculata lateraliterque dilatata et crenata v. laciniata. Germinis (in flore masculo rudimentarii effœti) loculi ∞; stylo erecto, apice ∞-dentato. Ovula in loculis 1, adscendentia; micropyle extrorsum infera. Fructus depresso-globosus baccatus, demum varie lignosus, ∞-locularis; seminibus plano-compressis; hilo lineari-elongato; albumine carnoso; embryonis inversi cotyledonibus lateralibus complanatis; radicula conica infera. — Arbores; foliis alternis integris; floribus in trunco cymosis; pedicellis bracteolatis; bracteis sub calyce nunc ∞, sepalis similibus et ab apice ad imum minoribus imbricatis. (*Africa trop.*[3])

28? **Labatia** Sw.[4] — « Flores hermaphroditi; calyce 4-phyllo. Corolla subcampanulata, 4-fida; tubo brevi latoque; laciniis 2 minoribus. Stamina 4, corollæ affixa; antheris acuminatis. Staminodia 4, sub sinubus affixa. Germen 4-loculare; stylo obtuso. Fructus[5] subrotundus sessilis scaber, 4-locularis; seminibus oblongis compressis. — Frutex lævis; foliis alternis petiolatis oblongo-lanceolatis integris; floribus axillaribus sessilibus. (*Antillæ*[6].) »

29? **Paralabatia** PIERRE[7]. — Flores[8] fere *Lucumæ*, 4- v. rarius 5-meri; corollæ imbricatæ lobis tubo longioribus. Stamina 4, 5, ad faucem inserta inclusa; antheræ ovatæ loculis introrsum rimosis. Staminodia 4, 5, fauci affixa subulata. Germen 2-loculare; stylo

1. Spec. ad 2. Protolyp. est *V. paradoxa* GÆRTN. F. — *Bassia Parkii* G. DON. — A. DC., *Prodr.*, VIII, 199. — OLIV., in *Trans. Linn. Soc.*, XXIX, 104, t. 73. — *Butyrospermum Parkii* KOTSCH., in *Pl. Knobl.*, t. 2. — BAK., in *Oliv. Fl. trop. Afr.*, III, 504. — *B. nilotiocum* KOTSCH., *loc. cit.*, t. 1.

2. PAL.-BEAUV., *Fl. owar. et ben.*, I, 6, t 5,.6. — B. H., *Gen.*, I, 185, n. 20 (*Ternstrœmiaceæ*). — RADLK., in *Sitz. Ac. Wiss. Münch.* (1882), 265; (1884), 397. — ENGL., *Pflanzenfam.*, *Lief.* 45, 136.

3. Spec. ad 4. OLIV., *Fl. trop. Afr.*, I, 171. — PIERRE, in *Bull. Soc. Linn. Par.*, 577.

4. *Nov. gen. et spec.*, 32; *Fl. ind. occ.*, 263 (non MART.). ENDL., *Gen.*, n. 4236 (part.). — RADLK., in *Sitz. Akad. Wiss. Münch.* (1884), 393 (part.). — ENGL., *Pflanzenfam.*, *Lief.* 45, p. 112 (part.).

5. «Capsularis scabrosus ferrugineus.»

6. Spec. 1. *L. sessiliflora* Sw.

7. *Not. bot.*, 23.

8. Parvi (ad *Lucumas parvifloras* evidenter pertinet, ex B. H., *Gen.*, II, 655).

brevi, apice capitato-2-lobulato. Fructus subglobosus. Semen 1, varia ex parte late cum pericarpio adhærens, intus cicatrice lineari oblonga notatum ; embryonis exalbuminosi cotyledonibus crassis inæqualibus. — Arbuscula ; foliis alternis breviter petiolatis reticulato-venosis ; floribus axillaribus et lateralibus ad basin ramulorum fasciculato-cymosis. (*Cuba*[1].)

30. **Podoluma** H. Bn. — Flores[2] fere *Lucumæ*; corolla late campanulato-subrotata ; lobis 5, obtusis imbricatis ; tubo brevi lato, intus subglanduloso. Stamina 5 ; filamentis brevibus crassis, et staminodia totidem breviora acutata fauci affixa. Germen in discum spurium dilatatum et in stylum longiusculum, apice 2, 3-lobulatum, attenuatum ; ovulis 2, 3, adscendentibus. Cætera *Lucumæ*. — Arbores v. frutices glabri ; foliis alternis ellipticis v. ovatis, breviter petiolatis ; floribus axillaribus subumbellato-cymosis ; pedicellis tenuibus petiolo longioribus. (*Brasilia, Paraguaya*[3].)

31. **Microluma** H. Bn. — Flores minuti, 4-meri ; sepalis nonnihil inæqualibus orbicularibus decussato-imbricatis. Corollæ tubus brevis latusque ; fauce subconstricta ; lobis tubo subæquilongis imbricatis[4]. Stamina 4, inclusa ; filamentis gracilibus ; antheris ovatis, leviter introrsis, demum sublaterali-rimosis. Germen 2-loculare ; stylo longiusculo glabro, apice obtuse lobulato ; ovulis obliquis adscendentibus. — Frutex (?) glabrescens ; foliis alternis ovato-acutis membranaceis ; floribus lateralibus cymosis ; pedicellis tenuibus. (*Brasilia bor.*[5])

32. **Discoluma** H. Bn. — Flores diœci ; masculorum sepalis 5, orbiculari-concavis arcte imbricatis. Corollæ subrotatæ tubus brevis latusque, intus ubique carnoso-incrassatus ; lobi 5, multo longiores suborbiculares imbricati. Staminodia 10, dentiformia minuta, quorum alternipetala 5 et oppositipetala 5, cum tubi strato carnoso continua. Germen villosulum ; stylo crasso brevi, apice obtuse truncato-4-lobulato ; loculis 2 ; ovulis adscendentibus orbicularibus compressis. — Arbor (?) ; foliis membranaceis (erga lucem pellucidis) elliptico-ovatis

1. Spec. 1. *P. dictyoneura* Pierre. — *Labatia dictyoneura* Griseb., *Cat. pl. cub.*, 166. — *Pouteria dictyoneura* Radlk., *Sitz.* (1884),453.
2. Albidi parvi.
3. Spec. 2, 3. Mart. et Eichl., *Fl. bras.*, VII, 73 (*Lucuma*). — Warm., *Symb. Fl. bras.*,

p. VII, 202 (*Lucuma*). — Raunk., in *Vid. Medd. Nat. For. Kjob.* (1889), 5 (*Lucuma*).
4. Sæpe decussatis.
5. Spec. 1. *M. parviflora.* — *Lucuma parviflora* Spruce. — Mart. et Eichl., *Fl. bras.*, VII, 81.

acutis; floribus ad innovationes solitariis v. paucis in axilla folii v. bracteæ pedicellatis; pedicello articulato. (*Brasilia*[1].)

33. Pseudocladia PIERRE[2]. — Flores fere *Discolumæ*, herma- phroditi v. (*Dithecoluma*) diœci; sepalis 4[3], decussato-imbricatis. Corollæ suburceolatæ v. late campanulatæ tubus lobis 4 imbricatis longior. Stamina 4, plus minus alte affixa, nunc sublibera; antheris ovatis, lateraliter v. subextrorsum 2-rimosis. Staminodia in sinubus brevissima v. 0. Germen hirsutum, 2-loculare; ovulis obliquis adscen- dentibus v. primum subhorizontalibus; stylo brevi, apice obtuse 2-lobulato. — Arbores; foliis alternis lanceolatis; floribus[4] axillaribus v. ad axillas defoliatas in cymas umbelliformes dispositis; pedicellis gracilibus. (*Guiana, Brasilia bor.*[5])

34. Franchetella PIERRE[6]. — Flores (fere *Lucumæ*) minuti; sepalis 5, imbricatis. Corollæ calycis æqualis lobi 5, tubo longiores imbricati. Staminodia 5, sinubus affixa ovato-lanceolata. Stamina 5, paulo breviora; filamentis brevibus summo tubo affixis; antheris subellipticis, lateraliter rimosis. Germen hirsutum depressum, cir- cumcirca in discum spurium obtuse 5-gonum dilatatum; stylo brevi crasse conico. Ovula 1, 2, in loculis solitaria, angulo interno alte affixa, incomplete anatropa; micropyle extrorsum infera. — Arbor; foliis elliptico-lanceolatis acuminatis v. obtusatis membranaceis, sub- tus rufescentibus, remote penninerviis, breviter petiolatis; floribus axillaribus glomeratis. (*Peruvia occid.*[7])

35. Eremoluma H. Bn[8]. — Flores fere *Franchetellæ*; sepalis 5, inæqualibus leviter imbricatis, demum nequidem contiguis. Corolla late rotato-subcampanulata; lobis 5, imbricatis tenuiter substriatellis. Staminodia 5, sub sinubus affixa longe subulata exserta, apice arcuata v. spiraliter contorta. Stamina fertilia 5, sub fauce affixa, aut longa subulata, aut brevia; antheris brevibus; loculis demum lateraliter patentibus. Germen 1-loculare; stylo brevi, apice capitellato 4,

1. Spec. hucusque 1. *D. Gardneri.* — *Chry- sophyllum Gardneri* MART. et EICHL., *Fl. bras.*, VII, 103, n. 18.

2. *Not. bot.*, 49.

3. Rarissime 5.

4. Minutis.

5. Spec. 2. MIQ., in *Mart. Fl. bras.*, VII, 83

(*Lucuma*). In *P. Melinoni* flores fœminei soli noti.

6. *Not. bot.*, 24. — H. BN, in *Bull. Soc. Linn. Par.*, 905.

7. Spec. 1. *F. tarapotensis.* — *Lucuma tara- potensis* EICHL. (ex PIERRE).

8. In *Bull. Soc. Linn. Par.*, 925.

5-lobulato. Ovulum 1, hemitropum adscendens, loculi angulo interno adnatum; micropyle infera. Fructus baccatus ovoideus; seminis hilo lineari ventrali placentæ affixo; embryonis exalbuminosi cotyledonibus plano-convexis. — Frutex (?); foliis breviter petiolatis lanceolatis longe cuspidatis reticulato-penninerviis; cymis axillaribus et lateralibus crebrifloris; pedicellis brevibus. (*Guiana*[1].)

36? **Gymnoluma** H. BN. — Flores fere *Lucumæ;* sepalis 5, membranaceis imbricatis. Corolla alte 5-loba; tubo brevissimo latiusculo; lobis obtusis membranaceis imbricatis. Staminodia 5, minuta[2] v. sæpius 0. Stamina 5, fauci affixa; filamentis haud v. vix reflexis; antheris inclusis cordato-ovatis extrorsis. Germen 3, 4-loculare; stylo apice truncatulo, obtuse 3, 4-lobulato. — Arbor glabra; foliis alternis elliptico-lanceolatis, basi in petiolum attenuatis, coriaceis crassis; floribus[3] axillaribus v. lateralibus umbelliformi-cymosis crebris. (*Brasilia bor.*[4])

37. **Oxythece** MIQ. [5] — Flores hermaphroditi v. polygamo-diœci, sæpius 5-meri; sepalis imbricatis. Corollæ[6] urceolatæ v. late campanulatæ tubus brevis latusque; limbi brevioris v. subæqualis lobis obtusis imbricatis. Staminodia in sinubus 1-5, sæpius brevia v. minuta, nunc sæpe 0. Stamina fertilia inclusa; filamentis brevibus, sub fauce affixis; antheris ovatis, obtusis v. varie apiculatis, introrsis v. extrorsis, basi sæpe cordatis. Germen sæpius latum depressumque, nunc in discum spurium dilatatum; loculis excentricis 2, 3, v. rarius 4, 5; stylo brevi crasso v. conico, apice obtuso v. acutiusculo. Ovula adscendentia, obliqua v. subhorizontalia; micropyle extrorsum infera. Fructus ovoideus v. sæpius valde elongatus, rectus v. arcuatus dolabriformisve inæqualis, apice acutatus. Semen sæpius 1, adscendens; albumine parco v. 0; embryonis crassi cotyledonibus plano-convexis, nunc extus rugoso-sulcatis. — Arbores plerumque glabræ; foliis coriaceis obtusis v. acutis; floribus ad folia v. ad axillas defoliatas cymosis. (*America trop.*[7])

---

1. Spec. 1. *E. Sagotiana* H. BN.
2. Ex MART. et EICHL., subtriangularia, fauci affixa, vix conspicua.
3. Mediocribus, pallidis.
4. Spec. 1. *G. glabrescens.* — *Lucuma glabrescens* MART. et EICHL., *Fl. bras.,* VII,

76, t. 46, fig. 1. — *Vitellaria glabrescens* RADLK.
5. In *Mart. Fl. bras.,* VII, 105, t. 47.
6. Nunc crasso-carnosa.
7. Spec. ad 10. A. DC., *Prodr.,* VIII, 183 (*Sideroxylon* n. 25, 26).

38. Chrysophyllum L.[1] — Flores plerumque hermaphroditi, 5-meri; sepalis imbricatis. Corolla tubulosa v. campanulata; lobis imbricatis, nunc brevissimis. Stamina fauci v. tubo affixa, corollæ lobis opposita, inclusa v. exserta; filamentis brevibus v. longiusculis; antheris sæpius brevibus ovatis, nunc versatilibus, extrorsum v. lateraliter rimosis. Staminodia 0[2]. Germen villosum, 5-12-loculare; stylo brevi v. plus minus elongato, apice stigmatoso truncato v. lobulato. Ovula adscendentia; micropyle extrorsum infera. Fructus baccatus, carnosus v. coriaceus; seminibus paucis v. sæpius 1, ventrifixis; hilo elongato v. lineari deraso ventrali; albumine plus minus copioso carnoso; embryonis axilis v. excentrici cotyledonibus superis foliaceis v. crassiusculis. — Arbores lactifluæ; foliis coriaceis, glabris v. varie indutis penninerviis, sæpe crebre venosis; floribus ad axillas foliatas v. defoliatas umbelliformi-cymosis; pedicellis longiusculis v. brevibus. (*America trop.*[3])

39? Nemaluma H. Bn. — Flores fere *Chrysophylli;* sepalis 5, inæqualibus imbricatis. Corollæ late subcampanulatæ tubus brevis latusque subovoideus; limbi lobis subæqualibus 5, obtusis imbricatis. Stamina 5; filamentis filiformibus ad imum tubum affixis; antheris basifixis, primum introrsis v. extrorsis, basi cordatis; connectivo lato, 3-angulari[4]; rimis nunc demum lateralibus. Germen hirsutum; stylo conico crassiusculo; ovulis adscendentibus. — Arbores glabræ; foliis elliptico-obovatis, nunc coriaceis, remote penninerviis; floribus in axillis et ad nodos defoliatos cymosis, nunc creberrimis. (*Guiana*[5].)

40? Elæoluma H. Bn. — Flores fere *Chrysophylli;* sepalis 5, membranaceis imbricatis. Petala 5 (v. rarius 4, 6), vix ima basi connata imbricata. Stamina 5 (v. 4, 6), imis petalis affixa; filamentis brevibus, rectis v. vix apice reflexis; antheris ovato-acutis extrorsis. Germen hirsutum, in stylum conicum attenuatum, 2, 3-loculare;

1. *Gen.*, n. 263 (part.). — Gærtn. f., *Fruct.*, III, t. 201, 202. — Turp., in *Dict. sc. nat.*, Atl., t. 63. — A. DC., *Prodr.*, VIII, 156 (part.). — Endl., *Gen.*, n. 4234 (part.). — H. Bn, in *Payer Fam. nat.*, 255. — B. H., *Gen.*, II, 653, n. 1 (part.). — Engl., *Bot. Jahrb.*, XII, 519 (part.). — *Cainito* Tuss., *Fl. Ant.*, 3, t. 9. — *Nycterisition* R. et Pav., *Prodr.*, 39, t. 5; *Fl. per. et chil.*, II, 47, t. 187.

2. Nunc parva, v. stamina fertilia pauca alternipetala.

3. Spec. ad 30. Lamk, *Ill.*, t. 120. — P. Br., *Jam.*, 171, t. 14. — Jacq., *St. amer.*, t. 37, 38. — H. B. K., *Nov. gen. et spec.*, III, t. 244. — Griseb., *Cat. pl. cub.*, 163; *Symb. Fl. arg.*, 223. — A. Gray, *Syn. Fl. N.-Amer.*, II, 67. — Hemsl., *Bot. centr.-amer.*, II, 295. — Mart. et Eichl., *Fl. bras.*, VII, 87. — Raunk., in *Vid. Medd. Nat. For. Kjob.* (1889), 8. — *Bot. Mag.*, t. 3072.

4. Lævi nigrescente.

5. Spec. 2, 3.

ovulo ventrifixo adscendente. Fructus baccatus parvus. Semen 1, lucidum; hilo deraso elliptico fere seminis dimidio latitudine æquali. Embryonis exalbuminosi cotyledones crasso-carnosæ. — Arbor glabra; foliis petiolatis lanceolato-spathulatis coriaceis tenuiter venosis; floribus axillaribus cymosis breviter pedicellatis. (*Brasilia bor.* [1])

41. Chloroluma H. Bn [2]. — Flores fere *Chrysophylli;* sepalis 5, imbricatis. Corollæ tubus brevis latusque, cum limbo continuus; lobis 4, 5, obtusis, imbricatis. Stamina 4, 5, subhypogyna, v. filamentis vix imæ corollæ affixis erectis; antheris ovato-sagittatis, extrorsum 2-rimosis [3]. Germen 3-5-angulatum; stylo crassiusculo, apice obtuso. Ovula 2-5, adscendentia. Fructus 2-5-costatus; seminibus albuminosis. — Arbores v. frutices sæpius glabri; foliis [4] ovatis, obovatis v. angustis alternis glabris membranaceis penninerviis plus minus reticulato-venosis; floribus axillaribus v. lateralibus, solitariis v. cymulosis; pedicellis brevibus. (*Brasilia mer.*, *Bolivia, Paraguaya* [5].)

42? Donella Pierre [6]. — Sepala 5, orbicularia concava imbricata. Corollæ subglobulosæ tubus brevis latusque, intus pilosus; lobi 5, tubo subæquales imbricati. Stamina ad basin tubi affixa; filamentis gracilibus subrectis; antheris ad basin dorsifixis acuminatis extrorsis. Germen hirsutum, 4-10-loculare; stylo cylindraceo-conico corollæ subæquali subexserto. Ovula ad medium ventrifixa. Fructus baccatus, nunc obtuse angulatus. Semina 1-5, compressa; hilo ventrali lineari [7]; albumine carnoso; embryonis inversi radicula brevi obliqua; cotyledonibus foliaceis lateralibus, hinc basi subauriculatis. — Arbores; foliis coriaceis v. membranaceis; nervis pinnatis tenuibus creberrimis; cymis axillaribus umbelliformibus. (*Asia et Oceania trop.* [8], *Madagascaria.*)

---

1. Spec. 1. *E. Schomburgkiana* H. Bn. — *Myrsine Schombugkiana* Miq., *Fl. bras.*, X, 315. — *Chrysophyllum oleæfolium* Mart. et Eichl., *Fl. bras.*, VII, 101, t. 46 II.

2. *Peckoltia (Martiusellæ* sect.) Pierre, *Not. bot.*, 66 (non E. F.).

3. Connectivo intus lato lævique.

4. Pallide virentibus.

5. Spec. 3, 4. Mart. et Eichl., *Fl. bras.*, VII, 60, t. 24.

6. Mss. in herb. Mus. par. et kew.

7. Semini longitudine subæquali, margine circa omphalodium superum prominulo. Semen cæterum fere *Vitellariæ.*

8. Spec. ad 2. Don, *Gen. Syst.*, IV, 33 (*Chrysophyllum*). — Roxb., *Fl. ind.*, I, 599 (*Chrysophyllum*). — Miq., *Fl. ind. bat.*, Suppl., 248, 579 (*Chrysophyllum*). — C.-B. Clke, in Hook. f. *Fl. brit. Ind.*, III, 535 (*Chrysophyllum*).

43. Malacantha PIERRE [1]. — Flores fere *Chrysophylli;* sepalis 5, imbricatis; interioribus magis membranaceis latioribusque. Corolla cylindraceo-campanulata; tubo lobis longiore; lobis obtusis imbricatis. Stamina 5; filamentis in tubo a basi prominulis, a fauce tantum liberis; antheris ovatis introrsis ad basin dorsifixis; connectivo primum extrorso lato (fuscato). Germen 5-loculare; stylo basi hirsuto corolla longiore, apice 5-lobulato. Ovula ad medium v. altius ventrifixa; micropyle extrorsum infera. Fructus baccatus v. demum subsiccus tenuis; seminis exalbuminosi hilo lineari ventrali [2]; cotyledonibus plano-convexis. — Arbores; foliis oblongis v. obovatis, breviter petiolatis penninerviis, nunc subtus tomentosis, sæpe membranaceis; floribus ad folia v. ad cicatrices axillaribus glomerato-cymosis, bracteolatis, nunc crebris [3]. (*Africa trop. occid.* [4])

44. Niemeyera F. MUELL.[5] — Flores fere *Chrysophylli;* sepalis 5, imbricatis. Corolla campanulata; tubo brevi; lobis 5, longioribus imbricatis recurvis. Stamina 5, fauci inserta exserta; filamentis longe subulatis; antheris ovato-apiculatis reversis, 2-rimosis. Germen hirsutum, 3-5-loculare; stylo longe subulato, apice obtusiusculo. Ovula 3-5, adscendentia; hilo ventrali. Fructus carnosus; « endocarpio crustaceo venoso ». Semina 1, 2; embryonis exalbuminosi radicula brevi infera; cotyledonibus crasso-carnosis. — Arbuscula rufo-villosa; foliis alternis breviter petiolatis; floribus axillaribus glomerulatis. (*Australia* [6].)

45? Trouettia PIERRE [7]. — Flores fere *Chrysophylli;* sepalis 5, inæqualibus imbricatis. Corollæ tubus brevis latusque v. nunc longiusculus; limbi subinfundibularis lobis 5, obtusis imbricatis. Stamina ab imo tubo conspicua; filamentis nunc brevibus, apice plus minus reflexis; antheris ovatis extrorsis versatilibus; connectivo apice prominulo integro v. 2-fido. Germen hirsutum, 4, 5-loculare; ovulis adscendentibus; stylo brevi v. longiusculo conico subintegro. — Arbores v. frutices glabri; foliis breviter petiolatis, lanceolatis oblongis v. obovatis coriaceis glabris, subtus sæpe ferrugineis;

1. *Not. bot.*, 60.
2. Omphalodio supero prominulo.
3. Genus certe *Vincentellæ* proximum.
4. Spec. ad 3. BAK., in *Oliv. Fl. trop. Afr.*, IV, 499 (*Chrysophyllum*).
5. *Fragm.*, VII, 114 (non VI, 96).

6. Spec. 1. *N. prunifera* F. MUELL. — *Chrysophyllum pruniferum* F. MUELL., *Fragm.*, IV, 26. — BENTH., *Fl. austral.*, IV, 278. — *Lucumæ* spec. B. H., *Gen.*, II, 654. Ovula ex BENTHAM, pendula.
7. Mss., in herb. Mus. par.

petiolo brevi cum costa subtus prominula continuo; glomerulis ad folia v. sæpius ad nodos defoliatos axillaribus, sæpe crebrifloris. (*Nova Caledonia*[1].)

- 46? **Gambeya** PIERRE[2]. — Flores fere *Chrysophylli;* nunc polygami; sepalis 5, imbricatis. Corollæ tubus lobis 5 ciliolatis subæqualis v. longior. Stamina 5; filamentis ad basin v. ad medium tubi affixis, apice leviter recurvis; antheris ovatis extrorsis v. nunc introrsis. Staminodia pauca v. 1, sub sinubus affixa, v. multo sæpius 0. Fructus plerumque globosus; seminibus 1-5; hilo ventrali; embryonis cotyledonibus foliaceis; albumine crassiusculo, tenui v. tenuissimo membranaceo. — Arbores v. frutices; foliis alternis petiolatis, sæpius elongatis penninerviis; floribus axillaribus cymosis v. glomerulatis[3]. (*Africa trop.*, *Madagascaria*[4].)

47? **Martiusella** PIERRE[5]. — Flores fere *Gambeyæ;* sepalis 4, 5, imbricatis. Corollæ lobi 5, 6, tubo subæquales, extus pubentes. Staminodia in sinubus 1-3, brevia obtusa, nunc vix conspicua v. sæpius 0. Stamina 5, 6, imæ corollæ affixa; filamentis reflexis v. sinuatis; antheris ovatis primum extrorsis, demum sæpe reversis. Germen 5-loculare; ovulis ad medium ventrifixis; micropyle extrorsum infera; styli brevissimi costis 5, crassiusculis obliquis. Bacca ovoidea v. ellipsoidea, 1-5-sperma. Semina compressiuscula; hilo lineari ventrali; albumine crasso; embryonis subæqualis cotyledonibus planis; radicula infera brevi obliqua. — Arbor; foliis amplis oblongo-lanceolatis grosse spinuloso-serratis, subtus stellato-tomentosis; petiolo brevi; floribus[6] in ligno sparsis axillaribus umbelliformi-cymosis. (*Brasilia*[7].)

1. Spec. 3, 4. H. Bn, in *Bull. Soc. Linn. Par.*, 898 (*Chrysophyllum*). — PIERRE, in *Bull. Soc. Linn. Par.*, 903 (*Chrysophyllum*).
2. *Not. bot.*, 61.
3. Genus valde dubium, ad cl. PIERRE obligandum a nobis servatum. Sunt plantæ forte congener. cl. auctoris *Vincentella* et *Pachystela;* staminodiis numero minoribus v. 0. Sectiones videntur *Boivinella* PIERRE mss. (*Chrysophyllum natalense* SOND.); corollæ tubo subcylindraceo; albumine membranaceo, et *Zeyherella* PIERRE mss. (*Chrysophyllum magalismontanum* SOND., in *Linnœa*, XXIII, 72); staminibus epipetalis ad staminodia plana acuta reductis.

4. Spec. 6, 7. GÆRTN., *Fruct.*, t. 104 (*Sapota*). — AFZEL., *Rapp.*, 238, ex SAB. et DON (*Cainito*). — G. DON, *Gen. Syst.*, IV, 32 (*Chrysophyllum*). — A. DC., *Prodr.*, VIII, 162, 163 (*Chrysophyllum* n. 35, 39). — BAK., *Fl. trop. Afr.*, III, 498 (*Chrysophyllum*).
5. *Not. bot.*, 64.
6. Viridulis, parvulis.
7. Spec. 1. *M. imperialis* PIERRE. — *Chrysophyllum imperiale* BENTH. — HOOK. F., *Bot. Mag.*, t. 6823. — *Theophrasta imperialis* ANDRÉ, in *Ill. hort.*, t. 184. — REG., *Gartenfl.*, t. 453. — *Curatella imperialis* hort. — *C. speciosa* DCNE (ex HOOK. F.).

48. Ecclinusa MART. [1] — Flores (fere *Chrysophylli*) hermaphroditi v. polygami; sepalis 4-6, imbricatis. Corollæ tubus brevis latusque; limbi multo longioris lobis 4-6, obtusis imbricatis. Stamina 4-6, ad tubi basin affixa: aut fertilia; filamentis crassis; antheris basifixis ovatis extrorsis; connectivo dorsali lato lævi; aut sterilia et in pilorum penicillum mutata. Germen villosum, 2-5-loculare; ovulo adscendente obliquo v. subverticali; micropyle extrorsum infera; stylo brevi crasso, apice lobulato. Fructus crassus (carnosus?). Semina compressa; albumine tenui v. 0; embryonis erecti cotyledonibus foliaceis. — Arbores; foliis lanceolatis v. obovatis coriaceis, varie penninerviis; stipulis nunc evolutis; floribus ad axillas v. cicatrices foliorum glomeratis [2]. (*America trop.*[3])

49? Pradosia LIAIS [4]. — Flores fere *Ecclinusæ* (v. *Prieurellæ* [5]); sepalis 5, imbricatis. Corolla subinfundibularis; tubo demum limbi lobis oblongis obtusis reflexis vix æquali. Stamina 5, sub fauce affixa; filamentis superne reflexis; antheris demum reflexis versatilibus. Germen 5-loculare; stylo apice 5-gono, 5-lobulato, intus cavo; ovulis ad medium ventrifixis. Fructus coriaceus inæqui-ellipticus, acutiusculus. Semen 1; hilo deraso lineari semini æquali; embryonis exalbuminosi cotyledonibus crassis plano-convexis. — Arbor glabra; cortice crasso durissimo; foliis alternis v. confertis lanceolatis, basi longe attenuatis, breviter petiolatis, remote penninerviis; cymis in ligno confertis crebrifloris. (*Brasilia* [6].)

50. Ragala PIERRE [7]. — Flores fere *Ecclinusæ;* receptaculo subcupulari; sepalis 5, 6, imbricatis. Corollæ tubus brevissimus; lobis 5, 6, profundis obtusis imbricatis. Stamina imo tubo corollæ affixa; filamentis cæterum liberis subulatis; antheris brevibus suborbicula-

---

1. *Herb. Fl. bras.*, 177. — R. H., *Gen.*, II, 654, n. 2. — PIERRE, *Not. bot.*, 54.

2. Sectiones generis, nostro sensu, sunt : *Passaveria* MART. et EICHL., *Fl. bras.*, VII, 85, t. 38; t. 47, fig. 1-3. — PIERRE, *loc. cit.*, 52; nervis primariis tenuibus creberrimis; flore sæpius 4-mero.

?*Prieurella* PIERRE, *loc. cit.*, 68; nervis primariis crassioribus remotis; floribus sæpius 5-meris, in ligno umbelliformi-cymosis; corolla calyci subæquali.

3. Spec. ad 10. RUDGE, *Pl. guian. rar.* (1805), t. 47 (*Bumelia*). — A. DC., *Prodr.*, VIII, 161, n. 24, 26 (*Chrysophyllum*). — MART. et EICHL.,

Fl. bras., VII, t 38; t. 40 II; t. 47 I (*Passaveria*).

4. In *Géogr. bot. Bras.* (1872), 615. — *Pometia* VELL., *Fl. flum.*, 80; Atl., II, t. 87 (non FORST.).

5. Cujus forte potius sectio.

6. Spec. 1. *P. lactescens* LIAIS. — *Pometia lactescens* VELL. — *Chrysophyllum glycyphlœum* CASAR. — ALLEM., *Expl. Bras.*, t. 18 (ined.?). — *C. Buranhem* RIED. — *Lucuma glycyphlœa* MART. et EICHL., *Fl. bras.*, VII, 82, t. 25 II. — *Pouteria lactescens* RADLK., in *Sitz. Akad. Wiss. Mun.* (1882), 294.

7. *Not. bot.*, 57.

ribus (sterilibus?), extrorsum rimosis. Germen hirsutum, basi in discum spurium dilatatum, superne in stylum conicum attenuatum; summo stylo stigmatoso dilatato-truncato, 5-lobulato. Ovula supra basin ventrifixa; micropyle extrorsum infera. Fructus sessilis subsiccus durus, calyce accreto basi fultus, 4, 5-locularis; seminis (immaturi) hilo lineari ventrali; embryone...? — Arbor glabrescens; foliis obovatis crassis penninerviis; petiolo brevi crasso; glomerulis ad folia v. ad cicatrices foliorum axillaribus, ∞-floris. (*Guiana*[1].)

51. **Leptostylis** BENTH.[2] — Sepala 4, inæqualia imbricata; interioribus 2. Corollæ tubus longe exsertus, superne plus minus ampliatus; limbi lobis 4-8, imbricatis. Stamina 4-8, corollæ lobis opposita, sub apice tubi affixa; filamentis superne reflexis; antheris in alabastro extrorsis apiculatis; rimis superne lateralibus. Germen villosum; stylo gracili elongato exserto; ovulis 4, adscendentibus; micropyle extrorsa. — Frutices glabri ramosi; foliis alternis v. ex parte oppositis rigidis, nunc cordatis, dite reticulatis; floribus axillaribus solitariis v. cymosis paucis, breviter v. longe pedicellatis. (*Nova Caledonia*[3].)

52. **Ochrothallus** PIERRE[4]. — Flores fere *Achradotypi;* sepalis[5] 5, imbricatis. Corollæ lobi ad 11, obtusi imbricati tubo longiores. Stamina totidem opposita; filamentis brevibus vix apice reflexis; antheris erectis ovatis sublaterali-rimosis. Germen 5-loculare; stylo longe conico; ovulis ventre affixis adscendentibus. — Arbor; foliis in summis ramulis confertis; petiolo brevi crasso; limbo longe subspathulato obtuso, subtus dense ochraceo-ferrugineo; floribus in ligno sub foliis dense glomeratis, brevissime pedicellatis. (*Nova Caledonia*[6].)

53. **Achradotypus** H. BN[7]. — Sepala 5, imbricata. Corollæ tubus brevis v. longiusculus; limbi lobis 5, imbricatis. Stamina 10, per paria corollæ lobis opposita; filamentis sub fauce affixis, brevibus v. elongatis; antheris ovato-acutis, exsertis v. inclusis, extrorsum

---

1. Spec. 2. *R. sanguinolenta* PIERRE, *loc. cit.*, 60. Succus enim plantæ sanguinolentus dicitur (vernac. *Balata rouge*, *B. saignant*).

2. *Gen.*, II, 659, n. 16.

3. Spec. 2.

4. In *L. Planch. Thès. Sapot.*, 26.

5. Dense ochraceis.

6. Spec. 1, 2, quar. typica 1. *O. sessilifolius* PIERRE. — *Chrysophyllum sessilifolium* PANCH. et SÉB., *Bois N. Caléd.*, 195.

7. In *Bull. Soc. Linn. Par.*, 881. — *Jollya* PIERRE, *Not. bot.*, 7 (nomen).

v. sublateraliter rimosis. Germen 5-loculare; stylo plus minus longe conico. Ovula adscendentia; micropyle extrorsum infera. — Arbores; foliis coriaceis, sæpius glabris; floribus ad axillas foliatas v. defoliatas glomeratis; glomerulis nunc crebrifloris ramumque totum circumcingentibus. (*Nova Caledonia* [1].)

54. Pycnandra BENTH. [2] — Sepala 5, orbicularia concava, arcte imbricata. Corollæ [3] tubus brevis; limbi lobi 5-7, orbiculares arcte imbricati. Stamina ∞ (20-30), sub fauce affixa, per 3, 4 lobis opposita; filamentis sub apice reflexis; antheris oblongis, apice acutis v. mucronulatis, extrorsum 2-rimosis. Germen glabrum in stylum apice truncatulum attenuatum; loculis 6-12, 1-ovulatis. — Arbor excelsa lactiflua; foliis alternis amplis obovatis v. oblongis penninerviis; floribus in ligno ad nodos defoliatos cymosis. (*Nova Caledonia* [4].)

II. ILLIPEÆ.

55. Illipe KŒN. — Flores hermaphroditi; sepalis 4, 2-seriatim imbricatis. Corollæ tubus latus plus minus elongatus; limbi lobis 6-12, imbricatis v. ex parte contortis. Stamina 12-∞, a basi ad imum corollæ tubum affixa; filamentis plus minus elongatis arcuatis; antheris oblongo-linearibus v. lanceolatis, apice aristatis v. submuticis, sæpe hirsutis, primum extrorsis, 2-rimosis. Germen 4-12-loculare; stylo sæpius elongato subulato, apice acutiusculo. Ovula in loculis adscendentia; micropyle extrorsum infera. Bacca sphærica v. ovoidea; seminibus paucis v. 1, nitidis; hilo marginali lineari v. oblongo; embryonis exalbuminosi cotyledonibus crasso-carnosis; radicula brevi infera. — Arbores lactifluæ; foliis alternis, sæpe ad summos ramulos confertis, petiolatis; floribus ad axillas foliatas v. defoliatas umbelliformi-cymosis, nunc rarius terminalibus. (*Asia et Oceania trop.*) — *Vid. p.* 362.

56. Payena A. DC. [5] — Flores fere *Illipis* [6]; sepalis 4, 2-seriatim

---

1. Spec. ad 4. H. Bn, in *Bull. Soc. Linn. Par.*, 884 (*Sideroxylon*).

2. *Gen.*, II, 658, n. 13.

3. Rubræ carnosæ odoratæ.

4. Spec. 1. *P. Benthami.*

5. *Prodr.*, VIII, 196. — B. H., *Gen.*, II, 659, n. 15 (part.). — H. Bn, in *Bull. Soc. Linn. Par.*, 936. — *Keratophorus* HASSK., *Retzia*, 100. — *Ceratophorus* MIQ., *Fl. ind. bat.*, II, 1038.

6. Cujus forte potius sectio.

imbricatis. Corollæ tubus brevis latusque; limbi lobis ad 8, imbricatis. Stamina ad 16[1], quorum oppositipetala 8, alterna autem 8; filamentis brevibus sub fauce affixis erectis; antheris oblongo-lanceolatis, connectivo acuminatis, sæpe pubentibus; loculis lateraliter v. subextrorsum rimosis. Germen depressum inque discum spurium cupularem superne productum; loculis 8-12; ovulo adscendente; stylolonge subulato torto tubuloso, intus septali-8-12-septato, apice obtusiusculo. Fructus ovoideus v. oblongus, nunc subconicus; seminibus 1, v. raro 2; hilo deraso ventrali semini longitudine æquali; albumine carnoso, nunc copioso; embryonis cotyledonibus planis. — Arbores lactescentes; foliis coriaceis glabris v. subtus rufescenti-sericeis; floribus in cymas axillares umbelliformes dispositis, sæpius paucis. (*Asia et Oceania trop.*[2])

57? Galactoxylon PIERRE[3]. — « Flores fere *Illipis*; sepalis 6, 2-seriatis. Corolla 4, 5-loba; lobis tubo brevioribus v. longioribus. Stamina ad 10. Staminodia...? Germen 5-loculare; stylo longissimo. Ovula placentæ alte affixa. » Fructus baccatus, breviter fusiformis; semine 1, exalbuminoso; testa fragili; embryonis inversi radicula brevissima; cotyledonibus plano-convexis. — Arbor lactiflua; foliis breviter petiolatis obovato-oblongis v. cuneatis obtusis coriaceis; fructu pedicellato. (*Australia*[4].)

58? Kakosmanthus HASSK[5]. — Flores fere *Illipis*; sepalis 4, 2-seriatim imbricatis. Corolla subcampanulata; tubo brevi; limbi lobis 10-13, lineari-lanceolatis, « valvatis ». Stamina 20-26, fauci affixa; antheris subsessilibus, lobis subæqualibus, subsagittatis pilosis. Germinis loculi 11-13; stylo elongato; ovulis incomplete anatropis; micropyle extrorsum infera. Bacca magna, calyce aucto inclusa; seminibus 1, 2. Semina nitida[6]; raphe lineari ventrali; « embryonis cotyledonibus magnis foliaceis; albumine tenui. » — Arbores excelsæ; foliis (amplis) ad summos ramulos confertis oblongo-obovatis integris, crasse penninerviis; petiolo brevi crasso;

1. Vel. abortu pauciora.
2. Spec. ad 16-18. WIGHT, *Ic.*, t. 1589. — C.-B. CLKE, in *Hook. f. Fl. brit. Ind.*, III, 547. — PIERRE, in *Bull. Soc. Linn. Par.*, 523. — WALP., *Ann,*, III, 12; V, 475 (*Keratophorus*).
3. *Not. bot.*, 6.
4. Spec. 1. *G. Pierrei.* — *Bassia Galactoxy-*

lon F. MUELL., *Fragm.*, VI, 27; VII, 115. — *Sersalisia? Galactoxylon* F. MUELL. — BENTH., *Fl. austral.*, IV, 279. — *Lucuma* B. H., *Gen.*, II, 654.
5. In *Flora* (1845), ex MIQ., *Fl. ind. bat.*, II, 1040; *Retzia*, I, 97. — PIERRE, *Not. bot.*, 31. — *Cacosmanthus* MIQ., *loc. cit.*
6. Nigrescentia.

floribus ad axillas defoliata umbelliformi-cymosis; pedicellis longis[1].
(*Archip. Ind.*[2])

59. Isonandra Wight.[3] — Sepala 4, decussata. Corolla alte
4-fida; lobis decussato-imbricatis. Stamina 8, per paria lobis opposita; filamentis apice reflexis; antheris lanceolatis extrorsis, 2-rimosis.
Germen hirsutum; stylo subulato; loculis 4, sepalis oppositis, 1-ovu-
latis. Fructus baccatus parce carnosus; seminibus 1-4, albuminosis.
—Arbores lactescentes; foliis penninerviis coriaceis; glomerulis axillaribus et ad nodos vetustiores insertis. (*India penins.*, *Zeylania*[4].)

60. Palaquium Blanco[5]. — Calyx duplex; sepalis exterioribus 3, subovatis; interioribus 3, alternis, tenuioribus. Corollæ tubus
plus minus elongatus; limbi patentis lobis 6, cum sepalis alternantibus, tortis, dextrorsum obtegentibus. Stamina 12, sub fauce affixa,
2-seriata, quorum 6 lobis opposita, 6 autem alterna; filamentis primum apice recurvis; antheris lanceolatis, varie apiculatis, primum
extrorsis, 2-rimosis. Germen villosum, nunc basi contractum; stylo
subtubuloso, apice stigmatoso minute 6-dentato; loculis 6, sepalis
oppositis, 1-ovulatis; micropyle extrorsum infera. Fructus «baccatus;
seminibus paucis v. 1; embryone exalbuminoso carnoso ». — Arbores
lactifluæ; foliis coriaceis integris; indumento sæpe subtus rubiginoso
v. aureo; venis primariis nunc dissitis; floribus[6] in cymas axillares v.
ad nodos defoliatos corymbiformes dispositis[7]. (*Asia et Oceania trop.*[8])

61. Sapota Plum.[9] — Calyx duplex; sepalis exterioribus 3, crassioribus; interioribus 3, alternis, imbricatis. Corollæ late suburceolatæ
lobi 6, 2-fidi; æstivatione imbricata v. subtorta. Stamina 6, corollæ
lobis opposita; filamentis in abastro recurvis; antheris primum extror-

1. Genus, ex Pierre, optimum.
2. Spec. 2, 3. B. H., *Gen.*, II, 659 (*Payena*).
- 3. *Icon.*, II, 4, t. 359, 360, 1219, 1220. —
A. DC., *Prodr.*, VIII, 187. — B. H., *Gen.*, II, 657, n. 11.
4. Spec. 5, 6. Thw., *En. pl. Zeyl.*, 177 (sect. 2). — C.-B. Clke, in *Hook. f. Fl. brit. Ind.*, III, 538. — Walp., *Ann.*, I, 496.
5. *Fl. Filip.*, 483; ed. 2, 282. — H. Bn, *Tr. Bot. méd. phanér.*, 1500. — *Dichopsis* Thw., *Enum. pl. Zeyl.*, 176. — B. H., *Gen.*, II, 658, n. 12.
6. Parvis, sæpe albidis.
7. Sectio *Coronisia* Pierre, *Not. bot.*, 8,

flores habet, ex auct., 10-14-andros; sepalis
4, 5; corollæ lobis 4-7. Genus unde præceden-
tibus quam maxime affine.
8. Spec. ad 40. Hook., *Lond. Journ.*, VI, t. 16 (*Dichopsis*). — Bedd., *Fl. sylv.*, t. 43 (*Bassia*). — C.-B. Clke, in *Hook. f. Fl. brit. Ind.*, III, 540 (*Dichopsis*). — Pierre, in *Bull. Soc. Linn. Par.*, 498.
9. *Gen.*, 43, t. 4. — Mill., *Dict.*, n. 1. — Gærtn., *Fruct.*, II, 103, t. 104. — *Achras* P. Br., *Jam.*, 200. — L., *Gen.*, n. 438. — A. DC., *Prodr.*, VIII, 174 (*Sapotæ* sect.). — Endl., *Gen.*, n. 4240. — H. Bn, in *Payer Leç. Fam. nat.*, 255. — Engl., *Pflanzenfam.*, Lief. 45, fig. 72, 73.

sis, 2-rimosis. Staminodia 6, interiora cumque staminibus fertilibus alternantia, petaloidea. Germen sæpius 12-loculare; loculis sepalis oppositis; stylo subtubuloso, apice stigmatoso 6-denticulato; denticulis septalibus. Ovula in loculis solitaria adscendentia; micropyle extrorsa. Fructus baccatus; seminibus sæpius paucis oblongis compressis; hilo lineari interiore; testa lævi nitida; embryonis albuminosi radicula infera tereti; cotyledonibus ellipticis planis crassiusculis. — Arbor; foliis persistentibus petiolatis, ad summos ramulos confertis, coriaceis, dite penninerviis; floribus axillaribus solitariis v. cymosis paucis, longiuscule pedicellatis. (*America trop.*[1])

62. **Æsandra** PIERRE[2]. — Sepala 4, 5, basi subinflata connata, imbricata. Corollæ tubus lobis 10-12 brevior. Stamina 20-24, summo tubo affixa, 2-seriata; filamentis longiusculis brevioribus, anthera oblonga retrorsa connectivoque producto, apice minute 2-dentato, apiculata. Germen glabrum; stylo columnari corollæ subæquali, apice truncato; loculis ad 12; ovulo adscendente; micropyle extrorsa. Fructus ellipsoideus baccatus; seminibus ad 6, compressis nitidis; hilo ventrali lineari; albumine copioso oleoso; cotyledonibus membranaceis; radicula infera brevi. — Arbor alta; foliis confertis sublanceolatis, basi longe in petiolum attenuatis membranaceis penninerviis; « inflorescentia terminali ». (*Cochinchina*[3].)

63. **Diploknema** PIERRE[4]. — Flores 1-sexuales; calyce fœmineorum 5-partito; foliolis imbricatis; interioribus tenuioribus. Corollæ tubus brevis; limbi lobis sæpius 8-10, imbricatis. Staminodia 15-20, sub fauce affixa, lineari-oblonga petaloidea imbricata. Germen 6-8-loculare, lateraliter in discum spurium orbicularem dilatatum; stylo subulato tubuloso, septis parietalibus loculorum numero æqualibus percurso; lobis apicalibus stigmatosis 6-8, septalibus. Fructus magnus. Semen magnum; hilo lato orbiculari; embryonis exalbuminosi cotyledonibus oblongis plano-convexis, margine tortis; radicula infera brevi. — Arbor magna; foliis petiolatis ad summos ramulos confertis; floribus ad axillas defoliatas spurie umbellatis. (*Borneo*[5].)

1. Spec. 1. *S. Achras* MILL. — *Achras Sapota* L., *Spec.*, 470. — JACQ., *Amer.*, 57, t. 41. — LAMK, *Ill.*, t. 255. — TUSS., *Fl. Ant.*, c. ic. — H. B. K., *Nov. gen. et spec.*, III, 239. — MART. et EICHL., *Fl. bras.*, VII,
58, t. 22; t. 23, I. — *Bot. Mag.*, t. 3111, 3112.
2. *Not. bot.*, 1.
3. Spec. 1. *Æ. dongnaiensis* PIERRE.
4. In *Arch. néerl.* (1883), c. tab.
5. Spec. 1. *D. sebifera*.PIERRE.

III. MIMUSOPEÆ.

64. Mimusops L. — Flores hermaphroditi v. nunc raro (*Muriea*) 1-sexuales; receptaculo convexiusculo; sepalis 6-8, 2-seriatim imbricatis v. exterioribus valvatis. Corolla sæpius subrotata; tubo brevi v. brevissimo; fauce plerumque dilatata; limbo alte lobato; lobis primariis 6-8, plerumque oblongis acutiusculis, imbricatis; additis 12-16, accessoriis exterioribus, aut primariorum subæqualibus, aut longioribus, nunc minoribus, nunc autem minimis (*Semicipium, Northea, Muriea*), v. rarius omnino evanidis, varie imbricatis v. circa stamen oppositum convolutis. Stamina fertilia lobis primariis v. et nunc (*Labourdonnaisia*) accessoriis opposita; filamentis sub fauce corollæ affixis, apice reflexis; anthera primum extrorsa, sæpe demum versatili; connectivo apice obtuso v. apiculato. Staminodia cum lobis primariis alternantia, linearia simplicia v. 2, 3-partita, nunc brevia crassa, integra v. denticulata, nunc rarius brevissima crassa v. membranacea et digitato-dentata. Stamina tam epipetala quam alternipetala nunc (*Muriea*) in floribus fœmineis sterilia lineari-subulata, apice glanduliformia; anthera in massam parvam subsphæricam mutata. Germen 6-12-loculare; stylo plus minus elongato v. apice attenuato subsimplici. Ovulum subbasilare suberectum v. angulo interno plus minus alte affixum et plus minus incomplete anatropum. Bacca globosa, depressa v. ovoidea, nunc magna; epicarpio tenui v. indurato crasso corticato. Semina pauca v. excentricum 1; hilo subbasilari suborbiculari v. plus minus elongato ventrali, nunc elliptico latove; testa lucida v. opaca, nunc (*Imbricaria*) ad margines inæquicrenata v. lobulata v. supra hilum auriculata; albumine copioso carnoso, duro v. (*Northea*) ad membranam reducto; embryonis inversi cotyledonibus foliaceis planis v. rarius crassis plano-convexis, aut sessilibus, aut basi plus minus contracta subarcuatis[1]. — Arbores v. frutices lactescentes; foliis alternis coriaceis penninerviis, sæpe ad

---

1. Genera sequentia, pleraque e semine v. nunc e folio condita, floribus et plerumque fructibus ignotis, breviter tantummodo enumeranda videntur :

Treubella PIERRE, *Not. bot.*, 5; semine magno, dorso cum endocarpio cohærente; embryone exalbuminoso; cotyledonibus sulcatorugosis (*Arch. Ind.*).

Baillonella PIERRE, *loc. cit.*, 13; semine subelliptico compresso, utrinque obtuso; hilo deraso lato ventrali semini subæquali; albumine subnullo (*Gabonia*).

Tieghemella PIERRE, *loc. cit.*, 18; semine (fere præcedentis) subobovato, inferne attenuato recurvo; hilo elliptico deraso; albumine subnullo (*Gabonia*).

Bureavella PIERRE, *loc. cit.*, 16 (*Illipe Macleyana* F. MUELL.); fructu globoso; seminis hilo valde convexo; raphe elongata; embryone crasso; cotyledonibus obovatis compressis;

summos ramulos confertis; limbi integri marginibus nunc reflexis; petiolo brevi v. elongato; epidermide limbi inferiore plus minus ceraceo subalbido; floribus ad nodos foliatos v. defoliatos axillaribus, umbelliformi-cymosis; pedicellis sæpius evolutis. (*Orbis utriusque reg. trop.*) — *Vid. p.* 207.

albumine tenui, inferne circa radiculam crassiusculo (*Australia*).

Croixia PIERRE, *loc. cit.*, 32; semine crasso latiore quam longiore; hilo ad medium semen æquali; embryone parco albuminoso; foliis magnis elliptico- v. oblongo-obovatis (*Malaisia*).

Boerlagia PIERRE, *loc. cit.*, 33 (*Sapota? spectabilis* MIQ.); fructu ellipsoideo-suboblongo; semine oblongo; hilo lineari; embryone exalbuminoso; foliis amplis obovatis (*Arch. Ind.*).

Englerella PIERRE, *loc. cit.*, 46; semine magno ovoideo, cum endocarpio fere omnino cohærente (*Pouleriæ* more); embryone exalbuminoso (*Guiana*).

Aubletella PIERRE, *loc. cit.*, 47 (*Chrysophyllum Macoucou* AUBL., *Guian.*, I, 233, t. 92), genus e sola petioli anatomia conditum.

Cornuella PIERRE, *loc. cit.*, 66; fructu subsphærico; seminibus fere *Mimusopum* americanarum; embryone exalbuminoso; foliis obovatis (*Venezuela*).

Phlebolithis GÆRTN., *Fruct.*, I, 201, t. 43, nunc dubie ad *Mimusopem* relatus (A. DC., *Prodr.*, VIII, 201) nunc recentius a genere rejicitur (B. H., *Gen.*, II, 653).

Henoonia GRISEB., *Cat. pl. cub.*, 166. — B. H., *Gen.*, II, 662, n. 24, est frutex cubensis, foliis oblongis parvulis venulosis; floribus parvis subsessilibus, ad nodos solitariis v. glomeratis. Calyx dicitur campanulatus et corolla 5-partita; cum staminibus epipetalis 5. Germen 1-loculare, 1-ovulatum. Fructus ovoideus, oblique rostratus; semine 1, exalbuminoso. Genus (ex PIERRE), ex anatomia, certe *Sapotacearum*, videtur potius ex Ordine excludendum.

CIV
PRIMULACÉES

I. SÉRIE DES THEOPHRASTA.

Nous étudierons d'abord dans cette famille, non les *Primula* qui lui ont donné leur nom, mais des types qui se rapprochent davantage des Sapotacées, comme les *Theophrasta*[1] (fig. 311, 312). Ce sont des plantes à fleurs régulières et hermaphrodites; le réceptacle convexe. Il porte un calice de cinq sépales, unis seulement à la base et disposés

Theophrasta Jussiæi.

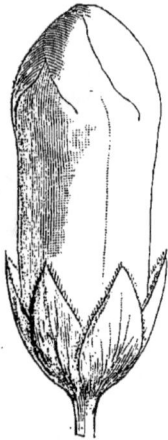

Fig. 311. Bouton (²⁄₁).

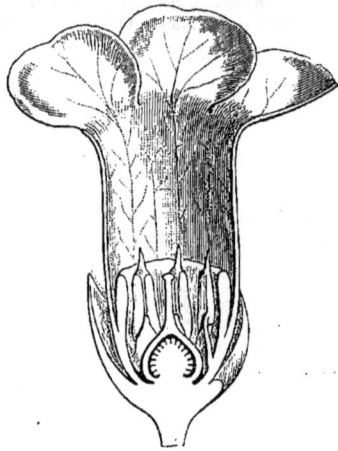

Fig. 312. Fleur, coupe longitudinale.

en préfloraison quinconciale. La corolle gamopétale est tubuleuse-campanulée ou patériforme-campanulée, à cinq lobes imbriqués, finalement étalés. Vers la base de ses lobes, ou plus bas, elle porte une collerette de cinq staminodes pétaloïdes, indépendants, tronqués, ou réunis en une couronne continue ou à peu près. Les étamines fer-

1. LINDL., *Coll. bot.* t. 26 (non J.). — A. DC., in *Ann. sc. nat.*, sér. 2, XVI, 143 (part.); *Prodr.*, VIII, 145, 670. — ENDL., *Gen.*, n. 4229. — PAYER, *Leç. Fam. nat.*, 9. — B. H., *Gen.*, II, 649, n. 21. — DCNE, in *Ann. sc. nat.*, sér. 6, III, 141. — RADLK., in *Sitz. Kœn. bayr. Akad. Wiss.*, XIX (1889), 221. — PAX, *Pflanzenfam.*, Lief. 38, p. 89, fig. 52 E.—*Eresia* PLUM., *Gen.*, 8.

tiles, insérées vers la base du tube de la corolle, sont superposées à ses divisions et ont des filets aplatis inférieurement, subulés en haut, et des anthères oblongues, hastées, extrorses, déhiscentes par deux fentes longitudinales[1] et surmontées d'un appendice membraneux ou subulé du filet. L'ovaire supère est uniloculaire, surmonté d'un style court, à sommet stigmatifère capité. Le placenta est central-libre, presque sphérique, supporté par un pied court, et il est chargé, sauf au sommet[2], d'ovules incomplètement anatropes, ascendants, à micropyle extérieur et inférieur[3]. Le fruit est sphérique, charnu, à endo-

Jacquinia ruscifolia.

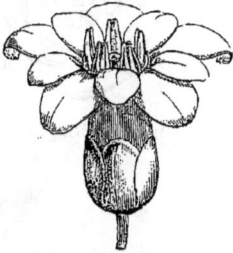

Fig. 314. Fleur ($\frac{2}{1}$).

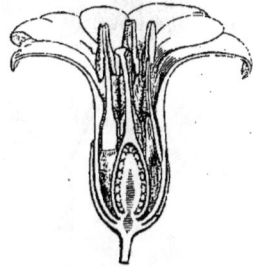

Fig. 315. Fleur, coupe longitudinale.

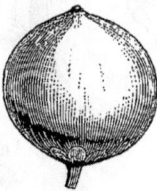

Fig. 316. Fruit.

Fig. 313. Inflorescence.

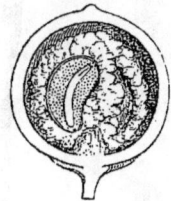

Fig. 317. Fruit, coupe longitudinale.

carpe crustacé, et il renferme des graines ovoïdes ou à facettes, plus ou moins plongées dans les restes mucilagineux du placenta. Elles contiennent, sous leur mince enveloppe, un albumen corné et un embryon excentrique, à cotylédons ovales et à radicule cylindrique. Ce sont trois ou quatre arbustes[4], des Antilles et de l'Amérique centrale, à tige indivise ou peu ramifiée, à feuilles réunies en grand nombre vers le sommet des axes, courtement pétiolées, allongées,

---

1. Dans cette famille le pollen est généralement ovoïde ou ellipsoïde, avec trois plis ou sillons qui, au contact de l'eau, deviennent des bandes sur le grain passé à la forme sphérique.
2. Saillant dans la base de la cavité stylaire.

3. A double tégument.
4. L., *Spec.*, ed. 1, 149. — LAMK, *Dict.*, II, 90. — HAM., *Prodr. Fl. ind. occ.*, 27. — DE VR., *II. Spaarnb.*, 73, t. 2. — DCNE, in *Ann sc. nat.*, sér. 6, III, 141. — *Bot. Mag.*, t. 4239.

souvent dentées-épineuses, avec des nervures réticulées. Leurs fleurs sont groupées en grappes courtes, insérées souvent sur le bois, à pédicelle occupant l'aisselle d'une bractée et souvent bractéolé vers le milieu de sa hauteur.

Clavija ornata.

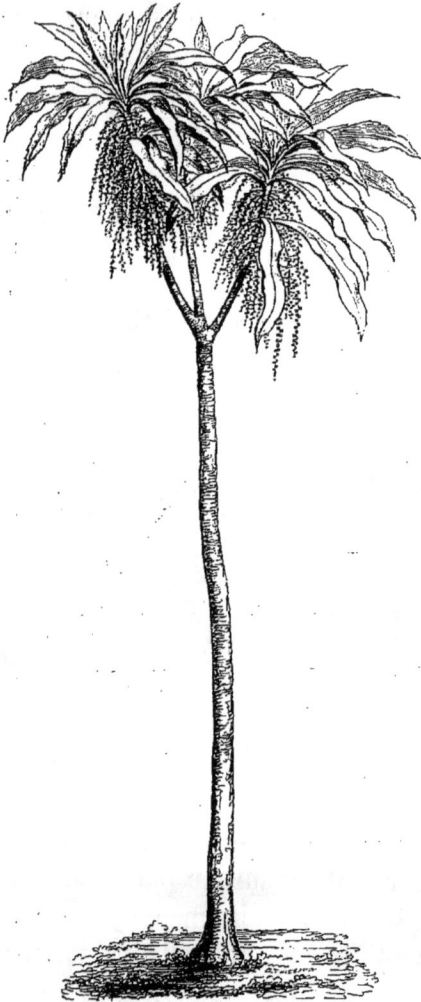

Fig. 319. Portion d'inflorescence.

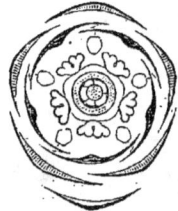

Fig. 320. Diagramme.

Fig. 321. Fleur.

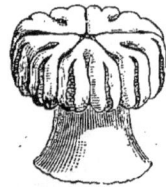

Fig. 323. Androcée.

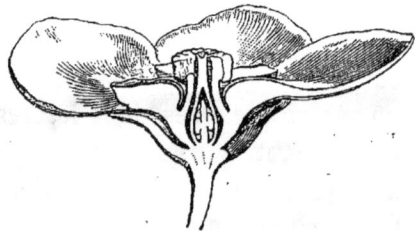

Fig. 318. Port.

Fig. 322. Fleur, coupe longitudinale.

A côté des *Theophrasta* se place le genre très voisin *Jacquinia* (fig. 313-317), de l'Amérique tropicale. Il a aussi des fleurs hermaphrodites, mais à corolle campanulée-rotacée, profondément quinquéfide. Ses staminodes pétaloïdes, squamiformes, s'insèrent à la gorge de la corolle. Ses fruits sont charnus, mono- ou oligo-spermés.

Les *Clavija* (fig. 318-329) sont aussi fort analogues aux *Theo-*

Clavija ornata.

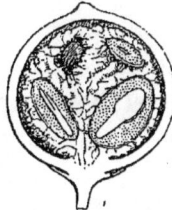

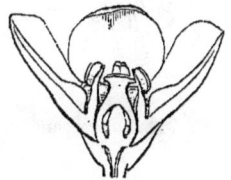

Fig. 324. Fruit. Fig. 325. Fleur, coupe longitudinale.

phrasta. Leurs fleurs sont à cinq, plus rarement à quatre parties, hermaphrodites ou polygames-dioïques. Elles ont des staminodes alternes avec les lobes de la corolle rotacée, et insérés sur son tube court et souvent charnu. Leur fruit renferme une ou plusieurs graines. Ce sont aussi des arbustes de l'Amérique tropicale, à fleurs axillaires ou latérales, presque constamment aussi portées sur le bois de la tige ou des branches.

Clavija macrophylla.

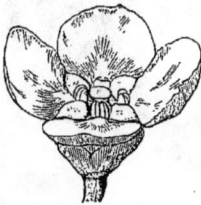

Fig. 327. Fleur. Fig. 326. Inflorescence. Fig. 328. Diagramme. Fig. 329. Fleur, coupe longitudinale.

A côté des *Jacquinia* et des *Clavija*, on place aujourd'hui le genre plus que douteux *Deherainia*, également américain.

II. SÉRIE DES ICACOREA.

Les *Icacorea*[1] qu'on a nommés *Bladhia*[2] (fig. 330-335), ont des fleurs régulières, à réceptacle convexe, tantôt polygames-dioïques et

1. AUBL., *Guian.*, Suppl., I, 368 (1775). — A. DC., in *Ann. sc. nat.*, sér. 2, XVI, 79, 94; *Prodr.*, VIII, 119. — *Ardisia* Sw., *Prodr.*, 48 (1788); *Fl. ind. occ.*, I, 467, t. 10. — TURP., in *Dict. sc. nat.*, All., t. 64. — A. DC., *Prodr.*, VIII, 120, 670. — ENDL., *Gen.*, n. 4222. — PAYER, *Leç. Fam. nat.*, 7. — B. H., *Gen.*, II, 645, n. 12. — PAX, *Pflanzenfam.*, Lief. 38, p. 93. — *Pyrgus* LOUR., *Fl. cochinch.*, 120 (1790). — *Badula* J., *Gen.*, 420. — A. DC.,

Prodr., VIII, 107. — DELESS., *Ic. sel.*, V, t. 32. — *Stylogyne* A. DC., in *Ann. sc. nat.*, sér. 2, XVI, 91; *Prodr.*, VIII, 112. — DELESS., *loc. cit.*, t. 34. — *Picheringia* NUTT., in *Journ. Ac. Philad.*, VII, 95. — A. DC., *Prodr.*, VII, 733; VIII, 123. — *Purkinjia* PRESL, *Symb.*, II, 17, t. 64 (ex SEEM.).

2. THUNB., *Nov. gen.*, I, 6 (1784); *Fl. jap.*, 7. — J., *Gen.*, 421. — F. MUELL., in *Vict. Nat.*, VII (mars 1891).

tantôt hermaphrodites. Dans ce dernier cas, elles présentent un calice
à quatre ou cinq divisions, libres ou unies à la base, tordues ou imbriquées dans le bouton, et une corolle rotacée, à quatre, cinq ou six
divisions, souvent très profondes, tordues dans la préfloraison. Les
étamines sont superposées à ces divisions, formées d'un filet ordinairement court, attaché à la gorge, et d'une anthère introrse, le plus
souvent lancéolée sagittée et déhiscente par deux fentes longitudinales, plus ou moins longues. L'ovaire est libre, uniloculaire, surmonté d'un style à sommet atténué ou renflé et stigmatifère. Le

Icacorea (Bladhia) crenata.

Fig. 330. Inflorescence.

Fig. 332. Rameau fructifère.

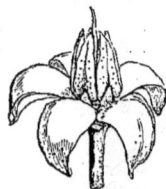

Fig. 331. Fleur.

Fig. 333. Diagramme.

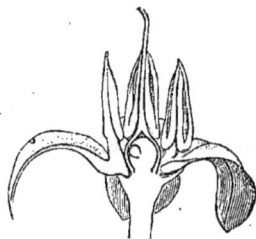

Fig. 334. Fleur, coupe
longitudinale.

Fig. 335. Fruit, coupe
longitudinale.

placenta central-libre, souvent globuleux, porte un nombre indéfini,
mais ordinairement peu considérable, d'ovules incomplètement anatropes, à micropyle dirigé en dehors et en bas. Le fruit est une drupe
monosperme; et la graine renferme, sous ses téguments, un albumen
dur, continu ou ruminé, et un embryon cylindrique, d'ordinaire
presque transversal.

Les *Monoporus*[1] sont des *Icacorea* dont l'anthère s'ouvre en haut

1. A. DC., in *Ann. sc. nat.*, sér. 2, XVI, 91; *Prodr.*, VIII, 112. — ENDL., *Gen.*, n. 4220[1].

par deux fentes courtes, finalement confondues en une seule. La gorge de la corolle peut y présenter un léger épaississement.

Les *Icacorea* proprement dits, de la Guyane, ont une corolle souvent, mais non constamment, tétramère, avec des anthères qui s'ouvrent dans leur portion supérieure.

Le noyau du fruit de ces plantes est plus ou moins souvent angu-leux. Il y a, notamment en Nouvelle-Calédonie, des espèces dans lesquelles ce noyau, aussi long que large, présente de véritables ailes verticales ou côtes saillantes, plus ou moins déchiquetées sur les bords. C'est un passage vers d'autres espèces, à feuilles allongées et plus grandes, dont on a fait un genre *Tapeinosperma*[1], et dont le noyau déprimé, comme l'ensemble du fruit orbiculaire, est découpé de sinuosités marginales ou d'un nombre variable de dents inégales. La graine, à embryon corné, est aussi d'ordinaire très déprimée.

Ainsi compris, le genre renferme environ deux cent trente espèces[2], de toutes les régions tropicales du globe. Ce sont des arbres ou des arbustes à feuilles alternes, pétiolées ou sessiles, presque toujours entières. Leurs fleurs[3] sont disposées en grappes simples ou composées, portant des cymes plus ou moins nombreuses. Elles sont terminales ou plus rarement axillaires ou latérales, et, dans ce dernier cas, parfois corymbiformes, comme il arrive dans les *Pimelandra*[4].

Les *Antistrophe*, de l'Inde orientale, sont très voisins des *Icacorea;* mais leur corolle est tordue en sens inverse.

Dans un petit groupe formé des genres très affines *Amblyanthus Hymenandra* et *Oncostemon*, les anthères adhèrent entre elles au lieu d'être tout à fait indépendantes.

Les *Labisia*, de la Malaisie, et les *Conomorpha*, de l'Amérique tropicale, forment une autre sous-série (*Labisiées*), dans laquelle la corolle, au lieu d'être tordue, est valvaire dans la préfloraison.

---

1. Hook. f., *Gen.*, II, 667, n. 4.
2. Roxb., *Pl. corom.*, t. 27 (*Ardisia*). — Wight, *Ill.*, t. 145; *Ic.*, t. 1212, 1215 (*Ardisia*). — Miq., in *Mart. Fl. bras.*, X, 281, t. 28-35; *Fl. ind. bat.*, III, 1015; Suppl., 574; in *Ann. Mus. lugd.-bat.*, III, 190. — Benth., *Fl. hongk.*, 206; *Fl. austral.*, IV, 276 (omn. sub *Ardisia*). — A. DC., in *Trans. Linn. Soc.*, VII, t. 5 (*Badula*), 6-8. — Seem., *Fl. vit.*, 150. — Œrst., in *Vid. Medd. Nat. For. Kjob.* (1861), 6, t. 2. — Griseb., *Fl. brit. W.-Ind.*, 394. — A. Gray,

Syn. Fl. N.-Amer., II, 65. — Chapm., *Fl. S. Un.-St.*, 277. — C.-B. Clke, in *Hook. f. Fl. brit. Ind.*, III, 518; 530 (*Pimelandra*). — Hemsl., *Bot. centr.-amer.*, II, 291. — *Bot. Reg.*, t. 533, 638, 827, 1802. — *Bot. Mag.*, t. 1677, 1678, 1950, 2364. — Walp., *Rep.*, VI, 452; *Ann.*, III, 10 (omn. sub *Ardisia*).
3. Généralement blanches ou roses.
4. A. DC., in *Ann. sc. nat.*, sér. 2, XVI, 88; *Prodr.*, VIII, 106. — Deless., *Ic. sel.*, V, t. 31. — B. H., *Gen.*, II, 646, n. 13.

III. SÉRIE DES MYRSINE.

Les fleurs des *Myrsine*[1] (fig. 336-342) sont hermaphrodites ou unisexuées. Dans les fleurs mâles, le réceptacle convexe porte un petit calice à quatre ou à huit divisions, souvent inégales, persistant, et une corolle gamopétale, plus grande, à quatre ou cinq divisions tordues, imbriquées ou valvaires[2]. L'androcée compte le même nombre d'étamines, superposées aux divisions de la corolle, à filets

Myrsine africana.

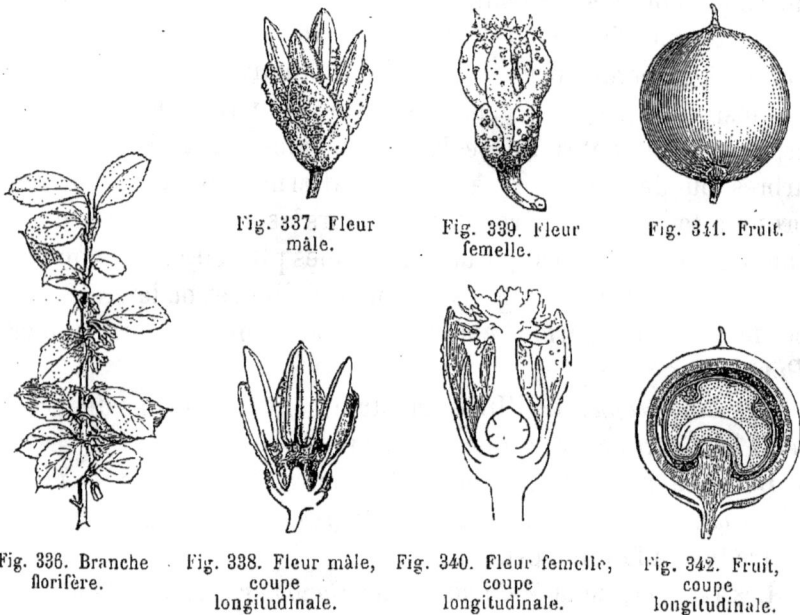

Fig. 337. Fleur mâle.

Fig. 339. Fleur femelle.

Fig. 341. Fruit.

Fig. 336. Branche florifère.

Fig. 338. Fleur mâle, coupe longitudinale.

Fig. 340. Fleur femelle, coupe longitudinale.

Fig. 342. Fruit, coupe longitudinale.

unis en partie en une coupe membraneuse, à anthères biloculaires, introrses et déhiscentes par deux fentes longitudinales. Le gynécée est rudimentaire ou nul; tandis que, dans les fleurs femelles, son ovaire uniloculaire, supère, pluriovulé, a un épais placenta dans

1. L., *Gen.*, n. 269. — J., *Gen.*, 152. — Gærtn., *Fruct.*, I, t. 59. — Lamk., *Ill.*, t. 122. — A. DC., *Prodr.*, VIII, 92, 669. — Endl., *Gen.*, n. 4221. — Payer, *Leç. Fam. nat.*, 8. — B. H., *Gen.*, II, 642, n. 2. — Pax, *loc. cit.*, 85, 92, fig. 51. — *Rapanea* Aubl., *Guian.*, I, 121, t. 46. — *Rœmeria* Thunb., *Fl. cap.*, I, 194 (part.). — *Manglilla* J., *Gen.*, 151. — *Sa-*

mara Sw., *Prodr.*, I, 261 (non L.). — *Athru-phyllum* Lour., *Fl. coch.*, 120. — *Scleroxylon* W., *Enum. pl. H. berol.*, 249. — *Caballeria* R. et Pav., *Prodr. Fl. per. et chil.*, 141, t. 30. — ? *Anguillaria* Gærtn., *Fruct.*, I, t. 77.

2. Souvent chargées de granules rougeâtres; les pétales souvent tachés de noir; ce qui est dû à un dépôt intérieur à plusieurs phytocystes.

lequel sont enchâssés les ovules, et est surmonté d'une tête plus ou moins dilatée, lobée ou frangée. Le fruit, sec ou charnu, est généralement monosperme. Sa graine, sessile et globuleuse, à base intruse, plus ou moins recouverte des restes du placenta, a un albumen corné, continu ou ruminé, entourant un embryon allongé, arqué ou sigmoïde. Ce sont des arbres et des arbustes de toutes les parties du monde. Ils ont des feuilles entières ou serrulées, coriaces, et des fleurs [1] en cymes ou en glomérules, axillaires, sessiles ou pédonculés, avec des bractées qui tombent généralement de bonne heure.

Dans les *Pleiomeris* [2] et les *Heberdenia* [3], des îles Canaries, le nombre des parties de la fleur s'élève souvent au-dessus de cinq, et les feuilles sont généralement de plus grande taille.

Embelia Ribes.

Fig. 343. Fleur.

Fig. 345. Fruit.

Fig. 344. Fleur, coupe longitudinale.

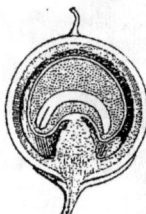

Fig. 346. Fruit, coupe longitudinale.

Dans les *Suttonia* [4], arbustes océaniens, le style est très court, et les pétales ne sont pas ou sont à peine unis inférieurement. Le genre compte, dans son ensemble, plus de quatre-vingts espèces [5].

Tout à côté des *Myrsine* se placent les *Geissanthus* et *Wallenia*, de l'Amérique tropicale, plantes ligneuses, qui ont une corolle gamopétale et une inflorescence terminale composée et ramifiée.

Dans les trois genres, également américains, *Cybianthus, Comomyr-*

1. Petites, blanches ou ternes.
2. A. DC., in *Ann. sc. nat.*, sér. 2, XVI, 87 ; *Prodr.*, VIII, 105.
3. BANKS. — A. DC., in *Ann. sc. nat.*, sér. 2, XVI, 79, t. 8 D ; *Prodr.*, VIII, 105.
4. A. RICH., *Fl. N. Zel.*, 349, t. 38. — PAX, *loc. cit.*, 91, fig. 54 J.
5. JACQ., *H. schœnbr.*, t. 424 ; *H. vindob.*, t. 71 (*Sideroxylon*). — VENT., *Jard. Cels*, t. 86. — HOOK., *Icon.*, t. 825, 877. — WALL., *Tent. Fl. nepal.*, t. 24, 25. — WIGHT, *Icon.*, t. 1211. — WEBB, *Phyt. canar.*, t. 187, 188. — H. B. K., *Nov. gen. et spec.*, t. 245. — MIQ., in

Mart. Fl. bras., X, t. 51-59 ; *Fl. ind. bat.*, III, 1014 ; Suppl., 574. — HOOK., F., *Fl. antarct.*, I, t. 34 ; *Fl. N. Zel.*, I, t. 44, 45 ; *Handb. N. Zeal. Fl.*, 183. — BENTH., *Fl. hongk.*, 205 ; *Fl. austral.*, IV, 274. — OERST., in *Vid. Medd. Nat. For. Kjob.* (1861), 17. — F. MUELL., *Pl. Vict. lith.*, II, t. 53 ; *Veg. Chat. Isl.*, t. 7. — GRISEB., *Cat. pl. cub.*, 162. — A. GRAY, *Syn. Fl. N.-Amer.*, II, 65. — HEMSL., *Bot. centr.-amer.*, II, 289. — C.-B. CLKE, in *Hook. f. Fl. brit. Ind.*, III, 511. — BOISS., *Fl. or.*, IV, 31. — BALF. F., *Bot. Soc.*, 151. — *Bot. Mag.*, t. 3222. — WALP., *Rep.*, VI, 449 ; *Ann.*, I, 495 ; III, 40 ; V, 472.

sine et *Grammadenia*, la corolle est également gamopétale; mais les inflorescences, simples ou plus ou moins composées, sont axillaires.

Dans les *Embelia* (fig. 343-346), qui appartiennent aux régions tropicales de l'ancien monde, les inflorescences sont simples ou composées; et les fleurs, petites et nombreuses, ont les pétales libres.

IV. SÉRIE DES ÆGICERAS.

Les fleurs des *Ægiceras*[1] (fig. 347-350) sont hermaphrodites, avec cinq sépales tordus; le bord droit recouvert. La corolle a un tube court et assez large, avec un limbe à cinq lobes, tordus comme le

Ægiceras corniculata.

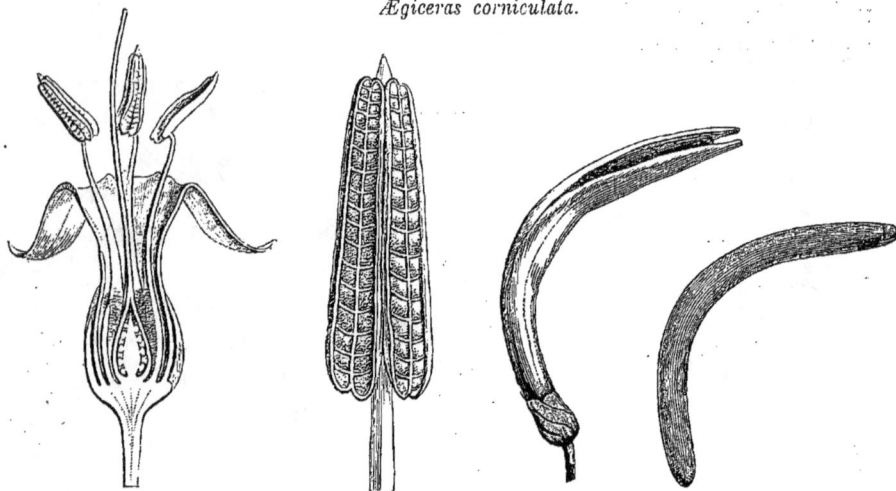

Fig. 347. Fleur, coupe longitudinale.   Fig. 348. Anthère, coupe longitudinale.   Fig. 349. Fruit déhiscent.   Fig. 350. Graine.

calice, réfléchis lors de l'anthèse. L'androcée se compose de cinq étamines superposées aux lobes de la corolle sur laquelle elles s'attachent. Leur filet est entouré à la base d'un épais manchon de poils; et leur anthère, très souvent exserte[2], est lancéolée, introrse, à deux loges indépendantes au-dessous du point d'attache, déhiscentes par des

------

1. GÆRTN., *Fruct.*, I, 216, t. 46. — A. DC., *Prodr.*, VIII, 142; in *Ann. sc. nat.*, sér. 2, XVI, t. 9 A. — ENDL., *Gen.*, n. 4233. — PAYER, *Leç. Fam. nat.*, 10. — B. H., *Gen.*, II, 648, n. 19. — PAX, *Pflanzenfam.*, Lief. 38, p. 96,

fig. 57. — *Malaspinea* PRESL, *Rel. Hœnk.*, II, 68, t. 61. — *Climacandra* MIQ., in *Pl. Jungh.*, I, 199; *Fl. ind. bat.*, II, 1029; Suppl., 578 (ex PAX).

2. Parfois incluse, à filet court.

fentes longitudinales. Ces loges sont surtout remarquables par leur division en logettes superposées qui renferment le pollen. Le gynécée est formé d'un ovaire uniloculaire, atténué graduellement en un long style subulé[1]. Le placenta central-libre se termine par une pointe et porte de nombreux ovules ascendants, subpeltés, à micropyle inférieur et extérieur. Le fruit est cylindrique, arqué, apiculé, accompagné à sa base du calice. Il se fend finalement d'un côté, suivant sa longueur. Toutes les graines ont avorté, sauf une seule, que supporte latéralement le placenta qui s'est fort étiré. Elle renferme un embryon arqué, de même forme, qui germe dans le fruit même. Sa radicule infère sort par un orifice circulaire et s'allonge ensuite vers la vase des marais où vit, sur les côtes d'Asie et d'Australie, l'*A. corniculatus*[2], seule espèce du genre, au milieu des Palétuviers. C'est un arbuste glabre, à feuilles alternes, pétiolées, ovales, entières et uninerves. Ses nombreuses fleurs[3] forment des ombelles axillaires et terminales, sans bractées.

V. SÉRIE DES MÆSA.

Dans les *Mæsa*[4] (fig. 351, 352), les fleurs sont analogues à celles des Icacorées; mais le réceptacle est concave et enchâsse en grande

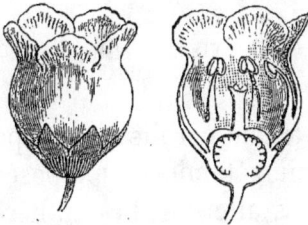

Mæsa mollis.

Fig. 351. Fleur. Fig. 352. Fleur, coupe longitudinale.

partie l'ovaire infère, tandis que sur ses bords s'insèrent les cinq sépales persistants et une corolle campanulée, à cinq lobes imbriqués. Son tube porte cinq étamines superposées aux lobes, incluses, à anthère courte, souvent cordée, introrse et biloculaire. Le style se partage à son sommet en cinq lobes plus ou moins dilatés, stigmatifères, et le placenta central-libre supporte de nombreux ovules ascendants, à micropyle inférieur et exté-

---

1. Ponctué de noir.
2. BLANCO, *Fl. Filip.*, 79. — KURZ, *For. Fl.*, II, 114. — *Æ. majus* GÆRTN. — ROXB., *Fl. ind.*, III, 130. — WIGHT, *Ill.*, t. 146. — SCHEFF., *Myrs. Arch. Ind.*, 97. — C.-B. CLKE, in *Hook. f. Fl. brit. Ind.*, III, 533. — *Æ. fragrans* KOEN. — *Æ. obovatum* BL. — *Æ. ferreum* BL. — *Æ. floridum* R. et SCH. — *Æ. minus* A. DC. — *Æ.*

nigricans A. RICH. — *Æ. Malaspinœa* A. DC. — *Rhizophora corniculata* L., *Spec.*, 635. — *R. Ægiceras* L., *Syst.* (ed. GMEL.), VII, 747. — *Malaspinœa laurifolia* PRESL, *Rel. Hœnk.*, II, 68, t. 61.
3. Blanches, odorantes.
4. FORSK., *Fl. æg.-arab.*, 66. — J., *Gen.*, 161. — A. DC., in *Ann. sc. nat.*, sér. 2, XVI,

rieur[1]. Le fruit, sec ou charnu, est souvent couronné d'un reste de style qu'entoure la cicatrice du calice; il renferme un nombre indéfini de graines construites comme celles des Icacoréées et Myrsinées. Ce sont, au nombre d'une trentaine[2], des arbustes, parfois presque sarmenteux, glabres ou pubescents, qui croissent dans toutes les régions chaudes de l'ancien monde. Leurs feuilles sont alternes, entières ou dentées, souvent ponctuées de taches translucides. Leurs fleurs, souvent axillaires, sont groupées en grappes simples ou composées; les pédicelles accompagnés de bractées.

VI. SÉRIE DES SAMOLUS.

Les fleurs des *Samolus*[3] (fig. 353-355) ont un réceptacle concave qui loge l'ovaire en totalité ou en partie infère, et dont les bords don-

Samolus Valerandi.

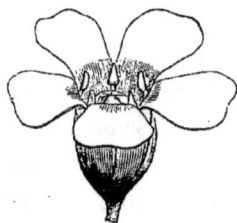

Fig. 353. Fleur.

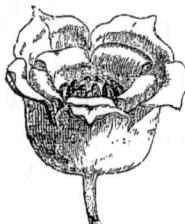

Fig. 355. Fruit déhiscent.

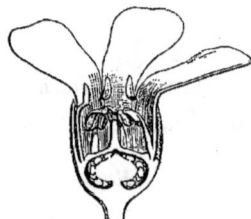

Fig. 354. Fleur, coupe longitudinale.

nent insertion à cinq sépales imbriqués, et à une corolle subcampanulée ou subrotacée, imbriquée. Elle porte cinq étamines superposées à ses divisions et cinq staminodes pétaloïdes alternes. Les anthères

t. 5; in *Trans. Linn. Soc.*, XVII, t. 4; *Prodr.*, VIII, 77. — ENDL., *Gen.*, n. 4227. — PAYER, *Leç. Fam. nat.*, 9. — B. H., *Gen.*, II, 644, n. 1. — PAX, *loc. cit.*, 95, fig. 56. — *Bœobotrys* FORST., *Char. gen.*, t. 11. — GÆRTN. F., *Fruct.*, III, t. 210. — *Dorœna* THUNB., *Fl. jap.*, 6; *Nov. gen.*, 59. — *Siburatia* DUP.-TH., *Gen. nov. madag.*, 12.

1. Le tégument est double.

2. VAHL, *Symb.*, I, t. 6 (*Bœobotrys*). — GRIFF., *Notul.*, IV, 298; *Ic. pl. as.*, t. 500. — MIQ., *Fl. ind. bat.*, II, 1005; Suppl., 573. — BRAND., *For. Fl.*, 283. — BENTH., *Fl. hongk.*, 203; *Fl. austral.*, IV, 272. — WIGHT, *Icon.*,

t. 1206. — HARV., *Thes. cap.*, t. 129. — *Bot. Mag.*, t. 2052 (*Bœobotrys*). — WALP., *Rep.*, VI, 448; *Ann.*, V, 473.

3. T., *Inst.*, 143, t. 60. — L., *Gen.*, n. 222. — J., *Gen.*, 97. — GÆRTN., *Fruct.*, I, t. 30. — LAMK, *Ill.*, t. 191. — POIT., *Dict.*, VI, 486; Suppl., V, 30. — NEES, *Gen. Fl. germ.* — ENDL., *Gen.*, n. 4215. — DUBY, in *DC. Prodr.*, VIII, 72. — A. S.-H., in *Mém. Mus.*, II, t. 4. — PAYER, *Organog.*, 611, t. 153; *Leç. Fam. nat.*, 6. — B. H., *Gen.*, II, 638, n. 21. — PAX, *Pflanzenfam.*, Lief. 45, p. 111. — *Sheffieldia* FORST., *Char. gen.*, t. 9. — ?*Samodia* BAUDO, in *Ann. sc. nat.*, sér. 2, XX, 350. — *Steirostemon* PHIL., ex PAX, *loc. cit.*

sont courtes, introrses et biloculaires. L'ovaire est surmonté d'un style à sommet stigmatifère tronqué ou capité, et son placenta central supporte de nombreux ovules anatropes, semblables à ceux des Primevères. Le fruit est une capsule qui s'ouvre au sommet par cinq valves, et dont les graines ont un hile saillant, ventral, un albumen charnu et un embryon transversal. Il y a sept ou huit *Samolus* connus[1] ; ce sont des herbes, parfois suffrutescentes à leur base, qui habitent les marais du monde entier ou les rivages tempérés de l'hémisphère austral. Leurs feuilles sont alternes, entières, et leurs fleurs sont groupées en grappes ou en corymbes terminaux, avec assez souvent des bractéoles sur leurs pédicelles.

VII. SÉRIE DES PRIMEVÈRES.

Les Primevères[2] (fig. 356-363) ont les fleurs régulières et hermaphrodites, avec un réceptacle convexe. Celui-ci porte un calice gamosépale, à cinq dents ou lobes, imbriqués ou, plus rarement, tordus, et une corolle gamopétale, hypocratérimorphe ou infundibuliforme, à gorge nue, ou pourvue d'un léger épaississement[3], plus ou moins contractée, à cinq lobes entiers, dentés ou bilobés, imbriqués ou plus rarement tordus dans le bouton. Les étamines, insérées à une hauteur variable sur la corolle, sont superposées à ses divisions et formées d'un filet court et d'une anthère incluse, biloculaire, introrse, déhiscente par deux fentes longitudinales. Le gynécée est supère, formé d'un ovaire uniloculaire que surmonte un style dont le sommet stigmatifère est renflé en tête. Dans la loge ovarienne se trouve un placenta central-libre, stipité, obtus ou atténué au som-

1. H. B. K., *Nov. gen. et spec.*, II, t. 129. — LABILL., *Pl. N.-Holl.*, t. 54 (*Sheffieldia*). — MIQ., in *Mart. Fl. bras.*, X, t. 23. — BENTH., *Fl. austral.*, IV, 270. — GRISEB., *Pl. Phil. et Lechl.*, 39 (*Androsace*). — REICHB., *Ic. Fl. germ.*, t. 1083. — HOOK. F., *Handb. N. Zeal. Fl.*, 185. — C.-B. CLKE, in *Hook. f. Fl. brit. Ind.*, III, 506. — A. GRAY, *Bot. Calif.*, I, 470. — CHAPM., *Fl. S. Un.-St.*, 281. — BAK., in *Oliv. Fl. trop. Afr.*, III, 490. — BOISS., *Fl. or.*, IV, 4. — GREN. et GODR., *Fl. de Fr.*, II, 468.

2. *Primula* L., *Gen.*, ed. 1, n. 112. — J., *Gen.*, 86. — GÆRTN., *Fruct.*, 1, 50. — DUBY,

in *DC. Prodr.*, VIII, 34, 667 ; *Mém. Prim.*, t. 1, 2. — ENDL., *Gen.*, n. 4199. — NEES, *Gen. Fl. germ.* — LEHM., *Mon. gen. Prim.*, t. 1, 2. — PAYER, *Leç. Fam. nat.*, 3. — B. H., *Gen.*, II, 631, n. 2. — PAX, *Pflanzenfam.*, Lief. 45, p. 104, fig. 58 A, 60, 61. — *Primula veris* T., *Inst.*, 124, t. 47. — *Anganthus* LINK, *Handb.*, II, 414. — *Cankrienia* DE VR., in *Pl. Jungh.*, I, 86 (ex B. H.). — *Oscaria* LILJ., in *Lindbl. Not. bot.* (1839) ; in *Linnœa*, XV, 259. — *Aretia* LINK, *loc. cit.*, 411 (non L.).

3. Tantôt annulaire et continu, tantôt plus ou moins nettement lobé.

met[1], et chargé d'ovules presque toujours incomplètement anatropes,
à micropyle tourné en dehors et en bas[2]. Le fruit est une capsule,
déhiscente supérieurement en cinq valves simples ou bifides, et renfermant de nombreuses graines attachées par un point de leur angle
ou de leur face interne, souvent peltées et renfermant sous leurs tégu-

Primula officinalis.

Fig. 356. Port.

ments, ponctués en dehors, un albumen charnu ou dur, dont l'axe est
occupé par un embryon ordinairement parallèle au plan de l'ombilic.

Il y a quelques Primevères asiatiques, à fleurs solitaires, dans lesquelles l'embryon devient plus ou moins perpendiculaire au plan de

1. Ce sommet est ou court, ou long, ou même
très long et grêle, et pénètre dans une cavité
plus ou moins élevée de la base du style. Dans

certaines fleurs anormales, il peut être déformé,
gemmifère ou foliifère.

2. Avec double tégument.

l'ombilic[1]; ce qui tient à ce que l'anatropie de la graine y est plus complète. Ces espèces servent de passage des *Primula* proprement dits au *P. palustris* H. Bn, dont on a fait un genre *Hottonia*[2], et

Primula officinalis.

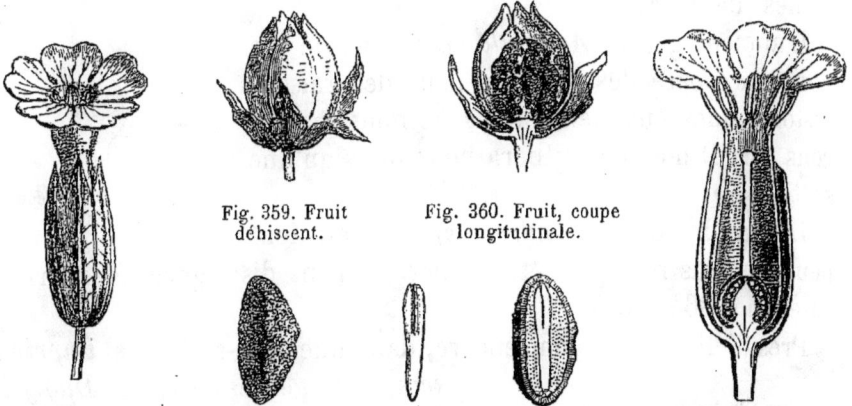

Fig. 359. Fruit
déhiscent.

Fig. 360. Fruit, coupe
longitudinale.

Fig. 357. Fleur.　Fig. 361. Graine.　Fig. 363.
Embryon.

Fig. 362. Graine,
coupe
longitudinale.

Fig. 358. Fleur, coupe
longitudinale.

qu'on a rangé dans une tribu spéciale (des *Hottoniées*), à cause précisément de l'anatropie complète de ses semences. Comme c'est une plante aquatique, elle a ses feuilles submergées pectinées-pinnatifides et est, à cet égard, aux autres Primevères, ce que les *Batrachium* sont aux Renoncules terrestres. Son inflorescence est formée de plusieurs verticilles superposés; mais cette même disposition des fleurs s'observe également dans bien des *Primula* terrestres.

Androsace obtusifolia.

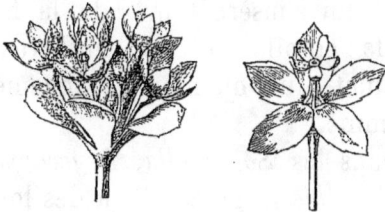

Fig. 364. Inflorescence.　　Fig. 365. Fleur.

Quant aux espèces terrestres du genre *Primula*, ce sont des herbes à rhizome vivace. Leurs feuilles sont basilaires, en rosette, souvent atténuées à leur base, plus rarement arrondies et longuement pétiolées. Les fleurs[3] sont généralement disposées en ombelles simples,

1. A. Fr., in *Mor. Journ. Bot.*, III, 49.
2. Boerh. — L., *Gen.*, ed. 1, n. 120. — J., *Gen.*, 95. — Gærtn. f., *Fruct.*, III, t. 198. — Lamk, *Dict.*, III, 137; Suppl., III, 61; *Jll.*, t. 100. — Nees, *Gen. Fl. germ.* — Endl., *Gen.*, n. 4214.

— Payer, *Leç. Fam. nat.*, 4. — B. H., *Gen.*, II, 631, n. 1. — Pax, *loc. cit.*, 111. — H. Bn, in *Bull. Soc. Linn. Par.*, 854.
3. Blanches, roses, pourprées ou jaunes, souvent assez grandes et belles.

avec bractées involucrales, ou en plusieurs ombelles superposées sur un pédoncule commun. L'hétérostylie de ces plantes est une des plus connues. On en compte près de cent espèces[1], originaires de l'Europe, de l'Asie tempérée, de l'Amérique extratropicale et même des montagnes de Java.

Cortusa Matthioli.

L'ancien genre *Auricula ursi*[2] a été de nouveau séparé des *Primula* pour des raisons histologiques auxquelles nous ne nous arrêterons pas. Il n'en constituera pour nous qu'une section.

Fig. 366. Fleur, coupe longitudinale.

Les Androselles (*Androsace*) ne devraient peut-être pas non plus être génériquement distinguées des Primevères (fig. 364, 365).

Près d'elles se rangent encore, dans une sous-série des *Éuprimulées*, les genres voisins *Dionysia*, *Douglasia*, *Stimpsonia*, qui tous ont des étamines à anthère obtuse et à filet inséré sur le tube de la corolle.

Dodecatheon Meadia.

Dans la sous-série des *Cortusées*, formée des genres *Cortusa* (fig. 366) et *Ardisiandra*, les étamines ont des filets qui s'insèrent près de la base de la corolle, et des anthères à sommet plus ou moins longuement acuminé.

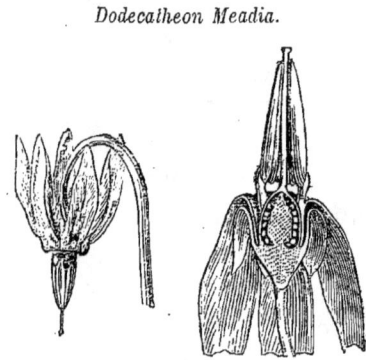

Fig. 367. Fleur.   Fig. 368. Fleur, coupe longitudinale.

Dans les *Soldanella*, *Bryocarpum* et *Pomatosace* (sous-série des *Soldanellées*), la corolle a des lobes entiers ou plus souvent frangés. Les étamines, à anthère acuminée,

1. LINDL., *Coll.*, t. 7. — WALL., *Tent. Fl. nepal.*, t. 31-34. — ROYL., *Ill. himal.*, t. 75, 77. — LEDEB., *Ic. Fl. ross.*, t. 243, 348. — JAUB. et SPACH, *Ill. pl. or.*, t. 49, 439, 440. — HOOK. F., *Fl. antarct.*, t. 120. — LEYB., in *Flora* (1855), t. 11, 12. — MIQ., *Fl. ind. bat.*, II, 1001; in *Ann. Mus. lugd.-bat.*, III, 119. — MAXIM., in *Bull. Ac. petrop.*, XII, 68; *Mél. biol.*, VI, 269. — A. GRAY, in *Proc. Amer. Acad.*, VII, 371; *Syn. Fl. N.-Amer.*, II, 58; *Bot. Calif.*, I, 468. — PAX, *Mon. Üb. Art. d. Gatt. Primula* (1888); in *Engl. Jahrb.* (1889), 75 — A. FR., in *Bull. Soc. bot. Fr.*, XXXII, 61, 267;

in *Gardn. Chron.* (1887), 575; in *Bull. Soc. philom.*, X, 105; in *Arch. Mus.*, sér. 2, X, 55; in *Journ. Bot.*, V, 96. — BOISS., *Fl. or.*, IV, 22. — C.-B. CLKE, in *Hook. f. Fl. brit. Ind.*, III, 482. — BAK., in *Oliv. Fl. trop. Afr.*, III, 488; in *Trim. Journ.* (1886), 25. — KING, in *Journ. As. Soc. Beng.* (1886). — OLIV., in *Hook. Icon.*, t. 1789. — REICHB., *Ic. Fl. germ.*, t. 1090-1109. — GREN. et GODR., *Fl. de Fr.*, II, 446 (*Hottonia*), 447. — WALP., *Rep.*, VI, 439; *Ann.*, I, 493; III, 6; V, 463.

2. T., *Inst.*, 120, t. 46. — *Auricula* RIV. (non FR.). — GAUD., *Fl. helv.*, II, 85.

s'attachent sur le tube de la corolle ou près de sa gorge, et la déhiscence du fruit est transversale.

Les *Dodecatheon* (fig. 367, 368) constituent à eux seuls une autre

Lysimachia vulgaris (verticillata).

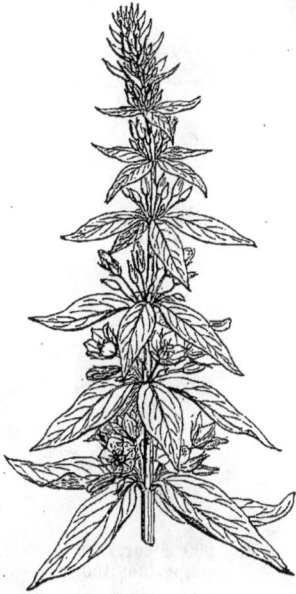

Fig. 370. Fleur, coupe longitudinale.

Fig. 369. Sommité d'une branche florifère.

Fig. 371. Fruit déhiscent.

Fig. 372. Graine.

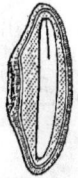

Fig. 373. Graine, coupe longitudinale.

sous-série (*Dodécathéées*), dans laquelle la corolle imbriquée a ses lobes entiers et réfractés, avec des anthères lancéolées ou sagittées,

Lysimachia Nummularia.

Fig. 374. Port.

attachées à la gorge de la corolle, et un fruit capsulaire, déhiscent par des fentes longitudinales.

Dans une sous-série voisine, à laquelle les *Cyclamen* donnent leur nom (*Cyclaminées*), la corolle est aussi réfractée ; mais ses lobes sont tordus dans la préfloraison. Les étamines s'attachent à son tube; le

Pelletiera verna.

Fig. 375. Fleur à trois pétales.   Fig. 376. Fleur à quatre pétales.

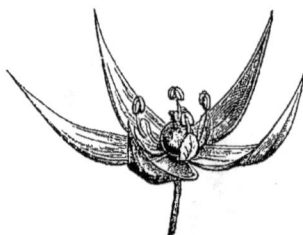

fruit s'ouvre en long, et la portion souterraine de la plante se renfle en tubercule épais et charnu.

Anagallis arvensis.

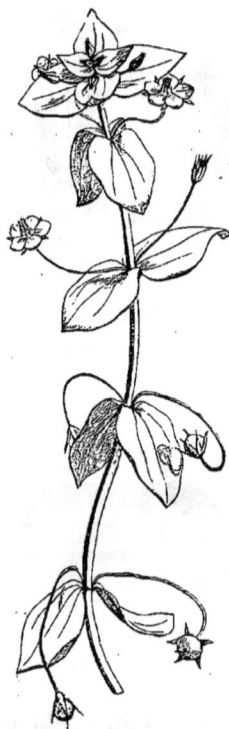

Fig. 378. Fleur ($\frac{3}{1}$).   Fig. 380. Fleur, sans la corolle, coupe longitudinale.

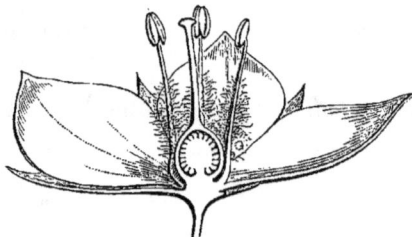

Fig. 379. Fleur, coupe longitudinale

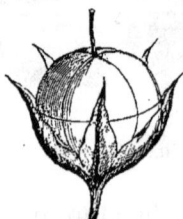

Fig. 377. Rameau florifère.   Fig. 381. Fruit.   Fig. 382. Fruit déhiscent.

Le genre *Steironema*, de l'Amérique du Nord, forme une sous-série (*Steironémées*) dans laquelle les lobes de la corolle sont indupliqués et involutés chacun autour de l'anthère superposée. Sa gorge porte cinq staminodes alternes avec les étamines fertiles.

Les Lysimaques (fig. 369-374) ont des fleurs à corolle régulière; le tube généralement court; le limbe tordu ou rarement imbriqué dans le bouton. Les étamines fertiles sont au nombre de cinq, sans staminodes. Le gynécée, le fruit et les graines sont construits comme dans les Primevères. Quelquefois même, la corolle est à peu près dia-lypétale. Ce sont là les caractères d'une sous-série (*Lysimachiées*) dans laquelle se placent encore les genres *Trientalis*, *Asterolinum* et *Pelletiera* (fig. 375, 376).

Les *Anagallis* (fig. 377-382) appartiennent, avec les *Centunculus*, à une autre sous-série (*Anagallidées*) dans laquelle l'organisation des fleurs et des graines est celle des Lysimachiées, mais avec un fruit qui s'ouvre transversalement, comme celui des Soldanellées.

VIII. SÉRIE DES GLAUX.

Dans les *Glaux*[1] (fig. 383-385), les fleurs sont régulières et apétales. Le réceptacle convexe porte un calice de cinq sépales, légèrement

Glaux maritima.

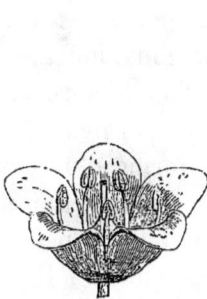  

Fig. 383. Fleur.   Fig. 384. Port.   Fig. 385. Fleur, coupe longitudinale.

unis à la base, colorés[2] et persistants, imbriqués. Les étamines, alternes aux sépales, sont légèrement unies en un court bourrelet

1. T., *Inst.*, 88, t. 60. — L., *Gen.*, n. 291. — J., *Gen.*, 333. — LAMK, *Ill.*, t. 141. — GÆRTN. F., *Fruct.*, III, t. 184. — A. S.-H., in *Mém. Mus.*, II, 393, t. 4. — DUBY, in *DC. Prodr.*, VIII, 59. — ENDL., *Gen.*, n. 4204. — PAYER, *Leç. Fam. nat.*,

6. — B. H., *Gen.*, II, 637, n. 17. — PAX, *loc. cit.*, 113, fig. 58 B.

2. Roses ou blanchâtres. Ils sont, comme les anthères et le gynécée, ponctués de pourpre. La fleur possède parfois (ADANS.) un pétale.

par la base de leurs filets, et leurs anthères sont biloculaires et
introrses. L'ovaire libre, uniloculaire, renferme un placenta central-
libre, qui porte un nombre variable d'ovules, à micropyle extérieur
et inférieur[1]. Le style est entier, tubuleux et tronqué à son sommet.
Le fruit est une capsule rostrée, s'ouvrant en cinq valves, avec quelques graines albuminées, dont l'embryon est parallèle au plan de
l'ombilic. La seule espèce de ce genre[2] est une petite herbe un peu
charnue, ramifiée et radicante, qui habite les marais salins de
l'hémisphère boréal. Ses petites feuilles sont opposées ou à peu près,
et ses petites fleurs[3] sont axillaires, solitaires et presque sessiles.

IX. SÉRIE DES CORIS.

Le *Coris*[4] *monspeliensis* (fig. 386-389), qui forme à lui seul ce petit
groupe, a des fleurs irrégulières, hermaphrodites et résupinées. Leur
calice gamosépale, tubuleux, a une gorge oblique qui porte cinq lobes
un peu inégaux, triangulaires, pourvus d'une glande médiane colorée, dont deux postérieurs, deux latéraux et un antérieur, valvaires
dans le bouton, et, en dehors de ces divisions, des aiguillons coniques
en nombre variable[5]. La corolle gamopétale est irrégulière, à cinq
lobes infléchis-imbriqués dans la préfloraison, inégalement bifides au
sommet, inégaux; les deux antérieurs étant les plus petits de tous. La
corolle porte cinq étamines superposées à ses divisions, inégales, la
plus petite étant la postérieure, formées toutes d'un filet recourbé
dans le bouton et d'une anthère basifixe, déhiscente par deux fentes
latérales, confluentes au sommet. Le gynécée est formé d'un ovaire
libre, épaissi circulairement à sa base dans une certaine hauteur,
uniloculaire, surmonté d'un style arqué, à tête stigmatifère peu dilatée. Le placenta est basilaire, en forme de court cylindre. Il porte
quatre ou cinq ovules ascendants, incomplètement anatropes, à

1. À double tégument.
2. *G. maritima* L., *Spec.*, 301. — C.-B. CLKE,
in *Hook. f. Fl. brit. Ind.*, III, 505. — A. GRAY,
Syn. Fl. N.-Amer., II, 63; *Bot. Calif.*, I, 469.
— BOISS., *Fl. or.*, IV, 7. — REICHB., *Ic. Fl.
germ.*, t. 1127. — NEES, *Gen. Fl. germ.* —
GREN. et GODR., *Fl. de Fr.*, II, 462.
3. Dimorphes et hétérostylées.
4. T., *Inst.*, 652, t. 423. — L., *Gen.*, ed. 1,
n. 846. — J., *Gen.*, 96. — LAMK, *Ill.*, t. 102. —

GÆRTN. F., *Fruct.*, III, t. 183. — DUBY, *Mém.
Prim.*, 36; in *DC. Prodr.*, VIII, 59. — NEES,
Gen. Fl. germ. — ENDL., *Gen.*, n. 4211. —
PAYER, *Leç. Fam. nat.*, 6. — B. H., *Gen.*, II,
638, n. 20. — PAX, *loc. cit.*, 116, fig. 64.
5. Ils sont inégaux : le plus grand répond à
l'intervalle des sépales postérieurs; les plus
petits alternent avec le sépale antérieur. Ils
ont sur les côtés un ou deux aiguillons plus
petits.

micropyle dirigé en bas et en dehors[1]. Entre les ovules, il envoie une
sorte de pointe apicale dans la base creuse du style, et au-dessous
d'eux il s'épaissit en un disque qui supérieurement s'avance dans
leurs intervalles. Le fruit est une capsule, incluse dans le calice
durci, et qui s'ouvre en cinq valves. Les graines, peu nombreuses,
attachées dans l'intervalle des lobes de cette sorte de disque
intérieur, ont le hile ventral et, dans l'intérieur de leur
albumen, un embryon parallèle au plan de l'ombilic.
Le *Coris* est une herbe de la région Méditerranéenne,
qui croît depuis l'Espagne jusqu'en Orient[2]. Ses

Coris monspeliensis.

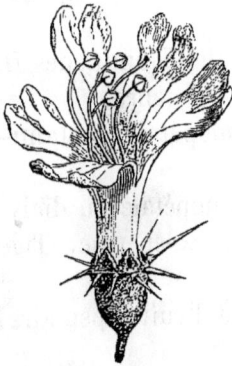   

Fig. 386. Fleur.   Fig. 387. Fleur, coupe   Fig. 389. Placenta   Fig. 388. Gynécée.
longitudinale.   séminifère.

feuilles sont alternes, linéaires, et ses fleurs d'un rose bleuâtre
sont disposées en épis ou en courtes grappes terminales et denses.

La famille des Primulacées avait été distinguée, sous le nom de
Lysimachiæ[3], vers le milieu du siècle dernier. C'est en 1779 qu'elle
reçut son nom actuel[4]. En 1860, PAYER[5] lui donna ses limites les
plus larges, en y faisant entrer les types généralement ligneux qu'on

1. A double tégument.
2. REICHB., *Ic. Fl. germ.*, t. 1127. — GREN.
et GODR., *Fl. de Fr.*, II, 465. — *Bot. Reg.*,
t. 536. — *Bot. Mag.*, t. 2131.
3. B. JUSS., in *A.-L Juss. Gen.*, lxvi. —
A.-L. JUSS., *loc. cit.*, 95, Ord. 1.

4. *Primulaceæ* VENT., *Tabl.*, II, 285. — J.
S.-H., *Exp.*, I, 218. — DC., *Théor. élém.*, 247.
— LINDL., *Nat. Syst.*, Ord. 207; *Veg. Kingd.*,
644, Ord. 247. — ENDL., *Gen.*, 729, Ord. 156.
— PAX, *Pflanzenfam.*, Lief. 45, p. 98.
5. *Leç. Fam. nat.*, 3, Fam. 1.

en séparait sous le nom d'Ardisiacées et de Myrsinées, et dont la structure florale est absolument identique. Aujourd'hui, nous réunissons dans l'ensemble environ 800 espèces et 42 genres, partagés en 9 séries de la façon suivante :

I. THÉOPHRASTÉES [1]. — Gynécée supère. Corolle gamopétale, imbriquée. Fruit indéhiscent, 1- ou oligosperme. Ligneux. — 4 genres.

II. ICACORÉÉES [2]. — Gynécée supère. Corolle gamopétale ou dialypétale, valvaire ou tordue. Fruit indéhiscent, généralement 1-sperme. Végétaux ligneux. — 7 genres.

III. MYRSINÉES [3]. — Gynécée supère. Corolle gamopétale ou dialypétale, généralement imbriquée. Fruit indéhiscent, souvent 1-sperme. Fleurs souvent 1-sexuées. Végétaux ligneux. — 7 genres.

IV. ÆGICÉRÉES [4]. — Gynécée supère. Corolle gamopétale. Anthères à loges ∞-locellées. Fruit déhiscent. Graine sans albumen. Végétaux ligneux. — 1 genre.

V. MÆSÉES [5]. — Ovaire infère. Corolle gamopétale. Staminodes 0. Fruit indéhiscent, ∞-sperme. Végétaux ligneux. — 1 genre.

VI. SAMOLÉES [6]. — Ovaire infère. Corolle gamopétale. 5 staminodes. Fruit capsulaire. Tige herbacée. — 1 genre.

VII. PRIMULÉES [7]. — Ovaire supère. Corolle gamopétale ou dialypétale, imbriquée ou tordue. Fruit capsulaire, ∞-sperme. Tige herbacée. — 19 genres.

VIII. GLAUCÉES [8]. — Ovaire supère. Fleur apétale. Fruit capsulaire. Tige herbacée. — 1 genre.

---

1. REICHB., *Consp.*, 136 (part.). — A. DC., *Prodr.*, VIII, 145, Subord. 1. — ENDL., *Gen.*, 737, Trib. 3. — PAYER, *loc. cit.*, 11, Sect. 11. — B. H., *Gen.*, II, 641 (*Myrsinearum* Trib. 3, part.). — *Theophrastoideæ-Theophrasteæ* PAX, *Pflanzenfam.*, Lief. 45, 88.

2. *Ardisiaceæ* J., in *Ann. Mus.*, XV, 350 (1810). — *Ardisieæ* BARTL., *Ord. nat.*, 164. — PAYER, *loc. cit.*, 7, § 9. — *Myrsinoideæ-Ardisiæ* PAX, *loc. cit.*, 93. — *Myrsinoideæ-Conomorpheæ* PAX, *loc. cit.*, 92. — *Myrsinoideæ-Hymenandreæ* PAX, *loc. cit.*, 95.

3. PAYER, *loc. cit.*, 8, § 11. — *Eumyrsineæ* B. H., *Gen.*, II, 640, Trib. 2 (part.). — *Ardisieæ* ENDL., *Gen.*, 735 (part.). — *Myrsinoideæ-Myrsineæ* PAX, *loc. cit.*, 90.

4. *Ægicereæ* BL., *Diss. nov. fam.* (1883), 17. — ENDL., *Gen.*, 738. — PAYER, *loc. cit.*, 10, § 14. — *Ægiceratoideæ* PAX, *loc. cit.*, 97.

5. *Mæseæ* A. DC. — ENDL., *Gen.*, 737, Trib. 2. — PAYER, *loc. cit.*, 9, § 12. — B. H., *Gen.*, II, 640, Trib. 1. — *Mæsoideæ* PAX, *loc. cit.*, 95.

6. *Samoleæ* REICHB., in *Mössl. Handb.*, I, 51; *Consp.*, 128 (part.). — ENDL., *Gen.*, 734, Trib. 4. — A. DC., *Prodr.*, VIII, 72, Trib. 4. — PAYER, *Leç. Fam. nat.*, 6, § 8. — B. H., *Gen.*, II, 630, Trib. 5. — PAX, *loc. cit.*, 111.

7. ENDL., *Gen.*, 730, Trib. 1 (non SPRENG.). — A. DC., *Prodr.*, VIII, 34, Trib. 2. — PAYER, *Leç. Fam. nat.*, 3, § 3. — B. H., *Gen.*, II, 629, Trib. 2. — *Primuleæ-Primulineæ* PAX, *loc. cit.*, 104. — *Lysimachieæ* ENDL., *Gen.*, 732, Subtrib. 2 (non J.). — B. H., *Gen.*, II, 630, Trib. 3. — *Lysimachiæ-Lysimachiineæ* PAX, *loc. cit.*, 112. — *Hottonieæ* ENDL., *Gen.*, 734, Trib. 3. — B. H., *Gen.*, II, 629, Trib. 1. — *Primuleæ-Hottoniinæ* PAX, *loc. cit.*, 111. — *Primuleæ-Soldanellinæ* PAX, *loc. cit.*, 111. — *Anagallideæ* ENDL., *Gen.*, 733, Trib. 2. — *Lysimachieæ-Anagallidinæ* PAX, *loc. cit.*, 115. — *Apochorideæ* PAYER, *Leç. Fam. nat.*, 11. — *Cyclamineæ* PAX, *loc. cit.*, 115.

8. *Glauceæ* REICHB., *Handb.*, 204. — PAYER, *Leç. Fam. nat.*, 11.

IX. **CORIDÉES**[1]. — Ovaire supère. Corolle gamopétale, irrégulière. Fruit capsulaire. Tige herbacée. — 1 genre[2].

Toutes ces plantes varient beaucoup de structure anatomique; on peut s'en douter en voyant les grandes différences de port et de consistance de tiges qu'on y observe[3]. Elles forment cependant un ensemble très naturel quant aux caractères de la fleur et du fruit. Par leurs formes régulières elles se rapprochent des Sapotacées dont les distingue leur ovaire non cloisonné. Par leurs formes irrégulières elles sont alliées aux Utriculariacées dont la fleur n'est pas isostémonée. Par les types ligneux, elles présentent aussi des analogies avec les Olacées, les Santalées, les Styracées et même les Polygonacées auxquelles nous les comparerons. Elles habitent toutes les régions chaudes et tempérées du globe, souvent alpines par les types herbacés, plus ordinairement tropicales par les types ligneux qui sont plus rares en Afrique et en Océanie.

PROPRIÉTÉS[4]. — Elles sont assez restreintes. Les Primevères ont été plus que maintenant usitées en médecine, surtout le *Primula officinalis*[5] (fig. 356-363). Ses fleurs et sa portion souterraine passaient pour antirhumatismales. La racine se prescrivait comme sternutatoire; les fleurs, comme pectorales et antispasmodiques. On en prépare parfois des boissons, et les jeunes feuilles passent pour comestibles. Le *P. elatior* L.[6] a les mêmes propriétés. Le *P. Auricula*[7] est aussi employé[8].

1. *Coridcæ* REICHB., *Handb.*, 204. — PAYER, *Leç. Fam. nat.*, 11. — B. H., *Gen.*, II, 630, Trib. 4. — PAX, *loc. cit.*, 116.

2. On a attribué avec doute à cette famille le *Tayotum* BLANCO, *Fl. Filip.*, ed. 2, 76, qui se rapprocherait (B. H.) des *Chonemorpha* et dont on a fait aussi une Apocynacée.

3. Pour des raisons de milieu, l'*Hottonia* sera trouvé très différent des autres Primulacées. Voy. VAUPELL, *Ueb. per. Wachsth. d. Gefässb.* (1855), 5. — FALC., in *Linn. Trans.*, XIX, 100. — KAMIENSK., *Anat. Primul.* (1878). — SOLER., *Syst. Wert Holzstr.*, 165. — V. TIEGH., in *Bull. Soc. bot. Fr.* (1886), 69; in *Ann. sc. nat.*, sér. 7, III, 304; VIII, 228; in *Mor. Journ. Bot.*, V, 133.

4. ENDL., *Enchirid.*, 357, 360. — LINDL., *Veg. Kingd.*, 645, 648. — ROSENTH., *Syn. plant. diaphor.*, 498. — SCHEFF., *Myrs. Arch. ind.*, 106.

5. JACQ., *Misc.*, I, 159. — DUBY, in *DC. Prodr.*, VIII, 36, n. 9. — GREN. et GODR., *Fl. de Fr.*, II, 448. — H. BN, *Iconogr. Fl. fr.*, n.

182; *Herbor. par.*, 49, c. fig. — *P. suaveolens* BERTOL. — *P. pistillaris* HFFMSG. — *P. veris* CAM., *Epit.*, 833, icon. — *P. veris α officinalis* L. (*Coucou, Herbe à la paralysie, H. de Saint-Pierre, H. de Saint-Paul, Printanière, Fleur de printemps, Primerolle, Primerose*).

6. JACQ., *Misc.*, I, 158. — *P. veris β elatior* L. — *P. domestica* HOFFM. — *P. Pallasii* LEHM. — *P. Columnæ* TEN. (*Pain de coucou, Brayes de coucou*).

7. L., *Spec.*, 205. — JACQ., *Fl. austr.*, t. 415. — GREN. et GODR., *Fl. de Fr.*, II, 451 (*Oreille d'ours, Auricule*). Cette plante a aussi été vantée contre la phthisie.

8. Le *P. vulgaris* HUDS. (*P. acaulis* JACQ. — *P. veris γ acaulis* L. — *P. grandiflora* LINK. — H. BN, *Iconogr. Fl. fr.*, n. 138) est souvent substitué au *P. officinalis*. Le *P. glutinosa* WULF. a été substitué au Nard celtique. Le *P. palustris* H. BN (*Hottonia palustris* L. — *Androsace aquatica* CLAIRV.) passait pour rafraîchissant.

Sa fleur sert à confectionner une sorte de thé et se prépare au rhum et au sucre en breuvage stimulant. Le *P. farinosa* L. est, dit-on, anti-asthmatique. Le *Cortusa Matthioli*[1] (fig. 366) se prescrivait comme pectoral et antispasmodique. Plusieurs *Lysimachia* sont astringents et vulnéraires, entre autres le *L. nemorum*[2], le *L. Ephemerum* L. Le *L. thyrsiflora*[3] est tinctorial et a été employé à colorer les cheveux en blond. Quelques *Androsace* sont médicinaux[4] : l'*A. lactea* L., vanté contre les affections vésicales; l'*A. septentrionalis* L., antileucor-rhéique et antigonorrhéique; l'*A. maxima* L., diurétique. Le *Trienta-lis europœa* L. est émétique. Le *Soldanella alpina*[5] a une racine purgative. Le *Samolus Valerandi*[6] (fig. 353-355), amer, aurait, dit-on, les propriétés du *Beccabunga*. L'*Anagallis arvensis*[7] (fig. 377-382) passait pour un remède de la rage. Le *Coris monspeliensis*[8] (fig. 386-389) avait, chez les Arabes, une grande réputation comme antisyphilitique. Comme nauséeux-amer, il était préconisé dans les couvents espa-gnols[9]. Les *Cyclamen* passaient pour très actifs, vénéneux, notamment le *C. europœum*[10] et le *C. persicum*[11] qui, quoique recherchés, assure-t-on, comme aliment par les porcs, sont employés à tuer le poisson. Leur tubercule est âcre, vomitif, drastique, abortif, emménagogue et hydragogue, résolutif. On dit que l'*Embelia Ribes*[12] (fig. 343-346) a des baies rafraîchissantes et servant à faire des conserves. L'*E. robusta* ROXB. serait purgatif. Plusieurs *Clavija* ont également un fruit sapide, notamment le *C. macrocarpa* DON; leur racine est vomitive. Aux Antilles, la graine du Grand Coquemollier ou *Theophrasta Jussiœi*[13]

1. L., *Spec.*, 206. — GREN. et GODR., *Fl. de Fr.*, II, 468.

2. L., *Spec.*, 211. — GREN. et GODR., *Fl. de Fr.*, II, 464. — H. BN, *Iconogr. Fl. fr.*, n. 143. — *Lerouxia nemorum* MÉR. — *Anagzanthe nemorum* BAUDO (*Herba Anagallidis luteœ* pharm.).

3. L. — SM., *Engl. Bot.*, t. 176. — *Naumburgia thyrsiflora* A. DC., *Prodr.*, VIII, 60. — *N. guttata* MŒNCH. — *Thyrsanthus palustris* SCHRANCK. — BAUDO, in *Ann. sc. nat.*, sér. 2, XX, 346 (*Casse-bosse, Pêcher des prés, Lis des teinturiers, Corneille*).

4. H. BN, in *Dict. enc. sc. méd.*, sér. 1, IV, 321.

5. L., *Spec.*, 206. — GREN. et GODR., *Fl. de Fr.*, II, 461. — H. BN, *Iconogr. Fl. fr.*, n. 51.

6. L., *Spec.*, 243. — GREN. et GODR., *Fl. de Fr.*, II, 468. — H. BN, *Herbor. par.*, 158 (*Mouron d'eau, Pimprenelle aquatique, Mauvre*).

7. L., *Spec.*, 211. — GREN. et GODR., *Fl. de Fr.*, II, 467. — *A. repens* DC. — *A. cœrulea* LAMK. — *A. parviflora* SALZM. (*Mouron rouge,*

M. bleu, M. mâle, M. femelle, Miroir du temps, Morgeline d'été, Menuet).

8. L., *Spec.*, 252. — LAMK., *Ill.*, t. 102. — GREN. et GODR., *Fl. de Fr.*, II, 465.

9. Sa poudre est dite cicatrisante.

10. L., *Spec.*, 207. — DC., *Fl. fr.*, III, 452. — GREN. et GODR., *Fl. de Fr.*, II, 459. — *C. retroflexum* MŒNCH. (*Pain de pourceau, Arthanite, Coquette, Rave de terre*).

11. MILL., *Dict.*, n. 3. — *Bot. Mag.*, t. 44. — *C. pyrolœfolium* SALISB. On accorde des pro-priétés analogues aux *C. grœcum* LK, *coum* MILL., *neapolitanum* TEN., *hederœfolium* AIT., *latifolium* SIBTH. (ROSENTH., *loc. cit.*, 500).

12. BURM., *Fl. ind.*, 62, t. 23. — A. DC., *Prodr.*, VIII, 85, n. 8. — *E. Burmanni* RETZ. — *Antidesma Ribes* RŒUSCH. — *Grossularia* BURM., *Fl. zeyl.*, 112. L'*E. Tsjeriam-Cottam* A DC. s'emploie comme astringent, au Malabar contre les aphthes, les angines, etc.

13. LINDL., *Coll.*, t. 26 (*Petit-Coco*). Le *T. americana* L. a les mêmes propriétés.

(fig. 311, 312) sert à faire une sorte de pain. Le *Jacquinia armillaris*[1] est vénéneux et s'emploie à empoisonner les rivières. Ses fruits servent aux Caraïbes à faire des colliers et des bracelets. Les baies du *Wallenia laurifolia* Sw. se substituent au poivre. Le *Weigeltia detergens* Mart., gommeux et astringent, sert, au Brésil, au traitement des affections cutanées. L'écorce de l'*Ægiceras corniculata*[2] (fig. 347-350) est aussi recherchée pour tuer les poissons. Le *Myrsine africana*[3] (fig. 336-342) est un remède des helminthes cestoïdes. Le *M. bifaria* Wall. est purgatif. Les *Mœsa* sont plus actifs encore comme vermicides, principalement le *M. picta*[4] et le *M. lanceolata* Forsk., usités en Abyssinie. Quelques *Icacorea* sont aussi médicinaux : l'*I. japonica*[5], dont le fruit est comestible; l'*I. Basaal*[6], dont les graines amères et l'écorce astringente sont odontalgiques, stomachiques, et l'*I. zeylanica* Lamk, dont on prépare, à Ceylan, une sorte de rob fébrifuge. Beaucoup de Primulacées sont ornementales, notamment les Primevères, les Lysimaques, les *Dodecatheon*, les *Cyclamen*, et, dans nos serres, les *Theophrasta, Jacquinia* et *Clavija*.

1. Jacq., *Amer.*, 53, t. 39. — *Chrysophyllum Barbasco* Loefl. (ex DC.).

2. Voy. p. 314, not. 2.

3. L., *Spec.*, 285. — *Vitis idæa œthiopica* Comm. — *Frutex œthiopicus bacciferus foliis Myrtilli* Breyn. (*Katchumo* des Abyssins).

4. Hochst. — Rosenth., *op. cit.*, 504 (*Saora*).

5. *Bladhia japonica* Hornst., *Diss. n. gen.*, I, 6, 7, c. ic. — Thunb., *Fl. jap.*, I, t. 18. — Lamk, *Ill.*, t. 133, fig. 1, — *Ardisia japonica* Bl., *Bijdr.*, 690. — A. DC., *Prodr.*, VIII, 135, n. 82. — *A. odontophylla* Lindl., *Bot. Reg.*, t. 1892.

6. *Ardisia Basaal* Rœm. et Sch. — Rosenth., *op. cit.*, 503.

GENERA

I. THEOPHRASTEÆ.

1. Theophrasta L. — Flores hermaphroditi regulares; receptaculo convexo. Sepala 5, imbricata. Corolla cylindraceo-campanulata;
lobis 5, imbricatis, patentibus. Stamina 5, ad basin corollæ affixa
lobisque superposita; filamentis brevibus subulatis; antheris oblongis
hastatis extrorsis, 2-rimosis; connectivo ultra loculos in appendicem
ligulatam producto. Staminodia 5, squamiformia truncata, libera v.
in annulum subintegrum connata, imæ corollæ affixa et cum lobis
alternantia. Germen superum, 1-loculare, in stylum brevem, apice
stigmatoso capitatum, attenuatum. Ovula ∞, placentæ centrali liberæ
subglobosæ inserta; micropyle extrorsum infera. Fructus globosus
carnosus; putamine crustaceo. Semina ∞, cuneato-ovoidea, reliquiis placentæ mucilaginosis immersa; albumine corneo; embryonis
excentrici cotyledonibus ovatis; radicula cylindracea infera. — Frutices glabri; caule erecto robusto, simplici v. parce ramoso, apice
squamis spinulosis onusto; foliis ad apicem confertis brevissime petiolatis elongatis spinoso-dentatis reticulato-nervosis; floribus in racemos breves dispositis; pedicellis basi bracteatis, ad medium sæpius
2-bracteolatis. (*Antillæ.*) — *Vid. p.* 305.

2. Jacquinia L.[1] — Flores (fere *Theophrastæ*) hermaphroditi;
corollæ subcampanulatæ tubo brevi; limbi lobis 5, obtusis, imbricatis, demum patentibus. Staminodia 5, corollæ sinubus affixa petaloidea imbricata. Stamina 5, oppositipetala, imo tubo affixa;

---

1. *Gen.*, n. 254 (part.). — J., *Gen.*, 151. —
Lamk, *Ill.*, t. 149. — A. DC., *Prodr.*, VIII,
149, 670; in *Ann. sc. nat.*, sér. 2, XVI, t. 9 B.
—Gærtn., *Fruct.*, III, t. 201. — Endl., *Gen.*,
n. 4228. — Payer, *Leç. Fam. nat.*, 9. — B.H.,
Gen., II, 650, n. 23. — Pax, *Pflanzenfam.*,
Lief. 38, p. 89, fig. 52 A. — *Bonellia* Berter.,
in *Colla Hort. ripul.*, 21.

filamentis complanatis; antheris extrorsis. Germen ovulaque adscendentia ∞ *Theophrastæ;* stylo conico v. cylindraceo cavo, apice stigmatoso capitato v. discoideo, integro v. obtuse 5-lobo. Fructus drupaceus v. coriaceus, stylo cuspidatus. Semina pauca; hilo ventrali; testa membranacea punctata; albumine cartilagineo; embryonis excentrici radicula infera gracili. — Arbores v. frutices; foliis alternis, oppositis v. subverticillatis integris, apice rotundatis, acutatis v. cuspidatis; floribus[1] in racemos elongatos v. corymbiformes axillares dispositis. (*America trop.*[2])

3. **Clavija** R. et Pav.[3] — Flores (fere *Theophrastæ*) polygamodiœci, 4, 5-meri; corollæ rotatæ v. breviter subcampanulatæ carnosæ lobis obtusis imbricatis. Squamæ 4, 5, alternipetalæ crassæ, nunc conniventes. Stamina 4, 5, lobis corollæ opposita; filamentis liberis v. in tubum germen includentem connatis; antheris crassis, 2-locularibus, extrorsum rimosis, truncatis. Germen (in flore masculo rudimentarium v. 0) liberum; ovulis ∞ (v. in flore hermaphrodito 1 paucisve, sæpius effœtis) hemitropis, margine ad medium insertis; micropyle extrorsum infera[4]. Fructus drupaceus; endocarpio crustaceo. Semina pauca v. ∞, placenta plus minus induta; hilo laterali; albumine corneo; embryonis axilis cotyledonibus foliaceis; radicula infera. — Arbusculæ v. frutices; caule nunc spinuloso-squamato; foliis alternis v. confertis elongatis, integris dentatisve; floribus[5] in racemos axillares v. laterales, nutantes v. erectos, dispositis; pedicellis bracteolatis. (*America trop.*[6])

4? **Deherainia** Dcne[7]. — Flores *Jacquiniæ* (v. *Clavijæ*); corolla[8] rotata imbricata. Staminodia in sinubus parva plana. Stamina libera

1. Albis, flavis v. purpurascentibus.
2. Spec. 5, 6. Jacq., *St. amer.*, t. 30; *Fragm.*, t. 94, 95. — Cav., *Ic.*, t. 483. — H. B. K., *Nov. gen. et spec.*, III, t. 246. — Miq., in *Mart. Fl. bras.*, X, 280, t. 27. — Œrst., in *Vid. Medd. Nat. For. Kjob.* (1861), 2. — Griseb., *Fl. brit. W.-Ind.*, 397. — Hemsl., *Bot. centr.-amer.*, II, 294. — A. Gray, *Syn. Fl. N.-Amer.*, II, 66. — *Bot. Mag.*, t. 1639. — Walp., *Ann.*, V, 474.
3. *Prodr. Fl. per. et chil.*, 142, t. 30. — Poir., *Dict.*, IX, 379. — Endl., *Gen.*, n. 4230. — A. DC., *Prodr.*, VIII, 147, 670. — B. H., *Gen.*, II, 649, n. 22. — Radlk., in *Sitz. Ak. Wiss. Munch.* (1889), 144. — Pax, *loc. cit.*, 89. — *Theophrasta* L., *Gen.*, n. 207, nec J. (prior.). — *Horta* Vell., *Fl. flum.*, 48; Atl., I, t. 124.

— *Zacintha* Vell., *op. cit.*, 276; Atl., VIII t. 9.
4. Placenta nunc apice ultra ovula producta claviformi.
5. Albis, flavis v. aurantiacis, mediocribus.
6. Spec. 25-30. Jacq., *H. schœnbr.*, t. 116 (*Theophrasta*). — Hook., *Icon.*, t. 140. — Griseb., *Fl. brit. W.-Ind.*, 397. — Miq., in *Mart. Fl. bras.*, X, 273, t. 24-26. — Desf., in *N. Ann. Mus.*, I, t. 14. — Œrst., in *Vid. Medd. Nat. For. Kjob.* (1861), 1. — Hemsl., *Bot. centr.-amer.*, II, 294. — *Ill. hort.*, sér. 3, t. 188. — *Bot. Reg.*, t. 1764. — *Bot. Mag.*, t. 4922, 5526, 5829.
7. In *Ann. sc. nat.*, sér. 6, III, 138, t. 12. — Pax, *loc. cit.*, 89, fig. 52 B.
8. Viridis.

in columnam conniventia; filamentis subulatis; antheris extrorsis. Stylus inferne cavus, apice dilatato-infundibulari truncatus. Ovula ∞, adscendentia. — Frutex villosulus; foliis ad summos ramulos alternis spurie verticillatis, breviter petiolatis; floribus subaxillaribus solitariis reflexis[1]. (*Mexicum*[2].)

II. ICACOREEÆ.

5. **Icacorea** AUBL. — Flores hermaphroditi v. rarius polygami; receptaculo convexo. Sepala 4, 5, libera v. basi connata, imbricata v. torta. Corolla rotata v. breviter hypocraterimorpha campanulatave; lobis 4, 5, tortis, dextrorsum obtegentibus. Stamina 4, 5, fauci affixa; filamentis longitudine variis v. 0; antheris liberis, sæpe lanceolatis v. sagittatis, obtusis, acutatis v. acuminatis, introrsum 2-rimosis. Germen liberum; stylo vario; placenta centrali-libera, pauci- v. ∞-ovulata. Fructus globosus, rarius obovoideus v. orbiculari-depressus, drupaceus; putamine lignoso, crustaceo v. osseo, aut lævi, aut longitudinaliter sulcáto v. costato nuncve ambitu sinuato v. plus minus profunde dentato v. angulato. Semen sæpius 1, globosum v. plus minus depressum, placentæ reliquiis indutum; albumine duro v. corneo, continuo v. ruminato; embryone transverso recto v. arcuato. — Arbores v. frutices, nunc subherbacei, aut subsimplices, aut varie ramosi; foliis alternis, nunc ad summos ramulos confertis, sessilibus v. breviter petiolatis, nunc valde elongatis, integris v. raro crenato-dentatis; floribus in racemos terminales et axillares plus minus compositos, nunc cymosos v. subumbellatos, dispositis; bracteis variis, nunc caducis v. 0. (*Orbis utriusque reg. trop. et subtrop.*) — *Vid. p.* 308.

6. **Antistrophe** A. DC.[3] — Flores (fere *Icacoreæ*) hermaphroditi, 5-meri; sepalis imbricatis. Corolla rotata; lobis acuminatis tortis sinistrorsum obtegentibus. Stamina fauci affixa; antheris hastato-lanceolatis introrsis; connectivo ultra loculos in acumen v. caudam

---

1. Genus, ut videtur, illegitimum.
2. Spec. 1. *D. smaragdina* DCNE. — *Jacquinia smaragdina* hort. — *Theophrasta smaragdina* hort. — *Posoqueria macrantha* hort.

3. In *Ann. sc. nat.*, sér. 2, XVI, 84; *Prodr.*, VIII, 892. — MEISSN., *Gen., Comm.*, 365. — LINDL., *Veg. Kingd.*, 648. — B. H., *Gen.*, II, 647, n. 15. — PAX, *loc. cit.*, 94.

membranaceam producto. Cætera *Icacoreæ.* — Frutices graciles puberuli; foliis alternis lanceolatis petiolatis; floribus[1] in ramulos breves axillares v. laterales dispositis, solitariis, 2-nis v. subumbellatis. (*India*[2].)

7. **Amblyanthus** A. DC.[3] — Flores fere *Icacoreæ;* calyce 5-fido v. raro 4-fido. Corollæ tubus brevis; lobis 5, v. raro 4, apice emarginato-2-fidis, tortis, dextrorsum obtegentibus. Stamina 4, 5, imæ corollæ affixa; antheris oblongis obtusis introrsis, marginibus inter se cohærentibus, 2-rimosis. Germen conicum in stylum cylindraceum elongatum; apice stigmatoso depresse capitellato pulposo. Ovula pauca placentæ subglobosæ immersa. — Fruticulus glaber; foliis anguste lanceolatis serrato-crenatis[4]; floribus ad summos pedunculos terminales graciles umbellato-racemosis. (*India*[5].)

8. **Hymenandra** A. DC.[6] — Flores[7] fere *Icacoreæ;* corolla rotata glabra profunde 5-loba torta; lobis dextrorsum obtegentibus. Stamina 5, basi corollæ affixa; antheris inter se cohærentibus, 2-rimosis; connectivis longe productis dilatatisque, in tubum coadunatis. Cætera *Icacoreæ.* — Frutex humilis robustus glaber; foliis alternis magnis pellucido-punctatis dentatis; pedunculis extraalaribus 2-foliatis, apice corymbiferis; corymbis ad summos ramos umbellatis. (*India or.*[8])

9. **Oncostemon** A. Juss.[9] — Flores[10] fere *Hymenandræ*, 5-meri; calyce imbricato v. torto. Corollæ tubus brevis; limbi lobis tortis, patentibus v. recurvis. Stamina monadelpha; filamentis nunc brevissimis corollæ tubo adnatis; antheris crassis obtusis v. apice emarginatis, ex parte v. omnino coadunatis. Germen pauciovulatum; stylo apice disciformi. Drupa; endocarpio crustaceo. — Frutices glabri;

---

1. Roseis, minutis.

2. Spec. 2. C.-B. Clke, in *Hook. f. Fl. brit. Ind.*, III, 531.

3. In *Ann. sc. nat.*, sér. 2, XVI, 83, t. 6; *Prodr.*, VIII, 91. — B. H., *Gen.*, II, 648, n. 17. — Pax, *loc. cit.*, 15, fig. 55 G.

4. Dentibus glandulosis.

5. Spec. 1. *A. glandulosus* A. DC. — C.-B. Clke, in *Hook. f. Fl. brit. Ind.*, III, 533. — *Ardisia glandulosa* Roxb., *Hort. bengal.*, 16. — *A. Roxburghiana* Dietr.

6. In *Ann. sc. nat.*, sér. 2, XVI, 83, t. 5;

Prodr., VIII, 91. — B. H., *Gen.*, II, 647, n. 16. — Pax, *loc. cit.*, 95.

7. Rosei.

8. Spec. 1. *H. Wallichii* A. DC. — C.-B. Clke, in *Hook. f. Fl. brit. Ind.*, III, 532. — *Ardisia hymenandra* Wall., in *Roxb. Fl. ind.* (ed. Car.), II, 282; *Pl. as. rar.*, II, t. 175.

9. In *Mém. Mus.*, XIX, 133, t. 19. — A. DC., *Prodr.*, VIII, 89. — Endl., *Gen.*, n. 4225. — Payer, *Leç. Fam. nat.*, 7. — B. H., *Gen.*, II, 648, n. 18. — Pax, *loc. cit.*, 95.

10. Albi, parvi.

foliis alternis integris petiolatis pellucido-punctatis; racemis axillaribus elongatis v. corymbosis. (*Madagascaria*[1].)

10. Conomorpha A. DC.[2] — Flores fere *Icacoreœ*[3]; sepalis 4-6, nunc basi connatis plerumque acutis. Corolla[4] campanulata v. infundibularis punctata; lobis 4-6, valvatis v. margine obliquo leviter imbricatis. Stamina 4-6, tubo affixa; filamentis nunc basi membranæ brevis ope connatis; antheris oblongis introrsis. Germen pauciovulatum; stylo tenui brevi v. elongato. Fructus 1-spermus; endocarpio crustaceo; semine basi intruso, placentæ reliquiis induto; albumine corneo; embryone transverso. — Arbusculæ v. frutices, glabri v. lepidoti; foliis integris; racemis axillaribus sæpius simplicibus. (*America trop.*[5])

11. Labisia LINDL.[6] — Flores[7] *Conomorphœ*, hermaphroditi, 5-meri; corolla valvata (*Parathesis*[8]) v. induplicato-valvata (*Eulabisia*), glabra v. pubescente. — Frutices; racemis simplicibus v. compositis; cæteris *Conomorphœ*. (*Oceania trop., America calid. utraque*[9].)

III. MYRSINEÆ.

12. Myrsine L. — Flores polygamo-diœci; calyce parvo persistente, 3-7-fido. Corollæ petala 3-7, libera v. basi connata, imbricata v. valvata, apice patentia v. recurva. Stamina 3-7 (in flore fœmineo sterilia v. 0); filamentis brevibus v. varie elongatis, imæ corollæ affixis; antheris brevibus, 2-locularibus. Germen (in flore masculo rudimentarium v. 0) superum, 1-loculare, in stylum elongatum, brevem v. brevissimum, attenuatum; apice stigmatoso simplici capitato v. varie dilatato, lobulato v. fimbriato. Ovula pauca v. ∞, placentæ centrali

1. Spec. ad 10. BAK., in *Journ. Linn. Soc.*, XXII, 501.
2. In *Trans. Linn. Soc.*, XVII, 102; in *Ann. sc. nat.*, sér. 2, II, 292; XVI, 78; *Prodr.*, VIII, 113. — ENDL., *Gen.*, n. 4218. — B. H., *Gen.*, II, 644, n. 9. — PAX, *loc. cit.*, 92, fig. 55 E, F.
3. Hermaphroditi v. polygamo-diœci.
4. Alba, flava v. viridula.
5. Spec. ad 25. MIQ., *St. surin.*, t. 34; in *Mart. Fl. bras.*, X, 301, t. 47-49. — MART., *Nov. gen. et spec.*, III, t. 237, fig. 1 (*Wallenia*).

— GRISEB., *Fl. brit. W.-Ind.*, 339; *Cat. pl. cub.*, 163. — WALP., *Ann.*, III, 10.
6. In *Bot. Reg.* (1845), t. 48. — B. H., *Gen.*, II, 645, n. 10. — PAX, *loc. cit.*, 93.
7. Albi v. rosei, parvi v. minuti.
8. A. DC., *Prodr.*, VIII, 120 (*Ardisiæ* sect.). — HOOK. F., *Gen.*, II, 645, n. 11 (gen.).
9. Spec. 8, 9. VENT., *Choix de pl.*, t. 5 (*Ardisia*). — DELESS., *Ic. sel.*, V, t. 33 (*Badula*). — BENTH., *Pl. Hartweg.*, 217 (*Ardisia*). — WALP., *Rep.*, VI, 448.

brevi inserta immersaque; micropyle extrorsum infera. Fructus globosus parvus, siccus v. carnosulus. Semen sæpius 1, subglobosum,
placentæ reliquiis indutum; albumine duro v. corneo, lævi v. subruminato lobatove; embryone cylindraceo elongato, recto, arcuato v.
sigmoideo. — Arbores v. frutices, glabri v. indumento vario; foliis
integris v. serrulatis coriaceis; floribus axillaribus, sessilibus v.
pedunculatis, glomerulatis v. cymosis; bracteis sæpius imbricatis
deciduis. (*Orbis utriusque reg. calid.*) — *Vid. p.* 311.

13. **Geissanthus** HOOK. F.[1] — Flores (fere *Myrsinis*) polygamo-
diœci; corolla rotato-campanulata. Stamina 3-5, inclusa v. exserta.
Cætera *Myrsinis*. — Arbores v. frutices, glabri v. lepidoti; foliis
petiolatis v. sessilibus, integris v. dentatis, coriaceis; floribus[2] in
racemos amplos terminales compositos, nunc spiciformes, dispositis;
bracteis sæpius amplis concavis coriaceis. (*America austr. andina*[3].)

14. **Wallenia** SW.[4] — Flores (fere *Myrsinis*) diœci; calyce inæqui-
3, 4-lobo, in flore fœmineo cupulari brevi. Corolla tubulosa, calyce
longior, v. in flore fœmineo brevis, 3, 4-loba punctata. Stamina 3, 4
(in flore fœmineo sterilia); filamentis liberis v. basi connatis exsertis;
antheris dorsifixis recurvis, introrsum rimosis. Germen ovoideum, in
stylum brevem attenuatum (in flore masculo effœtum; stylo elongato);
placenta centrali pauciovulata. Fructus globosus apiculatus, intus
crustaceus; semine 1, globoso, placenta membranacea induto; embryone curvo transverso; albumine corneo. — Arbusculæ v. frutices
glabri; foliis alternis petiolatis glabris punctatis integris; floribus[5] in
racemos plus minus compositos, corymbiformes v. umbelliformes,
dispositis. (*Antillæ*[6].)

15. **Cybianthus** MART.[7] — Flores fere *Myrsinis*; corolla 3, 4- v.
rarius 5, 6-mera, subpartita, imbricata v. subvalvata. Stamina 3-6,
sub fauce corollæ affixa; filamentis brevibus v. nunc elongatis;
antheris didymis, introrsum longe v. sub apice breviter rimosis (*Wei-*

1. *Gen.*, II, 642, n. 3. — PAX, *loc. cit.*, 91.
2. Roseis v. albis.
3. Spec. ad 10.
4. *Prodr.*, 31; *Fl. ind. occ.*, I, 247, t. 6. —
A. DC., *Prodr.*, VIII, 118. — ENDL., *Gen.*,
n. 4217. — B. H., *Gen.*, II, 643, n. 4. — PAX,
loc. cit., 91.
5. Albis v. flavescentibus, parvis.

6. Spec. ad. 4. JACQ., *H. schœnbr.*, t. 30. —
MART., *Nov. gen. et spec.*, III, t. 237, fig. 2. —
GRISEB., *Fl. brit. W.-Ind.*, 394; *Cat. pl. cub.*,
163.
7. *Nov. gen.*, III, 87, t. 236. — A. DC.,
Prodr., VIII, 115. — ENDL., *Gen.*, n. 4220. —
B. H., *Gen.*, II, 643, n. 5. — PAX, *loc. cit.*, 91. —
Peckia VELL., *Fl. flum.*, 51; *Atl.*, I, t. 134, 135

geltia[1]). Germen pauciovulatum; stylo brevi, apice truncato v. capitellato. Fructus pisiformis, intus crustaceus; semine 1, globoso, basi intruso, placentæ reliquiis induto; albumine corneo; embryone transverso. — Arbores v. frutices; foliis integris punctatis (nec lepidotis); racemis[2] axillaribus simplicibus v. compositis. (*America mer., Ins. Philipp.*[3])

16. **Comomyrsine** HOOK. F.[4] — Flores diœci, 3-meri v. rarius 4, 5-meri; calyce gamophyllo parvo. Corollæ rotatæ lobi oblongi obtusi imbricati. Stamina 3-5, fauci corollæ affixa ejusque lobis opposita; filamentis subulatis; antheris brevibus obtusis, introrsum 2-rimosis. Germen (in flore masculo rudimentarium conicum v. 0) 1-loculare; ovulis ..? Fructus sphæricus, intus crustaceus; semine 1, subsphærico, reliquiis placentæ induto; albumine corneo; embryone transverso curvo. — Frutices glabri, simplices v. ramosi; foliis (maximis) oblongo-ellipticis v. oblanceolatis, integris v. dentatis, pellucido-punctatis, in petiolum nunc alatum angustatis; floribus[5] composito-racemosis. (*Columbia*[6].)

17. **Grammadenia** BENTH.[7] — Flores fere *Myrsinis*, 5, 6-meri; calycis brevis segmentis obtusis imbricatis. Corolla rotata punctato-lineata; tubo brevi, intus incrassato; limbo imbricato. Stamina 5, 6, fauci corollæ affixa; antheris brevibus ovatis dorsifixis; rimis 2, ab apice dehiscentibus. Germen depressum, 5-gonum; stylo brevi, apice stigmatoso obtuso. Ovula 2, v. pauca, placentæ parvæ subglobosæ immersa. Fructus ovoideus, 1-spermus; endocarpio crustaceo. Semen basi intrusum; albumine corneo, nunc subruminato; embryone transverso. — Frutices glabri; foliis elongatis plerumque lanceolatis subsessilibus integris, subtus atro-lineatis; floribus[8] in racemos axillares simplices v. compositos paucifloros dispositis; bracteolis persistentibus v. deciduis. (*Antillæ, America mer. sept.*[9])

1. A. DC., in *Trans. Linn. Soc.*, XVII, 102; *Prodr.*, VIII, 114.
2. Floribus albis v. virescentibus nunc crebris in axi communi congestis.
3. Spec. ad 26. MIQ., in *Mart. Fl. bras.*, X, 291, t. 36-46. — FIELD et GARDN., *Sert. pl.*, t. 24. — A. DC., *Prodr.*, VIII, 108, n. 4 (*Badula*). — GRISEB., *Fl. brit. W.-Ind.*, 393; 394 (*Weigeltia*). — HEMSL., *Bot. centr.-amer.*, II, 290.
4. *Gen.*, II, 643, n. 6.

5. Virescentibus, rubris v. brunneis, fusco-lineatis.
6. Spec. 3, quarum 1 est *Theophrasta glauca* hort. — PAX, *loc. cit.*, 91 (*Cybianthi* subgen.).
7. *Pl. Hartweg.*, 218. — B. H., *Gen.*, II, 644, n. 7. — PAX, *loc. cit.*, 92.
8. Roseis, flavidis v. viridulis, parvis.
9. Spec. 2, 3, quarum epiphytica 1. MIQ., in *Mart. Fl. bras.*, X, 305. — GRISEB., *Fl. brit. W.-Ind.*, 493. — WALP., *Rep.*, VI, 450.

18. Embelia BURM.[1] — Flores[2] (fere *Myrsinis*) hermaphroditi v. polygamo-diœci, 4, 5-meri; calyce 4, 5-fido v. partito. Petala 4, 5, libera v. ima basi cohærentia, imbricata v. torta, demum patentia v. reflexa. Stamina 4, 5; filamento brevi v. elongato, inferne petalo affixo; anthera acuta v. obtusa introrsa, 2-rimosa. Ovula pauca (sæpe 4, 5) placentæ globosæ v. obovoideæ inserta. Drupa globosa apiculata, 1-sperma; embryone curvo transverso; albumine continuo v. plus minus ruminato. — Arbusculæ v. frutices, nunc sarmentosi; foliis alternis; racemis simplicibus v. compositis. (*Asia, Oceania et Africa trop.*[3])

IV. ÆGICEREÆ.

19. Ægiceras GÆRTN. — Flores hermaphroditi; receptaculo convexo. Sepala 5, torta. Corollæ tubus brevis; limbi lobis 5, acutis tortis, dextrorsum obtegentibus, demum reflexis. Stamina 5, tubo affixa; filamentis elongatis exsertis, basi connatis villosis; antheris lanceolatis; loculis basi solutis, introrsum rimosis, intus transverse septatis. Germen apice in stylum subulatum longe attenuatum; stylo basi cavo, apice acutato stigmatoso. Ovula ∞, placentæ globosæ immersa; micropyle extrorsum infera. Fructus calyce basi cinctus, cylindraceus arcuatus coriaceus, hinc longitudinaliter fissus. Semen 1, elongatum exalbuminosum, demum intra pericarpium germinans; embryone cylindraceo arcuato; radicula brevi infera; cotyledonibus in tubum gemmulam includentem connatis. — Arbuscula glabra; foliis alternis petiolatis obovatis integris, 1-nerviis; floribus in cymas sessiles umbelliformes axillares terminalesque v. oppositifolias dispositis ebracteatis. (*Asia et Oceania trop. litt.*) — *Vid. p.* 313.

1. *Fl. ind.* (1768), t. 23. — J., *Gen.*, 427. — PAYER, *Leç. Fam. nat.*, 8. — PAX, *Pflanzenfam.*, Lief. 38, p. 90, fig. 54 A-E. — *Samara* L., *Mantiss.*, II (1771), 144 (part.). — LAMK, *Ill.*, t. 74. — A. DC., *Prodr.*, VIII, 83, 88; in *Ann. sc. nat.*, sér. 2, XVI, t. 8. — ENDL., *Gen.*, n. 4223. — B. H., *Gen.*, II, 644, n. 8. — *Calispermum* LOUR., *Fl. cochinch.*, 156. — *Choripetalum* A. DC., in *Trans. Linn. Soc.*, XVII, 131.
2. Albi, parvi v. minimi.

3. Spec. ad 50. DELESS., *Ic. sel.*, V, t. 29, 30. — WIGHT, *Icon.*, t. 1207-1210, 1591. — MIQ., *Fl. ind. bat.*, II, 1010, 1013; Suppl., 573. — GRIFF., *Notul.*, IV, 293, 298; *Ic. pl. asiat.*, t. 499, 500, 548. — BENTH., *Fl. hongkong.*, 205; *Fl. austral.*, IV, 273 (*Samara*). — HARV., *Thes. cap.*, t. 127. — C.-B. CLKE, in *Hook. f. Fl. brit. Ind.*, III, 512. — BAK., in *Oliv. Fl. trop. Afr.*, III, 496. — *Hook. Icon.*, t. 1597. — WALP., *Rep.*, VI, 498; *Ann.*, I, 494; III, 10.

V. MÆSEÆ.

20. Mæsa Forsk. — Flores hermaphroditi v. polygami; recepta-culo concavo germen plus minus inferum fovente. Sepala 5, perigyna v. epigyna imbricata, persistentia. Corolla breviter campanulata, cum calyce inserta; lobis 5, obtusis imbricatis. Stamina 5, epipetala, tubo affixa inclusa; antheris ovatis v. cordatis introrsis. Germen 1-loculare; stylo brevi, 5-sulco, apice stigmatoso integro v. minute lobato; ovulis ∞, adscendentibus, placentæ centrali globosæ affixis. Fructus carnosus v. siccus, stylo apiculatis. Semina ∞, ventrifixa, alveolis placentæ immersa; embryonis albuminosi verticalis v. obliqui radicula infera. —Frutices varii; foliis integris v. serrato-dentatis, sæpe pellu-cido-punctatis; floribus in racemos axillares v. raro terminales sim-plices v. compositos dispositis; pedicellis basi bracteatis apiceque 2-bracteolatis. (*Asia, Africa et Oceania calid.*) — *Vid. p.* 314.

VI. SAMOLEÆ.

21. Samolus T. — Flores regulares hermaphroditi; receptaculo concavo germen plus minus inferum intus fovente. Sepala 5, persis-tentia. Corolla subcampanulata, perigyna v. epigyna; limbi lobis 5, imbricatis. Stamina 5, tubo affixa, cum staminodiis totidem subulatis v. ligulatis alternantia; antheris cordato-ovatis, obtusis v. acumi-natis, 2-rimosis. Germen 1-loculare; stylo brevi, apice stigmatoso obtuso v. capitato. Ovula ∞, placentæ centrali affixa; micropyle extrorsum infera. Fructus capsularis, apice 5-valvis. Semina ∞, ventrifixa; embryone albuminoso transverso. — Herbæ, nunc basi suffrutescentes; foliis alternis, nunc basilaribus integris; floribus in racemos v. corymbos dispositis; bracteolis in pedicello parvis v. 0. (*Orbis totius loc. aquat.*) — *Vid. p.* 315.

VII. PRIMULEÆ.

22. Primula L. — Flores regulares hermaphroditi; receptaculo convexo. Calyx gamophyllus persistens, forma varius; lobis v. dentibus 5, imbricatis v. raro tortis. Corolla hypocraterimorpha v. infundibularis; tubo brevi v. longo; fauce nuda v. fornicibus connatis distinctisve instructa; limbi lobis 5, integris, emarginatis v. 2-lobulatis, imbricatis. Stamina 5, epipetala, tubo v. fauci affixa inclusa; filamento brevi; anthera oblonga obtusa, introrsum 2-rimosa. Germen superum, 1-loculare; stylo gracili brevi v. elongato, apice stigmatoso capitato. Ovula ∞, placentæ centrali globosæ v. conicæ stipitatæ inserta, complete (*Hottonia*) v. incomplete sæpius anatropa; micropyle extrorsum infera. Capsula apice 5-valvis; valvis integris v. 2-fidis. Semina peltata ventrifixa v. rarius basifixa, albuminosa; embryone hilo parallelo v. rarius perpendiculari. — Herbæ; rhizomate perennante, v. raro natantes (*Hottonia*); foliis basilaribus rosulatis v. rarius submersis pectinato-pinnatisectis (*Hottonia*); floribus in summo scapo umbellatis v. verticillatim racemosis, nunc raro solitariis bracteatis. (*Orbis utriusque reg. temp. v. alpina.*) — *Vid. p.* 316.

23. **Androsace** T.[1] — Flores fere *Primulæ*[2]; calycis gamophylli lobis 5, imbricatis, demum subvalvatis, circa fructum persistentibus v. accretis, nunc stellato-patentibus. Corollæ hypocraterimorphæ v. subinfundibularis tubus brevis suburceolatus, calyce haud longior; fauce constricta crassiuscula v. crenaturis nunc subglandulosis 5 instructa; limbi lobis imbricatis, patentibus. Stamina 5, corollæ urceolo inclusa; filamentis brevibus; antheris introrsis, 2-rimosis. Germen liberum, subglobosum, obconicum v. depressum; stylo erecto, apice stigmatoso truncato v. capitato. Ovula ∞, nunc pauca, placentæ parvæ erectæ inserta; micropyle extrorsum infera. Capsula 5-valvis; seminibus ∞, compressiusculis rugulosis; hilo ventrali; embryone recto v. curvo transverso. — Herbæ parvæ, annuæ v. perennes; foliis alternis, sæpe dense imbricatis, basi rosulatis, integris, dentatis v. varie incisis; floribus[3] umbellatis, v. solitariis sessilibus, nunc (*Aretia*[4]) in scapo brevi longove 1- ∞. (*Orbis utriusq. hemisph. bor. reg. temp. et frigid. plerumque montanæ*[5].)

1. *Inst.*, 123, t. 46. — L., *Gen.*, n. 196. — GÆRTN., *Fruct.*, I, t. 50. — J., *Gen.*, 96. — LAMK, *Ill.*, t. 96. — DUBY, in *DC. Prodr.*, VIII, 47. — NEES, *Gen. Fl. germ.* — ENDL., *Gen.*, n. 4197. — PAYER, *Leç. Fam. nat.*, 4. — B. H., *Gen.*, II, 632, n. 3. — PAX, *loc. cit.*, 110.
2. Cujus forte potius sectio.
3. Albis v. roseis, parvis.

4. L., *Gen.*, n. 195. — PAX, *loc. cit.*, 110.
5. Spec. ad 50. TORR., in *Ann. Lyc. N.-York*, I, t. 3. — SM., *Exot. Bot.*, t. 113. — STEV., in *Trans. Linn. Soc.*, XI, t. 33. — WALL., *Pl. as. rar.*, t. 206. — DCNE, in *Jacquem. Voy., Bot.*, t. 145, 146. — JACQ., *Fl. austr.*, t. 330-333; V, t. 18. — LEDEB., *Ic. Fl. ross.*, t. 15, 170. — SM., *Exot. Bot.*, t. 113. — A. GRAY, in

24. Dionysia FENZL.[1] — Flores fere *Androsaces* (*Aretiæ*); calyce persistente, 5-fido v. 5-partito. Corolla hypocraterimorpha; tubo elongato, recto v. arcuato; lobis 5, imbricatis. Stamina inclusa; antheris obtusis. Germen forma varium, ∞-ovulatum; stylo gracili incluso v. exserto. Fructus globosus, 5-valvis; seminibus 1-5, intus carinato-angulatis; embryone transverso. — Herbæ (aromaticæ) pulvinatim cæspitosæ[2]; foliis parvis crebris; floribus solitariis sessilibus v. paucis pedunculatis involucratis. (*Asia occid.*[3])

25. Douglasia LINDL.[4] — Flores fere *Androsaces;* calyce campanulato, 5-fido, persistente; lobis lanceolatis. Corolla hypocraterimorpha; tubo calycem superante; fauce constricta fornicata; lobis 5, obtusis imbricatis. Stamina 5, inclusa. Germen vertice planiusculum, pauciovulatum; stylo gracili, apice capitellato. Fructus calyce inclusus turbinatus, vertice 5-valvis. Semina 1, 2, ventrifixa; embryone transverso. — Herbæ pulvinatim cæspitosæ; ramis dense foliatis; floribus[5] terminalibus v. axillaribus, solitariis v. umbellatis. (*Europa media, America bor. temp.*[6])

26? Stimpsonia C. WRIGHT[7]. —Flores fere *Androsaces;* sepalis 5, lineari-oblongis, demum patulis. Corollæ hypocraterimorphæ tubus calyce limboque paulo longior; fauce pilosula v. subnuda; limbi lobis 5, imbricatis retusis. Stamina 5, ad medium tubum affixa; antheris brevibus subdidymis inclusis, 2-rimosis. Stylus tenuis, apice stigmatoso vix dilatatus. Ovula ∞. Capsula globosa; valvis 5, ad basin liberis patulis sepalisque oppositis. Semina ∞, obpyramidata

Proc. Amer. Acad., ser. 2, VI, 401; *Syn. Fl. N.-Amer.*, II, 60; *Bot. Calif.*, I, 468. — HEMSL., *Bot. centr.-amer.*, II, 288. — C.-B. CLKE, in *Hook. f. Fl. brit. Ind.*, III, 495. — BOISS., *Fl. or.*, IV, 13. — REICHB., *Iconogr. eur.*, t. 248, 579, 580; *Ic. Fl. germ.*, t. 1110-1115. — LEYB, in *Flora* [1855], t. 9, 10. — KLATT, in *Linnæa*, XXXII, 289, t. 3. — BRANDZ., *Prodr. Fl. rom.*, 408. — GREN. et GODR., *Fl. de Fr.*, II, 453. — *Bot. Mag.*, t. 743, 868, 981, 2021, 2022, 4005, 5808, 5906, 6617. — *Hook. Icon.*, t. 1973. — WALP., *Rep.*, VI, 444; *Ann.*, I, 493; III, 7; V, 462.

1. In *Flora*, XXVl, 389. — B. H., *Gen.*, II, 632, n. 5. — PAX, *loc. cit.*, 108, fig. 62 A. — *Macrosyphonia* DUBY, *Mém. Prim.*, 34, t. 2, fig. 3. — *Gregoria* DUBY, in *DC. Prodr.*, VIII, 450; *Mém. Prim.*, 33 (part.). — ENDL., *Gen.*, n. 4198.

2. *Saxifragarum* habitu.

3. Spec. ad 12. BGE, in *Bull. Ac. Pétersb.*, XVI, 548; *Mél. biol.*, VIII, 193. — BOISS., *Fl. or.*, IV, 18.

4. In *Brand. Journ. sc.* (1828), 383; *Bot. Reg.*, t. 1886. — ENDL., *Gen.*, n. 4196. — DUBY, in *DC. Prodr.*, VIII, 46. — B. H., *Gen.*, II, 632, n. 4. — PAX, *loc. cit.*, 109, fig. 62 B-D.

5. Roseis v. flavis.

6. Spec. 3, 4. LAMK, *Fl. fr.*, II, 253 (*Androsace*). — GAUD., *Fl. helv.*, II, 95 (*Aretia*). — NEES, *Gen. Fl. germ.* (*Aretia*). — REICHB., *Ic. Fl. germ.*, t. 1116 (*Androsace*). — DUBY, in *DC. Prodr.*, VIII, 46 (*Gregoria*). — A. GRAY, in *Proc. Amer. Acad.*, II, 371. — HOOK., *Icon.*, t. 180. — GREN. et GODR., *Fl. de Fr.*, II, 453 (*Gregoria*). — A. GRAY, *Syn. Fl. N.-Amer.*, II, 59.

7. EX A. GRAY, in *Proc. Amer. Acad.*, ser. 2, VI, 401. — B. H., *Gen.*, II, 633, n. 6.

angulata; embryone transverso. — Herba[1] annua humilis glanduloso-pilosa; foliis alternis rotundatis crenato-dentatis, petiolatis; floribus axillaribus solitariis; pedunculo brevi. (*Japonia*[2].)

27. **Cortusa** L.[3] — Flores fere *Primulæ;* calycis campanulati lobis 5, lanceolatis, nunc dentatis. Corollæ infundibulari-campanulatæ lobi leviter imbricati. Stamina imæ corollæ affixa; filamentis brevibus, membranæ ope inferne connatis; antheris in conum connniventibus oblongis apiculatis introrsis. Gynæceum cæteraque *Primulæ.* — Herbæ perennes; foliis basilaribus petiolatis cordato-orbicularibus, 5-7-lobis dentatisque; floribus[4] in summo scapo umbellatis involucratis. (*Europa med., Asia bor. et mont.*[5])

28. **Ardisiandra** Hook. F.[6] — Sepala 5, ovato-acuminata ciliata. Corolla calyce paulo longior tubuloso-campanulata; lobis 5, oblongo-acutiusculis ciliatis imbricatis. Stamina 5, cum annulo tenui imæ corollæ adhærenti affixa; antheris oblongo-ovatis subsagittatis longe acuminatis. Germen ∞-ovulatum; stylo gracili, apice capitellato stigmatoso. Capsula calyce inclusa depresso-globosa; valvis 5, v. ultra, calyce brevioribus. Semina angulata obpyramidata granulata; embryone transverso. — Herba repens molliter pilosa; ramis prostratis; foliis alternis petiolatis subrotundatis cordatis inæqui-3-5-lobis v. angulatis grosse dentatis; floribus axillaribus pedunculatis, solitariis v. 2, 3-nis. (*Africa trop. occ.*[7])

29. **Soldanella** L.[8] — Sepala 5, persistentia. Corollæ campanulatæ lobi 5, laciniati, imbricati; fauce nuda v. squamulis 5, cum staminibus alternantibus munita. Stamina 5, fauci inserta; filamentis brevibus; antheris ad basin dorsifixis, apice acuminatis processuque connectivi simplici v. nunc duplici (colorato) superatis. Germen liberum; stylo gracili, apice stigmatoso obtuso. Ovula ∞, placentæ

1. « *Veronicæ Chamædryos* habitu. »
2. Spec. 1. *S. chamædrioides* C. Wright.
3. *Gen.*, n. 198. — J., *Gen.*, 96. — Gærtn., *Fruct.*, 1, t. 50. — Duby, in *DC. Prodr.*, VIII, 55. — Endl., *Gen.*, n. 4200. — Nees, *Gen. Fl. germ.*, fasc. 12. — B. H., *Gen.*, II, 633, f. 7. — Pax, *loc. cit.*, 110, fig. 62 G. — ? *Kaufmannia* Reg., *Descr. pl. nov.*, fasc. 3 1875), 293; *Fedz. Reis. Turk.*, t. 18, fig. 1-6.
4. Purpureis, parvis.
5. Spec. typ. 1. *C. Matthioli* L. — Reichb., *Ic.*

Fl. germ., t. 1081. — *Bot. Mag.*, t. 987. — C.-B. Clke, in *Hook. f. Fl. brit. Ind.*, III, 501. — Reichb., *Ic. Fl. germ.*, t. 1081. — *Bot. Mag.*, t. 987. — Walp., *Ann.*, V, 469.
6. In *Journ. Linn. Soc.*, VII, 205, t. 1; *Gen.*, II, 633, n. 8.
7. Spec. 1. *A. sibthorpioides* Hook. F.
8. *Gen.*, n. 199 (nec T.). — Gærtn. F., *Fruct.*, III, t. 183. — Lamk, *Ill.*, t. 99. — Duby, in *DC. Prodr.*, VIII, 58. — Endl., *Gen.*, n. 4203. — B. H., *Gen.*, II, 633, n. 9. — Pax, *loc. cit.*, 111.

ovoideæ supraque ovulos in acumen tubum styli penetrans productæ
inserta hemitropa; micropyle extrorsum infera. Fructus capsularis
operculatim circumcisse dehiscens; ore 5-10-dentato. Semina ∞,
albuminosa; embryone transversali. Herbæ parvæ; rhizomate perenni;
foliis longe petiolatis, orbicularibus cordatis v. reniformibus integris;
floribus[4] in scapo gracili solitariis v. subumbellatis paucis. (*Europa
med. alpina*[2].)

30. **Bryocarpum** Hook. f. et Thoms.[3] — Sepala 7, 8, lanceolata,
tarde decidua. Corolla infundibulari-campanulata, ad medium 7,
8-loba; lobis lineari-emarginatis. Stamina 7, 8, fauci affixa; filamentis brevibus; antheris oblongo-acuminatis. Germen oblongum
(ochraceo-granulatum) in stylum æquilongum, basi cavum, apice
capitatum, attenuatum; placenta centrali columnari, ∞-ovulata, apice
acutata et styli cavitatem penetrante. Fructus capsularis striatus,
apice cum stylo rostrato circumcissus. Semina ∞, disciformia ventrifixa. — Herba annua scapigera; foliis late petiolatis, ovatis v. cordato-
ovatis, subtus squamigeris; scapis 1, v. paucis 1-floris; flore[4] nutante.
(*Hima- laia*[5].)

31. **Pomatosace** Maxim.[6] — Calyx campanulatus; lobis 5, primum imbricatis, tubo brevioribus. Corolla hypocraterimorpha; tubo
ovoideo; fauce constricta annulata; limbi brevioris lobis 5, imbricatis.
Stamina 5, tubo inclusa; filamentis brevibus; antheris ovato-acutis
introrsis, 2-rimosis. Germen depresso-globosum; stylo brevi capitellato; ovulis ∞ (paucis) adscendentibus ventrifixis. Capsula prope
basin circumcissa. Semina pauca ventrifixa, placentæ favoso-rugosæ
inserta; embryone subtransverso. — Herba humilis (annua ?); foliis
basilaribus rosulatis runcinato-pinnatisectis (filicoideis); umbellis
parvis axillaribus pedunculatis. (*China alpina, Tibetia*[7].)

32. **Dodecatheon** L.[8] — Calycis gamophylli lobi 5; præfloratione

1. Violaceis, roseis v. albis.
2. Spec. ad 3. Reichb., *Ic. Fl. germ.*, t. 1087.
— Gren. et Godr., *Fl. de Fr.*, II, 461. —
Sweet, *Brit. fl. Gard.*, ser. 2, t. 48, 53, 110.
— H. Bn, *Iconogr. Fl. fr.*, n. 51. — *Bot.
Mag.*, t. 49, 2163. — Walp., *Rep.*, VI, 445;
Ann., V, 470.
3. In *Hook. Kew Journ.*, IX, 199, t. 5. —
B. H., *Gen.*, II, 634, n. 10. — Pax, *loc. cit.*,
111, fig. 62 K.
4. Flavo, nutante.

5. Spec. 1. *B. paradoxum* Hook. f. et Thoms.
6. In *Bull. Ac. Pétersb.*, XXVII, 499; *Mél.
biol.*, XI, 262. — Pax, *loc. cit.*, 111.
7. Spec. 1. *P. Filicula* Maxim.
8. *Amœn.* (1751); *Spec.* (1753), I, 144. — J.,
Gen., 97. — Gærtn., *Fruct.*, I, t. 50. — Lamk,
Ill., t. 99. — Endl., *Gen.*, n. 4202. — Duby
in DC. *Prodr.*, VIII, 55. — B. H., *Gen.*, II, 634,
n. 11. — Pax, *loc. cit.*, 115, fig. 59 A (*Cyclamineæ*). — *Meadia* Catesb., *Hist. Carol.*, I,
App., I, t. 1.

imbricata. Corolla[1] subcampanulata; tubo brevi; limbo profunde
5-lobo reflexo; fauce incrassata carnosula; lobis angustis, nunc inæqualibus, imbricatis. Stamina 5, fauci corollæ inserta; filamentis
sæpius brevibus, inferne 1-adelphis, in connectivum crassiusculum
attenuatis; antheris subbasifixis erectis conniventibus exsertis,
introrsum 2-rimosis. Germen liberum; stylo gracili, apice stigmatoso
obtusiusculo; ovulis ∞, placentæ subglobosæ stipitatæ et apiculatæ
insertis, adscendentibus semi-anatropis; micropyle extrorsum infera.
Fructus capsularis, 5-valvis; seminibus ∞; hilo ventrali; embryonis
verticalis radicula infera. — Herbæ glabræ; rhizomate perenni; foliis
basilaribus rosulatis petiolatis, integris v. crenatis; floribus summo
scapo subumbellatis; pedicellis nutantibus. (*America bor., Asia
bor.-or.*[2])

33. Cyclamen T.[3] — Sepala 5, persistentia, torta. Corolla hypogyna; tubo subgloboso parvo; fauce incrassata; limbi reflexi lobis 5,
tortis. Stamina 5, ad tubi basin affixa inclusa; filamentis brevibus,
sæpius dilatatis; antheris sagittatis acuminatis introrsis, 2-rimosis.
Germen ovoideum; stylo gracili, apice stigmatoso simplici; ovulis ∞,
placentæ globosæ insertis hemitropis; micropyle extrorsum infera.
Fructus capsularis, summo pedunculo spirali insidens; valvis 5,
demum reflexis; seminibus ∞, varie angulatis; hilo ventrali; embryone albuminoso transverso hilo parallelo. — Herbæ humiles
perennes scapigeræ; parte subterranea[4] tuberosa depresso-sphærica
v. offiformi; foliis basilaribus longe petiolatis cordato-ovatis, trian-
gularibus v. reniformibus, integris, sinuatis v. dentatis; scapis 1-∞,
1-floris, post anthesin sæpius spirali-retractis soloque adpressis; floribus[5] in summo scapo nutantibus. (*Europa med., reg. Medit.,
Oriens*[6].)

1. Alba, rosea v. purpurea.

2. Spec. 2, 3. SEEM., *Her. Bot.*, t. 9. —
GREN., *Pitton.*, I, 209. — SWEET, *Brit. fl.
Gard.*, ser. 2, t. 60. — REG., *Gartenfl.*, t. 175.
— A. GRAY, *Syn. Fl. N.-Amer.*, II, 57; *Bot.
Calif.*, I, 466. — HEMSL., *Bot. centr.-amer.*,
II, 288. — *Bot. Mag.*, t. 12, 3622, 5871. —
WALP., *Rep.*, VI, 445; *Ann.*, V, 470.

3. *Inst.*, 154, t. 68. — L., *Gen.*, ed. 1,
n. 116. — GÆRTN. F., *Fruct.*, III, t. 183. —
LAMK, *Ill.*, t. 100. — DUBY, in *DC. Prodr.*,
VIII, 56; *Mém. Primul.*, 36. — ENDL., *Gen.*,
n. 4201. — NEES, *Gen. Fl. germ.* — B. H.,

Gen., II, 624, n. 12. — PAX, *loc. cit.*, 115.

4. De germinatione et tuberculi origine,
MIRB., in *Ann. Mus.*, XVI, 454, t. 21, fig. 1. —
MAST., in *Gardn. Chron.* (nov. 1887).

5. Albis v. purpureis, sæpe odoratis.

6. Spec. 7, 8. REICHB., *Ic. Fl. germ.*, t. 1088,
1089. — SWEET, *Brit. fl. Gard.*, t. 117, 176. —
BOISS., *Fl. or.*, IV, 10. — GREN. et GODR., *Fl.
de Fr.*, II, 459. — SIBTH., *Fl. græc.*, t. 185,
186. — BRANDZ., *Prodr. Fl. rom.*, 412. — *Bot.
Reg.*, t. 1013; [1838], t. 49; (1846), t. 56. —
Bot. Mag., t. 4, 44, 1001, 5758. — WALP.,
Rep., VI, 445; *Ann.*, III, 8; V, 469.

34. Steironema RAFIN[1]. — Flores regulares; calyce valvato. Corollæ tubus brevis ; lobis 5, multo longioribus, singulis circa stamen superpositum involutis. Stamina fertilia 5; filamentis fauci affixis; antheris oblongis introrsis, demum tortis. Staminodia 5, alterna subulata. Germen cæteraque *Primulæ*. — Herbæ perennes; foliis oppositis ; floribus[2] ad folia suprema axillaribus pedunculatis. (*America bor.*[3])

35. Lysimachia T.[4] — Calyx 4-6-fidus v. partitus, persistens; segmentis imbricatis v. tortis, rarius reduplicatis[5]. Corolla hypogyna rotata v. infundibularis ; segmentis nunc subliberis (*Apochoris*[6]) patulis v. erecto-patentibus, nunc ad basin attenuatis, tortis. Stamina 4-6, plus minus alte tubo corollæ v. intra ejus segmenta affixa; filamentis brevibus v. elongatis, basi nunc pubescentibus v. in annulum connatis; antheris sæpius elongatis, introrsum 2-rimosis. Germen 1-loculare; placenta globosa, apice plus minus intra stylum producta[7]; ovulis ∞, hemitropis ; micropyle extrorsum infera; stylo vario, nunc tubuloso[8], apice stigmatoso obtuso. Fructus siccus, indehiscens v. sæpius 2-5-valvis; valvis integris v. 2-lobis. Semina ∞, nunc pauca, inæqui-angulata, raro alata, ventrifixa; embryone hilo parallelo ; radicula infera. — Herbæ erectæ v. repentes, sæpe glandulosopunctatæ; foliis alternis, oppositis v. verticillatis; sessilibus v. petiolatis, integris; floribus[9] terminalibus v. axillaribus, solitariis v. sæpius in corymbos v. racemos simplices v. compositos dispositis. (*Hemisph. bor. reg. temp.*, *Oceania*, *Africa et America austr.*[10])

1. Ex BAUDO, in *Ann. sc. nat.*, sér. 2, XX, 346. — PAX, *loc. cit.*, 113.
2. Flavis, majusculis.
3. Spec. 4. L., *Spec.*, 210 (*Lysimachia ciliata*). — A. GRAY, *Syn. Fl. N.-Amer.*, II, 61.
4. *Inst.*, 141, t. 59. — L., *Gen.*, ed. 1, n. 121. — J., *Gen.*, 95, 449. — GÆRTN., *Fruct.*, I, t. 50. — DUBY, *Mém. Prim.*, 37, t. 4; in *DC. Prodr.*, VIII, 60. — ENDL., *Gen.*, n. 4207. — NEES, *Gen. Fl. germ.* — KLATT, *Gatt. Lysim.*, in *Verh. Nat. Ver. Hamb.*, IV, c. t. 24. — PAX, *loc. cit.*, 112. — *Palladia* MOENCH, *Meth.*, 429. — *Lubinia* VENT., *Jard. Cels*, t. 96. — DUBY, in *DC. Prodr.*, VIII, 60. — ENDL., *Gen.*, n. 4210. — PAX, *loc. cit.*, 112. — *Coxia* ENDL., *Gen.*, n. 4209. — *Naumburgia* MOENCH, *Meth.*, Suppl., 23. — NEES, *Gen. Fl. germ.* — PAX, *loc. cit.*, 113. — *Thyrsanthus* SCHRANK, in *Denkscr. Baier. Akad.* (1813), 75. — *Lerouxia* MÉR., *Fl. par.*, 77. — *Ephemerum* REICHB., *Fl. germ. exc.*, 409. — *Anagzanthe* BAUDO, in *Ann. sc.*

nat., sér. 2, XX, 347. — *Bernardina* BAUDO, *loc. cit.*, 348. — *Godinella* LESTIB. (ex PAX). — *Theopyxis* GRISEB., *Pl. Phil. et Lechl.*, 38 (ex B. ll.).
5. Sæpe capitato-pilosis et intus lineis interioribus lutescentibus notatis.
6. DUBY, in *DC. Prodr.*, VIII, 67; in *Deless. Ic. sel.*, V, t. 28. — PAYER, *Leç. Fam. nat.*, 5. — KLATT, *loc. cit.*, t. 6. — B. H., *Gen.*, II, 635, n. 14. — PAX, *loc. cit.*, 113, fig. 59 DE.
7. Nunc in ramum brevem v. elongatum plus minus ramosum monstrose producta (H. BN, in *Adansonia*, III, 310, t. 4).
8. Cum septis parietalibus vix evolutis nonnunquam 5.
9. Albis, flavis, roseis, purpureis v. cærulescentibus, mediocribus v. parvis.
10. Spec. ad 65. JACQ., *Fl. austr.*, t. 366. — SIBTH., *Fl. græc.*, t. 187, 188. — LEDEB., *Ic. Fl. ross.*, t. 214. — HOOK. et ARN., *Beech. Voy. Bot.*, t. 68. — WIGHT, *Ill.*, t. 144; *Ic.*

36. Trientalis RUPP.[1] — Flores fere *Lysimachiæ* (v. *Anagallidis*); sepalis 5-9, lineari-lanceolatis, persistentibus. Corolla rotata, 5-9-partita torta. Stamina 4-9, fauci corollæ annulo tenui affixa; antheris basifixis obtusis introrsis, demum recurvis. Gynæceum *Lysimachiæ*. Fructus 5-valvis; seminibus inæqui-sphæricis v. 3-gonis ventrifixis contiguis. — Herbæ glabræ; rhizomate gracili repente; ramis aeriis erectis; foliis subverticillatis integris; floribus[2] in pedunculo filiformi 1-3, ebracteatis. (*Europa bor. et med., Asia bor. et or., America bor.-occid.*[3])

37. Asterolinum LINK et HFFMSG[4]. — Flores minuti; sepalis 5, lanceolatis, leviter tortis, patentibus. Corolla rotato-campanulata. Stamina 5, exserta; filamentis elongatis; antheris brevibus introrsis conniventibus. Germen globosum pauciovulatum. Capsula globosa glabra, calyce basi munita; valvis 5, oppositisepalis. Semina suborbicularia, ventre umbilicata; embryone transverso. — Herbæ annuæ pusillæ; foliis oppositis sessilibus ovato-lanceolatis; floribus axillaribus solitariis pedunculatis. (*Reg. Medit., Africa or. et occid. insul.*[5])

38. Pelletiera A. S.-H.[6] — Flores fere *Asterolini;* sepalis 5, lanceolatis. Corollæ multo brevioris petala plerumque 3, integra v. apice 2-dentata. Stamina totidem petalis superposita; filamentis subulatis petalo inferne adnatis; antheris brevibus, subintrorsum 2-rimosis. Germen ∞-ovulatum; placenta centrali subglobosa. Fructus 3-valvis. Semina ad 2. Cætera *Asterolini*. — Herbæ pusillæ

t. 1204. — A. RICH., *Fl. abyss.*, t. 65. — BENTH., *Fl. hongk.*, 202; *Fl. austral.*, IV, 268. — MIQ., *Fl. ind. bat.*, II, 1002; in *Ann. Mus. lugd.-bat.*, III, 120. — A. GRAY, in *Proc. Amer. Acad.*, V, 328; *Syn. Fl. N.-Amer.*, II, 62. — CHAPM., *Fl. S. Un.-St.*, 280. — C.-B. CLKE, in *Hook. f. Fl. brit. Ind.*, III, 501. — BAK., in *Oliv. Fl. trop. Afr.*, III, 489. — HEMSL., *Bot. centr.-amer.*, II, 288. — FR., *Pl. David.*, I, 200. — FR. et SAV., *En. pl. jap.*, I, 300. — BOISS., *Fl. or.*, IV, 7. — *Hook. Icon.*, t. 1980-1983. — GREN. et GODR., *Fl. de Fr.*, II, 463. — *Bot. Reg.* (1842), t. 6. — *Bot. Mag.*, t. 104, 660, 2012, 2295, 2346, 2373. — WALP., *Rep.*, VI, 446; *Ann.*, I, 493; III, 8; V, 471.

1. L., *Gen.*, ed. 1, n. 309. — GÆRTN., *Fruct.*, I, t. 50. — DUBY, in *DC. Prodr.*, VIII, 59. — ENDL., *Gen.*, n. 4208. — NEES, *Gen. Fl. germ.* — B. H., *Gen.*, II, 636, n. 15. — PAX, *loc. cit.*, 19

2. Albis, mediocribus.

3. Spec. 2. BARTON, *Fl. N.-Amer.*, II, t. 18. — A. GRAY, *Syn. Fl. N.-Amer.*, II, 60; *Bot. Calif.*, II, 468. — REICHB., *Ic. Fl. germ.*, t. 1083. — BRANDZ., *Prodr. Fl. rom.*, 406. — GREN. et GODR., *Fl. de Fr.*, II, 465.

4. *Fl. port.*, I, 332. — DUBY, in *DC. Prodr.*, VIII, 68. — ENDL., *Gen.*, n. 4205. — B. H., *Gen.*, II, 636, n. 16 (part.). — PAX, *loc. cit.*, 113.

5. Spec. 2. GÆRTN., *Fruct.*, I, t. 50 (*Lysimachia*). — GREN. et GODR., *Fl. de Fr.*, II, 462. — NEES, *Gen. Fl. germ.* — SIBTH., *Fl. græc.*, t. 189 (*Lysimachia*). — KZE, in *Linnæa*, XX, 37. — KLATT, *Lysim.*, t. 21, fig. 2. — REICHB., *Ic. Fl. germ.*, t. 1086. — WALP., *Ann.*, I, 494.

6. In *Mém. Mus.*, IX, 365; in *Ann. sc. nat.*, sér. 2, XI, 85, t. 4. — PAYER, *Leç. Fam. nat.*, 5. — PAX, *loc. cit.*, 113, t. 59 F.

annuæ glabræ; foliis oppositis; floribus axillaribus solitariis. (*America austr. extratrop.*[1], *? Ins. Canar.*[2])

39. Anagallis T.[3] — Flores hermaphroditi regulares; summo pedunculo in receptaculum hemisphericum, superne vix convexum, dilatato. Sepala 5, ima basi connata, nunc carinata, torta. Corolla rotata; lobis 5, profundis, tortis. Stamina 5, corollæ tubo brevi inserta ejusque lobis opposita; filamentis ima basi 1-adelphis, altius pilosis; antheris introrsis, 2-rimosis. Germen liberum, 1-loculare; stylo simplici[4], apice stigmatoso haud v. vix dilatato. Ovula seminaque ∞, placentæ centrali-liberæ apiculatæ inserta, adscendentia, incomplete anatropa; albumine carnoso; embryone verticali recto, hilo parallelo. — Herbæ annuæ v. perennes; caule nunc 4-gono; foliis oppositis v. 3-natis; superioribus nunc alternis, vix v. haud petiolatis, integris; floribus[5] axillaribus pedunculatis. (*Europa, Asia occ., Africa bor. et austr., America austr. extratrop.*[6])

40. Centunculus DILL.[7] — Flores[8] fere *Anagallidis;* sepalis 4, 5, persistentibus. Corolla calyce brevior, 4, 5-loba; tubo subgloboso lobis breviore. Stamina 4, 5, fauci corollæ affixa. Germen globosum, 8-ovulatum; stylo gracili, apice capitato. Capsula circumcissa; seminibus ∞, ventrifixis, dorso planis; embryone cæterisque *Anagallidis*. — Herbæ parvæ annuæ erectæ; foliis alternis, v. inferioribus oppositis; floribus axillaribus solitariis. (*Orbis utriusque reg. temp. et calid.*[9])

---

1. Miq., in *Mart. Fl. bras.*, X, 259, t. 32.

2. Webb, *Phyt. canar.*, III, 173. — ?Baudo, in *Ann. sc. nat.*, sér. 2, XX, 350.

3. *Inst.*, 142, t. 59. — L., *Gen.*, ed. 1, n. 122. — J., *Gen.*, 95. — Lamk, *Ill.*, t. 101. — Gærtn., *Fruct.*, I, t. 50. — Nees, *Gen. Fl. germ.* — Duby, in *DC. Prodr.*, VIII, 69. — Endl., *Gen.*, n. 4213. — Payer, *Leç. Fam. nat.*, 4. — B. H., *Gen.*, II, 637, n. 18. — Pax, *loc. cit.*, 114. — *Girasekia* W.-Schm., in *Ust. Ann.*, VI, 124. — *Euparea* Banks et Sol., in *Gærtn. Fruct.*, I, 230, t. 50. — Baudo, in *Ann. sc. nat.*, sér. 2, XX, 345.

4. Inferne sæpius cavo, apice crassiore papillarum penicillo coronato.

5. Roseis, coccineis v. cæruleis.

6. Spec. ad 12. Vent., *Ch. de pl.*, t. 14. — A. S.-H., in *Mém. Mus.*, II, t. 4. — Cav., *Ic.*, t. 123, fig. 2; t. 505, fig. 2. — All., *Fl. pedem.*, III, t. 85. — Wight, *Ic.*, t. 1205. — Harv., *Thes. cap.*, t. 4. — C.-B. Clke, in *Hook.*

f. *Fl. brit. Ind.*, t. III, 505. — Bak., in *Oliv. Fl. trop. Afr.*, III, 490. — Balf. F., *Bot. Soc.*, 151. — A. Gray, *Syn. Fl. N.-Amer.*, II, 63; *Bot. Calif.*, I, 469. — Chapm., *Fl. S. Un.-St.*, 281. — Boiss., *Fl. or.*, IV, 6. — Reichb., *Ic. Fl. germ.*, t. 1082. — Gren. et Godr., *Fl. de Fr.*, II, 466. — Walp., *Ann.*, I, 494; III, 9; V, 472.

7. L., *Gen.*, ed. 1, n. 76. — J., *Gen.*, 95. — Gærtn., *Fruct.*, I, t. 50. — Lamk, *Ill.*, t. 83. — Nees, *Gen. Fl. germ.* — Duby, in *DC. Prodr.*, VIII, 72. — Endl., *Gen.*, n. 4212. — Payer, *Leç. Fam. nat.*, 5. — B. H., *Gen.*, II, 637, n. 9. — Pax, *loc. cit.*, 115. — *Micropyxis* Duby, in *DC. Prodr.*, VIII, 71 (part.).

8. Minuti, pallidi.

9. Spec. 2, 3. R. et Pav., *Fl. per. et chil.*, t. 115 (*Anagallis*). — Miq., in *Mart. Fl. bras.*, X, t. 23; *Fl. ind. bat.*, II, 1004. — Wight, *Ic.*, t. 1585 (*Micropyxis*), 2000. — Baudo, in *Ann. sc. nat.*, sér. 2, XX, 346. — C.-B. Clke, in

VIII. GLAUCEÆ.

41. Glaux T. — Flores apetali; calycis gamophylli (colorati) foliolis 5, imbricatis, persistentibus. Stamina 5, alternisepala, subperigyna; filamentis subulatis, ima basi annuli tenuis glandulosi ope connatis, cæterum liberis; antheris introrsis, ab basin dorsifixis, 2-rimosis. Germen liberum; stylo apice stigmatoso capitellato. Ovula 8, placentæ centrali apice nudæ inserta, adscendentia hemitropa; micropyle extrorsum infera. Fructus capsularis, apice 5-valvis; seminibus paucis albuminosis. — Herba perennis radicans glabra; foliis oppositis integris obtusis carnosulis; floribus (2-morphis) axillaribus solitariis subsessilibus. (*Hemisph. bor. temp. reg. salsugin.*) — *Vid. p.* 322.

IX. CORIDEÆ.

42. Coris T. — Flores irregulares resupinati; calyce gamophyllo tubuloso; tubo basi inflato; fauce obliqua; limbi lobis 5, 3-angularibus pungentibus, medio glanduligeris, valvatis; additis aculeis minoribus conicis numero variis. Corolla tubuloso-campanulata, 2-labiata; limbi lobis 5, inæqualibus, 2-fidis, inflexo-imbricatis. Stamina 5, tubo affixa; filamentis inæqualibus; antheris exsertis basifixis obtusis; loculis confluenti-rimosis. Germen 1-loculare; stylo gracili, basi glanduloso, apice stigmatoso capitellato. Ovula 4, 5, hemitropa, placentæ centrali apiculatæ et inter ovula in discum incrassatæ inserta hemitropa; micropyle extrorsum infera. Fructus capsularis, calyce indurato inclusus, 5-valvis. Semina pauca ventrifixa; embryone albuminoso hilo parallelo. — Herba humilis ramosa; foliis alternis linearibus, margine revoluto sinuato-dentatis; supremis basi 2-spinulosis; floribus in racemos terminales densos dispositis; pedicellis brevibus. (*Europa, Africa et Asia medit.*) — *Vid. p.* 323.

Hook. f. Fl. brit. Ind., III, 506. — Bak., in *Oliv. Fl. trop. Afr.*, III, 490. — A. Gray, *Syn. Fl. N.-Amer.*, II, 64; *Bot. Calif.*, I, 469. — Chapm., *Fl. S. Un.-St.*, 281. — Reichb., *Ic. Fl. germ.*, t. 1082. — Gren. et Godr., *Fl. de Fr.*, II, 466. — Walp., *Ann.*, V, 471.

CV

UTRICULARIACÉES

Les Utriculaires[1] (fig. 390-393) ont les fleurs hermaphrodites et irrégulières. Leur calice est formé de deux lèvres herbacées : l'une antérieure, entière ou plus ou moins émarginée; et l'autre postérieure au début; cette dernière étant ordinairement alors enveloppée par la première. Leur corolle, gamopétale et fort irrégulière, a un

Utricularia vulgaris.

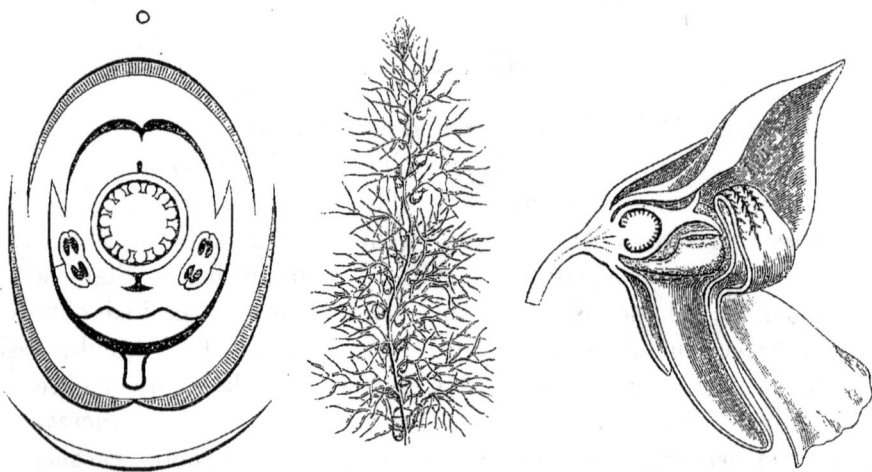

Fig. 391. Diagramme floral.   Fig. 390. Rameau foliifère.   Fig. 392. Fleur, coupe longitudinale.

tube extrêmement court et un limbe partagé en deux grandes lèvres : l'une antérieure et l'autre postérieure. L'antérieure, plus grande que l'autre, l'enveloppe dans le bouton; elle présente en dedans, sur la ligne médiane, une rentrée formant saillie, et nommée le palais, et

---

1. *Utricularia* L., *Gen.*, ed. 1, n. 15; ed. 6, n. 31. — J., *Gen.*, 98. — Gærtn. f., *Fruct.*, III, 108, t. 198. — Lamk, *Ill.*, t. 14. — Poir., *Dict.*, VIII, 267; Suppl., V, 405. — Turp., in *Dict. sc. nat.*, Atl., t. 27. — Endl., *Gen.*, n. 4193. — Nees, *Gen. Fl. germ.* — A. DC., *Prodr.*, VIII, 3, 666. —Payer, *Leç. Fam. nat.*, 15. — Warm., in *Vid. Medd. Nat. For. Kjob.* (1874), 439, t. 1, 2. — B. H., *Gen.*, II, 987, n. 1. — H. Bn, in *Bull. Soc. Linn. Par.*, 969. — *Lentibularia* Gesn. — Hall., *En. st. helv.*, II, 612. — Adans., *Fam.*, II, 208. —*Diurospermum* Edgew., in *Proc. Linn. Soc.* (1847), 351. — *Akentra* Benjam., in *Linnœa*, XX, 319.

au-dessous d'elle, en dehors, une autre saillie creuse, formant éperon, et dont la direction est variable. La corolle tombe de bonne heure; elle porte les étamines, au nombre de deux, répondant au côté anté-rieur de la fleur et formées chacune d'un filet court, épais, arqué, souvent renflé d'un côté, et d'une anthère à deux loges, confluentes au sommet et s'ouvrant suivant leur longueur par deux fentes qui, confluentes de même, simulent une ouverture transversale[1]. Le gynécée, libre et supère, est formé d'un ovaire uniloculaire, surmonté d'un style large et creux, dont le sommet est partagé en deux lobes membraneux, stigmatifères. L'un d'eux, le postérieur, avorte souvent plus ou moins complètement, tandis que l'autre se développe d'au-tant plus en une large lame. Dans l'ovaire se trouve un placenta cen-tral-libre, à pied court, chargé d'ovules anatropes et ascendants, à micropyle tourné en bas et en dehors. Le fruit est sec et s'ouvre en deux valves ou d'une façon irrégulière. Les graines, de forme variable, assez souvent comprimées et anguleuses, sont à la surface rugueuses, striées ou réticulées, parfois chargées de soies droites ou crochues. Leur embryon charnu, dépourvu d'albu-men, a des cotylédons épais, parfois en partie unis l'un à l'autre, avec une courte radicule, généralement infère.

Utricularia vulgaris.

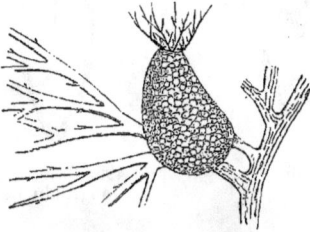

Fig. 393. Utricule.

Ce sont souvent des herbes terrestres, à feuilles sessiles, rappro-chées en rosette, dont le limbe est variable de forme et peut même disparaître à l'état adulte. De leur aisselle peuvent naître des axes capillaires, peu allongés, portant même quelquefois des utricules peu développées. Celles-ci deviennent bien plus volumineuses dans les espèces submergées qui ont bien au début quelques feuilles basi-laires en rosette. Mais ces organes disparaissent bientôt, et la plante développe de nombreuses ramifications capillaires, qui portent des utricules (fig. 393), sortes de sacs dont l'orifice est souvent garni de cils et dont le rôle physiologique a été interprété de différentes

---

1. Le pollen, étudié par H. MOHL, dans le *Pinguicula alpina* L., est ellipsoïde-aplati, avec sept sillons longitudinaux courts. Il porte des bandes étroites, et, sur chacune d'elles, on observe un ombilic arrondi; la membrane externe ponctuée.

façons[1].Les fleurs[2] sont disposées en grappes simples ou un peu ramifiées, dont l'axe, nu dans sa portion inférieure, est dressé, flexueux ou
volubile, et porte des bractées alternes ou parfois, dans les espèces

Pinguicula vulgaris.

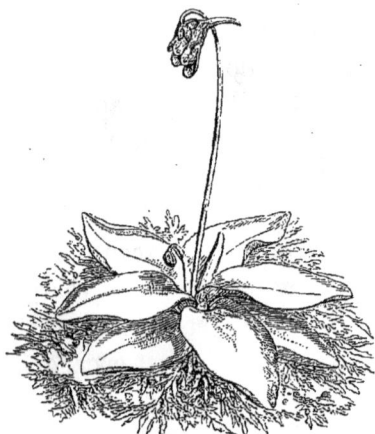

Fig. 394. Port.

Fig. 395. Fleur.

Fig. 399. Graine.

Fig. 400. Graine, coupe
longitudinale.

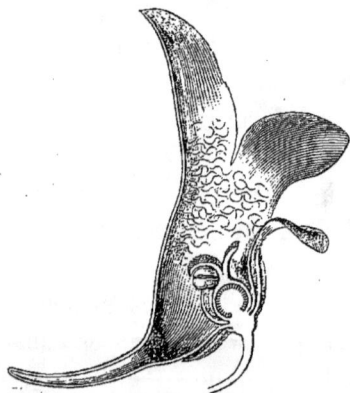

Fig. 396. Fleur, coupe
longitudinale.

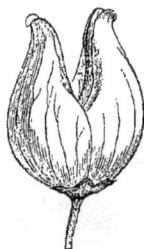

Fig. 398. Fruit déhiscent.

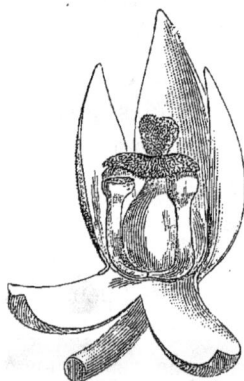

Fig. 397. Fleur, la corolle
enlevée.

submergées, des verticilles d'utricules entières ou multifides au sommet. Les pédicelles floraux portent souvent des bractéoles à une

1. Pour les uns, ce sont des instruments de flottaison qui, à l'époque de la floraison, se remplissent de gaz, afin de porter au-dessus du niveau de l'eau les fleurs qui vont s'épanouir. Pour d'autres, ce sont des organes producteurs d'un ferment qui sert à digérer des animaux de petite taille et, par suite, à contribuer à l'alimentation de la plante. Mais cette opinion aurait besoin d'être mieux démontrée.

2. Blanches, jaunes, rosées ou violacées.

hauteur variable. Dans les espèces aquatiques, l'axe florifère élève, à l'époque de l'anthèse, les fleurs dans l'atmosphère.

Dans certaines Utriculaires dont on a fait un genre *Polypompho-lyx*[1], le calice possède, outre ses deux lèvres, deux petites folioles intérieures, latérales.

Le genre comprend environ cent cinquante espèces[2], des régions tempérées et tropicales du monde entier.

Dans les *Genlisea*, genre très voisin, africain et surtout américain, les fleurs sont celles des Utriculaires, mais avec cinq sépales, égaux ou inégaux, en apparence unisériés. La corolle a un éperon incurvé, et le fruit est bivalve.

Les *Pinguicula* (fig. 394-400) sont des herbes terrestres, mais des localités humides, à feuilles basilaires, disposées en rosette, à fleurs solitaires, pédonculées; le calice à quatre ou cinq folioles; la corolle éperonnée, à lèvre postérieure étalée; les étamines à anthère terminale, subtransversale et finalement en apparence uniloculaire. Ce sont des herbes des régions tempérées de l'hémisphère boréal et de l'Amérique méridionale extratropicale.

Cette petite famille représente, quant aux fleurs, la forme irrégulière des Primulacées. Elle diffère notamment des *Coris* par la meiostémonie de l'androcée. Par ses organes de végétation, elle rappelle les *Primula* de la section *Hottonia;* et de même, les espèces submergées d'*Utricularia* présentent une structure spéciale de leurs organes végétatifs[3].

1. Lehm., *Nov. st. Pug.*, VIII, 48. — B. H., *Gen.*, II, 988, n. 2. — *Tetralobus* A. DC., *Prodr.*, VIII, 667.

2. Jacq., *St. amer.*, t. 6. — Cav., *Ic.*, t. 440. — R. et Pav., *Fl. per. et chil.*, t. 31. — Labill., *Pl. N.-Holl.*, t. 8. — Sm., *Exot. Bot.*, 119. — Hook., *Exot. Fl.*, t. 198; *Icon.*, t. 505. — Roxb., *Pl. corom.*, t. 180. — Wight, *Ill.*, t. 143; *Icon.*, t. 1567-1584. — Del., *Fl. Eg.*, t. 4. — Benjam., in *Mart. Fl. bras.*, X, 235, t. 20, 21. — Sauv., *Fl. cub.*, 91. — Griseb., *Fl. brit. W.-Ind.*, 390. — Schomb., in *Verh. Preuss. Gartenb. Ges.*, XV, t. 3. — *Fl. serr.*, t. 830, 1390, 1942. — Benth., *Fl. austral.*, IV, 524; *Fl. hongk.*, 255. — Hook. F., *Handb. N.-Zeal. Fl.*, 222. — Oliv., in *Journ. Linn. Soc.*, III, 174; IV, 169, t. 1; IX, 146. — Warm., in *Vid. Medd. Nat. For. Kjob.* (1874), 439, t. 1, 2. — F. Muell., in *Austral. Chem.*

(oct. 1885). — A. Gray, *Syn. Fl. N.-Amer.*, II, 314. — Hemsl., *Bot. centr.-amer.*, II, 469. — Boiss., *Fl. or.*, IV, 3. — Reichb., *Ic. Fl. germ.*, t. 1822-1825. — Gren. et Godr., *Fl. de Fr.*, II, 444. — *Bot. Mag.*, t. 5923. — Walp., *Rep.*, VI, 438, 741; *Ann.*, I, 488; III, 3, 919; V, 459.

3. M. Warming (in *Vid. Medd. Nat. For. Kjob.* [1874], 33, t. 6) a vu germer les graines et suivi le développement des feuilles et des utricules dans les espèces submergées d'Utriculaires. Adultes, elles ont perdu leur racine et leurs petites feuilles de la base. Les utricules ont été parfois considérées comme des feuilles modifiées. Quant aux ramifications capillaires et multiséquées, ce sont, suivant les avis, des branches, des feuilles, ou même des racines. M. Warming a encore étudié la structure du rhizome et des feuilles des *Genlisea* (*loc. cit.*)

Le nom d'Utriculariacées[1] date de 1829. Celui, beaucoup plus ancien, de Lentibulariées[2] n'a pas pu être conservé. L'ensemble, formé pour nous de trois genres, comprend près de deux cents espèces qui s'observent dans le monde entier, soit dans les eaux, soit au moins dans des terrains humides.

Ce sont des plantes peu utiles[3]. Le *Pinguicula vulgaris*[4] (fig. 394-400) est évacuant. Ses feuilles fraîches purgent et font vomir; elles sont aussi réputées vulnéraires. C'est avec elles, dit-on, qu'en Laponie on fait cailler le lait des rennes[5]. Le suc visqueux des feuilles de cette plante est cosmétique pour les cheveux en Danemark; et dans les montagnes, on les applique sur les gerçures du pis des vaches. C'est en même temps une espèce tinctoriale, qui colore en jaune. Les *P. longifolia* DC. et *leptoceras* REICHB. ont les mêmes propriétés. L'*Utricularia vulgaris*[6] (fig. 390-393) passe, dans les campagnes, pour un remède topique des plaies et des brûlures, de la dysurie; on lui substitue les *U. minor* L., *neglecta* LEHM. et *intermedia* HAYNE. Au Malabar, l'*U. reticula* SM. sert au traitement des dyspepsies et des flatuosités. On ne cultive guère qu'un très petit nombre d'espèces ornementales de Pinguicules et d'Utriculaires à grandes fleurs.

Sur l'anatomie de l'Utriculaire, voy. aussi : V. TIEGH., in *Bull. Soc. bot. Fr.*, XV, 158; in *Ann. sc. nat.*, sér. 5, I, 54. — SCHENCK, in *Pringsh. Jahrb.* (1887). Sur les Pinguicules et leur structure anatomique, DANG., *Le Bot.* (1889), sér. 1, fasc. 5; in *Bull. Soc. bot. Fr.* (1888), n. 3. — DANG. et BARB., Sur la polystélie des *Pinguicula*, in *Bull. Soc. bot. Fr.* (1887), n. 6. — M. HOVEL., Sur les propagules du *Pinguicula*, in *C. rend. Ac. sc.* (13 févr. 1888); in *Journ. Bot.* (1888), 35.

1. DUMORT., *An. fam.*, 19, 23. — *Utriculariæ* ENDL., *Gen.*, 728. — BENJAM., in *Linnæa*, XX, 299, 485. — PAYER, *Leç. Fam. nat.*, 14, Fam. 4. — *Utricularineæ* J., in *Dict.*, LVI, 408. — *Utricularinæ* LINK et HFFMSG, *Fl. port.*, I, 399.

2. R. BR., *Prodr.*, I, 429 (1810). — B. H., *Gen.*, II, 986, Ord. 117. — *Lentibulariaceæ* LINDL., *Nat. Syst.*, ed. 2, 286 (1836); *Veg.*

Kingd., 686 (Alliance des *Bignoniales*).

3. ENDL., *Enchirid.*, 354. — LINDL., *Veg. Kingd.*, 686. — ROSENTH., *Syn. pl. diaphor.*, 497.

4. L., *Spec.*, 25. — LAMK., *Ill.*, t. 14, fig. 1. — GREN. et GODR., *Fl. de Fr.*, II, 442. — *P. villosa* ALL., *Fl. pedem.*, I, 57, n. 201. — *P. hirtiflora* TEN., *Fl. nap.*, III, 18. — *P. grandiflora* POLL., *Ver.*, I, 24. — H. BN. *Herbor. par.*, 161. — *P. Gesneri* J. BAUH. (*Grasselle, Tue-brebis, Langue d'oie*).

5. L., *Fl. lapp.*, 10 (*Saettgraes, Taettgraes, Taelmioelk, Saetmioelk*).

6. L., *Spec.*, 26. — OED., *Fl. ver.*, I, 24. LAMK., *Ill.*, t. 14, fig. 1. — SM., *Engl. Bot.*, t. 253. — DC., *Fl. fr.*, III, 575. — POIT. et TURP., *Fl. par.*, t. 30. — GREN. et GODR., *Fl. de Fr.*, II, 444. — H. BN, *Herbor. par.*, 162. — *P. Gesneri* J. BAUH. (*Lentibulaire commune, Mille-feuille des marais*).

GENERA

---

1. **Utricularia** L. — Flores irregulares; receptaculo convexo. Sepala 2, inæqualia, anticum et posticum; adjectis nunc 2, interioribus alternis parvis (*Polypompholyx*). Corolla 2-labiata; tubo brevi, sæpius lato; calcare subrecto v. incurvo; limbi 2-labiati lobo postico erecto, integro, emarginato v. 2-fido; antico autem patente, latiore v. latissimo, extimo, sæpe intus supra basin in palatum convexum prominente v. 3-gibbo, margine integro v. 2-4-lobo. Stamina 2, antica; filamentis corollæ affixis, incurvis, sæpius valde incrassatis, basi et apice contiguis; antheræ dorsifixæ loculis 2, divaricatis, demum plus minus confluentibus, longitudine subhorizontaliter rimosis. Germen superum, 1-loculare; stylo apice 2-lobo; lobis laminiformibus æqualibus, v. antico minore aut 0. Placenta centralis libera; ovulis ∞, adscendentibus; micropyle extrorsa. Fructus siccus, longitudinaliter 2-valvis v. inæqui-ruptus. Semina ∞, varie depressa v. angulata exalbuminosa, nunc setis rectis v. glochidiatis instructa, sæpius reticulato-striata v. rugosa; embryonis carnosi cotyledonibus crassis, utrinque v. hinc conferruminatis, cum radicula brevi crassa continuis. — Herbæ terrestres v. fluitantes arhizæ; foliis basilaribus rosulatis, nunc evanidis; ramis capillaceo-∞-fidis, aut rudimentariis, aut (in aqua) valde evolutis, utriculiferis; utriculis variis sessilibus v. stipitatis, ore integris v. capillaceo- ∞-fidis; scapis apice 1-floris v. racemigeris, nunc ∞-utriculiferis; pedicellis alternis, v. inferioribus spurie oppositis, basi 1-bracteatis et plus minus alte 2-bracteolatis. (*Orbis utriusque reg. temp. et trop.*) — *Vid. p.* 347.

2? **Genlisea** A. S.-H.[1] — Flores *Utriculariæ*[2]; sepalis 5, sub-

---

1. *Voy. Distr. diam.*, II, 428; in *Ann. sc. nat.*, sér. 2, XI, 165, t. 5 (non Reichb.). — Spach, *Suit. à Buff.*, IX, 335. — Endl., *Gen.*, n. 4194. — A. DC., *Prodr.*, VIII, 26. — B. H., *Gen.*, II, 988, n. 3.

2. Cujus potius forte sectio.

æqualibus v. inæqualibus sub-1-seriatis; corollæ calcare incurvo. Capsula 2-valvis. Cætera *Utriculariæ*. — Herbæ[1]; foliis in rhizomate perenni brevi rosulatis : aliis membranaceis; aliis filiformibus utriculiferis; floribus[2] in summo scapo breviter racemosis, bracteatis et minute 2-bracteolatis. (*America trop.*[3], *Africa trop. et austr.*[4])

3. **Pinguicula** T.[5] — Flores fere *Utriculariæ;* calyce 5-partito v. 2-labiato; labio antico emarginato, 2-lobo v. 2-fido; postico autem 3-lobo. Corolla 2-labiata, basi antice calcarata[6]; limbi lobis 5, patentibus, integris v. emarginatis, imbricatis; antico intimo; fauce sæpius aperta. Stamina 2, antica; filamentis leviter arcuatis; antheris cum summo filamento continuis apicalibus, confluentia 1-locularibus[7]. Germen 1-loculare; styli brevis laminis stigmatosis valde dissimilibus; antica sæpius latiore revoluta; postica autem erecta angustiore, minuta v. 0. Fructus 2-4-valvis; seminibus oblongis, rugosis v. reticulatis, exalbuminosis. — Herbæ terrestres[8]; foliis[9] basilaribus rosulatis integris, sæpe pinguibus viscidulis; marginibus sæpe involutis; floribus[10] pedunculatis solitariis, sæpe reversis. (*Orbis utriusque reg. extratrop. temp. et frigid.*[11])

---

1. *Utriculariarum* terrestrium habitu; squamellis scapi paucis sæpe dissitis.

2. Flavidis, virescentibus v. purpureo-cæruleis.

3. BENJAM., in *Mart. Fl. bras.*, X, 252, t. 21. — WRIGHT, in *Sauv. Fl. cub.*, 90.

4. OLIV., in *Journ. Linn. Soc.*, IX, 145.

5. *Inst.*, 167, t. 74. — L., *Gen.*, ed. 1, n. 14. — J., *Gen.*, 98. — LAMK, *Dict.*, III, 21; Suppl., II, 826; *Ill.*, t. 14. — NEES, *Gen. Fl. germ.* — ENDL., *Gen.*, n. 4195. — A. DC., *Prodr.*, VIII, 27. — PAYER, *Leç. Fam. nat.*, 14. — B. H., *Gen.*, II, 988, n. 4. — *Brandonia* REICHB., *Consp.*, 127.

6. Calcaris fundo nectarigero.

7. Prima ætate 4-lobatis. polline sæpe albo.

8. Sæpe polymorphæ (DCHTRE, in *Journ. Soc. hort. Fr.* (1887), 421, 486).

9. Sic dictis insectivoris.

10. Violaceis, purpureis v. flavis.

11. Spec. ad 25. R. et PAV., *Fl. per. et chil.*, t. 31. — HEMSL., *Bol. centr.-amer.*, II, 470. — SIBTH. et SM., *Fl. græc.*, t. 11. — TEN., *Fl. nap.*, t. 201. — BROT., *Phyt. lus.*, t. 1. — WEBB, *Ot. hisp.*, t. 45. — HOOK. F., *Fl. ant.*, t. 119. — REICHB., *Ic. bol.*, t. 81-84; *Ic. Fl. germ.*, t. 1809-1821. — BOISS., *Fl. or.*, IV, 1. — A. GR., *Syn. Fl. N.-Amer.*, II, 317. — GREN. et GODR., *Fl. de Fr.*, II, 441. — H. BN, *Herbor. par.*, 161. — GENTY, in *Mor. Journ. Bot.* (1891), 225, 245, t. 3. — *Bot. Reg.*, t. 126. — WALP., *Ann.*, I, 492; III, 6.

CVI
PLOMBAGINACÉES

I. SÉRIE DES DENTELAIRES.

Dans les fleurs régulières et hermaphrodites des Dentelaires[1] (fig. 401-405), le réceptacle convexe porte un calice tubuleux, généralement à cinq larges côtes que séparent les unes des autres autant de sillons occupés par une mince membrane blanchâtre. La surface externe est chargée de glandes stipitées, et les folioles du calice deviennent supérieurement libres et valvaires. La corolle hypocratérimorphe a généralement un tube long et étroit, et un limbe ouvert, à cinq lobes, égaux ou à peu près, tordus dans le bouton, puis étalés. L'androcée est formé de cinq étamines hypogynes, superposées aux divisions de la corolle. Leurs filets sont à peu près libres, sauf en bas où ils se dilatent en masses glanduleuses, parfois unies entre elles et plus ou moins aussi unies à la base de la corolle. Leurs anthères sont dorsifixes, à deux loges qui deviennent indépendantes au-dessous de l'insertion du filet et s'ouvrent en dedans par des fentes longitudinales[2]. Le gynécée supère a un ovaire sessile ou stipité, uniloculaire, surmonté d'un style qui se partage supérieurement en cinq branches stigmatifères, alternipétales, garnies en dedans de grosses papilles globuleuses. Le placenta central-libre, en forme de cordon, s'élève de la base de la loge et se recourbe en haut avant de supporter un ovule descendant, latéralement attaché, et à micropyle supérieur[3], coiffé d'un obturateur qui descend sur lui du sommet de la loge[4]. Le fruit, enfermé dans le calice persistant, et recouvert en haut de la corolle flétrie[5], est sec et membraneux. Il s'ouvre en travers près de

1. *Plumbago* T., *Inst.*, 140, t. 58. — L., *Gen.*, ed. 1, n. 123. — J., *Gen.*, 92. — Turp., in *Dict. sc. nat.*, Atl., t. 24. — Endl., *Gen.*, n. 2174. — Payer, *Organog.*, 616, t. 153, fig. 14-17; *Leç. Fam. nat.*, 12. — Boiss., in *DC. Prodr.*, XII, 691. — B. H., *Gen.*, II, 627, n. 6. — Maury, *Plombag.*, 12. — Pax, *Pflanzenfam.*, *Lief.* 45, p. 122, fig. 65, 66. — *Thela* Lour., *Fl. cochinch.*, 119.

2. Le pollen est sphérique ou ovoïde, avec trois plis. Sa membrane externe est ponctuée ou celluleuse. (H. Mohl.)

3. A double tégument.

4. C'est une sorte de bouchon, de longueur variable, à sommet inférieur arrondi. Son centre peut présenter une dépression punctiforme.

5. Détachée par sa base et fortement tordue sur elle-même.

sa base et se fend ensuite plus ou moins profondément, de bas en haut, en cinq valves. La graine, suspendue au sommet du placenta

Plumbago (Plumbagidium) rosea.

Fig. 402. Fleur.   Fig. 401. Rameau florifère.   Fig. 403. Fleur, coupe longitudinale.

desséché qui longe un de ses côtés, renferme, sous ses minces téguments[1], un albumen charnu, d'ordinaire peu épais, et un embryon

1. A triple couche : l'externe formée d'une seule assise ; la moyenne plus ou moins colorée.

axile, de même longueur, à radicule supère et à cotylédons plus larges et aplatis.

Dans le *P. micrantha*, dont on a fait un genre *Plumbagella*[1], le calice plus épais porte dans sa portion inférieure, outre les glandes stipitées, des tubercules inégaux; et les sinus de séparation de ses lobes plus courts sont proéminents au dehors, sous forme aussi de tubercules.

Le *P. Larpentæ* (fig. 404, 405) a aussi été génériquement distingué, avec quelques autres espèces, sous le nom de *Ceratostigma*[2]. Les divisions aiguës de leur calice sont unies vers leur base par une assez large membrane hyaline qui continue celle des sillons, et le dos des sépales est dépourvu de glandes stipitées.

On a fait aussi un genre *Plumbagidium*[3] pour les *P. auriculata, scandens, rosea*, qui ont des feuilles nettement pétiolées ou rudimentaires, avec le limbe de la corolle relativement large.

Ainsi conçu, le genre renferme une quinzaine d'espèces[4], des régions chaudes et tempérées des deux mondes, en y comptant l'Europe méridionale. Ce sont des herbes vivaces ou rarement annuelles, ou des sous-arbrisseaux sarmenteux, parfois spartioïdes. Leurs feuilles, quand elles existent, sont alternes; et d'ordinaire, quand elles sont sessiles,

Plumbago (Ceratostigma) Larpentæ.

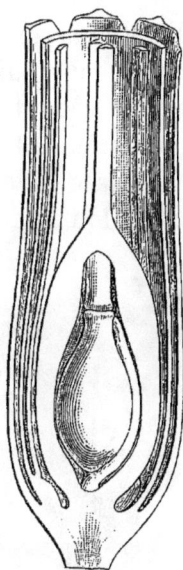

Fig. 404. Base de la fleur, coupe longitudinale.

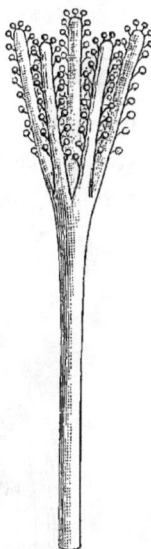

Fig. 405. Sommet du style.

---

1. SPACH, *Suit. à Buff.*, X, 333. — BOISS., *loc. cit.*, 690. — PAX, *loc. cit.*, 122.
2. BGE, *Enum. pl. chin. bor.*, 55. — B. H., *Gen.*, II, 628, n. 7. — PAX, *loc. cit.*, 122. — *Valoradia* HOCHST., in *Flora* (1842), 239. — BOISS., in *DC. Prodr.*, XII, 694.
3. SPACH, *loc. cit.*, 338.
4. SIBTH., *Fl. græc.*, t. 191. — WIGHT, *Ill.*, t. 179. — LEDEB., *Ic. Fl. ross.*, t. 21. — NEES, *Gen. Fl. germ.* — DESF., *Fl. atl.*, I, 171. —

GUSS., *Syn.*, I, 249. — C.-B. CLKE, in *Hook. f. Fl. brit. Ind.*, III, 480; 481 (*Ceratostigma*). — REICHB., *Ic. Fl. germ.*, t. 1138. — A. GR., *Syn. Fl. N.-Amer.*, II, 55. — GRISEB., *Fl. brit. W.-Ind.*, 390. — HEMSL. et FORB., in *Journ. Linn. Soc.*, XXVI, 36. — BOISS., *Fl. or.*, IV, 875. — WILLK. et LGE, *Prodr. Fl. hisp.*, II, 382. — GREN. et GODR., *Fl. de Fr.*, II, 753. — *Bot. Reg.*, t. 417 (1846), t. 23. — *Bot. Mag.*, t. 230, 2110, 2139, 2917, 4487, 5363.

auriculées et amplexicaules à la base. Leurs fleurs[1] sont disposées
en épis allongés, terminaux, simples, ou en petits épis définis, terminaux et axillaires ; accompagnées chacune d'une bractée et de
bractéoles latérales plus ou moins développées.

Le genre très voisin *Vogelia*, asiatique et africain, a des fleurs en
épis et des sépales dilatés sur les côtés en ailes hyalines plus ou moins
larges, rédupliquées, à peine unies entre elles tout à fait en bas.

II. SÉRIE DES STATICE.

Les *Statice*[2] (fig. 406-409), dont les fleurs sont régulières et hermaphrodites, ont un calice gamosépale, dont la base porte cinq ou dix
côtes, et dont le limbe est scarieux, plissé, avec cinq lobes rédupliqués, reliés les uns aux autres par une membrane transparente. La
corolle est formée de cinq pétales, libres, souvent unis, à la base seulement, en un anneau plus ou moins épais, disposés dans le bouton

Statice Thouini.

Fig. 406. Rameau florifère.

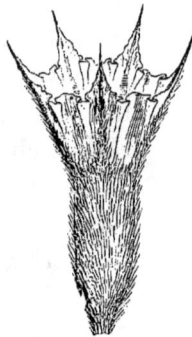

Fig. 407. Calice accru autour du fruit.

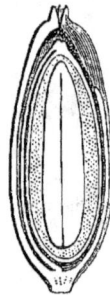

Fig. 409. Fruit, coupe longitudinale.

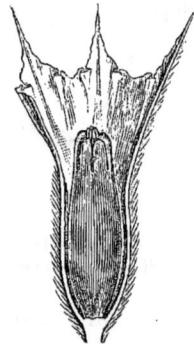

Fig. 408. Fruit enveloppé de la corolle ; le calice ouvert.

en préfloraison tordue. L'androcée est formé de cinq étamines oppositipétales ; leurs filets sont unis dans une étendue très courte, mais

1. Blanches, roses, rouges, violacées ou
bleuâtres, souvent élégantes.

2. L., *Gen.*, ed. 1, n. 252 (part.). — J., *Gen.*,
92. — Lamk, *Ill.*, t. 234. — Poir., *Suppl.*, V,
234. — W., *Enum. H. berol.*, 335. — Endl.,
Gen., n. 2172. — Nees, *Gen. Fl. germ.* —
Boiss., in *DC. Prodr.*, XII, 635. — Payer,
Leç. Fam. nat., 12 (part.). — B. H., *Gen.*, II,
625, n. 3. — Maury, *loc. cit.*, 26. — Pax, *loc.
cit.*, 124, fig. 66, B. — *Taxanthema* Neck.,
Elem., I, 115. — *Eurychiton* Grah., *Cat. pl.
Bomb.*, Add.

variable, avec la base des pièces de la corolle, et souvent inégaux. Ils
supportent chacun une anthère biloculaire, introrse, déhiscente par
deux fentes longitudinales. Le gynécée est libre, formé d'un ovaire
uniloculaire, à cinq côtes verticales saillantes, alternipétales, faisant

Armeria maritima.

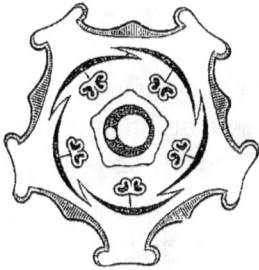

Fig. 412. Diagramme.

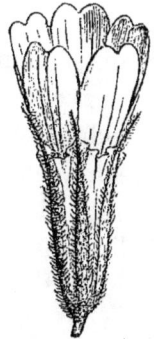

Fig. 411. Fleur.

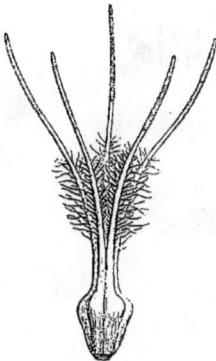

Fig. 414. Gynécée.

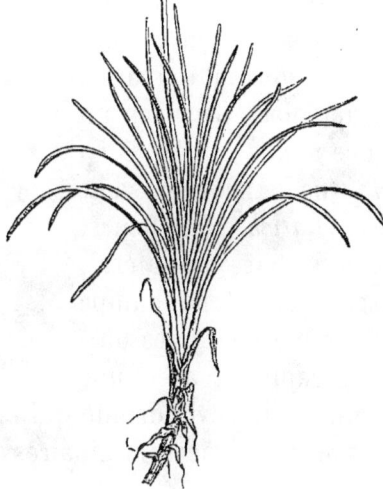

Fig. 410. Port.

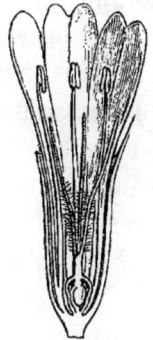

Fig. 413. Fleur, coupe
longitudinale.

suite à autant de branches stylaires presque indépendantes, dont le
sommet stigmatifère est de forme variable. Dans l'intérieur de l'ovaire se
trouvent un ovule et un obturateur semblables à ceux des Dentelaires.
Le fruit est sec, entouré de la corolle flétrie et du calice persistant et
accru. Il renferme une graine suspendue au placenta grêle et durci,
pourvue d'un albumen plus ou moins épais et d'un embryon intérieur,
à courte radicule supère.

Il y a des *Statice* dont les branches stylaires ont un sommet stigmatique oblong, et d'autres qui l'ont capité. On a fait de ces derniers un

genre *Goniolimon*[1]. D'autres, comme les *Eurychiton*, ont les onglets des pétales plus ou moins accolés, simulant une gamopétalie assez étendue. Dans la section *Pterolimon*, les feuilles sont remplacées par de très petites écailles apprimées. Dans les *Armeriastrum*[2], plantes herbacées ou suffrutescentes, dont on a fait un genre distinct[3], les feuilles, rapprochées les unes des autres, rigides et étroites, sont souvent terminées par une pointe acérée. Ce ne peut être pour nous qu'une section du genre *Statice*. Ainsi compris, celui-ci compte près de deux cents espèces[4], annuelles ou plus souvent vivaces, frutescentes ou suffrutescentes, la plupart de l'ancien monde et de l'hémisphère boréal, quelques-unes de l'Amérique du Nord et du Sud, de l'Afrique australe, de l'Asie et de l'Océanie. Leurs feuilles sont alternes, souvent rassemblées en rosette à la base. Leurs fleurs[5] sont groupées, sur les axes simples ou ramifiés de l'inflorescence, en cymes ou en glomérules, de forme variable, souvent unipares, avec bractées et bractéoles. C'est, en un mot, une inflorescence mixte.

Ægialitis annulata.

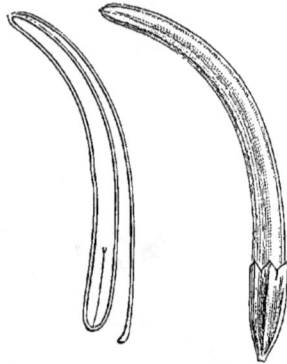

Dans les *Armeria* (fig. 410-414), jadis confondus avec les *Statice*, les fleurs, pourvues d'un talon basilaire, unilatéral, sont groupées, au sommet d'une hampe commune, en un ensemble de cymes unipares qui simule un capitule, avec une sorte d'involucre et une gaine cylindrique qui entoure le sommet de la hampe. Ce sont des herbes vivaces, originaires des deux mondes.

Fig. 416. Graine, coupe longitudinale. Fig. 415. Fruit.

1. Boiss., in *DC. Prodr.*, XII, 632; *Fl. or.*, IV, 854. — Pax, *loc. cit.*, 124.

2. Jaub. et Spach, *Ill. pl. or.*, I, 161, t. 89-95.

3. *Acantholimon* Boiss., *Diagn. or.*, VII, 69; in *DC. Prodr.*, XII, 622; *Fl. or.*, IV, 823. — Bge, *Mon. Acanthol.*, in *Mém. Acad. Pétersb.*, sér. 7, XVIII. — B. H., *Gen.*, II, 625, n. 2. — Maury, *loc. cit.*, 49. — Pax, *loc. cit.*, 123.

4. Vahl, *Symb.*, t. 9, 10. — Cav., *Ic.*, t. 50. — Lhér., *St.*, t. 13. — Ten., *Fl. nap.*, t. 223. — Sibth., *Fl. græc.*, t. 300. — Del., *Fl. Eg.*, t. 25. — De Gir., in *Ann. sc. nat.*, sér. 2, XVII, t. 3, 4; in *Coss. Exp. Alg. Bot.*, t. 68. — Uffmsg et Link, *Fl. port.*, t. 77, 78. — Ledeb., *Ic. Fl. ross.*, t. 252, 259, 314. — Jaub. et Sp., *Ill. pl. or.*, t. 85-88, 388-390. — Boiss., *Voy. Esp.*, t. 155; *Fl. or.*, IV, 856. — Webb, *Phyt. canar.*, t. 189-196. — Reichb., *Ic. eur.*, t. 162,

163, 172, 173, 186-188, 193-195, 717-721; *Ic. Fl. germ.*, t. 1139-1147. — Tchihatch., *As. min.*, t. 36, 37 (*Acantholimon*), 38. — Stschegl., in *Bull. Mosc.* [1851], II, t. 13. — Reg., *Sert. petrop.*, t. 17. — Trautv., *In. pl. ross.*, t. 9. — A. Gray, *Un.-St. expl. Exp. Bot.*, 1, 338; *Syn. Fl. N.-Amer.*, II, 54. — C.-B. Clke, in *Hook. f. Fl. brit. Ind.*, III, 479. — Balf. f., *Bot. Soc.*, 148. — Brandz., *Prodr. Fl. rom.*, 413. — Willk. et Lge, *Prodr. Fl. hisp.*, II, 370. — Gren. et Godr., *Fl. de Fr.*, II, 738. — *Bot. Reg.*, t. 1450; (1839), t. 6; (1845), t. 7, 63; (1847), t. 2. — *Bot. Mag.*, t. 656, 1617, 1629, 3701, 3776, 4055, 4125, 5153, 5158, 6537. — *Hook. Icon.*, t. 1737. — Walp., *Ann.*, III, 276; V, 715.

5. Blanches, jaunes, roses, lilacées ou bleues, souvent élégantes et ornementales.

L'*Ægialitis*, arbuste des marais salés de l'Asie et de l'Océanie tropicales, a des fleurs de *Statice*, avec des branches stylaires à extrémité capitée. Ses fleurs sont groupées sur des axes ramifiés, dichotomes, en faux-épis, et ses fruits allongés et arqués renferment une graine conforme, dont l'embryon charnu est dépourvu d'albumen et rappelle beaucoup, comme le fruit, celui des *Ægiceras* (fig. 415, 416).

Dans les *Limoniastrum*, de la région Méditerranéenne, les fleurs sont aussi analogues à celle des *Statice;* mais les étamines, au lieu de s'insérer au fond de la fleur, sont attachées bien plus haut sur le tube de la corolle, au-dessous de sa gorge. Les graines sont pourvues d'un albumen peu abondant.

Cette petite famille était formée par A.-L. DE JUSSIEU[1] des deux genres *Plumbago* et *Statice*. En 1836, LINDLEY[2] lui donna le nom de *Plumbaginaceæ*. R. BROWN avait, dès 1810, adjoint aux *Plumbagineæ*[3] les *Ægialitis* et le *Vogelia* de LAMARCK[4]. En 1883, le *Genera* de MM. BENTHAM et HOOKER distinguait huit genres de Plombaginées. M. PAX en a récemment admis dix, conservant à peu près tous ceux qui ont été proposés. Dans sa thèse sur cette famille, M. MAURY[5] n'en avait maintenu que sept. Nous les réduisons à six, comprenant environ deux cent vingt espèces, et groupés, suivant les idées de SPACH[6], en deux séries :

I. PLOMBAGÉES[7]. — Fleurs à divisions du calice dressées, unies ou séparées les unes des autres par des lames scarieuses et blanchâtres. Pétales unis seulement à la base, entre eux et avec les étamines en majeure partie libres. Style unique à la base, plus haut divisé en cinq branches stigmatifères. — 2 genres.

II. STATICÉES[8]. — Fleurs à calice étalé en haut et là scarieux et coloré. Étamines unies à la base seulement de la corolle ou insérées

1. *Gen.* (1789), 92, Ord. 4, *Plumbagines*.
2. *Nat. Syst.*, ed. 2, 269; *Veg. Kingd.*, 640, Ord. 245. — BOISS., in *DC. Prodr.*, XII. 617, Ord. 154. — PAX, *Pflanzenfam*, Lief. 45, p. 116.
3. VENT., *Tabl.*, II, 276 (1799). — R. BR., *Prodr.*, 425. — SPRENG., *Anl.*, II, I, 381. — J., in *Dict.*, XLII, 13.—ENDL., *Gen.*, 348, Ord. 117. — PAYER, *Leç. Fam. nat.*, 12, Fam. 2. — B. H., *Gen.*, II, 623, Ord. 98.
4. *Ill.*, II (1792).

5. *Et. organ. et distr. géogr. Plombaginées* (thès. Fac. sc. Par. [1886]).
6. *Suit. à Buff.*, X (1841), 331.
7. *Plumbageæ* REICHB., *Handb.*, 202. — BOISS., *loc. cit.*, 690. — B. H., *Gen.*, II, 624, Trib. 2. — *Plumbagineæ veræ* BARTL., *Ord.*, 126. — *Plumbagineæ* PAX, *loc. cit.*, 122. — *Dentellarieæ* REICHB., *Consp.*, 91.
8. *Staticeæ* BARTL., *Ord.*, 127. — BOISS., *loc. cit.*, 621. — B. H., *Gen.*, II, 624, Trib. 1. — PAX, *loc. cit.*, 123.

plus haut sur son tube. Styles libres ou unis seulement à la base. —
4 genres.

Ce sont des plantes des pays tempérés, presque toutes des terrains
salés et arides ou des marais saumâtres du bord de la mer. La
plupart habitent les régions de l'hémisphère boréal, notamment les
rivages de la Méditerranée et de l'Océan. Ce sont parfois, sous les
tropiques, des compagnons des Palétuviers. Quelques rares espèces
sont alpines[1].

Elles sont alliées d'une part aux Primulacées, dont elles représentent la forme régulière, avec un seul ovule au sommet d'un placenta basilaire, allongé et grêle[2]; et d'autre part aux Polygonacées,
qui ont quelquefois aussi un ovule descendant d'un long placenta,
mais chez lesquelles il est bien plus souvent sessile et dressé, orthotrope, avec un réceptacle plus concave et une périgynie du périanthe
ordinairement manifeste[3].

Les tissus des Plombaginacées présentent quelques particularités[4]
qui paraissent tenir aux conditions du milieu que ces plantes habitent.
Les sels qu'elles extraient de l'eau de mer leur donnent quelques
propriétés particulières[5]; ils les rendent diurétiques, ou astringentes,
ou plus souvent âcres et même caustiques. Jadis on provoquait souvent
la sécrétion urinaire avec l'*Armeria maritima*[6] (fig. 410-414), notamment avec une infusion de ses fleurs. L'*A. plantaginea*[7] servait aux
mêmes usages. Le *Statice Limonium*[8] et bien d'autres espèces[9]
passaient pour toniques et astringents. Les *S. coriaria* PALL. et *tata-
rica* L. servaient, en Russie et en Sibérie, à tanner les cuirs. L'astrin-

---

1. Voy. MAURY, *loc. cit.*, 101, t. 6.

2. C'est B.-MIRBEL qui le premier a bien
décrit et figuré l'organisation, toujours au fond
la même, de l'ovule des Plombaginacées, de
même que l'origine de l'obturateur (1828).

3. ADANSON a bien fait voir les affinités des
Nyctaginées avec les Plombaginacées à côté
desquelles les place A.-L. DE JUSSIEU; et M. D.
OLIVER (in *Trans. Linn. Soc.*, XXII), celles
plus éloignées avec certaines Caryophyllacées.
Les affinités avec les Chénopodiacées sont tout
aussi évidentes, quoique ces dernières soient
monochlamydées.

4. Voy. EBEL, *De Armeriæ gen.*, 6. — OLIV.,
loc. cit., 292. — HART., in *Bot. Zeit.* (1859), 96
(*Statice*). — KRUEG., *Beitr. anom. Holzbild.*
(1884), 14. — SOLER., *Syst. Wert Holzstr.*, 163.
— PAX, *loc. cit.*, 117, fig. 65. M. MAURY a non
seulement étudié la structure des tiges,
feuilles, etc., mais (p. 55) les organes sécré-
teurs de substances minérales, si fréquents

dans cette famille et que M. LICOPOLI nomme
organes calcifères (in *Ann. dell' Acad. d.
aspir. natur. d. Napoli* [1866], 11). — VOLCK.,
in *Ber. deutsch. bot. Ges.* (1884), 334.

5. ENDL., *Enchir.*, 225. — LINDL., *Veg.
Kingd.*, 641. — ROSENTH., *Syn. pl. diaphor.*,
251, 1115.

6. W., *Enum. H. berol.*, I, 333. — GREN. et
GODR., *Fl. de Fr.*, II, 733. — *Statice Armeria*
MILL. — SM. — *S. cæspitosa* POIR. (*Gazon d'Espagne, G. d'Olympe, G de montagne, Mousse
grecque, Œillet marin, Herbe à sept têtes*).

7. W., *Enum. H. berol.*, I, 334. — GREN. et
GODR., *Fl. de Fr.*, II, 735. — *A. rigida* WALLR.
— *A. montana* WALLR. — *Statice plantaginea*
ALL. — *S. arenaria* PERS.

8. L., *Fl. suec.*, 99. — GREN. et GODR., *Fl.
de Fr.*, II, 738 (*Behen rouge, Saladelle*).

9. Le *S. Gmelini* W., et le *S. speciosa* L., qui
donne de la soude et qui, en Sibérie, sert, dit-
on, au traitement des prolapsus utérins.

gence du *S. caroliniana* WALT. passe pour être extrême. Les *Plumbago*
sont plutôt âcres. Le *P. europœa*[1] est vésicant et servait aux mendiants
à produire des ulcères cutanés. C'est un révulsif énergique, et à l'intérieur il est nauséeux et émétique. On l'a proposé comme remède
des cancers et des affections des yeux. Le *P. rosea*[2] (fig. 401-403)
serait, croit-on, le *Radix vesicatoria* de RUMPHIUS, agissant à la façon
des cantharides. Le *P. scandens*[3] est aussi un vésicant puissant, vanté
en Amérique contre les affections du foie, les hydropisies, les maladies
des yeux et des oreilles. On cultive dans les jardins et les serres un
grand nombre d'*Armeria*, de *Statice* et de *Plumbago* ornementaux.

1. L., *Spec.*, 215. — GREN. et GODR., *Fl. de
Fr.*, II, 753 (*Dentelaire d'Europe, Herbe de la
rache, H. au cancer*). Le nom de *Molybdène*,
jadis donné à cette plante, vient, dit-on, de ce
qu'elle donne aux doigts qui l'écrasent une
couleur *plombée*.
2. L., *Spec.*, I, 215. — *P. coccinea* BOISS.,
Prodr., XII, 693, n. 6. — *Thela coccinea* LOUR.
— *Plumbagidium roseum* SPACH.

3. L., *Spec.*, I, 215. — JACQ., *Amer. Ic.
pict.*, t. 13. — *P. occidentalis* SWEET. — *P.
sarmentosa* LAMK (part.). —? *P. mexicana* K.
(*Herbe au diable, H. d'amour*). Le *P. zeylanica*
L. (*Thela alba* LOUR.) est aussi évacuant, vésicant. Le *Ghebatana* des Cafres est le *P. toxi-
caria* BERTOL., qui est un remède énergique et
un poison. Le *P. lapathifolia* W. est encore
indiqué comme diurétique.

GENERA

I. PLUMBAGEÆ.

1. Plumbago T. — Flores hermaphroditi regulares; receptaculo convexiusculo. Calyx tubulosus, plus minus alte 5-fidus, extus capitato-glandulosus v. rarius (*Ceratostigma*) eglandulosus, inter costas crassas v. ad margines anguste hyalinus, valvatus v. leviter reduplicatus. Corollæ hypocraterimorphæ tubus sæpe elongatus; limbi brevis v. lati lobis 5, æqualibus v. subinæqualibus, tortis, demum patentibus. Stamina 5, oppositipetala; filamentis ima basi glanduloso-incrassatis ibique cum ima corolla v. et inter se connatis, cæterum liberis; antheris introrsis, 2-rimosis. Germen liberum, 1-loculare; stylo terminali gracili, apice in ramos 5, dense papilloso-stigmatosos alternipetalos, diviso. Ovulum 1, e summa placenta centrali gracili apiceque reflexa pendulum; micropyle supera, obturatore apicali obtecta. Fructus membranaceus, demum a basi circumcissus, sæpe in valvas 5 a basi fissilis. Semen 1, summæ placentæ appensum; albumine parco v. crasso; embryonis axilis æqualis radicula supera. — Herbæ annuæ v. sæpius perennes, nunc frutescentes; ramis virgatis v. sarmentosis; foliis alternis, petiolatis v. basi auriculato-amplexicaulibus, nunc ad squamas parvas reductis; floribus in spicas terminales elongatas v. rarius breviores terminales axillaresque dispositis, bracteatis et bracteolatis. (*Orbis utriusq. reg. calid. et temp.*) — *Vid. p.* 354.

2. Vogelia LAMK[1]. — Flores fere *Plumbaginis;* sepalis 5, rigide subulatis, utrinque late marginato-alatis; alis hyalino-membranaceis

---

1. *Ill.*, II, 147, t. 149. — ENDL., *Gen.*, B. H., *Gen.*, II, 628, n. 8. — MAURY, *loc. cit.*, n. 2176. — BOISS., in *DC. Prodr.*, XII, 696. — 122. — PAX, *loc. cit.*, 122.

transverse undulatis reduplicato-valvatis, ima basi vix connatis. Corollæ infundibularis tubus tenuis; limbi campanulati lobis integris v. sub-3-dentatis, tortis. Stamina 5, nisi ima basi libera (*Plumbaginis*). Germen apice attenuatum; stylo gracili, apice in ramos 5 introrsum dite papillosos diviso. Fructus calyce inclusus, basi circumcissus et a basi 5-valvis. — Frutices v. suffrutices; ramis rigidulis; foliis alternis integris, aut petiolatis, aut cordato-amplexicaulibus; inflorescentia terminali composite racemiformi; pedicellis brevibus persistentibus; bractea bracteolisque parvis. (*India, Arabia, Africa austr.*[1])

II. STATICEÆ.

3. **Statice** L. — Flores regulares; calyce plerumque infundibulari; tubo 5-10-costato; costis superne per paria coalitis; limbo scarioso reduplicato-plicato; plicis extus prominulis induplicatis; costis in aristas 5 excurrentibus; nunc ad cristas plumosas v. ad mucrones recurvos reductis. Petala 5, basi attenuata ibique in tubum brevem inter se et cum staminum basibus incrassato-glandulosis connata, nunc altius in tubum coalita; limbi lobis tortis obovatis v. 2-fidis. Stamina 5, oppositipetala; filamentis nisi ima basi liberis gracilibus; antheris introrsis, 2-rimosis. Germen liberum, 1-loculare, 5-gonum; stylis ad angulos liberis v. basi breviter connatis, mox liberis, apice capitatis v. inflato-reniformibus, nunc oblique oblongis v. minimis et superne longitrorsum papillosis; ovulo *Plumbaginis*. Fructus calyce inclusus siccus membranaceus indehiscens, v. vertice indurato cum stylis deciduo, v. nunc varie ruptilis. Semen e placenta lateraliter libera dependens; albumine parco v. copioso; embryone axili v. excentrico longitudine æquali. — Herbæ annuæ v. sæpius perennes v. suffrutices plus minus erinacei; foliis basilaribus rosulatis v. altius alternis, nunc ad squamas parvas reductis, sæpius membranaceis planis, integris v. sinuato-pinnato-pinnatifidis dissectisve, v. (*Armeriastrum*) confertis rigidis lineari-subtriquetris acerosis v. spinescentibus; floribus secus scapos simplices v. plus minus ramosos, teretes v. alatos, in cymas dispositis paucis; bracteis cymas subtendentibus

1. Spec. 2. Wight, *Icon.*, t. 1075. — Harv., *Thes. cap.*, t. 198. — C.-B. Clke, in *Hook. f. Fl. brit. Ind.*, III, 481. — Boiss., *Fl. or.*, IV, 876. — Dalz., *Bomb. Fl.*, 220.

easque involventibus bracteolisque membranaceis v. rigidulis scariosis. (*Orbis utriusque reg. marit.*, *sabulos. et mont.*) — *Vid. p.* 357.

4. Armeria W.[1] — Flores fere *Statices ;* calyce basi obliquo hinc
postice breviter calcarato[2]. Stylus erectus simplex, mox in ramos 5,
filiformes, ad medium barbatos, divisus. — Herbæ perennes v. ima
basi suffrutescentes; foliis basilaribus v. confertis, sæpius angustis
integris ; floribus in cymas 1-paras dispositis, breviter pedicellatis ;
cymis[3] in summo scapo spurie capitatis. Bracteæ circa flores scariosæ
involucrantes, quarum extimæ in vaginam tubulosam summum
scapum cingentem et inferne laceram deorsum productæ. Cætera
Staticis. (*Orbis tot. reg. temp.*[4])

5. Ægialitis R. Br.[5] — Flores fere *Statices ;* calyce tubuloso,
5-costato, 5-sulco ; dentibus 5, brevibus obtusis v. minute acuminatis
induplicatis. Petala 5, torta, ima basi in conum intus 5-glandulosum
cum staminibus connata ; filamentis cæterum liberis ; antheris
oblongis introrsis ; loculis sub insertione filamenti liberis. Germen
5-angulatum ; stylis cum angulis (alternipetalis) continuis, ima basi
connatis, apice stigmatoso capitatis. Ovulum placentaque Ordinis ;
obturatore elongato. Fructus calyce haud aucto basi cinctus, linearis,
arcuatus longeque exsertus, obtuse 5-gonus, membranaceus ; endocarpio e laminis elongatis 5, ad angulos contiguis, demum solutis,
constante. Semen pericarpium implens exalbuminosum ; embryonis
conformis cotyledonibus inferis plano-convexis. — Frutex glaber ;
ramis cicatricibus foliorum annulatis ; foliis alternis crasso-coriaceis ;
petiolo basi amplexicauli et usque ad apicem margine membranaceo-
incurvo[6] ; cymis terminalibus racemiformibus dichotomis ; floribus[7]

1. *Enum. H. berol.*, 333. — Endl., *Gen ,*
n. 2171. — Boiss., in *DC. Prodr.*, XII, 635. —
Nees, *Gen. Fl. germ.* — Ebel, *Armer. gen.
Prodr.* (1840). — Payer, *Organog.*, 615, t. 153,
fig. 1-13. — B. H., *Gen.*, II, 626, n. 4. — Petri,
De gen. Arm. (1863). — Maury, *loc. cit.*, 45.
— Pax, *loc. cit.*, 124, fig. 66 CL.
2. Calcare solido.
3. Floribus sæpius roseis.
4. Spec. ad 10-15. Jacq., *H. vindob.*, t. 42.
— Cav., *Icon.*, t. 109. — Sibth., *Fl. græc.*,
t. 294. — Ten., *Fl. nap.*, t. 23. — Vent., *Jard.
Cels*, t. 38. — Hoffmg et Link, *Fl. port.*, t. 75,
76. — Reichb., *Ic. exot.*, t. 966; *Ic. Fl. germ.*,
t. 1148-1151. — A. Gray, *Un.-St. expl. Exp.
Bot.*, 388 ; *Syn. Fl. N.-Amer.*, II, 54. — Willk.

et Lge, *Prodr. Fl. hisp.*, II, 362. — Boiss.,
Voy. Esp., t. 153, 154; *Fl. or.*, IV, 872. —
Brandz.,*Prodr.Fl.rom.*,413. — Gren.et Godr.,
Fl. de Fr., II, 733. — H. Bn,*Iconogr. Fl. fr.*,
n. 318.—*Bot. Reg.* (1844), t. 21.—*Bot. Mag.*,
t. 4128. — Walp., *Ann.*, III, 276; V, 718.
5. *Prodr.*, 426. — Endl., *Gen.*, n. 2173. —
Boiss., in *DC. Prodr.*, XII, 621. — B. H.,
Gen., II, 624, n. 1. — Maury, *loc. cit.*, 40. —
Pax, *loc. cit.*, 123. — H. Bn, in *Bull. Soc.
Linn. Par.*, 982. — *Ægialinitis* Presl, *Bot
Bem.*, 103.
6. Limbo lato, tenuiter ∞-nervi; plicis verticalibus vernationis notato ; nervis autem le-
gitimis normalibus parum conspicuis.
7. Albis, parvis.

sæpius in axilla bracteæ involutæ solitariis; pedicello rigido persistente. (*Asiæ austr. et Oceaniæ reg. calid. marit.*[1])

6. **Limoniastrum** Mœnch.[2] — Flores[3] fere *Staticis;* calyce (colorato) 5-nervi. Corolla infundibularis; tubo longo tenui v. (*Bubania*[4]) breviore latiore; limbi lobis 5, patentibus. Stamina 5, tubo corollæ supra medium v. sub fauce affixa; filamentis nudis v. inferne barbatis papillosis. Stylus semi-5-fidus; ramis plus minus longe longitrorsum stigmatoso-papillosis. Fructus membranaceus, calyce inclusus; seminis albumine parco. — Fruticuli v. suffrutices ramosi lepidotoincani; foliis alternis sæpius angustis; inflorescentia cæterisque *Staticis;* bracteis nunc (*Bubania*) muricatis. (*Reg. Medit. occid.*[5])

1. Spec. 1. *Æ. annulata* R. Br. — Gaudich., in *Freycin. Voy. Bot.*, t. 51. — Benth., *Fl. austral.*, IV, 266. — C.-B. Clke, in *Hook. f. Fl. brit. Ind.*, III, 479.

2. *Meth.*, 423. — Boiss., in *DC. Prodr.*, XII, 689. — B. H., *Gen.*, II, 627, n. 5. — Maury, *loc. cit.*, 42. — Pax, *loc. cit.*, 125.

3. Cærulei v. lilacini.

4. De Cir., in *Mém. Ac. sc. Montpell.*, I, 181, c. ic.

5. Spec. 3. Gren. et Godr., *Fl. de Fr.*, II, 752. — Boiss., *Fl. or.*, IV, 874. — Willk. et Lge, *Prodr. Fl. hisp.*, II, 381. — *Bot. Reg.* (1841), t. 54; (1842), t. 59 (*Statice*).

POLYGONACÉES

I. SÉRIE DES PATIENCES.

Les fleurs des Patiences[1] (fig. 417-422) sont hermaphrodites ou polygames. Dans les premières, le réceptacle, en forme de cupule généralement peu profonde, porte sur ses bords un double périanthe trimère et l'androcée, tandis que son fond donne insertion au gynécée. Les trois folioles extérieures du périanthe sont égales ou inégales, imbriquées à un certain âge, non accrues autour du fruit. Les trois folioles intérieures[2], alternes avec les précédentes et plus grandes qu'elles, sont entières ou plus ou moins découpées, veinées; elles se dressent en grandissant contre les faces du fruit, et leur nervure médiane est souvent pourvue d'un épaississement, en forme de tubercule ou de perle, de sa nervure médiane. L'androcée est formé de six étamines qui se superposent par paires aux folioles extérieures du périanthe. Elles ont un filet grêle, plus ou moins court, qui supporte une anthère allongée, à deux loges, déhiscente en dedans ou vers les bords par des fentes longitudinales[3]. L'ovaire libre est uni-loculaire, surmonté de trois branches stylaires[4] qui entourent son sommet[5] et s'étalent en se couchant sur lui, pour porter en dehors de l'androcée leur sommet pénicillé et multifide, en forme de goupillon. Le placenta central et basilaire supporte un seul ovule dressé, orthotrope, à micropyle supérieur[6]. Le fruit est un caryopse à trois

1. *Rumex* L., *Gen.*, ed. 1, n. 300. — J., *Gen.*, 82. — LAMK, *Ill.*, t. 271. — CAMPDERA, *Mon. Rumex* (1819). — NEES, *Gen. Fl. germ.* — ENDL., *Gen.*, n. 1993. — MEISSN., in *DC. Prodr.*, XIV, 42. — PAYER, *Organog.*, 295, t. 65; *Leç. Fam. nat.*, 41. — B. H., *Gen.*, III, 100, n. 19. — *Acetosa* T., *Inst.*, 502, t. 287 (prior.). — *Lapathum* T., *loc. cit.*, 504. — NECK., *Elem.*, II, 214.

2. Certains auteurs les ont considérées comme des pétales.

3. Le pollen est (H. MOHL) sphérique ou ovale, avec trois plis qui deviennent des bandes étroites sur le grain mouillé. Sur chacune d'elles est un ombilic. Dans certains *Polygonum*, la membrane externe est celluleuse, avec de nombreux pores.

4. Superposées aux folioles extérieures du périanthe.

5. Qui est *acropylé*, comme dans les Polygonacées en général (H. BN, in *Bull. Congr. bot. Pétersb.* (1884), 59, t. 3). Anormalement, l'ovule peut même sortir par l'acropyle.

6. A double tégument.

angles plus ou moins proéminents; et la graine renferme, sous ses
minces téguments, un albumen farineux et un embryon plus ou

Rumex Acetosa.

Fig. 419. Diagramme.

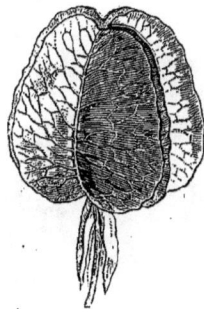

Fig. 421. Fruit.

Fig. 418. Fleur.

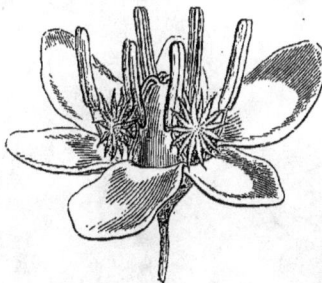

Fig. 417. Port.

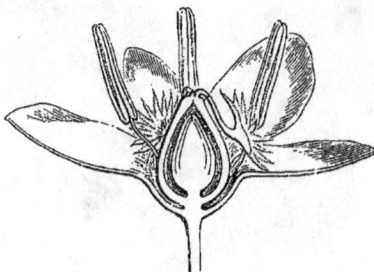

Fig. 420. Fleur, coupe longitudinale.

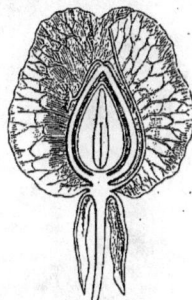

Fig. 422. Fruit, coupe
longitudinale.

moins arqué, excentrique, à radicule supère, à cotylédons inférieurs,
oblongs ou linéaires.

Ce sont, au nombre d'une centaine environ[1], des herbes vivaces,

1. JACQ., *Ic. rar.*, t. 67; *H. vindob.*, III,
t. 93. — CAV., *Ic.*, t. 22, 41. — LAMB., in *Trans.
Linn. Soc.*, X, t. 10. — SIBTH., *Fl. græc.*, t. 345, 348. — JAUB. et SP., *Ill. pl. or.*, t. 106.
— GUSS., *Pl. rar.*, t. 28, 29. — LEDEB., *Ic. Fl.
ross.*, t. 399. — WIGHT, *Icon.*, t. 1810. —

plus rarement annuelles ou frutescentes à la base. Leurs feuilles

Rheum officinale.

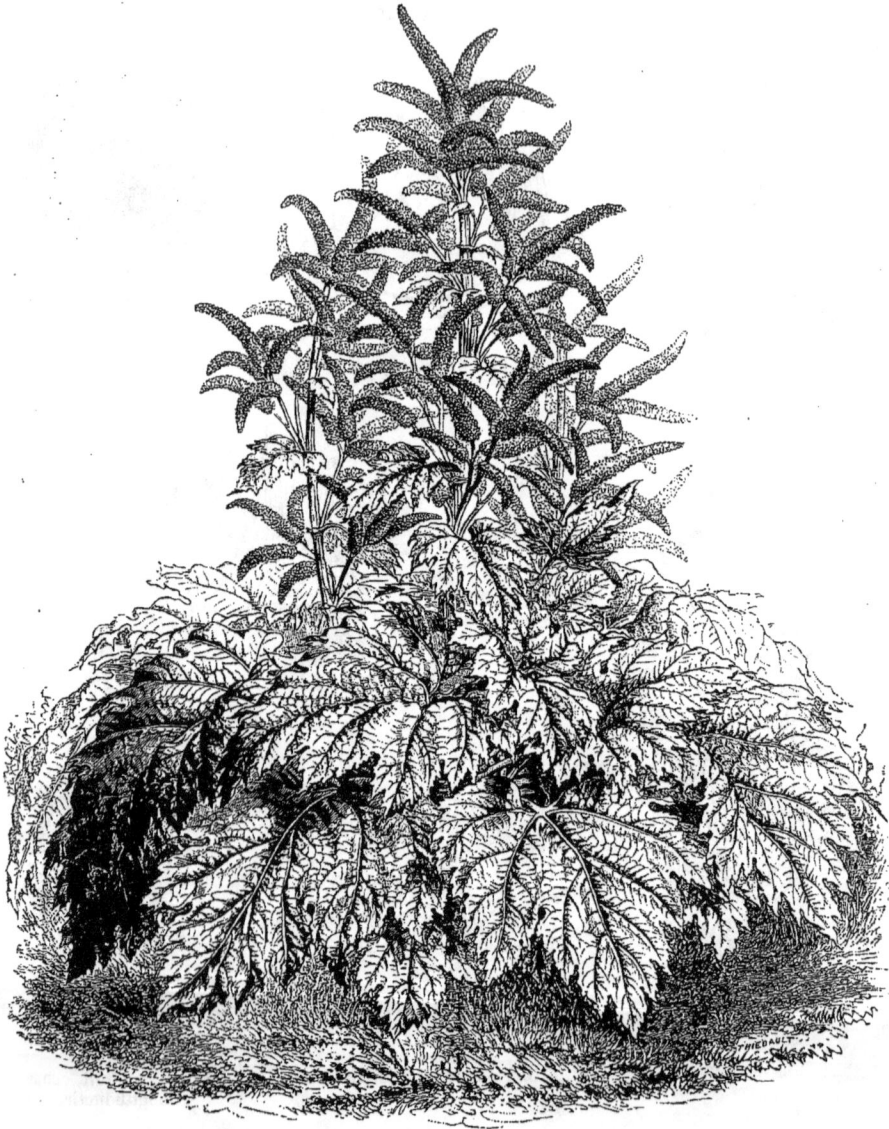

Fig. 423. Port.

alternes, souvent rapprochées en rosette basilaire, ont un limbe

Hook., *Fl. bor.-amer.*, t. 174; *Icon.*, t. 1245. — Mor., *Fl. sard.*, t. 108. — Meissn., in *Ann. Mus. lugd.-bat.*, II, 55. — Aresch., in *Ofv. K. Vet. Akad. Förh. Stockh.* (1862), 57, t. 3. — Wedd., in *Ann. sc. nat.*, sér. 3, XIII, 252. — Remy, in *C. Gay Fl. chil.*, V, 274. — S.-Wats., *Bot. 40th Parall.*, 313; *Bot. Calif.*, II, 7. — Hook. f., *Handb. N. Zeal. Fl.*, 237;

souvent cordé ou hasté à la base, entier, denté ou subpinnatifide,
avec un pétiole dont la base est accompagnée de stipules modifiées,
unies en une gaine membraneuse ou scarieuse, qui entoure d'abord

Rheum officinale.

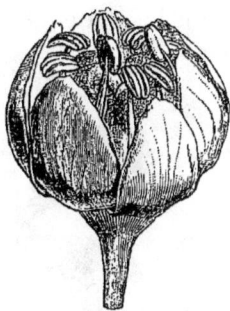

Fig. 424. Fleur.   Fig. 426. Gynécée et disque.   Fig. 425. Fleur, coupe longitudinale.

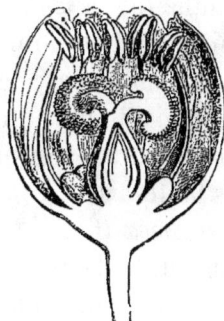

l'axe, et qu'on nomme ocrea[1]. Les fleurs[2] sont disposées, dans l'aisselle des feuilles ou des bractées qui supérieurement tiennent leur

Rheum Rhaponticum.

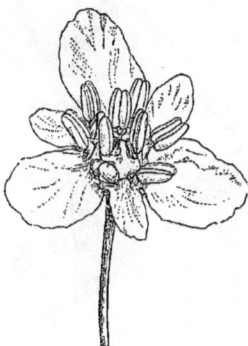

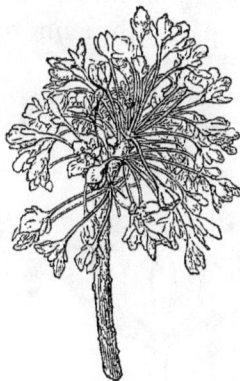

Fig. 428. Fleur.   Fig. 427. Portion d'inflorescence.   Fig. 429. Ovule.

place, en grappes plus ou moins ramifiées de cymes contractées et
souvent unipares[3]. Ce sont surtout des plantes des régions tempérées

Fl. brit. Ind., V, 58. — Boiss., *Fl. or.*, IV,
1005. — Reichb., *Iconogr. eur.*, t. 345, 366-
370, 486, 487, 516, 576. — Trim., *Journ. Bot.*,
t. 131, 140, 146, 173. — Willk. et Lge, *Prodr.
Fl. hisp.*, I, 280. — Brandz., *Prodr. Fl. rom.*,
424. — Gren. et Godr., *Fl. de Fr.*, III, 34. —
H. Bn, *Iconogr. Fl. fr.*, n. 96.

1. Sur son origine bilatérale et sa nature
stipulaire, Dutailly, in-*Compt. Rend. Ass.
franc. av. sc.* (1878), 581.
2. Petites, verdâtres ou rougeâtres.
3. Les pédicelles sont souvent récurvés. Dans
le *R. bucephalophorum* L., ils sont rigides et
épaissis; le périanthe denté-aiguillonné.

de l'hémisphère boréal, moins répandues dans l'hémisphère austral et entre les tropiques.

Les Rhubarbes (*Rheum*), très voisines des *Rumex*, n'en diffèrent que par trois étamines en plus, superposées aux folioles intérieures du périanthe (fig. 423-429). Dans quelques rares espèces, il est vrai, les étamines sont au nombre de six seulement, comme dans les Patiences. Mais en pareil cas, le genre se distingue encore suffisamment en ce que les trois folioles intérieures de son périanthe sont marcescentes et non modifiées après la floraison.

Les *Emex* (fig. 430), de la région méditerranéenne et de l'Afrique australe, ont le périanthe des *Rumex*, tétra- ou hexamère ; mais leurs fleurs sont monoïques, et leur fruit trigone est inclus dans le réceptacle accru, induré, anguleux, surmonté des folioles extérieures du périanthe devenues épineuses.

Emex Centropodium.

Fig. 430. Fleur mâle épanouie.

Dans les *Oxyria* (fig. 431-435), les fleurs, hermaphrodites ou polygames, ont deux folioles extérieures au périanthe, et deux autres, intérieures, alternes ; ordinairement six étamines, dont deux intérieures, superposées aux folioles extérieures du périanthe ; un ovaire surmonté

Fig. 434. Fruit.

Oxyria digyna.

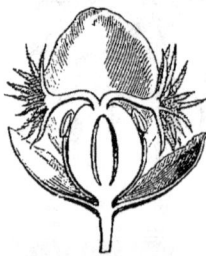

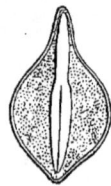

Fig. 431. Fleur. | Fig. 432. Fleur, coupe longitudinale. | Fig. 433. Calice fructifère. | Fig. 435. Fruit, coupe longitudinale.

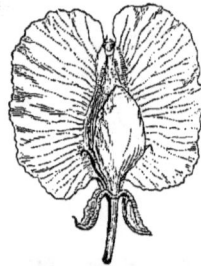

de deux branches stylaires à sommet pénicillé. Ce sont des herbes de l'hémisphère boréal des deux mondes, et qui croissent principalement dans les régions arctiques.

II. SÉRIE DES RENOUÉES.

Polygonum Bistorta.

Fig. 436. Base de la plante et rameau florifère.

Dans les fleurs des Renouées (fig. 436-441), hermaphrodites ou polygames, le réceptacle est plus ou moins concave, parfois épais et charnu, doublé d'un tissu glanduleux, ordinairement limité à ses bords[1]. Là s'insère un périanthe périgyne, souvent de cinq folioles, ordinairement colorées, souvent inégales, imbriquées dans la préfloraison. Les étamines sont, dans ce cas, au nombre de sept ou huit[2], rarement moins[3]. Leurs filets sont inégaux; et leurs anthères ont deux loges en grande partie indépendantes, introrses ou extrorses et déhiscentes suivant leur longueur. Entre elles, le bord du disque se prononce souvent en lobes glanduleux variables. Au fond du réceptacle s'insère un gynécée de Patience, surmonté de deux ou trois branches stylaires, indépendantes ou unies à la base, capitées à leur extrémité stigmatique. L'ovule est basilaire et orthotrope[4]. Le fruit est un caryopse à trois angles, enveloppé en partie ou en totalité du réceptacle et du périanthe, et la graine ren-

Polygonum alpinum.

ferme, outre un albumen farineux, un embryon excentrique, plus ou moins arqué, à cotylédons oblongs ou étroits.

Il y a des Renouées dont les branches stylaires sont au nombre de deux. Le fruit est en ce cas comprimé. Il y en a d'autres dont le périanthe n'a que quatre folioles imbriquées. Souvent alors l'androcée se compose de six

Fig. 437. Fleur.

étamines. Dans quelques-unes, l'extrémité des styles est dilatée en une masse frangée. Dans les espèces dont on a fait le genre *Fagopyrum*[5], le fruit n'est entouré qu'inférieurement par le réceptacle et le calice, et la graine a un embryon à larges cotylédons foliacés, qui se recourbent et s'enroulent autour de la radicule supère.

1. *Polygonum* T., *Inst.*, 510, t. 290. — L., *Gen.*, n. 495. — J., *Gen.*, 82. — TURP., in *Dict. sc. nat.*, Atl., t. 15. — ENDL., *Gen.*, n. 1986. — MEISSN., in *DC. Prodr.*, XIV, 84. — PAYER, *Organog.*, 292, t. 64; *Leç. Fam. nat.*, 42. — B. H., *Gen.*, III, 97, n. 15. — *Persicaria* T., *Inst.*, 509, t. 290. — *Bistorta* T., *Inst.*, 511, t. 291. — *Lagunea* LOUR., *Fl. cochinch.*, 220. — *Tovara* ADANS., *Fam. des pl.*, II, 276. — *Pleuropterus* TURCZ., in *Bull. Mosc.* (1848), I, 587. — *Bilderdykia* DUMORT., *Fl. belg.*, 18. — *Ampelygonum* LINDL., *Bot. Reg.* (1838), *Misc.*, 62. — *Echinocaulos* HASSK., in *Flora* (1842), Beibl., II, 20. — *Chilocalyx* HASSK., ex MEISSN., in *Ann. Mus. lugd.-bat.*, II, 65. — *Thysanella* A. GRAY, in *Bost. Journ. Nat. Hist.*, V, 232. — *Antenoron* RAFIN., *Fl. ludov.*, 28.

2. Leur symétrie est le plus souvent alors la suivante, d'après les observations de PAYER : le verticille extérieur est formé de cinq étamines: deux devant chacune des divisions extérieures du périanthe, et une alterne avec les divisions 3 et 5. Le verticille extérieur, quand il est complet, a trois étamines superposées aux divisions 3, 4 et 5.

3. Parfois (PAYER), le verticille intérieur « est réduit à deux étamines, quelquefois à une, et quelquefois même il avorte entièrement, en sorte qu'alors l'androcée n'a plus qu'un verticille d'étamines ».

4. A double tégument.

5. T., *Inst.*, 511, t. 290. — GÆRTN., *Fruct.*, II, 182, t. 119. — NEES, *Gen. Fl. germ.* — ENDL. *Gen.*, n. 1987. — B. H., *Gen.*, III, 99, n. 16.

Les *Polygonum* sont herbacés ou frutescents, parfois aquatiques, tantôt étalés ou dressés, tantôt volubiles. Leurs feuilles sont alternes,

Polygonum Fagopyrum.

Fig. 439. Fruit.

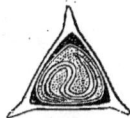

Fig. 440. Fruit, coupe transversale.

Fig. 438. Branche florifère.

Fig. 441. Graine.

avec des stipules unies en un ocrea souvent membraneux ou scarieux et de configuration très variable. Les fleurs[1] sont disposées sur des axes simples, composés ou décomposés, en petites cymes ou glomérules qu'accompagnent des bractées ocréiformes ; les pédicelles articulés. Il y en a au moins cent cinquante espèces[2], qui habitent toutes les régions des deux mondes.

Atraphaxis spinosa.

Fig. 442. Fleur.

Atraphaxis (Tragopyrum) lanceolata.

Fig. 443. Fleur.

A côté des Renouées se placent les genres très voisins *Polygonella, Oxygonum, Pteropyrum,*

1. Verdâtres, blanches ou rouges.
2. Sibth., *Fl. græc.*, t. 363, 364. — Wight,

Icon., t. 1797-1808. — Jaub. et Sp., *Ill. pl. or.,* t. 116-126. — Ledeb., *Ic. Fl. ross.*, t. 361,

Atraphaxis (fig. 442, 443) et *Calligonum,* qui appartiennent tous à l'ancien monde.

Les *Coccoloba* (fig. 444, 445), dont on a souvent donné le nom à une tribu, ont les fleurs des *Polygonum,* mais avec des tiges ligneuses, dressées ou grimpantes, et des fruits autour desquels le réceptacle persistant forme une enveloppe charnue plus ou moins épaisse. Ils appartiennent aux régions les plus chaudes de l'Amérique.

Coccoloba uvifera.

A côté d'eux se rangent les genres très voisins *Campderia* et *Muehlenbeckia,* tous les deux américains, outre que le dernier se rencontre aussi dans l'Océan Pacifique, l'Australie et la Nouvelle-Zélande.

Les *Brunnichia* (fig. 446, 447) constituent, avec les *Antigonon,* une sous-série (*Brunnichiées*), dans laquelle les caractères généraux sont ceux des Coccolobées, mais avec un ovule qui dirige son micropyle en bas, parce que son support placentaire, grêle et long, se recourbe dans sa portion supérieure. L'ovule se redresse peu à peu à partir de l'époque de la floraison. Dans le *Brunnichia,* de plus, le pédicelle est ailé.

Le *Podopterus* (fig. 448, 449), plante mexicaine, représente un autre petit

Coccoloba laurifolia.

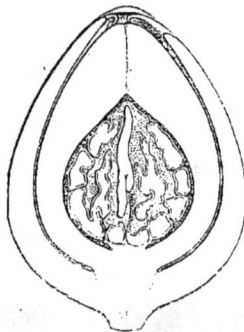

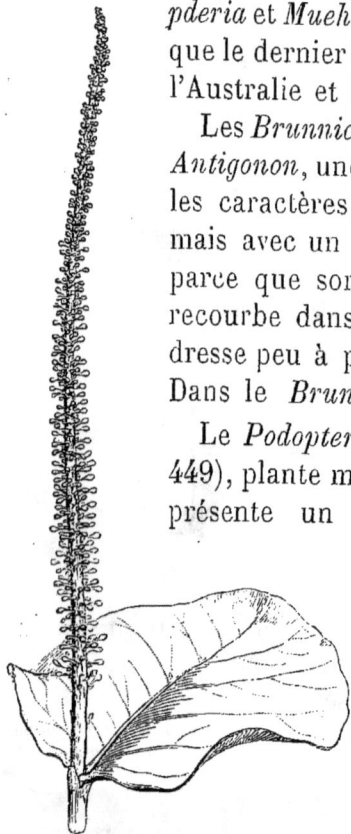

Fig. 444. Branche florifère.

Fig. 445. Fruit.

groupe (*Podoptérées*), qui sert de passage vers la série des Tripla-

444. — KL., in *Pr. Waldem. Reis. Bot.,* t. 87; 88 (*Fagopyrum*). — WEDD., in *Ann. sc. nat.,* sér. 3, XIII, 252. — REMY, in *C. Gay Fl. chil.,* V, 265; 271 (*Fagopyrum*). — S.-WATS., *Bot. Calif.,* II, 10. — GRISEB., *Fl. brit. W.-Ind.,* 161. — MEISSN., in *Ann. Mus. lugd.-bat.,* II, 56; in *Mart. Fl. bras.,* V, I, 11, t. 1-5. — HANCE, in *Ann. sc. nat.,* sér. 5, V, 237. — HOOK. F., *Fl. brit. Ind.,* V, 23; 54 (*Fagopyrum*);

Handb. N. Zeal. Fl., 235. — BOISS., *Fl. or.,* IV, 1025. — REICHB., *Icon. exot.,* t. 176. — WILLK. et LGE, *Prodr. Fl. hisp.,* I, 287; 291 (*Fagopyrum*). — BRANDZ., *Prodr. Fl. rom.,* 426. — GREN. et GODR., *Fl. de Fr.,* III, 45. — GANDOJ., in *Luc. Rev. bot.* (1882), 65. — *Bot. Mag.,* t. 213, 4622, 6472, 6476. — *Hook. Icon.,* t. 1490, 1743, 1756. — H. BN, *Iconogr. Fl. fr.,* n. 251, 289, 316.

ridées, parce que sa fleur a cinq ou six folioles au périanthe. Les trois extérieures portent sur le milieu de leur dos une longue aile verticale qui se continue sur le pédicelle. Quant à la fleur, elle a tous les

Brunnichia cirrhosa.

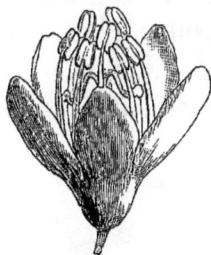

Podopterus mexicanus.

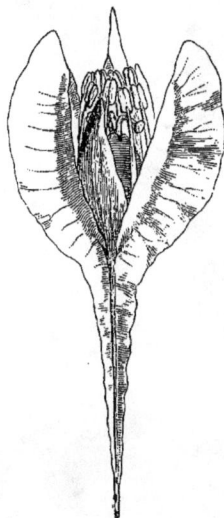

Fig. 446. Fleur

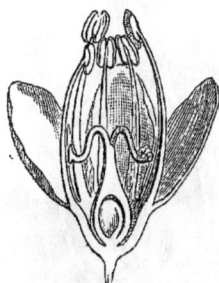

Fig. 447. Fleur, coupe longitudinale.

Fig. 448. Fleur.

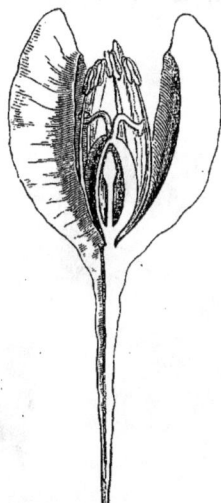

Fig. 449. Fleur, coupe longitudinale.

autres caractères de celle des *Polygonum*, avec un nombre d'étamines qui varie de six à neuf.

III. SÉRIE DES TRIPLARIS.

Les *Triplaris*[1] (fig. 450, 451) ont des fleurs dioïques. Dans les mâles, le réceptacle peu profond porte un calice de six folioles imbriquées; les trois intérieures souvent plus petites. En dedans d'elles s'insèrent, à des niveaux un peu différents, neuf étamines, à filet indé-

---

1. Lœfl. — L., *Syst.*, ed. 10, p. 881; *Gen.*, ed. 6, n. 103. — J., *Gen.*, 83. — Campd., *Mon. Rum.*, 18. — Agh, *Aphor.*, 222. — Spreng., *Syst.*, II, 273. — Endl., *Gen.*, n. 1997. — Meissn., in *DC. Prodr.*, XIV, 172. — B. H. *Gen.*, III, 104, n. 28. — *Velasquezia* Bertol., *Fl. guatem.*, 39, t. 11. — *Blochmannia* Reichb., in *Weig. Pl. surin. exs.; Consp.*, 163 (ex Meissn.).

pendant, réfléchi d'abord dans sa portion supérieure, finalement redressé, à anthère biloculaire, introrse, le plus souvent exserte, déhiscente par deux fentes longitudinales. Dans la fleur femelle, le réceptacle devient, surtout avec l'âge, plus profond. Il porte trois grands sépales allongés, d'abord imbriqués, qui s'accroissent après la floraison en ailes scarieuses, veinées ; et trois folioles intérieures, alternes, souvent beaucoup plus petites, plus étroites, plus minces, qui répondent aux faces de l'ovaire. Le gynécée central a un ovaire à trois angles superposés aux folioles extérieures du périanthe, unilocu-

Triplaris Noli-tangere.

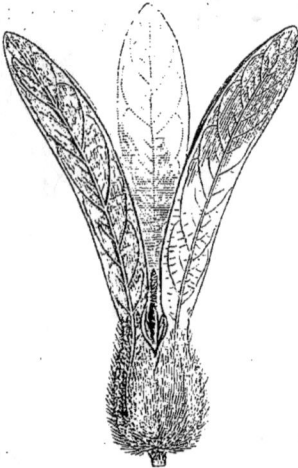

Fig. 450. Fruit.

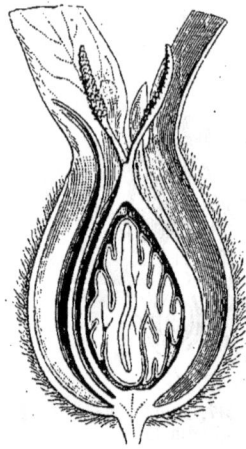

Fig. 451. Fruit, coupe longitudinale.

laire, avec un ovule orthotrope, basilaire, surmonté de trois branches stylaires dont la portion supérieure s'élargit et présente en dedans un sillon longitudinal à lèvres papilleuses. Le fruit, entouré de ses ailes, est trigone, avec une graine dont l'albumen est plus ou moins profondément lobé et ruminé, et dont l'embryon presque axile a des cotylédons aplatis, courbés ou légèrement convolutés, avec une courte radicule supère. Ce sont des arbres de l'Amérique tropicale, à branches souvent creuses[1], à feuilles alternes, courtement pétiolées, penninerves, veinées en travers et parcourues souvent de lignes longitudinales imprimées sur le limbe pendant sa préfoliaison. Les ocrea tombent généralement de bonne heure. Les inflorescences sont des

---

1. Leur cavité donne souvent asile à des fourmis dangereuses et à bien d'autres animaux.

épis allongés, simples ou composés, souvent chargés de soies. Leurs bractées alternes ont dans leur aisselle une cyme pauciflore ou réduite à une seule fleur. Elle occupe l'aisselle d'une bractée antérieure et est accompagnée de deux bractéoles latérales, souvent plus grandes, indépendantes ou unies. On a décrit dans ce genre plus d'une vingtaine d'espèces[1].

Très voisins des *Triplaris* sont les *Ruprechtia*, des mêmes régions, et les *Symmeria*, de l'Amérique et de l'Afrique tropicales; les derniers à étamines nombreuses; les uns et les autres à fleurs dioïques.

Les fleurs sont, au contraire, hermaphrodites dans le *Leptogonum*, de Saint-Domingue, dont l'androcée n'a plus que trois étamines, et dont l'ovule se dirige, à un certain âge, comme celui des *Brunnichia*.

IV. SÉRIE DES KŒNIGIA.

Les *Kœnigia*[2] (fig. 452-457) ont des fleurs hermaphrodites, à réceptacle concave, en forme de coupe évasée. Sur ses bords s'insèrent généralement trois sépales, plus rarement deux ou quatre, imbriqués dans le bouton et persistant, comme le réceptacle, autour du fruit. Avec eux s'insèrent, en même nombre[3], des étamines alternes, à filet subulé et à anthère introrse, déhiscente par deux fentes longitudinales. L'ovaire est celui des Polygonacées en général, inséré au fond du réceptacle et surmonté de deux ou trois branches stylaires, à sommet stigmatique renflé. Le fruit est comprimé ou trigone, rempli par une graine dressée, albuminée, à embryon renversé, axile ou excentrique. Ce sont une ou deux[4] humbles herbes annuelles, des régions arctiques des deux mondes et des montagnes de l'Asie et de l'Amérique du Nord. Leurs tiges grêles portent des feuilles à court pétiole et à petit ocrea. Leurs fleurs sont groupées en petites cymes

1. Aubl., *Guian.*, t. 347. — Schomb., in *Proc. Bot. Soc. lond.*, t. 2. — Meissn., in *Mart. Fl. bras.*, V, I, 47, t. 15, II, VI; t. 24, 25, 26, II. — Wedd., in *Ann. sc. nat.*, sér. 3, XIII, 226. — Hemsl., *Bot. centr.-amer.*, III, 38.

2. L., *Mantiss.* (1767), n. 1241. — Schreb., *Gen.*, I, 57. — J., *Gen.*, 83. — Gærtn., *Fruct.*,

t. 128. — Lamk, *Ill.*, t. 51. — Endl., *Gen.*, n. 1985. — Meissn., in *DC. Prodr.*, XIV, 82. — Payer, *Leç. Fam. nat.*, 43. — B. H., *Gen.*, III, 95, n. 9.

3. Il peut même n'y avoir qu'une étamine bien développée.

4. Dcne, in *Jacquem. Voy. Bot.*, t. 147.

au niveau des feuilles supérieures, et leurs pédicelles sont articulés, accompagnés de bractées translucides.

A côté des *Kœnigia* se range le *Pterostegia* (fig. 458, 459), petite

Kœnigia islandica.

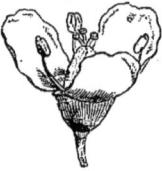

Fig. 453. Fleur.

Fig. 456. Fruit.

Fig. 454. Diagramme.

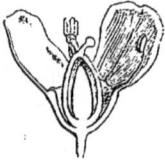

Fig. 455. Fleur, coupe
longitudinale.

Fig. 452. Port.

Fig. 457. Fruit, coupe
longitudinale.

herbe californienne, cultivée dans nos jardins botaniques, et les genres, également américains, *Nemacaulis*, *Hollisteria*, *Hamaria* et

Pterostegia drymarioides.

Fig. 458. Fleur.

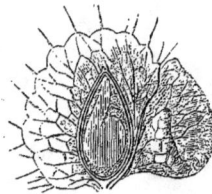

Fig. 459. Fleur, coupe longitudinale.

Harfordia; ce dernier remarquable par le très grand développement de ses involucres qui deviennent vésiculeux.

V. SÉRIE DES ERIOGONUM.

Construites en petit comme celles des Rhubarbes, les fleurs des *Eriogonum*[1] (fig. 460, 461) sont groupées en cymes, en un nombre très variable, dans un involucre commun, gamophylle, à cinq ou six divisions, parfois davantage, plus ou moins profondes, disposées sur une ou deux séries, égales ou inégales. Dans la fleur, il y a un petit réceptacle concave, dont la forme varie, de celle d'une cupule largement ouverte à celle d'une gourde à goulot rétréci. Sur les bords de ce réceptacle s'insère un périanthe de six folioles, égales ou iné-

Eriogonum annuum.

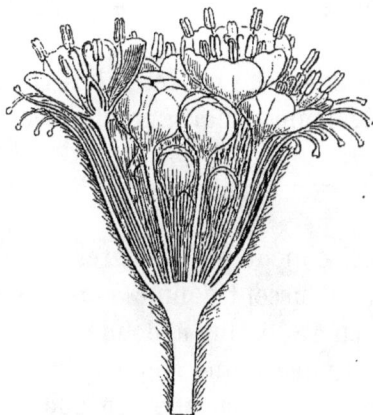

Fig. 460. Inflorescence, coupe longitudinale.

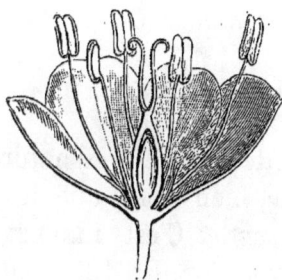

Fig. 461. Fleur, coupe longitudinale.

gales, souvent accrescentes, et un androcée formé le plus souvent de neuf étamines inégales, à filets grêles, souvent velus à la base, à anthères biloculaires et introrses, souvent exsertes. Le gynécée, inséré au fond du réceptacle de la fleur, a un ovaire trigone, surmonté de trois branches stylaires, longues ou courtes, capitées et stigmatifères à leur sommet. L'ovule dressé est orthotrope. Le fruit, entouré du réceptacle et du périanthe persistants, est à trois angles ou à trois ailes, et la graine albuminée renferme un embryon axile ou

1. MICHX, *Fl. bor.-amer.*, I, 246, t. 24. — PERS., *Syn.*, I, 450. — J., in *Ann. Mus.*, VII, 480. — SPRENG., *Syst.*, II, 272. — ENDL., *Gen.*, n. 1982. — BENTH., in *DC. Prodr.*, XIV,

5. — B. H., *Gen.*, III, 92, n. 1. — *Espinosa* LAG., *Gen. et spec. pl. nov.*, 14. — *Eucycla* NUTT., in *Journ. Acad. Philad.*, ser. 2, I, 166. — *Stenogonum* NUTT., *loc. cit.*, 170.

excentrique, droit ou arqué, à radicule plus longue que les cotylédons auxquels elle est incombante dans les embryons recourbés.

Les *Eriogonum* sont des plantes herbacées, annuelles ou vivaces, ou suffrutescentes, de l'Amérique du Nord, principalement de la région occidentale. Leurs feuilles sont basilaires, en rosette, ou alternes sur les axes aériens, entières, souvent chargées d'un duvet blanchâtre, à pétiole dilaté et amplexicaule, formant rarement un ocrea bien distinct. Les axes d'inflorescence, divisés d'une façon très variable et souvent décomposés, portent des involucres isolés ou disposés en groupes racémiformes, capituliformes ou ombelliformes. Des bractées, souvent connées, occupent la base des divisions de ces inflorescences; et les fleurs, portées par des pédicelles inégaux et articulés, sont accompagnées, en dedans de l'involucre, de bractéoles souvent nombreuses et sétiformes. Le genre compte une centaine d'espèces[1].

Tout à côté des *Eriogonum* se rangent les genres alliés *Oxytheca*, *Chorizanthe* et *Centrostegia*, tous également d'origine américaine.

———

Cette famille très naturelle a été conçue par les pères de la botanique, bien avant que les Jussieu[2] l'eussent définie sous le nom de *Polygoneæ*. C'est Lindley[3] qui, en 1836, lui a donné le nom de *Polygonaceæ*. En 1857, elle a été étudiée d'une façon spéciale, dans le *Prodromus*[4], par Meissner, qui l'avait partagée en quatre sousordres. On les a récemment[5] transformés en six tribus, dont nous ne conserverons que cinq, caractérisées ainsi qu'il suit :

I. Rumicées[6]. — Fleurs à périanthe 2-sérié, 6-mère ou 4-mère. Étamines 4-9. Ovaire surmonté de 2, 3 branches stylaires, à sommet stigmatifère dilaté, hippocrépiforme, pelté ou frangé. Albumen

1. Torr. et Gr., in *Proc. Amer. Acad.*, VIII, 146. — S.-Wats., in *Proc. Amer. Acad.*, XII, 254; XIV, 5; *Bot. Calif.*, II, 16; *Bot. 40th Parall.*, 298, t. 33, fig. 1-4. — Nutt., in *Journ. Acad. Philad.*, VII, t. 8. — Hook., *Fl. bor.-amer.*, t. 175-177; in *Kew Journ. Bot.*, V, t. 10. — Benth., in *Trans. Linn. Soc.*, XVII, t. 18. — Torr., *Bot. Silgr. Exped.*, t. 8-12; *Bot. Whippl. Exped.*, t. 19. — A. Gray, *Bot. Amer. expl. Exped.*, II, t. 14. — Dur., *Bot. Williams. Exped.*, t. 15-17. — Hemsl., *Bot. centr.-amer.*, III, 31. — Benth., *Sulph. Bot.*, t. 22. — *Bot. Mag.*, t. 4703.

2. *Gen.*, lxviij, Ord. 48; 82, Ord. 5. — Payer, *Leç. Fam. nat.*, 41.

3. *Nat. Syst.*, ed. 2, 211; *Veg. Kingd.*, 502. — Endl., *Gen.*, 304, Ord. 103.

4. XVI, 1, Ord. 161. — *Holoraceæ*, sect. 5 L., in *Gis. Prœl.*, 306. — *Vaginales* L., *Phil. bot.*, ed. 2, 34 (part.).

5. B. H., *Gen.*, III, 88, Ord. 134. — *Persicariæ* Adans., *Fam. des pl.*, II, 273.

6. Dumort., *Anal. fam.*, 18. — Meissn., in, DC. *Prodr.*, XIV, I, 41. — B. H., *Gen.*, III, 90, Trib. 4. — *Apterocarpæ* Meissn., *loc. cit.*, 39. — *Rhabarbareæ* Meissn., *loc. cit.*, 30.

continu. — Herbes ou rarement plantes ligneuses, à feuilles basilaires ou alternes; les ocrea membraneux ou scarieux; à fleurs en
cymes occupant l'aisselle des feuilles ou des bractées de l'inflorescence terminale. — 4 genres.

II. POLYGONÉES[1]. — Fleurs à périanthe imbriqué, 5-mère, plus
rarement 6-mère. Étamines 7, 8, plus rarement en nombre moindre
ou ∞. Branches stylaires souvent capitées, parfois à sommet variable.
Albumen contigu, sillonné ou ruminé. — Herbes ou plantes
ligneuses, parfois grimpantes, à feuilles alternes; les ocrea membraneux, scarieux ou peu développés; les cymes axillaires ou occupant,
sur l'axe d'une inflorescence indéfinie, l'aisselle de bractées concaves
ou vaginiformes. — 12 genres.

III. TRIPLARIDÉES[2]. — Fleurs à périanthe imbriqué, 5-mère. Étamines 3-9 ou ∞. Branches stylaires à sommet variable. Albumen
ruminé, 3-6-lobé. — Plantes ligneuses, parfois grimpantes, à feuilles
alternes; les ocreas nuls ou peu visibles; les fleurs disposées en
cymes ou solitaires dans l'aisselle de bractées spathacées ou vaginiformes, insérées sur l'axe commun de l'inflorescence. — 4 genres.

IV. KŒNIGIÉES[3]. — Fleurs à périanthe 3-6-mère. Étamines en
même nombre ou en nombre moindre. — Petites herbes à feuilles
opposées ou alternes, dilatées et amplexicaules à la base ou connées
en une courte gaine; les ocreas nuls ou peu visibles; les cymes
florales groupées au niveau des dichotomies en faux capitules ou en
fausses ombelles; les feuilles florales libres ou subconnées sous les
divisions de l'inflorescence; chaque fleur pourvue d'une bractée. —
6 genres.

V. ÉRIOGONÉES[4]. — Fleurs à périanthe généralement 6-mère.
Étamines généralement 9. — Plantes herbacées ou suffrutescentes, à
feuilles basilaires ou peu nombreuses sous l'inflorescence; le pétiole
peu dilaté à sa base, sans ocrea visible. Inflorescence dichotome ou à
ramifications subombellées; les feuilles florales unies en un sac
3-fide, ou libres au nombre de 3-∞; avec un involucre tubuleux,
cupuliforme ou sacciforme, lobé ou denté, 1-∞-flore. — 4 genres.

1. MEISSN., loc. cit., 3, Subord. 2 (part.). —
Eupolygoneæ B. H., Gen., II, 90, Trib. 3. —
Coccolobeæ REICHB., Consp., 163. — C.-A.
MEY., in Mém. Acad. Pétersb., sér. 6, IV. —
MEISSN., loc. cit., 144, Subtrib. 4. — B. H.,
Gen., III, 91, Trib. 5.

2. C.-A. MEY., in Mém. Ac. Pétersb., sér. 6,
IV, 147. — MEISSN., loc. cit., 171, Subtrib. 5.

— B. H., Gen., III, 91, Trib. 6. — Symmerieæ
MEISSN., in Mart. Fl. bras., fasc. 14, p. 5.

3. B. H., Gen., III, 90, Trib. 2.

4. DUMORT., Anal. fam., 17 (Chénopodiacées).
— BENTH., in Linn. Trans., XVII, 405. —
MEISSN., Gen., 317 (229); in DC. Prodr., XIV,
5. — B. H., Gen., III, 89, Trib. 1. — Eriogo-
naceæ WALP., Ann., III, 297.

L'ensemble de ces cinq séries comprend trente et un genres et plus de
six cents espèces qui appartiennent à toutes les régions du globe. Les
espèces herbacées se rencontrent surtout dans les pays tempérés et
montagneux. Les espèces frutescentes appartiennent principalement
à l'Orient. Les espèces ligneuses, dressées ou sarmenteuses, sont
presque toutes de l'Amérique tropicale. Toutes les Ériogonées sont
américaines, de même que la plupart des Kœnigiées, dont une seule
croît dans les régions boréales de l'ancien monde. L'Europe ne possède que des plantes herbacées des genres *Polygonum*, *Rumex*, *Rheum*,
Emex, *Oxyria*. Le genre *Symmeria* appartient à la fois à l'Amérique
et à l'Afrique tropicales. Il n'y a d'*Oxygonum* qu'en Afrique, et de
Polygonella que dans l'Amérique du Nord.

AFFINITÉS. — Les Polygonacées se distinguent parmi les groupes
de plantes curvembryées par le développement fréquent de leurs
ocreas, leur périanthe 1, 2-sérié, à insertion plus ou moins nettement
périgyne, leur ovule orthotrope, souvent dressé. Alors même qu'il est
d'abord descendant du sommet du placenta, avec le micropyle à ce
moment inférieur, la graine finit toujours par avoir la radicule
embryonnaire tournée en haut. Tous ces caractères rapprochent
beaucoup les Polygonacées des Plombaginacées; mais celles-ci, avec
leur double périanthe dans lequel on distingue toujours facilement un
calice et une corolle nettement pétaloïde, ont un androcée isostémoné,
avec l'épaississement basilaire des étamines; et leur ovule est
suspendu au sommet d'un placenta grêle et recourbé dans sa portion
supérieure. Leur fruit ne ressemble pas à l'achaine ou caryopse trigone des Polygonacées, dont l'embryon et l'albumen sont aussi
caractéristiques. L'autre affinité étroite des Polygonacées est celle
des Primulacées, notamment des types ligneux (Icacoréées et Myrsinées). Mais ces dernières n'ont pas d'ocrea; leur androcée isostémoné
a ses pièces oppositipétales, et leur placenta supporte presque
constamment plus d'un ovule qui n'est pas orthotrope. Par les Primulacées ligneuses, les Polygonacées s'allient aussi aux Olacées, et
il y a une grande analogie entre le placenta à unique ovule descendant des *Opilia* et celui des *Brunnichia* et *Leptogonum*. Mais les
Olacées sont isostémonées, ou plus rarement diplostémonées ou

triplostémonées, et elles n'ont rien qui ressemble à un ocrea[1]. Les tissus des Polygonacées présentent des particularités remarquables[2]

Usages[3]. — De là viennent souvent leurs propriétés spéciales. Ce sont ordinairement des plantes acides, à sucs riches en oxalates. Il s'y joint souvent des substances colorantes très variées et des matières résineuses et amères qui donnent à ces végétaux des vertus médicinales spéciales. Le plus connu de ces médicaments est la Rhubarbe. C'est la portion souterraine d'un ou quelques *Rheum* asiatiques, tels que le *R. officinale*[4] (fig. 423-426) et le *R. palmatum*[5]. On avait jadis attribué à ce dernier la production des meilleures Rhubarbes, dites de Chine et de Moscovie; mais Guibourt[6] a démontré l'inexactitude de cette opinion, quoiqu'elle soit encore admise par certains auteurs bien informés[7]. Les *R. hybridum* Murr., *undulatum* L., *compactum* L., *rugosum* L., *tataricum* L. f., *leucorhizum* Pall., *crassinervium, Emodi* Wall., *australe* Don, *spiciforme* Royl., *Moorcroftianum* Wall., la plupart cultivés dans nos jardins botaniques, sont d'importance tout à fait secondaire, quoique parfois employés et cultivés en grand dans plusieurs pays pour la production de Rhubarbes dites indigènes. Le *R. Rhaponticum*[8] (fig. 427-429) est la plus connue de ces sortes indigènes. Certaines de ses formes sont potagères, comme aussi celles du *R. undulatum*, notamment en Angleterre. Le *R. Ribes*[9] ou *Rivas* des Persans, est une plante potagère dans son pays natal. L'*Oxyria digyna* L. (fig. 431-435) est également une herbe comestible. Les *Rumex* utiles sont nombreux: d'abord les Oseilles, grande[10] (fig. 417-

---

1. On a aussi indiqué des affinités avec les Nyctaginacées et les Chénopodiacées; elles nous paraissent plus éloignées. Mais elles nous rappellent celles des Plombaginacées avec les Caryophyllacées, si voisines des Chénopodiacées.

2. H. Mohl, *Ueb. d. Bau d. Ranken- u. Schlingpflanzen* (1827), § 75. — Link, *Icon. anat.-bot.* (1837), fasc. 1, t. IV, fig. 5-10. — Schultz, *Die Cyclose*, in *N. Act.* (1841), 18; Suppl., II, t. 15.

3. Endl., *Enchirid.*, 189. — Lindl., *Veg. Kingd.*, 503. — Guib., *Drog. simpl.*, éd. 7, II, 423. — Rosenth., *Syn. pl. diaphor.*, 217, 1110. — H. Bn, *Tr. Bot. méd. phanér.*, 1331.

4. H. Bn, in *C. rend. Ass. fr. av. sc.* (1872), 514, t. 10; in *Adansonia*, X, 219, t. 8, 9. — Fluck. et Hanb., *Pharm*., 442. — *Bot. Mag.*, t. 6135.

5. L., *Fasc.* 7, t. 4; *Spec.*, 531. — Meissn., in *DC. Prodr.*, XIV, 32, n. 1. — Hayn., *Arzn. Gew.*, 12, t. 10.

6. *Op. cit.*, II, 427.

7. Maximovicz indique surtout le *R. palmatum* var. *tangulicum*. Le *R. Collinianum* H. Bn (in *Bull. Soc. Linn. Par.*, 146) a été aussi considéré comme fournissant la véritable Rhubarbe de Chine.

8. L., *Mat. med.*, 169; *Spec.*, 531.

9. *Fl. or.*, 130. — Ait., *H. kew.*, II, 42. — Desf., in *Ann. Mus.*, 11, t. 94.

10. *Rumex Acetosa* L., *Spec.*, I, 481 (part.). — Gren. et Godr., *Fl. de Fr.*, III, 45. — H. Bn, *Iconogr. Fl. fr.*, n. 96. — *Lapathum pratense* Lamk. — *L. Acetosa* Scop. (Aigrette, Surelle, Vinett Oseille longue, O. des prés).

422) et petite[1], qui sont des légumes et des médicaments, employées jadis à l'extraction du *Sel d'oseille;* puis les Patiences, qui sont le *Rumex Patientia*[2] et le *R. obtusifolius*[3]. Les *R. domesticus* HARTM., *sylvaticus* L., *crispus* L., *aquaticus* L., *scutatus* L., *nemorosus* SCHRAD., *conglomeratus* MURR., *Hydrolapathum* HUDS. et *sanguineus* L. sont çà et là employés aux mêmes usages que les précédents. Le *R. alpinus* L.[4] portait le nom de *Rhubarbe de moine*[5]. On utilise aussi une foule de *Polygonum;* en première ligne la Bistorte[6] (fig. 436), dont le rhizome constitue un puissant astringent; puis le Sarrasin[7] (fig. 438-441), dont la graine a un albumen farineux, qui sert aux mêmes usages que celui des Graminées et qui fait la base de l'alimentation amylacée dans un grand nombre de pays. Les *P. emarginatum* et *tartaricum* L. ont les mêmes propriétés alimentaires. Le *P. tinctorium*[8] produit une couleur bleue qu'on a tenté de substituer à l'indigo. On peut citer encore comme espèces médicinales ou économiques les *P. Persicaria* L., *orientale* L., *pilosum* ROXB., *amphibium* L., *viviparum* L., *aviculare* L., *Hydropiper* L., *stypticum* CHAM. et SCHLCHTL, *cymosum* TREV., *divaricatum* L., *Convolvulus* L., *punctatum* SCHWEIN., *acidum* R. BR., *maritimum* L., *alpinum* ALL. (fig. 437), *chinense* L., *perfoliatum* LOUR., *hispidum* K., *rivulare* KŒN., *Poiretii* MEISSN., *glabrum* W., *odoratum* LOUR., *antihœmorrhoidale* MART., *lapathifolium* AIT., *corymbosum* W., *undulatum* MEISSN., etc.[9]. La portion souterraine du *Pterococcus soongaricus* C.-A. MEY. sert de rhubarbe aux Kirghis. Le *Calligonum Pallasia*[10] est alimentaire et médicinal pour les Kalmouks. Les *Coccoloba* ou Raisins d'Amérique sont parfois aussi utiles, notamment le *C. uvifera* L.[11] (fig. 444), dont le suc desséché constitue une

<hr />

1. *Rumex Acetosella* L., *Spec.*, I, 481. — GREN. et GODR., *Fl. de Fr.*, III, 43. — *Acetosa Acetosella* MILL. (Oseillette, Oseille de brebis, O. de Pâques, Sarcillette).

2. L., *Spec.*, 476. — GREN. et GODR., *Fl. de Fr.*, III, 39. — H. BN, *Tr. Bot. méd. phanér.*, 1333. — *Lapathum hortense* LAMK, *Fl. fr.*, III, 3 (Grande Patience, Dogue, Patience des jardins, Epinard immortel, Chou de Paris, Parelle).

3. L., *Spec.*, 478. — HAYN., *Arzn. Gew.*, XIII, t. 1. — GUIB., *loc. cit.*, 424. — H. BN, *Tr. Bot. méd. phanér.*, 1333. Le *R. sanguineus* POIR. (*Dict.*, V, 63) en est considéré comme une variété colorée en rouge.

4. L., *Spec.*, 480. — GREN. et GODR., *Fl. de Fr.*, III, 40. — *Lapathum alpinum* LAMK.

5. *Rhapontic faux, Rapontin, Patience des Alpes, Rhubarbe de montagne.*

6. *Polygonum Bistorta* L., *Spec.*, 516. — GREN. et GODR., *Fl. de Fr.*, III, 45. — H. BN, *Tr. Bot. méd. phanér.*, 1341, fig. 3347 (Serpentaire femelle, Feuillotte).

7. L., *Spec.*, 522. — GREN. et GODR., *Fl. de Fr.*, III, 55. — H. BN, *Tr. Bot. méd. phanér.*, 1344, fig. 3348. — *P. pyramidatum* LOISEL. — *Fagopyrum vulgare* NEES. — *F. esculentum* MOENCH, *Meth.*, 290 (Blé noir, B. rouge, B. de Barbarie, Dragées de cheval, Carabin, Bucail).

8. LOUR., *Fl. cochinch.*, 297. — MEISSN., in DC. *Prodr.*, XIV, 102, n. 73. — N. JOLY, *Obs. gén. Polyg. tinct.* (1839), t. 1, 2.

9. ROSENTH., *op. cit.*, 219, 1111.

10. LHÉR., in *Trans. Linn. Soc. Lond.*, I, 180. — *P. aphyllus* PALL. — *Pallasia Pterococcus* PALL. — *P. caspica* L. F.

11. JACQ., *Amer.*, 112, t. 73. — LAMK, *Ill.*, t. 316, fig. 2. — *Bot. Mag.*, t. 3130.

sorte de Kino; les *C. crescentiæfolia* CHAM. et SCHLCHTL, *nivea* JACQ., *sagittæfolia* ORT., astringents, résolutifs, antisyphilitiques; le *C. rhei-folia* DESF., dont la sève est émétique; les *C. flavescens* JACQ., *diver-sifolia* JACQ., *excoriata* L., dont le réceptacle, devenu charnu autour du fruit, est comestible. En Australie, on mange l'induvie de celui du *Muehlenbeckia adpressa* MEISSN.; et les tiges et racines du *M. complexa* MEISSN. se substituent à la Salsepareille. Les *Triplaris americana*[1], *Noli-tangere*[2] (fig. 450, 451), etc., ont des tiges et branches creuses qui servent d'asile à des légions d'insectes, notam-ment de fourmis à la morsure brûlante et très redoutée. Il n'y a guère de Polygonacées ornementales, sinon les Rhubarbes, surtout par leur feuillage, et les *Antigonum* par leurs calices colorés.

---

1. L., *Spec.*, 130. — LŒFL., *It.*, 256. — MEISSN., in *DC. Prodr.*, XIV, 178, n. 24.

2. WEDD., in *Ann. sc. nat.*, sér. 3, XIII, 265 (*Formigueira*).

GENERA

I. RUMICEÆ.

1. **Rumex** L. — Flores hermaphroditi v. polygami; receptaculo concaviusculo. Perianthium 6-v. rarius 4-merum, margini receptaculi insertum; foliolis 2-seriatis: exteriora æqualia v. inæqualia imbricata, post anthesin immutata; interiora autem circa fructum accreta, herbacea, rigida v. scariosa, medio sæpe in tuberculum glanduliforme incrassata. Stamina 6, cum perianthio inserta et per paria foliolis perianthii exterioribus opposita; filamentis brevibus gracilibus; antheris oblongis, 2-locularibus, introrsum v. lateraliter rimosis. Germen imo receptaculo insertum liberum, 3-gonum, 1-loculare; stylis 3, basi breviter filiformibus, patentibus v. recurvis, apice stigmatoso sæpe reflexo-pendulis, dilatatis v. penicillato- ∞-fidis fimbriatisve. Ovulum 1, basilare erectum orthotropum. Fructus siccus indehiscens, pyramidato-3-gonus; angulis acutis, nunc valde prominulis. Semen erectum; albumine farinaceo; embryone laterali subrecto, arcuato v. incumbenti-incurvo; cotyledonibus oblongis v. linearibus. — Herbæ perennes, raro annuæ, nunc suffrutescentes v. frutescentes; foliis basilaribus v. alternis, integris, dentatis v. subpinnatifidis; stipulis in ocream vaginantibus, membranaceis, scariosis v. hyalinis, nunc minimis; florum cymis axillaribus v. in racemum terminalem dispositis ocreato-bracteatis; pedicellis articulatis. (*Orbis utriusq. reg. temp. v. rar. calid.*) — *Vid. p.* 367.

2. **Rheum** L.[1] — Flores fere *Rumicis*, sæpius 9-andri; staminibus 6 per paria perianthii foliolis oppositis; 3 autem interioribus opposita,

---

1. *Gen.*, ed. 1, n. 339. — J., *Gen.*, 82. — LAMK., *Ill.*, t. 271. — CAMPD., *Rum.*, 18. — BARTL., *Ord.*, 167. — SPACH, *S. à Buff.*, X, 528. — ENDL., *Gen.*, n. 1984. — MEISSN., in *DC. Prodr.*, XIV, 32. — PAYER *Organog.*, 294, t. 65; Leç. *Fam nat.*, 41. — B. H., *Gen.*, III, 100, n. 17.

nunc deficientia. Fructus cæteraque *Rumicis;* perianthio fructifero
immutato marcescente. Fructus exsertus, 3-alatus. Cætera *Rumicis.*
— Herbæ robustæ; rhizomate crasso sublignoso-carnosulo; foliis
sinuatis, dentatis v. palmatilobis, basi 3- ∞-nerviis; ocreis laxis mar-
cescéntibus; cymis in racemos compositos sæpius terminales dispositis[1]. (*Asia temp. et mont.*[2])

3. **Emex** NECK[3]. — Flores (fere *Rumicis*) monœci; receptaculo
masculorum brevi. Sepala 4-6, patentia. Stamina totidem; filamentis
gracilibus; antherarum ovato-oblongarum loculis distinctis[4]. Floris
fœminei receptaculum ovoideo-tubulosum. Sepala 6, quorum interiora 3, circa fructum demum erecto-conniventia, dorso sæpe
tuberculo minuto instructa. Fructus acute 3-gonus, receptaculo
aucto indurato angulato et inter angulos transverse lacunoso, necnon
sepalis exterioribus patentibus spinescentibus et interioribus minoribus inclusus; embryone albuminoso laterali valde incumbenti-
arcuato. — Herbæ annuæ rigidulæ; foliis alternis petiolatis, integris
v. sinuatis; ocreis membranaceis, mox evanidis; floribus in axillis
foliorum v. bractearum cymosis; inflorescentiis fœmineis inferioribus;
intermediis nunc androgynis; superioribus masculis; pedicellis
articulatis. (*Reg. Medit., Africa austr.*[5])

4. **Oxyria** HILL.[6] — Flores hermaphroditi v. polygami; receptaculo angusto concavo. Sepala 4, quorum exteriora 2, minora,
demum reflexa; 2 autem interiora alterna. Stamina sæpius 6, quorum
subalternisepala 4; 2 autem sepalis interioribus opposita; filamentis
omnium leviter perigynis; antheris erectis basifixis; loculis 2,
introrsis, superne liberis. Germen breviter stipitatum imo receptaculo
insertum, sepalis interioribus parallele compressum; stylis 2, recurvis,
apice stigmatoso dilatato fimbriato-penicillatis. Fructus fere *Rhei,*
compressus, 2-alatus. Semen farinaceo-albuminosum; embryonis

1. Foliis floralibus nunc coloratis.
2. Spec. 10-12. LEDEB., *Ic. Fl. ross.*, t. 491.
— ROYLE, *Ill. himal.*, t. 78, 78 *a.* — JAUB. et
SP., *Ill. pl. or.*, t. 470. — HOOK. F., *Ill. himal.
pl.*, t. 19; *Fl. brit. Ind.*, V, 55. — BOISS., *Fl.
or.*, IV, 1003. — REICHB., *Icon. exot.*, t. 117.
— SWEET, *Brit. fl. Gard.*, t. 269. — *Bot. Mag.*,
t. 3508, 4877, 6135.
3. *Elem.*, II, 214. — MEISSN., in *DC. Prodr.*,
XIV, 40. — ENDL., *Gen.*, n. 1992. — B. H.,
Gen., III, 101, n. 20. — *Viboo* MŒNCH,

Meth., 318. — *Centropodium* BURCH., *Trav.*, I,
340.
4. Stamina 2 nunc minora v. cassa.
5. Spec. 1, 2. SIBTH., *Fl. græc.*, t. 347
(*Rumex*). — FORSK., *Fl. æg.-arab.*, 75 (*Rumex*).
— CAMPD., *Rum.*, 58, t. 1, fig. 1. — WILLK. et
LGE, *Prodr. Fl. hisp.*, I, 280. — MEISSN., in
Mart. Fl. bras., V, I, 5.—BOISS., *Fl. or.*, IV, 1005.
6. *Veg. Syst.*, X, 24, t. 24. — MEISSN., in
DC. Prodr., XIV, 37. — NEES, *Gen. Fl. germ.*,
Monochl., n. 55. — B. H., *Gen.*, III, 100, n. 18.

lateralis cotyledonibus radicula longioribus. — Herba perennis parce ramosa; foliis basilaribus et alternis; ocrea membranacea; cymis secus ramos inflorescentiæ compositæ dissitis. (*Orbis utriusque reg. arct., subarct. et mont.*[1])

II. POLYGONEÆ.

5. **Polygonum** T. — Flores hermaphroditi v. polygami; receptaculo cupulari; perianthii foliolis 4, 5 (sæpe coloratis), æqualibus v. inæqualibus, imbricatis. Stamina 6-8 (sæpe 7), inæqualia, nunc pauciora, cum perianthio inserta; filamentis basi sæpe dilatatis, plerumque cum disci plus minus perigyni dentibus alternantibus; antheris variis; loculis parallelis distinctis, connectivo plus minus dilatato sejunctis. Germen 3-gonum v. compressum; stylo plus minus alte in ramos 2, 3 diviso; ramis apice incrassato integris v. varie dilatatis. Ovulum orthotropum basilare. Fructus 3-gonus compressus; angulis plus minus prominulis; aut perianthio obtectus, aut apice nudus; pericarpio plus minus crasso duroque. Seminis erecti embryo excentricus v. omnino lateralis, incumbenti- v. accumbenti-curvatus; cotyledonibus radicula brevioribus v. longioribus, angustis v. oblongis, nunc raro (*Fagopyrum*) latissimis contorto-plicatis radiculamque involventibus. — Herbæ, nunc suffrutescentes; habitu vario; ramis prostratis, erectis, nunc volubilibus v. fluitantibus; foliis alternis; ocrea varia; floribus ad folia v. ad bracteas spicæ terminalis cymosis v. glomerulatis; pedicellis articulatis. (*Orbis utriusque reg. calid., temp. et frig.*) — Vid. p. 372.

6. **Polygonella** MICHX[2]. — Flores fere *Polygoni*, polygami; sepalis 5, inæqualibus: exterioribus 2, 3, minoribus, demum reflexis; interioribus autem 2, 3, circa fructum erectis appressis. Stamina sæpius 8; filamentis nunc basi dilatatis v. lateraliter 2-dentatis v. 2-auriculatis. Styli 3, apice capitato-stigmatosi. Fructus crustaceus, 3-gonus; embryone recto v. arcuato excentrico, nunc

---

1. Spec. 1. *O. digyna* CAMPD., *Rum.*, 155, t. 3, fig. 3. — HOOK., *Icon.*, t. 483. — B. H., *Gen.*, III, 34. — *Rumex digynus* L., *Spec.*, 480. — *Rheum digynum* WAHLENB. — *Lapathum digynum* LAMK, *Fl. fr.*, III, 6; *Ill.*, t. 271, fig. 6. — *Acetosa digyna* MILL. — *Donia sapida* B. BR.

2. *Fl. bor.-amer.*, II, 240. — MEISSN., in *DC. Prodr.*, XIV, 79 (part.). — B. H., *Gen.*, III, 97, n. 14. — *Lyonia* RAFIN., in *N. York Med. Rep.*, II, hex. 5 (non ELL.). — *Stopinaca* RAFIN. (ex ENDL.). — *Gonopyrum* C.-A. MEY., in *Mém. Acad. Pétersb.*, sér. 6, VI, 144.

flexuoso. — Herbæ annuæ; foliis alternis sæpe angustis; ocreis obliquis v. truncatis; floribus racemosis, ad ocreas vaginantes solitariis; pedicellis articulatis; racemis compositis. (*America bor.*[1])

7. Oxygonum BURCH.[2] — Flores hermaphroditi v. polygami; receptaculo valde concavo, in flore fœmineo v. hermaphrodito lageniformi, supra fructum inclusum constricto ibique sepala 5, inæqualia imbricata et stamina ad 8 gerente; filamentis inæqualibus; antheris oblongis, 2-rimosis. Germen receptaculo inclusum; stylo fere a basi v. altius in ramos 3, apice capitato stigmatosos, diviso. Fructus intra receptaculum[3] liber angustus. Seminis albuminosi embryo subaxilis; cotyledonibus oblongis; radicula brevi supera. — Herbæ annuæ v. perennes; foliis alternis, integris, dentatis v. pinnatifidis; ocreis scariosis truncatis; floribus in racemos spiciformes dispositis et in axilla bractearum dissitarum cymosis; pedicellis fructiferis recurvis. (*Africa calid.*[4])

8. Pteropyrum JAUB. et SPACH.[5] — Flores fere *Polygoni;* sepalis 5, inæqualibus, post anthesin marcescentibus v. immutatis. Stamina 8, receptaculi margini plus minus piloso affixa. Germen 3-gonum; stylis 3, brevibus late capitatis. Fructus late 3-alatus, apice in rostrum contractus; alis ad contractionem torto-interruptis v. divisis, in parte rostrali nunc alis basalibus directe superpositis, nunc autem, ob rostri tortionem, subalternis. Semen erectum, basi varie dilatatum; embryonis excentrici arcuati cotyledonibus oblongis radicula brevioribus. — Frutices virgati rigidi; foliis alternis v. fasciculatis parvis angustis; ocreis brevibus, mox evanidis; floribus ad nodos fasciculato-cymosis; bracteis ocreiformibus. (*Asia occid.*[6])

9. Atraphaxis L.[7] — Flores fere *Polygoni;* perianthii foliolis 4, 5; exterioribus 2, sæpius minoribus reflexis; omnibus circa fructum auctis scariosis interioribusque eum plus minus obtegentibus. Sta-

1. Spec. 5, 6.
2. *Trav.*, I, 548. — ENDL., *Gen.*, n. 1988. — MEISSN., in *DC. Prodr.*, XIV, 38. — B. H., *Gen.*, II, 96, n. 13. — *Ceratogonon* MEISSN., in *Wall. Pl. as. rar.*, III, 63.
3. Extus glabrum, tuberculatum v. echinatoalatum.
4. Spec. 6, 7. BOJ., in *Ann. sc. nat.*, sér. 2, IV, t. 9 (*Polygonum*). — BENTH., in *Hook. Icon.*, t. 1321.

5. *Ill. pl. or.*, II, 7, t. 107-109. — MEISSN., in *DC. Prodr.*, XIV, 31. — B. H., *Gen.*, III, 95, n. 11.
6. Spec. 4, 5. WIGHT, *Icon.*, t. 1809. — HOOK. F., *Fl. brit. Ind.*, V, 23. — BOISS., *Fl. or.*, IV, 1001.
7. *Gen.*, n. 449. — J., *Gen.*, 82. — MEISSN., in *DC. Prodr.*, XIV, 74. — ENDL., *Gen.*, n. 1995. — B. H., *Gen.*, III, 96, n. 12. — *Tragopyron* BIEB., *Fl. taur.-cauc.*, III, 284.

mina plerumque 6-9. Gynœceum 2, 3-merum. Achænium lenticu-
lare v. 3-gonum; embryone curvulo v. subrecto. — Frutices ramosi;
ramulis sæpe spinescentibus; foliis alternis v. fasciculatis, sæpius
rigidis, varie nervatis; ocreis scariosis in stipulam utrinque productis;
floribus ad nodos cymosis; pedicellis gracilibus articulatis. (*Asia
med. et occ., Ægypti desert.*[1])

10. **Calligonum** L.[2] — Flores fere *Atrophaxeos*; receptaculo
parvo cupulari. Sepala 5, æqualia v. inæqualia perigyna imbricata,
marcescentia. Stamina ∞ (12-20), circa discum parvum inserta;
antheris ovatis. Germen 4-gonum; stylis 4, brevibus v. longis, apice
stigmatoso capitatis. Fructus siccus exsertus, 4-gonus; angulis in
alam verticalem v. spiralem simplicem v. duplicem productis,
integris, serratis, cristatis v. varie setigeris echinatisve. Semen teres
v. angulatum; embryone centrali conformi; cotyledonibus radiculæ
longitudine latitudineque subæqualibus. — Frutices ramosi; ramis
rigidis v. flexuosis articulatis; foliis alternis, linearibus v. subulatis,
nunc minimis, basi in ocream sæpe tubulosam dilatatis; floribus ad
axillas intra bracteam ocreiformem solitariis v. cymosis ∞ ; pedicellis articulatis. (*Asia. med. et occid., Africa bor.*[3])

11. **Coccoloba** L.[4] — Flores hermaphroditi v. 1-sexuales;
receptaculo breviter concavo, demum circa fructum aucto carnoso v.
pulposo. Sepala 5, margini receptaculi inserta cumque eo continua,
demum immutata, supra fructum conniventia v. marcescentia. Stamina plerumque 8, perigyna; filamentis gracilibus, basi in annulum
cupulamve connatis; antheris ovatis, 2-rimosis. Germen imo receptaculo affixum liberum, ovoideum v. oblongum; styli apicalis ramis
3, brevibus, apice stigmatoso capitatis v. varie dilatatis, integris v.
lobatis. Ovulum basilare erectum orthotropum. Fructus inclusus,
siccus v. crustaceus, intus nonnunquam laminis intrusis prope basin

1. Spec. 12-15. LHÉR., *St. nov.*, t. 14. —
WATS., *Dendr. brit.*, t. 119. — LEDEB., *Ic. Fl.
ross.*, t. 411; 422, 426 (*Tragopyron*). — JAUB.
et SPACH, *Ill. pl. or.*, t. 110-113.
2. *Gen.*, ed. 1, n. 866. — J., *Gen.*, 83. —
GÆRTN. F., *Fruct.*, III, t. 215. — MEISSN., in
DC. Prodr., XIV, 28. — ENDL., *Gen.*, n. 1989.
— B. H., *Gen.*, II, 95, n. 10. — BORSZCZ., in
Mém. Acad. Pétersb., sér. 7, III, c. tab. 3. —
Pallasia L. F., *Suppl.*, 27. — GÆRTN. F.,
Fruct., III, t. 184. — *Pterococcus* PALL., *Voy.*,

App., 738, t. 5. — *Calliphysa* FISCH. et MEY.,
Ind. I sem. Hort. petrop., 24.
3. Spec. ad 20. PALL., *Fl. ross.*, t. 77, 78
(*Pallasia*). — JAUB. et SPACH, *Ill. pl. or.*,
t. 471. — HOOK. F., *Fl. brit. Ind.*, V, 22. —
BOISS., *Fl. or.*, IV, 998.
4. *Syst.*, ed. X, 1007; *Gen.*, ed. VI, n. 496. —
J., *Gen*, 82. — GÆRTN., *Fruct.*, t. 45. —
ENDL., *Gen.*, n. 1990. — MEISSN., in *DC. Prodr.*,
XIV, 151. — PAYER, *Leç. Fam. nat.*, 43. —
B. H., *Gen.*, III, 102, n. 22.

divisus; seminis conformis et varie sulcati albumine plus minus ruminato; embryonis excentrici v. lateralis cotyledonibus latis cordatis, aut planis, aut subconvolutis; radicula brevi recta v. accumbente adscendente. — Arbores v. frutices, nunc scandentes; foliis alternis, integris, sæpe coriaceis, nunc orbiculatis magnis; nunc autem parvis v. minimis; ocreis variis, nunc mox evanidis; floribus intra bracteas ocreiformes cymosis; cymis breviter v. longe, simpliciter v. composite spicatis racemosisve, terminalibus v. axillaribus. (*América calid.* [1])

12. **Campderia** BENTH.[2] — Flores (fere *Coccolobæ*) hermaphroditi v. polygami; receptaculo concavo brevi. Sepala 5, inæqualia imbricata, demum circa fructum aucta[3]. Stamina 8, perigyna inæqualia; antherarum ellipsoidearum connectivo latiusculo. Germen 2, 3-gonum; stylo erecto, mox in ramos 2, 3, apice capitatos, diviso. Fructus 2, 3-gonus, receptaculo carnosulo insidens; semine 3-6-lobo; albumine ruminato; embryonis excentrici cotyledonibus latiusculis. — Arbusculæ v. frutices; foliis alternis penninerviis reticulato-venosis; ocrea laxiuscula; floribus in spica terminali elongata simplici cymosis; cymis intra bracteas ocreiformes paucifloris; pedicellis articulatis. (*America trop. utraque* [4].)

13. **Muehlenbeckia** MEISSN.[5] — Flores (fere *Coccolobæ*) polygamo-diœci; receptaculo concavo perianthiique foliolis æqualibus, sæpius cum sepalis 5, æqualibus v. inæqualibus, circa fructum carnoso-incrassato v. succulento. Stamina ad 8, perigyna; filamentis gracilibus; antheris (in flore fœmineo cassis v. 0) ovatis, 2-rimosis. Germen imo receptaculo insertum liberum, 3-gonum (in flore masculo rudimentarium v. 0); stylis 3, brevibus v. brevissimis, apice stigmatoso varie capitatis v. dilatatis. Fructus plus minus acute 3-gonus, crustaceus v. coriaceus; semine integro, 3-sulco v. 3-lobo; embryonis

1. Spec. 70-80. JACQ., *Obs.*, t. 8, 9; *St. amer.*, t. 73-78; *H. schœnbr.*, t. 267, 352. — NUTT., *Sylv. amer.*, II, t. 88, 89. — VELL., *Fl. flum.*, t. 40, 41, 43, 44 (*Polygonum*). — HOOK., *Exot. Fl.*, t. 102. — MEISSN., in *Mart. Fl. bras.*, V, I t. 7-21. — WEDD., in *Ann. sc. nat.*, sér. 3, XIII, 256. — GRISEB., *Fl. brit. W.-Ind.*, 161. — HEMSL., *Bot. centr.-amer.*, III, 36. — *Bot. Reg.*, t. 1816. — *Bot. Mag.*, t. 3130, 3166, 4536.

2. *Sulph. Bot.*, 159, t. 52. — MEISSN., in

DC. Prodr., XIV, 179. — B. H., *Gen.*, III, 102, n. 23. — *Lyperodendron* W., herb.

3. Nunc magno, « pulchre coccineo ».

4. Spec. 2, 3. H. B. K., *Nov. gen. et spec.*, II, 176 (*Coccoloba acuminata*). — MEISSN., in *DC. Prodr.*, XIV, 168, n. 76 (*Coccoloba*); in *Mart. Fl. bras.*, V, I, t. 6.

5. *Gen.*, 316; *Comm.*, 227. — ENDL., *Iconogr.*, t. 87. — B. H., *Gen.*, III, 101, n. 21. — *Sarcogonum* DON, in *Sweet Hort. brit.*, ed. 3 (ex ENDL.).

albuminosi excentrici v. lateralis, incumbenti- v. accumbenti- incurvi, cotyledonibus variis. — Frutices v. suffrutices, nunc volubiles; foliis alternis petiolatis, forma variis v. nunc subnullis; ocreis brevibus v. subnullis; floribus ad folia v. ad bracteas axillaribus, solitariis v. glomeratis, nunc in racemulos v. spicas breves, axillares v. termi- nales, simplices v. ramosos, dispositis. (*Oceania, Ins. maris Pacif., America austr.-andin. et extratrop.*[1])

14. Brunnichia BANKS.[2] — Flores hermaphroditi; receptaculo concavo cum pedicello plus minus claviformi continuo. Sepala 5, 6, oblonga, imbricata, circa fructum conniventia. Stamina 8, 9; filamentis inæqualibus perigynis, nunc basi 1-adelphis; antheris ovato-ellipticis, lateraliter, extrorsum v. introrsum rimosis. Germen basi plus minus inferum, 3-gonum; styli ramis 3, apice capitato stigmatosis, incurvis v. demum reflexis. Ovulum 1, e summa placenta basilari elongata apiceque primum recurva pendulum orthotropum; micropyle demum, ob placentam paulatim deflexam, supera. Fructus 3-gonus, intra sulcos seminis inæqui-intrusus. Semen sulcis profun- dis verticalibus inæqui-6-lobum; albumine nunc subruminato; em- bryone in uno loborum leviter incurvo; radicula supera cotyledonibus oblongis subæquali. — Frutices scandentes; foliis alternis, nunc cordatis; petiolo basi subocreato-amplexicauli; floribus in racemos terminales et axillares plus minus ramosos dispositis, cymosis; sum- mis rhachibus in cirrhum ramosum mutatis; pedicello fructifero hinc v. utrinque in alam longitudinalem cum receptaculo continuam producto. (*America. bor. calid., Africa trop.*[3])

15. Antigonon ENDL.[4] — Flores *Brunnichiæ;* sepalis 5, inæqua- libus, circa fructum auctis membranaceo-scariosis imbricatis (colo- ratis); interioribus angustioribus. Stamina basi 1-adelpha inæqualia. Fructus pyramidato-3-gonus; pedicello haud alato; seminis inæqui- 3-6-lobi albumine ruminato; embryonis leviter excentrici incum-

---

1. Spec. ad 15. LABILL., *Pl. N. Holl.*, t. 127 (*Polygonum*).— VENT., *Jard. Cels*, t. 88 (*Poly- gonum*). — BENTH., *Fl. austral.*, V, 273. — HOOK. F., *Handb. N. Zeal. Fl.*, 236. — REMY, in *C. Gay Fl. chil.*, V, 272. — HEMSL., *Bot. centr.-amer.*, III, 35. — MEISSN., in *Mart. Fl. bras.*, V, I, 44, t. 22. — *Bot. Reg.*, t. 1250 (*Poly- gonum*). — *Bot. Mag.*, t. 3145; 5382 (*Cocco- loba*).

2. In *Gærtn. Fruct.*, I, 213, t. 45. — MEISSN., in *DC. Prodr.*, XIV, 185. — ENDL., *Gen.*, n. 1998. — PAYER, *Leç. Fam. nat.*, 43. — B. H., *Gen.*, III, 103, n. 25. — *Fallopia* ADANS., *Fam. des pl.*, II, 274, 277 (part.). — *Rajania* WALT.

3. Spec. 1, 2.

4. *Gen.*, n. 1999. — MEISSN., in *DC. Prodr.*, XIV, 184. — PAYER, *Leç. Fam. nat.*, 43. — B. H., *Gen.*, III, 103, n. 24.

benti-incurvi cotyledonibus oblongis; sectione transversali arcuata.
— Frutices scandentes; foliis, inflorescentiis cirrhisque *Brunni-chiæ*[1]. (*America centr. utraque*[2].)

16 ? **Podopterus** H. B.[3] — Flores hermaphroditi; sepalis 5, 6, perigynis, 2-seriatim imbricatis; exterioribus 3, ala dorsali verticali in pedicellum decurrente auctis. Stamina 6-9, inæqualia, cum perianthio inserta; filamentis subulatis; antheris ovatis introrsis, 2-rimosis. Germen 3-gonum; ovulo erecto stipitato; stylis 3, recurvis, apice stigmatoso capitatis. Fructus 3-gonus, perianthio late 3-alato inclusus; semine...? — Frutex; ramulis apice sæpe spinescentibus; foliis « ad nodos fasciculatis»; ocreis brevibus; floribus ad nodos ramulorum fasciculatorum cymosis paucis. (*Mexicum*[4].)

III. TRIPLARIDEÆ.

17. **Triplaris** LOEFL. — Flores dioeci; masculorum receptaculo brevi; perianthii infundibularis foliolis 6, 2-seriatis; interioribus paulo minoribus. Stamina 9, ad apicem receptaculi inserta, quorum interiora 3, foliolis interioribus opposita; filamentis omnium gracilibus. Floris foeminei receptaculum magis concavum; perianthii foliolis exterioribus 3, oblongis v. lanceolatis, erectis postque anthesin auctis aliformibus membranaceo-scariosis venosis; interioribus autem 3, minoribus v. circa gynoeceum dilatatis subpetaloideis. Germen imo receptaculo affixum, 3-gonum, suberoso-carnosum; styli ramis 3, lineari-subulatis, introrsum stigmatosis; ovulo basilari sessili. Fructus siccus prominenti-3-gonus, receptaculo aucto inclusus, sepalis exterioribus 3 aliformibus coronatus. Semen 3-gonum; albumine sulcis ruminato lobatoque; embryonis subcentralis cotyledonibus latis, planis v. convolutis; radicula supera brevi. — Arbores; ramis plerumque fistulosis; foliis alternis, breviter petiolatis, ovato-

1. Cujus forte mera sectio, pedicellis exalatis.
2. Spec. 3, 4. Hook. et Arn., *Beech. Voy. Bot.*, t. 69. — Mast., in *Gardn. Chron.* (1877), I, 789. — Hemsl., *Bot. centr.-amer.*, III, 37. — Avetta, in *Ann. Ist. bot. Rom.* (1888), 148, t. 17, 18. — *Fl. serres*, t. 1886. — *Bot. Mag.*, t. 5816.

3. *Pl. æquin.*, II, 89, t. 107. — Lamk, *Ill.*, Suppl., t. 940. — Endl., *Gen.*, n. 1996. — Payer, *Leç. Fam. nat.*, 43. — Meissn., in *DC. Prodr.*, XIV, 171. — B. H., *Gen.*, III, 104, n. 27.

4. Spec. 1. *P. mexicanus* H. B. — H. B. K., *Nov. gen. et spec.*, II, 181. — Hemsl., *Bot. centr.-amer.*, III, 37.

oblongis v. sublanceolatis, penninerviis, transverse venosis et plicis longitudinalibus (e vernatione) sæpe impressis; ocreis deciduis; floribus in spicas simplices v. ramosas dispositis; bracteis 1- ∞ -floris. (*America trop. austr.*) — *Vid. p. 376.*

18. **Ruprechtia** C.-A. MEY.[1] — Flores diœci (fere *Triplaridis*); receptaculo plus minus profunde infundibulari : perianthii foliolis 6; interioribus minoribus, nunc minimis v. circa fructum ad lacinias angustas v. vix conspicuas reductis. Stamina 9, perigyna (in floribus fœmineis ad staminodia parva reducta v. 0); antheris ovatis v. oblongis introrsis. Germen (in flore masculo rudimentarium v. 0) imo receptaculo insertum stipitatum; stylis 3, forma variis, nunc brevissimis. Ovulum erectum stipitatum. Fructus pyramidatus obtuse 3-gonus, basi incrassata 3-6-sulcus, perianthio inclusus. Semen 3-6-sulcum; albumine lobato ruminato; embryonis subaxilis v. excentrici cotyledonibus planis, arcuatis v. subconvolutis. — Arbores v. frutices; foliis[2] alternis penninerviis; floribus in racemis brevibus simplicibus v. ramosis intra bracteas parvas cymosis. (*America austr. calid.*[3])

19. **Symmeria** BENTH.[4] — Flores diœci; perianthii foliolis 6, imbricatis. Stamina ∞, conferta; filamentis brevibus tenuibus; antheris 2-rimosis. Germen (in flore masculo 0) acute 3-gonum; stylo 3-alato; lobis 3, patentibus fimbriato-laceris deciduis. Fructus perianthio aucto stipatus, pyramidato-3-gonus. Semen erectum conforme; « albumine ruminato; embryonis rectiusculi cotyledonibus latis ». — Arbores v. frutices; foliis alternis amplis penninerviis; petiolis basi amplexicauli membranaceo-dilatatis; floribus in spicas compositas ad summos ramulos dispositis, intra bracteas cupulares ∞. (*America mer. bor.-or., Senegambia*[5].)

20. **Leptogonum** BENTH.[6] — Flores hermaphroditi regulares; receptaculo breviter cupulari, margine in discum brevem 3-lobum

1. In *Mém. Acad. Pétersb.*, sér. 6, VI, 148, t. 4. — MEISSN., in *DC. Prodr.*, XIV, 179. — ENDL., *Gen.*, Suppl., II, 35, n. 1997 *b* (*Ruprechtia*). — B. H., *Gen.*, III, 104, n. 29.

2. Quam in *Triplaride* minoribus.

3. Spec. ad 20. MEISSN., in *Mart. Fl. bras.*, V, I, 53, t. 26, I, 27. — KARST., *Fl. columb.*, t. 169 (*Triplaris*). — GRISEB., *Pl. Lorentz.*,

65. — WEDD., in *Ann. sc. nat.*, sér. 3, XIII, 268. — HEMSL., *Bot. centr.-amer.*, III, 38.

4. In *Hook. Lond. Journ.*, IV, 630. — MEISSN., in *DC. Prodr.*, XIV, 186. — B. H., *Gen.*, III, 105, n. 30.

5. Spec. 2. MEISSN., in *Mart. Fl. bras.*, V, I, 45, t. 23.

6. *Gen.*, III, 103, n. 26; in *Hook. Icon.*, t. 1320.

incrassato. Perianthii foliola 3 exteriora lineari-subulata valvata; 3 autem interiora alterna breviora valvata conniventia. Stamina 3, circa discum inserta, foliolis interioribus opposita; filamentis brevibus; antheris ellipsoideis introrsis; loculis nisi ad insertionem solutis, longitudinaliter rimosis. Germen breviter stipitatum, globoso-3-gonum; stylis 3, brevibus incurvis, apice stigmatoso capitatis. Placenta ovulumque *Brunnichiæ*. Fructus...? — Frutex (?) ramosus; foliis ad summos ramulos confertis alternis brevissime petiolatis elliptico-lanceolatis crenulatis; nervis primariis crebris parallelis subtus prominulis; ocreis ad annulum transversum reductis; spicis inter folia tenuibus, mox 2-furcatis, nutantibus, glomeruligeris; glomerulis 2-floris, 1-bracteatis; bracteola laterali multo majore; flore altero vix evoluto. (*Hispaniola*[1].)

IV. KŒNIGIEÆ.

21. Kœnigia L. — Flores hermaphroditi; receptaculo cupulari v. obconico. Sepala 2, 3, v. rarius 4, receptaculi margini inserta. Stamina sæpius 3, perigyna, nunc 1, 2, 4; filamentis brevibus; antheris parvis, 2-rimosis. Germen fundo receptaculi insertum, compressum v. 3-gonum; stylis 2, 3, apice capitellato stigmatosis. Fructus siccus, compressus v. 3-gonus; pericarpio tenui. Semen erectum; embryonis arcuati excentrici cotyledonibus orbiculatis v. ovatis; radicula adscendente accumbente. — Herbæ annuæ, graciles v. nanæ; foliis imis oppositis vaginaque brevi connexis; summis alternis, oppositis v. subverticillatis parvis integris; floribus ad axillas paucis et inter folia ultima glomeratis; pedicello articulato; bracteis hyalinis minimis, nunc nonnihil auctis. (*Hemisphær. bor. utriusq. orb.*, *Mont. Sibir. et Scopul.*) — *Vid. p.* 378.

22. Pterostegia FISCH. et MEY.[2] — Flores hermaphroditi; receptaculo concaviusculo. Sepala 4-6, margini inserta, nunc inæqualia. Stamina 4-6, subperigyna, varie quoad sepala inserta; filamentis gracilibus; antherarum introrsarum loculis brevibus rimosis. Germen

---

1. Spec. 1. *L. domingense* BENTH.

2. *Ind.* 2 *sem. Hort. petrop.*, 48; *Sert. petrop.*, t. 21; in *Ann. sc. nat.*, sér. 2, V, 303.

— ENDL., *Gen.*, n. 1979. — PAYER, *Leç. Fam. nat.*, 43. — BENTH., in *DC. Prodr.*, XIV, 27. — B. H., *Gen.*, III, 94, n. 8.

ovulumque *Kœnigiæ;* stylis 3, apice stigmatoso capitatis. Fructus perianthio sæpius haud v. vix aucto stipatus; embryone excentrico curvo; radicula adscendente accumbente; cotyledonibus latis v. suborbiculatis. — Hérbæ nunc graciles diffusæ; ramis subdichotomis; foliis oppositis, petiolatis, integris v. varie dentatis lobatisve, stipulaceis v. linea prominula connexis; floribus[1] axillaribus v. in ramis, parvis terminalibus, solitariis v. cymosis paucis; bracteis circa fructum varie auctis, dentatis, cristatis v. in alas dorsales productis, nunc basi extus calcaratis. (*California*[2].)

23. **Nemacaulis** NUTT.[3] — Flores minimi; receptaculo cupulari, intus disco tenui induto. Perianthii foliola 6, 2-seriatim margini receptaculi inserta. Stamina 3 (v. nunc 2), foliolis exterioribus opposita; filamentis glabris; antherarum brevium loculis inferne liberis. Germen imo receptaculo insertum, 3-quetrum; styli ramis 3, brevibus, apice stigmatoso capitatis. Fructus siccus, obtuse 3-queter; embryonis curvi cotyledonibus orbicularibus; radicula accumbenti-adscendente. — Herba annua; foliis basilaribus rosulatis et ad dichotomias paucis albido-lanatis; cymis capituliformibus parvis ad dichotomias sessilibus et terminalibus; bracteis liberis v. basi connatis bracteolisque setaceis dense albido-lanatis, flore longioribus. (*California*[4].)

24. **Hollisteria** S.-WATS.[5] — Flores fere *Nemacaulis;* « perianthio lanato, 5, 6-fido. Stamina 5-9. Germen ovoideum; stylis filiformibus 3, apice capitatis. Fructus acuminatus, obtuse 3-queter; embryonis excentrici incurvi cotyledonibus orbicularibus. — Herba dichotome ramosa articulata, undique albo-lanata; foliis alternis ovatis membranaceis; stipulis lateralibus subfoliaceis; florum[6] glomerulis in dichotomiis sessilibus; singulis bractea ovata bracteolisque lanceolatis stipatis, lana nivea involutis. (*California*[7].) »

25. **Hamaria** KZE[8]. — Flores hermaphroditi parvi; perianthio anguste campanulato, 6-fido; lobis apice spinescenti-recurvis. Sta-

1. Minimis, viridibus v. rubellis.

2. Spec. 1, 2. HOOK. et ARN., *Beech. Voy. Bot.,* t. 90. — TORR., in *Proc. Amer. Acad.,* VIII, 200. — S.-WATS., *Bot. Calif.,* II, 39.

3. In *Journ. Acad. Philad.,* ser. 2, I, 168. — BENTH., in *DC. Prodr.,* XIV, 23. — B. H., *Gen.,* III, 94, n. 6.

4. Spec. 1. *N. Nuttallii* BENTH. — S.-WATS.,

Bot. Calif., II, 16. — *N. denudata* NUTT. — *N. foliosa* NUTT. (ex S.-WATS.).

5. In *Proc. Amer. Acad.,* XIV, 296; *Bot. Calif.,* II, 481.

6. Lanatorum, parvorum.

7. Spec. 1. *H. lanata* S.-WATS.

8. *Syn. pl. amer. austr.,* ex *Pœpp. Coll. chil.,* I. — REICHB., *Consp.,* 212 b. — PFEIFF.,

mina 2,3, fauci affixa; filamentis brevibus glabris; antheris brevibus, 2-rimosis. Germen elongato-3-quetrum; stylis 3, brevibus, apice capitato stigmatosis. Fructus elongato-3-queter; seminis longe conici embryone valde curvato subaxili; cotyledonibus semini latitudine subæqualibus; radicula elongata accumbenti-adscendente. — Herbæ annuæ dichotomo-ramosæ; foliis ad ramificationes 3-6-natim verticillatis inæqualibus; inflorescentia dense conferta fastigiata cymosa; foliis floralibus subverticillatis perianthii lobis similibus et apice spinescenti-recurvis. (*Chili, California marit.*[1])

26. Harfordia GREENE et PARRY[2]. — Flores diœci; perianthii foliolis 6, 2-seriatim perigynis. Stamina 6-9, inæqualia (in flore fœmineo ad staminodia reducta); antheris ovoideis. Germen 3-gonum; stylis 3, apice recurvo capitato-stigmatosis. Fructus oblongus acute 3-gonus subalatus. Semen albuminosum; embryonis excentrici cotyledonibus ovatis foliaceis. — Herbæ perennes v. suffrutescentes; ramis articulatis; foliis oppositis connatis et fasciculatis; floribus ad folia superiora axillaribus; involucris gamophyllis flores fœmineos cingentibus seriusque in saccum vesiculosum inflato-dilatatis alato-cristatis et demum 2-lobis venosis. (*California*[3].)

V. ERIOGONEÆ.

27. Eriogonum MICHX. — Flores in involucro communi ∞, ab eo sub anthesi exserti; receptaculo concavo parvo; perianthii foliolis 6, 2-seriatis, æqualibus, v. exterioribus majoribus minoribusve, post anthesin sæpe auctis. Stamina 9, cum foliolis perianthii affixa, leviter perigyna; filamentis gracilibus, basi sæpe pilosis; antheris 2-locularibus. Germen imo receptaculo insertum, 3-quetrum; styli ramis 3, gracilibus, apice stigmatoso capitatis. Fructus siccus, perianthio persistente obtectus, 3-queter v. 3-alatus. Semen erectum albuminosum. — Herbæ v. suffrutices, annuæ v. cæspitosæ; indu-

Nom., 1555. — *Lastarriœa* REMY, in *C. Gay Fl. chil.*, V, 289, t. 58, fig. 1. — MEISSN., in *DC. Prodr.*, XIV, 186. — B. H., *Gen.*, III, 94 n. 7. — PARRY, in *Proc. Davenp. Ac. nat. sc.*, V. 1. Spec. (ex PARRY) 3. TORR. et GR., in *Proc. Amer. Acad.*, VIII, 199 (*Lastarriœa*). — S.-WATS., *Bot. Calif.*, II, 39 (*Lastarriœa*).

2. In *Proc. Davenp. Acad. nat. sc.* (1886), V, 27.
3. Spec. 2, quarum 1 hucusque male nota. BENTH., *Sulph. Bot.* (*Pterostegia macroptera*) — GREENE, in *Bull. Calif. Acad.*, IV, 212 (*Pterostegia*). — S.-WATS., *Bot. Calif.*, II, 40 (*Pterostegia macroptera*).

mento vario, sæpe lanato subfloccoso; foliis basilaribus v. in caule
alternis paucis integris; petiolo basi dilatato amplexicauli v. minute
ocreato; ramis floriferis a collo v. in caule axillaribus v. terminalibus,
apice nunc involucrum 1 ferentibus, sæpius autem repetite 2, 3-
chotomis; bracteis tot quot rami ad ramos basilaribus, nunc basi
connatis, nunc squamiformibus liberis v. foliaceis; inflorescentiis
cymosis umbelliformibus v. contractis capituliformibus. Involucra
solitaria v. complura, intra bracteas 2 sessilia v. stipitata, campanulata, turbinata v. cylindracea, 5-8-dentata v. lobata; cymis nunc
abortu 1-lateralibus; bracteolis intra involucrum ∞, setaceis v.
tenerrimis, nunc 0. (*America bor.-occid.*) — *Vid. p.* 380.

28. Oxytheca NUTT.[1] — Flores (*Eriogoni*)[2] cymosi ∞, involucro
campanulato brevi subinclusi; lobis 4, alte spinuloso-aristatis. Stamina
9, vix perigyna. Germen 3-gonum; stylis 3, apice capitatis. Fructus
compressus; embryone excentrico arcuato. — Herbæ annuæ humiles;
foliis basilaribus rosulatis; inflorescentiæ ramis repetito-2-chotomis;
bracteis ad dichotomias 3, liberis v. connatis; pedicellis articulatis
brevissimis. (*California, Chili*[3].)

29. Chorizanthe R. BR.[4] — Flores (fere *Eriogoni*) in involucro
solitarii; perianthii 6-meri foliolis plus minus alte connatis, æqualibus v. inæqualibus, integris, dentatis v. fimbriatis. Stamina 3-9,
perianthio plus minus alte affixa; filamentis nunc elongatis. Germen
1-ovulatum; stylis 3, apice capitato v. obtuso stigmatosis, sæpe
recurvis v. revolutis. Fructus 3-gonus; embryone recto axili v. excentrico arcuato; cotyledonibus latis v. angustis; radicula accumbenti-
adscendente. — Herbæ v. suffrutices, glabri v. pubentes; foliis
basilaribus rosulatis, altius alternis v. oppositis; cymis densis terminalibus confertis, v. involucris in dichotomiis paucis v. 1; involucro
tuboloso, 2-6-dentato; dentibus v. aristis erectis v. sæpius divarica
tis; flore sessili v. pedicellato, incluso v. exserto. (*California, Chili*[5].)

1. In *Journ. Acad. Philad.*, ser. 2, I, 169. —
B. H., *Gen.*, III, 92, n. 2. — *Brisegnoa* REMY,
in *C. Gay Fl. chil.*, V, 291, t. 58, fig. 2.

2. Cujus potius forte sectio.

3. Spec. 3, 4. S.-WATS., *Bot. 40th Parall.*,
310, t. 33, fig. 5-7; 34, fig. 1-3; *Bot. Calif.*, II,
32. — MIERS, in *Trans. Linn. Soc.*, XXI, 144,
t. 17.

4. BENTH., in *Trans. Linn. Soc.*, XVII, 416,

t. 19; in *DC. Prodr.*, XIV, 24; *Gen.*, III, 93,
n. 4. — ENDL., *Gen.*, n. 1981. — B. H., *Gen.*,
III, 93, n. 4. — *Mucronea* BENTH., in *Trans.
Linn. Soc.*, XVII, 419, t. 20. — *Acanthogonum*
TORR., *Bot. Whippl. Exp.* 132 (76).

5. Spec. 30-35. C-A. MEY., in *Mém. Ac.
Pétersb.*, sér. 6, IV, 142. — SPACH, *Suit. à
Buff.*, X, 521. — TORR. et GR., in *Proc. Amer.
Acad.*, VIII, 192. — TORR., *Bot. Williams.*

30. **Centrostegia** A. Gray[1]. — Flores (fere *Eriogoni*) in involucro communi tubuloso v. infundibulari pauci (2, 3, v. demum 1);
tubo involucri apice 3-6-dentato v. lobato, lateraliter supra basin
calcaribus totidem divaricatis acutis v. aristatis cavis instructo.
Floris receptaculum minute concavum; perianthii foliolis 6, tenuiter
membranaceis. Stamina 9, receptaculi margini inserta; filamentis
gracillimis inæqualibus. Germen 3-quetrum; stylis 3, tenuibus
capitatis. Fructus 3-gonus; embryone arcuato excentrico; radicula
elongata accumbente. — Herbæ annuæ pusillæ, glabræ v. puberulæ;
foliis basilaribus rosulatis angustis; ramis inflorescentiæ repetito-2-
chotomis; bracteis sub dichotomiis 3-fidis v. 3-partitis; involucris
ad dichotomias solitariis v. paucis. (*California*[2].)

Exped., t. 8. — S.-Wats., *Bot. 40ᵗʰ Parall.*,
t. 34; in *Proc. Amer. Acad.*, XII; *Bot. Calif.*,
II, 33 (part.). — Parry, in *Proc. Davenp. Ac.
sc.*, IV, 45; V, 174. — Remy, in *C. Gay Fl. chil.*,
V, 282. — Hemsl., *Bot. centr.-amer.*, III, 33.

1. In *Torr. Parke Exped. Bot.*, 19, t. 8. —
B. H., *Gen.*, III, 93, n. 3.
2. Spec. 2. Torr. et Gray, in *Proc. Amer.
Acad.*, VIII, 192. — S.-Wats., *Bot. Calif.*, II,
34, n. 1, 2 (*Chorizanthe*).

CVIII

JUGLANDACÉES

Cette petite famille tire son nom de celui des *Juglans*[1] ou Noyers (fig. 462-468), qui sont des arbres à fleurs monoïques. Les fleurs mâles sont formées d'un réceptacle allongé, linéaire, sur lequel sont portées deux ou plusieurs séries longitudinales d'étamines. En dehors d'elles se trouvent de quatre à six écailles qui représentent, suivant les opinions, des bractées ou des folioles calicinales. Le tout a été entraîné dans la direction centrifuge avec la bractée axillante de la fleur dont on voit en dehors l'extrémité libre, plus ou moins saillante. Les étamines ont un filet court et une anthère dressée, dont les deux loges parallèles sont unies par le dos, et s'ouvrent vers les côtés par deux fentes longitudinales. Leur connectif est surmonté d'un prolongement renflé ou aplati et dilaté. Dans la fleur femelle, la bractée axillante est également entraînée avec le réceptacle floral qui est concave, en forme de bourse, et enveloppe l'ovaire infère, tandis que les bords de ce réceptacle portent un petit périanthe supère, de quatre folioles imbriquées. L'ovaire uniloculaire est surmonté d'un style à deux épaisses branches stigmatifères et papilleuses, primitivement antérieure et postérieure; et sa cavité contient un ovule dressé et orthotrope, à micropyle supérieur[2]. Le fruit est une drupe, à cicatrice apicale. Son exocarpe ou brou est charnu, coriace; il finit souvent par se briser irrégulièrement et se séparer de l'endocarpe qui est ligneux, rugueux et partagé en deux moitiés latérales, par un sillon longitudinal suivant lequel l'endocarpe finit quelquefois par s'ouvrir[3]. En dedans, deux ou quatre fausses-cloisons centripètes

1. L., *Gen.*, ed. I, n. 727; ed. VI, n. 1071 (part.). — J., *Gen.*, 375. — K., in *Ann. sc. nat.*, sér. 1, II, 344. — Turp., in *Dict. sc. nat.*, Atl., t. 268, 269. — Nees, *Gen. Fl. germ.*, *Monochl.*, n. 27. — Endl., *Gen.*, n. 5890. — Payer, *Leç. Fam. nat.*, 45. — C. DC., *Prodr.*, XVII, II, 13; in *Ann. sc. nat.*, sér. 4, XVIII, 15. — *Nux* T., *Inst.*, 581, t. 346.

2. Cet ovule passe pour avoir une seule enveloppe; mais à sa base, on aperçoit, pendant son évolution, un second tégument qui s'arrête de bonne heure dans son développement et figure une plate-forme épaisse sur laquelle l'ovule serait inséré.

3. La ligne de déhiscence répond au dos des carpelles.

partagent incomplètement la cavité du fruit. La graine, dressée, partagée, en bas et sur les côtés, en deux ou quatre lobes plus ou moins saillants et rugueux, se compose de minces téguments et d'un gros embryon charnu, huileux, à radicule supère[1], à cotylédons lobés, corrugués-intriqués ou contortupliqués, cérébriformes. On

Juglans regia.

Fig. 462. Rameau florifère.

Fig. 465. Inflorescence femelle.

Fig. 463. Fleur mâle.

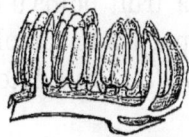

Fig. 464. Fleur mâle, coupe longitudinale.

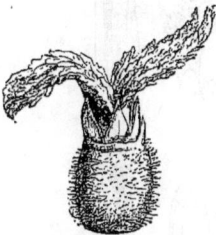

Fig. 466. Fleur femelle.

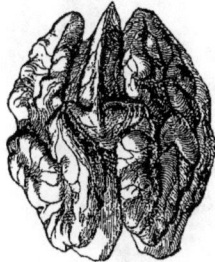

Fig. 468. Graine.

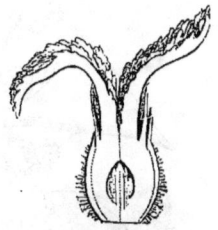

Fig. 467. Fleur femelle, coupe longitudinale.

distingue une trentaine[2] de Noyers, originaires, dans les deux

1. La tigelle, comprimée entre les cotylédons, a les bords découpés de petites dents superposées qui sont des primefeuilles distiques et grandissent un peu lors de la germination (H. Bn, in *Bull. Soc. Linn. Par.*, 561). Sur le fruit et la graine, voy. Lubbock, in *Journ. Linn. Soc.* (1891), 247. — Kronfeld, in *Engl. Bot. Jahrb.*, IX, fasc. 3 (1887).

2. Jacq., *Ic. rar.*, t. 191, 192. — Michx, *Arbr. Amer. sept.*, I, *Jugl.*, t. 1, 2. — Wats., *Dendrol. brit.*, t. 158. — Torr., *Bot. Sitgr. Exped.*, t. 15, 16. — Maxim., in *Bull. Ac. Pétersb.*, XVIII, 58; *Mél. biol.*, VIII, 630. — Hook. f., *Fl. brit. Ind.*, V, 595. — Chapm., *Fl. S. Un.-St.*, 419. — Boiss., *Fl. or.*, IV, 1160. — W. et Lge, *Prodr. Fl. hisp.*, III, 476. — Gren. et Godr., *Fl. de Fr.*, III, 113.

mondes, des régions tempérées de l'hémisphère boréal et des montagnes de l'Asie et de l'Amérique centrales. Ce sont des arbres odorants ou résineux, à feuilles alternes, composées-imparipinnées. Leurs fleurs mâles sont groupées en chatons axillaires, souvent grêles et pendants, simples, garnis à leur base des écailles d'un bourgeon. Leurs fleurs femelles sont terminales, nombreuses ou géminées, ou même solitaires, sur un axe commun.

Engelhardtia chrysolepis.

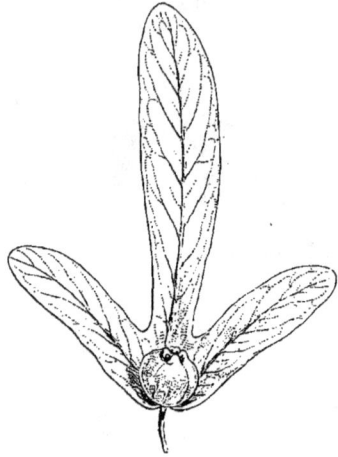

On distingue des *Juglans* les *Scoria*, arbres américains, qui ont sous la fleur une bractée simple, peu développée, nulle parfois, et dont le fruit a un exocarpe qui se sépare de l'endocarpe, lisse ou peu rugueux, en panneaux valvaires détachés à partir du sommet ; les *Ptero-carya*, du Caucase, de la Chine et du Japon, à fruit pourvu d'une double aile

Fig. 469. Fruit et sa bractée axillante.

formée par les bractéoles obliquement adnées de la fleur femelle ; les *Engelhardtia*, de l'Asie et l'Océanie tropicales, arbres dont le fruit est

Platycarya strobilacea.

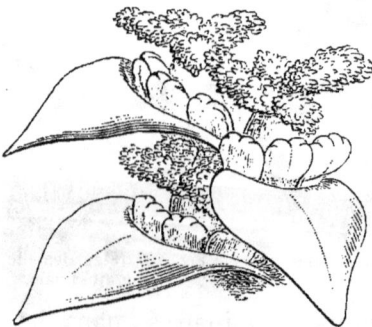

Fig. 470. Fleurs à étamines stériles

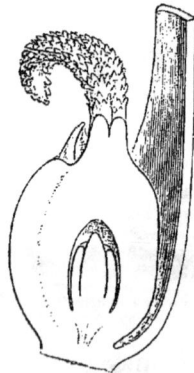

Fig. 471. Fleur femelle, coupe longitudinale.

accompagné d'une grande bractée trilobée, membraneuse et veinée, rappelant celle des Charmes (fig. 469) ; les *Platycarya* (fig. 470, 471), de la Chine et du Japon, dont les inflorescences sont des chatons courts et dressés, pourvus de bractées imbriquées, avec des fleurs femelles à bractéoles connées; l'ovaire et le fruit bi-ailés, aplatis, avec souvent des étamines, fertiles ou stériles, autour de la base de l'ovaire.

Cette petite famille a été distinguée en 1813 par A.-P. DE CAN-DOLLE[1] sous le nom de Juglandées. KUNTH[2] en fit, onze ans plus tard, une famille de ses Térébinthacées. Le nom de Juglandacéees date de 1836[3]. Sans contester les analogies des organes de végétation avec ceux des Anacardiées et Bursérées, notamment à cause des sucs résineux et odorants des Noyers, ni les ressemblances des inflo-rescences avec celles des Castanéacées et Salicacées, nous voyons surtout que, par le caractère fondamental de l'ovaire et de l'unique ovule orthotrope, ce petit groupe se rapproche des Polygonacées et des Myricées. On l'a aussi comparé aux Urticacées[4]; mais il se distingue de toutes ces familles à ovule dressé par ses feuilles pennées et la structure des graines, à lobes descendants entre les cloisons incomplètes du péricarpe; ce qui rappelle un peu les ovules des Olacées et Santalées. L'organisation des tissus offre aussi des particularités[5]. L'ensemble comprend une trentaine d'espèces qui habitent, dans l'hémisphère boréal des deux mondes, les régions tempérées. On les observe aussi dans les montagnes de la zone tropicale, en Asie et en Amérique.

Tout le monde connaît les usages du bois, des fruits comestibles et des feuilles extrêmement astringentes des principaux Noyers, les *Juglans regia* L., *nigra* L., *cinerea* L., *baccata* L., *fraxinifolia* LAMK, *mandshurica* MAXIM.; du *Pterocarya caucasica* C.-A. MEY., des *Engel-hardtia Roxburghiana* LINDL. et *spicata* BL.; des *Scoria* désignés d'ordinaire sous les noms de *Carya amara* NUTT., *porcina* NUTT., *olivæformis* NUTT. (Pacanier), *tomentosa* NUTT. et *sulcata* NUTT.

---

1. *Théor. élém.*, 215; ed. 2 (1819), 245. — PAYER, *Leç. Fam. nat.*, 45, Fam. 18. — B. H., *Gen.*, III, 397, Ord. 156.

2. K., in *Ann. sc. nat.*, sér. 1, II, 343. — ENDL., *Gen.*, 1123, Ord. 244.

3. LINDL., *Nat. Syst.*, ed. 2, 180. — C. DC., *Prodr.*, XVI, II.

4. B. H., *loc. cit.*, 398.

5. H. MOHL, in *Bot. Zeit.* (1855), 879. — SCHACHT, *Der Baum*, 196 (sur la constitution du liber). — OLIV., *Stem Dicot.*, 11 (ex *Nat. Hist. Rev.*, 1862). — MUSSAT, in *Bull. Soc. Linn. Par.*, I, 89. — H. SOLER., *Syst. Wert Holzstr.*, 243.

GENERA

---

1. **Juglans** L. — Flores monœci; masculi ∝-andri; sepalis ∞ et staminibus receptaculo lineari-elongato et cum bractea axillari sua evecta connato; filamentis brevissimis v. 0; antheris 2-locularibus; loculis parallelis rimosis; connectivo sæpius apice clavato v. dilatato. Floris fœminei receptaculum sacciforme, cum bractea sua connatum, cavitate germen intus adnatum fovens, margine sepala 4, quorum lateralia 2, gerens. Germen inferum, 1-loculare; styli ramis 2, crassis, dite papillosis. Ovulum 1, basilare, erectum atropum; integumento extimo brevi crasso; intimo autem nucellum includente. Fructus drupaceus; exocarpio carnoso, sæpe demum inæqui-fisso; putamine duro, rugoso, sæpe demum secus carpellorum dorsum longitudinaliter dehiscente, 2-valvi, basi intus spurie 2-4-locellato. Semen erectum, basi 2-4-lobum exalbuminosum; embryonis carnosi cotyledonibus rugosis v. cerebriformibus lobatis; radicula brevi supera. — Arbores resinoso-odoratæ; foliis demum alternis amplis pinnatis, ∞-foliolatis; floribus masculis amentaceis; amentis elongatis e gemmis lateralibus squamatis erumpentibus; fœmineis solitariis, 2 paucisve, nunc ∞, spicatis terminalibus. (*Orbis utriusque reg. temp. v. subtrop.*) — *Vid. p.* 401.

2. **Scoria** RAFIN.[1] — Flores fere *Juglandis;* staminibus 3-10, sub-2-seriatis; connectivo tenui haud producto. Bractea sub flore fœmineo parva v. 0. Sepala fœminea 4, æqualia v. valde inæqualia. Drupa ovoidea v. globosa; exocarpio carnoso-coriaceo in valvas 4 superne dehiscente; endocarpio lævi v. ruguloso, indehiscente; e

---

1. In *N. York Med. Rep.*, Hex. V, 350; in *Desvx Journ.*, II, 170 (1809). — *Scorias* WITTST., *El.*, 803. — *Hicorias* RAFIN., *Fl. lud.*, 109 (1817). — *Carya* NUTT., *Gen. amer.*, II, 220. — ENDL., *Gen.*, n. 5889. — C. DC., *Prodr.*, XVI, II, 142. — B. H., *Gen.*, III, 398, n. 1.

laminis 2-4 intrusis basi conspicue locellato. — Arbores; habitu cæterisque *Juglandis;* foliolis serrulatis; amentis masculis sæpe ad basin innovationum in pedunculo communi 3-nis; floribus fœmineis dissitis 6-10, v. subcapitatis 2-4. (*America bor.*[1])

3. **Pterocarya** K.[2] — Flores fere *Juglandis;* bractea floris fœminei sub fructu immutata; bracteolis lateralibus intra bracteam latis receptaculoque plus minus alte adnatis. Fructus drupaceus, vix carnosus, bracteolis aliformibus oblique adnatis 2-alatus. Cætera *Juglandis.* — Arbores; foliis amplis; foliolis angustis sæpius ∞; amentis masculis ad innovationum basin paucis; spicis fœmineis longis tenuibusque, ramulos breves 1-3-foliatos terminantibus. (*Asia temp. mont. et or.*[3])

4. **Engelhardtia** Lesch[4]. — Flores fere *Juglandis;* receptaculo cum bractea lineari v. apice dilatata basi connato, margine irregulariter 3-6-lobo v. vix prominente; staminibus 3-15, 2-seriatim receptaculo insertis; antherarum connectivo parum prominente. Bractea sub fructu aucta rigide membranacea venosa fructum basi adnatum amplectens, superne in alam patentem, 3-5-fidam expansa; lobo medio cæteris longiore. Cotyledones rugoso-plicatæ, sæpius intricato-contortuplicatæ. — Arbores altæ; foliis ∞-foliolatis, subtus sæpe resinoso-punctatis; amentis masculis e gemma solitariis v. 2-nis, nunc in pedunculo ramoso brevi ∞; spicis fœmineis ad innovationum basin lateralibus v. inflorescentiam masculam ramulumve foliatum terminantibus, rectis v. post anthesin recurvis. (*Asia et Oceania calid.*[5])

5. **Platycarya** Sieb. et Zucc.[6] — Flores (fere *Juglandis*) monœci

1. Spec. ad 10. Gærtn., *Fruct.*, t. 89 (*Juglans*). — Micbx, *Arbr. Amer. sept.*, I, *Ic. Jugl.*, t. 3-10. — Wats., *Dendr. brit.*, t. 148, 167. — Torr., *Fl. N. York*, t. 100, 101 (*Carya*). — Emers., *Rep. Massach.*, t. 12-15 (*Carya*). — Chapm., *Fl. S. Un.-St.*, 418 (*Carya*). — *Torr. Bot. Club* (1890), 221.

2. In *Ann. sc. nat.*, sér. 1, II, 345. — Endl., *Gen.*, n. 5891. — C. DC., *Prodr.*, XVI, II, 139. — B. H., *Gen.*, III, 399, n. 3.

3. Spec. 3, 4. Bieb., *Fl. cauc.*, III, 621 (*Juglans*). — Œrst., in *Vid. Medd. Nat. For. Kjob.* (1870), 160, t. 1. — Maxim., in *Bull. Ac. Pétersb.*, XVIII, 63; *Mél. biol.*, VIII, 637. — Boiss., *Fl. or.*, IV, 1160.

4. In *Bl. Bijdr.*, 528. — Endl., *Gen.*, n. 5892.

—C. DC., *Prodr.*, XVI, II, 140. —B. H., *Gen.*, III, 399, n. 4. — *Plerilema* Reinw., in *Syll. Ratisb.*, II, 13. — *Oreomunnea* Œrst., in *Vid. Medd. Nat. For. Kjob.* (1856), 52. —?*Oreamunoa* Œrst., *loc. cit.* (1870), 166, t. 2.

5. Spec. ad 10. Bl., *Fl. jav.*, *Jugl.*, t. 1-5. — Wall., *Pl. as. rar.*, t. 199, 208. — Hook. F., *Fl. brit. Ind.*, V, 595. — Miq., *Fl. ind. bat.*, I, 841. — Benth., *Fl. hongk.*, 318. — *Rev. hort.* (1888), 88, fig. 18, 19.

6. In *Abhandl. Akad. Wiss. Munch.*, III, 741, t. 5; *Fl. jap.*, t. 149. — Endl., *Gen.*, Suppl., III, 99, n. 5892[1]. — C. DC., *Prodr.*, XVI, II, 145. — B. H., *Gen.*, III, 400, n. 5. — *Fortunea* Lindl., in *Journ. Hort. Soc. lond.*, I, 150.

v. nunc polygami; masculorum perianthio 0; staminibus ∞, receptaculo bracteæ axique adnato insertis; antheris 2-rimosis; connectivo
tenui. Flores fœminei ad basin bracteæ sessiles ebracteolati. Sepala
2, 3, supera. Germen inferum, a dorso compréssum; styli ramis 2,
crassis patentibus, dite stigmatosis. Inflorescentia fructifera strobili-
formis, ovoidea v. oblonga; bracteis rigidis acuminatis imbricatis
fructusque obtegentibus. Fructus siccus compressus; angulis anguste
alatis; exocarpio (receptaculo) tenui; endocarpio crustaceo; loculo
basi incomplete septato. Semen basi 2-lobum; embryonis carnosi
cotyledonibus plicatis. — Arbores; foliis ∞-foliolatis; foliolis serrulatis; spicis ad apices ramulorum foliatorum brevium pluribus;
centrali fœminea v. androgyna, basi fœminea v. spurie hermaphrodita,
apice mascula; cæteris 2-8, masculis; omnibus cylindraceis, ∞-floris.
(*China bor.*, *Japonia*[1].)

1. Spec. 1. *P. strobilacea* SIEB. et ZUCC. — 454. — *P. sorbifolia* SIEB. et ZUCC., *Fl. jap.*
MIQ., *Prol.*, 267. — FR. et SAV., *En. pl. jap.*, I, *Fam. nat.*, n. 122.

CIX

LORANTHACÉES

I. SÉRIE DES OLAX.

Dans cette série, nous étudierons d'abord les *Heisteria*[1] (fig. 472-474), qui ont des fleurs régulières et hermaphrodites, à réceptacle convexe. Il porte inférieurement un calice gamosépale qui presque toujours s'accroît autour de la base du fruit, ou cinq sépa.es unis seulement inférieurement, ou en une grande collerette, entière ou à peu près, membraneuse ou veinée[2]. Plus haut s'insèrent cinq ou six pétales valvaires, en dedans desquels s'attachent les étamines, le plus souvent au nombre de dix, dont cinq alternipétales, plus grandes, et

Heisteria (Rhaptostylum) acuminata.

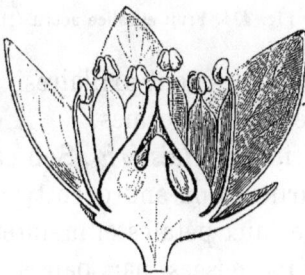

Fig. 472. Fleur, coupe longitudinale.

Fig. 473. Diagramme.

cinq oppositipétales. Chacune d'elles a un filet grêle, plus rarement dilaté, aplati et plus ou moins collé au filet voisin, sauf à son sommet acuminé. Celui-ci porte une courte anthère didyme, introrse et déhiscente par deux fentes longitudinales. L'ovaire supère est plus ou moins épaissi en disque à sa base, surtout dans l'intervalle

---

1. L., *Gen.*, ed. I, n. 879; ed. II, n. 687; ed. VI, n. 535; *Hort. Cliff.*, 352; *Syst.*, 27. — J., *Gen.*, 260. — DC., *Prodr.*, I, 532. — B. H., *Gen.*, 1, 346, n. 2. — H. Bn, in *Adansonia*, III, 56, 127. — Engl., *Pflanzenfam.*, *Lief.* 32, p. 238. — *Rhaptostylum* H. B., *Pl. æquin.*, II, 139, t. 125. — B. H. K., *Nov. gen. et spec.*, VII, 621. — *Hesioda* Vell., *Fl. flum.*, IV, t. 140. — *Acrolobus* Kl., in *Verh. Akad. Wiss. Berl.* (1856), 236, t. 3.

2. Souvent blanche ou rouge; le fruit blanc ou bleuâtre.

des étamines. Il s'atténue supérieurement en un petit style à sommet stigmatifère trilobulé. Inférieurement, et dans une étendue variable, souvent très haut, l'ovaire est partagé en trois loges incomplètes par des cloisons à bord supérieur étroit et oblique. A son sommet, le placenta central devient libre, et là il porte trois ovules descendants, allongés, à raphé (?) dorsal, qui plongent chacun dans un des puits interposés aux cloisons. Le fruit est une drupe, globuleuse ou ovoïde, à exocarpe peu épais et à endocarpe crustacé. Il renferme une graine albuminée, à petit embryon logé dans une cavité apicale, avec une épaisse radicule conique et obtuse et des cotylédons inférieurs, courts et foliacés.

Heisteria Kappleri.

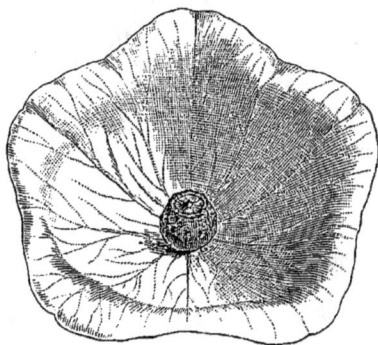

Fig. 474. Fruit et calice accru ($\frac{2}{1}$).

Il y a des *Heisteria* dans lesquels les étamines oppositipétales font défaut, toutes ou en partie (*Hemiheisteria*).

Ce sont, au nombre d'une douzaine [1], des arbres ou arbustes glabres, de l'Amérique et de l'Afrique tropicales. Leurs feuilles alternes sont entières et coriaces. Leurs fleurs sont axillaires, solitaires ou plus souvent disposées en cymes ombelliformes.

Le *Minquartia guianensis* est très voisin des *Heisteria*. Son calice ou sa corolle sont à quatre ou cinq parties. Son androcée type est triplostémoné, avec cinq étamines alternes aux pétales et maintenant ces derniers collés, et dix étamines superposées par paires aux pétales. Ces dernières peuvent ne pas se dédoubler. L'ovaire est profondément enchâssé dans un disque épais, à trois ou quatre loges presque complètes, avec seulement, en haut de chacune d'elles, un petit orifice pour le passage de la base rétrécie de l'ovule descendant. Les inflorescences sont des grappes simples ou composées.

Les *Ximenia* (fig. 475, 476), des régions tropicales des deux mondes, ont, comme les *Heisteria*, des cloisons interloculaires très élevées, souvent en même nombre que le calice qui est tétramère et que la corolle, formée de quatre ou cinq pétales barbus en dedans.

1. JACQ., *Stirp. amer.*, t. 81. — POEPP. et ENDL., *Nov. gen. et spec.*, III, 241. — CAMBESS., in *A. S.-H. Fl. Bras. mer.*, I, 340. — ENGL., in *Mart. Fl. bras.*, XII, II, 12, t. 4. — OLIV., *Fl. trop. Afr.*, I, 345. — WALP., *Rep.* II, 803; *Ann.*, II, 181; IV, 353.

L'androcée est displostémoné. Dans certaines espèces, l'ovaire est triloculaire.

Dans les fleurs à quatre ou cinq pétales valvaires du *Coula edulis*, arbre du Gabon, les étamines sont généralement en nombre quadruple de celui des pétales; le calice est peu développé; l'ovaire,

Ximenia americana.

Fig. 475. Fleur.

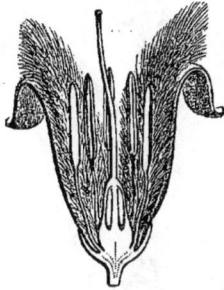

Fig. 476. Fleur, coupe longitudinale.

aplati au sommet, est creusé de trois ou quatre loges incomplètes; et le fruit, drupacé et sphérique, renferme une graine albuminée. L'*Ochanostachys*, de la Malaisie, a trois fois autant d'étamines que de pétales, et son calice ne s'accroît pas autour du fruit.

Les *Anacolosa*, de l'Asie et l'Océanie tropicales, et les *Cathedra*, de l'Amérique tropicale, à peine distincts les uns des autres, appartiennent aussi à ce groupe. Le calice s'accroît peu dans les premiers et beaucoup dans les derniers. Le disque y prend un grand développement. Les *Strombosia*, de l'ancien monde, ont un réceptacle plus ou moins concave, parfois très élevé autour du fruit, et cinq étamines adnées aux pétales. L'*Harmandia*, de l'Indo-Chine, a un grand calice accrescent, comme celui de certains *Heisteria*. Ses quatre étamines sont monadelphes, superposées à quatre pétales.

Schœpfia mexicana.

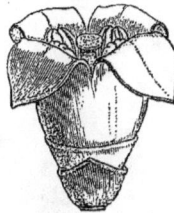

Fig. 477. Fleur.

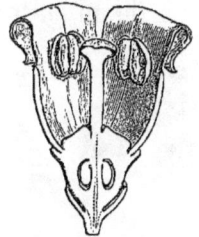

Fig. 478. Fleur, coupe longitudinale.

Les *Aptandra*, de l'Amérique tropicale, ont des fleurs tétramères, avec un androcée dont le tube monadelphe est grêle et allongé. Leur fruit est, comme celui des *Heisteria*, accompagné du calice accru.

Le *Chaunochiton*, également américain, a cinq longs pétales linéaires et des étamines à anthère quadrilobée. Son placenta central supporte deux petits ovules descendants que séparent les uns des autres des cloisons incomplètes. Son fruit drupacé porte cinq côtes, et il est aussi entouré d'un calice accru.

Les *Schœpfia* (fig. 477, 478), des régions chaudes de l'Amérique et de l'Asie, se distinguent comme sous-série (*Schœpfiées*) par un

Olax stricta.

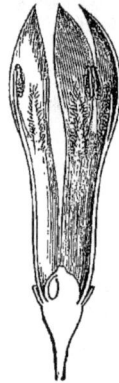

Fig. 480. Fleur.   Fig. 479. Branche florifère.   Fig. 481. Fleur, coupe longitudinale.

réceptacle concave, rappelant celui des Santalées, et logeant l'ovaire en partie ou en totalité infère. A la base de la corolle se trouve une

Olax (Pseudaleia) madagascariensis.   *Olax (Liriosma) Gardneriana.*

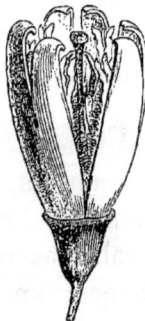

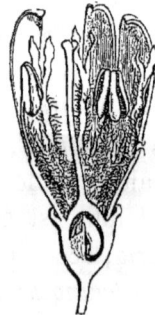

Fig. 482. Gynécée; la portion carpellaire détachée.   483. Fleur.   Fig. 484. Fleur, coupe longitudinale.

collerette d'appendices ou deux collerettes superposées. A côté d'eux se range le genre monotype *Tetrastylidium*, qui est américain.

Dans le petit groupe (*Euolacées*) que constituent les *Olax* (fig. 479-482), l'ovaire est ou supère, ou en partie infère, comme dans ceux que l'on appelle *Liriosma* (fig. 483, 484). Mais l'androcée se compose d'étamines en partie fertiles et en partie stériles; ces dernières représentées par des languettes pétaloïdes, simples ou bilobées à leur sommet. Les véritables *Olax* sont de l'ancien monde, et ceux de la section *Liriosma* sont tous américains. On peut également ranger ici le genre américain *Ptychopetalum*, qui a cependant toutes ses étamines fertiles, mais dont la fleur est d'ailleurs celle des *Olax*.

II. SÉRIE DES OPILIA.

Les fleurs des *Opilia*[1] (fig. 485, 486) sont hermaphrodites et à quatre ou cinq parties. Leur petit réceptacle convexe porte des pétales valvaires et tombant de bonne heure, à la base desquels se voit un court bourrelet calicinal, circulaire et entier ou denté. En face de chaque pétale se trouve une étamine hypogyne, à filet libre et à anthère biloculaire, introrse et déhiscente par deux fentes longitudinales. Le gynécée supère se compose d'un ovaire étroit et uniloculaire, surmonté d'un court style épais, à sommet stigmatifère obtus. Dans la loge ovarienne se

Opilia amentacea.

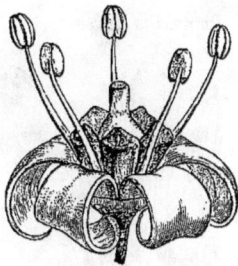

Fig. 485. Fleur.

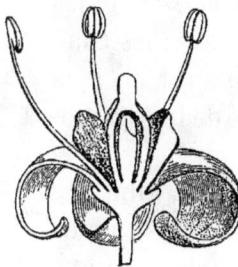

Fig. 486. Fleur, coupe longitudinale.

dresse un placenta central-libre qui, vers son sommet, porte un ou plus rarement deux ovules descendants, orthotropes, à sommet inférieur. Sous l'ovaire et dans l'intervalle des étamines se voient quatre ou cinq glandes volumineuses, souvent rugueuses. Le fruit est une petite drupe, à chair mince et à noyau crustacé. Il renferme

1. *Pl. corom.*, II, 31, t. 158; *Fl. ind.*, II, 87. — ENDL., *Gen.*, n. 5489. — DC., *Prodr.*, II, 42; VIII, 76. — PAYER, *Leç. fam. nat.*, 48. — B. H., *Gen.*, I, 350, n. 15. — H. BN, in *Adanso-nia*, II, 380; III, 123. — ENGL., *Pflanzenfam.*, Lief. 32, p. 240. — *Groutia* GUILL. et PERR., *Fl. Seneg. Tent.*, 100, t. 22. — DCNE et PL., in *Bull. Soc. bot. Fr.*, II, 87 (Santalacée).

une graine dont le tégument mince recouvre un albumen charnu, avec un embryon axile, court ou linéaire. On connaît environ huit *Opilia*[1]. Ce sont des arbustes, parfois un peu sarmenteux, de l'Asie, l'Afrique et l'Océanie tropicales. Ils ont des feuilles alternes, entières, coriaces et penninerves. Leurs fleurs, axillaires ou situées sur le bois des rameaux, sont disposées en grappes ou en ombelles capituliformes; les pédicelles articulés, groupés souvent en petite cyme triflore à l'aisselle des bractées.

Près des *Opilia* se classent les genres *Lepionurus*, *Champereia*, *Melientha*, *Agonandra*, *Tsjerucaniram*, originaires de l'ancien monde, sauf l'avant-dernier qui est brésilien.

III. SÉRIE DES ALIBOUFIERS.

Nous examinerons d'abord, dans cette série, non les Aliboufiers (*Styrax*) qui lui donnent leur nom, et qui en représentent un type dérivé et souvent très compliqué; mais des types beaucoup plus simples, tels que les *Pamphilia* et les *Foveolaria*, dont les affinités avec les Olacées sont très étroites et qu'on n'en a si longtemps écartés qu'à cause de leur gamopétalie apparente.

Ainsi, les *Pamphilia*[2] (fig. 487) ont des fleurs régulières et hermaphrodites, à surface supérieure du réceptacle presque plane ou légèrement concave. Sur ses bords s'insèrent un calice gamosépale, cupuliforme, tronqué ou à cinq dents, et une corolle plus longue, formée de cinq pétales valvaires, en réalité libres, mais plus ou moins collés par les bords. L'an-

Pamphilia aurea.

Fig. 487. Fleur, coupe longitudinale.

drocée est formé de cinq étamines alternipétales, à filets aplatis, retenant les uns contre les autres les pétales, et à anthères basifixes,

1. Wight, *Ill.*, I, t. 40. — Spach, *Suit. à Buff.*, II, 439. — Miq., *Fl. ind. bat.*, I, I, 784. — Benth., *Fl. austral.*, I, 394. — Bedd., *Fl. sylv. S.-Ind.*, III, t. 9. — Mast., in *Hook. f. Fl. brit. Ind.*, I, 583. — Oliv., *Fl. trop. Afr.*, I, 352. — H. Bn, in *Adansonia*, VIII, 199. — Walp., *Rep.*, I, 377; *Ann.*, II, 180.

2. Mart., *Herb. Fl. bras.*, n. 902. — A. DC., *Prodr.*, XIII, 271. — Lindl., *Veg. Kingd.* 593. — B. H., *Gen.*, 1, 670, n. 5.

adnées, introrses, déhiscentes par deux fentes longitudinales. Le gynécée est formé d'un ovaire tout à fait libre ou légèrement infère dans sa portion basilaire (suivant la forme plus ou moins concave du réceptacle), uniloculaire et surmonté d'un style à tête stigmatifère peu renflée et courtement trilobée. A la base de l'ovaire s'insèrent

Styrax officinalis.

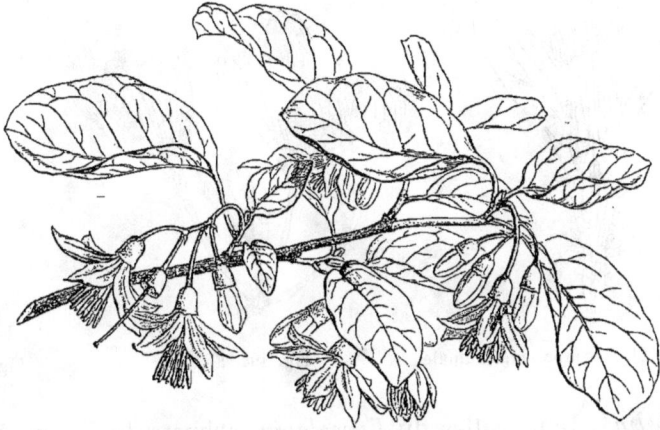

Fig. 488. Rameau florifère.

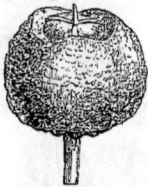

Fig. 490. Fruit.

Fig. 493. Embryon.

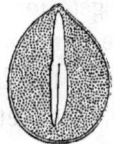

Fig. 491. Fruit, coupe transversale.

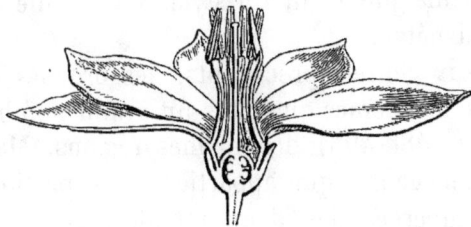

Fig. 489. Fleur, coupe longitudinale.

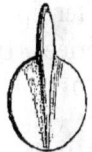

Fig. 492. Graine, coupe longitudinale.

généralement trois ovules, dressés, anatropes, à micropyle tourné en bas et en dehors. Dans l'intervalle des ovules, les parois ovariennes présentent des rudiments de cloisons[1]. On ne connaît pas le fruit de ces deux arbustes brésiliens[2], qui sont chargés d'un duvet[3] rouillé, et

1. Très peu développées et centripètes.
2. DELESS., *Ic. sel.*, V, t. 42. — SEUB., in

Mart. Fl. bras., VII, 185, t. 67, 68.
3. En partie étoilé.

qui ont des feuilles alternes, entières, coriaces, et des fleurs disposées en grappes terminales et axillaires, à pédicelles courts, à bractées peu développées ou nulles.

Il y a çà et là des staminodes oppositipétales dans les fleurs des

Halesia tetraptera.

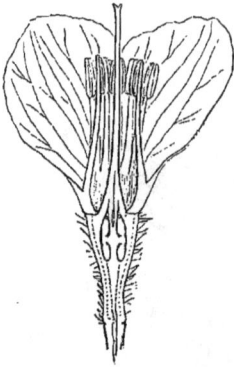

Fig. 495. Fleur, coupe longitudinale.　　Fig. 494. Fleurs.　　Fig. 496. Fruit.

Pamphilia[1]. Dans celles du *Foveolaria*, arbuste du Pérou, à port de *Pamphilia*, les étamines oppositipétales sont fertiles, comme les alternipétales, absolument comme dans certaines Heis-tériées. De plus, les dix étamines sont monadelphes. L'ovaire renferme trois ovules de *Pamphilia*. Son centre est vide, de même que celui du style. La corolle est réellement dialypétale.

Halesia diptera.

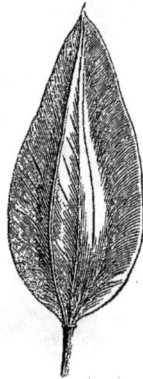

Dans les deux genres précédents, les organes de végétation sont les mêmes que dans un grand nombre de *Styrax* (fig. 488-493) des mêmes régions. Mais dans ce dernier genre, qui appartient aux portions chaudes et tempérées des deux mondes, il arrive souvent que le réceptacle soit un peu plus concave, que l'androcée compte de plus nombreuses étamines, que les ovules soient plus nombreux, et que les cloisons ovariennes soient plus prononcées. Il n'y a cependant le plus souvent que de huit à dix étamines, comme dans les *Foveolaria*; et le fruit, plus ou moins complètement supère,

Fig. 497. Fruit.

1. Qui, en somme, ne se distinguent des Heis-tériées dont elles ont le gynécée, que par le développement des étamines alternipétales et la direction ascendante de leurs ovules.

ne renferme ordinairement qu'une graine albuminée. Ce sont des arbres et arbustes européens, asiatiques et américains.

Dans le *Lissocarpa*, arbre brésilien qu'on place près des *Styrax*, la fleur a huit étamines unisériées; et les filets sont, avec les connectifs, unis en un tube à huit dents qui dépasse de beaucoup les anthères à loges linéaires.

Les *Halesia* (fig. 494-497) sont aussi très voisins des *Styrax*. Ce sont des arbustes de l'Asie et de l'Amérique du Nord, dont la fleur a dix étamines, en apparence unisériées à l'état adulte. Leurs ovules sont, dans chaque loge, en partie descendants et en partie ascendants. Le fruit, couronné des dents du calice, est comprimé ou ailé.

Symplocos lanceolata.

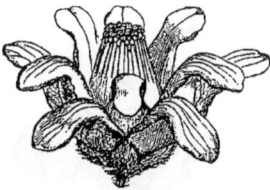

Fig. 498. Fleur.

Les *Symplocos* (fig. 498-501), arbres et arbustes des régions chaudes des deux mondes, représentent un type floral plus compliqué encore. L'ovaire

Symplocos (Stemmasiphon) Pohlii.

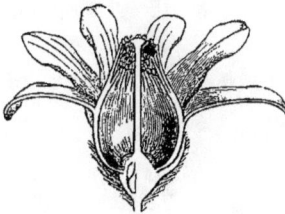

Fig. 499. Fleur, coupe longitudinale.

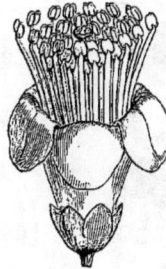

Fig. 500. Fleur.

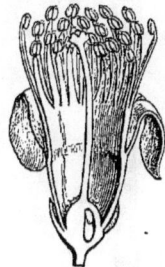

Fig. 501. Fleur, coupe longitudinale.

est généralement en partie infère; et ses loges, au nombre de deux à cinq, renferment de deux à quatre ovules descendants. Les pétales sont libres ou collés les uns aux autres, imbriqués, au nombre de quatre à dix; et les étamines, le plus souvent en nombre indéfini, sont libres ou unies en un tube qui peut être lui-même plus ou moins longuement adné aux pétales.

IV. SÉRIE DES ARJONA.

Les *Arjona*[1] ont des fleurs régulières et hermaphrodites. Leur réceptacle, souvent comparé au tube floral des Thymélées, est un long cylindre creux, tapissé d'une couche glanduleuse à peine distincte. A son sommet un peu dilaté, ce tube porte cinq pétales étroits, allongés et valvaires, dont un antérieur et deux postérieurs. Plus bas s'insèrent cinq étamines oppositipétales, incluses, formées

Quinchamalium chilense.

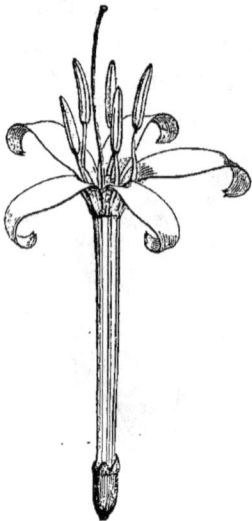

Fig. 503. Diagramme.

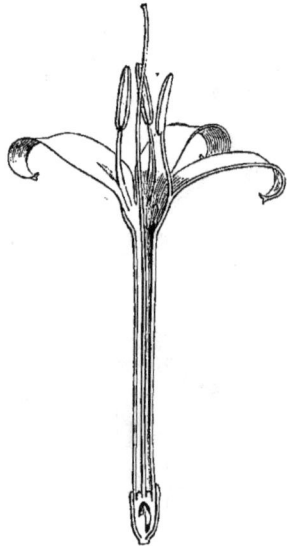

Fig. 502. Fleur.

Fig. 505. Fruit.

Fig. 506. Fruit, coupe longitudinale.

Fig. 504. Fleur, coupe longitudinale.

d'un filet court et d'une anthère allongée, attachée en bas par le dos, et introrse, déhiscente par deux fentes longitudinales. En bas, le tube loge dans le fond de sa cavité un ovaire infère qui est couronné d'un épaississement notable, ou même très considérable, du disque, lequel se prolonge en dehors jusque sur la base du tube floral[2]. Un style grêle parcourt toute la longueur de celui-ci et se termine par

1. *Icon.*, IV, 57, t. 383. — ENDL., *Gen.*, n. 2071. — A. DC., *Prodr.*, XIV, 626. — H. BN, in *Adansonia*, II, 334, 337; III, 115. — MIERS, in *Journ. Linn. Soc.*, XVII, 129, t. 6. — B.

H., *Gen.*, III, 220, n. 2. — ENGL., *loc. cit.*, 226.

2. Cinq pointes colorées se prolongent sur le tube, chacune en face d'un pétale.

une petite tête stigmatique à trois lobes peu distincts. Un placenta central-libre, court et épais, occupe l'axe de l'ovaire et se relie en bas à sa paroi par trois cloisons fort incomplètes[1], qui alternent avec trois ovules orthotropes, descendants, réduits au nucelle. Le fruit est un peu charnu ou presque sec, couronné ou non du tube de la corolle. Il renferme une graine à albumen charnu, avec un embryon central, linéaire, dont les cotylédons inférieurs sont plus courts que la radicule ou l'égalent à peu près. Ce sont, au nombre de quatre environ[2], d'humbles herbes de l'Amérique méridionale extra-tropicale austro-occidentale, souvent ramifiées, tubérifères. Leurs feuilles sont alternes, linéaires ou lancéolées. Leurs fleurs[3] sont disposées en courts épis, accompagnées chacune d'une bractée axillante et de deux bractéoles qui demeurent indépendantes autour du fruit.

Dans les *Quinchamalium* (fig. 502-506), les caractères sont à peu près ceux des *Arjona;* mais les bractées s'unissent avec deux ou trois bractéoles pour former autour et au-dessus du fruit une sorte de sac à divisions inégales; l'antérieure plus grande que les autres. Ce sont des herbes de l'Amérique méridionale extratropicale.

V. SÉRIE DES SANTALS.

Les fleurs des *Santalum*[4] (fig. 507-515) sont le plus souvent hermaphrodites et régulières, avec un réceptacle concave, campanulé, doublé d'un disque glanduleux et portant sur ses bords cinq pétales valvaires, ou bien plus souvent quatre, dont deux antérieurs et deux postérieurs. Au même niveau que les pétales s'insèrent un même nombre d'étamines superposées, qui ont des filets généralement courts et des anthères ovales, introrses, à deux loges déhiscentes par des fentes longitudinales. En dehors de l'étamine, chaque pétale

---

1. Elles grandissent après l'anthèse, autant quelquefois que celles des *Heisteria*.
2. HOMBR. et JACQUIN., *Voy. Pôle Sud, Dicot.*, t. 15. — GRISEB., *Symb. Fl. argent.*, 160. — C. GAY, *Fl. chil.*, V, 321.
3. Pubescentes, comme celles de certaines Thymélées.
4. *Santalum* L., *Gen.*, ed. II, n. 383. — J.,

Gen., 321. — A. DC., *Prodr.*, XIV, 682. — TURP., in *Dict. sc. nat.*, Atl., t. 5. — ENDL., *Gen.*, n. 2080. — HENFR., in *Trans. Linn. Soc.*, XXII, 69, t. 17, 18. — PAYER, *Leç. Fam. nat.*, 47. — H. BN, in *Adansonia*, II, 341; III, 111; IX, 9, t. 1, fig. 1-21. — B. H., *Gen.*, III, 224, n. 11. — ENGL., *loc. cit.*, 220, fig. 137, H-J; 141. — *Sirium* SCHREB., *Gen.*, 82.

Santalum album.

Fig. 507. Branche florifère.

porte un faisceau de poils plus ou moins longs ; et, dans l'intervalle

de deux pétales, le bord du disque se prolonge en une écaille glanduleuse, épaisse, de forme variable. Le fond du réceptacle est

Santalum album.

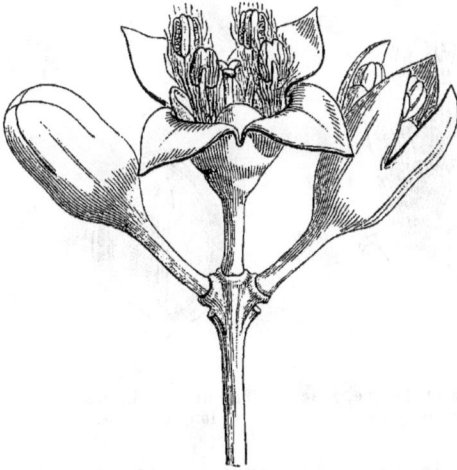

Fig. 508. Cyme partielle.

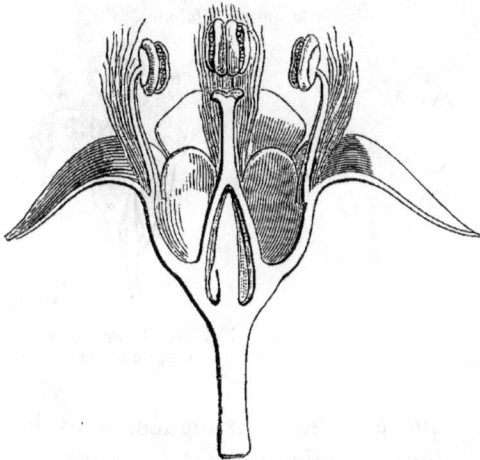

Fig. 509. Fleur, coupe longitudinale.

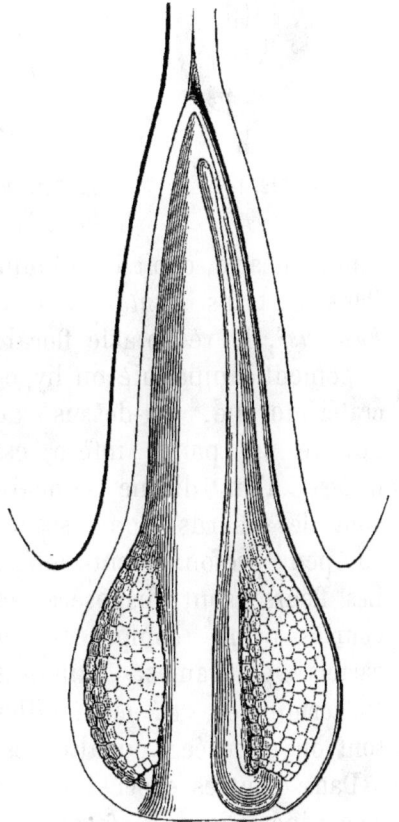

Fig. 510. Ovaire, coupe longitudinale.

occupé par un ovaire semi-infère, uniloculaire, atténué en un style
dont le sommet stigmatifère se partage en deux ou trois petits lobes.
Un placenta central-libre naît du fond de l'ovaire, sous forme d'un
cône dont le sommet pénètre plus ou moins dans la cavité basilaire
du style, et qui porte sur ses côtés de deux à quatre ovules sessiles,

descendants et orthotropes[1]. Le fruit, couronné d'une cicatrice circulaire qui répond au bord du réceptacle, est une drupe dont le noyau, souvent rugueux, renferme une graine albuminée, à embryon

Santalum album.

Fig. 512. Fruit.

Fig. 511. Pétale et étamine, avec faisceau de poils.

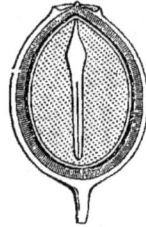

Fig. 513. Fruit, coupe longitudinale.

axile, linéaire, droit ou oblique; la radicule normalement supère. Dans certains *Santalum* d'Australie, dont on a fait le genre *Fusanus*[2], le réceptacle floral, largement campanulé ou hypocratérimorphe, au-dessus de l'ovaire en partie infère, est tapissé d'un disque concave dont les bords sont sinués ou peu profondément lobés. Les fleurs sont disposées en courtes cymes composées, et parfois polygames, axillaires ou terminales, et les feuilles sont ou opposées, ou alternes.

Santalum myrtifolium.

Fig. 514. Fleur.

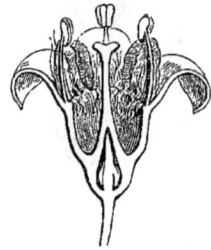

Fig. 515. Fleur, coupe longitudinale.

Dans d'autres espèces de l'Afrique australe, distinguées sous le nom générique de *Colpoon*[3], les fleurs, ordinairement hermaphrodites, ont un réceptacle plus profond dans lequel l'ovaire est totale-

1. Le sac embryonnaire sort de l'ovule par son sommet, se réfléchit et marche, en s'appuyant sur le placenta, de bas en haut, à la rencontre du tube pollinique (voy. GRIFF., in *Trans. Linn. Soc.*, XVII, 59, t. 1, 2).
2. R. BR., *Prodr.*, 355 (part.). — B. H., *Gen.*, III, 225, n. 12. — ENGL., *loc. cit.*, 217.

— *Eucarya* MITCH., *Three exped. Austral.*, II, 100. — *Mida* A. CUNN., in *Ann. Nat. Hist.*, ser. 1, I, 376. — ENDL., *Gen.*, n. 2081.
3. BERG., *Fl. cap.*, 38, t. 1. — SCOP., *Introd.*, 100. — B. H., *Gen.*, III, 225, n. 13. — ENGL., *loc. cit.*, 217. — *Fusanus* MURR., in *L. Syst. veg.* (ed. 1744), 765.

ment enchâssé, complètement infère, par conséquent, avec un disque par suite épigyne et en forme de cupule sinuée; les lobes peu proéminents et alternipétales. Les inflorescences sont des grappes terminales de cymes, le plus souvent denses et presque sessiles. La plupart des feuilles sont opposées.

Osyris alba.

Fig. 516. Fleur femelle, coupe longitudinale

Ainsi compris, le genre est formé d'une quinzaine d'arbres ou d'arbustes asiatiques, océaniens et africains[1].

Très voisins des Santals de la section *Colpoon* sont les *Osyris* (fig. 516), qui ont des fleurs dioïques, tri- ou tétramères, avec un disque presque horizontal et un fruit drupacé, nu ou entouré des feuilles qui précédaient la fleur femelle. Les fleurs sont solitaires ou disposées en cymes. Tout à côté encore se placent les *Nanodea, Myoschilos* (fig. 517-519) et *Omphacomeria;* les deux premiers originaires de l'Amérique du Sud, et les derniers de l'Australie.

Les *Acanthosyris*, de l'Amérique méridionale et extratropicale, ont ou des fleurs hermaphrodites, solitaires, ou des cymes bitriflores axillaires. Leurs branches portent des épines axillaires et des feuilles alternes. Les *Pyrularia*, à la fois de l'Amérique du Nord et des montagnes de l'Inde, ont des fleurs polygames-dioïques : les mâles en cymules axillaires sur l'axe d'une sorte de chaton allongé; le fruit terminal et solitaire.

Myoschilos oblongum.

Fig. 518. Fleur.

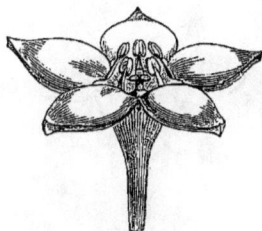

Fig. 517. Rameau florifère.

Fig. 519. Fleur, coupe longitudinale.

Les *Scleropyron*, de l'Indo-Chine et de la Malaisie, sont voisins des *Pyrularia;* et près d'eux se rangent aussi les *Henslowia*, puis les

---

1. Roxb., *Pl. corom.*, t. 2 (*Sirium*). — Gaudich., in *Freycin. Voy., Bot.*, t. 45. — Seem., *Fl. vit.*, 210, t. 55. — Bedd., *Fl. sylv.*, t. 256. — Benth., *Fl. austral.*, VI, 213; 215 (*Fusanus*). — C. Gay, *Fl. chil.*, V, 325. — Hook. f., *Handb. N.-Zeal. Fl.*, 247; *Fl. brit. Ind.*, V, 231.

Leptomeria et les *Choretrum* (fig. 520, 521), qui sont des arbustes australiens, aphylles ou à feuilles courtes, squamiformes ou linéaires.

Dans les *Phacellaria*, les fleurs, petites et monoïques, sont échelonnées le long de certains axes fasciculés de plantes aphylles et parasites, peu volumineuses, d'origine asiatique.

Les *Cervantesia*, du Pérou et de la Colombie, et l'*Iodina*, de l'Amérique australe extratropicale, forment une petite sous-série (*Cervantésiées*), dans laquelle le réceptacle, épaissi autour du fruit, devient

Choretrum lateriflorum.

Fig. 520. Bouton.

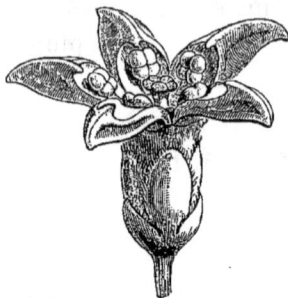

Fig. 521. Fleur.

Thesium humifusum.

Fig. 523. Fleur.

Fig. 525. Fruit.

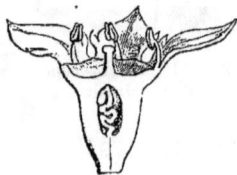

Fig. 524. Fleur, coupe longitudinale.

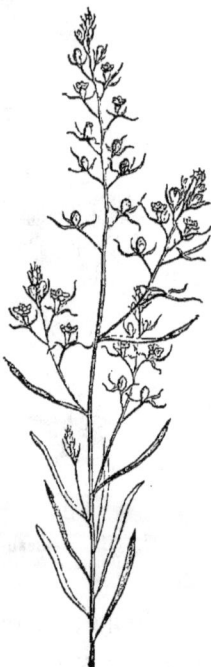

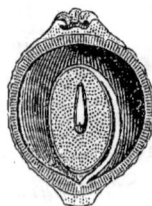

Fig. 522. Branche florifère.

Fig. 526. Fruit, coupe longitudinale.

charnu, puis se sépare finalement en quartiers des portions plus profondes du fruit, par des fissures longitudinales.

Les *Buckleya*, du Japon et de l'Amérique du Nord, constituent aussi un petit groupe (*Buckleyées*) dans lequel les fruits sont surmontés d'ailes membraneuses et veinées qui rappellent beaucoup les bractées des *Engelhardtia*.

Les *Thesium* (fig. 522-528) ont été fréquemment rapprochés des *Arjona* et des *Quinchamalium*, parce que leur réceptacle se prolonge

Thesium (Comandra) umbellatum.

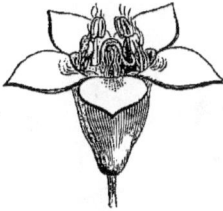

Fig. 527. Fleur.

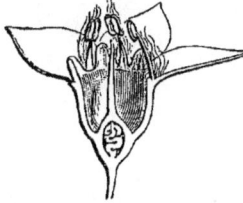

Fig. 528. Fleur, coupe longitudinale.

assez souvent au-dessus de l'ovaire en un tube de longueur variable. Mais ils sont, par les *Comandra*, que nous n'en pouvons séparer génériquement, alliés aussi étroitement aux Santalées proprement dites. Leur fruit est sec ou plus ou moins charnu.

Le genre appartient à l'Europe, à l'Asie, à l'Afrique et aux deux Amériques. Il constitue une sous-série des *Thésiées*, qui relie d'ailleurs également les Santals aux *Arjona*.

VI. SÉRIE DES ERYTHROPALUM.

Rapportés tour à tour aux Cucurbitacées, aux Olacées et aux Santalées, les *Erythropalum* [1] (fig. 529, 530) ont des fleurs régulières et hermaphrodites. Leur réceptacle a la forme d'une cupule peu profonde; et sa concavité est doublée d'un disque épais, en forme d'un plateau pentagonal, dont les angles obtus alternent avec les cinq pétales. Ceux-ci, légèrement périgynes, valvaires, ont leur sommet d'abord infléchi. Avec eux s'insèrent cinq étamines superposées, formées d'un filet subulé et d'une anthère dressée, courte, à deux loges unies

Erythropalum scandens.

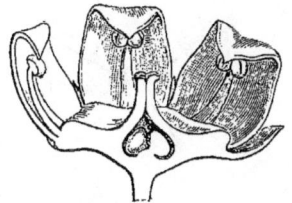

Fig. 530. Fleur, coupe longitudinale.

1. BL., *Bijdr.*, 921. — ENDL., *Gen.*, n. 5148. — B. H., *Gen.*, I, 347, n. 7. — ENGL., *loc. cit.*, 236. — H. BN, in *Bull. Soc. Linn. Par.*, 996. — *Modeccopsis* GRIFF., *Notul.*, IV, 633, t. 628.

— *Decastrophis* GRIFF., *loc. cit.*, IV, 737, t. 613. — *Mackaya* ARN., in *Jard. Mag. Zool. et Bot.*, II (1838), 550. — ? *Balingayum* BLANCO, *Fl. Filip.*, 187 (ex PL.).

par un connectif un peu épais, déhiscentes en dedans par des fentes longitudinales. Au centre de la cupule réceptaculaire s'insère un ovaire semi-infère, uniloculaire, atténué en un style dont le sommet stigmatifère se dilate en deux ou trois lobes obtus. Le placenta est central-libre et porte, au-dessous de son sommet, deux ou trois

Erythropalum scandens.

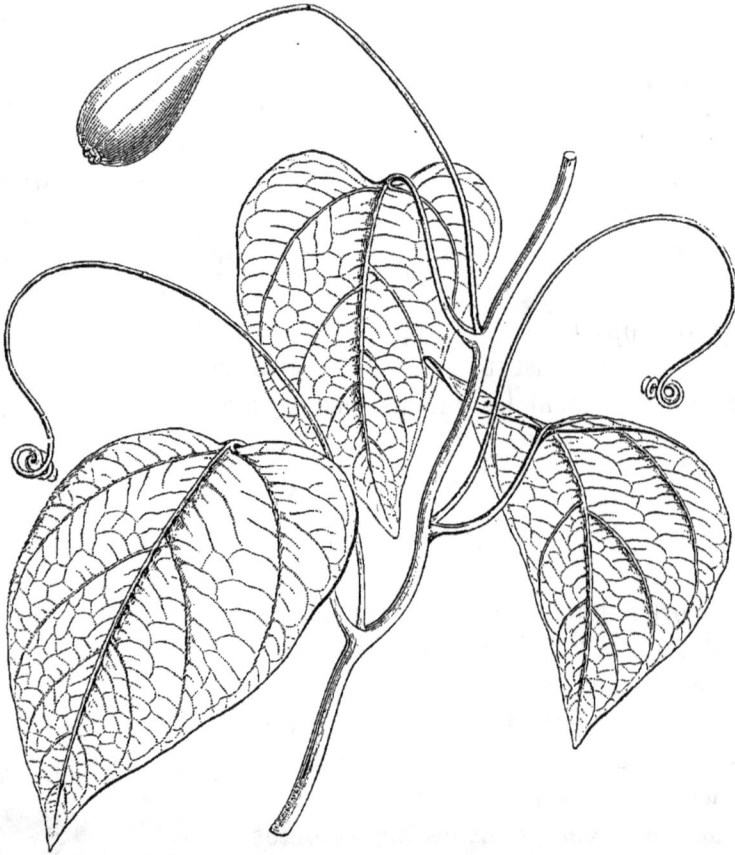

Fig. 529. Branche fructifère.

ovules orthotropes. Sur les parois ovariennes, des rudiments de cloison, à peine visibles, alternent avec les ovules. Le fruit est charnu, drupacé, obovoïde ou oblong, entouré du réceptacle qui s'est accru autour de lui et dont les bords se voient encore près de son sommet. Il renferme une graine dont l'albumen charnu est abondant et dont le petit embryon occupe le sommet. On distingue une couple d'*Erythropalum*[1] ; ce sont des lianes glabres, de l'Asie et l'Océanie tropicales. Leurs feuilles sont alternes, longuement pétiolées, entières ou à peu près, trinerves à la base. Les fleurs, nombreuses et très petites, sont disposées en cymes composées, axillaires ou oppositifoliées, à axes grêles. Quelques-uns des pédoncules peuvent se transformer en vrille ou en croc, pour suspendre la plante aux arbres voisins. Ces plantes peuvent aussi devenir polygames.

VII. SÉRIE DES VIGNES.

Considérée d'ordinaire comme le type d'une famille particulière, la Vigne[2] cultivée (fig. 531-539) a des fleurs régulières, hermaphrodites et à réceptacle légèrement convexe. Il porte un court calice cupuliforme, gamosépale, à cinq dents peu marquées ou à peu près nulles, et cinq pétales libres, verts, valvaires[3]. L'androcée se compose de cinq étamines hypogynes, oppositipétales, formées chacune d'un filet libre, replié primitivement en dedans vers son sommet[4] qui s'attache en bas du dos du connectif d'une anthère introrse, à deux loges déhiscentes par des fentes longitudinales et libres au-dessous de ce point d'attache[5]. Le gynécée est sessile, accompagné de cinq glandes hypogynes, alternipétales. Son ovaire s'atténue supérieurement en un style épais et court, dont le sommet circulaire est

1. Miq., *Fl. ind. bat.*, I, I, 704. — Mast., in *Hook. f. Fl. brit. Ind.*, I, 578. — Walp., *Ann.*, IV, 867.

2. *Vitis* T., *Inst.*, 613, t. 384. — L., *Gen.*, ed. I, n. 161 ; ed. VI, n. 284. — J., *Gen.*, 267. — Lamk, *Ill.*, t. 145. — DC., *Prodr.*, I, 627, 633. — Turp., in *Dict. sc. nat.*, Atl., t. 160. — A. Gray, *Gen. ill.*, t. 161. — Payer, *Organog.*, 157, t. 34. — H. Bn, in *Payer Leç. Fam. nat.*, 342. — Endl., *Gen.*, n. 4567. — B. H., *Gen.*, I, 387, n. 1. — *Bothria* Lour., *Fl. cochinch.*, 153. — *Columella* Lour., *loc. cit.*, 85. — *Sœlanthus* Forsk., *Fl. æg.-arab.*, 33 ; *Ic.*, t. 2, 4. — *Ampelopsis* Michx, *Fl. N.-Amer.*, I, 159. — DC., *Prodr.*, I, 633. — A. Gray, *Gen. ill.*, t. 165. — E. Pl., *Ampelid.* (in *DC. Mon. Phaner.*, V, II), 453. — *Adenopetalum* Turcz., in *Bull. Mosc.* (1858), I, 417. — *Ampelocissus* Pl., *loc. cit.*, 368. — *Spondylantha* Presl, *Rel. Hœnk.*, ll, 35, t. 53. — *Clematicissus* Pl., *loc. cit.*, 422. —

Tetrastigma Miq., in *Ann. Mus. ludg.-bat.*, I, 72 (sect.). — Pl., *loc. cit.*, 423. — *Landukia* Pl., *loc. cit.*, 446. — *Parthenocissus* Pl., *loc. cit.*, 447. — *Rhoicissus* Pl., *loc. cit.*, 463. — *Cissus* L., *Fl. zeyl.*, 60 ; *Amœn.*, I, 390 ; *Gen.*, ed. VI, n. 147. — Turp., in *Dict. sc. nat.*, Atl., t. 161 — Pl., *loc. cit.*, 470.

3. Ici, leur sommet forme une clef de voûte pendante. Ils demeurent collés entre eux dans leur portion supérieure et sont enlevés ensemble par les étamines qui se redressent, après qu'ils se sont détachés par leur base du réceptacle et séparés les uns des autres dans une étendue variable de leurs bords.

4. Le filet, d'abord replié sur lui-même, se redresse complètement, devient rectiligne, et c'est alors qu'il soulève les pétales.

5. Le pollen est ovoïde, avec trois plis, et, dans chacun d'eux, une petite papille (H. Mohl, in *Ann. sc. nat.*, sér. 2, III, 335).

tronqué horizontalement et tout chargé de papilles stigmatiques[1]. Sur la base de l'ovaire[2] s'insèrent quatre ovules dressés, anatropes,

Vitis vinifera.

Fig. 531. Branche florifère.

à micropyle inférieur et extérieur[3]; et entre les deux paires anté-

---

1. Il y a des petites fentes perpendiculaires les unes aux autres dans l'intervalle des papilles.
2. Le placenta est donc, en réalité, basilaire

et très surbaissé, plus encore même qu'il ne l'est dans les *Erythropalum.*
3. A double tégument.

rieure et postérieure d'ovules s'avancent à la rencontre l'une de l'autre deux cloisons verticales qui arrivent presque au contact sur l'axe de

Vitis vinifera.

Fig. 534. Diagramme.

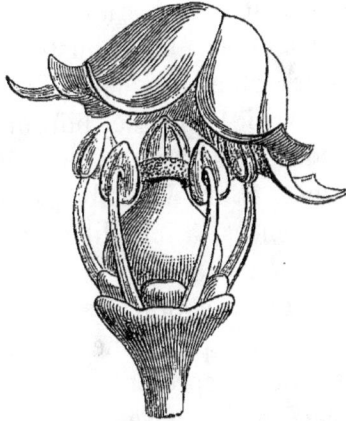

Fig. 533. Fleur;
la corolle soulevée par les étamines.

Fig. 535. Bouton, coupe
longitudinale.

Fig. 536. Fleur,
sans la corolle.

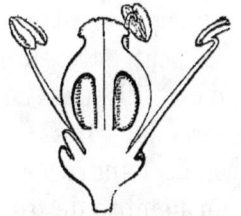

Fig. 537. Fleur, sans
la corolle,
coupe longitudinale.

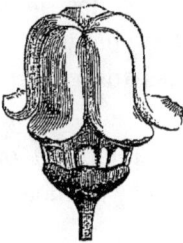

Fig. 532. Bouton;
les pétales se détachant.

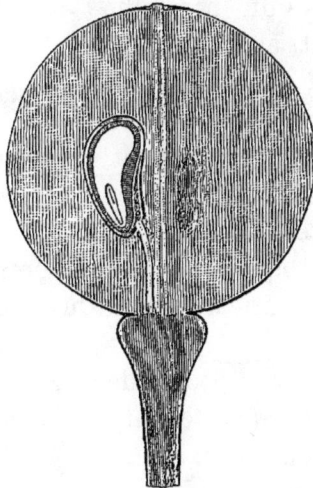

Fig. 538. Fruit, coupe
longitudinale.

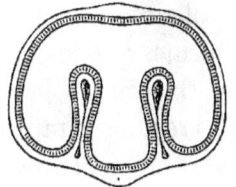

Fig. 539. Graine, coupe
transversale.

la loge, mais demeurent indépendantes l'une de l'autre[1]. Le fruit

1. On observe, ici et dans quelques autres espèces, sur la base de l'ovaire, cinq petites bosses obtuses, alternes avec les étamines et situées plus haut que les glandes jaunes.

(grain de raisin) est une baie qui, dans sa pulpe, loge d'une à quatre graines dressées, à téguments épais, enveloppant un albumen charnu, profondément partagé sur le dos en trois lobes et qui, près de son sommet, loge un petit embryon, à radicule inférieure, à peu près égale aux cotylédons. C'est un arbuste sarmenteux, à feuilles alternes, insérées sur des rameaux noueux. Un grand nombre de feuilles ont à leur niveau une vrille[1] opposée, bifurquée, c'est-à-dire un axe d'inflorescence avorté. Des stipules latérales accompagnent les feuilles qui sont pétiolées et ont un limbe palmatilobé, à lobes sinués ou dentés. Les inflorescences, à tort dites en grappes, sont pourvues d'un axe qui porte lui-même des ramifications composées, finalement formées de petites cymes, avec bractées et bractéoles.

Il y a des Vignes à fleurs polygames ou dioïques. Dans la fleur mâle, le gynécée est alors représenté par une masse centrale, pleine et souvent charnue. Certaines espèces ont la surface supérieure du réceptacle plane ou légèrement cupuliforme (fig. 540). Il peut être tapissé intérieurement d'un disque continu et de forme variable. Les pièces du périanthe et de l'androcée sont assez souvent au nombre de quatre, et l'ovaire peut avoir jusqu'à quatre fausses loges. La

Vitis japonica.

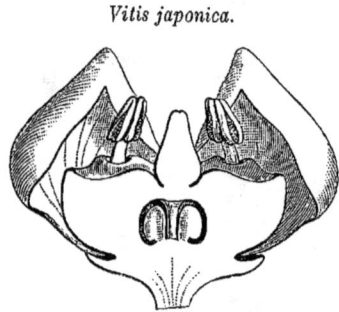

Fig. 540. Fleur, coupe longitudinale.

corolle est souvent étalée. Le fruit peut être à peu près sec, et quelquefois même il représente une véritable drupe peu charnue[2]. Il y a des Vignes dites tuberculeuses. D'autres ont des feuilles composées ou même bipinnées. Les inflorescences peuvent être axillaires, et leur forme varie à l'infini. Quelques-unes aussi sont des plantes grasses.

On connaît près de 250 espèces[3] de ce genre, peu abondant dans les régions tempérées et appartenant surtout à la zone tropicale et sous-tropicale des deux mondes.

On doit probablement considérer comme une déformation des

---

1. Entre autres travaux, si nombreux, sur la vrille des Ampélidées, voy. TURPIN, in *Ann. sc. nat.*, sér. 2, I, 225. — PAYER, *Organog.*, 157. — DUTAILLY, in *Adansonia*, X, 10. La vrille n'est pas le résultat d'une partition, comme on l'a avancé, faute d'observations organogéniques suffisantes. — Voy. aussi PENZIG,

in *N. Giorn. bot. ital.*, XV, 205, et les divers travaux sur la question de M. D'ARBAUMONT.
2. H. BN, in *Bull. Soc. Linn. Par.*, 953.
3. PL., *op. cit.* — *Bot. Mag.*, t. 5207 (*Cissus*), 5472, 5479, 6803. — WALP., *Rep.*, I, 441, 437; II, 817; V, 377; *Ann.*, I, 136, 964; II, 229, 231; IV, 391.

Vignes les *Pterisanthes*[1], de l'Archipel Indien, dont les fleurs sont sessiles sur un large réceptacle dilaté.

En somme, le genre Vigne ne diffère des *Erythropalum* que par un réceptacle floral un peu moins profond, un placenta moins élevé et des cloisons incomplètes plus développées vers le centre.

On place d'ordinaire près des Vignes les *Leea* (fig. 541, 542) qui sont des arbustes dressés, sans vrilles, et dont les loges ovariennes, au nombre de trois à six, bien plus complètes, sont uniovulées. Les

Leea sambucina.

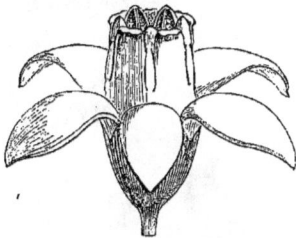

Fig. 541. Fleur.

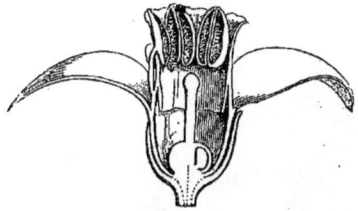

Fig. 542. Fleur, coupe longitudinale.

étamines sont monadelphes dans ce genre, qui rapproche encore, à ce qu'il semble, beaucoup les Vitées des Méliacées, et qui appartient à l'Asie, l'Océanie et l'Afrique tropicales.

VIII. SÉRIE DES GRUBBIA.

Les *Grubbia*[2] (fig. 543-548) ont des fleurs régulières et hermaphrodites, à réceptacle concave, avec un périanthe (corolle ?) inséré sur les bords du réceptacle et formé de quatre folioles valvaires dont le dos est chargé de longs poils pressés. En dedans des pétales s'insèrent quatre étamines qui leur sont superposées, et quatre autres alternes. Chacune d'elles est formée d'un filet plus ou moins renflé en balustre, avec un brusque et court rétrécissement à la base, et d'une anthère à deux loges finalement déhiscentes sur les côtés par des fentes longitudinales et arquées. L'ovaire infère remplit la concavité du réceptacle, et il est surmonté d'un style dressé, à sommet stigmatifère dilaté

1. BL., *Bijdr.*, 192. — B. H., *Gen.*, I, 387, n. 2. — PL., *loc. cit.*, 416. — *Embamma* GRIFF., *Notul.*, IV, 614.

2. BERG., *Fl. cap.*, 90, t. 2. — SCHREB., *Gen.*, I, 260. — ARN., in *Hook. Journ.*, III, 266. —

ENDL., *Gen.*, n. 2085. — A. DC., *Prodr.*, XIV, 618. — H. BN, in *Adansonia*, III, 318, t. 5. — B. H., *Gen.*, III, 231, n. 28. — ENGL., *loc. cit.*, 228, fig. 147. — *Ophira* L., *Mantiss.* n. 1304. — LAMK, *Ill.*, t. 293.

et courtement bilobé. Un disque circulaire peu saillant entoure le sommet de l'ovaire. Le placenta central se dresse dans l'axe de l'ovaire et arrive souvent jusqu'au contact du plafond ovarien. Sous son sommet s'insèrent deux ovules descendants, parenchymateux et anatropes; leur point d'attache légèrement rétréci. Les fruits sont unis

Grubbia rosmarinifolia.

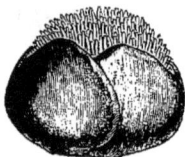

Fig. 544. Glomérule
avec ses bractéoles.

Fig. 545. Glomérule
sans les bractéoles.

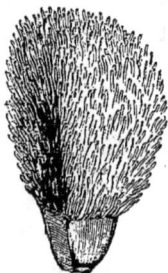

Fig. 547. Fleur, coupe
longitudinale.

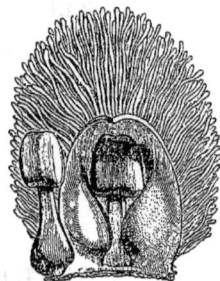

Fig. 546. Fleur isolée.

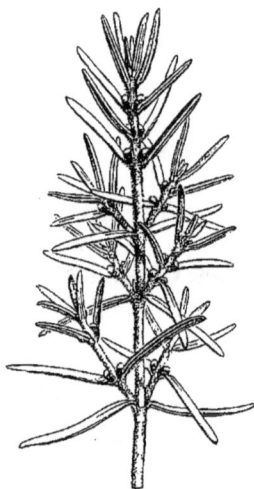

Fig. 543. Branche florifère.

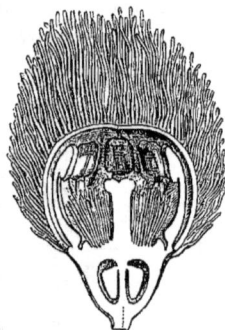

Fig. 548. Pétale et étamines.

en petites masses dans lesquelles il n'y en a d'ordinaire qu'un bien développé, drupacé. La graine est ovoïde, à embryon linéaire, occupant le centre de l'albumen, avec une radicule bien plus longue que les cotylédons. On décrit deux *Grubbia*[1]. Ce sont des arbustes éricoïdes de l'Afrique australe. Leurs feuilles sont opposées, étroites, entières, à bords révolutés. Les fleurs sont groupées, dans l'aisselle de deux feuilles opposées, en petits glomérules triflores et formant, par suite, des verticillastres de six fleurs[2]. Dans l'espèce qui constitue la

1. Sond., *Fl. cap.*, II, 325.
2. Les bractéoles latérales des glomérules sont émarginées ou courtement bilobées. Elles s'accroissent et s'épaississent avec l'âge, comme dans les fruits composés des Conifères. La fleur peut aussi être parfois pentamère.

section *Strobilocarpos*[1], les glomérules sont rapprochés en petits strobiles sphériques ou ovoïdes ; mais ici les bractées florales sont petites, ne dépassent pas les fleurs ; et, dans le fruit syncarpé, quelques péricarpes seulement sont fertiles et bien développés.

IX. SÉRIE DES LORANTHES.

Les *Loranthus*[2] (fig. 549-557) ont des fleurs hermaphrodites ou dioïques. Dans le dernier cas, les fleurs mâles ont un réceptacle peu élevé, plein, à surface supérieure à peu près plane, avec souvent un rudiment de gynécée central. Dans les fleurs femelles ou hermaphrodites, au contraire, le réceptacle prend la forme d'une poche ovoïde ou plus ou moins longuement tubuleuse, dans la concavité de laquelle est logé l'ovaire infère. Le calice peut être représenté par un simple petit anneau ou bourrelet, entier ou sinué. Ailleurs il est plus développé et découpé sur ses bords de quatre à six dents. Les pétales sont au nombre de quatre à six, supères dans les fleurs femelles, libres et valvaires, ou bien rapprochés et collés en un tube d'une étendue variable, rectiligne ou arqué, parfois fendu seulement du côté dorsal. Il y a des espèces où les bords indupliqués forment des crêtes longitudinales intérieures, et d'autres où les pétales sont garnis en dedans de leur base d'écailles conniventes au-dessus de l'ovaire. L'androcée (rudimentaire ou nul dans les fleurs femelles) est formé de quatre à six étamines supères, superposées aux pétales. Elles sont généralement plus courtes que la corolle et peuvent s'unir, dans une étendue variable de leur filet, avec le pétale en face duquel elles sont

---

1. KL., in *Linnæa*, XIII, 380.

2. *Syst.*, 22 (1742) ; *Gen.*, ed. II, n. 353 ; ed. VI, n. 443. — J., *Gen.*, 212. — TURP., in *Dict. sc. nat.*, Atl., t. 108. — DC., *Prodr.*, IV, 286, 671. — ENDL., *Gen.*, n. 4586. — PAYER, *Leç. Fam. nat.*, 50. — OLIV., in *Journ. Linn. Soc.*, VII, 91, 97. — H. BN, in *Adansonia*, III, 107. — B. H., *Gen.*, III, 207, n. 2. — ENGL., *loc. cit.*, 183, fig. 112, 118, 126. — *Baratranthus* MIQ., *Fl. ind. bat.*, I, 1, 834. — *Phœnicanthemum* MIQ., *loc. cit.*, 823. — *Lanthorus* PRESL, *Epim.*, 256. — ? *Helixanthera* LOUR., *Fl. cochinch.*, 142. — *Lichtensteinia* WENDL., *Coll.*, II, 4, t. 39. — *Moquinia* SPRENG. F., *Syst.*, Suppl., 9. — *Dendrophthoe* MART., in *Flora* (1830), 109. | *Scurrula* G. DON, *Gen. Syst.*, III, 421. —

Loxanthera BL., *Fl. jav. Lor.*, t. 20, 23 C. — *Macrosolen* MIQ., *Fl. ind. bat.*, I, I, 827. — *Lepiostegeres* MIQ., *Fl. ind. bat.*, I, I, 832 — *Elytranthe* MIQ., *Fl. ind. bat.*, I, I, 832. — G. DON, *Gen. Syst.*, III, 425. — *Phrygilanthus* EICHL., in *Mart. Fl. bras.*, V, II, 45. — ENGL., *Pflanzenfam.*, Lief. 30, p. 178, fig. 122. — *Tristeryx* MART., in *Flora* (1830), 108. — *Spirostylis* PRESL, in *Rœm. et Sch. Syst.*, VII, 163. — *Struthanthus* MART., in *Flora* (1830), 102. — *Oryctanthes* EICHL., in *Mart. Fl. bras.*, V, II, 87, t. 29, 30. — *Passowia* KARST., in *Bot. Zeit.* (1852), 305. — *Lipotactes* BL., *Fl. jav. Lor.*, 13. — *Dendropemon* BL., *Fl. jav. Lor.*, 13. — *Phthirusa* MART., in *Flora* (1830), 110. — ENGL., *loc. cit.*, 180, fig. 123.

placées. Le filet peut s'involuter élastiquement lors de l'anthèse. Les anthères, de forme variable, souvent allongées, sont basifixes ou dorsifixes, dressées ou versatiles. Elles ont deux loges à logettes parfois bien distinctes, et elles s'ouvrent par des fentes longitudinales,

Loranthus europœus.

Fig. 549. Rameau florifère mâle.

Fig. 553. Rameau florifère femelle.

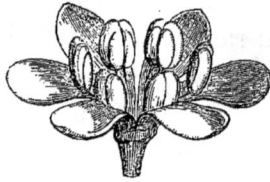

Fig. 551. Fleur mâle.

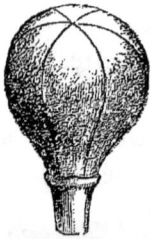

Fig. 550. Bouton
mâle.

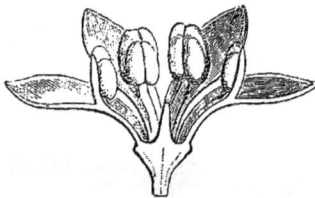

Fig. 552. Fleur mâle, coupe
longitudinale.

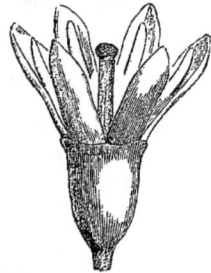

Fig. 554. Fleur femelle.

soit en dedans, soit vers les bords. L'ovaire est surmonté d'un style droit ou tordu, à sommet stigmatique obtus ou dilaté, entier. Dans l'ovaire adulte, on observe une masse pleine dont le parenchyme devient plus lâche et plus mou vers le centre, mais généralement sans cavité et sans ovule distinct lors de l'anthèse[1]. Plus tard, le fruit,

1. GRIFF., in *Trans. Linn. Soc.*, XVIII, 71, t. 4-9; XIX, t. 19-21.

couronné d'une cicatrice, trace du périanthe et du style, devient
charnu ou drupacé. Son péricarpe (réceptacle) présente des lacunes
ou une masse continue de substance visqueuse. La couche intérieure
est lisse, ou bien elle s'avance, sous
forme de replis, dans des sillons cor-
respondants de la graine. Celle-ci,
dépourvue de téguments durs, renferme un embryon axile, de longueur
variable, à radicule supère; cylindrique et linéaire dans le cas où il
est entouré d'un abondant albumen
charnu, ou épais et charnu lui-même,
sphérique, ovoïde ou tétraquêtre, avec
un albumen réduit à une membrane

Loranthus nitens.

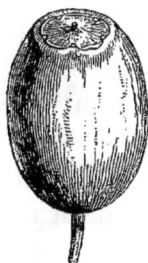

Fig. 555. Fruit.

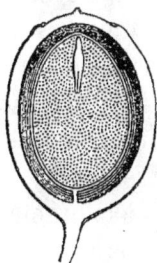

Fig. 556. Fruit, coupe
longitudinale.

dans les espèces des sections *Psittacanthus*[1] et *Aetanthus*[2], élevées

Loranthus macrosolen.

Fig. 557. Branche florifère.

parfois de nos jours au rang de genres[3]. Les cotylédons, inférieurs,
sont au nombre de deux à quatre, longs ou courts.

1. Mart., in *Flora* (1830), 106. — Eichl., in *Mart. Fl. bras.*, V, II, 23. — Engl., *loc. cit.*, 181, fig. 124.

2. Eichl. — Engl., *loc. cit.*, 189, fig. 128.
3. Ces genres, de même que les précédents, ont été conservés comme distincts par M. Engler.

On distingue près de trois cent cinquante *Loranthus*[1]. Ce sont, exceptionnellement, des arbres et des arbustes terrestres, comme il arrive dans les *Gaiadendron*[2], mais bien plus souvent des parasites sur les arbres. Ils se greffent aux plantes nourrices à peu près comme nos Guis et ont des feuilles opposées, plus rarement verticillées ou alternes, vertes ou jaunâtres, entières, presque toujours épaisses, charnues, glabres, penninerves ou tri-quinquénerves, avec des veines ordinairement peu visibles. Leurs fleurs[3] sont disposées en épis ou en grappes, axillaires ou terminales, solitaires ou fréquemment ternées dans l'aisselle des bractées de l'inflorescence, avec souvent des bractéoles latérales qui s'unissent parfois à la bractée ou en demeurent indépendantes. On observe ces plantes dans l'Europe méridionale, l'Asie tempérée, l'Afrique, l'Océanie et l'Amérique du Sud. Elles abondent surtout dans les régions tropicales.

Les *Nuytsia* sont des *Loranthus* australiens, terrestres et à fruit à peu près sec, pourvu de trois larges ailes.

X. SÉRIE DES GUIS.

Un Gui (*Viscum*[4]), tel que notre vulgaire *V. album* L. (fig. 558-564), a des fleurs dioïques. Les mâles ont un petit réceptacle plein, qui porte un périanthe de quatre folioles valvaires. Les étamines, en même nombre, sont superposées et adnées aux pétales ; si bien qu'à la face interne de ceux-ci on voit appliquée une anthère qui s'ouvre en dedans par un grand nombre de petits trous ou pores. Dans la fleur femelle, le réceptacle a la forme d'un sac, dont la cavité loge l'ovaire infère et adné, surmonté d'un style court, à petite tête stigma-

1. BL., *Fl. jav. Lor.*, 11, c. t. 23. — KURZ, *For. Fl. brit. Burm.*, II, 314. — BENTH., *Fl. austral.*, III, 388. — HARV., *Fl. cap.*, II, 574. — GRISEB., *Symb. Fl. arg.*, 152; *Fl. brit. W.-Ind.*, 119. — HEMSL., *Bot. centr.-amer.*, III, 80. — CLOS, in *C. Gay Fl. chil.*, V, 153. — HOOK. F., *Handb. N. Zeal. Fl.*, 106; *Fl. brit. Ind.*, V, 203. — WIGHT, *Spic. neilgh.*, I, 73, t. 88. — BOISS., *Fl. or.*, IV, 1069. — *Hook. Icon.*, t. 1223, 1303, 1304, 1309, 1319, 1464. — WALP., *Rep.*, II, 439, 940; V, 937; *Ann.*, I, 362; II, 730; V, 92.

2. G. DON, *Gen. Syst.*, III, 431 (part.). — ENGL., *loc. cit.*, 178. — *Atkinsonia* F. MUELL. — BENTH., *Fl. austral.*, III, 388.

3. Petites, verdâtres ou blanchâtres, plus souvent longues (fig. 557) et belles, jaunes, orangées ou d'un rouge vif.

4. T., *Inst.*, 609, t. 380. — L., *Gen.*, ed. I, n. 713. — J., *Gen.*, 212. — DC., *Prodr.*, IV, 278, § 1, 3. — RICH., in *Ann. Mus.*, XII, 296. — DCNE, in *Mém. Acad. Brux.* (1840), c. t. 3. — GRIFF., in *Tr. Linn. Soc.*, XVIII, t. 10, 11; XIX, t. 21. — KORTH., *Mem. Lor.*, 58 (in *V. Bot. Gen.*, XVII). — ENDL., *Gen.*, n. 4584. — PAYER, *Fam. nat.*, 49. — H. BN, in *Adansonia*, II, 375; III, 105. — B. H., *Gen.*, III, 213. — ENGL., *loc. cit.*, 193, fig. 106, 108, 113, 115, 119, 120, 194. — KRONF., *Biol. Mistl.* (1888). — JOST, in *Bot. Zeit.* (1888), n. 24.

tifère. Les bords du réceptacle portent quatre pétales valvaires. Quant
à l'ovaire, sa masse est pleine; et l'on distingue dans sa portion centrale deux cavités étroites et allongées, un peu arquées, qui sont généralement considérées comme des sacs embryonnaires. Le fruit est une

Viscum album.

Fig. 558. Port.

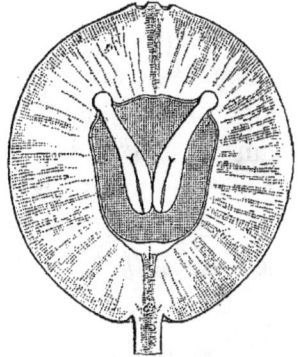

Fig. 564. Fruit mûr,
coupe longitudinale.

Fig. 562. Fruit
jeune.

Fig. 561. Fruits.

Fig. 559. Fleurs
mâles.

Fig. 560. Fleurs
femelles.

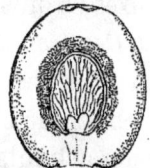

Fig. 563. Fruit jeune,
coupe longitudinale.

baie, couronnée des cicatrices des pétales et du style. Sa chair est
pulpeuse et visqueuse et entoure une graine dont l'albumen charnu
contient dans son intérieur un ou deux et jusqu'à trois et quatre
embryons verts, obliques, à deux cotylédons et à radicule supère dont
le sommet dilaté et obtus fait saillie hors de la semence.

Il y a des *Viscum* à fleurs monoïques. Certains d'entre eux ont la fleur trimère. Dans plusieurs, les anthères ne sont pas complètement adnées aux pétales, mais seulement dans la portion centrale de leur dos. D'autres n'ont pas de style, et les papilles stigmatiques occupent directement le sommet de leur ovaire.

On admet une trentaine d'espèces[1] dans ce genre. Ce sont des arbustes parasites sur les arbres et les arbustes, à branches dichotomes ou opposées, articulées. Leurs feuilles vertes ou jaunâtres sont opposées, aplaties, épaisses, coriaces, parfois réduites à des écailles. Leurs fleurs sont solitaires ou disposées en glomérules terminaux ou axillaires. Les bractées sont opposées, comme les fleurs, avec ou sans bractéoles libres ou connées. Ce sont des plantes des régions chaudes et tempérées de l'ancien monde.

Les *Arceuthobium* (fig. 565-567), très voisins des Guis avec

Aceuthobium Oxyeedri.

Fig. 565. Fleur mâle.

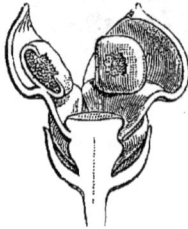

Fig. 566. Fleur mâle, coupe longitudinale.

Fig. 567. Fleur femelle, coupe longitudinale.

lesquels ils étaient jadis confondus, ont leur mode de végétation ; mais leur ovule distinct est basilaire, dressé ; et leurs anthères saillantes, dorsifixes, s'ouvrent en travers ou au centre.

Les *Dendrophthora* ont aussi les anthères attachées par le milieu du dos, à fente transversale. Leurs fleurs sont superposées, en une ou deux séries, de chaque côté du rachis de l'inflorescence, dans l'intervalle des articulations.

Dans les *Phoradendron*, des deux Amériques, et dans les genres très voisins *Notothixos*, *Ginalloa*, *Eremolepis*, *Eubrachion*, les

1. GRIFF., *Ic. pl. as.*, t. 630-632. — WIGHT, *Icon.*, t. 1016-1019; *Spicil. neilgh.*, 72, t. 86, 87. — BL., *Fl. jav. Loranth.*, t. 24-26. — CLOS, in *C. Gay Fl. chil.*, V, 162. — HOOK. F., *Fl. brit. Ind.*, 223; *Handb. N. Zeal. Fl.*, 108. — BOISS., *Fl. or.*, IV, 1068. — OLIV., in *Proc. Linn. Soc.*, VII, 92. — FR. et SAV., *En. pl. jap.*, I, 406. — BENTH., *Fl. austral.*, III, 395. — BRANDZ., *Prodr. Fl. rom.*, 430. — WILLK. et LGE, *Prodr. Fl. hisp.*, I, 24. — GREN. et GODR., *Fl. de Fr.*, II, 4. — WALP., *Rep.*, II, 437; *Ann.*, I, 361; II, 727; V, 91 (part.).

anthères s'attachent en dedans et en bas des pétales, sessiles ou pourvues d'un filet très court (*Phoradendrées*).

Dans les *Tupeia*, *Lepidoceras* et *Antidaphne*, les étamines ont, au contraire, un filet bien distinct et plus long que l'anthère (*Tupéiées*).

XI. SÉRIE DES LOPHOPHYTUM.

Les *Lophophytum*[1] (fig. 568) ont été généralement rapportés aux Balanophoracées, dont ils ont le port et les organes de végétation; ce qui tient surtout à leur mode de parasitisme[2]. Ils ont des fleurs unisexuées, groupées en « spadices » andro-

Lophophytum mirabile.

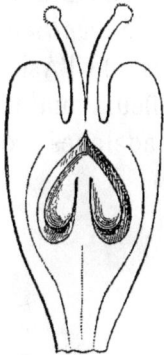

Fig. 568. Fleur femelle, coupe longitudinale.

gynes ou quelquefois unisexués. Les fleurs mâles sont formées de deux étamines, sans périanthe; les filets grêles et courts; les anthères basifixes, linéaires-oblongues, avec deux loges partagées en deux logettes et déhiscentes par des fentes longitudinales[3]. L'ovaire infère est en forme de courte massue prismatique, couronné d'un court périanthe (?) tronqué et intrus. Il est surmonté de deux branches stylaires centrales, courtes, caduques, terminées par une petite tête stigmatifère. Dans la loge unique de l'ovaire se voit un placenta de Santalée, central-libre, du sommet duquel descendent deux ovules atropes, parenchymateux. Le fruit est sec, analogue de forme à l'ovaire; il contient une graine comprimée, qui remplit presque toute sa cavité et qui possède un albumen huileux. Son embryon n'est pas connu. On distingue deux ou trois *Lophophytum*[4]. Ce sont des herbes parasites, colorées, épaisses, charnues, glabres, riches en fécule. Leur portion souterraine, ou rhizome, est tubéreuse, de forme variable, plus ou moins squamifère. Elle porte des axes aériens

---

1. SCHOTT et ENDL., *Melet.*, I, t. 1. — ENDL., *Gen.*, n. 715. — EICHL., in *DC. Prodr.*, XVII, 127; in *Act. Congr. bot. Par.* (1867), t. 1, fig. 13-19. — WEDD., in *Ann. sc. nat.*, sér. 3, XIV, t. 10, fig. 19-33. — HOOK. F., in *Trans. Linn. Soc.*, XXII, t. 9. — B. H., *Gen.*, III, 238, n. 12. — ENGL., *loc. cit.*, 255, fig. 161. — *Archimedea* LEANDR.-SACRAM., in *Ann. sc. nat.*,

sér. 2, VII, 32. — *Lepidophyton* HOOK. F., in *Lindl. Veg. Kingd.*, 90.

2. Ils sont aux Santalacées, etc., ce que sont les Orobanches aux Gesnériées, les *Voyria* aux Gentianacées, les *Epirrhizanthes* aux *Polygala*, les Monotropées aux Éricacées, etc., etc.

3. Le pollen est sphérique-3-gone.

4. EICHL., in *Mart. Fl. bras.*, IV, II, t. 9-15.

courts, qui font suite aux lobes ou branches du rhizome et qui sont chargés de nombreuses écailles multisériées, imbriquées, triangulaires-ovales, aiguës, rigides, persistantes. Les inflorescences ou spadices sont coniques-oblongues, finalement plus allongées. Elles portent des mamelons florifères d'abord rapprochés les uns des autres, puis distants par suite de l'élongation de l'axe. Les fleurs femelles occupent la portion inférieure du spadice, nues ou parfois pourvues de bractéoles. Les bractées sont analogues aux écailles du pédoncule, mais plus longuement stipitées et non persistantes. Les fleurs mâles sont entremêlées de squamules charnues qui ont été parfois regardées comme des fleurs rudimentaires. Tous les *Lophophytum* sont de l'Amérique méridionale tropicale. On place à côté d'eux les genres très voisins *Ombrophytum* et *Lathrophytum*.

Les *Helosis*, de l'Amérique tropicale, donnent leur nom à une petite sous-série (*Hélosidées*) qui renferme avec eux les *Scybalium* et les *Corynœa*, américains aussi, plus le *Rhopalocnemis*, de l'Asie et l'Océanie tropicales, et qui se distingue par des fleurs mâles à périanthe entier ou trilobé et à trois étamines monadelphes ; des fleurs femelles à calice supère, courtement bilabié.

XII. SÉRIE DES MYZODENDRON.

Cette série est formée du seul genre *Myzodendron*[1] (fig. 569-572), dont on a fait aussi le type d'une famille particulière. Les fleurs y sont dioïques et nues. Dans les mâles, il n'y a que deux, trois ou quatre étamines, portées sur un pied commun et entourant un petit corps central, glanduleux et disciforme[2]. Les filets sont épais, courts ou très courts ; et les anthères basifixes, sphériques ou ovoïdes, sont uniloculaires et s'ouvrent en haut en deux valves, dans une courte étendue. Les fleurs femelles ont un réceptacle ovoïde, dont la concavité loge l'ovaire adné, et dont l'orifice est marqué par un petit bourrelet circulaire qui entoure la base du style court, dressé, bientôt

1. Banks et Sol. — DC., *Mém. Loranth.*, t. 11, 12 (*Misodendron*). — Endl., *Gen.*, n. 4581. — Hook. f., *Fl. antarct.*, II, 289, t. 102, 187 *ter*; in *Ann. sc. nat.*, sér. 3, V, 193, t. 5-9. — H. Bn, in *Adansonia*, II, 331, t. 10, fig. 3, 4; III, 110. — B. H., *Gen.*, III, 229, n. 24. — Hieron., *Pflanzenfam.*, Lief. 32, p. 198, fig. 135.

2. Rudiment (?) d'un gynécée.

partagé en trois lobes ou branches stigmatifères. Trois côtes longitudinales équidistantes, parfois dilatées en aile épaisse, se voient sur la surface convexe du réceptacle et s'ouvrent par une fente verticale, de façon à laisser échapper finalement des soies courtes ou longues, simples ou plumeuses. La loge unique de l'ovaire infère renferme un placenta central-libre, portant trois ovules descendants, orthotropes et nus, que séparent inférieurement les uns des autres des rudiments de cloisons alternes avec les lobes du style. Le fruit est

Myzodendron brachystachyum.

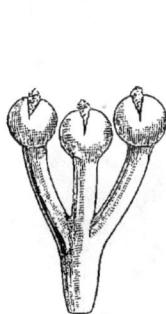

Fig. 569. Fleur mâle.   Fig. 570. Fleur femelle.   Fig. 571. Ovaire, coupe transversale.   Fig. 572. Fleur femelle, coupe longitudinale.

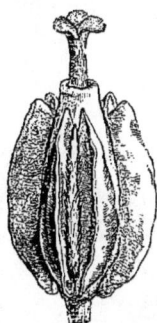

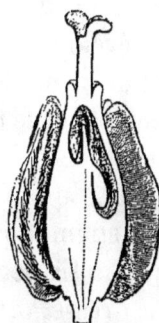

sec ou légèrement charnu, garni des soies dont il vient d'être question, demeurées courtes ou considérablement allongées[1]. Il renferme une graine charnue, albuminée, en haut de laquelle se voit un embryon axile, arrondi, à radicule supère, épaisse, extérieure à l'albumen[2], bien plus grande que les cotylédons inférieurs qui sont très petits ou même à peine distincts.

Les *Myzodendron* sont, au nombre de quatre[3], des sous-arbrisseaux parasites, du Chili et des régions Magellaniques, qui vivent sur les branches de divers arbres. Ils sont très ramifiés, avec des feuilles alternes, peu développées ou nulles. Leurs petites fleurs sont alternes sur les rameaux et sans bractées, ou bien disposées en petits chatons.

---

1. Et qui peuvent fixer le fruit sur la branche de l'arbre nourrice.

2. Se comportant, en somme, lors de la germination et de la formation de la tige, d'une façon analogue aux *Viscum* et *Loranthus*.

3. Forst., in *Comm. gœtt.*, IX (1789), 65 (*Myzodendrum*). — R. Br., in *Linn. Trans.*, XIX, 3. — Pœpp. et Endl., *Nov. gen. et spec.*, t. 1-3. — Deless., *Ic. sel.*, III, t. 80. — Clos, in *C. Gay Fl. chil.*, V, 167.

XIII. SÉRIE DES ANTHOBOLUS.

Régulières et dioïques, les fleurs des *Anthobolus*[1] sont à trois, quatre ou même cinq parties. La corolle est hypogyne et valvaire. Dans la fleur mâle, le réceptacle est petit, aplati ou légèrement cupuliforme, et ses bords portent le périanthe, puis, en dedans de lui, des étamines en nombre égal à celui des pétales auxquels elles sont superposées, formées d'un filet court et d'une anthère biloculaire, introrse ou déhiscente par deux fentes presque latérales. Le disque peu développé du centre entoure un rudiment de gynécée. Dans la fleur femelle, le réceptacle et le périanthe sont les mêmes; et le gynécée libre est formé d'un ovaire conique, uniloculaire, surmonté d'une masse stigmatique à trois lobes peu proéminents. La loge ovarienne renferme un ovule dressé, orthotrope, sans téguments; et le fruit est une drupe au-dessous de laquelle le pédicelle de la fleur s'est épaissi, souvent en massue. La graine est dressée, avec un abondant albumen charnu et un petit embryon apical, à radicule supère, plus longue que les courts cotylédons. Ce sont trois ou quatre arbustes[2] australiens, glabres, souvent très rameux; les branches rigides ou grêles. Les feuilles alternes sont celles de certaines Conifères, linéaires-arrondies, persistantes, ou remplacées par

Anthobolus filifolius.

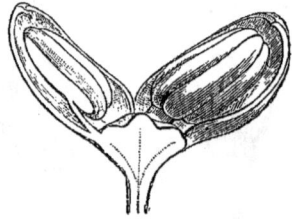

Fig. 573. Fleur mâle, coupe longitudinale.

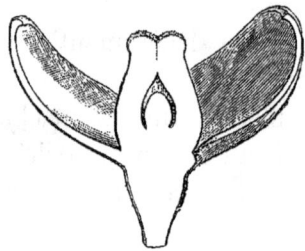

Fig. 574. Fleur femelle, coupe longitudinale.

de courtes écailles qui souvent se détachent de bonne heure. Les fleurs sont portées par un pédoncule axillaire, assez nombreuses dans les inflorescences mâles, solitaires ou géminées dans les femelles. Les trois ou quatre espèces d'*Anthobolus* connues sont propres à l'Australie.

Très voisins sont les *Exocarpus*, d'Asie et d'Océanie, qui ont des

1. R. Br., *Prodr.*, 357. — Endl., *Gen.*, n. 2087. — A. DC., *Prodr.*, XIV, 687. — H. Bn, in *Adansonia*, II, 357, 374; III, 108. — B. H., *Gen.*, III, 230, n. 25. — Hieron., *loc. cit.*, 212.

2. Spach, *Suit. à Buff.*, X, 461. — Spreng., *Syst.*, I, 175; *Gen.*, I, 46, n. 206. — Arn., in *Enc. brit.*, ed. VII, 128. — Bentu., *Fl. austral.*, VI, 226. — *Hook. Icon.*, t. 1173.

fleurs unisexuées ou parfois hermaphrodites, à fleurs en cymes ou
épillets axillaires et sessiles. Les rameaux sont grêles et cylindriques,
ou aplatis en cladodes. Les fruits drupacés ont pour support un pédicelle plus ou moins épaissi et charnu. Les feuilles, très variables,
peuvent aussi être réduites à des écailles. On en a distingué jusqu'à
une quinzaine. d'espèces

Telle qu'elle est ici comprise, cette famille est essentiellement une
de celles qu'on nomme par enchaînement[1]. C'est A.-L. DE JUSSIEU
qui, en 1808, établit un groupe des Loranthées[2], nommé plus tard
Loranthacées par D. DON[3]. Celui des Olacinées ne fut distingué par
R. BROWN qu'en 1808[4], et celui des Santalacées, par le même auteur,
en 1810[5]. Les Styracées sont de 1811[6]; et les Ampélidées[7], de 1821. A
part ces deux derniers groupes, qui nous ont semblé inséparables l'un
de l'autre, et dont le dernier est pour nous fort peu distinct des
Érythropalées, tous les autres ont été reconnus dans ces derniers
temps, par la plupart des auteurs, comme devant être ou réunis, ou
placés tout à côté les uns des autres. On a vu que nous admettons
dans l'ensemble treize séries :

I. OLACÉES[8]. — Fleurs généralement hermaphrodites, à réceptacle convexe ou légèrement concave. Calice souvent peu développé
ou nul. Corolle dialypétale ou gamopétale, valvaire. Androcée isostémoné, les étamines oppositipétales; ou plus rarement 2-4-plosté-
moné, les étamines en partie alternipétales. Ovaire en totalité ou en
majeure partie libre, généralement uniloculaire, à placenta central-
libre, pauciovulé, avec cloisons incomplètes, parfois très élevées,
alternes avec les ovules. Ovules descendants de la partie supérieure
du placenta, atropes ou faussement anatropes. Fruit souvent charnu,
à graine unique, faussement ascendante, albuminée ; l'embryon axile,
court ou plus ou moins allongé, à radicule supère. — Plantes
ligneuses, à feuilles alternes ; les fleurs souvent accompagnées d'une

---

1. Et si l'on trouve que nous lui avons re-
connu des limites trop larges, rien n'empêche
qu'on assimile à une famille distincte chacune
des séries que nous avons distinguées.

2. In *Ann. Mus.*, XII, 292.

3. *Prodr. Fl. nepal.*, 142. — DC., *Prodr.*, IV,
277.—LINDL., *Veg. Kingd.* (1847), 789.—ENDL.,
Gen., 799. — B. H., *Gen.*, III, 205, Ord. 148.

4. *Congo, App.*, V, 552.

5. *Prodr.*, I, 350.—A. DC., *Prodr.*, XIV, II,
619. — ENDL., *Gen.*, 324.

6. L.-C. RICH., *Anal. fr.*, 48.

7. H. B. K. *Nov. gen. et spec.*, V, 222. —
BARTL., *Ord.*, 362 (part.).

8. B. H., *Gen.*, I, 313, Trib. 1. — H. BN, in
Adansonia, III, 120.

ou deux séries de bractées, fréquemment connées, formant calicule. — 15 genres.

II. Opiliées[1]. — Fleurs hermaphrodites ou unisexuées, à réceptacle convexe. Corolle infère et valvaire. Étamines superposées aux pétales et en même nombre. Ovaire uniloculaire, à placenta central-libre, normalement uniovulé. Ovule descendant, orthotrope. Graine faussement dressée, albuminée. Embryon court ou linéaire. — Plantes ligneuses, à petites fleurs disposées en inflorescences racémiformes. — 6 genres.

III. Styracées[2]. — Fleurs hermaphrodites en général, à réceptacle convexe ou plus ou moins concave. Calice court. Pétales libres ou collés dans une étendue variable, valvaires ou légèrement indupliqués, parfois imbriqués ou tordus. Androcée souvent diplostémoné, ou étamines plus nombreuses. Ovaire supère ou en partie plus ou moins infère, à 2-5 loges complètes ou plus souvent incomplètes. Ovules solitaires ou plusieurs dans chaque loge, en partie ascendants et descendants, souvent basilaires et dressés. Fruit charnu. Graines albuminées. — Plantes ligneuses, à feuilles alternes. — 7 genres.

IV. Arjonées[3]. — Fleurs hermaphrodites, à réceptacle concave, à long tube floral partagé en haut en lobes corollins valvaires. Étamines oppositipétales, à anthères allongées. Ovaire infère, à placenta central-libre, pauciovulé. — 2 genres.

V. Santalées[4]. — Fleurs hermaphrodites ou unisexuées, asépales, à réceptacle plus ou moins concave. Corolle supère et valvaire. Étamines en même nombre que les pétales et superposées. Ovaire en partie ou en totalité infère, à placenta central-libre, pauciovulé. Ovules descendants, orthotropes. Fruit plus ou moins drupacé, à graine albuminée. Embryon axile, supérieur. — Plantes ligneuses. — 16 genres.

VI. Érythropalées[5]. — Fleurs hermaphrodites ou unisexuées, à réceptacle cupuliforme. Étamines en même nombre que les pétales

1. Benth., in *Linn. Trans.*, XVIII, 679. — B. H., *Gen.*, I, 244, Trib. 2. — *Agonandreæ* Engl., *loc. cit.*, 241, Trib. 5.

2. Rich., *Anal. fr.*, 48. — Endl., *Gen.*, 748. — B. H., *Gen.*, II, 666, Ord. 103. — *Styracaceæ* A. DC., *Prodr.*, VIII, 244. — *Symploceæ* Desf., in *Mém. Mus.*, VI, 9. — Endl., *Gen.*, 744 (fam. *Ebenaceis* aff.). — *Symplocaceæ* Miq., in *Mart. Fl. bras.*, fasc. XVII, 21.

3. *Thesieæ* B. H., *Gen.*, III, 218, Trib. 1 (part.).

4. Spreng., *Anleit.*, II, I, 320, Fam. 29 (part.). — *Santalaceæ* R. Br., *loc. cit.* (part.). — *Osyrideæ* B. H., *Gen.*, III, 218, Trib. 2. — *Santalaceæ propriæ* H. Bn, in *Adansonia*, III, 110, C.

5. H. Bn, in *Bull. Soc. Linn. Par.*, 996. Groupe aussi voisin que possible des Vitées.

valvaires et superposées. Ovaire en partie infère, à placenta central-libre, pauciovulé, avec cloisons centripètes incomplètes. Ovules orthotropes, ascendants. Fruit charnu, enveloppé du réceptacle. — Végétaux ligneux, sarmenteux, à vrilles. — 1 genre.

VII. Vitées[1]. — Fleurs hermaphrodites ou unisexuées, à réceptacle légèrement convexe, plan ou légèrement cupuliforme. Étamines en même nombre que les pétales valvaires et superposées. Ovaire supère, à placenta basilaire, avec cloisons centripètes plus ou moins complètes. Ovules subdressés, anatropes. Fruit charnu ou sec, libre. — Végétaux ligneux, sarmenteux, à vrilles. — 2 genres.

VIII. Grubbiées[2]. — Fleurs hermaphrodites, à réceptacle concave. Pétales supères, libres, valvaires. Androcée diplostémoné. Ovaire infère, à placenta central, uni au sommet de l'ovaire, pauciovulé. Ovules descendants, atropes. — Arbustes éricoïdes, à feuilles opposées et étroites. Glomérules axillaires ou groupés en strobiles. — 1 genre.

IX. Loranthées[3]. — Fleurs hermaphrodites ou dioïques, à réceptacle concave. Périanthe double. Corolle valvaire. Androcée supère. Ovaire infère, plein. — Plantes ligneuses, terrestres, ou plus souvent épiphytes et parasites. — 3 genres.

X. Viscées[4]. — Fleurs unisexuées; les femelles à réceptacle concave. Périanthe simple (corolle) valvaire. Ovaire infère, généralement plein, rarement à ovule dressé, distinct. — Petits arbustes parasites. — 12 genres.

XI. Lophophytées[5]. — Fleurs unisexuées. Périanthe mâle entier, trilobé ou nul. Périanthe femelle tubuleux. Ovaire infère, à placenta d'abord central-libre, pauciovulé. — Herbes charnues, colorées, parasites, à rhizome tubéreux, à feuilles squamiformes. Inflorescences (spadices) globuleuses, ovoïdes ou cylindriques. — 7 genres.

XII. Myzodendrées[6]. — Fleurs dioïques, apérianthées; les

1. Reichb., Consp., 145. — Viniferæ J. S.-H., Exp. fam., II, 48, t. 79. — Mirb., Elém., II, 892. — Sarmentaceæ Vent., Tabl., III, 167, Ord. 15 (non Spreng.). — Ampelideæ H. B. K., loc. cit. — DC., Prodr., I, 627, Ord. 45. — Endl., Gen., 796. — B. H., Gen., I, 386, Ord. 50. — Vitaceæ Lindl., Veg. Kingd., 439.

2. Spach, Suit. à Buff., X, 460. — B. H., Gen., III, 220, Trib. 4 (?). — Grubbiaceæ Endl., Gen., 327. — Meissn., Gen., 327. — A. DC., Prodr., XIV, II, 617, Ord. 169.

3. J., in Ann. Mus., XII, 292. — Eulorantheæ B. H., Gen., III, 205, Trib. 1 (Lorantha-

cearum). — Loranthaceæ propriæ H. Bn, in Adansonia, III, 104 (part.).

4. Reichb., Nom., 73. — B. H., Gen., III, 206, Trib. 2. — Viscoideæ Rich., Anal. fr., 33.

5. Schott et Endl., Melet., 11 (Balanophorearum Trib.). — B. H., Gen., III, 233 (Balanophorearum Trib.). — Helosidæ Lindl., Veg. Kingd., 90. — B. H., Gen., III, 233, Trib. 7 (Balanophoreæ). — Helosieæ Schott et Endl., Melet., 11 (Balanophorearum Trib.).

6. R. Br., in Linn. Trans., XIX, 3. — Myzodendraceæ Hieron., Pflanzenfam., Lief. 32, p. 198 (Ord.).

femelles à réceptacle concave, logeant dans sa cavité l'ovaire infère, à placenta central-libre, pauciovulé ; les ovules descendants et orthotropes. Fruit pourvu de longues soies latérales. — Petits sous-arbrisseaux parasites. — 1 genre.

XIII. ANTHOBOLÉES[1]. — Fleurs hermaphrodites ou unisexuées, à corolle valvaire. Ovaire sessile, infère, à base seule légèrement plongée dans le réceptacle. Ovule unique, basilaire, dressé, orthotrope. Androcée isostémoné. Fruit drupacé, supère, à pédoncule plus ou moins épaissi et charnu. — 2 genres.

Ainsi conçue, la famille comprend soixante-seize genres[2] et environ 1360 espèces, réparties, dans les deux mondes, en tous les climats, principalement dans les régions chaudes.

AFFINITÉS. — Elles sont naturellement multiples. Les plus étroites sont celles des Olacées et Santalées avec les Primulacées ligneuses et les Polygonacées; mais avec des particularités d'organisation du gynécée sur lesquelles on a beaucoup insisté[3]. Ce sont celles, d'autre part,

---

1. DOMORT., *Anal. fam.*, 15, 17. — ENDL., *Gen.*, 328 (*Thymelearum* Trib. ?). — MEISSN., *Gen.*, 329 (*Daphnoidearum* Ord. ?). — SPACH, *Suit. à Buff.*, X, 461 (*Santalacearum* Trib.). — B. H., *Gen.*, III, 219 (*Santalacearum* Trib. 3).

2. Sont douteux ou n'appartiennent certainement pas à cette famille les genres suivants : A. *Diclidanthera* MART., *Nov. gen. et spec.*, II, 139, t. 196, 197. — ENDL., *Gen.*, n. 1253. — MIERS, *Contrib.*, I, 213, t. 32. — MIQ., in *Mart. Fl. bras.*, VII, 11, t. 4. — B. H., *Gen.*, II, 671, n. 7. Genre formé de deux arbres et arbustes brésiliens, ordinairement rapportés aux Styracées, à feuilles alternes, entières; à fleurs en grappes axillaires et terminales, simples ou composées. Le calice hypogyne est quinconcial, et la corolle a un tube qui lui est commun avec l'androcée et même, en bas, avec le calice; puis un limbe tubuleux et cinq lobes tordus ou imbriqués. L'androcée est formé de huit à dix étamines qui ont des anthères biloculaires et introrses, s'ouvrant obliquement ou en travers. L'ovaire, supère et sessile, est à cinq loges et surmonté d'un style cylindrique, à sommet stigmatifère peu dilaté. Dans chaque loge, il y a un ovule descendant, à micropyle dirigé en haut et en dehors. Le fruit sphérique est indéhiscent, à trois-cinq loges, et la graine a un embryon un peu plus court que l'albumen peu abondant. MIERS place le genre parmi les Buettnériées, et nous avons indiqué ses analogies avec les Cuspariées et les Dichapétalées.

B. *Clenolophon* OLIV., in *Trans. Linn. Soc.*, XXVIII, 515, t. 43. — BECC., *Males.*, I, 119. — MAST., in *Hook. f. Fl. brit. Ind.*, I, 577. Genre rapporté aux Olacinées, mais qui, pour nous, n'appartient en rien à ce groupe, avec son calice court, à cinq lobes imbriqués, non accrescents; ses cinq pétales allongés, imbriqués; dix étamines libres, sortant d'une sorte d'anneau ou tube court, disciforme; un ovaire supère, à deux loges, avec deux ovules descendants et qui se tournent le dos dans chaque loge; un style unique d'abord, puis à deux branches capitées au sommet; un fruit coriace ou crustacé, avec une graine descendante, pectinée-crêtée; des feuilles opposées.

C. *Endusa* MIERS, in *Ann. Nat. Hist.*, ser. 2, VIII, 172. — RADLK., in *Sitz. K. baier. Akad.* (1886), 313. Plante péruvienne, qu'on dit (B. H., *Gen.*, I, 345) différer des Olacinées par une corolle gamopétale, avec des étamines oppositipétales géminées; un ovaire à quatre loges complètes; l'ovule descendant. Dans l'échantillon type, dû à Pavon, les fleurs sont, dit-on, déformées.

D. *Octarillum* LOUR., *Fl. cochinch.*, 90, attribué aux Santalacées, paraît être (B. H., *Gen.*, III, 220) synonyme de *Elæagnus* T.

3. Voy. entre autres, HOFMEIST., in *Ann. sc. nat.*, sér. IV, XII, 9. — SCHÆFF., in *Ann. Jard. Buitenz.*, II, 54; III, 1; p. II, 184. — GRIFF., in *Trans. Linn. Soc.*, XVIII, 225. — DCNE., in *Ann. sc. nat.*, sér. 2, XIII, 300. — DUT., in

par les Anthobolées, avec les Conifères, notamment les Cupressinées qui ne s'en distinguent guère, extérieurement du moins, que par l'absence du périanthe. Par les Vitées, la famille se rapproche aussi des Rhamnacées, et par les Styracées, des Ébénacées[1].

USAGES[2]. — Les propriétés sont ici variées comme les caractères d'organisation. Le Gui commun[3] (fig. 558-564) passe pour astringent et antiépileptique, et son fruit pour purgatif. C'est une plante tinctoriale. De son fruit se tire une glu qui sert aux oiseleurs et qui a été vantée comme résolutive. On attribue les mêmes propriétés au *V. opuntioides* L. Le *V. œthiopicum* THUNB. est un succédané du Thé. Les feuilles du *Loranthus americanus* L. sont résolutives, vulnéraires, maturatives des tumeurs. L'eau distillée des fleurs est cosmétique, résolutive. Au Brésil, les feuilles bouillies du *L. rotundifolius* A. S.-H. servent au traitement des maladies de poitrine. A la Caroline, le *L. uniflorus* PECK. sert à préparer des cataplasmes et des lavements émollients. En Asie, les *L. globosus* ROXB., *elasticus* DESVX, *longiflorus* DESVX ont une sève qui, unie à l'eau de riz, sert au traitement des contusions et œdèmes. Le *L. bicolor* ROXB. est antisyphilitique. Au Brésil, on prescrit les feuilles du *L. rotundifolius* KOST. bouillies dans du lait contre les angines ; celles du *L. citricola* MART. comme diurétiques, dépuratives. Il y a peu d'Olacées utiles. Les perdrix mangent le fruit de l'*Heisteria coccinea* JACQ., dont l'homme ne fait guère usage. Le fruit comestible du *Ximenia americana*[4] (fig. 475, 476) est purgatif. La graine se mange. L'écorce est astrin-

H. Bn Dict. Bot., IV, 2, 4. — HIERON., loc. cit., 208. — GUIGN., in Ann. sc. nat., sér. 7, II, 181.

1. Le parasitisme d'un grand nombre de Loranthacées donne à ces plantes un cachet particulier. Voy. entre autres, sur ces questions : HARLEY, On paras. Mistlet., in Trans. Linn. Soc., XXIV, 175. — Sur les suçoirs des Santalacées, in Journ. Bot. Mor. (1887), 335. — Sur le parasitisme transitoire des Santalées, H. BN, in Adansonia, II, 71. — Sur celui de l'Osyris alba, PL., in Bull. Soc. Bot. Fr. (juill. 1858). — Sur celui des Thesium, LIGNIER, in Bull. Soc. Linn. Norm. — Sur celui des Loranthées, ENGL., loc. cit., 157, fig. 106-111. — Sur l'anatomie de la feuilles des Olacées, EDELHOFF, in Engl. Bot. Jahresb. (1886), 100. — Sur les organes végétatifs des Myzodendron, HIERON, loc. cit.,

199. — Sur ceux des Santalées, ENGL., loc. cit., 203. — Sur ceux des Lophophytées (Balanophoracées), ENGL., loc. cit., 244, fig. 156-158.

2. LINDL., Veg. Kingd., 440, 443, 593, 787, 791. — ENDL., Enchir., 52, 207, 208, 396, 399 — ROSENTH., Syn. pl. diaphor., 238, 512, 563, 570, 574, 1113, 1136, 1139. — H. BN, Tr. Bot. méd. phanér., 1320, 1324, 1326, 1329.

3. Viscum album L., Spec., 1451. — GÆRTN., Fruct., I, t. 27. — GREN. et GODR., Fl. de Fr., II, 4. — H. BN, Iconogr. Fl. fr., n. 128 (Gui blanc, Verguet, Gillon, Pomme hémorrhoïdale). Le V. flavescens a été substitué à l'Ergot de Seigle.

4. L., Spec., 497. — DC., Prodr., I, 533, n. 1 — X. multiflora JACQ., Amer., 106, t. 277, fig. 31. — Heymassoli spinosa AUBL., Guian., I, 324, t. 125 (Prunier épineux).

gente. Les corolles sont très parfumées. Le fruit du *X. caffra* SOND. est comestible. Le bois de l'*Olax zeylanica* L.[1] est fétide, avec une saveur salée; on l'emploie contre les fièvres putrides, et les feuilles se mangent en salade. Le bois incorruptible du *Minquartia guianensis* AUBL. sert à divers usages industriels. Ses copeaux sont aussi employés à la teinture du coton.

Les Santalées sont un peu plus connues par leurs usages. La plus importante est le *Santalum album*[2] (fig. 507-513), dont le bois odorant est sapide, aromatique, sudorifique, dépuratif, et sert à l'extraction d'une essence très usitée en médecine et dans les arts. D'autres bois de Santal, analogues à celui-ci, sont ceux des *S. Yasi* SEEM., *Freycinetianum* GAUDICH., *pyrularium* A. GRAY, *austro-caledonicum* VIEILL., *cycnorum* MIQ., *spicatum* DC. L'*Osyris japonica* THUNB. a des feuilles comestibles, et celles de l'*O. nepalensis* DON servent à préparer une sorte de thé. Aux États-Unis, le *Pyrularia pubera* MICHX a un péricarpe comestible et une graine oléifère. On mange au Pérou celle du *Cervantesia tomentosa* R. et PAV. Les feuilles du *Myoschilos oblongus* R. et PAV. (fig. 517-519) constituent une sorte de séné chilien. Les fruits des *Leptomeria acerba* R. BR. et *pungens* MILL. se mangent en Australie. De même, dans l'Inde, celui du *Sphærocarya edulis* WALL. Le *Scleropyrum Wallichianum* ARN. a une écorce astringente, surtout celle de la racine, et des fruits résolutifs. On applique aussi sur les abcès et les plaies des pieds, les feuilles de l'*Exocarpus phyllanthoides* ENDL.; et le pédoncule épaissi du fruit de l'*E. latifolius* R. BR. se mange en Australie.

La plus célèbre des Styracées utiles est l'a▓▓▓▓u Benjoin, ou *Styrax Benzoin* DRY.[3], qui croît à Java, Sumatra, ▓▓▓o, assez souvent cultivé pour l'extraction de son suc résineux, od▓▓▓t, si employé en médecine et bien plus encore en parfumerie. Une résine balsamique s'extrait, au Brésil, du tronc des *S. aureum, ferrugineum* POHL et *reticulatum* MART. Le *S. officinale* L. (fig. 488-493), parfois cul-

---

1 L., *Spec.*, 49. — VAHL, *Symb.*, III, 7. — MAST., in *Hook. f. Fl. brit. Ind.*, I, 576. — BEDD., *Fl. sylv.*, lx (*Arbre puant*).

2. L., *Spec.*, 497. — HAYNE, *Arzn. Gew.*, 10, t. 1. — HOOK., *Bot. Mag.*, t. 3235. — A. DC., *Prodr.*, XIV, 683, n. 6. — GUIB., *Drog. simpl.*, éd. 7, II, 383. — H. BN, *Tr. Bot. méd. phanér.*, 1320, fig. 3302-3309. — *N. Rem.* (1888), 209. — *Amer. Journ. Pharm.* (1891), 449.

3. In *Phil. Trans.*, LXXVII, 308, t. 12. — W., *Spec.*, II, 623. — WOODV., *Med. Bot.*, 200,

t. 72 (II, 102). — PLENCK, *Icon.*, 342. — CHURCH. et STEV., *Med. Bot.*, III, t. 112. — GUIB., *Drog. simpl.*, éd. 7, II, 602. — BERG. et SCHM., *Darst. off. Gew.*, t. 9 f. — HAND. et FLUCK., *Pharmacogr.*, 361. — H. BN, in *Dict. enc. sc. méd.*, sér. 1, III, 10; *Tr. Bot. méd. phanér.*, 1324. — *Benjui* GARC., in *Clus. Exot.*, 155. — *Belzoinum officinarum* C. BAUH., *Pin.*, 503. — *Laurus Benzoin* HOUTT., in *Act. Harl.*, XXI, 265, t. 7. — *Benzoin officinale* HAYN., *Arzn. Gew.*, XI, 24 (*Benzoe-Storaxbaum*).

tivé dans nos jardins, passe pour produire la résine dite *Storax* vrai,
analogue au benjoin, mais peu usitée ailleurs que dans les temples
de l'Orient. Au Brésil, le *Pamphilia aurea*[1] (fig. 487) produit aussi
une résine utile. Dans les portions les plus chaudes de l'Amérique
du Nord, on mange les graines de l'*Halesia tetraptera*[2] (fig. 494-
496). Quelques *Symplocos* sont aussi utilisés : le *S. tinctoria* LHÉR.,
aromatique-amer et riche en matière colorante, comme le *S. racemosa*
ROXB.; le *S. platyphylla*, à écorce fébrifuge ; le *S. Alstonia* LHÉR.,
dépuratif et diaphorétique ; le *S. spicata* ROXB., dont le fruit se pend
comme amulette au cou des Silhétiens.

Mais la plus connue des plantes de ce groupe est sans contredit la
Vigne cultivée ou *Vitis vinifera* L.[3] (fig. 531-539), qu'il suffit de
nommer, son raisin donnant le vin, l'alcool, le vinaigre, le tartre
brut, etc. Les autres espèces de *Vitis*[4] n'ont qu'un intérêt relativement très secondaire.

1. A. DC., *Prodr.*, VIII, 271.

2. L., *Spec.*, 636. — CAV., *Diss.*, VI, t. 186.
— LAMK, *Ill.*, t. 404. — LODD., *Bot. Cab.*, t. 1173.
— *Bot. Mag.*, t. 910.

3. Pour tout ce qui concerne cette plante,
voy. *La Vigne* de MM. RUYSSEN et PORTES, sans

compter les nombreux traités publiés de nos
jours sur l'organisation, l'origine, la culture,
le greffage, les origines, les races et surtout
les maladies de la Vigne.

4. ROSENTH., *op. cit.*, 563 (*Cissus*), 565 (*Ampelopsis*), 566.

GENERA

I. OLACEÆ.

1. Heisteria L. — Flores hermaphroditi regulares; receptaculo convexo. Calyx minutus, 5, 6-lobus v. dentatus, fructifer plus minus accretus, nunc maximus, patens, integer, sinuatus v. lobatus. Petala 5, 6, intus plus minus villosa, valvata. Stamina 5, alternipetala v. sæpius 10, 2-seriata, quorum opposipetala 5, minora; filamentis gracilibus v. complanatis; antheris parvis subdidymis, introrsum rimosis. Germen superum, apice 1-loculare, plus minus alte septatum; ovulis 3, e summa placenta libera intra loculos spurios descendentibus; raphe (spuria?) dorsali. Stylus brevis conicus, apice stigmatoso capitellato-3-lobus. Fructus drupaceus, calyci impositus v. inclusus; putamine crustaceo. Semen 1, spurie erectum; albumine carnoso; embryone intra apicem parvo; cotyledonibus brevibus foliaceis; radicula supera crassa. — Arbores v. frutices glabri; foliis alternis integris coriaceis; floribus in cymas v. glomerulos axillares dispositis. (*America trop., Africa trop. occid.*) — *Vid. p.* 408.

2. Minquartia AUBL.[1] — Flores (fere *Heisteriæ*) 4, 5-meri; calyce (haud accrescente?) brevi dentato. Petala 4, 5, 3-angularia, valvata. Stamina 15, quorum 10, per paria oppositipetala; 5 autem alternantia et filamenti ope petala contigua 2 coadunantia (nunc ob stamina oppositipetala solitaria androcæum 10-merum). Antheræ basifixæ suborbiculares, sublateraliter rimosæ. Germen superum, basi cum disco crassissimo continuum; stylo brevi, apice capitellato 3, 4-lobulato. Ovula 3, 4, in loculis fere completis descendentia; apice solo

---

1. *Guian.*, II, Suppl., 4, t. 370 (part.). — H. BN, in *Bull. Soc. Linn. Par.*, 585. — *Secreta-* *nia* M. ARG., in *DC. Prodr.*, XV, II, 227 (*Euphorbiaceæ*).

loculorum intus pervio. Fructus ...?[1] — Arbor glabra; trunco crasso varie perforato; foliis alternis coriaceis; floribus in racemos spiciformes bracteatos dispositis. (*Guiana, Reg. amazon. occ.*[2])

3. Ximenia PLUM.[3] — Flores hermaphroditi, 4, 5-meri; receptaculo convexo. Calyx brevis, dentatus, crenatus v. lobatus, haud accrescens. Petala angusta, margine ciliata v. plumosa, intus varie barbata, valvata. Stamina 8-10, 2-seriatim hypogyna; filamentis liberis gracilibus; antheris basifixis linearibus, margine 2-locularibus, subintrorsum rimosis. Germen superum, basi dilatatum ibique in glandulas alternistaminas incrassatum, apice in stylum tubulosum minute stigmatoso-lobulatum attenuatum; loculis 3, 4, superne incompletis; placenta ibi ovula 3, 4 descendentia gerente. Fructus drupaceus; putamine sæpe duro. Semen sæpius 1, dite albuminosum; embryone apicali minuto. — Arbores v. frutices, glabri v. tomentosi; foliis alternis, nunc (*Scorodocarpus*[4]) magnis, integris coriaceis; floribus solitariis v. breviter axillari-cymosis, nunc (*Scorodocarpus*) simpliciter cymosis v. in racemos breves dispositis. (*Orbis utriusque reg. trop.*[5])

4. Coula H. BN.[6] — Flores fere *Minquartiæ;* calyce (?) brevi annulari integro. Petala 4, 5, pubentia, valvata. Stamina 12-20, hypogyna inæqualia; filamentis subulatis; antheris brevibus, introrsum 2-rimosis. Germen liberum, angulato-depressum; stylo brevi, apice stigmatoso vix dilatato; loculis incompletis 3, 4. Ovula totidem ab apice placentæ centralis descendentia. Fructus subglobosus drupaceus; putamine crasso durissimo inæquali. Semen 1, globosum; albumine copioso carnoso; embryonis apicalis minuti cotyledonibus suborbiculatis; radicula supera fusiformi. — Arbor; innovationibus ferrugineo-puberulis; foliis alternis petiolatis integris coriaceis;

1. Qualis ab AUBLET illustratur certe ad plantam alienam spectat.
2. Spec. 1. *M. guianensis* AUBL.—*Secretania loranthacea* M. ARG.
3. *Gen.*, 6, t. 21. — L., *Gen.*, ed. I, n. 902; ed. VI, n. 477. —J., *Gen.*, 259. — DC., *Prodr.*, I, 523 (part.). — ENDL., *Gen.*, n. 5490.-- B. H., *Gen.*, I, 346, n. 3. — H. BN, in *Adansonia*, III, 58, 128. — ENGL., *loc. cit.*, 237, fig. 150. — *Heymassoli* AUBL., *Guian.*, 324, t. 125. — *Rottbœllia* SCOP., *Introd.*, n. 1060 (non L. F.). — *Tetanosia* RICH., herb.

4. BECC., in *Nov. Giorn. bot. ital.*, IX, 273.
5. Spec. 4, 5. LABILL., *Sert. austro-caled.*, t. 37.—HOOK., *Icon.*, t. 350.—ENGL., in *Mart. Fl. bras.*, XII, II, 8, t. 2. — CAMBESS., in *A. S.-H. Fl. Bras. mer.*, I, 341. — BL., *Mus. lugd.-bat.*, I, 247. — MAST., in *Hook. f. Fl. brit. Ind.*, I, 574. — OLIV., *Fl. trop. Afr.*, I, 346. —BENTH., *Fl. austral.*, I, 391. —GRISEB., *Symb. Fl. arg.*, 149. — CHAPM., *Fl. S. Un.- St.*, 61.— WALP., *Rep.*, I, 377 (part.); *Ann.*, II, 180.
6. In *Adansonia*, III, 61, 64, t. 3. — B. H., *Gen.*, I, 995, n. 1 *b*. — ENGL., *loc. cit.*, 238.

floribus in racemos axillares compositos dispositis. (*Africa trop. occid.*[1])

5. Ochanostachys MAST.[2] — Flores fere *Coulæ* (v. *Heisteriæ*), 4, 5-meri; calyce cupulari dentato, post anthesin immutato. Petala hypogyna, intus denudata, valvata. Stamina hypogyna, 3-plo pluria; filamentis liberis lineari-complanatis; mediante majore; antheris erectis, spurie 4-locellatis, 2-rimosis. Germen nisi sub apice 3-loculare; ovulis oblongis ex apice placentæ liberæ descendentibus. Discus parum conspicuus v. 0. Stylus breviter conicus, apice pervio obtuse 3-crenatus v. subinteger. Fructus «drupaceus (*Ximeniæ*) globosus parce carnosus; putamine tenui fragili». — Arbores; foliis alternis, ovatis v. lanceolatis integris penninerviis; floribus[3] in spicas axillares elongatas ramosas dispositis. (*Malaisia*[4].)

6. Anacolosa BL.[5] — Flores hermaphroditi; receptaculo plus minus concavo cyathiformi. Petala 6, receptaculi margini inserta, valvata, inferne intus concava v. cucullata staminaque foventia, supra ea barbato-pilosa, superne 3-quetra. Stamina 6, oppositipetala; filamentis brevibus complanatis; antheris ovatis v. ellipticis, introrsum adnatis, apice penicillatis, nunc 4-locellatis, introrsum rimosis v. subporicidis. Germen plus minus inferum v. semi-superum; septis incompletis 2, 3; placenta apice libera, 2, 3-ovulata; ovulis descendentibus; stylo conico v. gracili, apice stigmatoso obtusiusculo. Fructus baccatus v. drupaceus, plus minus alte v. sub apice annulatus; semine 1, albuminoso; embryonis brevis subcylindrici radicula cotyledonibus inferis crassiore. — Frutices; foliis alternis coriaceis integris; floribus in cymas axillares congestis, cupula[6] sub receptaculo varia fultis. (*Asia et Oceania trop., Madagascaria, Polynesia*[7].)

7. Cathedra MIERS.[8] — Flores fere *Anacolosæ*[9]; receptaculo

1. Spec. 1. *C. edulis* H. BN.
2. In *Hook. f. Fl. brit. Ind.*, I, 576. — ENGL., loc. cit., 238. — *Petalinia* BECC., *Males.*, I, 257 (ex DUR.).
3. Minutis crebris.
4. Spec. 2.
5. *Mus. lugd.-bat.*, I, 250, fig. 46. — H. BN, in *Adansonia*, II, 251; III, 118. — B. H., *Gen.*, I, 348, n. 10. — ENGL., loc. cit., 234.
6. Nunc pro calyce infero habita.
7. Spec. 5, 6. MIQ., *Fl. ind. bat.*, I, 1, 787. —

BEDD., *Fl. sylv. S.-Ind.*, III, t. 138. — MAST., in *Hook. f. Fl. brit. Ind.*, I, 580. — MIQ., *Fl. Ind. bat.*, I, 787.
8. In *Ann. Nat. Hist.*, ser. 2, VII, 452; ser. 3, IV, 361; *Contrib.*, 9, t. 2. — H. BN, in *Adansonia*, II, 352; III, 122. — B. H., *Gen.*, I, 348, n. 9. — ENGL., loc. cit., 235, fig. 149, DE. — *Diplocrater* BENTH., in *Hook. Kew Journ.*, III, 367.
9. Cujus forte potius sectio. Discrimina enim vix inter utrumque generica.

cyathiformi, margine nunc denticulato. Petala 5, 6, receptaculi margini inserta, basi intus concava et barbata, stamina ibi foventia. Antheræ ovatæ loculi introrsum adnati. Germen imo receptaculo insertum, subliberum v. basi adnatum; placenta centrali, 2-ovulata; septis incompletis cum ovulis alternantibus. Fructus carnosus, cupulis 2, 3 concentricis cinctus. Cætera *Anacolosæ*. — Arbusculæ glabræ; foliis integris coriaceis; floribus axillaribus cymosis v. glomerulatis, nunc crebris. (*America trop.*[1])

8. **Strombosia** BL.[2] — Flores fere *Anacolosæ;* receptaculo brevi vix concavo v. nunc (*Lavallea*[3]) ab initio multo magis profundo sacciformi germenque concavitate fovente, circa fructum aucto adnato v. eum omnino involvente. Petala 5, subhypogyna v. perigyna, valvata, conniventia v. erecto-patentia; lamina intus nunc pilifera. Stamina 5, petalis oppositis alte adnata; antheris dorsifixis introrsis, 2-rimosis. Germen subliberum v. receptaculo plus minus immersum; stylo brevi, apice stigmatoso obscure lobulato; ovulis 3-5; placenta septisque incompletis *Anacolosæ*. Fructus drupaceus, sub apice receptaculi margine annulatis; semine albuminoso; embryone minuto. — Arbores glabræ; foliis alternis integris coriaceis; cymis axillaribus, pedunculatis v. nunc contractis. (*Asia et Africa trop.*[4])

9. **Harmandia** PIERRE[5]. — Flores 1-sexuales; calyce cupulari integro v. minute 4-dentato; fructifero[6] aucto maximo patente subintegro. Corolla suburceolata v. cylindracea carnosa, breviter 4-8-loba valvata. Discus annularis brevis crenulatus, deciduus. Tubus stamineus hypogynus cylindraceus; antheris 4, oppositipetalis, 2-locularibus; loculis apice reflexis introrsis; connectivis crassis summum tubum claudentibus. Germen (in flore masculo rudimentarium) superum, 1-loculare; stylo apice 3-lobo; lobis 2-lobulatis. Ovula 1, 2, ab apice placentæ breviter 3-gono-pyramidatæ descendentia. Fructus drupaceus; putamine lignoso. Semen conforme, extus furfuraceum; albumine copioso corneo; embryonis obliqui excentrici minimi api-

1. Spec. 4, 5. ENGL. in *Mart. Fl. bras.*, XII, II, 30, t. 7, I.

2. *Bijdr.*, 1124; *Mus. lugd.-bat.*, I, 251, fig. 47. — POIR., *Dict.*, V, 51. — G. DON, *Gen. Syst.*, II, 21. — ENDL., *Gen.*, n. 5732. — B. H., *Gen.*, I, 348, n. 8. — H. BN, in *Adansonia*, II, 362; III, 127. — ENGL., *loc. cit.*, 235.

3. H. BN, in *Adansonia*, II, 360; III, 116.

4. Spec., 6, 7. THW., *Enum. pl. Zeyl.*, 42. — HASSK., *Pl. jav. rar.* (1848), 238. — BEDD., *Fl. sylv. S.-Ind.*, III, t. 137. — OLIV., *Fl. trop. Afr.*, I, 350. — MIQ., *Fl. ind. bat.*, I, 786. — MAST., in *Hook. f. Fl. trop. Afr.*, I, 579. — WALP., *Ann.*, II, 181.

5. In *Bull. Soc. Linn. Par.*, 770.

6. *Heisteriæ* more.

calis radicula cotyledonibus planis subæquilonga. — Arbor; foliis distichis lanceolatis petiolatis stipulaceis; floribus in racemum axillarem brevem dispositis, ad bracteas singulas solitariis. (*Cochinchina, Laos*[1].)

10. **Aptandra** MIERS.[2] — Flores hermaphroditi; calycis lobis 4, brevibus. Petala 4, alterna, hypogyna, glabra, valvata. Glandulæ disci 4, carnosæ, alternipetalæ[3]. Stamina 4, hypogyna; filamentis in tubum cylindraceum tenuem connatis; antheris summo tubo affixis, in globum stylo pervium congestis; loculis per paria oppositipetalis et valvis 8 in summum tubum reflexis, extrorsum dehiscentibus. Germen superum, intra tubum staminum sessile; stylo tenui subintegro; placenta centrali-libera, 2-ovulata, basi septis incompletis 2, cum ovulis alternantibus, cum germinis pariete connexa. Stylus gracilis subinteger. Fructus drupaceus, calyce accreto inclusus[4]; semine albuminoso. — Arbusculæ glabræ; foliis alternis coriaceis; floribus in racemum terminalem cymigerum dispositis; pedicellis filiformibus elongatis. (*Brasilia bor.*[5])

11. **Chaunochiton** BENTH.[6] — Flores hermaphroditi; calyce cupulari, 5-denticulato v. subintegro, post anthesin valde aucto[7]. Petala[8] 5, hypogyna longe linearia, valvata, basi in tubum coalita, superne parum dilatata antherasque foventia. Stamina 5[9], oppositipetala; filamentis basi petalis adnatis, mox liberis, apice incrassato antheram brevem 4-lobam gerentibus. Germen liberum, in stylum apice subgloboso stigmatosum attenuatum; placenta centrali, apice libero 2-ovulata; ovulis descendentibus; septo tenui incompleto sub insertione ovulorum placentæ affixo. Fructus drupaceus subglobosus, 5-costatus, cicatrice styli coronatus; semine subgloboso albuminoso; embryone minuto subapicali. — Arbor glabra; foliis alternis petiolatis coriaceis integris; cymulis in racemum terminalem compositum brevem confertis. (*Brasilia bor.*[10])

1. Spec. 1. *H. mekongensis* PIERRE.

2. In *Ann. Nat. Hist.*, ser. 2, VII, 201; ser. 3, IV, 360; *Contrib.*, I, 1, t. 1. — H. BN, in *Adansonia*, III, 126. — B. H., *Gen.*, I, 345, n. 1. — ENGL., *loc. cit.*, 236.

3. Extus semi-nidulantes.

4. *Heisteriæ* more, a qua tamen flos quoad androcæum omnino diversus.

5. Spec. 3. POEPP. et ENDL., *Nov. gen. et spec.*, III, t. 241 (*Heisteria*). — ENGL., in *Mart. Fl. bras.*, XII, II, 5, t. 1.

6. *Gen.*, I, 996, n. 8 b; in *Hook. Icon.*, t. 1005. — ENGL., *Pflanzenfam.*, *Lief.* 32, p. 235.

7. Colorato.

8. Flavescentia.

9. Coccinea; antheris flavis.

10. Spec. 1. *C. loranthoides* BENTH. — ENGL., in *Mart. Fl. bras.*, XII, II, 30, t. 3, II.

12. Schœpfia SCHREB.[1] — Flores hermaphroditi; receptaculo plus minus concavo, germen concavitate omnino v. plus minus alte fovente. Petala 4-6, perigyna v. subepigyna, aut sublibera, aut in corollam campanulatam valvatam coalita. Stamina totidem petalis opposita et adnata; antheris dorsifixis, introrsum 2-rimosis. Germen alte 2-4-loculare; septis sæpe incompletis; stylo columnari, apice stigmatoso .2-4-lobo. Ovula 2, 4, sub apice sæpius libero placentæ centralis affixa descendentia atropa. Fructus drupaceus, receptaculi margine plus minus prope ad apicem annulatus; putamine chartaceo v. crustaceo. Seminis spurie erecti albumen carnosum; embryone apicali minimo. — Frutices v. arbusculæ (siccitate nigricantes); foliis integris coriaceis glabris; floribus[2] in cymas axillares breves v. brevissimas parce compositas dispositis; involucro (?) sub germine parvo subintegro v. inæqui-2-4-dentato; marginibus nunc ciliato-denticulatis. (*America et Asia trop.*[3])

13. Choristigma H. BN[4]. — Flores fere *Schœpfiæ;* receptaculo concavo. Calyx (?) perigynus brevis. Corollæ petala 4, libera, basi attenuata, valvata. Stamina 4, oppositipetala, cum perianthio perigyna; filamentis brevissimis crassis; antheræ lanceolatæ, petalo subæqualis, loculis parallelis distinctis, introrsum rimosis; connectivo dorso brevi. Germen semi-inferum; styli brevis lobis 4, alternipetalis; placenta centrali, superne libera, 4-ovulata; ovulis inter septa incompleta totidem descendentibus. Fructus cæteraque *Schœpfiæ.* — Arbor; foliis alternis petiolatis, late ovato-lanceolatis subintegris membranaceis glabris; cymis axillaribus petiolo brevioribus. (*Brasilia*[5].)

14. Olax L.[6] — Flores hermaphroditi; receptaculo cupulato v.

1. *Gen.*, 129. — ENDL., *Gen.*, n. 4260. — A. DC., *Prodr.*, XIV, 622. — H. BN, in *Adansonia*, III, 95, 117 (part.). — B. H., *Gen.*, I, 348, n. 11. — MIERS, in *Journ. Linn. Soc.*, XVII, 68. — ENGL., *loc. cit.*, 233, fig. 148. — *Codonium* VAHL, in *Act. Soc. hafn.*, II, 206; *Symb.*, III, 36. — *Haenkea* R. et PAV., *Fl. per.*, III, 8, t. 231. — *Diplocalyx* A. RICH., *Fl. cub.*, II, 81, t. 54. — *Riberea* F. ALLEM., *Expl. sc. bras.*, t. 8-11. — *Schœpfiopsis* MIERS, in *Journ. Linn. Soc.*, XVII, 74.

2. Majusculis.

3. Spec. ad 12. WALL., *Tent. Fl. nepal.*, t. 9. — TURCZ., in *Bull. Mosc.* (1858), I, 248. —

GRISEB., *Fl. brit. W.-Ind.*, 118. — ENGL., in *Mart. Fl. bras.*, XII, II, 34, t. 7, IV. — MAST., in *Hook. f. Fl. brit. Ind.*, I, 581. — FR. et SAV., *En. pl. jap.*, I, 76. — SAUV., *Fl. cub.*, 21. — BRANDEJ., in *Proc. Calif. Acad.*, ser. 2, II, 139.

4. In *Adansonia*, III, 117 (*Schœpfiæ* sect.). — *Tetrastylidium* ENGL., in *Mart. Fl. bras.*, XII, II, 33, t. 7, III; *Pflanzenfam.*, *loc. cit.*, 233, fig. 149.

5. Spec. 1. *C. grandifolium.* — *Tetrastylidium brasiliense* ENGL. — *Schœpfia grandifolia* H. BN.

6. *Fl. zeyl.*, 14 (1747); *Gen.*, ed. VI, n. 45. —

rarius (*Liriosma*[1]) sacciformi valde concavo germenque adnatum
intus fovente. Petala 5, 6, valvata, nunc leviter cohærentia. Stamina
6-12, cum perianthio affixa, quorum alia perfecta 3-6, varie disposita,
nunc per paria connectentia; antheris dorsifixis, introrsum rimosis;
alia autem ad staminodia reducta; antheris deformibus plus minus
petaloideis, 1, 2-locularibus. Germen fere omnino superum (*Evolax*)
v. plus minus inferum (*Liriosma*); stylo brevi v. elongato, apice obtuso
v. capitato, obtuse 3-lobo. Ovula 3, e placenta centrali libera descendentia atropa; septis incompletis tolidem alternis. Drupa forma
varia, receptaculo accreto (v. calyce) omnino v. fere omnino inclusa;
semine spurie erecto, hinc placenta nerviformi percurso; albumine
copioso carnoso; embryone axili sæpius brevi. — Arbores, frutices v.
suffrutices, nunc scandentes; foliis alternis, sæpe distichis, integris
coriaceis crassis, nunc minute squamiformibus; floribus[2] axillaribus
solitariis v. sæpius in spicas v. racemulos breves dispositis, minute
bracteatis. (*Orbis tot. reg. trop.*[3])

15. **Ptychopetalum** BENTH.[4] — Flores fere *Olacis;* calyce (?)
brevi cupulari v. minimo disciformi crenulato, haud aucto. Petala
4-6, hypogyna, valvata, apice induplicata; marginibus ibi attenuatis
crispis, inferne intus pilosis. Stamina 5-8, ante petala singula
aut solitaria, aut 2-nata, inæqualia; filamentis compressis, inferne
corollæ adnatis; antheris in petalorum concavitate nidulantibus,
introrsum 2-rimosis; connectivo plus minus incrassato. Germen
liberum, 1-loculare, in stylum apice stigmatoso-3-lobulatum superne
attenuatum; placenta crassa carnosa loculum implente; «ovulis
2, 3, minimis e summa placenta descendentibus». Fructus drupa-

J., Gen., 153. — TURP., in *Dict. sc. nat.*, Atl.,
t. 6. — DC., *Prodr.*, 1, 531. — ENDL., *Gen.*,
n. 5492. — B. H., *Gen.*, I, 347, n. 5. — H. BN,
in *Adansonia*, II, 350; III, 51, 120. — ENGL.,
loc. cit., 239, fig. 153. — *Fissilia* COMMERS., in
J. Gen., 260. — *Spermaxyrum* LABILL., *Pl. N.-
Holl.*, II, 84, t. 233. — *Pseudaleia* DUP.-TH.,
Gen. nov. madag., 15. — DC., *Prodr.*, I, 533. —
ENDL. Gen., n. 5493. — *Pseudaleioides* DUP.-
TH., *loc. cit.* — ENDL., *Gen.*, n. 5494. — *Lopa-
docalyx* KL., in *Pl. Preiss.*, I, 178.

1. POEPP. et ENDL., *Nov. gen. et spec.*, III,
33, t. 239. — ENDL., *Gen.*, n. 5492¹. — MIERS,
in *Ann. Nat. Hist.*, ser. 3, IV, 362; *Contrib.*,
I, 16, t. 3. — DELESS., *Ic. sel.*, V, t. 41. — B.
H., *Gen.*, I, 347, n. 6. — H. BN, in *Adansonia*,
III, 51, 119. — ENGL., loc. cit., 240, fig. 154.
— *Hypocarpus* A. DC., *Prodr.*, VIII, 245, 673.

— ? *Drebbelia* ZOLL. (ex HIERN). — *Dulacia*
VELL., *Fl. flum.*, I, t. 78.
2. Sæpe albis, odoratis.
3. Spec. 35-40. GÆRTN. F., *Fruct.*, III, t. 201.
— ROXB., *Pl. corom.*, II, t. 102. — MIQ., *Fl.
ind. bat.*, I, 785. — DALZ. et GIBS., *Bomb. Fl.*,
27. — H. BN, in *Adansonia*, VIII, 345. — BAK.,
in *Journ. Linn. Soc.*, XXI, 331. — EICHL., in
Mart. Fl. bras., XII, II, 21, t. 6 (*Liriosma*). —
OLIV., *Fl. trop. Afr.*, I, 348. — BENTH., *Fl.
custral.*, I, 391. — MAST., in *Hook. f. Fl. brit.
Ind.*, I, 574. — WALP., *Rep*, I, 377; II, 803;
V, 138.
4. In *Hook. Lond. Journ.*, II, 376. — B. H.,
Gen., I, 316, n. 4. — H. BN, in *Adansonia*, III,
122. — ENGL., loc. cit., 238, fig. 152. —
Athesiandra MIERS, in *Ann. Nat. Hist.*, ser. 2,
VIII, 172.

ceus; endocarpio crustaceo; semine orthotropo; embryone intra apicem albuminis carnosi corrugato-sublobati minimo. — Arbusculæ v. frutices; foliis alternis integris acuminatis; floribus in racemos breves axillares cymigeros dispositis. (*America merid. or., Africa trop. occid.*[1])

II. OPILIEÆ.

16. **Opilia** ROXB. — Flores hermaphroditi; receptaculo convexo. Calyx annularis integer v. dentatus, brevis, brevissimus v. 0. Petala hypogyna 4, 5, valvata, decidua. Stamina totidem opposita; filamentis hypogynis liberis; antheris brevibus introrsis, 2-rimosis. Disci glandulæ 4, 5, cum staminibus alternantes. Germen superum, 1-loculare; stylo brevi crasso erecto, apice stigmatoso obtuso; ovulo sæpius 1, in summa placenta laterali descendente atropo. Fructus drupaceus; exocarpio tenui; putamine crustaceo. Semen 1, spurie erectum; albumine carnoso; embryone axili brevi v. lineari. — Frutices, nunc subscandentes; foliis alternis integris coriaceis penninerviis; racemis axillaribus, nunc umbelliformibus, solitariis v. fasciculatis; bracteis imbricatis lupulinis, ante anthesin deciduis; cymis in axilla bractearum 1-3-floris. (*Asia, Oceania et Africa trop.*) — *Vid. p.* 412.

17. **Lepionurus** BL.[2] — Flores fere *Opiliæ*[3]; receptaculo cupulato, superne extus in calycem rudimentarium disciformem breviter incrassato. Petala 4, margini receptaculi inserta, valvata. Stamina 4, cum petalis inserta iisque opposita; filamentis brevibus; antheris ovatis dorsifixis, introrsum 2-rimosis. Germen imo receptaculo intus in discum incrassato insertum, 1-loculare; stylo brevi crasso obtuso. Ovulum 1, hinc a placenta centrali-libera descendens orthotropum; micropyle infera. Fructus drupaceus; putamine crustaceo; semine albuminoso; embryonis multo brevioris radicula tereti; cotyledonibus[4] angustis. — Frutex glaber; foliis alternis oblongis submembranaceis subsessilibus; floribus in racemos amentiformes axillares fasciculatos

---

1. Spec. 2, 3. ENGL., in *Mart. Fl. bras.*, XII, II, 10, t. 3, I. — OLIV., *Fl. trop. Afr.*, I, 347.

2. *Bijdr.*, 1148; *Mus. lugd.-bat.*, I, 246. — B. H., *Gen.*, I, 349, n. 14. — H. BN, in *Adanso-*nia, II, 370. — ENGL., *loc. cit.*, 241. — *Lepionium* GRIFF., in *Calc. Journ. Nat. Hist.*, IV, 236.

3. Cujus forte sectio.

4. Nunc (GRIFF.) 3-nis.

dispositis; bracteis imbricatis, deciduis; cymis ad bracteas axillaribus, saepius 3-floris. (*Asia et Oceania trop.*[1])

18. Champereia GRIFF.[2] — Flores fere *Opiliæ*[3]; summo receptaculo subplano. Petala 4, 5, valvata, basi extus calyce (?) tenuiter disciformi vix conspicuo cincta. Stamina 4, 5, oppositipetala; filamentis nunc demum exsertis; antheris ovatis v. oblongis, ad margines subintrorsum rimosis. Discus plus minus cupularis, staminibus niterior et inter ea 5-lobus. Germen liberum, disco alte cinctum; stylo brevi crasso, apice obtuso pulvinato stigmatoso. Ovulum saepius 1, summæ placentæ liberæ conicæ affixum obliquum. Drupa libera; endocarpio crustaceo; embryone albuminoso subtereti; cotyledonibus angustis radicula brevioribus. — Frutices glabri; foliis alternis subcoriaceis, breviter petiolatis; floribus in racemos compositos dispositis; ramis gracilibus cymuligeris; pedicellis basi articulatis. (*Asia et Oceania trop.*[4])

19. Melientha PIERRE[5]. — Flores fere *Lepionuri;* petalis 4, 5, valvatis, cum calyce (?) annulari hypogyno continuis. Stamina 4, 5, oppositipetala; filamentis brevibus; antheris ellipticis emarginatis; loculis parallelis, introrsum rimosis. Disci squamæ 4, 5, hypogynæ, apice incrassato sub-3-lobæ. Germen superum globosum, 1-loculare; stylo crasso subsphærico, 3, 4-lobo. Ovulum 1, sub apice placentæ excentricæ appensum. Drupa ovoideo-oblonga; endocarpio crustaceo. Semen spurie erectum subsphæricum; albumine carnoso; embryonis teretis subarcuati subcentralis albumini subæquilongi radicula supera cotyledonibus longiore. — Arbor parva glabra; ramis nodosis; foliis alternis subellipticis integris, breviter petiolatis; floribus in axilla bractearum solitariis v. glomeratis 4, 5; glomerulis in racemum axillarem simplicem v. ramosum filiformem dispositis. (*Cambodia*[6].)

20. Agonandra MIERS[7]. —Flores (fere *Opiliæ*) diœci; receptaculo

1. Spec. 1, 2. MIQ., *Fl. ind. bat.*, I, I, 784. —WALL., *Cat.*, n. 7206 F (*Opilia*). — MAST., in *Hook. f. Fl. brit. Ind.*, I, 583.

2. In *Calc. Journ. Nat. Hist.*, IV, 237 (non H. BN). — GRISEB., in *Arch. f. Nat.* (1848), II, 324 (*Santalacea*).— ENDL., *Gen.*, n. 5497[4].— B. H., *Gen.*, III, 231, n. 27. — ENGL., *loc. cit.*, 214 (*Campereia*). — *Malulucban* BLANCO, *Fl. Filip.*, 188; ed. II, 133.

3. Cujus sectio est *Opiliastrum* H. BN, in *Adansonia*, III, 123.

4. Spec. 2, 3. KURZ, *For. Fl. Burm.*, II, 330. — HOOK. F., *Fl. brit. Ind.*, V, 236.

5. In *Bull. Soc. Linn. Par.*, 762.

6. Spec. 1. *M. suavis* PIERRE.

. 7. In *Ann. Nat. Hist.*, ser. 2, VIII, 172. — B. H., *Gen.*, I, 349, n. 13. — ENGL., *loc. cit.*, 241, fig. 155.

masculorum cupulari; calyce minimo, obtuse 4, 5-lobo. Petala 4, 5, extus villosula v. glabra, valvata. Stamina 4, 5, oppositipetala; filamentis gracilibus; antheris exsertis, introrsis, 2-rimosis. Glandulæ totidem alternæ, circa gynæceum rudimentarium lineare insertæ. Flores fœminei apetali; receptaculo concavo. Germen sessile glabrum, apice crasse stigmatoso; « ovulo 1, erecto centrali. » Fructus oviformis carnosus. — Arbores glabræ; ramis pendulis; foliis alternis petiolatis; racemis in ramulis annotinis axillaribus gracilibus; masculis nunc ramosis. (*Brasilia*[1].)

21. **Tsjerucaniram** ADANS.[2] — Flores asepali hermaphroditi; petalis 4, valvatis, basi leviter incrassatis[3]. Stamina 4, petalis opposita et plus minus adnata; filamentis gracilibus; antheris subgloboso-didymis, introrsum rimosis. Squamæ hypogynæ 4, alternipetalæ. Germen superum sessile glabrum carnosum, 4-gonum, 1-loculare; stylo gracili, apice stigmatoso capitellato. Ovulum sæpius 1[4], ab apice placentæ centralis-liberæ descendens atropum. Fructus drupaceus; exocarpio tenui; putamine crustaceo. Semen erectum; albumine carnoso; embryone axili brevi; cotyledonibus inferis 2, 3. — Frutices scandentes; foliis alternis integris, glabris v. pubentibus; spicis axillaribus solitariis v. fasciculatis. (*Asia et Oceania trop.*[5])

III. STYRACEÆ.

22. **Pamphilia** MART. — Flores regulares hermaphroditi; receptaculo superne plano v. concaviusculo. Calyx cupulari-campanulatus, truncatus v. minute 5-dentatus. Petala 5, cum dentibus calycis alternantia, staminum ope nunc cohærentia, valvata v. leviter induplicata. Stamina 5, alternipetala; filamentis complanatis, superne contractis; antheræ basifixæ loculis linearibus adnatis, discretis, introrsum rimosis. Germen omnino v. fere omnino liberum,

1. Spec. 1, 2. ENGL., in *Mart. Fl. bras.*, XII, II, 37, t. 8.

2. *Fam. des pl.*, II, 80 (1763). — O. K., *Revis.*, 112. — *Cansjera* J., *Gen.*, 448. — ENDL., *Gen.*, n. 2103. — MEISSN., in *DC. Prodr.*, XIV, 518 (*Thymeleaceæ*). — H. BN, in *Adansonia*, II, 368; III, 69, 124. — B. H., *Gen.*, I, 349, n. 12. — ENGL., *loc. cit.*, 241.

3. « Calyx minimus » (BENTH.).

4. « Vel 3, 4 ».

5. Spec. 3, 4. BL., *Mus. lugd.-bat.*, I, 345 (*Cansjera*). — BENTH., *Fl. hongk.*, 296 (*Cansjera*); *Fl. austral.*, I, 393 (*Cansjera*). — MAST., in *Hook. f. Fl. brit. Ind.*, I, 582. — MIERS, *Contrib.*, 1, 32. — WALP., *Ann.*, I, 124; II, 180 (*Cansjera*).

1-loculare; stylo subulato, apice stigmatoso vix dilatato obtuse 3-lobo. Ovula basilaria 3, erecta; micropyle extrorsum infera; septi rudimentis alternis 3. Fructus...? — Arbusculæ v. frutices rubiginoso-tomentosi; foliis alternis integris coriaceis, supra demum glabratis; floribus in racemos terminales axillaresque dispositis; pedicellis brevibus; bracteis minutis v. 0. (*Brasilia*.) — *Vid. p.* 413.

23. **Foveolaria** R. et Pav.[1] — Flores fere *Pamphiliæ;* staminibus 10, sub-1-seriatis; filamentis inferne plus minus connatis, gynæceo cæterisque *Pamphiliæ.* — Frutex ferrugineo-tomentosus; foliis integris; racemis axillaribus et terminalibus[2]. (*Peruvia*[3].)

24. **Styrax** T.[4] — Flores fere *Foveolariæ;* receptaculo superne subplano v. sæpius cupulari v. plus minus concavo. Calyx margini insertus cupularis v. campanulatus, truncatus v. 5-dentatus. Petala 5, libera, valvata v. staminum ope plus minus alte coalita. Stamina 10, v. rarius 8, 9, spurie 1-seriata; filamentis complanatis liberis v. inferne plus minus alte connatis; antherarum basifixarum loculis linearibus parallelis, contiguis v. discretis, introrsum rimosis. Germen liberum v. basi plus minus inferum receptaculoque immersum; stylo subulato v. crassiusculo, apice stigmatoso-3-lobo minuto v. plus minus dilatato. Ovula in loculis singulis superne sæpe incompletis 2, adscendentia v. reversa; additis paucis v. ∞, inferioribus, sæpe minoribus v. sterilibus rudimentariis. Fructus globosus v. oblongus, siccus v. drupaceus, indehiscens, 3-valvis, v. endocarpio solo fissili. Semen plerumque 1, adscendens; hilo subbasilari latiusculo; integumento tenui v. crassiore indurato; albumine carnoso v. subcorneo; embryonis axilis v. excentrici recti cotyledonibus plerumque latis; radicula longiuscula tereti. — Arbores v. frutices, lepidoti v. stellato-tomentosi, raro glabrati; foliis alternis integris v. serrulatis; floribus[5] in racemos laxos axillares terminalesque simplices v. cymigeros dispositis, sæpe pendulis; bracteis

1. *Prodr.*, 57, t. 9 (part.). — A. DC., *Prodr.*, VIII, 271. — B. H., *Gen.*, II, 670, n. 4.
2. Genus hinc *Pamphiliæ*, inde *Styracibus* nonnullis quam proximum.
3. Spec. 1. *F. ferruginea* R. et Pav.
4. *Inst.*, 198, t. 369. — L., *Gen.*, ed. I, n. 401. — J., *Gen.*, 156. — Gærtn., *Fruct.*, t. 59. — A. DC., *Prodr.*, VIII, 260. — Turp., in *Dict. sc. nat.*, Atl., t. 67. — Endl., *Gen.*, n. 4252. — Payer,

Organog., 536, t. 126. — B. H., *Gen.*, II, 669, n. 3. — *Strigilia* Cav., *Diss.*, 358, t. 201. — *Tremanthus* Pers., *Syn.*, I, 467. — *Cyrta* Lour., *Fl. cochinch.*, 278. — *Foveolaria* R. et Pav., *Fl. per. et chil.*, 57 (part.), t. 9. — ? *Trichogamila* P. Br., *Hist. Jam.*, 218 (ex Endl.). — *Epigenia* Vell., *Fl. flum.*, 183. — *Benzoin* Hayne, *Arzneig.*, XI, t. 24.
5. Sæpius albis, majusculis.

parvis, minutis v. 0. (*Europa austr.*, *Asia*, *Oceania et America calid.*[1])

25? **Lissocarpa** BENTH.[2] — « Flores 4-meri; receptaculo cupulari. Calyx campanulatus, breviter 4-lobus, imbricatus, haud circa fructum auctus. Corolla tubulosa; lobis 4, valde contortis, dextrorsum obtegentibus. Stamina 8, cum ima corolla cohærentia; filamentis cum connectivis continuis, in tubum apice 8-dentatum corolla breviorem connatis; antheris in medio tubo intus 1-seriatim adnatis; loculis longitudinaliter rimosis. Germen maxima ex parte superum; stylo cylindraceo, apice stigmatoso obscure 4-lobo. Ovula in loculis singulis 2, descendentia. Fructus indehiscens, 1, 2-spermus. Semen dorso convexum, 3-costatum; albumine copioso corneo; embryonis teretis radicula supera, cotyledonibus semiteretibus subæquilonga. — Arbuscula ramosissima glabra; foliis alternis ovato-oblongis integris coriaceis venulosis; floribus[3] ad axillas confertim cymosis, sessilibus v. breviter pedicellatis; bracteis orbiculatis parvis. (*Brasilia bor.*, *Venezuela*[4].) »

26. **Halesia** ELL.[5] — Flores fere *Styracis;* receptaculo plus minus concavo, germini intus adnato, extus 4-10-costato et circa fructum aucto. Sepala 5, margini inserta, nunc dentiformia. Petala 4, 5, cum calyce inserta, erecta v. patentia, libera v. basi coalita, imbricata. Stamina 8-12, vix a petalis libera, sub-1-seriata; filamentis liberis et inferne plus minus alte coalitis; antherarum oblongarum sæpius exsertarum loculis linearibus parallelis adnatis v. basi liberis. Germen majore ex parte inferum; stylo elongato, apice stigmatoso haud v. vix dilatato. Ovula 4-∞, ad mediam placentam axilem affixa; superiora adscendentia; inferiora

1. Spec. ad 65. SIBTH., *Fl. græc.*, t. 375. — HOOK. et ARN., *Beech. Voy. Bot.*, t. 40. — H. B., *Pl. æquin.*, t. 101. — POHL, *Ic. pl. bras.*, t. 133-141. — CAV., *Diss.*, t. 188. — SEUB., in *Mart. Fl. bras.*, VII, 187, t. 69-71. — MIQ., *Fl. ind. bat.*, I, II, 463; Suppl., 474. — GRISEB., *Cat. pl. cub.*, 167. — MORIC., *Pl. nouv. Amér.*, t. 71. — S. et ZUCC., *Fl. jap.*, t. 23, 46. — FR. et SAV., *En. pl. jap.*, I, 509. — ANDR., *Bot. Rep.*, t. 631. — WARM., in *Vid. Medd. nat. for. Kjob.* (1874), 463. — HEMSL., *Bot. centr.-amer.*, II, 303. — C.-B. CLKE, in *Hook. f. Fl. brit. Ind.*, III, 588. — A. GRAY, *Syn. Fl. N.-Amer.*,

II, 71. — BOISS., *Fl. or.*, IV, 35. — REICHB., *Ic. Fl. germ.*, t. 1078. — GREN. et GODR, *Fl. de Fr.*, II, 470. — *Bot. Mag.*, t. 921, 5950. — WALP., *Rep.*, VI, 459; *Ann.*, V, 480.

2. *Gen.*, II, 671, n. 6.

3. « Sordide luteis. »

4. Spec. 1. *L. Benthami.*

5. L., *Syst.*, ed. X, 1044; *Gen.*, ed. VI, n. 596. — J., *Gen.*, 156. — GÆRTN., *Fruct.*, t. 32. — A. DC., *Prodr.*, VIII, 269. — PAYER, *Organog.*, 536, t. 152. — ENDL., *Gen.*, n. 4258. — B. H., *Gen.*, II, 669, n. 2. — *Pterostyrax* S. et ZUCC., *Fl. jap.*, I, 94, t. 47.

áutem descendentia[1]. Fructus subsiccus v. subdrupaceus, calyce sæpe coronatus, aut longitrorsum 4, 5-alatus, aut nunc « 10-costatus », indehiscens. Semina in cavitatibus 1-3 solitaria; loculo altero vacuo plus minus evoluto; testa crustacea; albumine carnoso; embryonis axilis recti cotyledonibus oblongis; radicula longiuscula tereti. — Arbusculæ v. frutices stellato-pubentes; foliis alternis integris v. denticulatis membranaceis; floribus[2] ad nodos ramorum annotinorum racemosis v. cymoso-racemosis; cymis rarius ad summos ramulos hornotinos corymbiformibus. (*America bor., Asia or.*[3])

27? Rhaptopetalum OLIV.[4] — Flores hermaphroditi; receptaculo cupulari. Calyx cupularis parvus, integer v. lobulatus, fructifer patens vixque auctus. Petala 5, perigyna, coriacea, valvata. Stamina ∞, cum petalis inserta; filamentis brevibus; antheris erectis elongato-linearibus, 4-gonis, ab apice sublateraliter rimosis. Germen semi-inferum, 4-8-loculare; stylo gracili, apice stigmatoso minuto. Ovula in loculo quoque ad 6, ab apice anguli interioris descendentia[5]. Fructus ellipsoideus, crustaceus v. sublignosus, indehiscens, 1-spermus. — Arbores; foliis alternis integris coriaceis; floribus in ligno v. ad axillas foliorum in cymas umbelluliformes dispositis. (*Africa trop. occ.*[6])

28. Symplocos L.[7] — Flores[8] hermaphroditi; receptaculo plus minus alte concavo, sæpe campanulato v. late tubuloso, post anthesin aucto. Sepala 5, margini receptaculi inserta, imbricata. Petala 5-10, 1, 2-seriata, libera v. basi coalita, imbricata. Stamina ∞, nunc subdefinita; filamentis cum ima corolla plus minus alte coalitis, nunc liberis; antherarum brevium loculis parallelis rimosis. Germen plus minus alte receptaculo adnatum; stylo gracili,

1. Integumento duplici.
2. Albis, sæpe speciosis.
3. Spec. 5, 6. Cav., *Diss.*, t. 186, 187. — Miers, *Contrib.*, I, 189, t. 31; 194, t. 31 (*Pterostyrax*). — A. Gray, *Syn. Fl. N.-Amer.*, II, 71. — *Bot. Reg.*, t. 952. — *Bot. Mag.*, t. 910. — Walp., *Ann.*, I, 500 (*Pterostyrax*).
4. In *Journ. Linn. Soc.*, VIII, 159, t. 12. — B. H., *Gen.*, I, 995, n. 1 *a*.
5. Quorum abortiva nonnulla.
6. Spec. 2. Oliv., *Fl. trop. Afr.*, I, 351; in *Hook. Icon.*, t. 1405.
7. Spec., ed. II, 747; *Gen.*, ed. VI, n. 677. — J., *Gen.*, 157. — Gærtn. F., *Fruct.*, III,

t. 209. — Endl., *Gen.*, n. 4259. — B. H., *Gen.*, II, 668, n. 1. — *Stemmasiphon* Pohl, *Pl. bras. Ic.*, II, 86, t. 157-159. — *Dicalyx* Lour., *Fl. cochinch.*, 663. — *Sariava* Reinw., in *Syll. pl. nov. Soc. Ratisb.*, II, 12 (ex Endl.). — *Carlea* Presl, *Epim.*, 216. — *Barberina* Vell., *Fl. flum.*, 235; Atl., V, t. 117. — *Bobu* Adans., *Fam.*, II, 88. — *Bobua* DC., *Prodr.*, III, 23. — *Lodhra* Guillem., in *Ann. sc. nat.*, sér. 2, XV, 161. — *Cordyloblaste* Mor., in *Bot. Zeit.* (1848), 604. — *Ciponima* Aubl., *Guian.*, I, 566, t. 226. — *Hypopogon* Presl, in *Bull. Mosc.* (1858), I, 246.
8. Mediocres, v. minimi.

apice stigmatoso integro v. plus minus lobato; ovulis in loculis 2-5, plerumque 2-4, descendentibus, sæpe ex parte imperfectis. Fructus varius, baccatus v. drupaceus, globosus, ovoideus v. oblongus; putamine plus minus crasso duroque, nunc inæqui-intruso. Semina pauca v. 1, oblonga, albuminosa; embryone axili tereti; radicula cotyledonibus multo longiore. — Arbores v. frutices (plerumque siccitate flavescentes) glabri v. varie induti; foliis alternis, membranaceis v. coriaceis, integri sv. dentatis; floribus in spicas v. racemos axillares, laxos v. densos, nunc paucifloros v. 1-floros, parce v. minute bracteatos, dispositis. (*Asia, Oceania et America calid*[1].)

IV. ARJONEÆ.

29. Arjona CAV. — Flores hermaphroditi; receptaculo basi ovoidea cava germen intus adnatum fovente, supra anguste tubuloso; tubo disco vix conspicuo induto, apice petala 5, valvata demumque recurva, gerente. Stamina 5, oppositipetala, sub apice tubi affixa inclusa; filamentis brevibus; antheris prope basin dorsifixis, introrsum 2-rimosis. Discus crassus v. crassissimus carnosus, germen inferum coronans extusque imo tubo adnatus. Stylus gracilis, apice stigmatoso capitatus v. 3-lobus. Placenta centrali-libera brevis crassa, 3-ovuligera. Fructus subsiccus v. carnosulus, tubo corollaque coronatus v. denudatus; semine carnoso-albuminoso; embryone centrali lineari; cotyledonibus radicula brevioribus v. subæqualibus. — Herbæ humiles rigidulæ, sæpe ramosæ, tuberiferæ; foliis alternis linearibus v. lanceolatis; floribus in spicas breves congestis; bractea bracteolisque liberis fructum includentibus. (*America merid. extratrop. austro-occid.*) — *Vid. p.* 417.

30. Quinchamalium J.[2] — Flores fere *Arjonæ;* corolla supera cylindracea; lobis 5, elongatis, valvatis, demum recurvis. Stamina 5,

---

1. Spec. ad 150. MIQ., *Fl. ind. bat.*, I, II, 465; Suppl., 474; in *Ann. Mus. lugd.-bat.*, III, 101; in *Mart. Fl. bras.*, VII, 23. — BENTH., *Fl. austral.*, IV, 292; in *Trans. Linn. Soc.*, XVIII, 225. — AD. BR., in *Ann. sc. nat.*, sér. 5, VI, 246. — GUILLEM., in *Ann. sc. nat.*, sér. 2, XV, 158. — GRISEB., *Cat. pl. cub.*, 167. — WIGHT, *Spicil. neilgh.*, II, t. 143-146. — WARM., in *Vid. Medd. nat. for. Kjob.* (1874), 461. — HEMSL., *Bot. centr.-amer.*, II, 301. — C.-B. CLKE, in *Hook. f. Fl. brit. Ind.*, III, 572. — A. GRAY, *Syn. Fl. N.-Amer.*, II, 70. — WALP., *Rep.*, VI, 458; *Ann.*, I, 498; V, 481.

2. *Gen.*, 75 (non MOL.). — LAMK, *Ill.*, t. 142.

basi loborum affixa; filamentis brevibus; antheris lineari-oblongis basifixis, introrsum 2-rimosis. Germen inferum, basi 3-loculare; placenta superne libera, 3-ovulata, supra breviter apiculata. Ovula descendentia orthotropa. Discus epigynus styli basin cingens. Stylus gracilis, apice stigmatoso capitatus v. obtuse 3-lobus, basi disco epygino vario cinctus. Fructus nuceus v. carnosulus, perianthio toto v. ejus tubo et urceolo cinctus. Semen albuminosum; embryonis linearis cotyledonibus radicula subæqualibus. Cætera *Arjonæ*. — Herbæ pluricaules v. decumbentes; foliis alternis linearibus integris; floribus dense spicatis, basi urceolo inæqui-dentato[1] munitis. (*Chili, America occ. andina*[2].)

V. SANTALEÆ.

31. **Santalum** L. — Flores hermaphroditi asepali, 4- v. raro 5-meri; receptaculo plus minus concavo, germinis basin cavitate fovente. Petala 4, 5, receptaculi margini inserta, quorum postica 2, valvata, intus pone stamina fasciculo pilorum instructa. Stamina totidem oppositipetala; filamentis brevibus; antherarum loculis parallelis, introrsum rimosis. Discus receptaculum intus vestiens et inter stamina in squamas totidem carnosas forma varias productus. Germen maxima ex parte v. plus minus alte liberum, 1-loculare; stylo elongato v. brevi, apice stigmatoso dilatato, 2, 3-lobo. Ovula 2-5, placentæ centrali-liberæ conicæ, nunc acuminatæ, plus minus alte v. fere ad basin affixa, descendentia atropa; sacco amniotico exserto reflexo. Fructus ovoideus v. sphæricus, cicatrice receptaculi coronatus, drupaceus; putamine lævi, rugoso v. foveolato. Semen albuminosum; embryone centrali recto v. obliquo arcuatove; cotyledonibus radicula supera brevioribus v. brevissimis. — Arbores v. frutices glabri; foliis oppositis v. alternis, integris, coriaceis v. subcarnosis penninerviis; floribus ad axillas superiores v. ad apices

---

— ENDL., *Gen.*, n. 2070. — A. DC., *Prodr.*, XIV, 625. — PAYER, in *Bull. Soc. bot. Fr.* (1858), 215. — MIERS, in *Journ. Linn. Soc.*, XVII, 134, t. 7. — H. BN, in *Adansonia*, II, 335; III, 115. — B. H., *Gen.*, III, 220, n. 1. — ENGL., *loc. cit.*, 227, fig. 146 G-P.

1. Dente antico majore; postico ut laterales parvo v. 0.

2. Spec. ad 4, 5. R. et PAV., *Fl. per. et chil.*, t. 107. — AD. BN., in *Duperr. Voy. Bot.*, t. 51, 52. — C. GAY, *Fl. chil.*, V, 318. — PHIL., in *Bot. Zeit.* (1857), 745, t. 11.

ramorum in racemos compositos cymigeros dispositis; bracteis sæpe 0. (*Asia, Oceania et Africa austr.*) — *Vid. p. 418.*

32. **Osyris** L.[1] — Flores polygamo-diœci; receptaculo masculorum cupulari. Petala 3, v. rarius 4, margini inserta, valvata, fasciculo pilorum pone stamina instructa. Stamina 3, 4, oppositipetala; filamentis brevibus crassiusculis; antherarum loculis discretis parallelis, introrsum rimosis. Discus receptaculum intus vestiens, inter stamina angulato-lobatus. Floris fœminei hermaphroditique receptaculum tubulosum, germen intus adnatum fovens. Petala marium. Stamina ut in flore masculo, nunc cassa v. 0. Discus epyginus, 3, 4-angulatus. Germen inferum; loculo brevi; placenta centrali-libera brevi, 2-4-ovulata. Stylus brevis conicus; lobis stigmatosis 3, 4, alternipetalis. Fructus drupaceus, globosus v. breviter ovoideus, cicatrice receptaculi coronatus. Seminis albuminosi embryo centralis, rectus v. subarcuatus teres; radicula cotyledonibus breviore. — Frutices[2] glabri; foliis alternis, ovatis v. angustis, membranaceis v. coriaceis, integris; floribus[3] masculis ad axillas cymulosis v. in racemulum foliatum confertis; fertilibus cymosis v. in ramulo laterali solitariis terminalibus, foliis pluribus basi cinctis. (*Europa austr., Africa, India*[4].)

33. **Nanodea** BANKS.[5] — Flores hermaphroditi, 4-6-meri; receptaculo obconico, supra germen breviter expanso, circa petalorum basin brevissime incrassato. Petala crassiuscula, basi abrupte contracta, valvata. Discus epyginus, receptaculum intus vestiens, concavus et inter petala angulatus v. lobatus. Stamina oppositipetala 4-6; filamentis brevibus circa discum insertis; antherarum loculis parallelis introrsis, longitudinaliter rimosis. Germen inferum; stylo brevi, apice minute 2-lobo; ovulis 2, ab apice placentæ centralis-liberæ descendentibus. Drupa globosa; putamine osseo; seminis albumi-

---

1. *Gen.*, ed. 1, n. 743. — J., *Gen.*, 75. — ENDL., *Gen.*, n. 2078. — DCNE, in *Ann. sc. nat.*, sér. 2, VI, t. 6. — NEES, *Gen. Fl. germ.*, *Monochl.*, n. 49. — A. DC., *Prodr.*, XIV, 633 (part.). — ENGL., *loc. cit.*, 218. — H. BN, in *Adansonia*, III, 112. — B. H., *Gen.*, III, 227, n. 17. — *Euosyris* A. DC., *Prodr.*, XIV, 633. — *Casia* T. (ex J.).

2. De parasitismo, J.-E. PL., in *Bull. Soc. bot. Fr.* (1858).

3. Albidis v. viridulis, parvis.

4. Spec. 5, 6. SIBTH., *Fl. græc.*, t. 954. — WIGHT, *Icon.*, t. 1853. — REICHB., *Ic. Fl. germ.*, t. 548. — GREN. et GODR., *Fl. de Fr.*, III, 68. — BOISS., *Fl. or.*, IV, 1058. — HOOK. F., *Fl. brit. Ind.*, V, 231.

5. In *Gœrtn. f. Fruct.*, III, 251, t. 225. — A. DC., *Prodr.*, XIV, 675. — GAUDICH., in *Ann. sc. nat.*, sér. 1, V, t. 2, fig. 3. — ENDL., *Gen.*, n. 2073. — H. BN, in *Adansonia*, III, 114. — B. H., *Gen.*, III, 226, n. 14. — ENGL., *loc. cit.* 218. — *Ballexerda* COMMERS., herb.

nosi embryone axili brevi subtereti; cotyledonibus inferioribus brevibus. — Herba nana cæspitosa; foliis alternis linearibus articulatis; floribus inter folia suprema sessilibus paucis bracteolatis. (*Magellania* [1].)

34. Myoschilos R. et Pav. [2] — Flores hermaphroditi; receptaculo late obconico, germen ex parte adnatum intus fovente supraque breviter cupulari et disco glanduloso inter petala angulato induto. Petala 5, perigyna, valvata. Stamina petalis longioribus opposita; filamentis subulatis; antherarum loculis parallelis, introrsum rimosis. Germen ex parte inferum ; apice libero in stylum stigmatoso-3-lobum attenuato. Ovula 3, sub apice placentæ liberæ sessilia descendentia atropa. Fructus carnosulus, inferne receptaculo leviter incrassato cinctus corollaque sæpe coronatus. Semen carnoso-albuminosum; embryone axili cylindraceo. — Frutex ramosus glaber; foliis alternis ovato-oblongis integris parvulis; inflorescentiis amentiformibus ad nodos defoliatos sessilibus; flore quoque bractea et bracteolis 2 latis subincluso. (*Chili* [3].)

35? Omphacomeria A. DC. [4] — Flores polygamo-diœci v. monœci; receptaculo masculorum brevissime cupulari. Petala 4, 5, sub disci margine inserta, valvata. Stamina totidem opposita, cum petalis inserta (in flore fœmineo sterilia rudimentaria); filamentis brevibus; antheris brevibus; loculis parallelis, introrsum rimosis. Floris hermaphroditi v. fœminei receptaculum ovoideum, germen intus fovens. Discus epigynus subplanus, obtuse 4-lobus, germine vix latior. Germen 1-loculare (in flore masculo rudimentarium v. subnullum); stylo brevi crasso, 2, 3-lobo. Ovula 2, 3, ab apice placentæ centralis descendentia atropa. Drupa subglobosa, corolla coronata; semine albuminoso. — Frutices aphylli [5]; ramis virgatis aphyllis; floribus ad nodos solitariis v. glomerulatis paucis; fœmineis ebracteatis. (*Australia* [6].)

1. Spec. 1. *N. muscosa* Banks. — C. Gay, *Fl. chil.*, V, 324.

2. *Prodr.*, 41, t. 34; *Syst.*, 73; *Fl. per. et chil.*, t. 242. — Endl., *Gen.*, n. 2084. — Payer, *Leç. Fam. nat.*, 47. — A. DC., *Prodr.*, XIV, 627 (*Myoschylos*). — Miers, in *Journ. Linn. Soc.*, XVII, 127, t. 5. — H. Bn, in *Adansonia*, II, 349; III, 114. — B. H., *Gen.*, III, 226, n. 15. — Engl., *loc. cit.*, 218.

3. Spec. 1. *M. oblongus* R. et Pav. — C. Gay *Fl. chil.*, V, 326.

4. *Prodr.*, XIV, 680. — Endl., *Gen.*, n. 2075 (*Leptomeriæ* sect.). — B. H., *Gen.*, III, 227, n. 18. — Engl., *loc. cit.*, 216.

5. *Leptomeriæ* habitu, cui genus quam maxime affine.

6. Spec. 2. Benth., *Fl. austral.*, VI, 225; in *Hook. Icon.*, t. 1172.

36. **Acanthosyris** GRISEB. [1] — Flores (fere *Santali*) hermaphroditi; receptaculo concavo, basi late turbinato, cavitate germen fovente
supraque illud breviter lateque campanulato. Petala 4, 5, margini
receptaculi inserta, perigyna, valvata, pone stamina pilorum fasciculo
antheris adhærente instructa. Stamina 4, 5, oppositipetala; filamentis
tenuibus brevibus; antherarum ovatarum loculis parallelis, longitudinaliter rimosis. Discus receptaculum intus vestiens et margine
inter stamina in squamas compressas productus. Germen ex parte
inferum; stylo longiusculo, apice stigmatoso capitellato, obscure 2,
3-lobo. Ovula 2, 3, e placenta centrali [2] sub apice descendentia arcte
reflexa [3]; placenta apicali ultra ovula tenuiter producta. Drupa globosa, receptaculi margine notata et corollæ vestigiis coronata; putamine lignoso. Semen albuminosum. — Arbores v. frutices [4]; foliis
alternis ad nodos sæpe fasciculatis, oblongis membranaceis, basi in
petiolum breviter attenuatis. Spinæ axillares pungentes [5]. Flores axillares cymosi 1-3. (*America austr. extratrop.* [6])

37. **Pyrularia** MICHX [7]. — Flores polygami; masculorum receptaculo cupulari. Petala 5, margini inserta, valvata, intus pone stamina pilorum fasciculo instructa. Discus receptaculum intus vestiens
et inter stamina in lobos apice incrassatos prominulos productus.
Stamina 5, sub disci margine inserta; filamentis brevibus; antherarum loculis parallelis distinctis, introrsum rimosis (in flore fœmineo
cassis minoribus). Floris fœminei v. hermaphroditi receptaculum
turbinatum v. profundius sacciforme germen intus adnatum fovens;
stylo columnari. Germen inferum elongatum (in floribus sterilibus
breve); placenta centrali-libera recta brevi; ovulis 2, 3, descendentibus (in flore sterili nunc minutis cassis). Drupe subsphærica v.
obovoidea, corolla sæpe diu coronata; endocarpio haud crasso duro.
Semen subglobosum carnoso-albuminosum; embryone subapicali
subtereti brevi. — Arbores v. frutices; foliis alternis membranaceis,
breviter petiolatis; floribus in cymulas racemum simplicem v. compositum terminalem v. axillarem formantes dispositis; fertilibus

1. *Symb. Fl. arg.*, 151. — B. H., *Gen.*, III,
224, n. 9. — EICHL., *loc. cit.*, 17, fig. 142.
   2. Elongato gracili flexuoso.
   3. Funiculo proprio elongato sinuato.
   4. *Capparidearum* habitu.
   5. Gemmæ supra spinam 2; inferiore autem
minus evoluta.

6. Spec. 2. EICHL., in *Mart. Fl. bras.*, XIII,
I, 236, t. 53 (*Osyris*).
   7. *Fl. bor.-amer.*, II, 231. — ROEM. et SCH.,
Syst., V, 575. — SPACH, *Suit. à Buff.*, X, 460.
— ENDL., *Gen.*, n. 2082. — A. DC., *Prodr.*,
XIV, 628 (part.). — B. H., *Gen.*, III, 223,
n. 2. — ENGL., *loc. cit.*, 222.

sæpius paucioribus, nunc solitariis v. 2-nis; bracteis inflorescentiæ inferioribus nunc majusculis imbricatis crebris. (*America bor.*, *Asia mont.*[1])

38. **Scleropyron** ARN.[2] — Flores (fere *Pyrulariæ*) polygami v. subdiœci; masculorum receptaculo cupulari. Discus receptaculum intus vestiens; margine undulato lobato interque stamina prominulo. Petala 4, 5, margine inserta, primum valvata, sæpe demum subimbricata; uno extimo. Stamina 4, 5, oppositipetala brevia; filamentis sub disci margine insertis, apice 2-fidis; antherarum (in flore fœmineo sterilium) loculis discretis introrsis, longitudinaliter rimosis. Floris fœminei v. hermaphroditi receptaculum profundius, obovoideum v. breviter clavatum; germine infero adnato; stylo brevi, apice plus minus profunde lobato v. late peltato; placenta centrali-libera (in flore masculo nunc rudimentaria sublaterali), 3-ovulata. Fructus drupaceus, basi in pedicellum attenuatus; endocarpio duro; seminis albuminosi embryone centrali tereti. —Arbores glabræ, nunc spinescentes; foliis alternis integris, nunc breviter asymmetricis; integris coriaceis; spicis amentiformibus ad nodos defoliatos solitariis v. 2-nis. (*Indo-China, Malaisia*[3].)

39. **Henslowia** BL.[4] — Flores (fere *Pyrulariæ*) hermaphroditi v. polygamo-diœci; masculorum receptaculo breviore cupulari; fœmineorum multo profundiore, germen intus adnatum fovente. Petala 4-6, valvata, receptaculi margini inserta; medio intus parce filamentosa. Stamina totidem opposita (in flore fœmineo epigyna sterilia); filamentis brevibus; antherarum brevium loculis rima obliqua dehiscentibus demumque explanatis. Discus staminibus interior et inter ea lobatus. Germen inferum (in flore masculo rudimentarium), inferne septatum; ovulis 2, 3, sub apice placentæ centralis insertis; stylo vario, apice capitato-2, 3-lobo. Fructus drupaceus; putamine

1. Spec. 2. WALL., in *Roxb. Fl. ind.* (ed. CAR.), II, 371 (*Sphærocarya*); *Tent. Fl. nepal.*, t. 10 (*Sphærocarya*). — WIGHT, *Icon.*, t. 255. —HOOK. F., *Fl. brit. Ind.*, V, 230. — CHAPM., *Fl. S. Un.-St.*, 396.

2. In *Mag. Zool. et Bot.*, II, 549. — H. BN, in *Adansonia*, II, 372; III, 105. — B. H., *Gen.*, III, 228, n. 20. — ENGL., *loc. cit.*, 216. — Hamiltonia MUEHL., in *W. Spec.*, IV, 1114. — CHAT., *Sphærocarya*, in *Compt. rend. Ac. sc. Par.*, LI, 657.

3. Spec. 2. WIGHT, *Icon.*, t. 241. — A. DC., *Prodr.*, XIV, 629 (*Pyrularia*). — H. BN, in *Adansonia*, III, 125 (*Champereia*). — BEDD.,*Fl. sylv.*, t. 304 (*Pyrularia*). — HOOK. F., *Fl. brit. Ind.*, V, 234.

4. *Mus. lugd.-bat.*, I, 242, t. 43 (non WALL.).— A. DC., *Prodr.*, XIV, 630. — H. BN, in *Adansonia*, III, 116. — ENGL., *loc. cit.*, 216. — *Dendrophthoe* MIQ., *Fl. ind. bat.*, I, I, 779. — *Dufrenoya* CHAT., in *C. rend. Ac. sc.*, LI, 657.

duro, intus in laminas seminis costas penetrantes protruso. Semen profunde sulcatum costatumque[1]; embryone in centro albuminis lineari; cotyledonibus radicula multo brevioribus. — Frutices sæpe in arboribus parasitici; foliis alternis petiolatis crassiusculis; floribus masculis in axillis cymoso-fasciculatis; fœmineis[2] paucioribus v. solitariis plerumque sessilibus. (*Asia et Oceania calid.*[3])

40. **Leptomeria** R. Br.[4] — Flores hermaphroditi; receptaculo tubuloso germen intus fovente. Petala 4, 5, apice crassiuscula, valvata. Stamina 4, 5, petalorum basi interiora; filamentis brevissimis; antheris 4-gonis, 4-valvatim dehiscentibus. Discus epyginus subplanus, margine inter stamina plus minus distincte angulatus v. lobatus. Stylus brevis, apice stigmatoso 2-5-lobus. Ovula 2-5, summæ placentæ centrali-liberæ affixa. Drupa corolla coronata; endocarpio crustaceo. Semen ovoideum; embryone albuminoso minimo. — Frutices; ramis crebris rigidis v. tenuibus subaphyllis; foliis ad squamas alternas reductis, deciduis; floribus in spiculas v. racemulos terminales et axillares dispositis, 1-bracteatis. (*Australia*[5].)

41. **Choretrum** R. Br.[6] — Flores hermaphroditi; receptaculo turbinato, concavitate germen inferum fovente supraque illud in cupulam brevem producto, extus sub corolla demum incrassato et vix conspicue 4, 5-dentato[7]. Petala 4, 5, receptaculi margini inserta, crassa, valvata, apice valde inflexa. Stamina 4, 5, cum petalis inserta oppositaque, eorum cavitate basilari subcucullata nidulantia; filamentis brevissimis; antheræ subpeltatim affixæ valvis 4, invicem solutis explanatis patulis. Discus perianthii cupulam supra germen vestiens, breviter inter petala 4, 5-lobus. Germen 1-loculare; stylo brevissimo, apice dilatato truncato v. lobulato; ovulis 2, e placenta brevi centrali descendentibus atropis. Fructus drupaceus, corolla coronatus; putamine duriusculo; semine albuminoso. — Frutices ramosi; ramulis crebris rigidis subaphyllis, v. foliis ad squamas

---

1. In sectione transversa stellato-6-8-lobum.
2. Majoribus.
3. Spec. ad 10. KORTH., in *Vorh. Bot. Gen.*, XVII, 185 (*Tupeia*). — HOOK. F., *Fl. brit. Ind.*, V, 232.
4. *Prodr.*, 353. — ENDL., *Gen.*, n. 2075; *Iconogr.*, t. 74. — A. DC., *Prodr.*, XIV, 677. — H. BN, in *Adansonia*, II, 372; III, 113. — B. H., *Gen.*, III, 229, n. 22. — HIERON., *Pflanzenfam.*, *Lief.* 32, p. 215.

5. Spec. 13, 14. LABILL., *Pl. N.-Holl.*, I, t. 93 (*Thesium*). — BENTH., *Fl. austral.*, VI, 220.
6. *Prodr.*, 353. — ENDL., *Gen.*, n. 2074; *Iconogr.*, t. 45. — A. DC., *Prodr.*, XIV, 675. — H. BN, in *Adansonia*, II, 348; III, 113. — B. H., *Gen.*, III, 228, n. 21. — HIERON., *Pflanzenfam.*, *Lief.* 32, p. 215, fig. 139.
7. Lamina extima carnosula nunc demum solubili.

reductis; floribus axillaribus solitariis v. glomerulatis; bracteis 2-5, sub germine affixis involucrantibus imbricatis. (*Australia*[1].)

42. Phacellaria BENTH.[2] — Flores monœci v. diœci; masculorum receptaculo basi plena breviter obconica superne in cupulam brevem margine petaliferam dilatato. Petala 4-8, valvata. Stamina totidem oppositipetala; filamentis brevibus crassiusculis; antherarum loculis divergentibus, rima longitudinali obliqua v. subhorizontali dehiscentibus. Discus receptaculi cupulam vestiens, inter stamina angulatus. Floris fœminei receptaculum altius obconicum, concavitate germen fovens, supra cupulare et disciferum. Germen ex parte inferum, stylo brevi tubuloso apiceque breviter stigmatosolobato coronatum (in flore masculo rudimentarium); placenta centrali-libera sub apice conico 3-5-ovuligera. Ovula descendentia orthotropa, inferne septis rudimentariis sejuncta. Fructus carnosus inferus corolla coronatus; endocarpio...? — Fruticuli in arboribus v. in *Loranthis* parasitici; caulibus brevibus aphyllis fasciculatis; floribus secus ramos in glomerulos laterales alternos dispositis, nunc in glomerulo paucis v. solitariis, in foveolis rami subsessilibus. (*India, Burma, Malacca*[3].)

43. Cervantesia R. et PAV.[4] — Flores hermaphroditi; receptaculo cupulari v. breviter campanulato. Petala 5, valvata, margini inserta, intus pone stamina fasciculo pilorum instructa. Discus receptaculum intus vestiens et inter petala in lobos squamiformes productus. Stamina 5, cum petalis inserta et opposita; filamentis brevibus; antherarum oblongarum loculis parallelis, introrsum rimosis. Germen imo receptaculo insertum, magis ac magis basi accrescens et ex parte inferum; stylo brevi, apice stigmatoso 2, 3-lobo; placenta centrali-libera longa contortuplicata, apice 2, 3-ovuligera. Fructus subsphæricus, receptaculo incrassato et a basi sæpius in segmenta 5 a basi solvendo, indutus, crustaceus et inter receptaculi segmenta nunc 2, 3-valvis. Semen subsphæricum carnoso-albuminosum; embryone obliquo lineari. — Arbores plus minus

1. Spec. 4. BENTH., *Fl. austral.*, VI, 217.
2. *Gen.*, III, 229, n. 23. — HIERON., *Pflanzenfam.*, *Lief.* 32, p. 116.
3. Spec. ad 3. HOOK. F., *Fl. brit. Ind.*, V, 235; *Hook. Icon.*, t. 132.
4. *Prodr.*, 39, t. 7; *Fl. per. et chil.*, III, 19,

I. 241. — POIR., *Dict.*, XVIII, 14. — SPRENG., *Syst.*, I, 825. — A. DC., *Prodr.*, XIX, 692. — MIERS, in *Journ. Linn. Soc.*, XVII, 78, t. 3; *Contrib.*, loc. cit., 29. — H. BN, in *Adansonia*, II, 373; III, 125, t. 11. — B. H., *Gen.*, III, 222, n. 6. — HIERON., loc. cit., 222.

rufo v. ferrugineo-tomentosæ v. villosæ; foliis alternis elongatis; florum[1] cymulis densis axillaribus v. in spica brevi congestis sessilibus, superne nunc (ob folia ad bracteas reducta) composite terminali-racemosis. (*America mer. calid. bor.-occid.*[2])

44. Iodina HOOK. et ARN.[3] — Flores (fere *Cervantesiæ*) hermaphroditi; receptaculo late cupulari, germen fere dimidium concavitate fovente. Petala 5, receptaculi margini inserta, valvata. Stamina 5, oppositipetala cumque lobis prominulis 5 disci receptaculum germinisque tectum vestientis alternantia; filamentis brevibus; antherarum loculis parallelis, introrsum rimosis. Germen semi-inferum; stylo conico, apice minute 3-lobo; ovulis 3, ab apice placentæ centralis descendentia. Fructus globosus; epicarpio carnosulo crassiusculo in segmenta 5 longitudinaliter solubili; endocarpio crustaceo, nunc 2, 3-valvi. Semen globosum; albumine copioso carnoso; embryonis brevis radicula clavata cotyledonibus subulatis subæquali v. breviore. — Fructus glaber[4]; foliis alternis rhombeis rigidis spinescenti-angulatis, breviter petiolatis; cymis axillaribus sessilibus paucifloris. (*America austr. extratrop.*[5])

45. Buckleya TORR.[6] — Flores diœci; masculorum receptaculo cupulari, intus disco 4-lobo vestito. Petala 4, receptaculi margini inserta, valvata v. subimbricata. Floris fœminei receptaculum tubulosum, germen inferum intus fovens, apice dilatato-cupulatum discoque intus vestitum. Sepala[7] 4, elongata foliacea membranacea, mox supra fructum accreta et longe aliformia venosa. Petala 4 (marium), receptaculi margini inserta cumque sepalis (?) alternantia. Germen sub perianthio 1-loculare; stylo brevi, apice lobato; lobis acutiusculis recurvis 2-4. Ovula 3, 4, sessilia, placentæ brevi centrali-liberæ affixa atropa. Fructus sphæricus, ovoideus v. oblongus, inferus, calyce

1. Minutorum.

2. Spec. 2, 3. H. B. K., *Nov. gen. et spec.*, VII, 189.

3. In *Hook. Bot. Misc.*, III, 172. — MIERS, in *Journ. Linn. Soc.*, XVII, 83, t. 4; *Contrib.*, 29. — ENDL., *Gen.*, n. 5710. — H. BN, in *Adansonia*, III, 68, 126. — B. H., *Gen.*, III, 223, n. 7. — REISS., in *Mart. Fl. bras.*, XI, 77, t. 23. — HIERON., *loc. cit.*, 222, fig. 143.

4. *Ilicis* adspectu.

5. Spec. 1. *I. cuneifolia.* — *I. rhombifolia* HOOK. F., mss. — *Ilex cuneifolia* β LAMK, *Dict.*,

III, 148. — *Celastrus rhombifolius* HOOK. et ARN.

6. In *Sillim. Journ.*, XLV, 170; ser. 2, XVIII, 98. — A. DC., *Prodr.*, XIV, 623. — H. BN, in *Adansonia*, II, 373; III, 116. — B. H., *Gen.*, III, 226, n. 16. — HIERON., *loc. cit.*, 219. —? *Nestronia* RAFIN., *N. sylv.-amer.*, 12 (part.). — *Quadriala* S. et ZUCC., *Fam. nat. pl. jap.*, I, 86, t. 2.

7. Bracteæ, ex auctoribus nonnullis, perianthio exteriores. Fructus inde cum *Engelhardtiæ* nonnihil e longinquo referens.

aucto coronatus, baccatus v. drupaceus, 5-10-costatus. Semen 1, carnoso-albuminosum; embryone axili subæquali inverso; cotyledonibus lineari-sublanceolatis, radicula supera brevi multo longioribus. —Frutices glabri; foliis sæpius oppositis, integris penninerviis; floribus masculis in racemos axillares v. supraaxillares cymigeros dispositis; fœmineis terminalibus solitariis; receptaculo inferne 2-bracteolato. (*America bor.*, *Japonia*[1].)

46. **Thesium** L.[2] — Flores hermaphroditi v. polygami diœcive (*Thesidium*[3]), 4-6-meri; receptaculo supra germen inferne adnatum tubuloso, cylindraceo v. campanulato ibique intus disco plus minus crasso induto. Petala valvata staminaque totidem opposita, receptaculi margini inserta. Discus margine annulatus, aut inter stamina obtuse lobatus (*Euthesium*), aut ibi vix prominulus (*Osyridicarpos*[4]); lobis nunc magis prominentibus (*Comandra*[5]). Petala intus pone stamina sæpe pilosum fasciculo instructa. Antheræ ovatæ v. oblongæ; loculis parallelis, introrsum rimosis. Germen inferum; stylo brevi v. elongato, apice stigmatoso capitato v. 2, 3-lobo. Ovula 2, 3, sub apice placentæ tenuis centrali-liberæ, rectæ v. sæpius flexuosæ, affixa, descendentia, orthotropa. Fructus drupaceus, apice denudatus v. corolla persistente coronatus; exocarpio tenui carnosulo (*Euthesium*) v. crassiore, nunc pulposo (*Comandra*). Semen conforme; embryone albuminoso, recto v. arcuato. — Herbæ, suffrutices v. fruticuli; foliis alternis, angustis v. ovato-oblongis; nunc raro ad squamas reductis; inflorescentiis[6] spicatis, racemosis v. (*Comandra*) umbelliformibus; floribus ad bracteas v. folia solitariis v. cymosis 3-∞; pedicello nunc bracteis v. foliis subtendentibus adnato cumqum eis elevato. (*Orbis utriusque reg. temp. et subtrop.*[7])

1. Spec. 2, 3. CHAPM., *Fl. S. Un.-St.*, 397. — FR. et SAV., *En. pl. jap.*, I, 407.
2. *Gen.*, ed. I, n. 173; ed. VI, n. 292. — J., *Gen.*, 75. — ENDL., *Gen.*, n. 2072. — PAYER, *Leç. Fam. nat.*, 46. — H. BN, in *Adansonia*, II, 345; III, 112; IX, 3, t. 1, fig. 22-30. — NEES, *Gen.*, *Fl. germ.*, *Monochl.*, n. 48. — A. DC., *Prodr.*, XIV, 637. —B. H., *Gen.*, III, 221, n. 3. — HIERON., *loc. cit.*, 224, fig. 145.
3. SOND., in *Flora* (1857), 364. —A. DC., *Prodr.*, XIV, 635. — H. BN, in *Adansonia*, II, 358; III, 113. —B. H., *Gen.*, III, 222, n. 4. — HIERON., *loc. cit.*, 224, fig. 144.
4. A. DC., *Prodr.*, XIV, 635. — B. H., *Gen.*, III, 222, n. 5. — H. BN, in *Adansonia*, III, 113.

5. NUTT., *Gen.*, I, 157. — A. DC., *Prodr.*, XIV, 636 (part.). — H. BN, in *Adansonia*, III, 112. — B. H., *Gen.*, II, 224, n. 10. — HIERON., *loc. cit.*, 221. — *Hamiltonia* SPRENG., *Syst.*, I, 831 (part.). — ? *Darbya* A. GRAY, in *Sillim. Journ.*, ser. 2, I, 388. — A. DC., *Prodr.*, XIV, 635.— B. H., *Gen.*, III, 227 (*Buckleya*).
6. Floribus sæpius albidis v. viridulis.
7. Spec. ultra 100. JACQ., *Fl. austral.*, t. 416. —TEN., *Fl. nap.*, t. 220. — GUSS., *Pl. rar.*, t. 20. — VIS., *Fl. dalm.*, Suppl., t. 4. — BONG. et MEY., *Verz. Pfl. Sais. Nor.*, t. 13. — LEDEB., *Ic. Fl. ross.*, t. 233, 237. — TCHICHATCH., *As. min.*, t. 39. — WIGHT, *Icon.*, t. 1852. — JAUB. et SP., *Ill. pl. or.*, t. 104, 300 (§ *Chrysolhesium*). — REICHB., *Icon. eur.*, t. 452-458; *Ic. Fl. germ.*

VI. ERYTHROPALEÆ.

47. Erythropalum BL. — Flores hermaphroditi v. polygami;
receptaculo cupulari, intus disco crasso 5-gono vestito; angulis
obtusis cum petalis alternantibus. Petala 5, leviter perigyna, valvata, apice inflexa. Stamina 5, cum petalis inserta oppositaque;
filamentis subulatis; antheris erectis brevibus; loculis 2, connectivo
crassiusculo conjunctis, introrsum rimosis. Germen centro receptaculi insertum semiinferum, 1-loculare; stylo brevi, apice stigmatoso
obtuse 2,3-lobo. Ovula 2,3, placentæ centrali-liberæ sub apice inserta
atropa; septis rudimentariis totidem alternis. Fructus oblongus
v. obovoideus drupaceus, receptaculo accreto inclusus; cicatrice
apicali. Semen 1; albumine copioso carnoso; embryone apicali parvo.
— Frutices scandentes; foliis alternis, longe petiolatis, integris
v. subintegris, basi 3-nerviis; floribus crebris in cymas compositas
valde ramosas axillares v. oppositifolias dispositis; pedunculis hinc
inde apice uncinatis v. in cirrhum mutatis. (*Asia et Oceania trop.*) —
Vid. p. 424.

VII. VITEÆ.

48. Vitis T. — Flores hermaphroditi v. 1-sexuales; receptaculo
superne plano v. convexiusculo. Calyx brevis, integer v. 4, 5-den-
tatus lobatusve. Petala 4, 5, hypogyna, libera v. apice calyptratim
cohærentia basique soluta, valvata. Disci varii glandulæ liberæ
v. connatæ, alternipetalæ, nunc vix conspicuæ. Stamina 4, 5, oppositipetala, sub disco inserta; filamentis liberis, nunc in alabastro
inflexis demumque rectis; antheris introrsis, 2-rimosis. Germen
superum, in centro 1-loculare; stylo vario, nunc subnullo, apice
lobulato v. integro stigmatoso. Ovula 4, basilaria erecta anatropa;
micropyle extrorsum infera; septis centripetis plus minus evolutis 2,
cum ovulis alternantibus, v. rarius 3, 4, margine intus liberis rima-

t. 541-546; 547 (*Hamiltonia*). — HOOK. F., *Fl.
brit. Ind.*, V, 229. —BOISS., *Fl. or.*, IV, 1059. —
WILLK. et LGE, *Prodr. Fl. hisp.*, I, 294.— CHAPM.,
Fl. S. Un.-St., 396 (*Comandra, Darbya*). —
FR. et SAV., *En. pl. jap.*, I, 407. — BENTH., *Fl.*
austral., VI, 212. — HOOK., *Fl. bor.-amer.*,
t. 179 (*Comandra*). — A. DC., in *Mart. Fl.
bras.*, V, I, 103, t. 37. — HEMSL., *Bot. centr.-
amer.*, III, 87 (*Comandra*). — GREN. et GODR.,
Fl. de Fr., III, 65.

que centrali sejunctis. Fructus baccatus v. subsiccus, nunc raro drupaceus; carne parca. Semina pauca v. 1, erecta, sæpe exsculpta; albumine duro, cartilagineo v. ruminato; embryonis apicalis parvi radicula infera. — Frutices sæpius sarmentosi cirrhosi, nunc alte scandentes, raro succulenti; radice nunc tuberosa; caule ramisque sæpe nodosis; foliis sæpius alternis, simplicibus, compositis v. 2-pinnatis, nunc pellucido-punctatis; stipulis lateralibus; floribus axillaribus v. oppositifoliis in racemum composite cymigerum dispositis; pedunculo sæpe in cirrhum mutato; inflorescentiæ receptaculo nunc (*Pterisanthes*) late explanato membranaceoque. (*Orbis utriusque reg. trop. et subtrop.*) — *Vid. p.* 426.

49? **Leea** L.[1] — Flores[2] (fere *Vitis*) 4, 5-meri; calyce dentato. Petala 4, 5, basi inter se et cum tubo stamineo connata, valvata, demum revoluta. Stamina totidem oppositipetala; tubo subgloboso, cylindraceo, conico v. urceolari, plus minus alte lobato; fauce nuda v. membrana annulari instructa; filamentis superne liberis introflexis; antheris oppositipetalis, introrsum 2-rimosis, inclusis v. exsertis. Discus varius v. 0. Germen liberum, 3-6-loculare; stylo brevi, apice stigmatoso incrassato. Ovula in loculis solitaria erecta; micropyle extrorsum infera. Fructus baccatus; seminibus paucis v. 1, erectis; integumento interiore sæpe inter albuminis rugas v. plicas intruso; embryonis parvi recti v. arcuati cotydelonibus superis, ovatis v. subfoliaceis. — Arbusculæ v. frutices; ramulis articulatis, sæpe sulcatis, nunc aculeatis; foliis alternis, simpliciter v. 2, 3-pinnatis; petiolis basi vaginante stipuliformibus; pedunculis oppositifoliis cymosodecompositis. (*Asia, Oceania, Africa trop., Madagascaria*[3].)

VIII. GRUBBIEÆ.

50. **Grubbia** BERG. — Flores hermaphroditi regulares, 4-meri; receptaculo concavo. Petala 4, margini receptaculi inserta concava, valvata, dorso dense pilosa. Stamina 8, 2-seriatim cum corolla inserta,

1. *Mantiss.*, 124. — DC., *Prodr.*, I, 635. — ENDL., *Gen.*, n. 4569. — H. BN, in *Payer Leç. Fam. nat.*, 343. — B. H., *Gen.*, I, 388, n. 3. — *Aquilicia* L., *Mantiss.*, 211. — J., *Gen.*, 266. — *Ottilis* GÆRTN., *Fruct.*, I, 275, t. 57.

2. Rubri, flavi v. viriduli.

3. Spec. ad 20. WIGHT, *Ill.*, t. 58; *Ic.*, t. 78, 1154. — MIQ., *Fl. ind. bat.*, I, II, 610; Suppl., I, 518. — C.-B. CLKE, in *Journ. Bot.* (1881), X. — HOOK. F., *Fl. brit. Ind.*, I, 664. — *Bot. Mag.*, t. 5299. — WALP., *Rep.*, I, 44; V, 378; *Ann.*, I, 137.

quorum oppositipetala 4; 4 autem alterna; filamentis sub ima basi breviter contracta sensim incrassatis; antheris basifixis, demum lateraliter 2-rimosis. Germen receptaculi concavitati intus adnatum, superne planum et disco peripherico parvo instructum. Stylus erectus, apice stigmatoso breviter 2 lobus. Ovula in germine 2, ab apice placentæ centralis nunc summo germini contiguæ descendentia atropa; funiculo brevissimo obliquo. Fructus axillæ cujusque ternati; uno sæpius perfecto; exocarpiis carnosulis; endocarpiis fertilibus osseis. Seminis ovoidei albuminosi embryo centralis lineari-subteres; radicula cotyledonibus longiore. Frutices ericoidei; foliis oppositis angustis integris, margine revolutis; floribus in axilla utraque foliorum cujusve paris glomerati, 3-ni; glomerulis nunc (*Strobilocarpos*) in capitula ovoidea v. sphærica confertis; foliis floralibus ad bracteas reductis. (*Africa austr.*) — *Vid. p.* 430.

IX. LORANTHEÆ.

51. Loranthus L. — Flores hermaphroditi v. diœci; receptaculo concavo germen intus adnatum fovente. Calyx receptaculi margini insertus, integer v. 4-6-dentatus, nunc ad annulum reductus. Petala 4-6, cum calyce inserta, libera v. plus minus alte in tubum rectum, arcuatum v. hinc fissum, coalita, demum sæpe soluta, valvata v. induplicata; marginibus crispis; tubo intus aut nudo, aut intus squamis basilaribus 5, oppositipetalis, supra germen conniventibus, instructo; apicibus demum patentibus v. recurvis, planis v. concavis. Stamina oppositipetala, aut cum corolla inserta omninoque libera, aut plus minus alte cum petalis coalita; filamentis variis, nunc elastice post anthesin involutis; antheris ovatis v. oblongolinearibus, basifixis v. dorsifixis, nunc versatilibus; loculis parallelis contiguis v. discretis, mox nunc confluentibus; rimis v. valvis longitudinalibus introrsum v. rarius lateraliter dehiscentibus. Germen inferum, intus farctum; disco 0; stylo columnari, recto v. torto, apice stigmatoso obtuso v. capitato integro. Fructus baccatus v. drupaceus, forma varius, sæpe calyce et nunc petalis coronatus, intus viscifluus; endocarpio tenui, carnoso, crustaceo v. indurato. Semen lateraliter affixum v. undique endocarpio adhærens, nunc ejus pro-

cessubus v. plicis sulcatum. Albumen copiosum carnosum v. tenue,
nunc 0. Embryo teres v. 4-queter, tenuis v. crassus, axilis rectus;
radicula supera, nunc ex albumine apice exserta; cotyledonibus 2-4,
sæpe longioribus. — Arbores raro terrestres, v. plerumque frutices
parasitici; foliis oppositis, rarius alternis v. verticillatis integris, sæpe
crasso-carnosis, penninerviis v. rarius 3-5-nerviis; venis sæpe tenuissimis v. inconspicuis; floribus singulatim v. 3-natim spicatis, racemosis v. cymosis, axillaribus v. ad nodos vetustos insertis, raro terminalibus, bracteatis et sæpius bracteolatis. (*Orbis utriusque reg. calid.*)
— *Vid. p.* 432.

52? Nuytsia R. Br. [1] — Flores (*Loranthi*[2]) hermaphroditi, 6-meri.
Antheræ versatiles. Stylus elongatus, apice parvo stigmatosus. Fructus subsiccus v. parce carnosus; exocarpio in alas 3 longitudinales
coriaceas latiusculas producto; endocarpio intus lævi. Embryo axilis
tenuis rectus; cotyledonibus inæqualibus 2-4, radicula longioribus;
albumine carnoso copioso. Cætera *Loranthi.* — Arbor terrestris glabra; foliis alternis linearibus crassis; floribus[3] in racemos terminales
et ad folia summa axillares dispositis, intra bracteam bracteolasque
glomerulatis sessilibus, 3-natis. (*Australia austro.-occ.*[4])

53? Triarthron H. Bn[5]. — Flores hermaphroditi; receptaculo
obconico germen intus adnatum fovente. Calyx superus brevis denti-
culatus. Petala 6, 7, epigyna, valvata. Stamina totidem opposita;
filamentis compressis petalo longe adnatis; antheris basifixis ovato-
lanceolatis, sæpe apiculatis; loculis lateraliter adnatis linearibus
rimosis. Germen inferum farctum, disco depresse conico et stylo
longe angusteque conico, basi articulato, coronatum. — Frutex parasiticus[6] glaber; foliis oppositis lanceolatis membranaceis, breviter
petiolatis; floribus axillaribus racemosis; pedicellis suboppositis brevibus, basi et apice articulatis; bractea et bracteolis lateralibus in
involucrum gamophyllum connatis; lobis involucri 3; lateralibus
minoribus. (*America trop.*[7])

1. In *Journ. Geogr. Soc.*, I, 17; *Bot. Works*, 1,308. — Endl., *Gen.*, n. 4587. — B. H., *Gen.*, III, 206, n. 1. — Engl., *loc. cit.*, 177.
2. Cujus forte potius sectio (H. Bn, in *Adansonia*, III, 108).
3. Flavis v. rubentibus.
4. Spec. 1. *N. floribunda* R. Br. — Lindl., *Sw. Riv. App.*, t. 4. — Fenzl, in *Hueg. Enum.*,

57. — Miq., in *Lehm. Pl. Preiss.*, I, 219. — Oliv., in *Journ. Linn. Soc.*, VII, 96. — Benth., *Fl. austral.*, III, 387. — Walp., *Rep.*, 11, 446; V, 940. — *Loranthus floribundus* Labill., *Pl. N.-Holl.*, 87, t. 113.
5. In *Bull. Soc. Linn. Par.*, 987.
6. « In *Guaiaco* ».
7. Spec. 1. *T. loranthoideum* H. Bn.

X. VISCEÆ.

54. Viscum T. — Flores monœci v. diœci; masculorum receptaculo pleno. Petala 3, 4, valvata. Stamina totidem opposita; antheris
ovatis v. oblongis explanatis, petalis undique v. tantum dorso medio
adnatis, introrsum ∞-porosis. Floris fœminei receptaculum sacciforme, germen intus adnatum fovens. Germen inferum (in flore masculo rudimentarium v. 0) farctum; stylo brevi v. brevissimo, apice
stigmatoso. Sacculi amniotici 1-4, recti v. arcuati, germinis massæ
interiores. Fructus baccatus styli corollæque vestigiis coronatus,
intus pulposus viscifluus. Semen pericarpium implens dite carnosoalbuminosum; embryonibus verticalibus v. obliquis 1-4; radicula
supera obtusa dilatata exserta. — Frutices parasitici; ramis oppositis
v. dichotomis articulatis; foliis (viridibus) oppositis v. 3-5-natim verticillatis, planis v. ad squamas reductis; floribus axillaribus et terminalibus glomeratis; bracteis parvis; bracteolis 2, liberis, connatis v. 0.
(*Orb. vet. reg. temp. et calid.*) — *Vid. p.* 435.

55. Arceuthobium BIEB.[1] — Flores (fere *Visci*) diœci; receptaculo masculorum brevi; petalis 2-5. Antheræ in petalorum medio
intus sessiles transversæ; loculis confluentibus rima unica dehiscentibus et demum apertis suborbicularibus. Discus in utroque sexu
carnosus. Receptaculum floris fœminei ovoideum, germen concavitate intus fovens. Germen inferum; loculo ex parte farcto; ovulo
centrali basilari conico erecto atropo; stylo brevi crasso, apice stigmatoso obtuso. Fructus ovoideus breviter stipitatus petalis coronatus,
basi elastice circumcissus semenque longe ejiciens[2]. Semen ovoideooblongum; embryone incluso; albumine copioso carnoso. — Fruticuli in arboribus[3] parasitici; foliis oppositis ad squamas parvas in
vaginam apertam coalitas reductis; floribus axillaribus utrinque in
vagina solitariis, sessilibus v. subsessilibus, ebracteolatis. (*Europa
austr., Asia occid., America bor.-occid.*[4])

---

1. *Fl. taur.-cauc.*, Suppl., 629.—ENDL., *Gen.*,
n. 4583.—H. BN, in *C. rend. Ass. fr.* (1876),
495, t. 6; in *Adansonia*, III, 105; XII, 269, t. 5.
— B. H., *Gen.*, III, 213, n. 4.— ENGL., *loc. cit.*,
193.— *Razoumowskia* HOFFM. — BIEB., *loc. cit.*
2. REIN., in *Ann. sc. nat.*, sér. 3, VI, 130.
3. Imprimis *Conifreis*.

4. Spec. 5, 6. HOOK., *Fl. bor.-amer.*, t. 99.
— EICHL., in *Mart. Fl. bras.*, V, II, 105, t. 31, III.
— ENGELM., *Cat. pl. Wheel.*, 252. — HOOK. F.,
Fl. brit. Ind., V, 227. — OLIV., in *Hook. Icon.*,
t. 1037. — HEMSL., *Bot. centr.-amer.*, III, 83.—
BOISS., *Fl. or.*, IV, 1068. — GREN. et GODR., *Fl.
de Fr.*, II, 4.

56. Dendrophthora Eichl.[1] — Flores (fere *Visci* v. *Arceuthobii*) diœci v. rarius monœci, 3-meri v. rarius 2-4-meri; antheris medifixis rima transversa dehiscentibus, demum orbiculatis. Stylus apice stigmatoso obtusus. Bacca sphærica v. ovoidea, petalis minutis coronata. — Fruticuli in arboribus parasitici; foliis ad articulationes oppositis, sæpe ad squamas reductis; spicis terminalibus et axillaribus, sæpe ∞-articulatis et ad articulationes 2-bracteatis; floribus inter articulationes ad spicæ utrumque latus solitariis v. pluribus, simplici serie superpositis v. rarius utrinque 2-nis collateralibus, v. paucis superpositis, 2, 3-seriatis. (*America centr. et trop. occ., Antillæ*[2].)

57. Phoradendron Nutt.[3] — Flores (fere *Visci*) diœci v. nunc monœci, 3-meri, raro 2- v. 4-meri; filamentis brevissimis v. subnullis; antheris latiusculis, vertice 2-locularibus; loculis longitudinaliter rimosis. Discus in utroque sexu carnosus. Germen cæteraque *Dendrophthoræ*. Fructus baccatus v. drupaceus. Semen ovoideum v. elongatum; embryone parvo albumine carnoso incluso v. summa radicula exserta. — Frutices parasitici; ramis angulatis v. compressis, sæpe articulatis; foliis oppositis planis crassis v. ad squamas parvas reductis; floribus in spicas terminales v. axillares, solitarias v. 2-∞-fasciculatas, ad articulationes ∞ minute 2-bracteatas, dispositis, inter articulationes ad rhacheos latus utrumque 2- ∞-seriatim superpositis, nunc in articulo abbreviato confertis paucis. (*America utraque calid. et temp.*[4])

58. Notothixos .Oliv.[5] — Flores (fere *Visci*) monœci; receptaculo masculorum cupulari brevi. Petala margini inserta 3-5, valvata. Stamina 3-5, cum petalis inserta eisque opposita; filamentis brevissimis liberis; antheris erectis latis, obscure ∞-locellatis, demum apice rima transversa dehiscentibus. Discus centralis vix conspicuus. Floris

1. In *Mart. Fl. bras.*, V, 11, 102, t. 31. — B. H., *Gen.*, III, 214, n. 5. — Engl., *loc. cit.*, 193. — *Arceuthobium* Griseb., *Fl. brit. W.-Ind.*, 314; *Cat. pl. cub.*, 121 (non Bieb.).

2. Spec. 20-25. Jacq., *Coll.*, II, t. 5, fig. 3 (*Viscum*). — Sauv., *Fl. cub.*, 141. — Benth., *Pl. Hartweg.*, 190 (*Viscum*).

3. In *Journ. Acad. Philad.*, ser. 2, I, 185. — H. Bn, in *Adansonia*, III, 107. — B. H., *Gen.*, III, 214, n. 6. — Engl., *loc. cit.*, 196, fig. 114 C, 134. — *Allobium* Miers, in *Ann. Nat. Hist.*, ser. 2, VIII, 179. — *Spiciviscum* Engelm., herb.

— Karst., *Fl. columb.*, I, 73, t. 36. — ? *Castrea* A. S.-H., *Morph. vég.*, 451 (ex B. H.). — H Bn, in *Adansonia*, III, 105.

4. Spec. ad 80. Seem., *Her. Bot.*, t. 62, 63 (*Viscum*). — Eichl., in *Mart. Fl. bras.*, V, 11, 106, t. 32-43. — Hook., *Icon.*, t. 368. — Chapm., *Fl. S. Un.-St.*, 397. — Griseb., *Fl. brit. W.-Ind.*, 120; *Symb. Fl. arg.*, 152. — Hemsl., *Bot. centr.-amer.*, III, 84. — Sauv., *Fl. cub.*, 140.

5. In *Journ. Linn. Soc.*, VII, 103. — B. H., *Gen.*, III, 214, n. 7. — Engl., *loc. cit.*, 192.

fœminei receptaculum ovoideum v. subcylindricum, germen farctum intus fovens; perianthio marium; stylo brevissimo, apice stigmatoso truncato v. capitato. Discus epigynus carnosulus. *Fructus* baccatus, petalis coronatus; pericarpio viscifluo; seminis albumine carnoso; embryone centrali incluso. Cætera *Visci.* — Frutices parasitici; tomento brevi incano v. floccoso aureo; ramis dichotomis; foliis oppositis coriaceis, v. infimis ad squamas reductis stipuliformibus; floribus receptaculi stipitati compressi dilatati marginibus insertis, 1-seriatim superpositis; capitulis 1-3, cymosis; inferioribus sæpius fœmineis, nunc androgynis; cæteris plerumque masculis. (*Australia, Zeylania*[1].)

59. **Ginalloa** KORTH.[2] — Flores (fere *Notothixeos*) monœci; petalis 3[3], 4, valvatis. Stamina totidem oppositipetala; filamentis brevibus latis; antherarum loculis 2, parallelis v. divergentibus, sublateraliter rimosis. Floris fœminei receptaculum ovoideum v. subcylindraceum; disco epigyno parvo. Petala marium. Germen inferum farctum; stylo brevi, apice capitellato. Bacca ovoidea v. subsphærica (*Visci*), petalis coronata; semine albuminoso. — Frutices parasitici glabri; ramis dichotomis; foliis oppositis, sæpius angustis coriaceis (*Visci*); floribus in spicas terminales et axillares dispositis; verticillastris spuriis secus inflorescentiæ rhachin dissitis; glomerulis ad bracteas squamiformes oppositas per paria connatas axillaribus, 2-10-floris. (*Asia austr. trop.*[4])

60? **Nallogia** H. BN[5]. — Flores diœci; masculorum alabastro longe claviformi. Corollæ lobi 5, lanceolati, valvati. Stamina 5, corollæ lobis opposita; filamentis lineari-subulatis, imis corollæ lobis insertis; antheris ovatis subintrorsis, ab imo sublateraliter rimosis. Discus cupularis staminibus interior, crenulatus v. inæqui-denticulatus. Gynœcei rudimentum liberum conicum farctum, apice stigmatoso capitatum. Flores fœminei...? — Arbor glabra; foliis alternis ovato-acuminatis membranaceis penninerviis, brevissime petiolatis; floribus

1. Spec. 4. HOOK., *Icon.*, t. 73 (*Viscum*). — THW., *En. pl. zeyl.*, 418 (*Viscum*). — BENTH., *Fl. austral.*, III, 397. — OLIV., in *Hook. Icon.*, t. 1519.

2. *Loranth.*, 64, in *Verh. Bat. Gen.*, XVII. — H. BN, in *Adansonia*, III, 106. — B. H., *Gen.*, III, 215, n. 8. — ENGL., *loc. cit.*, Lief. 30, p. 192.

3. Antico 1.

4. Spec. 4. PRESL, *Epim. bot.*, 251 (*Viscum*). — THW., *En. pl. zeyl.*, 218 (*Viscum*). — OLIV., in *Journ. Linn. Soc.*, VIII, 103. — KURZ, *For. Fl.*, II, 326. — HOOK. F., *Fl. brit. Ind.*, V, 228. — WALP., *Ann.*, II, 729 (*Viscum*).

5. In *Bull. Soc. Linn. Par.*, 195. Genus, ob specimina fœminea ignota, nonnihil dubium.

masculis in racemos axillares fasciculatos folio breviores dispositis. (*Malacca*[1].)

61. **Eremolepis** GRISEB.[2] — Flores (fere *Visci*) monœci v. diœci; masculorum receptaculo brevi. Petala 3-5, valvata. Stamina totidem oppositipetala; filamentis brevibus; antherarum ovatarum loculis parallelis, longitudinaliter rimosis. Floris fœminei receptaculum sacciforme, concavitate germen adnatum fovens; petalis marium margini insertis, valvatis. Discus epigynus haud crassus. Germen inferum farctum; stylo brevi v. brevissimo, apice stigmatoso capitellato. Fructus ovoideus viscosus; semine dite albuminoso; embryone subtereti axili. — Frutices parasitici ramosi; foliis alternis crassis; floribus in spiculas parvas axillares sessiles, sphæricas v. oblongas, dispositis, bracteis squamiformibus imbricatis sæpe deciduis obtectis. (*America trop. et extratrop. austr.*[3])

62. **Eubrachion** HOOK. F.[4] — Flores (fere *Visci*) monœci; receptaculo masculorum breviter turbinato. Petala 3, quorum postica 2, valvata. Stamina totidem opposita; filamentis brevibus; antherarum loculis brevibus erectis discretis parallelis, introrsum rimosis v. late poricidis. Floris fœminei receptaculum ovoideum v. subglobosum, concavitate germen farctum fovens. Stylus brevis crassus, apice stigmatoso obtusus. Fructus subglobosus v. obovoideus viscifluus. Semen subglobosum; « embryonis subteretis radicula longe exserta; cotyledonibus semiteretibus albumine inclusis. » — Frutices parasitici aphylli squamigeri; squamis alternis peltatim affixis; spiculis alternis sessilibus v. foveolis immersis cylindraceis imbricato-squamellatis; squamis superioribus flores fœmineos foventibus; intermediis masculos; infimis vacuis; bracteolis 0[5]. (*Brasilia, Uruguay*[6].)

63. **Tupeia** CHAM. et SCHLCHTL.[7] — Flores diœci; masculorum receptaculo minuto convexiusculo vix glanduloso. Petala 4, v. rarius

1. Spec. 1. *N. Gaudichaudiana* H. BN.

2. *Pfl. Phil. u. Lechl.*, 36. — B. H., *Gen.*, III, 215, n. 9. — ENGL., *Pflanzenfam.*, *Lief.* 30, p. 190, t. 129. — *Ixidium* EICHL., in *Mart. Fl. bras.*, V, II, 130, t. 31.

3. Spec. 5. CLOS, in *C. Gay Fl. chil.*, III, 165, t. 32, fig. 1 (*Lepidoceras*). — GRISEB., *Cat. pl. cub.*, 121. — EICHL., in *Mart. Fl. bras.*, V, II, t. 31, IV.

4. *Fl. antarct.*, II, 291. — H. BN, in *Adansonia*, III, 106. — B. H., *Gen.*, III, 216, n. 10. — ENGL., *loc. cit.*, 191.

5. Flores hinc inde hermaphroditi.

6. EICHL., in *Mart. Fl. bras.*, V, II, 132, t. 44. — GRISEB., *Symb. Fl. arg.*, 153.

7. In *Linnæa*, III, 203. — H. BN, in *Adansonia*, III, 105 (part.). — B. H., *Gen.*, III, 216, n. 11. — ENGL., *loc. cit.*, 192, fig. 130.

3, 5, valvata. Stamina totidem opposita; filamentis inæqualibus, basi petalorum affixis; antherarum ovato-oblongarum loculis parallelis, lateraliter v. subintrorsum rimosis. Floris fœminei receptaculum tubulosum, germen intus adnatum fovens, margine petala iis maria similia gerens. Discus epigynus circa styli basin brevis. Germen farctum; stylo columnari, primum flexuoso, apice stigmatoso capitato. Fructus baccatus, ovoideus v. subglobosus; pericarpio viscifluo. Semen subglobosum; embryonis copiose albuminosi subteretis cotyledonibus radicula longioribus. — Frutex parasiticus; foliis oppositis v. subalternis integris; floribus laxe racemuliformi-cymosis, axillaribus, v. masculis in axi tenui dispositis; bracteis caducissimis; pedicello fœmineorum apice articulato. (*Nova Zelandia*[1].)

64. **Lepidoceras** Hook. f.[2] — Flores (fere *Tupeiæ*[3]) diœci; masculorum receptaculo brevi, petala 4, rarius 3, 5, discumque interiorem 3-5-gonum carnosum gerente. Stamina totidem oppositipetala; filamentis longiusculis; antheris ovatis, 2-rimosis. Flos fœmineus *Tupeiæ*; perianthio epigyno, 3-5-mero; stylo brevi, basi in conum dilatato, apice stigmatoso capitellato. Fructus baccatus sphæricus v. ovoideus, intus viscidus; seminis exalbuminosi embryone ovoideo; cotyledonibus crasso-carnosis; radicula brevi supera; cæteris *Tupeiæ*. — Fruticuli parasitici ramosi; foliis oppositis parvis integris coriaceis, apice mucronatis; floribus axillaribus; masculis in racemulos longe graciliterque pedunculatos dispositis; fœmineis solitariis v. paucis, nunc vix stipitatis; bracteis basilaribus involucrantibus, demum deciduis. (*Chili, Peruvia*[4].)

65. **Antidaphne** Pœpp. et Endl.[5] — Flores monœci v. diœci nudi; masculorum receptaculo minutissime globoso disciformi. Stamina 3, v. rarius 4, 5; filamentis inæqualibus; antherarum loculis parallelis rimosis. Floris fœminei receptaculum sacciforme germen inferum farctum concavitate intus fovens; margine sinuato. Stylus brevissimus, apice stigmatoso late capitatus. Discus pulvinatus. Ger-

1. Spec. 1. *T. antarctica* Cham. et Schchtl. — Hook. f., *Fl. antarct.*, II, 293; *Fl. N. Zel.*, I, 101, t. 26; *Handb. N.-Zeal. Fl.*, 108. — *Viscum antarcticum* Forst.

2. *Fl. antarct.*, II, 293. — B. H., *Gen.*, III, 216, n. 12. — Engl., *loc. cit.*, 192, fig. 132. — *Myrtobium* Miq., in *Linnæa*, XXV, 652.

3. Cujus forte potius sectio (H. Bn, in *Adansonia*, III, 106).

4. Spec. ad 2. C. Gay, *Fl. chil.*, t. 32, fig. 2. — Walp., *Ann.*, I, 362, 982.

5. *Nov. gen. et spec.*, II, 70, t. 199. — H. Bn, in *Adansonia*, III, 110. — B. H., *Gen.*, III, 216, n. 13. — Engl., *loc. cit.*, 190.

men superum. Fructus baccatus ovoideus viscifluus; semine albuminoso. —Fruticuli parasitici; foliis alternis planis; spiculis axillaribus sessilibus; bracteis squamiformibus imbricatis, 1-3-floris, deciduis; spiculis fœmineis basi squamis paucis imbricatis stipatis; parte florida elongata, per anthesin ebracteata dentibusque alternis 3-5-floris notata; rhachi demum in racemulum foliatum excrescente; fructu sæpe in ramo annotino persistente[1]. (*Peruvia, Columbia.*)

XI. LOPHOPHYTEÆ.

66. **Lophophytum** Schott et Endl. — Flores monœci; masculi nudi, 2-andri; staminum filamentis liberis brevibus tenuibus; antherarum lineari-oblongarum basifixarum loculis 2-locellatis, 2-rimosis. Floris fœminei receptaculum concavum, germen intus adnatum fovens. Calyx superus truncatus, vertice intrusus. Germen inferum, 1-loculare; placenta mox in septum spurium evoluta; stylis 2, fundo perianthii intrusi insertis, brevibus, deciduis, apice stigmatoso capitellatis. Ovula 2, ab apice placentæ centralis-liberæ descendentia atropa, demum cum loculi parietibus coalita. Fructus siccus clavato-pyramidatus; semine 1, loculum fere implente, compresso; albumine oleoso; embryone...? — Herbæ parasiticæ crassæ glabræ amyligeræ; rhizomate crasso forma vario, tesselatim rimoso, varie squamato; ramis aeriis crassis rectis squamigeris; squamis ∞-seriatis, rigidis, 3-angulari-ovatis acutis rigidis (coloratis), persistentibus; floribus in spadices terminales oblongo-conicos demumque elongatos dispositis; spadicibus androgynis v. raro 1-sexualibus; mamillis floriferis confertis, demum, axi elongato, remotis; fœmineis in spadice inferioribus; bracteis squamis consimilibus, longius autem stipitatis deciduisque; floribus masculis squamis (floribus imperfectis?) intermixtis; fœmineis aut nudis, aut rarius bracteolatis. (*America trop.*) — *Vid. p.* 438.

67. **Ombrophytum** Pœpp.[2] — Flores fere *Lophophyti;* masculi nudi, 2-andri; staminum filamentis brevibus gracilibus liberis;

1. Genus *Mysodendro* hic inter *Visceas* analogum. Spec. 2. Hemsl., *Bot. centr.-amer.*, III, 87. — Walp., *Rep.*, V, 935.

2. In *Leipz. Literaturz.* (1833), ex Endl., Gen., 73. — Wedd., in *Ann. sc. nat.*, sér. 3, XIV, t. 10, fig. 23-28. — Eichl., in *DC. Prodr.*, XVII, 129. — B. H., *Gen.*, III, 239, n. 13. — Engl., *loc. cit.*, 255.

antheris basifixis, lateraliter rimosis. Floris fœminei perianthium truncatum. Styli 2, divergentes, apice capitellati. Ovulum 1, descendens cæteraque *Lophophyti*. — Herbæ parasiticæ carnosæ[1]; rhizomate globoso v. disciformi, nudo et in valvam magnam lobatam abeunte; spadicibus cylindraceis v. fusiformibus, androgynis; floribus cum stipitibus processuum peltatorum spadicis confertis; processubus floribus fœmineis inferioribus; bracteis processus spadicis suffulcientibus peltatis vel (?) 0. (*Peruvia andin.*[2])

68. Lathrophytum EICHL.[3] — Flores fere *Lophophyti* (v. *Ombrophyti*); masculi in parte spadicis superiore sessiles denseque verticillati; fœminei cæteraque *Ombrophyti*. — Herba carnosa[4]; rhizomate nudo tuberoso; valva cupulari ampla profunde lobata; spadicibus androgynis fusiformibus. (*Brasilia*[5].)

69. Helosis RICH.[6] — Flores monœci; masculorum receptaculo cylindraceo; perianthii foliolis 3, ovatis concavis valvatis. Germen rudimentarium (?) centrale conicum. Stamina 2; filamentis in tubum connatis, superne liberis; antheris basifixis coalitis ovato-cordatis; loculis primum 1-4-locellatis demumque plus minus confluentibus, ab apice antice v. postice deorsum disruptis[7]. Floris fœminei receptaculum oblongo-ellipsoideum, germen intus adnatum fovens. Perianthium superum, e labiis triangularibus 2, brevibus obtusis, in alabastro interdum lobatis antero-posticis. Germen inferum; stylis 2, elongatis gracilibus deciduis, apice stigmatoso capitellatis; ovulo 1, descendente. Fructus siccus; seminis subglobosi v. oblongi albumine oleoso; embryone minimo apicali indiviso. — Herbæ[8] parasiticæ carnosæ amyligeræ; rhizomate tuberoso; ramis subterraneis elongatis cylindraceis nudis; pedunculis erectis nudis, nunc valde elongatis, basi v. altius annulatis; spadicibus androgynis globosis v. ovoideis. Bracteæ ∞,

1. Rufo-flavescentes.

2. Spec. 2. EICHL., in *Mart. Fl. bras.*, IV, II, t. 16, fig. 1, 2.

3. In *Bot. Zeit.* (1868), 513, t. 9; in *DC., Prodr.*, XVII, 130. — B. H., *Gen.*, III, 239, n. 14. — ENGL., *loc. cit.*, 255.

4. Fuscescens, glabra (in *Myristica Bicuhyba* parasitica).

5. Spec. 1. *L. Peckoltii* EICHL., in *Mart. Fl. bras.*, IV, II, 35, t. 16, fig. 3.

6. In *Mém. Mus.*, VIII, 416, t. 20. — TURP., in *Dict. sc. nat.*, Atl., t. 82. — ENDL., *Gen.*, n. 721. — WEDD., in *Ann. sc. nat.*, sér. 3, XIV,

t. 11, fig. 39-42. — HOOK. F., in *Trans. Linn. Soc.*, XXII, t. 15, 16. — HOFMEIST., *N. Beitr. Embryobild.*, I, t. 16, fig. 1-5; in *Ann. sc. nat.*, sér. 4, XI, 56. — EICHL., in *DC. Prodr.*, XVII, 134; in *Act. Congr. bot. Par.* (1868), t. 1, fig. 5, 6; t. 2, fig. 23-27. — SOLMS-LAUB., in *Pringsh. Jahrb.*, VI, 530. — B. H., *Gen.*, III, 237, n. 9. — ENGL., *loc. cit.*, 258, fig. 156, 157, 164. — *Lathræophila* LEANDR.-SACR., in *Ann. sc. nat.*, sér. 2, VIII, 32. — *Caldasia* MUT., *Sem. n.-granat.*, 26 (ex SCHOTT et ENDL., *Melet.*, 11).

7. Polline globoso-3-gono.

8. Fusco-rubræ, glabræ.

spadices tegentes, peltatæ, 6-gonæ, valvatim connexæ, cito deciduæ;
floribus utriusque sexus in spadicis mamillis deplanatis confertis,
pilis crebris lineari-clavatis immixtis; bracteolis 0. (*America trop.*[1])

70. Scybalium SCHOTT et ENDL.[2] — Flores monœci v. diœci;
masculorum tubo cylindraceo. Perianthii foliola 3, ovata, valvata.
Stamina 3; filamentis in tubum connatis; antheris basifixis cordato-
ovatis coalitis; loculis 2-4-locellatis, apice rupto dehiscentibus[3]. Floris
fœminei perianthium superum, e labiis 2-rotundatis v. 3-angularibus
brevibus antero-posticis. Germen inferum compressum; stylis 2, gracilibus elongatis, apice stigmatoso capitellatis. Ovula 2, ex apice
placentæ centralis-liberæ descendentia, anatropa, demum cum
septo spurio parietibusque germinis confluentia. Fructus siccus;
semine oblongo; albumine oleoso; embryone apicali subovoideo
minutissimo. — Herbæ parasiticæ crasso-carnosæ[4]; rhizomate tuberoso; pedunculis obconicis v. cylindraceis; squamis ∞, oblongis v.
3-angulari-ovatis acutis; spadicibus androgynis v. 1-sexualibus, globosis, depresso-hemisphæricis v. subtabuliformibus, bracteis sub-
peltatis imbricatis deciduis tectis; floribus in mamillis spadicis
deplanatis confertis; foliis creberrimis lineari-clavatis. (*America trop.*[5])

71. Corynæa HOOK F.[6] — Flores monœci; masculorum tubo
cylindraceo v. infundibulari, margine crenato-lacero. Stamina 3;
filamentis 1-adelphis; antheris cordato-ovatis coalitis, 2-locularibus,
apice disrupto dehiscentibus[7]. Germen rudimentarium (?) conicum.
Floris fœminei perianthium superum, e labiis 2 brevibus rotundatis
antero-posticis. Germen compressum, 1-loculare; stylis 2, elongatis
gracilibus deciduis, apice capitellato stigmatosis; ovulo descendente.
Fructus siccus; semine subgloboso; albumine oleoso. — Herbæ
parasiticæ carnosæ[8]; rhizomate tuberoso lobato, nunc ramos emit-
tente; valva cupulari v. annuliformi; pedunculis e rhizomatis lobis

---

1. Spec. 2, 3. EICHL., in *Mart. Fl. bras.*, IV,
II, t. 4-6.
2. *Melet.*, 3, t. 2. — ENDL., *Gen.*, n. 720.
— SPACH, *Suit. à Buff.*, X, 548. — MEISSN.,
Gen., 367 (275). — EICHL., in *DC. Prodr.*, XVII,
131; in *Act. Congr. bot. Par.* (1868), t. 2, fig.
20. — HOFMEIST., *N. Beitr. Embryobild.*, I,
t. 17, fig. 1-6; in *Ann. sc. nat.*, 4, XI, 61. — B.
H., *Gen.*, III, 236, n. 8. — ENGL., *loc. cit.*, 256,
fig. 162. — *Sphærorhizon* HOOK. F., in *Trans.
Linn. Soc.*, XXII, 50, t. 10. — *Phyllocoryne*

HOOK. F., *loc. cit.*, 51, t. 11. — HOFMEIST.,
loc. cit., t. 17, fig. 7, 8.
3. Polline globoso-3-gono.
4. Rubræ v. fusco-rubræ, glaberrimæ.
5. Spec. 4. EICHL., in *Mart. Fl. bras.*, IV,
II, t. 7, 8.
6. In *Trans. Linn. Soc.*, XXII, 31, t. 13, 14.
— EICHL., in *DC. Prodr.*, XVII, 137. — B. H.,
Gen., III, 237, t. 10. — ENGL., *loc. cit.*, 258.
7. Polline globoso-3-gono.
8. Fusco-rubræ, glabræ.

erumpentibus, brevibus v. elongatis nudis, nunc oblique annulatis; spadicibus androgynis v. 1-sexualibus, oblongis, clavatis v. subglobosis; bracteis tegentibus peltatis, 6-gonis, valvatim connexis citoque deciduis; floribus utriusque sexus in mamillis spadicis deplanatis confertis, pilis crebris lineari-clavatis immixtis. (*Peruvia et Columbia andin.* [1])

72. Rhopalocnemis Jungh. [2] — Flores diœci; masculorum tubo infundibulari; perianthii margine crenato-lacero. Stamina 3; filamentis in columnam elongatam solidam connatis; antheris basifixis ellipsoideis, in capitulum ovoideum septis verticalibus transversisque ∞-locellatum confluentibus [3]. Floris fœminei perianthium superum, e labiis antero-posticis rotundatis 2. Germen ellipsoideum, a dorso compressum, 1-loculare; stylis 2, elongatis gracilibus, apice stigmatoso capitellatis; ovulo descendente. Fructus siccus; semine globoso; albumine tenui; embryone magno amylaceo. — Herba parasitica robusta glabra [4]; rhizomate magno nudo, ∞-lobato; valvæ crassæ lobis subtriangularibus; pedunculis brevibus robustis; spadicibus 1-sexualibus magnis oblongo-cylindraceis obtusis; floribus masculis bracteis deformatis et florum rudimentis verrucatis; immixtis fœmineis nudis; bracteis ∞, tegentibus peltatis, 6-gonis, valvatim connexis; floribus utriusque sexus pilis crebris filiformi-clavatis immixtis. (*India et Java mont.* [5])

XII. MYZODENDREÆ.

73. Myzodendron Banks et Sol. — Flores nudi diœci; masculorum receptaculo parvo subgloboso, massam centralem (gynœcei rudimentum?) glanduliformem gerente. Stamina 2-4, sub massa inserta; filamentis crassiusculis; antheris erectis; globosis v. ovoideis, 1-locularibus, vertice 2-valvatim dehiscentibus. Floris fœminei

---

1. Spec. 3, 4.

2. In *Nov. Act. nat. cur.*, XVIII, Suppl., I, 213. — Eichl., in *DC. Prodr.*, XVII, 138. — Gœpp., in *Nov. Act. nat. cur.*, XVII, I, t. 11-25. — Endl., *Gen.*, n. 722[1]. — Hook. f., in *Trans. Linn. Soc.*, XXII, t. 12. — Hofmeist., *N. Beitr. Embryobild.*, I, t. 16, fig. 6-8. — B. H., *Gen.*, III, 238, n. 11. — Engl., *loc. cit.*, 259, fig.

165. — *Phœocordylis* Griff., in *Trans. Linn. Soc.*, XX, 100, t. 8. — *Lytogomphus* Jungh. (ex *Pfeiff. Nom.*, II, 960).

3. Polline globoso-3-gono.

4. Flavo-fusca v. ferruginea.

5. Spec. 1. *B. phalloides* Jungh. — Hook. f., *Fl. brit. Ind.*, V, 230. — *Phœocordylis areolata* Griff.

receptaculum sacciforme, extus longitudinaliter 3-angulatum v. alatum et inter angulos rimis totidem setam 1 v. plures foventibus instructum ; margine in annulum epigynum incrassato. Germen inferum receptaculo intus omnino adnatum ; stylo brevi crasso, apice stigmatoso breviter 3-lobo. Ovula 3, ab apice placentæ centralis crassiusculæ descendentia atropa ; septis totidem inferioribus plus minus evolutis. Fructus nuceus v. utriculosus, extus nudus v. sæpius setis lateralibus valde elongatis plumosis instructus. Semen conforme ; albumine carnoso ; embryonis centralis radicula apice crassa ab albumine exserta ; cotyledonibus minutis v. vix distinctis. — Suffrutices parasitici ramosi ; foliis alternis parvis v. 0 ; floribus secus ramos alternis, ebracteatis v. in spiculas amentiformes dispositis. (*Chili, Magellania.*) — *Vid. p.* 439.

XIII. ANTHOBOLEÆ.

74. Anthobolus R. Br. — Flores diœci ; masculorum receptaculo parvo depresso v. breviter cupulari. Petala 3-5, margine receptaculi inserta. Stamina totidem opposita ; filamentis brevibus ; antheris sublateraliter v. introrsum rimosis. Discus parum evolutus germen rudimentarium centrale cingens. Germen superum conicum, 1-loculare ; stigmate (?) crasso apicali obtuse 3-lobo. Ovulum 1, basilare erectum orthotropum. Fructus drupaceus summo pedicello incrassato plus minus claviformi impositus. Semen 1, erectum ; albumine copioso carnoso ; embryonis apicalis radicula supera cotyledonibus longiore. — Frutices glabri ; ramis tenuibus v. rigidis ; foliis alternis lineariteretibus persistentibus v. ad squamas deciduas reductis ; floribus masculis sæpius 2-5-nis pedicellatis ; fœmineis in pedunculo brevi axillari 1, 2 ; bracteolis minutis caducissimis. (*Australia.*) — *Vid. p.* 441.

75. Exocarpus LABILL.[1] — Flores hermaphroditi v. polygami (fere *Antholoï*), 4, 5-meri ; receptaculo in floribus masculis breviter cupulari ; in fœmineis magis concavo. Petala 4, 5, valvata. Stamina

1. *Voy.*, I, 155, t. 14. — A. DC., *Prodr.*, XIV, 688. — ENDL., *Gen.*, n. 2088. — H. BN, in *Adansonia*, II, 319, 365 ; III, 109. — B. H., *Gen.*, III, 230, n. 26. — HIERON., *Pflanzenfam.*, Lief. 32, p. 212, fig. 138. — *Sarcocalyx* ZIPP., in *Bull. Féruss.*, XVIII, 92. — *Xynophylla* MONTROUS., in *Mém. Acad. sc. Lyon*, X, 250 (ex B. H.).

totidem oppositipetala; filamentis brevibus sæpe latis; antherarum loculis distinctis introrsis, parallelis v. divergentibus, intus v. ad margines longitudinaliter rimosis. Discus subplanus v. cupularis, intus receptaculum vestiens, inter stamina prominenti-4, 5-lobus. Germen superum, receptaculo semi-immersum; stylo brevissimo capitato, 2-4-lobo; ovulo basilari erecto[1]. Fructus siccus v. drupaceus, pedicello carnoso accreto insidens superus; exocarpio nunc tenui; seminis erecti albumine carnoso; embryonis inversi subteretis radicula supera. —Arbores v. frutices; foliis alternis v. nunc oppositis, omnibus v. ex parte ad squamas reductis, caducis; ramis florigeris teretibus v. nunc cladodiformibus compressis; floribus ad pulvina axillaribus, solitariis, cymulosis v. glomeratis, bracteatis; bracteolis lateralibus 2. (*Oceania calid.*[2])

---

1. Sacculis amnioticis nonnullis gracilibus erectis.

2. Spec. ad 15. BL., *Mus. lugd.-bat.*, I, t. 37.

— BENTH., *Fl. austral.*, VI, 227. — HOOK. F., *N. Zeal. Fl.*, 246, — TRL et ISA, *En. pl. jap.*, I, 407. — MIQ., *Fl. ind. bat.*, I, 781.

TABLE DES GENRES ET SOUS-GENRES

CONTENUS DANS LE ONZIÈME VOLUME[1]

---

1. Pour les genres conservés par nous, cette table renvoie toujours à la caractéristique latine du *Genera*. Là le lecteur trouvera un autre renvoi à la page où le genre est, s'il y a lieu, analysé et discuté.

8757. — Imprimeries réunies, rue Mignon, 2, Paris.

HISTOIRE DES PLANTES

MONOGRAPHIE

DES

ÉBÉNACÉES

OLÉACÉES

ET

SAPOTACÉES

6857. — Imprimeries réunies, rue Mignon, 2, Paris.

HISTOIRE DES PLANTES

MONOGRAPHIE

DES

ÉBÉNACÉES
OLÉACÉES

ET

SAPOTACÉES

PAR

H. BAILLON

PROFESSEUR D'HISTOIRE NATURELLE MÉDICALE A LA FACULTÉ DE MÉDECINE DE PARIS
DIRECTEUR DU JARDIN BOTANIQUE DE LA FACULTÉ, PRÉSIDENT DE LA SOCIÉTÉ LINNÉENNE DE PARIS

ILLUSTRÉE DE 108 FIGURES DANS LES TEXTES

DESSINS DE FAGUET

PARIS

LIBRAIRIE HACHETTE & Cie

BOULEVARD SAINT-GERMAIN, 79

LONDRES, 18, KING WILLIAM STREET, STRAND

1891

Droits de propriété et de traduction réservés

HISTOIRE DES PLANTES

MONOGRAPHIE

DES

LABIÉES

VERBÉNACÉES

ÉRICACÉES

ET

ILICACÉES

2096. — Imprimeries réunies, rue Mignon, 2, Paris.

HISTOIRE DES PLANTES

MONOGRAPHIE

DES

LABIÉES

VERBÉNACÉES

ÉRICACÉES

ET

ILICACÉES

PAR

H. BAILLON

PROFESSEUR D'HISTOIRE NATURELLE MÉDICALE A LA FACULTÉ DE MÉDECINE DE PARIS
DIRECTEUR DU JARDIN BOTANIQUE DE LA FACULTÉ, PRÉSIDENT DE LA SOCIÉTÉ LINNÉENNE DE PARIS

ILLUSTRÉE DE 213 FIGURES DANS LES TEXTES

DESSINS DE FAGUET

PARIS

LIBRAIRIE HACHETTE & Cie

BOULEVARD SAINT-GERMAIN, 79

LONDRES, 18, KING WILLIAM STREET, STRAND

1891

HISTOIRE DES PLANTES

MONOGRAPHIE

DES

PRIMULACÉES

UTRICULARIACÉES, PLOMBAGINACÉES

POLYGONACÉES

JUGLANDACÉES

ET

LORANTHACÉES

8759. — Imprimeries réunies, rue Mignon, 2, Paris.

HISTOIRE DES PLANTES

MONOGRAPHIE

DES

PRIMULACÉES

UTRICULARIACÉES, PLOMBAGINACÉES

POLYGONACÉES

JUGLANDACÉES

ET

LORANTHACÉES

PAR

H. BAILLON

PROFESSEUR D'HISTOIRE NATURELLE MÉDICALE A LA FACULTÉ DE MÉDECINE DE PARIS
DIRECTEUR DU JARDIN BOTANIQUE DE LA FACULTÉ, PRÉSIDENT DE LA SOCIÉTÉ LINNÉENNE DE PARIS

ILLUSTRÉE DE 264 FIGURES DANS LES TEXTES

DESSINS DE FAGUET

PARIS

LIBRAIRIE HACHETTE & Cie

BOULEVARD SAINT-GERMAIN, 79

LONDRES, 18, KING WILLIAM STREET, STRAND

1892

www.ingramcontent.com/pod-product-compliance
Lightning Source LLC
Chambersburg PA
CBHW052057230326
41599CB00054B/3015